法兰西数学精品译丛

线性与非线性泛函分析及其应用（下册 修订版）

Linear and Nonlinear Functional Analysis with Applications

□ Philippe G. Ciarlet 著
□ 秦铁虎 译

高等教育出版社·北京

图字：01-2015-4762 号

图书在版编目（CIP）数据

线性与非线性泛函分析及其应用．下册 /（法）菲立普·G. 希阿雷（Philippe G. Ciarlet）著；秦铁虎译．-- 修订本．-- 北京：高等教育出版社，2020. 12

书名原文：Linear and Nonlinear Functional Analysis with Applications

ISBN 978-7-04-054803-7

Ⅰ. ①线… Ⅱ. ①菲… ②秦… Ⅲ. ①泛函分析 Ⅳ. ① O177

中国版本图书馆 CIP 数据核字（2020）第 145768 号

线性与非线性泛函分析及其应用
XIANXING YU FEIXIANXING FANHAN FENXI JIQI YINGYONG

策划编辑 李华英　责任编辑 李华英　封面设计 张 楠　版式设计 杨 树
责任校对 张 薇　责任印制 田 甜

出版发行	高等教育出版社	网　址	http://www.hep.edu.cn
社　址	北京市西城区德外大街 4 号		http://www.hep.com.cn
邮政编码	100120	网上订购	http://www.hepmall.com.cn
印　刷	北京市鑫霸印务有限公司		http://www.hepmall.com
开　本	787mm×1092mm 1/16		http://www.hepmall.cn
印　张	25	版　次	2017 年 8 月第 1 版
字　数	530 千字		2020 年 12 月第 2 版
购书热线	010-58581118	印　次	2020 年 12 月第 1 次印刷
咨询电话	400-810-0598	定　价	79.00 元

本书如有缺页、倒页、脱页等质量问题，请到所购图书销售部门联系调换

物 料 号 54803-00

《法兰西数学精品译丛》序

随着解析几何及微积分的发明而兴起的现代数学, 在其发展过程中, 一批卓越的法国数学家发挥了杰出的作用, 做出了奠基性的贡献. 他们像灿烂的星斗散发着耀眼的光辉, 在现代数学史上占据着不可替代的地位, 在大学教科书、各种专著及种种数学史著作中都频繁地出现着他们的英名. 在他们当中, 包括笛卡儿、费马、帕斯卡、达朗贝尔、拉格朗日、蒙日、拉普拉斯、勒让德、傅里叶、泊松、柯西、刘维尔、伽罗瓦、庞加莱、嘉当、勒贝格、韦伊、勒雷、施瓦茨及利翁斯等这些耳熟能详的名字, 也包括一些现今仍然健在并继续做出重要贡献的著名数学家. 由于他们的出色成就和深远影响, 法国的数学不仅具有深厚的根基和领先的水平, 而且具有优秀的传统和独特的风格, 一直在国际数学界享有盛誉.

我国的现代数学, 在 20 世纪初通过学习西方及日本才开始起步, 并在艰难曲折中发展与成长, 终能在 2002 年成功地在北京举办了国际数学家大会, 在一个世纪的时间中基本上跟上了西方历经四个多世纪的现代数学发展的步伐, 实现了跨越式的发展. 这一巨大的成功, 根源于好几代数学家持续不断的艰苦奋斗, 根源于我们国家综合国力不断提高所提供的有力支撑, 根源于改革开放国策所带来的强大推动, 也根源于很多国际数学界同仁的长期鼓励、支持与帮助. 在这当中, 法兰西数学精品长期以来对我国数学界所起的积极影响, 法兰西数学的深厚根基、无比活力和优秀传统对我国数学家所起的不可低估的潜移默化作用, 无疑也是一个不容忽视的因素. 足以证明这一点的是: 在我国的数学家中, 有不少就曾经留学法国, 直接受到法国数学家的栽培和法兰西数学传统和风格的熏陶与感召, 而更多的人也或多或少地通过汲取法国数学精品的营养而逐步走向了自己的成熟与辉煌.

由于语言方面的障碍, 用法文出版的优秀数学著作在我国的传播受到了较大的限制. 根据一些数学工作者的建议, 并得到了部分法国著名数学家的热情支持, 高等教育出版社决定出版《法兰西数学精品译丛》, 将法国的一些享有盛誉并有着重要作用与影响的数学经典以及颇具特色的大学与研究生数学教科书及教学参考书, 有选择地从法文原文分批翻译出版. 这一工作得到了国家自然科学基金委员会数学天元基金的支持和资助, 对帮助并推动我国读者更好地学习和了解法国的优秀数学传统和杰出数学成就, 进一步提升我国数学 (包括纯粹数学与应用数学) 的教学与研究工作的水平, 将是意义重大并影响深远的, 特为之序.

李大潜

2008 年 5 月

纪念我的父母 Hélène 和 Gaston

序　言

在我们周围已经有很多优秀的教科书了, 为什么还要撰写另一部关于泛函分析及其应用的教科书呢?

除了把这样一种尝试视为作者个人兴趣的因素之外, 还有其他的原因: 一个原因是, 将线性及非线性泛函分析中最基本的定理收集在同一本书里, 这或许是撰写这部书的主要原动力; 另一个原因是, 在处理丰富的应用问题的同时也说明这些定理应用的广泛性.

在此书中讨论的关于对线性及非线性偏微分方程的应用包括: Korn 不等式及线性弹性的存在定理, 障碍问题, Babuška-Brezzi 上下确界条件, 流体力学中的 Stokes 和 Navier-Stokes 方程组的存在定理, 非线性弹性板中的 von Kármán 方程的存在定理, 以及非线性弹性中 John Ball 的存在性定理等. 各种各样的其他应用论题则选自数值分析及最优化理论. 例如, 逼近论, 多项式插值的误差估计, 数值线性代数, 最优化的基本算法, Newton 方法, 或有限差分法等.

我们也做了特别的努力, 以使本书更能满足教学上的要求. 其第 1 章实质上是对书中要用到的实分析及函数论中有关结果的复述. 而该章之后, 大部分定理都是自包含的, 给出了完整的证明[1]. 这些自包含的证明一般不太容易在其他文献中找到, 有些如果没有相关领域的扩展知识是很难得到的. 例如, 书中对于 Poincaré 引理, Laplace 算子的次椭圆性, Pfaff 方程组的存在定理, 或者曲面理论的基本定理等给出了这种自包含证明. 本书还包含诸多插图和 (约 400 道) 习题. 书中还给出了 (大部分是作为脚注) 有关史实的注记以及 (至少那些在有理由保证其真实性的前提下能追溯到的) 原始参考文献[2], 以对某些重要结果的产生提供一个原始思路.

[1] 定理左侧标记符号 $\flat$ 者, 表示其中不包含证明.

[2] 倘我所知来做这件事可能是一种冒险的尝试 ······

我相信, 本书覆盖了泛函分析中的大部分核心课题, 对线性及非线性应用感兴趣的分析学者在其职业生涯中都会接触到这些课题. 更具体地说, 线性泛函分析及其应用是第 2 章到第 6 章的主题, 而第 7 章到第 9 章的主题是非线性泛函分析及其应用.

当然, 为了能使本书的篇幅保持在一个合理限度内, 必须有所取舍. 一些更专门的课题, 如 Fourier 变换、小波、谱理论 (除紧自伴算子外) 以及与时间相关的偏微分方程等, 书中均未予以讨论.

在本科最后一年或研究生的水平上, 本书的内容可作为几个一学期课程的教科书, 例如, "线性泛函分析" "线性与非线性边值问题" "微分学及其应用" "微分几何导论" "非线性泛函分析" 以及 "数学弹性与流体力学" 等. 就此而言, 对于教师来说, 从内容目录中选取本书合适的部分作为这类课程的教科书是很容易的事. 实际上, 我非常愉快地讲授过这些课程. 最初是在巴黎第六大学 (Université Pierre et Marie Curie) 及香港城市大学, 后来也在奥斯丁的得克萨斯大学 (University of Texas at Austin), 康奈尔大学 (Cornell University), 复旦大学, 斯图加特大学 (University of Stuttgart), 苏黎世联邦理工大学 (ETH-Zürich) 以及苏黎世大学 (University of Zürich) 讲授过.

要求的主要预备知识是在一个合理的程度上知晓实分析, 即初等拓扑 (如连续性、紧性等), 距离空间的基本性质和 Lebesgue 积分, 以及单个或多个实变量的实值函数理论等. 为方便读者起见, 本书中需要用到的这些科目里的一些基本定义和定理都不加证明地收集在第 1 章中.

在撰写这部书期间, 我从 Liliana Gratie, George Dinca, Cristinel Mardare, Sorin Mardare, 以及 Pascal Azerad 等的评议中获益匪浅. 感谢他 (她) 们非常仔细地阅读了大部分章节, 并提出了许多有意义的改进意见. Bernard Dacorogna 与 Vicentiu Radulescu 也向我提供了宝贵的建议. 对他 (她) 们所有的人, 我表示衷心的感谢!

我还要感谢 Douglas N. Arnold, 他很早就对这一项目给予强有力的支持. 同时也要感谢 SIAM 编辑部的 Elizabeth Greenspan, Gina Rinelli 和 Lisa Briggeman, 与她们合作总是非常愉快的.

最后不可不提, 我要对我心目中的 "数学英才" 表示深切的感激和持久的敬意, 他们是 Laurent Schwartz, Richard S. Varga, Jacques-Louis Lions 和 Robert Dautray, 他们多年来的教诲与指导是无价可喻的.

我十分清楚本书肯定还存在一些不足之处. 例如, 可能所用的符号不一致, 无意中遗漏了应该标注的参考文献, 及引用的原始结果归属失当等. 但是, 任何探索 (数学或其他方面的), 即使主人公不太满意, 都得有个结局. 正如 Paul Halmos 在他的一篇论文[3] 的核心思想中, 以更恰当的方式所表述的, 任何数学家, 不管是纯粹还是应用数学家, 最好的办法是看一遍再复读一遍 (我理解他的意思): "大多数作者的最后一步是停笔, 但那是很艰难的一步."

[3] P. R. Halmos [1970]: How to write mathematics, *L'Enseignement Mathématique* **16**, 123–152.

这也就是为什么我预先表示欢迎所有的评论、注记、批评等的原因. 这些意见请发送到 mapgc@cityu.edu.hk, 它们或许可被采用于第二版中.

Philippe G. Ciarlet
2012 年 11 月于香港

目　录

第 7 章　赋范向量空间中的微分学 **1**

引言 1

7.1 Fréchet 导数; 链式法则; Piola 恒等式; 对实值函数极值的应用 2

7.2 赋范向量空间中的中值定理; 第一个应用 16

7.3 中值定理的应用: 可微函数序列极限的可微性 20

7.4 中值定理的应用: 由积分定义函数的可微性 23

7.5 中值定理的应用: Sard 定理 25

7.6 取值于 Banach 空间的 $\mathcal{C}^1$ 类函数的中值定理 27

7.7 解非线性方程的 Newton 方法; Banach 空间中的 Newton-Kantorovich 定理 29

7.8 高阶导数; Schwarz 引理 51

7.9 Taylor 公式; 对实值函数极值的应用 59

7.10 应用: 二阶线性椭圆算子的极大值原理 65

7.11 应用: $\mathbb{R}^n$ 中的 Lagrange 插值公式和多点 Taylor 公式 75

7.12 凸函数及可微性; 对实值函数极值的应用 93

7.13 隐函数定理; 第一个应用: 映射 $A \to A^{-1}$ 属于 $\mathcal{C}^\infty$ 类 100

7.14 局部反演定理; Banach 空间中关于 $\mathcal{C}^1$ 类映射的区域不变性定理; 映射 $A \to A^{\frac{1}{2}}$ 属于 $\mathcal{C}^\infty$ 类 107

7.15 实值函数的约束极值; Lagrange 乘子 112

7.16 Lagrange 函数及鞍点; 原始和对偶问题 118

第 8 章 $\mathbb{R}^n$ 中的微分几何 127

引言 . . . 127

8.1 $\mathbb{R}^n$ 的开子集中的曲线坐标 . . . 128

8.2 度量张量; 在曲线坐标下的体积和长度 . . . 130

8.3 向量场的共变导数 . . . 135

8.4 张量简介 . . . 140

8.5 度量张量满足的必要条件; Riemann 曲率张量 . . . 148

8.6 具有指定度量张量的 $\mathbb{R}^n$ 开子集上浸入的存在性; Riemann 几何的基本定理 . . . 151

8.7 具有同一度量张量的浸入在相差一等距意义下的唯一性; $\mathbb{R}^n$ 中开子集的刚性定理 . . . 161

8.8 $\mathbb{R}^3$ 中曲面上的曲线坐标 . . . 167

8.9 曲面的第一基本形式; 曲面上的面积, 长度和角度 . . . 170

8.10 等距, 等积及保形曲面 . . . 175

8.11 曲面的第二基本形式; 曲面上的曲率 . . . 178

8.12 主曲率; Gauss 曲率 . . . 182

8.13 定义在曲面上向量场的共变导数; Gauss 公式和 Weingarten 公式 . . . 187

8.14 第一和第二基本形式满足的必要条件: Gauss 方程和 Codazzi-Mainardi 方程 . . . 192

8.15 Gauss 绝妙定理; 在制图学上的应用 . . . 195

8.16 具有指定第一和第二基本形式的曲面的存在性; 曲面基本定理 . . . 198

8.17 具有相同基本形式的曲面的唯一性; 曲面的刚性定理 . . . 207

第 9 章 非线性泛函分析的重要定理 211

引言 . . . 211

9.1 作为与泛函极小化相关的 Euler-Lagrange 方程的非线性偏微分方程 . . . 213

9.2 凸函数和在 $\mathbb{R} \cup \{\infty\}$ 中取值的序列下半连续函数 . . . 218

9.3 强制序列弱下半连续泛函极小化子的存在性 . . . 225

9.4 对 von Kármán 方程的应用 . . . 229

9.5 在 $W^{1,p}(\Omega)$ 中的极小化子的存在性 . . . 237

9.6 对 p-Laplace 算子的应用 . . . 246

9.7 多凸性; 补偿紧性; 非线性弹性中的 John Ball 存在定理 . . . 248

9.8 Ekeland 变分原理; 满足 Palais-Smale 条件的泛函极小化子的存在性 . . . 267
9.9 Brouwer 不动点定理 —— 第一个证明 . . . 274
9.10 Brouwer 定理的应用: 借助 Galerkin 方法求解 von Kármán 方程 . . . 282
9.11 Brouwer 定理的应用: 借助 Galerkin 方法求解 Navier-Stokes 方程 . . . 285
9.12 Schauder 不动点定理; Schäfer 不动点定理; Leray-Schauder 不动点定理 . . . 291
9.13 单调算子 . . . 297
9.14 单调算子的 Minty-Browder 定理; 对 p-Laplace 算子的应用 . . . 300
9.15 $\mathbb{R}^n$ 中的 Brouwer 拓扑度: 定义和性质 . . . 306
9.16 Brouwer 不动点定理 —— 第二个证明; 毛球定理 . . . 323
9.17 Borsuk 定理及 Borsuk-Ulam 定理; Brouwer 区域不变性定理 . . . 325

文献注释 **335**

参考文献 **339**

主要符号 **373**

名词索引 **381**

第 7 章　赋范向量空间中的微分学

引言

本章我们正式开始讨论非线性泛函分析的课题, 其内容集中于任意赋范向量空间之间映射的可导性.

更具体地说, 给定两个赋范向量空间 X 和 Y 之间的一个映射 $f : X \to Y$, f 在点 $a \in X$ 的 *Fréchet* 导数 (如果存在的话) 定义为唯一的元素 $f'(a) \in \mathcal{L}(X;Y)$, 它满足

$$f(a+h) = f(a) + f'(a)h + \|h\|_X \delta(h),$$

其中 $\delta(h) \to 0$ 在 Y 中, 当 $h \to 0$ 在 X 中时 (7.1 节). 从这个自然的定义, 可以得到一系列的结论, 它们推广了关于单变量实值函数许多众所周知的性质, 譬如链式法则 (定理 7.1-3); 极为重要的中值定理 (其各种形式可见定理 7.2-1, 7.2-2 及 7.6-1); *Sard* 引理 (定理 7.5-1), 其在 *Brouwer* 拓扑度的定义 (第 9 章) 中起着关键作用; 可微函数序列极限的可微性 (定理 7.3-1); 由积分定义的函数的可微性 (定理 7.4-1); 以及对具有高阶导数 (在 7.8 节中定义) 的函数的 *Schwarz* 引理 (定理 7.8-1) 和 *Taylor* 公式 (定理 7.9-1).

作为链式法则的一个应用, 我们给出 *Piola* 恒等式 (定理 7.1-4) 的证明. 这个基本的恒等式在第 9 章关于 *Brouwer* 不动点定理及 *Ball* 存在定理的两个证明中起着关键作用.

我们的着重点也是在应用方面, 这其中包括实值函数极值的必要及充分条件的分析, 这关系到其可微性 (7.9 节) 及凸性 (7.12 节) 等性质; *Newton-Kantorovich* 定理 (定理 7.7-3) 的详尽证明, 该定理为 *Banach* 空间中的 *Newton* 方法的收敛性提供了充分条件; 还有二阶线性椭圆算子的极大值原理 (定理 7.10-2) 以及 $\mathbb{R}^n$ 中的一

般 *Lagrange* 插值和多点 *Taylor* 分式 (7.11 节).

本章最重要的部分之一是隐函数定理 (定理 7.13-1), 这也是非线性泛函分析最基本的定理之一, 其特殊情况被称为局部反演定理 (定理 7.14-1).

作为隐函数定理的第一个应用, 我们将会看到对于诸如 $A \to A^{-1}$ 或 $A \to A^{\frac{1}{2}}$ 这类映射的可微性, 它可给出非常简洁的证明 (7.13 及 7.14 节). 我们也将阐明, 这个定理对于 *Banach* 中 $\mathcal{C}^1$ 类映射下区域不变性定理 (定理 7.14-2) 的证明起着核心作用. 要注意, 对于有限维的情况, 利用实质上更为精细的分析, 这个定理稍后可扩展到所讨论的映射仅仅是连续的情况 (9.17 节).

我们以证明一般约束优化问题的 *Lagrange* 乘子的存在性 (定理 7.15-1 和 7.15-2), 以及关于鞍点和 *Lagrange* 函数 (7.16 节) 简明扼要的讨论来结束这一章.

除非另外指出, 本章中讨论的所有函数、矩阵以及向量空间均为实的.

7.1 Fréchet 导数; 链式法则; Piola 恒等式; 对实值函数极值的应用

我们回忆一下, 给定两个赋范向量空间 X 和 Y, 符号 $\mathcal{L}(X;Y)$, 或当 $X=Y$ 时简记为 $\mathcal{L}(X)$, 表示所有从 X 到 Y 的连续线性映射所形成的向量空间. 在装备了由下式定义的范数

$$\|A\|_{\mathcal{L}(X;Y)} := \sup_{\begin{cases} x \in X \\ x \neq 0 \end{cases}} \frac{\|Ax\|_Y}{\|x\|_X} \quad \text{对每个 } A \in \mathcal{L}(X;Y)$$

后, 空间 $\mathcal{L}(X;Y)$ 就成为赋范向量空间, 如果空间 Y 是完备的, 该空间也是完备的. 当 $Y=\mathbb{R}$ 时, 空间 $X' := \mathcal{L}(X;\mathbb{R})$ 是空间 X 的对偶空间 (2.9 和 3.5 节).

设 X 和 Y 是赋范向量空间, 而 Ω 是空间 X 的一个开子集. 一个映射 $f:\Omega \subset X \to Y$ 称为**在点 $a \in \Omega$ 处是可微的**, 如果存在空间 $\mathcal{L}(X;Y)$ 的元素 A 使得

$$f(a+h) = f(a) + Ah + \|h\|_X \delta(h),$$

其中

$$\lim_{h \to 0} \delta(h) = 0 \quad \text{在 } Y \text{ 中}.$$

要注意, 在此定义中及下面, 不言而喻的是, 在上述关系式中只有属于集合 Ω 的点 $(a+h)$ 在考虑的范围内. 下面给出两条简单但却重要的推论.

第一, 如果 $f:\Omega \subset X \to Y$ 在 $a \in \Omega$ 处可微, 则映射 $A \in \mathcal{L}(X;Y)$ 是唯一的. 为说明这个结论, 设 $r_0 > 0$ 使得 $B(a;r_0) \subset \Omega$ (由假设, Ω 是开集), 又假定 (符号的意义

是自明的)

$$\begin{aligned} f(a+h) &= f(a) + A_1 h + \|h\|\delta_1(h) \\ &= f(a) + A_2 h + \|h\|\delta_2(h) \quad \text{对所有 } \|h\| < r_0, \end{aligned}$$

则

$$\|(A_1 - A_2)h\| \leqslant \|h\|(\|\delta_1(h) - \delta_2(h)\|) \quad \text{对所有 } \|h\| < r \leqslant r_0,$$

所以 $A_1 = A_2$, 此因

$$\|A_1 - A_2\| = \sup_{\begin{cases} h \neq 0 \\ \|h\| < r \end{cases}} \frac{\|(A_1 - A_2)h\|}{\|h\|} \leqslant \sup_{\|h\|<r} \|\delta_1(h) - \delta_2(h)\|$$

在令 $r \to 0$ 时可以任意小.

第二, 映射 $f : \Omega \subset X \to Y$ 在 $a \in \Omega$ 处可微则一定在 a 处连续, 此因

$$\|f(a+h) - f(a)\| \leqslant (\|A\| + \|\delta(h)\|)\|h\| \quad \text{对所有 } \|h\| < r.$$

以这种方式定义的线性映射 $A \in \mathcal{L}(X;Y)$ 记为 $f'(a)$, 并称为映射 f 在点 a 处的 **Fréchet 导数**[1], 或简称为**导数**. 如果 $X = \mathbb{R}$ 而 x 表示 $\mathbb{R}$ 上的一般点, 在点 $a \in \Omega \subset \mathbb{R}$ 处的导数 $f'(a)$ 也表示为

$$\frac{df}{dx}(a) := f'(a).$$

注 在 $X = \mathbb{R}$ 的特殊情况, 函数 $f : \Omega \subset \mathbb{R} \to Y$ 在 $a \in \Omega$ 处的导数经典地定义为

$$f'(a) = \lim_{\begin{cases} h \to 0 \\ h \neq 0 \end{cases}} \frac{f(a+h) - f(a)}{h} \text{ (如果这个极限存在)},$$

当然 $\lim_{\begin{cases} h \to 0 \\ h \neq 0 \end{cases}} \delta(h) = 0$ 在 Y 内, 其中 $\delta(h) := \frac{f(a+h)-f(a)-f'(a)h}{h}$. 所以在这种特殊情况, 两种定义是一致的, 这是由于空间 Y 可等同于空间 $\mathcal{L}(\mathbb{R};Y)$. 但除这种特殊情况外, 导数 $f'(a) \in \mathcal{L}(X;Y)$ 不能等同于 Y 的一个元素. □

如果映射 $f : \Omega \subset X \to Y$ 在开集 Ω 的所有点上都是可微的, 则称其**在 Ω 内可微**. 在这种情况下, 如果适定的映射

$$f' : x \in \Omega \subset X \to f'(x) \in \mathcal{L}(X;Y)$$

是连续的, 则称 f 是**在 Ω 内连续可微的**, 或简称**在 Ω 内是 $\mathcal{C}^1$ 类的**. 所有从 Ω 到 Y 的连续可微映射的空间表示为

$$\mathcal{C}^1(\Omega;Y), \text{ 或简记为 } \mathcal{C}^1(\Omega) \quad \text{若 } Y = \mathbb{R}.$$

[1]冠名源自 Maurice Fréchet (1878—1973).

立即可以验证得, 如果 $f:\Omega\subset X\to Y$ 和 $g:\Omega\subset X\to Y$ 在 $a\in\Omega$ 是可微的, 则 $(f+g)$ 和 αf 对任意 $\alpha\in\mathbb{R}$ 在 $a\in\Omega$ 也是可微的, 而且 $(f+g)'(a)=f'(a)+g'(a)$ 和 $(\alpha f)'(a)=\alpha f'(a)$. 因此空间 $\mathcal{C}^1(\Omega;Y)$ 是向量空间.

注 当 $X=\mathbb{R}^n$ 及 $Y=\mathbb{R}$ 时, 空间 $\mathcal{C}^1(\Omega;Y)=\mathcal{C}^1(\Omega)$ 可装备一可距离化的拓扑, 称为 *Fréchet* 拓扑 (习题 7.8-3). □

如果 $f\in\mathcal{C}^1(\Omega;Y)$, 此外 $f:\Omega\to Y$ 是单射, 直接像 $f(\Omega)$ 在 Y 中是开的, 而且 $f^{-1}\in\mathcal{C}^1(f(\Omega);X)$, 则称映射 f 是 Ω 到 $f(\Omega)$ 上的 $\mathcal{C}^1$ **微分同胚.**

注 如果 $X=Y=\mathbb{R}^n$, $\mathbb{R}^n$ 的开子集 Ω 在单射 $f\in\mathcal{C}(\Omega;\mathbb{R}^n)$ 下的直接像 $f(\Omega)$ 在 $\mathbb{R}^n$ 中自然而然是开的 (注意, 在此并不需要假定 f 是可微的): 这正是深刻的 Brouwer 区域不变性定理 (定理 9.17–3) 中的内容. □

我们现在给出几个映射 $f:\Omega\subset X\to Y$ 的 Fréchet 导数的例子, 其中 X 和 Y 是赋范向量空间, Ω 是 X 中的开集. 先考察连续仿射映射

$$f:x\in X\to f(x)=Ax+b\quad 其中\ A\in\mathcal{L}(X;Y),b\in Y.$$

因为 $f(a+h)=f(a)+Ah$ 对所有 $a\in X$ 及所有 $h\in X$, 这一映射在 X 中是连续可微的, 且

$$f'(x)=A\quad 对所有\ x\in X,$$

故在这种情况, f' 是常映射.

注 利用中值定理 (定理 7.2-1), 我们将看到 (定理 7.2-4), 反过来, 如果 $f'(x)=A\in\mathcal{L}(X;Y)$ 对所有 $x\in\Omega$, 且 Ω 是连通的, 则存在向量 $b\in Y$ 使得 $f(x)=Ax+b$ 对所有 $x\in\Omega$. □

我们现在考察下述情况: 两个空间 X 和 Y 中有一个是积空间, 并装备以任一能诱导出积拓扑 (2.2 节) 的范数.

定理 7.1-1 如果空间 Y 是赋范向量空间 Y_i 的积 $Y=Y_1\times Y_2\times\cdots\times Y_m$, 那么由 m 个分量映射 $f_i:\Omega\subset X\to Y_i, 1\leqslant i\leqslant m$ 定义的映射 $f:\Omega\subset X\to Y$ 在一点 $a\in\Omega$ 是可微的充分必要条件是每一映射 $f_i, 1\leqslant i\leqslant m$, 在同一点 a 是可微的.

如果上述情况成立, 导数 $f'(a)\in\mathcal{L}(X;Y)$ 就可等同于积空间 $\mathcal{L}(X;Y_1)\times\mathcal{L}(X;Y_2)\times\cdots\times\mathcal{L}(X;Y_m)$ 的元素 $(f_1'(a),f_2'(a),\cdots,f_m'(a))$.

证明 为确定起见, 假定 Y 装备由 $y=(y_i)_{i=1}^m\in Y\to\|y\|=\max_{1\leqslant i\leqslant m}\|y_i\|_{Y_i}$ 定义的范数.

如果 $f=(f_i)_{i=1}^m:\Omega\subset X\to Y$ 在 $a\in\Omega$ 可微, 关系式 $f(a+h)=f(a)+f'(a)h+\|h\|\delta(h)$ 等价于 m 个关系式

$$f_i(a+h)=f_i(a)+A_ih+\|h\|\delta_i(h),\quad 1\leqslant i\leqslant m,$$

其中 $A_i \in \mathcal{L}(X;Y_i)$ 是 $f'(a) \in \mathcal{L}(X;Y)$ 的第 i 个分量. 因为 $\|\delta_i(h)\|_{Y_i} \leqslant \|\delta(h)\|$, 每个映射 $f_i : \Omega \subset X \to Y_i$ 在 a 处都是可微的, 且 $f_i'(a) = A_i$.

如果每个分映射 $f_i, 1 \leqslant i \leqslant m$, 在 $a \in \Omega$ 处都是可微的, 则

$$\begin{aligned} f(a+h) - f(a) &= (f_i(a+h) - f_i(a))_{i=1}^m \\ &= (f_i'(a)h + \|h\|\delta_i(h))_{i=1}^m \\ &= (f_i'(a)h)_{i=1}^m + \|h\|(\delta_i(h))_{i=1}^m. \end{aligned}$$

线性算子 $h \in X \to (f_i'(a)h)_{i=1}^m \in Y$ 是连续的, 此因

$$\max_{1\leqslant i\leqslant m} \|f_i'(a)h\|_{Y_i} \leqslant (\max_{1\leqslant i\leqslant m} \|f_i'(a)\|)\|h\| \quad \text{对所有 } h \in X,$$

而且由于 $\|\delta(h)\| = \max_{1\leqslant i\leqslant m} \|\delta_i(h)\|_{Y_i}$, 有 $\lim_{h\to 0} \delta(h) := \lim_{h\to 0}(\delta_i(h))_{i=1}^m = 0$*) 在 Y 中, 所以 f 在 a 处可微, 且 $f'(a) = (f_i'(a))_{i=1}^m$. □

下面考察当空间 X 是赋范向量 X_j 的积 $X = X_1 \times X_2 \times \cdots \times X_n$ 的情况. 给定一点 $a = (a_1, a_2, \cdots, a_n) \in \Omega$, 对每一个指标 j, 存在空间 X_j 包含 a_j 的开子集 Ω_j, 使得开集 $\Omega_1 \times \Omega_2 \times \cdots \times \Omega_n$ 包含在 Ω 中. 如果对某个 $1 \leqslant j \leqslant n$, 偏映射

$$f(a_1, \cdots, a_{j-1}, \cdot, a_{j+1}, \cdots, a_n) : \Omega_j \subset X_j \to Y$$

在点 $a_j \in \Omega_j$ 处是可微的, 其导数称为映射 f 在点 a 处的**第 j 个偏导数**, 记为

$$\partial_j f(a) \in \mathcal{L}(X_j; Y).$$

如果 x_j 表示空间 X_j 中的一般点, 这个偏导数也可表示为

$$\frac{\partial f}{\partial x_j}(a) := \partial_j f(a).$$

定理 7.1-2 如果映射 $f : \Omega \subset X = X_1 \times X_2 \times \cdots \times X_n \to Y$ 在一点 $a \in \Omega$ 可微, 则 n 个偏导数 $\partial_j f(a), 1 \leqslant j \leqslant n$, 存在且

$$f'(a)h = \sum_{j=1}^n \partial_j f(a) h_j \quad \text{对所有 } h = (h_1, h_2, \cdots, h_n) \in X_1 \times X_2 \times \cdots \times X_n.$$

证明 为避免烦琐的符号, 假设 $n = 2$ (到任何 $n \geqslant 3$ 情况的推广是显然的). 为确定起见, 我们也假定 X 装备以由 $x = (x_1, x_2) \in X \to \|x\| = \max\{\|x_1\|_{X_1}, \|x_2\|_{X_2}\}$ 定义的范数.

立即可以验证, 有了导数 $f'(a) \in \mathcal{L}(X;Y)$, 利用关系式

$$A_1 h_1 = f'(a)(h_1, 0) \text{ 对所有 } h_1 \in X_1 \quad \text{及} \quad A_2 h_2 = f'(a)(0, h_2) \text{ 对所有 } h_2 \in X_2,$$

*) 原文在此是 $\lim_{h\to 0} \delta(h) := (\delta_i(h))_{i=0}^m = 0$. ——译者注

可定义连续线性算子 $A_1 \in \mathcal{L}(X_1;Y)$ 和 $A_2 \in \mathcal{L}(X_2;Y)$, 而且

$$f'(a)(h_1,h_2) = A_1h_1 + A_2h_2 \quad \text{对所有 } (h_1,h_2) \in X_1 \times X_2.$$

所以

$$f(a_1+h_1,a_2) = f(a_1,a_2) + f'(a)(h_1,0) + \|(h_1,0)\|\delta(h_1,0),$$

这说明 $A_1 = \partial_1 f(a)$, 此因 $\|(h_1,0)\|\delta(h_1,0) = \|h_1\|_{X_1}\delta_1(h_1)$, 而 $\lim_{h_1\to 0}\delta_1(h_1) = 0$. 类似的推导可证明 $A_2 = \partial_2 f(a)$. □

在 Y 是积空间时, 映射在一点可微的充分必要条件是其所有的分量映射在同一点是可微的 (定理 7.1-1). 但不同的是, 当 X 是积空间时, 即使所有的偏映射都在同一点可微, 该映射也可能在这一点不可微 (习题 7.1-3). 但是可以证明, 当 X 是积空间时, $f \in \mathcal{C}^1(\Omega;Y)$ 的充分必要条件是 $\partial_j f \in \mathcal{C}(\Omega;\mathcal{L}(X_j;Y)), 1 \leqslant j \leqslant n$ (定理 7.2-3).

最后, 假定

$$X = X_1 \times X_2 \times \cdots \times X_n \quad \text{及} \quad Y = Y_1 \times Y_2 \times \cdots \times Y_m,$$

在这种情况下, 一个函数 $f:\Omega \subset X \to Y$ 由 n 个变量的 m 个函数 $f_i:\Omega \subset X \to Y_i$ 确定. 那么关系式

$$k = f'(a)h \quad \text{其中 } h = (h_1,h_2,\cdots,h_n) \in X \text{ 及 } k = (k_1,k_2,\cdots,k_m) \in Y$$

就等价于关系式

$$k_i = \sum_{j=1}^{n} \partial_j f_i(a)h_j, \quad 1 \leqslant i \leqslant m.$$

在 $X = \mathbb{R}^n, Y = \mathbb{R}^m$ 这一重要的特殊情况, 关系式 $k = f'(a)h$ 可以写为矩阵形式

$$\begin{pmatrix} k_1 \\ k_2 \\ \vdots \\ k_m \end{pmatrix} = \begin{pmatrix} \partial_1 f_1(a) & \partial_2 f_1(a) & \cdots & \partial_n f_1(a) \\ \partial_1 f_2(a) & \partial_2 f_2(a) & \cdots & \partial_n f_2(a) \\ \vdots & \vdots & & \vdots \\ \partial_1 f_m(a) & \partial_2 f_m(a) & \cdots & \partial_n f_m(a) \end{pmatrix} \begin{pmatrix} h_1 \\ h_2 \\ \vdots \\ h_n \end{pmatrix},$$

这里, 数量 $\partial_j f_i(a) = (\partial f_i/\partial x_j)(a)$ 就是函数 f_i 的通常偏导数. 因此在这种情况下, Fréchet 导数 $f'(a) \in \mathcal{L}(\mathbb{R}^n;\mathbb{R}^m)$ 与矩阵 $(\partial_j f_i(a))$ 等同, 后者也称为 f 在 a 处的**梯度矩阵**, 常表示为

$$\nabla f(a) := (\partial_j f_i(a)).$$

如果 $m = n$, 矩阵 $(\partial_j f_i(a))$ 的行列式称为函数 f 在点 a 处的 **Jacobi 行列式**[2)].

[2)]冠名源自 Carl Gustav Jacob Jacobi (1804—1851).

设 X_1, X_2, Y 是赋范向量空间. 回忆一下 (2.11 节), 一个双线性映射 $B : X_1 \times X_2 \to Y$ 是连续的当且仅当下式成立:

$$\|B\| := \sup_{\begin{cases} x_1 \in X_1, x_2 \in X_2 \\ x_1 \neq 0, x_2 \neq 0 \end{cases}} \frac{\|B(x_1, x_2)\|_Y}{\|x_1\|_{X_1} \|x_2\|_{X_2}} < \infty.$$

连续的双线性映射 $B : X_1 \times X_2 \to Y$ 在空间 $X_1 \times X_2$ 的所有点均是可微的, 此因

$$B(a_1 + h_1, a_2 + h_2) = B(a_1, a_2) + B(h_1, a_2) + B(a_1, h_2) + B(h_1, h_2)$$

对所有 $(a_1, a_2) \in X_1 \times X_2$ 和所有 $h = (h_1, h_2) \in X_1 \times X_2$, 而且

$$\|B(h_1, h_2)\| \leqslant \|B\| \|h_1\|_{X_1} \|h_2\|_{X_2}.$$

因此 $B(h_1, h_2) = \|h\| \delta(h)$, 且 $\lim_{h \to 0} \delta(h) = 0$ 在 Y 中 (要验证这一点, 可在空间 $X_1 \times X_2$ 中装备范数 $\|x\| = \max(\|x_1\|_{X_1}, \|x_2\|_{X_2})$ 对所有 $x = (x_1, x_2) \in X_1 \times X_2$). 所以其导数和偏导数分别由下述诸式定义:

$$B'(a_1, a_2)(h_1, h_2) = B(h_1, a_2) + B(a_1, h_2),$$
$$\partial_1 B(a_1, a_2) h_1 = B(h_1, a_2) \quad \text{及} \quad \partial_2 B(a_1, a_2) h_2 = B(a_1, h_2).$$

若 $X_1 = X_2 = X$, 类似的计算说明, 映射 $f : x \in X \to f(x) := B(x, x) \in Y$ 也是可微的, 且 $f'(a)h = B(a, h) + B(h, a)$ 对所有 $a, h \in X$. 如果进而假定双线性映射 $B : X \times X \to Y$ 是对称的, 即 $B(x, \widetilde{x}) = B(\widetilde{x}, x)$ 对所有 $x, \widetilde{x} \in X$, 上述公式就化为 $f'(a)h = 2B(a, h)$.

如上面的例子所示, 导数 $f'(a) \in \mathcal{L}(X; Y)$ 通常根据它在 X 中向量上的作用来计算, 即计算的是对空间 X 中任意向量 h 的向量表达式

$$f'(a)h = \lim_{\begin{cases} \theta \to 0 \\ \theta \neq 0 \end{cases}} \frac{f(a + \theta h) - f(a)}{\theta} \in Y,$$

而不是 $f'(a)$ 本身.

也要注意, $f'(a)h$ 只是函数

$$\theta \in I(h) \subset \mathbb{R} \to f(a + \theta h) \in Y$$

在 $\theta = 0$ 处的导数, 该函数定义在 $\mathbb{R}$ 中包含原点的一个开区间 $I(h)$ 上. 从这个角度出发, 诱导出下面的定义. 给定映射 $f : \Omega \subset X \to Y$, 一点 $a \in \Omega$, 及一个非零向量 $h \in X$, 假定函数 $\theta \in I(h) \subset \mathbb{R} \to f(a + \theta h) \in Y$ 在 $\theta = 0$ 处是可微的, 则称 f

于 $a \in \Omega$ 处具有**在方向 h 上的 Gâteaux 导数**[3], 也称为**方向导数**, 它由下式定义:

$$\partial_h f(a) := \lim_{\substack{\theta \to 0 \\ \theta \neq 0}} \frac{f(a+\theta h) - f(a)}{\theta} \in Y.$$

显然, 如果 f 在 $a \in \Omega$ 处可微, 它定在所有的方向 $h \in X$ 上都具有 *Gâteaux* 导数. 但是反之并不一定成立 (习题 7.1-3).

Gâteaux 导数的例子包括, 当 $X = \mathbb{R}^n$ 时通常的偏导数 (在这种情况下, 向量 h 就是 $\mathbb{R}^n$ 的基向量), 以及由 $\partial_\nu f(a) := \sum_{i=1}^n \nu_i \partial_i f(a)$ 定义的外法向微分算子 ∂_ν, 这里 a 是 $\mathbb{R}^n$ 的开子集边界上的一点, 而在此点单位外法向量 $\nu = (\nu_i)_{i=1}^n$ 存在.

为了说明如何利用 Gâteaux 导数来计算导数, 我们来计算映射

$$\iota_1 : \boldsymbol{A} \in \mathbb{M}^n \to \iota_1(\boldsymbol{A}) := \mathrm{tr}\boldsymbol{A} \quad 及 \quad \iota_n : \boldsymbol{A} \in \mathbb{M}^n \to \iota_n(\boldsymbol{A}) := \det \boldsymbol{A}$$

的导数, 其中 $\mathbb{M}^n$ 表示所有 n 阶方阵的空间. 由于映射 ι_1 是线性且连续的, 它在任意 $\boldsymbol{A} \in \mathbb{M}^n$ 处均可微 (前面已说明过), 且

$$\iota_1'(\boldsymbol{A})\boldsymbol{H} = \iota_1(\boldsymbol{H}) = \mathrm{tr}\boldsymbol{H} = \boldsymbol{I} : \boldsymbol{H} \quad 对所有 \ \boldsymbol{H} \in \mathbb{M}^n,$$

其中 “:” 表示矩阵内积 (4.2 节).

作为关于矩阵 $\boldsymbol{A}$ 的 n^2 个元素的 n 阶多项式, 映射 ι_n 在空间 $\mathbb{M}^n$ 上显然是连续可微的. 如果矩阵 $\boldsymbol{A}$ 是可逆的, 我们有

$$\begin{aligned}\iota_n(\boldsymbol{A}+\boldsymbol{H}) &= \det(\boldsymbol{A}+\boldsymbol{H}) = \det \boldsymbol{A} \det(\boldsymbol{I} + \boldsymbol{A}^{-1}\boldsymbol{H}) \\ &= (\det \boldsymbol{A})(1 + \mathrm{tr}(\boldsymbol{A}^{-1}\boldsymbol{H}) + o(\boldsymbol{H})) \quad 对所有 \ \boldsymbol{H} \in \mathbb{M}^n,\end{aligned}$$

此因 (由行列式的定义)

$$\det(\boldsymbol{I}+\boldsymbol{E}) = 1 + \mathrm{tr}\boldsymbol{E} + \{一些阶数 \geqslant 2 \ 的单项式\}.$$

我们这就证明了, 当矩阵 $\boldsymbol{A}$ 可逆时

$$\begin{aligned}\iota_n'(\boldsymbol{A})\boldsymbol{H} &= \det \boldsymbol{A} \ \mathrm{tr}(\boldsymbol{A}^{-1}\boldsymbol{H}) \\ &= \mathrm{tr}\{(\mathbf{Cof}\ \boldsymbol{A})^T \boldsymbol{H}\} = \mathbf{Cof}\ \boldsymbol{A} : \boldsymbol{H},\end{aligned}$$

其中 $\mathbf{Cof}\ \boldsymbol{A} \in \mathbb{M}^n$ 表示 $\boldsymbol{A}$ 的余子式矩阵 (回忆一下, 若 $\boldsymbol{A}$ 是可逆的, $\mathbf{Cof}\ \boldsymbol{A} = (\det \boldsymbol{A})\boldsymbol{A}^{-T}$). 注意到映射 $\boldsymbol{A} \in \mathbb{M}^n \to \mathbf{Cof}\ \boldsymbol{A} \in \mathbb{M}^n$ 是连续的, 所以关系式

$$\iota_n'(\boldsymbol{A})\boldsymbol{H} = \mathbf{Cof}\ \boldsymbol{A} : \boldsymbol{H} \quad 对所有 \ \boldsymbol{H} \in \mathbb{M}^n$$

---

[3] 冠名源自下文中的第 25 节:

R.GÂTEAUX [1919]: Fonctions d'une infinité de variables indépendantes, *Bulletin de la Société Mathématique de France* **47**, 70–96.

实际上对所有 $\boldsymbol{A} \in \mathbb{M}^n$ 都成立.

另一个例子, 我们来计算映射

$$f : \boldsymbol{A} \in \mathbb{U}^n \subset \mathbb{M}^n \to \boldsymbol{A}^{-1} \in \mathbb{M}^n$$

的导数, 其中 $\mathbb{U}^n$ 表示所有 n 阶可逆矩阵的集合. 由定理 3.6-3, 集合 $\mathbb{U}^n$ 在 $\mathbb{M}^n$ 中是开的, 而且 $\boldsymbol{A} + \boldsymbol{H} = \boldsymbol{A}(\boldsymbol{I} + \boldsymbol{A}^{-1}\boldsymbol{H})$ 是可逆的, 如果 $\|\boldsymbol{H}\| < \|\boldsymbol{A}^{-1}\|^{-1}$, 其中 $\|\cdot\|$ 是 $\mathbb{M}^n$ 上任一相应的矩阵范数. 所以, 对这样的 $\boldsymbol{H} \in \mathbb{M}^n$, 有

$$\begin{aligned} f(\boldsymbol{A} + \boldsymbol{H}) &= (\boldsymbol{A} + \boldsymbol{H})^{-1} = (\boldsymbol{I} + \boldsymbol{A}^{-1}\boldsymbol{H})^{-1}\boldsymbol{A}^{-1} \\ &= (\boldsymbol{I} - \boldsymbol{A}^{-1}\boldsymbol{H} + o(\boldsymbol{H}))\boldsymbol{A}^{-1} \\ &= \boldsymbol{A}^{-1} - \boldsymbol{A}^{-1}\boldsymbol{H}\boldsymbol{A}^{-1} + o(\boldsymbol{H}), \end{aligned}$$

这里又用到定理 3.6-3. 这就得到, 映射 f 在任意 $\boldsymbol{A} \in \mathbb{U}^n$ 处都是可微的, 而且

$$f'(\boldsymbol{A})\boldsymbol{H} = -\boldsymbol{A}^{-1}\boldsymbol{H}\boldsymbol{A}^{-1} \quad \text{对所有 } \boldsymbol{A} \in \mathbb{M}^n.$$

注 稍后将证明, 映射 f 还是无穷次可微的, 而且上述空间 $\mathbb{M}^n$ 可换为空间 $\mathcal{L}(X;Y)$, 这里 X 和 Y 都是无限维 *Banach* 空间 (定理 7.13-2). □

在许多实例中, 要进行微分的映射是由导数已知的较简单的映射复合而成. 对这种情况, 下述结果是非常有用的.

定理 7.1-3 (链式法则) *设 X, Y, Z 是赋范向量空间, U 和 V 分别是空间 X 和 Y 的开子集, 又设 $f : U \subset X \to Y$ 是在点 $a \in U$ 处可微且使得 $f(U) \subset V$ 的映射, 而 $g : V \subset Y \to Z$ 是在点 $f(a)$ 处可微的映射, 则映射 $g \circ f : U \subset X \to Z$ 在点 $a \in U$ 处可微, 且*

$$(g \circ f)'(a) = g'(f(a))f'(a).$$

此外, 若 $f \in \mathcal{C}^1(U;Y)$, $g \in \mathcal{C}^1(V;Z)$, 则 $g \circ f \in \mathcal{C}^1(U;Z)$.

证明 给定任意一点 $(a + h) \in U$, 令

$$b := f(a) \quad \text{及} \quad k(h) := f(a + h) - b,$$

这就有 $\lim_{h \to 0} k(h) = 0$ (由于 f 在 a 点可微故在 a 点连续). 由假设, 有

$$\begin{aligned} f(a + h) &= f(a) + f'(a)h + \|h\|\delta(h), \text{ 其中 } \lim_{h \to 0} \delta(h) = 0, \\ g(b + k) &= g(b) + g'(b)k + \|k\|\eta(k), \text{ 其中 } \lim_{k \to 0} \eta(k) = 0. \end{aligned}$$

故

$$\begin{aligned} (g \circ f)(a + h) - (g \circ f)(a) &= g(f(a + h)) - g(b) \\ &= g'(b)(f(a + h) - f(a)) + \|k(h)\|\eta(k(h)) \\ &= g'(b)(f'(a)h + \|h\|\delta(h)) + \|k(h)\|\eta(k(h)). \end{aligned}$$

关系式

$$\begin{aligned}\|g'(b)(\|h\|\delta(h))\| &\leqslant \|h\|\|g'(b)\|\|\delta(h)\|,\\ \|k(h)\| &= \|f(a+h)-f(a)\|\\ &= \|f'(a)h+\|h\|\delta(h)\|\\ &\leqslant \|h\|(\|f'(a)\|+\|\delta(h)\|)\end{aligned}$$

则意味着

$$g'(b)(\|h\|\delta(h))+\|k(h)\|\eta(k(h))=\|h\|\rho(h),\ \text{其中}\ \lim_{h\to 0}\rho(h)=0,$$

这就证明了 $g\circ f:U\subset X\to Z$ 在 $a\in U$ 处是可微的, 而且 $(g\circ f)'(a)=g'(f(a))f'(a)$.

现在假设 $f\in\mathcal{C}^1(U;Y)$ 和 $g\in\mathcal{C}^1(V;Z)$. 映射 $f':U\to\mathcal{L}(X;Y)$ 以及 $g'\circ f:U\to\mathcal{L}(Y;Z)$ 就都是连续的 (后一结论是利用定理 1.7-2, 因为映射 $g':V\to\mathcal{L}(Y;Z)$ 和 $f:U\to V$ 都是连续的), 映射 $x\in U\to(f'(x),g'(f(x)))\in\mathcal{L}(X;Y)\times\mathcal{L}(Y;Z)$ 也是连续的.

注意到双线性映射 $(A,B)\in\mathcal{L}(X;Y)\times\mathcal{L}(Y;Z)\to B\circ A\in\mathcal{L}(X;Z)$ 是连续的 (因为 $\|B\circ A\|\leqslant\|B\|\|A\|$ 对所有 $(A,B)\in\mathcal{L}(X;Y)\times\mathcal{L}(Y;Z)$), 我们得到 (再用定理 1.7-2), 复合映射

$$(g\circ f)'=(g'\circ f)\circ f':U\to\mathcal{L}(X;Z)$$

也是连续的, 所以 $g\circ f\in\mathcal{C}^1(U;Z)$. □

在 $X=\mathbb{R}^n,Y=\mathbb{R}^m$ 及 $Z=\mathbb{R}^l$ 的特殊情况, 设 $h:=g\circ f$ 和 $b:=f(a)$, 则链式法则说明, 在这种情况下有

$$\begin{pmatrix}\partial_1h_1(a) & \cdots & \partial_nh_1(a)\\ \vdots & & \vdots\\ \partial_1h_l(a) & \cdots & \partial_nh_l(a)\end{pmatrix}=\begin{pmatrix}\partial_1g_1(b) & \cdots & \partial_mg_1(b)\\ \vdots & & \vdots\\ \partial_1g_l(b) & \cdots & \partial_mg_l(b)\end{pmatrix}\begin{pmatrix}\partial_1f_1(a) & \cdots & \partial_nf_1(a)\\ \vdots & & \vdots\\ \partial_1f_m(a) & \cdots & \partial_nf_m(a)\end{pmatrix},$$

它就是熟知的公式:

$$\partial_jh_i(a)=\sum_{k=1}^m\partial_kg_i(b)\partial_jf_k(a),\quad 1\leqslant i\leqslant l,\quad 1\leqslant j\leqslant n$$

的矩阵形式.

当 X 是 *Hilbert* 空间时, 实值函数 $f:\Omega\subset X\to\mathbb{R}$ 在点 $a\in\Omega$ 处的导数可等同于空间 X 中的一个元素. 因为根据定义导数 $f'(a)$ 是对偶空间 $X'=\mathcal{L}(X;\mathbb{R})$ 的一个元素, 而 X 是具有内积 $(\cdot,\cdot)$ 的 Hilbert 空间, 由 F. Riesz 表示定理 (定理 4.6-1), 存在空间 X 中的唯一元素, 以 $\mathrm{grad}f(a)$ 表之, 满足

$$f'(a)h=(\mathrm{grad}f(a),h)\quad\text{对所有 } h\in X.$$

但要注意, 当 $X = \mathbb{R}^n$ 时, 向量 $\mathrm{grad}f(a)$ 也常被表示为 $\nabla f(a)$ (如在第 6 章中), 这就可能引起混淆, 因为根据本节前面给出的定义, 同一符号 $\nabla f(a)$ 也表示一个 $1 \times n$ 行矩阵.

例如, 如果空间 $\mathbb{M}^n$ 装备以矩阵内积, 映射 $\iota_1 : \boldsymbol{A} \in \mathbb{M}^n \to \iota_1(\boldsymbol{A}) := \mathrm{tr}\boldsymbol{A} \in \mathbb{R}$ 及 $\iota_n : \boldsymbol{A} \in \mathbb{M}^n \to \iota_n(\boldsymbol{A}) := \det \boldsymbol{A}$ 在矩阵 $\boldsymbol{A} \in \mathbb{M}^n$ 处的 Fréchet 导数 $\iota_1'(\boldsymbol{A})$ 和 $\iota_n'(\boldsymbol{A})$ 可分别等同于 $\boldsymbol{I}$ 和 $\mathbf{Cof}\,\boldsymbol{A}$.

作为链式法则的第一个应用, 我们证明, 如果两个矩阵场通过 *Piola* 变换 (下面定理 7.1-4(b) 中予以定义) 相关联, 那么它们的散度也将通过一个非常简单的关系式相联系[4]. 这个关系式本身是基本 *Piola* 恒等式 (定理 7.1-4(a)) 的一个推论, 该恒等式对于导出一个关于补偿紧的结果起着尤为关键的作用. 而这个结果在 John Ball 定理 (9.7 节) 及本书中给出的 Brouwer 不动点定理的两个证明 (9.9 节和 9.16 节) 中都要用到.

下面, 拉丁指标在 $\{1, \cdots, n\}$ 中变化. 分别给定可微矩阵场 $\boldsymbol{T} = (T_{ij}) : \Omega \to \mathbb{M}^n$ 及 $\widehat{\boldsymbol{T}} = (\widehat{T}_{ij}) : \widehat{\Omega} \to \mathbb{M}^n$, 其中 Ω 及 $\widehat{\Omega}$ 分别是 $\mathbb{R}^n$ 的开子集, 它们的散度是分别由

$$(\mathbf{div}\,\boldsymbol{T}(x))_i := \sum_j \partial_j T_{ij}(x) \quad \text{及} \quad (\widehat{\mathbf{div}}\,\widehat{\boldsymbol{T}}(\widehat{x}))_i := \sum_j \widehat{\partial}_j \widehat{T}_{ij}(\widehat{x})$$

定义的向量场 $\mathbf{div}\,\boldsymbol{T} : \Omega \to \mathbb{R}^n$ 及 $\widehat{\mathbf{div}}\,\widehat{\boldsymbol{T}} : \widehat{\Omega} \to \mathbb{R}^n$, 其中 $x = (x_i)$ 及 $\widehat{x} = (\widehat{x}_i)$ 分别表示 Ω 及 $\widehat{\Omega}$ 中的一般点.

定理 7.1-4 (Piola 恒等式和 Piola 变换[5]) 设 Ω 和 $\widehat{\Omega}$ 是 $\mathbb{R}^n$ 中的两个开子集, $\varphi : \Omega \to \widehat{\Omega}$ 是在 Ω 中二次可微的映射.

(a) **Piola 恒等式**成立, 即

$$\mathbf{div}\,\mathbf{Cof}\,\boldsymbol{\nabla}\varphi = \mathbf{0} \quad \text{在 } \Omega \text{ 中}.$$

(b) 给定矩阵场 $\widehat{\boldsymbol{T}} : \widehat{\Omega} \to \mathbb{M}^n$, 设矩阵场 $\boldsymbol{T} : \Omega \to \mathbb{M}^n$ 由 **Piola 变换**定义, 即

$$\boldsymbol{T}(x) := \widehat{\boldsymbol{T}}(\widehat{x})\mathbf{Cof}\,\boldsymbol{\nabla}\boldsymbol{\varphi}(x) \quad \text{对所有 } \widehat{x} = \boldsymbol{\varphi}(x) \in \widehat{\Omega}.$$

假设场 $\widehat{\boldsymbol{T}}$ 在 $\widehat{\Omega}$ 中是可微的而且梯度矩阵 $\boldsymbol{\nabla}\boldsymbol{\varphi}(x) \in \mathbb{M}^n$ 在所有点 $x \in \Omega$ 处都是可逆的, 则矩阵场 $\boldsymbol{T}$ 在 Ω 中也是可微的, 而且

$$\mathbf{div}\,\boldsymbol{T}(x) = (\det \boldsymbol{\nabla}\boldsymbol{\varphi}(x))\widehat{\mathbf{div}}\,\widehat{\boldsymbol{T}}(\widehat{x}) \quad \text{对所有 } \widehat{x} = \boldsymbol{\varphi}(x) \in \widehat{\Omega}.$$

证明 在证明中, 所有出现在求和符号下的指标都在 $\{1, \cdots, n\}$ 中变化. 符号 $\mathbb{M}^p$ 表示所有 $p \times p$ 矩阵的集合.

[4]这个关系式在导出三维连续介质的平衡方程中起着非常关键的作用, 例如可参阅 Ciarlet [1988, 第 2 章].

[5]冠名源自 Gabrio Piola (1794—1850).

(i) 为了确立 Piola 恒等式, 我们要证明, 对每个 $1 \leqslant i \leqslant n$, 有

$$\sum_j \partial_j(\mathbf{Cof}\,\boldsymbol{\nabla}\boldsymbol{\varphi})_{ij} = 0.$$

设 $i \in \{1, \cdots, n\}$ 是固定的指标. 由余子式矩阵的定义

$$(\mathbf{Cof}\,\boldsymbol{\nabla}\boldsymbol{\varphi})_{ij} = (-1)^{i+j} \det \boldsymbol{A}_{ij},$$

其中 $\boldsymbol{A}_{ij} : \Omega \to \mathbb{M}^{n-1}$ 表示删去矩阵场 $\boldsymbol{\nabla}\boldsymbol{\varphi}^T : \Omega \to \mathbb{M}^n$ 的第 i 列和第 j 行所得的矩阵场. 这就得

$$\sum_j \partial_j(\mathbf{Cof}\,\boldsymbol{\nabla}\boldsymbol{\varphi})_{ij} = \sum_j (-1)^{i+j} \sum_{k \neq j} \det \boldsymbol{A}_{ij}^k,$$

其中, 对每个 $k \neq j, \boldsymbol{A}_{ij}^k : \Omega \to \mathbb{M}^{n-1}$ 表示将 $\boldsymbol{A}_{ij}$ 中 $(\partial_k \varphi_1 \cdots \partial_k \varphi_{i-1} \partial_k \varphi_{i+1} \cdots \partial_k \varphi_n)$ 这一行换为 $(\partial_{jk} \varphi_1 \cdots \partial_{jk} \varphi_{i-1} \partial_{jk} \varphi_{i+1} \cdots \partial_{jk} \varphi_n)$ 所得的矩阵场. 而 $\partial_{jk}\varphi_i = \partial_{kj}\varphi_i$ 意味着

$$\det \boldsymbol{A}_{ij}^k = (-1)^{k-j-1} \det \boldsymbol{A}_{ik}^j.$$

这样就得

$$\begin{aligned}\sum_j (-1)^{i+j} \sum_{k \neq j} \det \boldsymbol{A}_{ij}^k &= \sum_j (-1)^{i+j} \left(\sum_{k \leqslant j-1} \det \boldsymbol{A}_{ij}^k + \sum_{k \geqslant j+1} \det \boldsymbol{A}_{ij}^k \right) \\ &= \sum_{j=1}^n (-1)^{i+j} \left(\sum_{k \leqslant j-1} \det \boldsymbol{A}_{ij}^k + \sum_{k \geqslant j+1} (-1)^{k-j-1} \det \boldsymbol{A}_{ik}^j \right) = 0,\end{aligned}$$

故 Piola 恒等式成立.

(ii) 如果矩阵 $\boldsymbol{\nabla}\boldsymbol{\varphi}(x) \in \mathbb{M}^n$ 在所有点 $x \in \Omega$ 处均可逆, 在这种情况下 Piola 恒等式可重写为

$$\partial_j(\mathbf{Cof}\,\boldsymbol{\nabla}\boldsymbol{\varphi})_{ij} = \partial_j((\det \boldsymbol{\nabla}\boldsymbol{\varphi})\boldsymbol{\nabla}\boldsymbol{\varphi}^{-T})_{ij} = 0,$$

这是由于在 $\boldsymbol{A}$ 可逆时 $\mathbf{Cof}\,\boldsymbol{A} = (\det \boldsymbol{A})\boldsymbol{A}^{-T}$. 关系式

$$T_{ij}(x) = (\det \boldsymbol{\nabla}\boldsymbol{\varphi}(x)) \sum_k \widehat{T}_{ik}(\widehat{x})(\boldsymbol{\nabla}\boldsymbol{\varphi}(x)^{-T})_{kj}, \quad 1 \leqslant i, j \leqslant n,$$

意味着, 对每一个 $1 \leqslant i \leqslant n$, 有

$$\sum_j \partial_j T_{ij}(x) = (\det \boldsymbol{\nabla}\boldsymbol{\varphi}(x)) \sum_{j,k} \partial_j \widehat{T}_{ik}(\widehat{x})(\boldsymbol{\nabla}\boldsymbol{\varphi}(x)^{-T})_{kj},$$

这是因为根据 *Piola* 恒等式其他的项均为零. 进而, 利用链式法则 (定理 7.1-3) 得

$$\partial_j \widehat{T}_{ik}(\widehat{x}) = \sum_l \widehat{\partial}_l \widehat{T}_{ik}(\boldsymbol{\varphi}(x)) \partial_j \varphi_l(x) = \sum_l \widehat{\partial}_l \widehat{T}_{ik}(\widehat{x})(\boldsymbol{\nabla}\boldsymbol{\varphi}(x))_{lj}.$$

再注意到

$$\sum_j (\nabla\varphi(x))_{lj}(\nabla\varphi(x)^{-T})_{kj} = \delta_{lk},$$

就得到定理中所示的 $\operatorname{\mathbf{div}} \boldsymbol{T}(x)$ 与 $\widehat{\mathbf{div}}\, \widehat{\boldsymbol{T}}(\widehat{x})$ 之间的关系式. □

本节最后, 我们要确立在实值函数的极值处, *Fréchet* 导数满足的必要条件, 这一条件是初等的但也是基本的; 以后, 还要给出另一个同样也是基本的包含 Fréchet 导数的必要条件, 即 *Lagrange* 乘子的存在性 (7.15 节).

由于我们心目中的实值函数当然包括椭圆边值问题弱形式中讨论的二次泛函 (第 6 章), 以及更一般的在变分运算中出现的积分 (第 9 章), 我们将暂时不用 $x \in X, f : X \to Y$ 等, 而回到诸如 $v \in V, J : V \to \mathbb{R}$ 等这类符号.

设 Ω 是赋范向量空间 V 中的开子集. 函数 $J : \Omega \subset V \to \mathbb{R}$ 称为在点 $u \in \Omega$ 处有*局部极小*或*局部极大*, 如果存在 u 的一个邻域 $W \subset \Omega$ 使得

$$J(u) \leqslant J(v) \text{ 或 } J(u) \geqslant J(v) \quad \text{对所有 } v \in W.$$

若无须区分是极大还是极小, 就称函数 J 在点 u 处有*局部极值*. 如果

$$J(u) < J(v) \text{ 或 } J(u) > J(v) \quad \text{对每个 } v \in W, v \neq u,$$

那么局部极小、局部极大都称为**严格的**.

随着语言滥用的大流, 我们也将常说, 点 u *本身是*一个 (可能是严格的) 局部极小、极大或极值.

作为出发点, 对于单变量实值函数的一个众所周知的结果, 我们给出自然的推广.

定理 7.1-5 (在开集上局部极值的必要条件) *设 Ω 是赋范向量空间 V 的一个开子集, $J : \Omega \subset V \to \mathbb{R}$ 是在点 $u \in \Omega$ 处可微的函数. 如果 $J : \Omega \to \mathbb{R}$ 在 u 处有局部极值, 则*

$$J'(u) = 0.$$

证明 设 v 是 V 中的任意向量, Ω 是开集, 故存在一个包含原点 O 的开区间 I, 使得函数

$$\varphi : t \in I \to \varphi(t) := J(u + tv)$$

是适定的. 由链式法则 (定理 7.1-3), 函数 φ 在 $t = 0$ 处可微, 且

$$\varphi'(0) = J'(u)v.$$

为确定起见, 设点 u 是局部极小, 则

$$0 \leqslant \lim_{t\to 0^+} \frac{\varphi(t) - \varphi(0)}{t} = \varphi'(0) = \lim_{t\to 0^-} \frac{\varphi(t) - \varphi(0)}{t} \leqslant 0,$$

这说明

$$J'(u)v = 0.$$

因为向量 $v \in V$ 是任意的, 所以 $J'(u) = 0$. □

满足 $J'(u) = 0$ 的点 $u \in \Omega$ 称为函数 J 的**驻点**或**临界点**, 而方程 $J'(u) = 0$ 称为 **Euler 方程**[6)].

注 如果 $V = V_1 \times V_2 \times \cdots \times V_n$, 解 Euler 方程 $J'(u) = 0$ 实际上就是求解 n 个方程 $\partial_j J(u_1, \cdots, u_n) = 0, 1 \leqslant j \leqslant n$, 的方程组. □

如果 $J'(u) = 0$, 要保证 u 确为 J 的一个局部极值, 显然还需要附加假设 (例如, 在 $u = 0$ 处考察函数 $J : v \in \mathbb{R} \to J(v) := v^3$). 这类充分条件, 通常包含 J 的二阶导数或 J 的凸性, 将在以后讨论 (7.9 及 7.12 节).

在定理 7.1-5 中, Ω 是开集这一假设是实质性的 (例如, 可在 $u = 0$ 处考察函数 $J : v \in [0, 1] \to J(v) := v$).

仍设 $J : \Omega \to \mathbb{R}$ 是定义在赋范向量空间 V 的一开子集 Ω 上的函数, U 是 Ω 的一个子集. 如果 J 在集合 U 上的限制 $J|_U$ 在 u 处有局部极值, 就称 J 在点 $u \in \Omega$ 处有**相对于 U 的约束局部极值**. 换言之, J 有约束局部极小或约束局部极大, 如果存在 u 的一个邻域 $W \subset \Omega$ 使得

$$J(u) \leqslant J(v), \text{ 或 } J(u) \geqslant J(v) \quad \text{对所有 } v \in W \cap U.$$

我们关于约束局部极值的第一个结果, 是在集合 U 凸的特殊情况下, 对定理 7.1-5 中的必要条件 $J'(u) = 0$ 给出一个简单的推广. 为确定起见, 我们考察局部极小情况.

定理 7.1-6 (相对于凸集的约束局部极小的必要条件) 设 Ω 是赋范向量空间 V 的开子集, U 是 Ω 的凸子集, 而 $J : \Omega \to \mathbb{R}$ 是在点 $u \in \Omega$ 处可微的函数. 如果 J 在 u 处有相对于集合 U 的约束局部极小, 则

$$J'(u)(v - u) \geqslant 0 \quad \text{对所有 } v \in U.$$

证明 设 v 是集合 U 中的任一点. 由于 U 是凸的, $(u + t(v - u)) \in U$ 对所有 $0 \leqslant t \leqslant 1$ 成立. J 在 u 处的可微性意味着对所有 $0 \leqslant t \leqslant 1$,

$$\begin{aligned} 0 &\leqslant J(u + t(v - u)) - J(u) \\ &= t(J'(u)(v - u) + \eta(t)), \quad \text{其中} \lim_{t \to 0^+} \eta(t) = 0. \end{aligned}$$

因此 $J'(u)(v - u) \geqslant 0$ (否则, 对充分小的 $t > 0, J(u + tw) - J(u) < 0$). □

关系式 $J'(u)(v - u) \geqslant 0$ 对所有 $v \in U$ 构成 **Euler 不等式**. 如果 U 是 V 的子空间, 由这个不等式显然可得 $J'(u)w = 0$ 对所有 $w \in U$; 特别地, 如果 $U = V$, 它就化为 Euler 方程 $J'(u) = 0$ (定理 7.1-5).

6) 冠名源自 Leonhard Euler (1707—1783).

对于函数 J 是二次泛函这一特殊情况, 同样的 Euler 方程和 Euler 不等式前面已经碰到过 (定理 6.1-2), 当然这绝非巧合.

习题

7.1-1 (1) 设 $(X,\|\cdot\|)$ 是赋范向量空间. 证明映射 $x\in X\to\|x\|\in\mathbb{R}$ 在 $x=0$ 处是不可微的.

(2) 设 Ω 是 $\mathbb{R}^n$ 的开子集. 证明映射 $v\in L^2(\Omega)\to\|v\|_{L^2(\Omega)}\in\mathbb{R}$ 在任意非零 $v\in L^2(\Omega)$ 处是可微的.

(3) 设空间 $c_0:=\{x=(x_i)_{i=1}^{\infty}\in l^{\infty};\lim_{i\to\infty}x_i=0\}$ 装备以范数 $\|\cdot\|_{\infty}$ (2.4 节). 证明映射 $x\in c_0\to\|x\|_{\infty}$ 在 $a=(a_i)_{i=1}^{\infty}\in c_0$ 处可微的充分必要条件是存在 i_0 使得 $|a_{i_0}|>|a_i|$ 对所有 $i\neq i_0$.

7.1-2 设 X 和 Y 是两个赋范向量空间, U 和 V 分别是 X 和 Y 的开子集.

(1) 假设存在一个双射 $f:U\to V$ 及一点 $a\in U$ 使得 f 在 a 处可微且 $f^{-1}:V\to U$ 在 $f(a)$ 处可微. 证明 $f'(a):X\to Y$ 是双射.

(2) 如果进而假设空间 X 和 Y 都是有限维的, 证明它们的维数相等.

7.1-3 设 X 和 Y 是两个赋范向量空间, Ω 是 X 的任一开子集, 而 $a\in\Omega$.

(1) 设 $f:\Omega\subset X\to Y$ 是一个映射, 使得对任意向量 $h\in X$, 定义在 $\mathbb{R}$ 中包含原点的开区间 $I(h)$ 上的函数 $\theta\in I(h)\subset\mathbb{R}\to f(a+\theta h)\in Y$ 在 $\theta=0$ 处是可微的; 换言之, 对所有向量 $h\in X$, Gâteaux 导数 $\partial_h f(a)$ 都存在. 利用一个反例说明, f 在 a 处不一定可微 (但如书中阐明的, 反过来的结论是成立的).

(2) 设 Ω 是 $\mathbb{R}^2$ 中包含原点 $(0,0)$ 的开子集, $f:\Omega\subset\mathbb{R}^2\to\mathbb{R}$ 是一函数, 它满足 $f(0,0)=0$ 且对所有向量 $h\in\mathbb{R}^2$, Gâteaux 导数 $\partial_h f(0,0)$ 都存在. 设函数 $g:[0,2\pi]\to\mathbb{R}$ 由 $g(\theta):=\partial_{h(\theta)}f(0,0)$ 定义, 其中 $h(\theta)=(\cos\theta,\sin\theta)\in\mathbb{R}^2$.

证明 f 在 $(0,0)$ 处可微的充分必要条件是, 当 θ 在区间 $[0,2\pi]$ 中变化时, 坐标点 $(\cos\theta,\sin\theta,g(\theta))$ 在 $\mathbb{R}^3$ 中描绘一个椭圆.

7.1-4 设函数 $f\in\mathcal{C}(\mathbb{R})$, 且 $\mathbb{R}$ 上每一点均是 f 的局部极值. f 是不是常函数?

7.1-5 设 Ω 是 $\mathbb{R}^n$ 的开子集, 又设 $f:\Omega\times\mathbb{R}\to\mathbb{R}$ 是 Carathéodory 函数, 即具有以下性质 (在更一般意义下的 Carathéodory 函数将在 9.5 节中给出): 对每个 $s\in\mathbb{R}$, 函数 $f(\cdot,s)$ 是可测的, 而对几乎所有 $x\in\Omega$, 函数 $f(x,\cdot):\mathbb{R}\to\mathbb{R}$ 是连续的. 给定任意可测函数 $v:\Omega\to\mathbb{R}$, 定义可测函数 $Av:\Omega\to\mathbb{R}$ 如下:

$$Av(x):=f(x,v(x)),\quad x\in\Omega.$$

本题的目的是讨论以这种方式定义的算子 A 的可微性质, 这种算子称为 **Nemytskii 算子**[7], 或**代换算子**.

(1) 假设存在一个函数 $a\in L^2(\Omega)$ 和一个常数 $b\geqslant 0$ 使得

$$|f(x,s)|\leqslant a(x)+b|s|\quad \text{对几乎所有 } x\in\Omega \text{ 和所有 } s\in\mathbb{R}.$$

[7] 冠名源自 Viktor Vladimirovich Nemytskii (1900—1967).

证明相应的 Nemytskii 算子 A 映 $L^2(\Omega)$ 到 $L^2(\Omega)$ 内, 而且 $A \in \mathcal{C}(L^2(\Omega); L^2(\Omega))$.

(2) 设 $f(x,s) := \sin s$. 由 (1) 知, 其相应的 Nemytskii 算子 $A: L^2(\Omega) \to L^2(\Omega)$ 是连续的, 证明它不是 Fréchet 可微的.

(3) 证明 $A \in \mathcal{C}^1(L^2(\Omega); L^2(\Omega))$ 的充分必要条件 [8] 是, 存在函数 $a \in L^2(\Omega)$ 和 $b \in L^\infty(\Omega)$ 使得

$$f(x,s) = a(x) + b(x)s \quad \text{对几乎所有 } x \in \Omega \text{ 和所有 } s \in \mathbb{R}.$$

(4) 假设 Ω 是一个区域, 而 $f: \Omega \times \mathbb{R} \to \mathbb{R}$ 具有所要求的光滑性. 证明如果整数 m 使得 $H^m(\Omega) \hookrightarrow \mathcal{C}(\overline{\Omega})$, 则相应的 Nemytskii 算子 $A: H^m(\Omega) \to L^2(\Omega)$ 是 Fréchet 可微的.

7.2 赋范向量空间中的中值定理; 第一个应用

赋范向量空间中微分学的一个基本结果是实值函数中值定理的推广. 该定理断言, 给定一个在紧区间 $[a,b] \subset \mathbb{R}$ 上连续、在开区间 $]a,b[$ 中可微的实值函数 f, 存在一点 $c \in]a,b[$ 使得

$$f(b) - f(a) = f'(c)(b-a).$$

这个表达式不能推广到向量值函数. 例如, 映射 $f: t \in [0,2\pi] \to f(t) = (\cos t, \sin t) \in \mathbb{R}^2$ 满足 $f(2\pi) - f(0) = 0$, 但当 t 在 $[0,2\pi]$ 中变化时其导数 $f'(t) = (-\sin t, \cos t)$ 无处为零. 然而, 在下面的定理中我们将看到, 由关系式 $f(b) - f(a) = f'(c)(b-a)$ 显然可得的不等式

$$|f(b) - f(a)| \leqslant \sup_{t \in]a,b[} |f'(t)||b-a|$$

却是可以推广的.

在向量空间中给定两点 a 和 b,

$$[a,b] = \{x = ta + (1-t)b; t \in [0,1]\},$$
$$]a,b[= \{x = ta + (1-t)b; t \in]0,1[\}$$

分别表示端点为 a 和 b 的闭线段及开线段.

定理 7.2-1 (赋范向量空间中的中值定理) 给定两个赋范向量空间 X 和 Y, X 的包含一闭线段 $[a,b]$ 的开子集 Ω, 以及一个在闭线段 $[a,b]$ 上连续、在开线段 $]a,b[$ 中可微的映射 $f: \Omega \subset X \to Y$, 则

$$\|f(b) - f(a)\|_Y \leqslant \left(\sup_{x \in]a,b[} \|f'(x)\|_{\mathcal{L}(X;Y)}\right)\|b-a\|_X.$$

[8] 引人注目的是 "必要性" 部分, 属于:

M. M. Vainberg [1952]: Some questions of differential calculus in linear spaces, *Uspehi Matematicheskii Nauk* (*New Series*) **7**, 55–102 (俄文).

证明 由于如果 $\sup_{x\in]a,b[}\|f'(x)\|=\infty$, 上面不等式肯定成立, 故只需考虑下述情况:

$$M:=\sup_{x\in]a,b[}\|f'(x)\|<\infty.$$

由

$$\varphi(t):=f(a+t(b-a)),\quad 0\leqslant t\leqslant 1$$

定义的映射 $\varphi:[0,1]\to Y$ 是连续的 (作为两个连续函数的复合), 根据链式法则 (定理 7.1-3), 它在 $]0,1[$ 中还是可微的, 而且

$$\varphi'(t)=f'(a+t(b-a))(b-a),\quad 0<t<1.$$

这就得

$$\sup_{0<t<1}\|\varphi'(t)\|\leqslant M\|b-a\|.$$

对每个 $\varepsilon>0$, 集合

$$I(\varepsilon):=\{t\in[0,1];\|\varphi(t)-\varphi(0)\|\leqslant(M\|b-a\|+\varepsilon)t+\varepsilon\}$$

是非空的, 此因 $0\in I(\varepsilon)$; 而作为闭区间 $]-\infty,0]$ 在连续函数

$$\chi:t\in[0,1]\to\|\varphi(t)-\varphi(0)\|-(M\|b-a\|+\varepsilon)t-\varepsilon$$

下的原像, 它还是闭的.

令

$$t_0:=\sup\{t\in[0,1];t\in I(\varepsilon)\},$$

则 $t_0\in I(\varepsilon)$, 此因 $I(\varepsilon)$ 是闭的; 又有 $t_0>0$, 此因 $\chi(0)=-\varepsilon<0$. 我们现在证明 $t_0=1$.

若 $t_0<1$, 则导数 $\varphi'(t_0)$ 是存在的, 此因 $0<t_0<1$, 由其定义有

$$\varphi(t_0+\delta)-\varphi(t_0)=\varphi'(t_0)\delta+|\delta|\eta(\delta),\quad \text{其中}\ \lim_{\delta\to 0}\eta(\delta)=0.$$

设 δ_0 选取得使

$$t_0<t_0+\delta_0<1\quad \text{及}\quad \|\eta(\delta_0)\|\leqslant\varepsilon,$$

则

$$\begin{aligned}\|\varphi(t_0+\delta_0)-\varphi(0)\|&\leqslant\|\varphi(t_0+\delta_0)-\varphi(t_0)\|+\|\varphi(t_0)-\varphi(0)\|\\&\leqslant M\|b-a\|\delta_0+\delta_0\varepsilon+(M\|b-a\|+\varepsilon)t_0+\varepsilon\\&=(M\|b-a\|+\varepsilon)(t_0+\delta_0)+\varepsilon,\end{aligned}$$

这意味着 $(t_0+\delta_0)\in I(\varepsilon)$, 与 t_0 的定义矛盾. 所以 $t_0=1$.

$1 \in I(\varepsilon)$ 意味着

$$\|f(b) - f(a)\| = \|\varphi(1) - \varphi(0)\| \leqslant M\|b-a\| + 2\varepsilon,$$

因为 $\varepsilon > 0$ 是任意的, 故 $\|f(b) - f(a)\| \leqslant M\|b-a\|$. □

中值定理常被用以下述可直接推得、但又非常简便的形式 (例如, 可参见本章随后两个定理的证明), 下面将称其为中值定理的推论.

定理 7.2-2 (中值定理的推论) 给定两个赋范向量空间 X 和 Y, X 的包含一闭线段 $[a,b]$ 的开子集 Ω, 以及一个在闭线段 $[a,b]$ 上连续、在开线段 $]a,b[$ 中可微的映射 $f:\Omega \subset X \to Y$. 最后, 设给定一个映射 $A \in \mathcal{L}(X;Y)$, 则

$$\|f(b) - f(a) - A(b-a)\|_Y \leqslant (\sup_{x\in]a,b[} \|f'(x) - A\|_{\mathcal{L}(X,Y)})\|b-a\|_X.$$

证明 只要将中值定理用于映射 $x \in \Omega \subset X \to (f(x) - Ax) \in Y$, 并注意该映射在任一点 $x \in \Omega$ 处的导数为 $f'(x) - A$. □

上述推论的第一个应用是关于可微性与偏可微性之间的重要关系.

定理 7.2-3 设 $X_j, 1 \leqslant j \leqslant n$, 及 Y 是赋范向量空间, Ω 是积空间 $X_1 \times X_2 \times \cdots \times X_n$ 的开子集, 而 $f:\Omega \to Y$ 是一映射, 则 $f \in \mathcal{C}^1(\Omega;Y)$ 的充分必要条件是 $\partial_j f \in \mathcal{C}(\Omega;\mathcal{L}(X_j;Y))$ 对所有 $1 \leqslant j \leqslant n$.

证明 为确定起见, 设

$$\|h\|_X := \max_{1\leqslant j\leqslant n} \|h_j\| \quad \text{对每个 } h = (h_1, h_2, \cdots, h_n) \in X := X_1 \times X_2 \times \cdots \times X_n.$$

假定 $f \in \mathcal{C}^1(\Omega;Y)$. 特别地, 有

$$f'(x)h = \sum_{j=1}^{n} \partial_j f(x) h_j \text{ 对所有 } x \in \Omega \text{ 和所有 } h = (h_1, h_2, \cdots, h_n) \in X_1 \times X_2 \times \cdots \times X_n$$

(定理 7.1-2). 注意到 $\partial_j f(x) h_j = f'(x) h^j$ 对每个 $1 \leqslant j \leqslant n$, 其中向量 $h^j \in X_1 \times X_2 \times \cdots \times X_n$ 由 $h_i^j := h_j \delta_{ij}, 1 \leqslant i \leqslant n$ 定义, 从这个关系我们推得

$$\|\partial_j f(x)\|_{\mathcal{L}(X_j;Y)} \leqslant \|f'(x)\|_{\mathcal{L}(X;Y)}, \quad 1 \leqslant j \leqslant n.$$

这就有

$$\|\partial_j f(a) - \partial_j f(b)\|_{\mathcal{L}(X_j;Y)} \leqslant \|f'(a) - f'(b)\|_{\mathcal{L}(X;Y)} \quad \text{对所有 } a, b \in \Omega, 1 \leqslant j \leqslant n.$$

所以 $\partial_j f \in \mathcal{C}(\Omega;\mathcal{L}(X_j;Y))$ 对所有 $1 \leqslant j \leqslant n$.

现确立充分性, 我们假设 $n = 2$ (只是为了避免烦琐的符号, 而且要推广到任意 $n \geqslant 3$ 的情况是很容易的). 这样, 就设 $f : \Omega \subset X_1 \times X_2 \to Y$ 而且 $\partial_j f \in \mathcal{C}(\Omega;\mathcal{L}(X_j;Y)), 1 \leqslant j \leqslant 2$.

给定一点 $a \in \Omega$, 设 $r > 0$ 使得 $B(a;r) \subset \Omega$ 而 $h = (h_1, h_2) \in X_1 \times X_2$ 使得 $a+h = (a_1+h_1, a_2+h_2) \in B(a;r)$, 这就有 $[(a_1+h_1, a_2), (a_1+h_1, a_2+h_2)] \subset B(a;r)$. 最后, 设 Ω_2 是 X_2 的开子集使得 $(a_1+h_1, x_2) \in B(a;r)$ 对所有 $x_2 \in \Omega_2$. 这样, 一方面将定理 7.2-2 用于函数 $g : x_2 \in \Omega_2 \subset X_2 \to g(x_2) := f(a_1+h_1, x_2)$ (由假设, 它对所有 $x_2 \in \Omega_2$ 是可微的), 取 $A := \partial_2 f(a) \in \mathcal{L}(X_2; Y)$, 就给出

$$\begin{aligned}
&\|f(a_1+h_1, a_2+h_2) - f(a_1+h_1, a_2) - \partial_2 f(a)h_2\| \\
&= \|g(a_2+h_2) - g(a_2) - \partial_2 f(a)h_2\| \\
&\leqslant \|h_2\| \sup_{0<\theta<1} \|\partial_2 g(a_2+\theta h_2) - \partial_2 f(a)\| \\
&= \|h_2\|\eta_2(h), \quad \text{其中} \lim_{h\to 0} \eta_2(h) = 0,
\end{aligned}$$

此因 $\eta_2(h) := \sup_{0<\theta<1} \|\partial_2 f(a_1+h_1, a_2+\theta h_2) - \partial_2 f(a_1, a_2)\|$ 且由假设 $\partial_2 f \in \mathcal{C}(\Omega; \mathcal{L}(X_2; Y))$. 另一方面, $\partial_1 f(a)$ 的定义给出

$$\|f(a_1+h_1, a_2) - f(a_1, a_2) - \partial_1 f(a)h_1\| = \|h_1\|\eta_1(h), \quad \text{其中} \lim_{h\to 0} \eta_1(h) = 0.$$

上面最后两个关系式一并给出

$$\begin{aligned}
&\|f(a+h) - f(a) - (\partial_1 f(a)h_1 + \partial_2 f(a)h_2)\| \\
&\leqslant \|h_1\|\eta_1(h) + \|h_2\|\eta_2(h) \\
&= \|h\|\eta(h), \quad \text{其中} \lim_{h\to 0} \eta(h) = 0.
\end{aligned}$$

所以映射 f 在 $a \in \Omega$ 处可微, 而且

$$f'(a)h := \partial_1 f(a)h_1 + \partial_2 f(a)h_2 \quad \text{对所有 } h = (h_1, h_2) \in X = X_1 \times X_2.$$

这个关系式也说明

$$\begin{aligned}
&\|f'(a) - f'(b)\|_{\mathcal{L}(X;Y)} \\
&\leqslant \|\partial_1 f(a) - \partial_1 f(b)\|_{\mathcal{L}(X_1;Y)} + \|\partial_2 f(a) - \partial_2 f(b)\|_{\mathcal{L}(X_2;Y)} \quad \text{对所有 } a, b \in \Omega.
\end{aligned}$$

所以 $f \in \mathcal{C}^1(\Omega; Y)$. □

在 7.1 节中我们看到, 连续仿射映射 $f : x \in \Omega \subset X \to f(x) := Ax + b \in Y$, 其中 $A \in \mathcal{L}(X;Y)$ 及 $b \in Y$, 在 Ω 中可微, 而且 $f'(x) = A$ 对所有 $x \in \Omega$. 借助于中值定理, 我们现在可以证明, 如果开集 Ω 是连通的, 这个必要条件就也是充分的.

定理 7.2-4 设 X 和 Y 是赋范向量空间, Ω 是 X 的连通开子集, 又设 $f : \Omega \subset X \to Y$ 是在 Ω 中可微的映射. 假设存在 $A \in \mathcal{L}(X;Y)$ 使得

$$f'(x) = A \in \mathcal{L}(X;Y) \quad \text{对所有 } x \in \Omega,$$

则存在 $b \in Y$ 使得

$$f(x) = Ax + b \quad \text{对所有 } x \in \Omega.$$

证明 给定任意 $x \in \Omega$, 存在 $r = r(x) > 0$ 使得 $B(x;r) \subset \Omega$, 且对每个 $y \in B(x;r)$, 线段 $[x,y] \subset B(x;r)$. 应用定理 7.2-2, 则有

$$\begin{aligned}&\|f(y) - f(x) - A(y-x)\| \\ \leqslant &\sup_{z \in]x,y[} \|f'(z) - A\|\|y-x\| = 0 \quad \text{对所有 } y \in B(x;r).\end{aligned}$$

因此映射 $g : x \in \Omega \to g(x) := (f(x) - Ax) \in Y$ 满足 $g(y) = g(x)$ 对所有 $y \in B(x;r)$.

固定点 $x_0 \in \Omega$, 则集合

$$U := \{x \in \Omega; g(x) = g(x_0)\}$$

是非空的 (因为 $x_0 \in U$), 且在 Ω 中是相对闭的, 此因 $g : \Omega \to Y$ 是连续的, 它也是开的, 这是因为给定任一点 $x \in U$, 存在 $r > 0$ 使得 $B(x;r) \subset U$ (如上面所证). 因为假定 Ω 是连通的, 故 $U = \Omega$. □

中值定理的其他重要应用在以下两节中讨论.

习题

7.2-1 设 X 和 Y 是赋范向量空间, Ω 是 X 的开子集, a 是 Ω 中的一点, 又设 $f : \Omega \subset X \to Y$ 是在 $\Omega - \{a\}$ 中可微、在点 a 处连续的映射. 证明如果 $A := \lim_{x \to a} f'(x)$ 存在, 则 f 在点 a 处可微且 $f'(a) = A$.

7.2-2 设 Ω 是 $\mathbb{R}^n$ 中的区域, $u \in \mathcal{C}^1(\overline{\Omega};\mathbb{R}^n)$, 而 $\|\cdot\|$ 表示 $\mathbb{M}^n$ 上的任一相应的矩阵范数. 证明存在一个常数 $c(\Omega) > 0$ 使得映射 $f : x \in \overline{\Omega} \to f(x) := x + u(x) \in \mathbb{R}^n$ 在 $\overline{\Omega}$ 中是单射, 如果 $\sup_{x \in \overline{\Omega}} \|\nabla u(x)\| < c(\Omega)$.

7.3 中值定理的应用: 可微函数序列极限的可微性

设 X 和 Y 是赋范向量空间, Ω 是 X 的开子集, 又设 $(f_n)_{n=1}^{\infty}$ 是可微函数 $f_n : \Omega \subset X \to Y$ 的序列, 当 $n \to \infty$ 时它局部一致地收敛于 (2.3 节) 可微函数 $f : \Omega \subset X \to Y$. 很明显, 若无任何附加的假设, 关于由导数 $f_n' \in \mathcal{L}(X;Y)$ 形成的序列 $(f_n')_{n=1}^{\infty}$ 在空间 $\mathcal{L}(X;Y)$ 中收敛的问题, 一般没有任何结论, 更不要谈收敛到 f' 了.

例如, 考察由下式定义的函数 $f_n : \mathbb{R} \to \mathbb{R}^2$:

$$f_n : x \in \mathbb{R} \to f_n(x) := \left(\frac{1}{n}\cos(n^2 x), \frac{1}{n}\sin(n^2 x)\right) \in \mathbb{R}^2 \quad \text{对每个整数 } n \geqslant 1,$$

它们都属于 $\mathbb{R}$ 上的 $\mathcal{C}^\infty$ 类. 序列 $(f_n)_{n=1}^{\infty}$ 在 $\mathbb{R}$ 上一致收敛于映射 $f : x \in \mathbb{R} \to f(x) := (0,0) \in \mathbb{R}^2$, 也属于 $\mathcal{C}^\infty$ 类. 但

$$\text{在每个 } x \in \mathbb{R} \text{ 处, } \|f_n'(x)\| = n \to \infty \quad \text{当 } n \to \infty.$$

在下面定理中可见, 赋范向量空间中的中值定理及其推论 (定理 7.2-1 和 7.2-2) 在其证明中起着决定性的作用, 而关于序列 $(f'_n)_{n=1}^{\infty}$ 还要添加适当的假设, 即它是局部一致收敛的. 注意, 相比之下, 下面关于序列 $(f_n)_{n=1}^{\infty}$ 所作的假设就很弱了, 即简单的收敛.

定理 7.3-1 (可微函数序列极限的可微性) 设 X 和 Y 是赋范向量空间, Ω 是 X 的开子集, 又设 $(f_n)_{n=1}^{\infty}$ 是函数 $f_n:\Omega\to Y$ 的序列, 它具有以下性质:

每个函数 $f_n, n\geqslant 1$ 在 Ω 中是可微的, 或者在 Ω 中是 $\mathcal{C}^1$ 类的; 序列 $(f_n)_{n=1}^{\infty}$ 点点收敛于函数 $f:\Omega\to Y$, 序列 $(f'_n)_{n=1}^{\infty}$ 局部一致地收敛于函数 $g:\Omega\to\mathcal{L}(X;Y)$.

则序列 $(f_n)_{n=1}^{\infty}$ 局部一致地收敛于函数 f, 函数 f 分别是在 Ω 中可微的, 或者在 Ω 中是 $\mathcal{C}^1$ 类的, 而且 $f'=g$.

证明 (i) 序列 $(f_n)_{n=1}^{\infty}$ 局部一致地收敛于 f.

设 $x_0\in X$ 和 $\varepsilon>0$ 是给定的. 由假定, 存在一个开球 $B:=B(x_0;r)$ 使得

$$\lim_{n\to\infty}\sup_{x\in B}\|f'_n(x)-g(x)\|_{\mathcal{L}(X;Y)}=0.$$

因为 $\|f'_m(x)-f'_n(x)\|\leqslant\|f'_m(x)-g(x)\|+\|f'_n(x)-g(x)\|$ 对所有 $m,n\geqslant 1$ 和所有 $x\in B$, 故存在 $n_0\geqslant 1$ 使得

$$\sup_{x\in B}\|f'_m(x)-f'_n(x)\|\leqslant\frac{\varepsilon}{2r}\quad 对所有\ m,n\geqslant n_0,$$

这样, 根据赋范向量空间中的中值定理 (因为 B 是凸的, 该定理适用) 有

$$\begin{aligned}\|f_m(x)-f_n(x)-(f_m(x_0)-f_n(x_0))\|&\leqslant r\sup_{x\in B}\|f'_m(x)-f'_n(x)\|\\&\leqslant\frac{\varepsilon}{2}\quad 对所有\ m,n\geqslant n_0\ 和所有\ x\in B.\end{aligned}$$

根据假设, 序列 $(f_n)_{n=1}^{\infty}$ 点点收敛于 f. 故存在 $n_1\geqslant n_0$ 使得

$$\begin{aligned}\|f_m(x_0)-f_n(x_0)\|&\leqslant\|f_m(x_0)-f(x_0)\|+\|f_n(x_0)-f(x_0)\|\\&\leqslant\frac{\varepsilon}{2}\quad 对所有\ m,n\geqslant n_1,\end{aligned}$$

所以这就得

$$\|f_m(x)-f_n(x)\|\leqslant\varepsilon\quad 对所有\ m,n\geqslant n_1\ 和所有\ x\in B.$$

对于球 B 中一固定点 x, 在上面不等式中令 $m\to\infty$, 就给出

$$\|f(x)-f_n(x)\|\leqslant\varepsilon\quad 对所有\ n\geqslant n_1,$$

这里又利用了所假设的序列 $(f_n)_{n=1}^{\infty}$ 的点点收敛性. 但是整数 n_1 不依赖于 x, 因此

$$\sup_{x\in B}\|f(x)-f_n(x)\|\leqslant\varepsilon\quad 对所有\ n\geqslant n_1.$$

(ii) 函数 f 分别是在 Ω 中可微的, 或者在 Ω 中是 $\mathcal{C}^1$ 类的, 而且 $f' = g$.

给定任意点 $x_0 \in \Omega$, 设 $B := B(x_0; r)$ 是如 (i) 中所定义的球, 又设辅助函数 $k_n : B \to Y, n \geqslant 1$, 对每个 $x \in B$ 由下式定义:

$$k_n(x) := \frac{1}{\|x - x_0\|}(f_n(x) - f_n(x_0) - f'_n(x_0)(x - x_0)) \quad 若\ x \neq x_0,\ 而\ k_n(x_0) := 0.$$

首先, 对序列 $(f_n)_{n=1}^{\infty}$ 和 $(f'_n)_{n=1}^{\infty}$ 的假设意味着序列 $(k_n)_{n=1}^{\infty}$ 在 B 中点点收敛于函数 $k : B \to Y$, 对每一点 $x \in B$ 其定义如下:

$$k(x) := \frac{1}{\|x - x_0\|}(f(x) - f(x_0) - g(x_0)(x - x_0)) \quad 若\ x \neq x_0,\ 而\ k(x_0) := 0.$$

其次, 中值定理的推论说明, 在每一点 $x \in B$,

$$\begin{aligned} \|k_m(x) - k_n(x)\| &= \frac{1}{\|x - x_0\|}\|f_m(x) - f_n(x) - (f'_m(x_0) - f'_n(x_0))(x - x_0)\| \\ &\leqslant \sup_{\xi \in B}\|(f'_m(\xi) - f'_n(\xi)) - (f'_m(x_0) - f'_n(x_0))\| \quad 若\ x \neq x_0; \end{aligned}$$

此外, 若 $x = x_0$,

$$\|k_m(x) - k_n(x)\| = 0 \quad 对所有\ m, n \geqslant 1.$$

这样, 关于序列 $(f'_n)_{n=1}^{\infty}$ 局部一致收敛性的假设说明, 给定任意 $\varepsilon > 0$, 存在 $n_2 \geqslant 1$ 使得

$$\sup_{x \in B}\|k_m(x) - k_n(x)\| \leqslant \varepsilon \quad 对所有\ m, n \geqslant n_2.$$

所以在 (i) 中关于序列 $(f_n)_{n=1}^{\infty}$ 的推导可逐字逐句重复用于序列 $(k_n)_{n=1}^{\infty}$, 这就证明

$$\lim_{n \to \infty} \sup_{x \in B}\|k_n(x) - k(x)\| = 0.$$

每一个函数 $k_n, n \geqslant 1$, 在 x_0 处都是连续的 (根据 f_n 在 x_0 处可微性的定义). 因此, 作为局部一致收敛的连续函数序列的极限 (定理 2.3-3), 函数 k 在 x_0 处也连续. k 在 x_0 处的连续性意味着函数 f 在 x_0 处可微, 而且

$$f'(x_0) = g(x_0).$$

如果函数 $f_n, n \geqslant 1$, 在 Ω 中是 $\mathcal{C}^1$ 类的, 其导数 $f'_n : \Omega \to \mathcal{L}(X; Y)$ 在 Ω 中是连续的, 那么仍作为局部一致收敛的连续函数序列的极限, 函数 $g : \Omega \to \mathcal{L}(X; Y)$ 也是在 Ω 中连续的. □

出人意料的是, 在开集 Ω 是连通的, 空间 Y 是完备的这种附加假设下, 如果假定序列 $(f_n)_{n=1}^{\infty}$ 只在 Ω 的一点处收敛, 定理 7.3-1 的结论仍然成立; 参见习题 7.3-1.

由于赋范向量空间中的级数定义为极限 (3.6 节), 定理 7.3-1 同样适用于由部分和可微的收敛级数极限定义的函数. 作为例子, 可参阅习题 7.3-2.

习题

7.3-1 (定理 7.3-1 的补充) 设 X 是赋范向量空间, Ω 是 X 的连通开子集, 而 Y 是 Banach 空间, 又设 $(f_n)_{n=1}^{\infty}$ 是具有下述性质的函数 $f_n : \Omega \to Y$ 的序列: 每个函数 $f_n, n \geqslant 1$, 在 Ω 中是可微的, 或者在 Ω 中是 $\mathcal{C}^1$ 类的, 存在一点 $x_0 \in \Omega$ 使得序列 $(f_n(x_0))_{n=1}^{\infty}$ 在 Y 中收敛, 而序列 $(f_n')_{n=1}^{\infty}$ 局部一致地收敛于函数 $g : \Omega \to \mathcal{L}(X; Y)$.

证明序列 $(f_n)_{n=1}^{\infty}$ 局部一致地收敛于函数 $f : \Omega \to Y$, 而 f 分别在 Ω 中可微, 或者在 Ω 中是 $\mathcal{C}^1$ 类的, 而且 $f' = g$.

7.3-2 设函数 $g \in L^2(0, 2\pi)$, 而出现在其 Fourier 级数 (定理 4.9-2) 中的系数满足 $|a_k| \leqslant \frac{C}{k^{2+\sigma}}, k \geqslant 0$, 及 $|b_k| \leqslant \frac{C}{k^{2+\sigma}}, k \geqslant 1$, 其中 $C > 0$ 及 $\sigma > 0$ 是常数. 利用定理 7.3-1, 证明 $g \in \mathcal{C}^1[0, 1]$.

7.4 中值定理的应用: 由积分定义函数的可微性

本节讨论由 *Lebesgue* 积分定义的函数, 即形如

$$g : y \in U \to g(y) := \int_{\Omega} f(x, y) dx$$

的函数的可微性, 其中 Ω 和 U 分别是 $\mathbb{R}^n$ 和 $\mathbb{R}^m$ 的开子集. 中值定理连同 Lebesgue 控制收敛定理对此提供了非常有用的判定准则.

定理 7.4-1 *设 Ω 和 U 分别是 $\mathbb{R}^n$ 和 $\mathbb{R}^m$ 的开子集. 而 $f : \Omega \times U \to \mathbb{R}$ 是具有下述性质的函数:*

$$f(\cdot, y) \in \mathcal{L}^1(\Omega) \quad \text{对每个 } y \in U,$$

函数 $f(x, \cdot) : U \to \mathbb{R}$ 对几乎所有 $x \in \Omega$ 在 U 中是 $\mathcal{C}^1$ 类的,

$$\partial_j f(\cdot, y) := \frac{\partial f}{\partial y_j}(\cdot, y) \in \mathcal{L}^1(\Omega) \quad \text{对每个 } y \in U, 1 \leqslant j \leqslant m,$$

最后, 存在一个具有下述性质的函数 $h \in \mathcal{L}^1(\Omega)$: 给定任意点 $y \in U$, 存在 y 在 U 中的邻域 V_y 使得

$$|\partial_j f(x, z)| \leqslant h(x) \quad \text{对几乎所有 } x \in \Omega \text{ 及所有 } z \in V_y.$$

则由

$$g(y) := \int_{\Omega} f(x, y) dx \quad \text{对每个 } y \in U$$

定义的函数 $g : U \to \mathbb{R}$ 在 U 中是 $\mathcal{C}^1$ 类的, 而且

$$\partial_j g(y) = \int_{\Omega} \partial_j f(x, y) dx \quad \text{对每个 } y \in U, 1 \leqslant j \leqslant m.$$

证明 整个证明中, e_j 表示 $\mathbb{R}^m$ 中典范基的一个向量, 而 y 表示 U 中给定的一点. 给定任一实数序列 $(h_k)_{k=1}^{\infty}$ 使得

$$h_k \neq 0 \text{ 及 } (y + h_k e_j) \in V_y \quad \text{对所有 } k > 1, \text{ 而且 } \lim_{k\to\infty} h_k = 0,$$

由下式定义函数 $\delta_k : \Omega \to [-\infty, \infty], k \geqslant 1$:

$$\delta_k(x) := \frac{1}{h_k}(f(x, y + h_k e_j) - f(x, y) - \partial_j f(x, y) h_k), \quad x \in \Omega,$$

则由中值定理的推论 (定理 7.2-2),

$$|\delta_k(x)| \leqslant \sup_{\xi \in [y, y+h_k e_j]} |\partial_j f(x, \xi) - \partial_j f(x, y)| \leqslant 2h(x)$$

对每个 $k \geqslant 1$ 和几乎所有 $x \in \Omega$. 此外, 关于函数 $f(x, \cdot) : U \to \mathbb{R}$ 可微性的假设意味着

$$\lim_{k\to\infty} \delta_k(x) = 0 \quad \text{对几乎所有 } x \in \Omega.$$

所以, 由 Lebesgue 控制收敛定理 (定理 1.15-3),

$$\lim_{k\to\infty} \int_\Omega \delta_k(x) dx = 0,$$

它意味着函数 $g : U \to \mathbb{R}$ 在每一点 $y \in U$ 都有由下式给出的偏导数:

$$\partial_j g(y) = \int_\Omega \partial_j f(x, y) dx, \quad 1 \leqslant j \leqslant m.$$

给定任意点 $y \in U$, 设 $y_k \in U, k \geqslant 1$, 使得 $y_k \in V_y$ 对所有 $k \geqslant 1$ 且 $\lim_{k\to\infty} y_k = y$, 则

$$|\partial_j g(y_k) - \partial_j g(y)| \leqslant \int_\Omega |\partial_j f(x, y_k) - \partial_j f(x, y)| dx$$

及

$$|\partial_j f(x, y_k) - \partial_j f(x, y)| \leqslant 2h(x),$$

对每个 $k \geqslant 1$ 和几乎所有 $x \in \Omega$. 此外, 函数 $f(\cdot, x) : U \to \mathbb{R}$ 是 $\mathcal{C}^1$ 类的假设意味着

$$\lim_{k\to\infty} |\partial_j f(x, y_k) - \partial_j f(x, y)| = 0 \quad \text{对几乎所有 } x \in \Omega.$$

因此, 仍由 *Lebesgue 控制收敛定理*, 有 $\lim_{k\to\infty} \partial_j g(y_k) = \partial_j g(y)$. 这样, 由定理 7.2-3 (中值定理推论的另一个结果) 即得 $g \in \mathcal{C}^1(U)$. □

注 实际上, 类似的结果在更一般的情况下成立, 其中 $\mathbb{R}^m$ 可换为任意赋范向量空间 X, 而函数 f 可取值于任意的 Banach 空间 Y[9]. 但这种拓广有赖于取值于 Banach 空间的函数的 Lebesgue 可积性的概念, 在此就是空间 Y 及 $\mathcal{L}(X; Y)$ (本书中只考虑了 Ω 是 $\mathbb{R}$ 中的区间和被积分的函数是连续的这一特殊情况; 参阅 3.3 节). □

[9] 可见 SCHWARTZ [1993b, 定理 6.3.5].

习题

7.4-1 对每个 $y \in \mathbb{R}$, 设 $g(y) := \int_{-\infty}^{\infty} e^{-2i\pi xy} e^{-\pi x^2} dx$.

(1) 证明 $g(0) = 1$.

(2) 证明函数 $g : \mathbb{R} \to \mathbb{R}$ 是无穷次可微的.

(3) 证明 $g'(y) + 2\pi y g(y) = 0, y \in \mathbb{R}$, 并且由此导出 $g(y) = e^{-\pi y^2}, y \in \mathbb{R}$.

7.5 中值定理的应用: Sard 定理

下述基本结果可视为中值定理的一个绝妙的应用, 它在 $\mathbb{R}^n$ 中 Brouwer 拓扑度 (9.15 节) 的定义中起着尤为关键的作用.

定理 7.5-1 (Sard 定理[10]) 给定 $\mathbb{R}^n$ 的开子集 Ω 和函数 $f \in \mathcal{C}^1(\Omega; \mathbb{R}^n)$, 设

$$S_f := \{x \in \Omega; \det \nabla f(x) = 0\},$$

则

$$dx\text{-meas} f(S_f) = 0.$$

证明 如以往那样, $|\cdot|$ 既表示 $\mathbb{R}^n$ 中的欧氏范数也表示有关算子的范数; $\text{diam } K := \sup\{|x-y|; x, y \in K\}$ 及 $B(x;r) := \{y \in \mathbb{R}^n; |y-x| < r\}$; $\mathbb{R}^n$ 中的立方体是指形如 $\{y \in \mathbb{R}^n; \|y-x\|_\infty \leqslant r\}$ 的任一集合, 其中 $x \in \mathbb{R}^n, r > 0$; 为符号简洁起见, 令 $S := S_f$.

(i) 设 K 是包含在 Ω 中的任一闭立方体, 则

$$dx\text{-meas} f(S \cap K) = 0.$$

由赋范向量空间中的中值定理 (定理 7.2-1),

$$|f(y) - f(x)| \leqslant \gamma |y - x| \quad \text{对所有 } x, y \in K, \text{ 其中 } \gamma = \gamma(f, K) := \sup_{\xi \in K} |f'(\xi)|.$$

设 $\varepsilon > 0$ 是给定的. 根据假设 $f' \in \mathcal{C}(\Omega; \mathbb{M}^n)$, 而 K 是 Ω 的紧子集, 故存在 $\delta = \delta(\varepsilon, f, K) > 0$ 使得

$$|f'(y) - f'(x)| \leqslant \varepsilon \quad \text{对所有使得 } |x-y| \leqslant \delta \text{ 的 } x, y \in K.$$

设 σ 表示 K 的边长, $l = l(\delta, K) = l(\varepsilon, f, K)$ 是满足 $l \geqslant \sqrt{n}\sigma\delta^{-1}$ 的任意整数, 则立方体 K 可表示为 l^n 个边长为 σl^{-1} 的立方体 K_i 的并集; 因此

$$K = \bigcup_{i=1}^{l^n} K_i \quad \text{其中 diam } K_i \leqslant \sqrt{n}\frac{\sigma}{l}, 1 \leqslant i \leqslant l^n.$$

---

[10] A. SARD [1942]: The measure of the critical values of differential maps, *Bulletin of the American Mathematical Society* **48**, 883–890.

给定任意 $x \in S \cap K$ (如果 $S \cap K = \varnothing$, 就没什么需要证明的了), 存在一个整数 $1 \leqslant j = j(x) \leqslant l^n$ 使得 $x \in K_j$, 则

$$|f(y) - f(x)| \leqslant \gamma|y - x| \leqslant \gamma \text{diam } K_j = \gamma\sqrt{n}\frac{\sigma}{l} \quad \text{对所有 } y \in K_j,$$

它说明

$$f(K_j) \subset \overline{B\left(f(x); \gamma\sqrt{n}\frac{\sigma}{l}\right)},$$

这是一方面 (图 7.5-1). 另一方面, 中值定理的推论 (定理 7.2-2) 说明

$$\begin{aligned}&|f(y) - f(x) - f'(x)(y - x)|\\ &\leqslant (\sup_{\xi \in K_j} |f'(\xi) - f'(x)|)|y - x|\\ &\leqslant \varepsilon\sqrt{n}\frac{\sigma}{l} \quad \text{对所有 } y \in K_j.\end{aligned}$$

由假设 $\det f'(x) = 0$, 故存在 $\mathbb{R}^n$ 的一个子空间 H, $\dim H \leqslant n - 1$, 使得点 $f(x) + f'(x)(y - x), y \in K_j$, 在超平面 $f(x) + H$ 内 (图 7.5-1). 所以

$$dx\text{-meas} f(K_j) \leqslant \left(2\gamma\sqrt{n}\frac{\sigma}{l}\right)^{n-1} \times \left(2\varepsilon\sqrt{n}\frac{\sigma}{l}\right) = 2^n\gamma^{n-1}n^{\frac{n}{2}}\frac{\sigma^n}{l^n}\varepsilon^{*)},$$

这又意味着

$$dx\text{-meas} f(S \cap K) \leqslant \sum_{\begin{cases} i = 1, \cdots, l^n \\ S \cap K_i \neq \varnothing \end{cases}} dx\text{-meas} f(S \cap K_i) \leqslant C\varepsilon,$$

其中 $C = C(\varepsilon, f, K) := 2^n\gamma^{n-1}n^{\frac{n}{2}}\sigma^n$. 因为 $\varepsilon > 0$ 是任意的, 这就说明 $dx\text{-meas} f(S \cap K) = 0$.

(ii) 存在闭立方体 $K_i \subset \Omega$ 的可列无限族 $(K_i)_{i=1}^{\infty}$ 使得 $S \subset \cup_{i=1}^{\infty} K_i$.

设 $(C_m)_{m=1}^{\infty}$ 是紧子集 C_m 的一个可列无限族, 使得 $\Omega = \cup_{m=1}^{\infty} C_m$, 这就有

$$S = \bigcup_{m=1}^{\infty} (C_m \cap S).$$

对每个 $m \geqslant 1$, 集合

$$C_m \cap S = \{x \in C_m; f'(x) = 0\}$$

作为 C_m 的闭子集 (已假设函数 f 在 Ω 中是 $\mathcal{C}^1$ 类的) 是紧的. 注意到根据紧集的有限子覆盖性质, 每个集合 $C_m \cap S$ 可被有限个闭立方体覆盖 ($C_m \cap S$ 中的每一点皆是包含在一闭立方体中的开球的中心, 立方体本身又包含在 Ω 中一开球内).

(iii) 结论

*) 原文在此无 ε. ——译者注

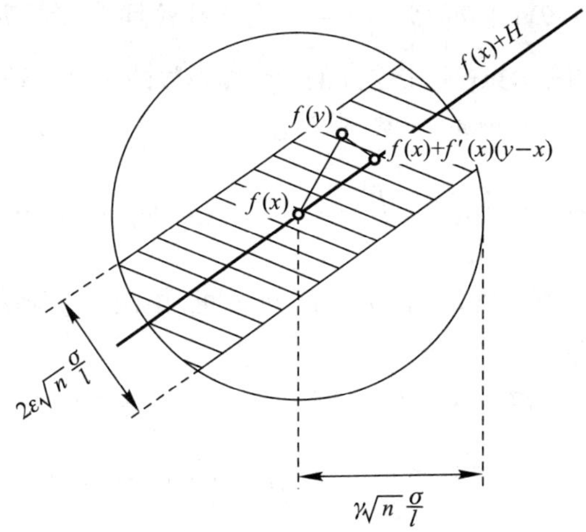

图 7.5-1 立方体 K_j 在映射 f 下的直接像 $\{f(y) \in \mathbb{R}^n; y \in K_j\}$ 位于阴影区域中.

由 (ii), $S = \cup_{i=1}^{\infty}(S \cap K_i)$. 这就得

$$dx\text{-meas}f(S) = dx\text{-meas}f\left(\bigcup_{i=1}^{\infty}(S \cap K_i)\right) \leqslant \sum_{i=1}^{\infty}(dx\text{-meas}f(S \cap K_i)) = 0. \qquad \square$$

习题

7.5-1 给出函数 $f \in \mathcal{C}^1(\mathbb{R})$ 的一个实例, 使得集合 $\{x \in \mathbb{R}; f'(x) = 0\}$ 在映射 f 下的像的闭包是 $\mathbb{R}$.

7.5-2 设 Ω 是 $\mathbb{R}^n$ 的开子集, $m > n$, 又设 $f \in \mathcal{C}^1(\Omega; \mathbb{R}^m)$. 证明 Ω 在映射 f 下的像 $f(\Omega)$ 是 $\mathbb{R}^m$ 中零 Lebesgue 测度的集合.

7.5-3 设 $S = \{x \in \mathbb{R}^n; |x| = 1\}$ 表示 $\mathbb{R}^n$ 中的单位球 (如通常那样, $|\cdot|$ 表示欧氏范数), Ω 是 $\mathbb{R}^n$ 的一个包含 S 的开子集, 而 $f \in \mathcal{C}^1(\Omega; \mathbb{R}^n)$. 证明 dx-meas $f(S) = 0$.

7.6 取值于 Banach 空间的 $\mathcal{C}^1$ 类函数的中值定理

当映射 $f : \Omega \subset X \to Y$ 是 $\mathcal{C}^1$ 类的, 而空间 Y 是 *Banach* 空间时, 对于赋范向量空间中的中值定理 (定理 7.2-1), 可给出一重要的补充. 这一结果对于证明 *Newton-Kantorovich* 定理 (定理 7.7-3) 及确立带有积分余项的 *Taylor* 公式 (定理 7.9-1(d)) 起着关键的作用.

注意, 在下述定理中出现的积分 $\int_0^1 f'((1-\theta)a + \theta b)(b-a)d\theta$ 是有意义的, 此因函

数 $\theta \in [0,1] \to f'((1-\theta)a+\theta b)(b-a) \in Y$ 是连续的且 Y 是 *Banach* 空间 (3.3 节).

定理 7.6-1 (取值于 Banach 空间的 $\mathcal{C}^1$ 类函数的中值定理) 设 Ω 是赋范向量空间 X 中的开子集, Y 是 *Banach* 空间, 而 $f \in \mathcal{C}^1(\Omega; Y)$, 则给定闭线段 $[a,b] \subset \Omega$, 有

$$f(b)-f(a)=\int_0^1 f'((1-\theta)a+\theta b)(b-a)d\theta.$$

证明 设 I 是 $\mathbb{R}$ 中包含区间 $[0,1]$ 的开区间. 给定任一函数 $g \in \mathcal{C}(\overline{I}; Y)$, 定义函数

$$G:\theta \in I \to G(\theta):=\int_0^\theta g(\xi)d\xi \in Y,$$

这样, 给定任意点 $\theta \in [0,1]$ 及任意 $h>0$ 使得 $(\theta+h) \in I$, 就有

$$G(\theta+h)-G(\theta)-hg(\theta)=\int_\theta^{\theta+h}(g(\xi)-g(\theta))d\xi.$$

由定理 3.2-1, 就得到

$$\begin{aligned}\|G(\theta+h)-G(\theta)-hg(\theta)\|_Y &\leqslant \int_\theta^{\theta+h}\|g(\xi)-g(\theta)\|_Y d\xi\\ &\leqslant h\sup_{0\leqslant\xi\leqslant\theta+h}\|g(\xi)-g(\theta)\|_Y,\end{aligned}$$

这就意味着

$$G(\theta+h)=G(\theta)+hg(\theta)+h\delta(h), \quad \text{其中} \lim_{h\to 0^+}\delta(h)=0 \text{ 在 } Y \text{ 中},$$

此因由假设 g 是连续的. 类似的讨论说明, 如果 $h<0$ 上式仍然成立, 在这种情况下 $\lim_{h\to 0^-}\delta(h)=0$. 这就证明了函数 $G: I \to Y$ 在 $[0,1]$ 的每一点处均是可微的, 其导数由下式给出:

$$G'(\theta)=g(\theta) \text{ 在每个 } \theta \in [0,1] \text{ 处于 } Y \text{ 中成立}$$

(由 Fréchet 导数的定义, $G'(\theta) \in \mathcal{L}(\mathbb{R}; Y)$, 但这个关系式作为空间 Y 中的等式有意义, 此因空间 $\mathcal{L}(\mathbb{R}; Y)$ 可等同于 Y).

给定函数 $f \in \mathcal{C}^1(\Omega; Y)$ 及一个闭线段 $[a,b] \subset \Omega$, 存在一个包含 $[0,1]$ 的开区间 $I \subset \mathbb{R}$ 使得 $\{(1-\theta)a+\theta b; \theta \in \overline{I}\} \subset \Omega$, 此因 Ω 是开的. 这样, 函数

$$g:\theta \in \overline{I} \to g(\theta):=f'((1-\theta)a+\theta b)(b-a) \in Y$$

就属于空间 $\mathcal{C}(\overline{I}; Y)$. 因此由上述讨论有

$$g(\theta)=G'(\theta) \text{ 在每个 } \theta \in [0,1] \text{ 处于 } Y \text{ 中成立},$$

其中 $G(\theta):=\int_0^\theta g(\xi)d\xi, 0 \leqslant \theta \leqslant 1$, 这是一方面.

另一方面, 容易看出, 同一个函数 $g \in \mathcal{C}(\overline{I};Y)$ 满足

$$g(\theta)=\widetilde{G'}(\theta) \text{ 在每个 } \theta\in[0,1] \text{ 处于 } Y \text{ 中成立},$$

其中 $\widetilde{G}(\theta):=f((1-\theta)a+\theta b)\in Y, 0\leqslant\theta\leqslant 1$. 由于两个函数 G 和 $\widetilde{G}$ 在连通开区间 $]0,1[$ 的每一点处导数均相同, 它们在 $]0,1[$ 内可相差 Y 中一个常向量的意义下相等 (定理 7.2-4); 根据连续性, 它们在 $[0,1]$ 上也如此. 所以存在常向量 $c\in Y$ 使得 $G(\theta)=\widetilde{G}(\theta)+c$ 对所有 $0\leqslant\theta\leqslant 1$. 特别地, 有 $G(1)-G(0)=\widetilde{G}(1)-\widetilde{G}(0)$, 或等价地

$$\int_0^1 f'((1-\theta)a+\theta b)(b-a)d\theta=f(b)-f(a),$$

这就是要证明的. □

习题

7.6-1 在定理 7.6-1 的假设下, 将这一定理用于函数 $g: x\in\Omega\to g(x):=(f(x)-Ax)\in Y$, 证明, 给定任意连续线性算子 $A\in\mathcal{L}(X;Y)$, 下面不等式成立:

$$\|f(b)-f(a)-A(b-a)\|_Y\leqslant\sup_{x\in[a,b]}\|f'(x)-A\|_{\mathcal{L}(X;Y)}\|b-a\|_X.$$

注 这个习题给出另一途径, 在现在情况下重新证明中值定理的推论 (定理 7.2-2). □

7.7 解非线性方程的 Newton 方法; Banach 空间中的 Newton-Kantorovich 定理

Banach 不动点定理 (定理 3.7-1) 在一定意义上提供了一种最简单的方法证明 Banach 空间中的非线性方程 (写为形如 $f(x)=x$) 有解, 以及如何用迭代法求解这个方程. 本节中要证明的存在定理给出另一些不那么简单的方法, 同样也是确立 *Banach* 空间中非线性方程 (这时写为形如 $f(x)=0$) 解的存在性以及逼近这个解的迭代方法. 如同讨论 Banach 不动点定理那样, 其证明只要求少许线性及非线性泛函分析知识, 即完备空间的概念以及 (在本节中的) 中值定理.

注 关于 $\mathbb{R}^n$ 或无限维 Banach 空间中非线性方程的其他强有力的存在定理, 其证明本质上更为精细, 如 *Brouwer* 不动点定理, *Schauder* 不动点定理, 或关于单调算子的 *Minty-Browder* 定理等, 将在第 9 章讨论. □

在特定的假设下, 这些目标可通过推广关于可微函数 $f: I\subset\mathbb{R}\to\mathbb{R}$, 其中 I 是开区间, 熟知的 Newton 方法[11]在定理 7.7-1 到 7.7-3 中达到. 在这种情况下, 该方法由

[11] 这个方法归于 Isaac Newton 爵士 (1642—1727), 他于 1669 年用这个方法计算多项式的零点.

下述序列定义:

$$x_{k+1} = x_k - \frac{f(x_k)}{f'(x_k)}, \quad k \geqslant 0,$$

其中点 $x_0 \in I$ 是任意选取的, 对此立即可给出几何解释 (图 7.7-1): 点 x_{k+1} 是坐标轴与曲线 $y = f(x), x \in \Omega$, 在点 x_k 处的切线的交点. 当然, 只有当 $f'(x_k) \neq 0$ 对所有 $k \geqslant 0$ 成立时, 这个方法才是适定的.

注 令人感到意外的是, 即使对 f 是一个二次多项式这个最简单的情况, 要给出当 $k \to \infty$ 时点 x_k 性态的精确分析也不是完全显而易见的; 可参阅定理 7.7-3 证明中的部分 (i), 在那里对于一个具体例子, 给出了详尽的分析. □

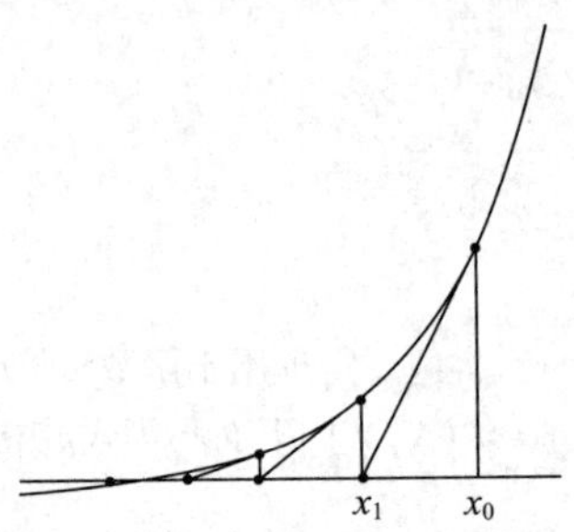

图 7.7-1 关于函数 $f : I \subset \mathbb{R} \to \mathbb{R}$ 的 Newton 方法. 给定任意一点 $x_0 \in \Omega$, 每一 Newton 迭代 $x_{k+1} = x_k - (f'(x_k))^{-1} f(x_k), k \geqslant 0$, 就是曲线 $y = f(x), x \in \Omega$, 在点 x_k 处的切线与 x 轴的交点. 此图最早出现在下书中, P. G. Ciarlet [2007]: *Introduction a l'Analyse Numerique Matricelle et a l'Optimisation, Dunod, Paris.*

受这一简单情况的启发, 给出下述求可微映射 $f : \Omega \subset X \to Y$ 零点的 **Newton 方法**的定义, 其中 X 和 Y 现在是任意赋范向量空间, 而 Ω 在 X 中是开的, 这就是, 给定任意一点 $x_0 \in \Omega$, 由下式定义序列 $(x_k)_{k=0}^{\infty}$:

$$x_{k+1} = x_k - f'(x_k)^{-1} f(x_k), \quad k \geqslant 0.$$

当然, 这个定义只有当所有的点 x_k 都能保持在 Ω 内, 而且导数 $f'(x_k) \in \mathcal{L}(X; Y)$ 对所有 $k \geqslant 0$ 都是可逆的时才有意义. 这些点 x_k 称为映射 f 的 **Newton 迭代**.

注 若函数 f 是仿射的, 即 $f(x) := Ax - b, x \in X$, 其中 $A \in \mathcal{L}(X; Y)$ 是一可逆线性算子而 $b \in Y$ 是一向量, 则上述迭代就化为求解线性方程 $Ax = b$; 换言之, 在这种情况下 Newton 方法就约化为单次迭代. □

特别地, Newton 方法可用于求解具有 n 个未知量的 n 个非线性方程组成的方程组, 在这种情况下, 相应的映射为 $\boldsymbol{f} = (f_i) : \Omega \subset \mathbb{R}^n \to \mathbb{R}^n$. 此时, Newton 方法的一次迭代在于求解下面线性方程组:

$$\boldsymbol{f}'(\boldsymbol{x}_k)\boldsymbol{\delta x}_k = -\boldsymbol{f}(\boldsymbol{x}_k), \text{ 其中 } \boldsymbol{f}'(\boldsymbol{x}_k) = (\partial_j f_i(\boldsymbol{x}_k)),$$

然后令

$$\boldsymbol{x}_{k+1} := \boldsymbol{x}_k + \boldsymbol{\delta x}_k.$$

在实际应用中, 每一次迭代都去计算新矩阵 $(\partial_j f_i(\boldsymbol{x}_k))$ 的元素, 然后再解相应的线性方程组, 可能代价太高. 这种考虑自然地导致 Newton 方法的一个变形, 即对一个矩阵求逆后, 在接连的 p 个迭代中 (其中 p 是不小于 2 的某整数), 使其保持不变, 这就导致如下形式的迭代:

$$\begin{aligned}
\boldsymbol{x}_{k+1} &= \boldsymbol{x}_k - \boldsymbol{f}'(\boldsymbol{x}_0)^{-1}\boldsymbol{f}(\boldsymbol{x}_k), \quad 0 \leqslant k \leqslant p-1,\\
\boldsymbol{x}_{k+1} &= \boldsymbol{x}_k - \boldsymbol{f}'(\boldsymbol{x}_p)^{-1}\boldsymbol{f}(\boldsymbol{x}_k), \quad p \leqslant k \leqslant 2p-1,\\
&\cdots\cdots\cdots\cdots\\
\boldsymbol{x}_{k+1} &= \boldsymbol{x}_k - \boldsymbol{f}'(\boldsymbol{x}_{rp})^{-1}\boldsymbol{f}(\boldsymbol{x}_k), \quad rp \leqslant k \leqslant (r+1)p-1.
\end{aligned}$$

甚至可以一直不更新矩阵, 即导致下述形式的迭代:

$$\boldsymbol{x}_{k+1} = \boldsymbol{x}_k - \boldsymbol{f}'(\boldsymbol{x}_0)^{-1}\boldsymbol{f}(\boldsymbol{x}_k), \quad k \geqslant 0,$$

或者还可以把矩阵 $\boldsymbol{f}'(\boldsymbol{x}_0)$ 换为一个 "容易求逆" 的特定矩阵 $\boldsymbol{A}_0$, 给出如下的迭代形式:

$$\boldsymbol{x}_{k+1} = \boldsymbol{x}_k - \boldsymbol{A}_0^{-1}\boldsymbol{f}(\boldsymbol{x}_k), \quad k \geqslant 0.$$

实际上, 对函数 $f: I \subset \mathbb{R} \to \mathbb{R}$ 的情况, 只要初始斜率充分接近 $f'(x_0)$, 收敛性即可达到 (图 7.7-2).

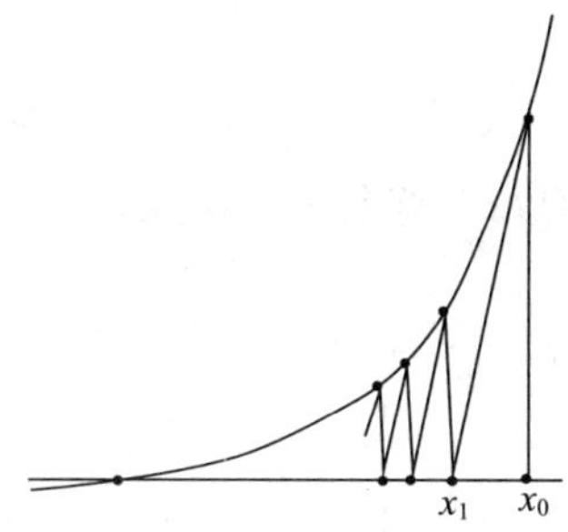

图 7.7-2　对于函数 $f: I \subset \mathbb{R} \to \mathbb{R}$ 的 Newton 方法的变形. 如果初始斜率 a_0 充分接近 $f'(x_0)$, 由 $x_{k+1} = x_k - a_0^{-1} f(x_k), k \geqslant 0$, 定义的序列 $(x_k)_{k=0}^{\infty}$ 仍可收敛于函数 f 的零点. 此图最早出现在下书中, P. G. Ciarlet [2007]: *Introduction a l'Analyse Numerique Matricelle et a l'Optimisation, Dunod Paris.*

有了这样的 Newton 方法的变形, 很自然地就可给出下面**广义 Newton 方法**的定义, 其用于求从赋范向量空间 X 的开子集 Ω 到赋范向量空间 Y 的函数 $f: \Omega \subset X \to Y$ 的零点. 给定任意点 $x_0 \in \Omega$ 及可逆算子 $A_k \in \mathcal{L}(X;Y)$ 的序列 $(A_k)_{k=0}^{\infty}$, 逆算子还满足 $A_k^{-1} \in \mathcal{L}(Y;X)$ 对所有 $k \geqslant 0$, 则序列 $(x_k)_{k=0}^{\infty}$ 由下式定义:

$$x_{k+1} = x_k - A_k^{-1} f(x_k), \quad k \geqslant 0.$$

如前面的例子中所说, 在这里线性算子 A_k 可以依赖、也可以不依赖于函数 f.

下述定理提供了一个关于数据的充分条件 (其中包括关于函数 f 及其在点 $x_0 \in \Omega$ 邻域中的导数, 以及序列 $(A_k)_{k=0}^{\infty}$), 可保证在 x_0 的邻域内 f 的零点的存在性以及相应的广义 *Newton* 方法关于这个零点的收敛性.

定理 7.7-1 (广义 Newton 方法的收敛性) 给定两个 *Banach* 空间 X 和 Y, X 的一个开子集 Ω, 一个在 Ω 中可微的映射 $f: \Omega \to Y$, 以及一个由满足 $A_k^{-1} \in \mathcal{L}(Y, X)$ 的双射算子 $A_k \in \mathcal{L}(X; Y)$ 组成的序列 $(A_k)_{k=0}^{\infty}$. 假定存在一点 $x_0 \in \Omega$ 和三个常数 r, M, β 使得

$$
\begin{aligned}
& r > 0 \text{ 及 } \overline{B(x_0; r)} \subset \Omega, \quad \|A_k^{-1}\|_{\mathcal{L}(Y;X)} \leqslant M \quad \text{对所有 } k \geqslant 0, \\
& \beta < 1 \text{ 及 } \|f'(x) - A_k\|_{\mathcal{L}(X;Y)} \leqslant \frac{\beta}{M} \quad \text{对所有 } x \in \overline{B(x_0; r)} \text{ 和所有 } k \geqslant 0, \\
& \|f(x_0)\|_Y \leqslant \frac{r}{m}(1 - \beta).
\end{aligned}
$$

则由

$$
x_{k+1} := x_k - A_k^{-1} f(x_k), \quad k \geqslant 0
$$

定义的序列 $(x_k)_{k=0}^{\infty}$ 包含在闭球 $\overline{B(x_0; r)}$ 中且当 $k \to \infty$ 时收敛于 f 的一个零点, 该零点是 f 在 $\overline{B(x_0; r)}$ 中的唯一零点. 最后还有

$$
\|x_k - a\| \leqslant \frac{\beta^k}{1 - \beta} \|x_1 - x_0\|, \quad k \geqslant 1,
$$

故收敛速度是几何的.

证明 (i) 首先, 我们证明对每个整数 $k \geqslant 0$ 成立

$$
\begin{aligned}
\|x_{k+1} - x_k\| &\leqslant M \|f(x_k)\|, \\
\|x_{k+1} - x_0\| &\leqslant r, \\
\|f(x_{k+1})\| &\leqslant \frac{\beta}{M} \|x_{k+1} - x_k\|.
\end{aligned}
$$

特别地, 有 $x_k \in \overline{B(x_0; r)}$ 对所有 $k \geqslant 0$, 这说明序列 $(x_k)_{k=0}^{\infty}$ 是适定的.

关系式

$$
x_1 - x_0 = -A_0^{-1} f(x_0)
$$

意味着

$$
\|x_1 - x_0\| \leqslant M \|f(x_0)\| \leqslant r(1 - \beta) \leqslant r.
$$

由于 $f(x_1)$ 也可以写为

$$
f(x_1) = f(x_1) - f(x_0) - A_0(x_1 - x_0),
$$

应用中值定理的推论 (定理 7.7-2), 即给出

$$\|f(x_1)\| \leqslant \sup_{x\in\overline{B(x_0;r)}} \|f'(x)-A_0\|\|x_1-x_0\| \leqslant \frac{\beta}{M}\|x_1-x_0\|.$$

因此前面所示的三个不等式在 $k=0$ 时成立. 假设它们对 $k=0,\cdots,n$ 成立, 其中 $n\geqslant 0$ 是某整数. 由于

$$x_{n+1}-x_n=-A_n^{-1}f(x_n),$$

故有

$$\|x_{n+1}-x_n\|\leqslant M\|f(x_n)\|,$$

这说明第一个不等式对 $k=n+1$ 成立. 因为由归纳假设有 $\|f(x_n)\|\leqslant \frac{\beta}{M}\|x_n-x_{n-1}\|$, 进而得到

$$\|x_{n+1}-x_n\|\leqslant \beta\|x_n-x_{n-1}\|\leqslant\cdots\leqslant\beta^n\|x_1-x_0\|.$$

这就有

$$\begin{aligned}\|x_{n+1}-x_0\| &\leqslant \sum_{l=1}^{n+1}\|x_l-x_{l-1}\| \leqslant \left(\sum_{l=1}^{n+1}\beta^{l-1}\right)\|x_1-x_0\| \\ &\leqslant \frac{1}{1-\beta}\|x_1-x_0\| \leqslant \frac{M}{1-\beta}\|f(x_0)\|\leqslant r.\end{aligned}$$

因此第二个不等式对 $k=n+1$ 成立, 这就证明了 $x_{n+1}\in\overline{B(x_0;r)}$. 由于 $f(x_{n+1})$ 也可以写为

$$f(x_{n+1})=f(x_{n+1})-f(x_n)-A_n(x_{n+1}-x_n),$$

再利用中值定理的推论给出

$$\|f(x_{n+1})\| \leqslant \sup_{x\in\overline{B(x_0;r)}} \|f'(x)-A_n\|\|x_{n+1}-x_n\| \leqslant \frac{\beta}{M}\|x_{n+1}-x_n\|.$$

所以三个所示的不等式在 $k=n+1$ 时都成立.

(ii) 下面证明映射 f 在闭球 $\overline{B(x_0;r)}$ 内有零点. 由于

$$\begin{aligned}\|x_{k+l}-x_k\| &\leqslant \sum_{\nu=0}^{l-1}\|x_{k+\nu+1}-x_{k+\nu}\| \\ &\leqslant \beta^k\sum_{\nu=0}^{l-1}\beta^\nu\|x_1-x_0\| \\ &\leqslant \frac{\beta^k}{1-\beta}\|x_1-x_0\| \quad \text{对所有 } k,l\geqslant 0,\end{aligned}$$

故序列 $(x_k)_{k=0}^{\infty}$ 是一个在球 $\overline{B(x_0;r)}$ 内的 *Cauchy* 序列, 而该球是一个完备的距离空间 (作为完备空间 X 的一个闭子集). 所以存在一点 $a\in\overline{B(x_0;r)}$ 使得 $\lim_{k\to\infty}x_k=a$.

映射 f 在 Ω 内是连续的 (因为由假设 f 在 Ω 内是可微的), 故

$$\|f(a)\| = \lim_{k\to\infty} \|f(x_k)\| \leqslant \frac{\beta}{M} \lim_{k\to\infty} \|x_k - x_{k-1}\| = 0.$$

所以 $f(a) = 0$. 令 $l \to \infty$, 进而证明了定理中要求的

$$\|x_k - a\| \leqslant \frac{\beta^k}{1-\beta}\|x_1 - x_0\| \quad \text{对所有 } k \geqslant 1.$$

(iii) 最后, 证明 a 是 f 在闭球 $\overline{B(x_0;r)}$ 中唯一的零点.

设 $b \in \overline{B(x_0;r)}$ 是 f 的一个零点. 由于 $f(a) = f(b) = 0$, 差 $b - a$ 也可写为

$$b - a = -A_0^{-1}(f(b) - f(a) - A_0(b-a)),$$

这样, 还是应用中值定理的推论, 就有

$$\|b - a\| \leqslant \|A_0^{-1}\| \sup_{x\in\overline{B(x_0;r)}} \|f'(x) - A_0\|\|b-a\| \leqslant \beta\|b-a\|,$$

因为 $\beta < 1$, 这就得 $a = b$. □

特别地, 在定理 7.7-1 中选取 $A_k := A_0$ 对所有 $k \geqslant 0$, 就相当于将映射 f 在 $\overline{B(x_0;r)}$ 中的零点简单地视为特定映射 (见习题 7.7-2)

$$g : x \in \overline{B(x_0;r)} \to g(x) := x - A_0^{-1}f(x) \in Y$$

的不动点.

特别地, 在定理 7.7-1 中选取 $A_k := f'(x_k)$ 对所有 $k \geqslant 0$, 就相应于原始的 *Newton* 方法, 它更具有启发性. 这导致该定理的下述重要推论, 现在所有的假设都与 $f(x_0)$ 以及在点 x_0 的一个邻域中的映射 f' 和 $(f')^{-1}$ 有关.

定理 7.7-2 (Newton 方法的收敛性) 给定两个 *Banach* 空间 X 和 Y, X 的一个开子集 Ω, 一点 $x_0 \in \Omega$, 以及一个在 Ω 中可微的映射 $f : \Omega \subset X \to Y$. 假设存在三个常数 r, M 和 β 使得

$$
\begin{aligned}
&r > 0 \text{ 且 } \overline{B(x_0;r)} \subset \Omega,\\
&f'(x) \in \mathcal{L}(X;Y) \text{ 是双射, 故 } f'(x)^{-1} \in \mathcal{L}(Y;X) \quad \text{对每个 } x \in \overline{B(x_0;r)},\\
&\|f'(x)^{-1}\|_{\mathcal{L}(Y;X)} \leqslant M \quad \text{对所有 } x \in \overline{B(x_0;r)},\\
&\beta < 1 \text{ 且 } \|f'(\widetilde{x}) - f'(x)\|_{\mathcal{L}(X;Y)} \leqslant \frac{\beta}{M} \quad \text{对所有 } \widetilde{x}, x \in \overline{B(x_0;r)},\\
&\|f(x_0)\|_Y \leqslant \frac{r}{M}(1-\beta).
\end{aligned}
$$

则由

$$x_{k+1} := x_k - f'(x_k)^{-1}f(x_k), \quad k \geqslant 0$$

定义的序列 $(x_k)_{k=0}^{\infty}$ 包含在闭球 $\overline{B(x_0;r)}$ 中且当 $k\to\infty$ 时收敛于 f 的一个零点, 该零点是 f 在 $\overline{B(x_0;r)}$ 中唯一的零点. 最后还有

$$\|x_k-a\|\leqslant\frac{\beta^k}{1-\beta}\|x_1-x_0\|\quad 对每个\ k\geqslant 1.$$

故收敛速度是几何的. □

如果映射 f' 在 x_0 的一邻域里是 Lipschitz 连续的且具有充分小的 Lipschitz 常数, 根据下面的结果, 定理 7.7-2 中的 $f'(x)^{-1}$ 存在且满足 $\|f'(x)^{-1}\|_{\mathcal{L}(Y;X)}\leqslant M$ 对所有 $x\in\overline{B(x_0;r)}$ 这一假设可换为只假设 $f'(x_0)^{-1}\in\mathcal{L}(Y;X)$ 存在 (在此情况下, $f'(x)^{-1}\in\mathcal{L}(Y;X)$ 也对 x_0 的充分小邻域内的所有 x 都存在; 参阅定理 3.6-3), 然而其证明较之定理 7.7-1 或 7.7-2 更为精细.

下述结果是非线性泛函分析的一个基本定理, 同样也是数值分析的一个基本定理.

定理 7.7-3 (Banach 空间中的 Newton-Kantorovich 定理[12]) 给定两个 *Banach* 空间 X 和 Y, X 的一个开集子 Ω, 一点 $x_0\in\Omega$, 以及一个映射 $f\in\mathcal{C}^1(\Omega;Y)$ 使得

$$f'(x_0)\in\mathcal{L}(X;Y)\ 是双射,\ 从而\ f'(x_0)^{-1}\in\mathcal{L}(Y;X).$$

假设存在三个常数 λ,μ,ν 使得

$$\begin{aligned}
&0<\lambda\mu\nu\leqslant\frac{1}{2}\ 及\ B(x_0;r)\subset\Omega,\ 其中\ r:=\frac{1}{\mu\nu},\\
&\|f'(x_0)^{-1}f(x_0)\|_X\leqslant\lambda,\\
&\|f'(x_0)^{-1}\|_{\mathcal{L}(Y;X)}\leqslant\mu,\\
&\|f'(\widetilde{x})-f'(x)\|_{\mathcal{L}(X;Y)}\leqslant\nu\|\widetilde{x}-x\|_X\quad 对所有\ \widetilde{x},x\in B(x_0;r).
\end{aligned}$$

则在每个 $x\in B(x_0;r)$ 处, $f'(x)\in\mathcal{L}(X;Y)$ 都是双射, 因此 $f'(x)^{-1}\in\mathcal{L}(Y;X)$, 而由

$$x_{k+1}=x_k-f'(x_k)^{-1}f(x_k),\quad k\geqslant 0$$

---

[12] L. V. KANTOROVICH [1948]: Functional analysis and applied mathematics, *Uspehi Matematiceskii Nauk* (New Series) **3**, 89–185 (俄文).

稍后在 KANTOROVICH & AKILOV [1964] 中给出了一个不同的证明. 这里给出的证明遵循着后者但稍作简化, 取自:

J. M. ORTEGA [1968]: The Newton-Kantorovich theorem, *The American Mathematical Monthly* **75**, 658–660.

有趣的补充及更深入的处理可参阅:

W. C. RHEINBOLDT [1968]: A unified convergence theory for a class of iterative processes, *SIAM Journal on Numerical Analysis* **5**, 42–63.

W. B. GRAGG; R. A. TAPIA [1974]: Optimal error bounds for the Newton-Kantorovich theorem, *SIAM Journal on Numerical Analysis* **11**, 10–13.

P. DEUFLHARD [2004]: *Newton Methods for Nonlinear Problems - Affine Invariance and Adaptive Algorithms*, Springer, Berlin.

J. P. DEDIEU [2006]: *Points Fixes, Zéros et la Méthode de Newton*, Springer, Berlin.

定义的序列 $(x_k)_{k=0}^{\infty}$ 包含在球 $B(x_0;r_-)$ 中, 其中

$$r_- := \frac{1-\sqrt{1-2\lambda\mu\nu}}{\mu\nu} \leqslant r,$$

并且收敛于 f 的零点 $a \in \overline{B(x_0;r_-)}$. 此外, 对每个 $k \geqslant 0$, 有

$$\|x_k - a\|_X \leqslant \frac{r}{2^k}\left(\frac{r_-}{r}\right)^{2^k} \quad \text{若 } \lambda\mu\nu < \frac{1}{2}, \text{ 或}$$

$$\|x_k - a\|_X \leqslant \frac{r}{2^k} \quad \text{若 } \lambda\mu\nu = \frac{1}{2}.$$

如果 $\lambda\mu\nu < \frac{1}{2}$, 再补充假定

$$B(x_0;r_+) \subset \Omega, \text{ 其中 } r_+ := \frac{1+\sqrt{1-2\lambda\mu\nu}}{\mu\nu},$$

$$\|f'(\widetilde{x}) - f'(x)\|_{\mathcal{L}(X;Y)} \leqslant \nu\|\widetilde{x} - x\|_X \quad \text{对所有 } \widetilde{x}, x \in B(x_0;r_+),$$

则点 $a \in \overline{B(x_0;r_-)}$ 是 f 在 $B(x_0;r_+)$ 中唯一的零点.

如果 $\lambda\mu\nu = \frac{1}{2}$ (在这种情况, $r_- = r = r_+$), 再补充假定

$$\overline{B(x_0;r)} \subset \Omega,$$

则点 $a \in \overline{B(x_0;r)}$ 是 f 在 $\overline{B(x_0;r)}$ 中唯一的零点.

证明 为符号简洁起见, 本证明中所有的范数均用同一符号 $\|\cdot\|$ 表之.

设数 $t_k, k \geqslant 0, t_0 := 0$, 为二次多项式

$$p : t \in \mathbb{R} \to p(t) := \frac{\mu\nu}{2}t^2 - t + \lambda$$

的 *Newton* 迭代. 这个证明关键的思路是基于所谓强函数方法, 也就是要证明序列 $(t_k)_{k=0}^{\infty}$ 在下述意义下强于由 *Newton* 迭代 $x_{k+1} = x_k - f'(x_k)^{-1}f(x_k), k \geqslant 0$, 形成的序列 $(x_k)_{k=0}^{\infty}$, 即

$$\|x_{k+1} - x_k\| \leqslant t_{k+1} - t_k \quad \text{对所有 } k \geqslant 0.$$

这一性质又将意味着序列 $(x_k)_{k=0}^{\infty}$ 收敛于 f 的零点, 而且

$$\|x_k - a\| \leqslant r_- - t_k \quad \text{对所有 } k \geqslant 0,$$

其中 $r_- = \lim_{k\to\infty} t_k$ 是 p 的最小根. 这就是为什么我们的证明从仔细地分析关于多项式 p 的 Newton 迭代 $t_k, k \geqslant 0$, 的性态开始.

(i) 关于多项式 p 的 *Newton* 迭代

$$t_0 := 0, \text{ 而 } t_{k+1} := t_k - \frac{p(t_k)}{p'(t_k)} = t_k + \frac{\frac{\mu\nu}{2}t_k^2 - t_k + \lambda}{1 - \mu\nu t_k}, \quad k \geqslant 0$$

满足关系式:

$$t_{k+1}-t_k=\frac{\mu\nu(t_k-t_{k-1})^2}{2(1-\mu\nu t_k)},\quad k\geqslant 1,$$

$$r_- - t_{k+1}=\frac{\mu\nu(r_- - t_k)^2}{2(1-\mu\nu t_k)} \text{ 及 } t_{k+1}-t_k\leqslant\frac{\lambda}{2^k},\quad k\geqslant 0,$$

$$1-\mu\nu t_k\geqslant\frac{1}{2^k} \text{ 及 } r_- - t_k\leqslant\frac{1}{\mu\nu 2^k}(\mu\nu r_-)^{2^k},\quad k\geqslant 0,$$

其中, 如果 $\lambda\mu\nu<\frac{1}{2}$, 那么 $r_-:=\frac{1-\sqrt{1-2\lambda\mu\nu}}{\mu\nu}$ 是 p 的最小根 (在此情况下, $\mu\nu r_-<1$), 而如果 $\lambda\mu\nu=\frac{1}{2}$, 那么 $r_-=r:=\frac{1}{\mu\nu}$ 是 p 的重根 (在此情况下, $\mu\nu r_-=1$).

首先, 应该是显然的 (例如, 可从图像看), 序列 $(t_k)_{k=0}^{\infty}$ 是适定的、严格递增的, 且 $t_k<r_-\leqslant\frac{1}{\mu\nu}$, 故 $1-\mu\nu t_k>0$ 对所有 $k\geqslant 0$ (实际上这些性质对任意的 $t_0<\frac{1}{\mu\nu}$ 都成立).

立即可以看出, 用 t_{k-1} 来定义 t_k 的关系式也可以写为 $\frac{\mu\nu}{2}t_k^2-t_k+\lambda=\frac{\mu\nu}{2}(t_k-t_{k-1})^2, k\geqslant 1$. 因此

$$t_{k+1}-t_k=\frac{\frac{\mu\nu}{2}t_k^2-t_k+\lambda}{1-\mu\nu t_k}=\frac{\mu\nu(t_k-t_{k-1})^2}{2(1-\mu\nu t_k)},\quad k\geqslant 1.$$

由 t_{k+1} 的定义知, 证明

$$r_- - t_{k+1}=\frac{\mu\nu(r_- - t_k)^2}{2(1-\mu\nu t_k)},\quad k\geqslant 0,$$

就是要证明

$$(1-\mu\nu t_k)(t_k-r_-)+\frac{\mu\nu}{2}t_k^2-t_k+\lambda=-\frac{\mu\nu}{2}t_k^2+\mu\nu t_k r_- - \frac{\mu\nu}{2}r_-^2,\quad k\geqslant 0,$$

而这个关系式肯定成立, 此因它可化为 $\frac{\mu\nu}{2}r_-^2-r_-+\lambda=0$.

不等式 $t_{k+1}-t_k\leqslant\frac{\lambda}{2^k}$ 对 $k=0$ 成立 (其化为 $t_1-t_0=t_1=\lambda$). 这样, 假定它对 $k=0,\cdots,n-1$ 成立, $n\geqslant 1$ 为某整数, 则

$$t_n=\sum_{j=1}^{n}(t_j-t_{j-1})\leqslant\lambda\sum_{j=1}^{\infty}\frac{1}{2^{j-1}}=2\lambda\left(1-\frac{1}{2^n}\right),$$

这就有

$$1-\mu\nu t_n\geqslant 1-2\mu\nu\lambda\left(1-\frac{1}{2^n}\right)\geqslant 1-\left(1-\frac{1}{2^n}\right)=\frac{1}{2^n}.$$

将这个不等式与上面关于差 $(t_{n+1}-t_n)$ 的表达式以及归纳假设相结合, 就给出

$$t_{n+1}-t_n=\frac{\mu\nu(t_n-t_{n-1})^2}{2(1-\mu\nu t_n)}\leqslant\frac{\mu\nu}{2}\left(\frac{\lambda}{2^{n-1}}\right)^2 2^n\leqslant\frac{\lambda}{2^n},$$

此因由假设 $\lambda\mu\nu\leqslant\frac{1}{2}$. 所以不等式 $t_{k+1}-t_k\leqslant\frac{\lambda}{2^k}$ 对 $k=n$ 同样成立.

不等式 $r_- - t_k \leqslant \frac{1}{\mu\nu 2^k}(\mu\nu r_-)^{2^k}$ 对 $k=0$ 成立 (此时它化为 $r_- - t_0 \leqslant r_-$). 假定它对 $k=0,\cdots,n$ 成立, $n\geqslant 0$ 为某整数. 将上面关于差 $(r_- - t_{n+1})$ 的表达式与不等式 $1-\mu\nu t_n \geqslant \frac{1}{2^n}$ (前面刚证明过) 及归纳假设相结合, 就给出

$$\begin{aligned} r_- - t_{n+1} &= \frac{\mu\nu(r_- - t_n)^2}{2(1-\mu\nu t_n)} \\ &\leqslant \left(\frac{\mu\nu}{2}\right) 2^n \frac{1}{(\mu\nu)^2 2^{2n}}((\mu\nu r_-)^{2^n})^2 \\ &= \frac{1}{\mu\nu 2^{n+1}}(\mu\nu r_-)^{2^{n+1}}. \end{aligned}$$

因此, 不等式 $r_- - t_k \leqslant \frac{1}{\mu\nu 2^k}(\mu\nu r_-)^{2^k}$ 对 $k=n+1$ 同样成立.

(ii) 第一泛函分析预备: 映射 $f:\Omega\to Y$ 满足

$$\|f(\widetilde{x}) - f(x) - f'(x)(\widetilde{x}-x)\| \leqslant \frac{\nu}{2}\|\widetilde{x}-x\|^2 \quad \text{对所有 } \widetilde{x}, x \in B(x_0;r).$$

这个不等式的证明依赖于取值于 *Banach* 空间的 $\mathcal{C}^1$ 类函数的中值定理 (定理 7.6-1), 将其在 Ω 的开子集 $B(x_0;r)$ 中任意两点 x 和 $\widetilde{x}$ 之间用于函数 $f\in\mathcal{C}^1(\Omega;Y)$ (作为凸集, 球 $B(x_0;r)$ 包含闭线段 $[x,\widetilde{x}]$). 这就给出

$$f(\widetilde{x}) - f(x) = \int_0^1 f'((1-\theta)x+\theta\widetilde{x})(\widetilde{x}-x)d\theta \quad \text{对所有 } \widetilde{x}, x\in B(x_0;r).$$

注意到表达式 $f(\widetilde{x}) - f(x) - f'(x)(\widetilde{x}-x)$ 也可以写为

$$f(\widetilde{x}) - f(x) - f'(x)(\widetilde{x}-x) = \int_0^1 (f'((1-\theta)x+\theta\widetilde{x}) - f'(x))(\widetilde{x}-x)d\theta,$$

我们就得到

$$\begin{aligned} &\|f(\widetilde{x}) - f(x) - f'(x)(\widetilde{x}-x)\| \\ &\leqslant \left(\int_0^1 \|f'((1-\theta)x+\theta\widetilde{x}) - f'(x)\|\|\widetilde{x}-x\|d\theta\right) \\ &\leqslant \int_0^1 \nu\theta\|\widetilde{x}-x\|^2 d\theta = \frac{\nu}{2}\|\widetilde{x}-x\|^2. \end{aligned}$$

(iii) 第二泛函分析预备: 给定任意 $x\in B(x_0;r)$, 导数 $f'(x)\in\mathcal{L}(X;Y)$ 是 X 到 Y 上的双射, 这就有 $f'(x)^{-1}\in\mathcal{L}(Y;X)$. 此外

$$\|f'(x)^{-1}\| \leqslant \frac{\mu}{1-\mu\nu\|x-x_0\|} \quad \text{对所有 } x\in B(x_0;r).$$

注意到

$$\begin{aligned} &\|x-x_0\| < \frac{1}{\mu\nu} \text{ 意味着} \\ &\|f'(x_0)^{-1}(f'(x)-f'(x_0))\| \leqslant \mu\nu\|x-x_0\| < 1, \end{aligned}$$

我们从定理 3.6-3 (在此可用, 因为由假设 X 是 Banach 空间) 推得, 如果 $x \in B(x_0; r)$, 则 $f'(x) \in \mathcal{L}(X; Y)$ 是 X 到 Y 上的双射及 $f'(x)^{-1} \in \mathcal{L}(Y; X)$, 而且

$$\|f'(x)^{-1}\| \leqslant \frac{\|f'(x_0)^{-1}\|}{1 - \|f'(x_0)^{-1}(f'(x) - f'(x_0))\|} \leqslant \frac{\mu}{1 - \mu\nu\|x - x_0\|}.$$

(iv) 第三 (最后的) 泛函分析预备: 定义辅助函数

$$g : x \in B(x_0; r) \to g(x) := x - f'(x)^{-1} f(x) \in X$$

(由 (iii) 该定义是明确的), 则给定任意 $x \in B(x_0; r)$ 使其满足 $g(x) \in B(x_0; r)$, 那么下述估计成立:

$$\|g(g(x)) - g(x)\| \leqslant \frac{\mu\nu\|g(x) - x\|^2}{2(1 - \mu\nu\|g(x) - x_0\|)}.$$

(iii) 的估计说明, 给定任意 $x \in B(x_0; r)$ 使得 $g(x) \in B(x_0; r)$, 有

$$\begin{aligned}\|g(g(x)) - g(x)\| &= \|f'(g(x))^{-1} f(g(x))\| \\ &\leqslant \frac{\mu\|f(g(x))\|}{1 - \mu\nu\|g(x) - x_0\|}.\end{aligned}$$

注意到由函数 g 的定义有 $f(x) + f'(x)(g(x) - x) = 0$ 对所有 $x \in B(x_0; r)$, 我们从 (ii) 可推得

$$\begin{aligned}\|f(g(x))\| &= \|f(g(x)) - f(x) - f'(x)(g(x) - x)\| \\ &\leqslant \frac{\nu}{2}\|g(x) - x\|^2 \quad \text{对所有 } x \in B(x_0; r).\end{aligned}$$

因此所宣示的估计成立.

(v) 映射 f 的 *Newton* 迭代 $x_{k+1} := x_k - f'(x_k)^{-1} f(x_k), k \geqslant 0$, 属于球 $B(x_0; r_-)$ (因而它适定) 且满足估计

$$\|x_{k+1} - x_k\| \leqslant t_{k+1} - t_k \quad \text{对所有 } k \geqslant 0,$$

其中数 $t_k, k \geqslant 0$, 是多项式 $p : t \in \mathbb{R} \to \frac{\mu\nu}{2}t^2 - t + \lambda$ 的 *Newton* 迭代, 其中 $t_0 = 0$ (见 (i)).

所宣示的性质对 $k = 0$ 成立, 此因

$$\|x_1 - x_0\| = \|f'(x_0)^{-1} f(x_0)\| \leqslant \lambda = t_1 - t_0 < r_-.$$

再假设它们对 $k = 0, \cdots, n-1$ 成立, $n \geqslant 1$ 为某整数, 这就有

$$\|x_n - x_0\| \leqslant \sum_{l=0}^{n-1} \|x_{l+1} - x_l\| \leqslant \sum_{l=0}^{n-1} (t_{l+1} - t_l) = t_n - t_0 = t_n.$$

则

$$x_{n+1} := x_n - f'(x_n)^{-1} f(x_n) = g(x_n)$$

是适定的 (此因由归纳假设 $x_n \in B(x_0; r_-)$, 因此 $f'(x_n)^{-1} \in \mathcal{L}(Y; X)$ 是适定的; 见 (iii)). 所以我们有

$$x_{n+1} - x_n = g(x_n) - g(x_{n-1}) = g(g(x_{n-1})) - g(x_{n-1}),$$

这样由 (iv) (在此可用, 因为 x_{n-1} 和 $g(x_{n-1}) = x_n$ 由归纳假设都属于 $B(x_0; r_-)$) 和 (i) 就得

$$\begin{aligned}\|x_{n+1} - x_n\| &= \|g(g(x_{n-1})) - g(x_{n-1})\| \\ &\leqslant \frac{\mu\nu\|g(x_{n-1}) - x_{n-1}\|^2}{2(1 - \mu\nu\|g(x_{n-1}) - x_0\|)} \\ &= \frac{\mu\nu\|x_n - x_{n-1}\|^2}{2(1 - \mu\nu\|x_n - x_0\|)} \\ &\leqslant \frac{\mu\nu(t_n - t_{n-1})^2}{2(1 - \mu\nu t_n)} = t_{n+1} - t_n.\end{aligned}$$

最后,

$$\|x_{n+1} - x_0\| \leqslant \sum_{l=0}^{n} \|x_{l+1} - x_l\| \leqslant t_{n+1} < r_-,$$

这说明所宣示的性质对 $k = n$ 成立.

(vi) *Newton* 迭代 $x_k \in B(x_0; r_-), k \geqslant 0$, 收敛于 f 的零点 $a \in \overline{B(x_0; r_-)}$, 而且

$$\|a - x_k\| \leqslant \frac{1}{\mu\nu 2^k}(\mu\nu r_-)^{2^k}, \quad k \geqslant 0.$$

因为

$$\|x_m - x_n\| \leqslant \sum_{k=n}^{m-1} \|x_{k+1} - x_k\| \leqslant t_m - t_n \quad \text{对所有 } m > n \geqslant 0,$$

而且当 $k \to \infty$ 时序列 $(t_k)_{k=0}^{\infty}$ 收敛 (于 r_-), 故序列 $(x_k)_{k=0}^{\infty}$ 是完备距离空间 $\overline{B(x_0; r_-)}$ 中的 Cauchy 序列. 所以序列 $(x_k)_{k=0}^{\infty}$ 收敛于一点 $a \in \overline{B(x_0; r_-)}$. 此外,

$$\begin{aligned}\|f(x_k)\| &= \|f'(x_k)(x_{k+1} - x_k)\| \\ &\leqslant (\|f'(x_0)\| + \|f'(x_k) - f'(x_0)\|)\|x_{k+1} - x_k\| \\ &\leqslant (\|f'(x_0)\| + \nu\|x_k - x_0\|)\|x_{k+1} - x_k\| \\ &\leqslant (\|f'(x_0)\| + \nu r_-)(t_{k+1} - t_k), \quad k \geqslant 0.\end{aligned}$$

所以, $f(a) = \lim_{k\to\infty} f(x_k) = 0$ (函数 f 在 $\overline{B(x_0; r_-)}$ 中是连续的, 此因由假设它在那里是可微的). 因此 a 是 f 的一个零点.

在不等式 $\|x_l - x_k\| \leqslant t_l - t_k$ 中令 $l \to \infty$, 进而得

$$\|a - x_k\| \leqslant r_- - t_k \quad 对每个\ k \geqslant 0,$$

故由 (i) 即得所宣示的关于 $\|a - x_k\|$ 的估计.

(vii) 当 $\lambda\mu\nu < \frac{1}{2}$ 时, 在附加假设 $B(x_0; r_+) \subset \Omega$ 和

$$\|f'(\widetilde{x}) - f'(x)\| \leqslant \nu\|\widetilde{x} - x\| \quad 对所有\ \widetilde{x}, x \in B(x_0; r_+)$$

下, f 在 $B(x_0; r_+)$ 中零点的唯一性.

定义辅助函数

$$h : x \in \Omega \to h(x) := f'(x_0)^{-1} f(x) \in X,$$

其零点与函数 f 的相同. 而显然 $h \in \mathcal{C}^1(\Omega; X)$ 且在每一点 $x \in \Omega$ 处 h 的导数由 $h'(x) = f'(x_0)^{-1} f'(x)$ 给出, 故特别地, 有

$$h'(x_0) = \mathrm{id}_X,$$

及

$$\begin{aligned}\|h'(\widetilde{x}) - h'(x)\| &\leqslant \|f'(x_0)^{-1}\|\|f'(\widetilde{x}) - f'(x)\| \\ &\leqslant \mu\nu\|\widetilde{x} - x\| \quad 对所有\ \widetilde{x}, x \in B(x_0; r_+).\end{aligned}$$

首先我们证明, 如果$\lambda\mu\nu < \frac{1}{2}$, 函数 f 在开球 $B(x_0; r)$ 内至多有一个零点.

为此, 假定 $a, b \in B(x_0; r)$ 使得 $f(a) = f(b) = 0$, 则由中值定理的推论 (定理 7.2-2),

$$\begin{aligned}\|b - a\| &= \|h(b) - h(a) - (b - a)\| \\ &\leqslant \Big(\sup_{x \in]a,b[} \|h'(x) - \mathrm{id}_X\|\Big)\|b - a\|.\end{aligned}$$

此外,

$$\begin{aligned}\sup_{x \in]a,b[} \|h'(x) - \mathrm{id}_X\| &= \sup_{x \in]a,b[} \|h'(x) - h'(x_0)\| \\ &\leqslant \mu\nu \sup_{x \in]a,b[} \|x - x_0\| < \mu\nu r,\end{aligned}$$

此因

$$\begin{aligned}\sup_{x \in]a,b[} \|x - x_0\| &= \sup_{t \in]0,1[} \|(1-t)(a - x_0) + t(b - x_0)\| \\ &\leqslant \max\{\|a - x_0\|, \|b - x_0\|\} < r.\end{aligned}$$

但 $\mu\nu r = 1$; 所以 $a = b$.

其次, 我们证明, 如果$\lambda\mu\nu < \frac{1}{2}$, 函数 f 在集合 $B(x_0; r_+) - \overline{B(x_0; r_-)}$ 中无任何零点. 为此, 从 (ii) 我们可以得到

$$\|h(x) - h(x_0) - h'(x_0)(x - x_0)\| \leqslant \frac{\mu\nu}{2}\|x - x_0\|^2 \quad 对所有\ x \in B(x_0; r_+).$$

但 $h'(x_0) = \mathrm{id}_X$ 及 $\|h(x_0)\| \leqslant \lambda$; 因此

$$\begin{aligned}
\|h(x)\| &\geqslant \|h(x_0) + h'(x_0)(x - x_0)\| - \frac{\mu\nu}{2}\|x - x_0\|^2 \\
&\geqslant \|x - x_0\| - \|h(x_0)\| - \frac{\mu\nu}{2}\|x - x_0\|^2 \\
&\geqslant -\left(\frac{\mu\nu}{2}\|x - x_0\|^2 - \|x - x_0\| + \lambda\right) \\
&= -p(\|x - x_0\|) \quad 对所有\ x \in B(x_0; r_+).
\end{aligned}$$

由于当 $\lambda\mu\nu < \frac{1}{2}$ 时 $p(t) < 0$ 对所有 $r_- < t < r_+$, 故有

$$\|h(x)\| > 0 \quad 对所有\ r_- < \|x - x_0\| < r_+.$$

这就得到 $f(x) \neq 0$ 对所有 $x \in B(x_0; r_+) - \overline{B(x_0; r_-)}$, 这是一方面. 另一方面, 由于 f 在 $B(x_0; r)$ 中至多有一个零点, 故如果 $\lambda\mu\nu < \frac{1}{2}$, (vi) 中给出的零点 $a \in \overline{B(x_0; r_-)}$ 是 f 在 $B(x_0; r_+)$ 中唯一的零点.

如果 $\lambda\mu\nu = \frac{1}{2}$, 前面的分析只证明了, 若恰好 (vi) 中给出的零点 a 属于开球 $B(x_0; r)$, 则 a 是 f 在这个开球中唯一的零点; 但如果 $a \in \partial B(x_0; r)$, 唯一性是否还成立, 没有结论. 这就是为什么这种情况要在本证明的下一步也就是最后一步中单独讨论.

(viii) 当 $\lambda\mu\nu = \frac{1}{2}$ 时, 在 $\overline{B(x_0; r)} \subset \Omega$ 的附加假设下, f 的零点的唯一性.

首先, 我们注意

$$\|f'(\widetilde{x}) - f'(x)\| \leqslant \nu\|\widetilde{x} - x\| \quad 对所有\ \widetilde{x}, x \in \overline{B(x_0; r)},$$

这是因为根据假设上式对所有 $\widetilde{x}, x \in B(x_0; r)$ 成立, 只要 $\overline{B(x_0; r)} \subset \Omega$, 当然可以连续延拓到 $\overline{B(x_0; r)}$.

我们的目标是证明, 当 $\lambda\mu\nu = \frac{1}{2}$ 时, (vi) 中给出的零点 $a \in \overline{B(x_0; r)}$ 是 f 在 $\overline{B(x_0; r)}$ 中唯一的零点. 为此, 我们证明, 当 $\lambda\mu\nu = \frac{1}{2}$ 时, 如果任意一点 $b \in \overline{B(x_0; r)}$ 满足 $f(b) = 0$, 则 *Newton* 迭代 $x_{k+1} = x_k - f'(x_k)^{-1}f(x_k), k \geqslant 0$, 满足

$$\|b - x_k\| \leqslant \frac{r}{2^k} \quad 对所有\ k \geqslant 0.$$

显然这个关系式对 $k = 0$ 成立, 假定它对 $k = 0, \cdots, n$ 成立, $n \geqslant 0$ 为某整数. 由于 $f(b) = 0$, 我们可将 $\|b - x_{n+1}\|$ 写为

$$\|b - x_{n+1}\| = \|f'(x_n)^{-1}(f(b) - f(x_n) - f'(x_n)(b - x_n))\|,$$

因此由 (ii) 及归纳假设

$$\begin{aligned}\|b-x_{n+1}\| &\leqslant \|f'(x_n)^{-1}\|\|f(b)-f(x_n)-f'(x_n)(b-x_n)\| \\ &\leqslant \frac{\nu}{2}\|f'(x_n)^{-1}\|\|b-x_n\|^2 \\ &\leqslant \frac{\nu r^2}{2^{2n+1}}\|f'(x_n)^{-1}\|.\end{aligned}$$

此外, 在 (iii) 中确立的不等式说明, 特别地有

$$\|f'(x_n)^{-1}\| \leqslant \frac{\mu}{1-\mu\nu\|x_n-x_0\|}.$$

回忆一下, $t_0=0$ 而 $t_{k+1}-t_k=\frac{\lambda}{2^k}, k\geqslant 0$, 且 $\|x_n-x_0\|\leqslant t_n$ (见 (i) 和 (v)), 我们就得到

$$\|x_n-x_0\|\leqslant t_n\leqslant \lambda\left(1+\frac{1}{2}+\cdots+\frac{1}{2^{n-1}}\right)=2\lambda\left(1-\frac{1}{2^n}\right).$$

所以

$$\|b-x_{n+1}\|\leqslant\left(\frac{\mu\nu r}{(1-2\lambda\mu\nu(1-2^{-n}))2^n}\right)\frac{r}{2^{n+1}}=\frac{r}{2^{n+1}},$$

此因 $\mu\nu r=2\lambda\mu\nu=1$. 因此

$$\|b-x_k\|\leqslant\frac{r}{2^k}\quad \text{对所有 } k\geqslant 0.$$

这就有

$$\|b-a\|=\lim_{k\to\infty}\|b-x_k\|=0,$$

说明 $b=a$. 这就完成了证明. □

注 (1) 在部分 (i) 一开始确立的关于差 $(t_{k+1}-t_k)$ 和 $(r_- - t_{k+1})$ 的等式实际上对任意 $t_0<r$ (即不只对 $t_0=0$) 均成立, 然而同样是在部分 (i) 中所确立的关于差 $(t_{k+1}-t_k), (1-\mu\nu t_k)$ 及 $(r_- - t_k)$ 的估计却是关键性地依赖于 $t_0=0$ 这一假设.

(2) Y 是完备的这一假设对于确立 (ii) 中的估计是实质性的. 如果 Y 不是完备的, 但 f 在 Ω 中二次可微且 $\sup_{x\in\overline{B(x_0;r)}}\|f''(x)\|\leqslant\nu$, (ii) 中的估计可从广义中值定理 (其证明将在本章稍后给出; 见定理 7.9-1(b)) 导出.

(3) 在上述证明部分 (vii) 中确立的不等式 $\|f'(x_0)^{-1}f(x)\|\geqslant -p(\|x-x_0\|)$ 对所有 $x\in B(x_0;r_+)$, 对如何给出多项式 p 的显式形式提供了一个启示. □

需要强调的是, Newton-Kantorovich 定理不仅为求非线性方程近似解提供了一个迭代过程, 也给出了关于这类方程的存在性理论. 见习题 7.7-4, 在那里用一个非线性两点边值问题说明了这种处理方法.

我们现在说明[13]，如何通过简单地改变假设的形式, 将出现在经典 Newton-Kantorovich 定理假设中的常数个数由三个化为两个, 然后由两个化为一个.

定理 7.7-4 ("具有两个常数" 的 Newton-Kantorovich 定理) 给定两个 *Banach* 空间 X 和 Y, X 的一个开子集 Ω, 一点 $x_0 \in \Omega$ 及一个映射 $f \in \mathcal{C}^1(\Omega; Y)$ 使得

$$f'(x_0) \in \mathcal{L}(X;Y) \text{ 是双射, 从而 } f'(x_0)^{-1} \in \mathcal{L}(Y;X).$$

假设存在两个常数 λ 和 r 使得

$$\begin{aligned}
&0 < \lambda \leqslant \frac{r}{2} \text{ 且 } B(x_0; r) \subset \Omega, \\
&\|f'(x_0)^{-1} f(x_0)\|_X \leqslant \lambda, \\
&\|f'(x_0)^{-1}(f'(\widetilde{x}) - f'(x))\|_{\mathcal{L}(X)} \leqslant \frac{1}{r}\|\widetilde{x} - x\|_X \quad \text{对所有 } \widetilde{x}, x \in B(x_0; r),
\end{aligned}$$

则 $f'(x) \in \mathcal{L}(X;Y)$ 是双射, 因此在每一点 $x \in B(x_0;r)$ 处 $f'(x)^{-1} \in \mathcal{L}(Y;X)$, 由

$$x_{k+1} = x_k - f'(x_k)^{-1} f(x_k), \quad k \geqslant 0$$

定义的序列 $(x_k)_{k=0}^{\infty}$ 满足

$$x_k \in B(x_0; r_-) \quad \text{对所有 } k \geqslant 0, \text{ 其中 } r_- := r\left(1 - \sqrt{1 - \frac{2\lambda}{r}}\right) \leqslant r,$$

且收敛于 f 的一个零点 $a \in \overline{B(x_0; r_-)}$. 此外, 对每个 $k \geqslant 0$, 有

$$\begin{aligned}
&\|x_k - a\| \leqslant \frac{r}{2^k}\left(\frac{r_-}{r}\right)^{2^k} \quad \text{若 } 0 < \lambda < \frac{r}{2}, \text{ 或} \\
&\|x_k - a\| \leqslant \frac{r}{2^k} \quad \text{若 } \lambda = \frac{r}{2}.
\end{aligned}$$

如果 $0 < \lambda < \frac{r}{2}$, 另外再假设

$$\begin{aligned}
&B(x_0; r_+) \subset \Omega, \text{ 其中 } r_+ := r\left(1 + \sqrt{1 - \frac{2\lambda}{r}}\right), \\
&\|f'(x_0)^{-1}(f'(\widetilde{x}) - f'(x))\|_{\mathcal{L}(X)} \leqslant \frac{1}{r}\|\widetilde{x} - x\|_X \quad \text{对所有 } \widetilde{x}, x \in B(x_0; r_+),
\end{aligned}$$

则点 $a \in \overline{B(x_0; r_-)}$ 是 f 在 $B(x_0; r_+)$ 中唯一的零点.

如果 $\lambda = \frac{r}{2}$ (在这种情况下, $r_- = r = r_+$), 另外再假设 $\overline{B(x_0; r)} \subset \Omega$, 则点 $a \in \overline{B(x_0; r)}$ 是 f 在 $\overline{B(x_0; r)}$ 中唯一的零点.

---

[13] 本章的其余部分基于:

P. G. Ciarlet; C. Mardare [2012]: The Newton-Kantorovich theorem, *Analysis and Applications* **10**, 249–269.

证明 我们不采取在新的假设下沿着定理 7.7-3 的步骤一步一步证明的方法, 而用下述简单的处理, 可以更快地得到结论. 采用定理 7.7-3 中同样的符号和假设, 定义 (如其证明的部分 (iii) 中那样) 辅助函数 $h \in \mathcal{C}^1(\Omega; X)$:

$$h(x) := f'(x_0)^{-1} f(x), \quad x \in \Omega,$$

这就有 $h'(x) = f'(x_0)^{-1} f'(x), x \in \Omega$. 映射 h 的 *Newton* 迭代与映射 f 的完全相同, 此因

$$x_{k+1} - x_k = -h'(x_k)^{-1} h(x_k) = -f'(x_k)^{-1} f(x_k), \quad k \geqslant 0.$$

因此, 只需验证定理 7.7-3 的假设对函数 h (取代函数 f) 都成立. 由于在这种情况下, 可选取

$$\mu := \|h'(x_0)^{-1}\| = \|\mathrm{id}_X\| = 1,$$

所以这些假设都成立, 如果能存在两个常数 λ 和 ν 使得

$$\begin{aligned} 0 < \lambda\nu \leqslant \frac{1}{2} \text{ 且 } B(x_0; r) \subset \Omega, \text{ 其中 } r := \frac{1}{\nu}, \\ \|h(x_0)\| = \|f'(x_0)^{-1} f(x_0)\| \leqslant \lambda, \\ \|h'(\widetilde{x}) - h'(x)\| = \|f'(x_0)^{-1}(f'(\widetilde{x}) - f'(x))\| \\ \leqslant \nu \|\widetilde{x} - x\| \quad \text{对所有 } \widetilde{x}, x \in B(x_0; r), \end{aligned}$$

而这些正是在定理 7.7-4 中所作的假设. □

作为这一课题分析的结束, 对于当 $\lambda = \frac{r}{2}$ 时的 Newton-Kantorovich 定理, 我们给出一个大为简化的陈述 (其假设中只有一个常数是需要的) 和一个简单得多的证明. 这个新证法较之传统证明的优点是, 它完全避开了关于二次多项式的 *Newton* 迭代 $t_k, k \geqslant 0$.

它唯一的缺点是得不到当 $\lambda < \frac{r}{2}$ 时成立的改进的误差估计 $\|x_k - a\| \leqslant \frac{r}{2^k}(\frac{r_-}{r})^{2^k}$ (实际上, 要得到当 $\lambda < \frac{r}{2}$ 时这种改进的误差估计, 用于强函数方法中的 Newton 迭代 $t_k, k \geqslant 0$, 似乎是不可避免的). 但这一缺点却从证明的简洁性得到更多的补偿.

要注意, 与 "经典" 的 Newton-Kantorovich 定理 (定理 7.7-3) 一样, 定理 7.7-5 的证明也是自包含的.

定理 7.7-5 ("只有一个常数" 的 Newton-Kantorovich 定理) 给定两个 *Banach* 空间 X 和 Y, X 的一个开子集 Ω, 一点 $x_0 \in \Omega$, 及一个映射 $f \in \mathcal{C}^1(\Omega; Y)$ 使得

$$f'(x_0) \in \mathcal{L}(X; Y) \text{ 是双射, 从而 } f'(x_0)^{-1} \in \mathcal{L}(Y; X).$$

假设存在一个常数 r 使得

$$r > 0 \text{ 且 } \overline{B(x_0;r)} \subset \Omega,$$
$$\|f'(x_0)^{-1}f(x_0)\|_X \leqslant \frac{r}{2},$$
$$\|f'(x_0)^{-1}(f'(\widetilde{x}) - f'(x))\|_{\mathcal{L}(X)} \leqslant \frac{1}{r}\|\widetilde{x} - x\|_X \quad \text{对所有 } \widetilde{x}, x \in B(x_0;r),$$

则 $f'(x) \in \mathcal{L}(X;Y)$ 是双射, 因此在每个 $x \in B(x_0;r)$ 处 $f'(x)^{-1} \in \mathcal{L}(Y;X)$, 而由

$$x_{k+1} = x_k - f'(x_k)^{-1}f(x_k), \quad k \geqslant 0$$

定义的序列 $(x_k)_{k=0}^{\infty}$ 满足 $x_k \in B(x_0;r)$ 对所有 $k \geqslant 0$, 且收敛于 f 的一个零点 $a \in \overline{B(x_0;r)}$. 此外, 对每个 $k \geqslant 0$ 有

$$\|x_k - a\| \leqslant \frac{r}{2^k},$$

而且点 $a \in \overline{B(x_0;r)}$ 是 f 在 $\overline{B(x_0;r)}$ 中的唯一零点.

证明 如在定理 7.7-3 和 7.7-4 的证明中那样, 引入由 $h(x) := f'(x_0)^{-1}f(x), x \in \Omega$, 定义的辅助函数 $h \in \mathcal{C}^1(\Omega;X)$, 这就有 $h'(x) = f'(x_0)^{-1}f'(x) \in \mathcal{L}(X), x \in \Omega$, 和 $h'(x_0) = \mathrm{id}_X$. 借用函数 h, 定理 7.7-5 的假设就可写为

$$\|h(x_0)\| \leqslant \frac{r}{2} \quad \text{和} \quad \|h'(\widetilde{x}) - h'(x)\| \leqslant \frac{1}{r}\|\widetilde{x} - x\| \quad \text{对所有 } \widetilde{x}, x \in B(x_0;r).$$

(i) 下述估计成立:

$$\|h'(x)^{-1}\| \leqslant \frac{1}{1 - \|x - x_0\|/r} \quad \text{对所有 } x \in B(x_0;r),$$
$$\|h(\widetilde{x}) - h(x) - h'(x)(\widetilde{x} - x)\| \leqslant \frac{1}{2r}\|\widetilde{x} - x\|^2 \quad \text{对所有 } \widetilde{x}, x \in \overline{B(x_0;r)}.$$

由假设有

$$\begin{aligned}\|h'(x) - h'(x_0)\| &= \|h'(x) - \mathrm{id}_X\|_{\mathcal{L}(X)} \\ &\leqslant \frac{1}{r}\|x - x_0\| < 1 \quad \text{对每个 } x \in B(x_0;r).\end{aligned}$$

所以在每个 $x \in B(x_0;r)$ 处, 导数 $h'(x) \in \mathcal{L}(X)$ 是双射, 且由定理 3.6-3,

$$\begin{aligned}\|h'(x)^{-1}\| &\leqslant \frac{\|h'(x_0)^{-1}\|}{1 - \|h'(x_0)^{-1}(h'(x) - h'(x_0))\|} \\ &\leqslant \frac{1}{1 - \|h'(x) - h'(x_0)\|} \leqslant \frac{1}{1 - \|x - x_0\|/r}.\end{aligned}$$

故第一个估计成立.

利用取值于 Banach 空间的 $\mathcal{C}^1$ 类函数的中值定理 (定理 7.6-1), 我们有

$$\begin{aligned}
&\|h(\widetilde{x}) - h(x) - h'(x)(\widetilde{x} - x)\| \\
&= \left\| \int_0^1 (h'((1-t)x + t\widetilde{x}) - h'(x))(\widetilde{x} - x)dt \right\| \\
&\leqslant \left(\int_0^1 \|h'((1-t)x + t\widetilde{x}) - h'(x)\| dt \right) \|\widetilde{x} - x\| \\
&\leqslant \frac{1}{r} \left(\int_0^1 t dt \right) \|\widetilde{x} - x\|^2 = \frac{1}{2r} \|\widetilde{x} - x\|^2 \quad \text{对所有 } \widetilde{x}, x \in B(x_0; r).
\end{aligned}$$

但上面的不等式对所有 $\widetilde{x}, x \in \overline{B(x_0; r)}$ 同样也成立, 此因出现在两边的函数都是连续的. 因此第二个估计成立.

(ii) 函数 h 的 *Newton* 迭代 $x_k, k \geqslant 0$, 与函数 f 的相同, 属于开球 $B(x_0; r)$ (因此它们是适定的) 并且对所有 $k \geqslant 1$ 满足下述估计:

$$\|x_k - x_{k-1}\| \leqslant \frac{r}{2^k}, \quad \|x_k - x_0\| \leqslant r\left(1 - \frac{1}{2^k}\right),$$
$$\|h'(x_k)^{-1}\| \leqslant 2^k, \quad \|h(x_k)\| \leqslant \frac{r}{2^{2k+1}}.$$

首先, 我们验证上述估计对 $k = 1$ 成立. 显然, 点 $x_1 = x_0 - h'(x_0)^{-1}h(x_0) = x_0 - h(x_0)$ 是适定的, 此因 $h'(x_0)$ 可逆. 此外,

$$\|x_1 - x_0\| = \|h(x_0)\| \leqslant \frac{r}{2},$$

而由 (i) 得

$$\|h'(x_1)^{-1}\| \leqslant \frac{1}{1 - \|x_1 - x_0\|/r} \leqslant 2.$$

由 x_1 的定义并再用 (i) 中的结果有

$$\begin{aligned}
\|h(x_1)\| &= \|h(x_1) - h(x_0) - h'(x_0)(x_1 - x_0)\| \\
&\leqslant \frac{1}{2r}\|x_1 - x_0\|^2 \leqslant \frac{r}{2^3}.
\end{aligned}$$

这样, 就假设估计对 $k = 1, \cdots, n$ 成立, $n \geqslant 1$ 为某整数. 点 $x_{n+1} = x_n - h'(x_n)^{-1}h(x_n)$ 是适定的, 此因 $h'(x_n)$ 是可逆的. 进而, 由归纳假设并利用 (i) 中的估计 (用于第三及第四个估计) 得

$$\begin{aligned}
\|x_{n+1} - x_n\| &\leqslant \|h'(x_n)^{-1}\|\|h(x_n)\| \leqslant \frac{r}{2^{n+1}}, \\
\|x_{n+1} - x_0\| &\leqslant \|x_n - x_0\| + \|x_{n+1} - x_n\| \\
&\leqslant r\left(1 - \frac{1}{2^n}\right) + \frac{r}{2^{n+1}} = r\left(1 - \frac{1}{2^{n+1}}\right), \\
\|h'(x_{n+1})^{-1}\| &\leqslant \frac{1}{1 - \|x_{n+1} - x_0\|/r} \leqslant 2^{n+1},
\end{aligned}$$

$$\begin{aligned}\|h(x_{n+1})\| &= \|h(x_{n+1}) - h(x_n) - h'(x_n)(x_{n+1} - x_n)\| \\ &\leqslant \frac{1}{2r}\|x_{n+1} - x_n\|^2 \leqslant \frac{r}{2^{2(n+1)+1}}.\end{aligned}$$

所以估计对 $k = n + 1$ 也成立.

(iii) *Newton* 迭代 $x_k, k \geqslant 0$, 收敛于 h 的零点 a, 这也是 f 的零点, 并且属于闭球 $\overline{B(x_0; r)}$. 此外,

$$\|x_k - a\| \leqslant \frac{r}{2^k} \quad 对所有\ k \geqslant 0.$$

在 (ii) 中确立的估计 $\|x_k - x_{k-1}\| \leqslant r/2^k, k \geqslant 1$, 显然意味着 $(x_k)_{k=1}^{\infty}$ 是 Cauchy 序列. 由于 $x_k \in B(x_0; r) \subset \overline{B(x_0; r)}$ 且 $\overline{B(x_0; r)}$ 是完备的距离空间 (作为 Banach 空间 X 的闭子集), 故存在 $a \in \overline{B(x_0; r)}$ 使得

$$a = \lim_{k\to\infty} x_k.$$

又因为由 (ii), $\|h(x_k)\| \leqslant r/2^{2k+1}, k \geqslant 1$, 且 h 是连续函数, 故

$$h(a) = \lim_{k\to\infty} h(x_k) = 0.$$

因此 a 是 f 的零点.

给定整数 $k \geqslant 1$ 和 $l \geqslant 1$, 仍由 (ii), 我们有

$$\begin{aligned}\|x_k - x_{k+l}\| &\leqslant \sum_{j=k}^{l+p-1} \|x_{j+1} - x_j\| \leqslant \sum_{j=k}^{k+p-1} \frac{r}{2^{j+1}} \\ &< \sum_{j=k}^{\infty} \frac{r}{2^{j+1}} = \frac{r}{2^k},\end{aligned}$$

这样, 对每个 $k \geqslant 1$ 都有

$$\|x_k - a\| = \lim_{l\to\infty} \|x_k - x_{k+l}\| \leqslant \frac{r}{2^k}.$$

(iv) h, 因此也是 f, 在闭球 $\overline{B(x_0; r)}$ 中零点的唯一性.

我们首先证明, 如果 $b \in \overline{B(x_0; r)}$ 使得 $h(b) = 0$, 则

$$\|x_k - b\| \leqslant \frac{r}{2^k} \quad 对所有\ k \geqslant 0.$$

如果 $k = 0$, 上式显然成立; 假设这个不等式对 $k = 1, \cdots, n$ 成立, $n \geqslant 0$ 为某整数. 注意到我们可将下式写为

$$\begin{aligned}x_{n+1} - b &= x_n - h'(x_n)^{-1}h(x_n) - b \\ &= h'(x_n)^{-1}(h(b) - h(x_n) - h'(x_n)(b - x_n)),\end{aligned}$$

从 (i), (ii) 以及归纳假设, 我们有

$$\|x_{n+1}-b\| \leqslant \|h'(x_n)^{-1}\|\frac{1}{2r}\|b-x_n\|^2 \leqslant \frac{r}{2^{n+1}}.$$

因此不等式 $\|x_k-b\| \leqslant r/2^k$ 对所有 $k \geqslant 1$ 均成立. 所以

$$\lim_{k\to\infty}\|x_k-b\| = \|a-b\| = 0,$$

这说明 $b=a$. 证明完成. □

习题

7.7-1 (1) 计算一个数 $\alpha>0$ 的平方根可如下进行, 将 Newton 方法用于函数 $f: x\in\mathbb{R}\to f(x):=x^2-\alpha$, 在这种情况下, 序列 $(x_k)_{k=0}^{\infty}$ 由

$$x_{k+1}=\frac{1}{2}\left(x_k+\frac{\alpha}{x_k}\right), \quad k\geqslant 0$$

定义. 考察这个序列的收敛性对初始值 x_0 的依赖情况.

(2) 给定一个数 $\alpha\neq 0$, 设序列 $(x_k)_{k=0}^{\infty}$ 由下式定义:

$$x_{k+1}=x_k(2-\alpha x_k), \quad k\geqslant 0,$$

其中 $x_0\in\mathbb{R}$. 验证, 为了计算 α 的倒数, 这里仍是将 Newton 方法用于一个特定函数. 考察这个序列的收敛性对于 x_0 的依赖情况.

(3) 设 $\alpha>0$. 用同样的方式分析迭代方法

$$x_{k+1}=\frac{1}{3}\left(2x_k+\frac{\alpha}{x_k^2}\right), k\geqslant 0, \text{ 而 } x_0\neq 0 \text{ 给定}.$$

这个迭代给出了一个令人惊奇的实例, 除了可列无限个初始试探值 x_0 外, 迭代 $x_k, k\geqslant 0$, 是适定的并且收敛于 $\alpha^{1/3}$.

7.7-2 在定理 7.7-1 中假定 $A_k=A_0$ 对所有 $k\geqslant 0$, 在这种情况下假设就化为

$$\|A_0^{-1}\|\leqslant M, \sup_{x\in\overline{B(x_0;r)}}\|f'(x)-A_0\|\leqslant\frac{\beta}{M}, \text{ 其中 } \beta<1, \text{ 及 } \|f(x_0)\|\leqslant\frac{r}{M}(1-\beta).$$

证明, 在这些假设下, 映射

$$g: x\in\overline{B(x_0;r)}\to g(x):=x-A_0^{-1}f(x)\in Y$$

映集合 $\overline{B(x_0;r)}$ 到其自身并且是这个集合中的一个收缩, 所以相应的广义 Newton 方法就是用于收缩 g 的逐次逼近法.

因此这一思路为这种情况的 Newton 方法的收敛性提供了一个直接的证明.

7.7-3 这个习题是在函数的零点为已知的情况下, 确认一个广义 Newton 方法收敛于函数的零点. 给定两个 Banach 空间 X 和 Y, X 的一个开子集 Ω, 一个映射 $f\in\mathcal{C}^1(\Omega;Y)$, 一点 $a\in\Omega$ 使得

$$f(a)=0, f'(a)\in\mathcal{L}(X;Y) \text{ 是双射, 从而 } f'(a)^{-1}\in\mathcal{L}(Y;X),$$

以及一个具有下述性质的双射 $A_k \in \mathcal{L}(X;Y)$ 的序列 $(A_k)_{k=0}^{\infty}$：

$$\sup_{k\geqslant 0}\|A_k - f'(0)\|_{\mathcal{L}(X;Y)} \leqslant \frac{\lambda}{\|f'(a)^{-1}\|_{\mathcal{L}(Y;X)}} \quad \text{对某个 } \lambda < \frac{1}{2}$$

(因此, 特殊情况 $A_k := f'(x_k)$ 对每个 $k \geqslant 0$ 就相应于 Newton 方法).

(1) 证明存在一个中心在 a 处的闭球 $B \subset \Omega$, 使得对给定任意的 $x_0 \in B$, 由

$$x_{k+1} = x_k - A_k^{-1} f(x_k), \quad k \geqslant 0$$

定义的序列 $(x_k)_{k=0}^{\infty}$ 包含在 B 中, 并且存在 β 使得

$$\beta < 1 \text{ 且 } \|x_k - a\| \leqslant \beta^k \|x_0 - a\| \text{ 对每个 } k \geqslant 0,$$

从而当 $k \to \infty$ 时 $x_k \to a$.

(2) 证明 a 是 f 在 B 内的唯一零点.

7.7-4 考察非线性两点边值问题:

$$\begin{aligned} -u''(t) + u(t)^p = \varphi(t), \quad 0 \leqslant t \leqslant 1, \\ u(0) = u(1) = 0, \end{aligned}$$

其中 $p \geqslant 2$ 是整数而 $\varphi \in \mathcal{C}[0,1]$ 是给定函数. 注意, 这一问题的结果也可用于问题 $-u''(x) - u(t)^p = \varphi(t), 0 \leqslant t \leqslant 1$, 及 $u(0) = u(1) = 0$.

如定理 3.9-1 的证明中所示, 求这样一个边值问题的解 $u \in \mathcal{C}^2[0,1]$ 与求一个非线性积分方程的解 $u \in \mathcal{C}[0,1]$ 是一样的, 在现在情况下, 后者取下述形式:

$$u(t) = \int_0^1 G(t,\xi)(\varphi(\xi) - u(\xi)^p)d\xi, \quad 0 \leqslant t \leqslant 1,$$

其中函数 G 如下定义: 若 $0 \leqslant \xi \leqslant t \leqslant 1$, 则 $G(t,\xi) := \xi(1-t)$; 若 $0 \leqslant t < \xi \leqslant 1$, 则 $G(t,\xi) := t(1-\xi)$. 求解这个积分方程就相当于寻求由

$$(f(u))(t) = u(t) + \int_0^1 G(t,\xi)(u(\xi)^p - \varphi(\xi))d\xi, \quad 0 \leqslant t \leqslant 1$$

定义的非线性映射 $f : u \in \mathcal{C}[0,1] \to f(u) \in \mathcal{C}[0,1]$ 的零点.

下面, 空间 $X := \mathcal{C}[0,1]$ 装备以 $\|\cdot\|_X$ 表示的 sup 范数, 使之成为 Banach 空间.

(1) 证明映射 f 是 $\mathcal{C}^1$ 类的, 其 Fréchet 导数 $f'(u) \in \mathcal{L}(X)$ 由下式给出:

$$f'(u)v = v + p\int_0^1 G(\cdot,\xi)u(\xi)^{p-1}v(\xi)d\xi \quad \text{对所有 } v \in X.$$

(2) 设 u_0 表示在 $[0,1]$ 上等于零的函数. 证明

$$\begin{aligned} &\|f'(u_0)^{-1}f(u_0)\|_X = \frac{1}{8}\|\varphi\|_X, \quad \|f'(u_0)^{-1}\|_{\mathcal{L}(X)} = 1, \\ &\|f'(\widetilde{u}) - f'(u)\|_{\mathcal{L}(X)} \leqslant \frac{1}{8}p(p-1)r^{p-2}\|\widetilde{u} - u\|_X \quad \text{对所有 } \widetilde{u}, u \in B(u_0;r) \text{ 及任意 } r > 0. \end{aligned}$$

(3) 设 $r_p = \left(\frac{8}{p(p-1)}\right)^{\frac{1}{p-1}}$. 证明, 如果 $\|\varphi\|_X \leqslant 4r_p$, Newton-Kantorovich 定理的假设满足. 这就证明了, 在这种情况下, 上面的非线性两点边值问题有一个解, 并且此解可由 Newton 方法逼近.

(4) 证明, 给定第 k 个 Newton 迭代 u_k, 求第 $k+1$ 个迭代 u_{k+1} 化为求解下述线性边值问题:

$$-u''(t) + pu_k(t)^{p-1}u(t) = (p-1)u_k(t)^p - \varphi(t), \quad 0 \leqslant t \leqslant 1,$$
$$u(0) = u(1) = 0.$$

注 稍后我们将看到 (习题 9.14-3), 对于形如 $-u''(t) + f(t, u(t)) = 0, 0 \leqslant t \leqslant 1$ 及 $u(0) = u(1) = 0$ 的非线性边值问题, 一个强有力的存在定理 (基于单调算子理论) 断言, 如果存在一个常数 C 使得 $\frac{\partial f}{\partial u}(t, v) \geqslant C > -\pi^2$ 对所有 $0 \leqslant t \leqslant 1$ 和 $v \in \mathbb{R}$, 则该问题有一个解. 但如果指数 p 是偶数, 上述条件不可能满足. 上面的例子显示了 Newton-Kantorovich 定理的威力, 在其他方法无效时, 可作为证明存在定理的一个有效的选择. □

7.8 高阶导数; Schwarz 引理

给定两个赋范向量空间 X 和 Y, X 的一个开子集 Ω, 及一个在 Ω 中可微的映射 $f : \Omega \subset X \to Y$. 映射

$$f' : x \in \Omega \subset X \to f'(x) \in \mathcal{L}(X; Y)$$

在现在情况下当然适定, 如果它在一点 $a \in \Omega$ 是可微的, 其导数

$$f''(a) := (f')'(a) \in \mathcal{L}(X; \mathcal{L}(X; Y))$$

称为 f **在 a 处的二阶导数**, f 也称为**在 a 处是二次可微的**. 如果映射 $f : \Omega \subset X \to Y$ 在 Ω 中所有点处均是二次可微的, 在这种情况下, 映射

$$f'' : x \in \Omega \to f''(x) \in \mathcal{L}(X; \mathcal{L}(X; Y))$$

当然是适定的, 如果它还是连续的, 则称 f **在 Ω 中是二次连续可微的**, 或简称为**在 Ω 中是 $\mathcal{C}^2$ 类的**. 符号

$$\mathcal{C}^2(\Omega; Y), \text{ 或简记为 } \mathcal{C}^2(\Omega) \quad \text{若 } Y = \mathbb{R},$$

表示所有从 Ω 到 Y 的二次连续可微映射的空间.

由于空间 $\mathcal{L}(X; \mathcal{L}(X; Y))$ 可等同于从 $X \times X$ 到 Y 的所有连续双线性映射的空间 $\mathcal{L}_2(X; Y)$ (定理 2.11-5), 故 f 在 a 处的二阶导数可等同于一个从 X 到 Y 的连续双线性映射, 简记为

$$(f''(a)h)k = f''(a)(h, k) \quad \text{对所有 } h, k \in X.$$

借助于再次应用赋范向量空间中的中值定理, 对于熟知的关于两个实变量的实值函数的 *Schwarz* 引理, 可给出下面的推广.

定理 7.8-1 (Schwarz 引理[14]) 设 X 和 Y 是两个赋范向量空间, Ω 是 X 的开子集, 而 $f:\Omega\subset X\to Y$ 是在点 $a\in\Omega$ 处二次可微的映射, 则在点 a 处的二阶导数是对称的双线性映射, 即

$$f''(a)(h,k)=f''(a)(k,h)\quad \text{对所有 } h,k\in X.$$

证明 显然上述关系式在 $h=0$ 或 $k=0$ 时成立. 这样, 就设给定两个向量 $h\neq 0$ 和 $k\neq 0$. 因为 Ω 是开集, 故存在 $r>0$ 和 $t_0>0$ 使得 $B(a;r)\subset\Omega$ 并且所有形如 $a+t(\xi+k)$ 和 $a+t\xi$ 的点均属于 $B(a;r)$ 对所有 $|t|\leqslant t_0$ 及所有 $\xi\in\overline{B(0;s)}$, 其中 $s:=\|h\|$.

对每个 $|t|\leqslant t_0$, 定义一个函数 $g_t:\xi\in\overline{B(0;s)}\to Y$:

$$g_t(\xi):=f(a+t(\xi+k))-f(a+t\xi)\quad \text{对所有 } \xi\in\overline{B(0;s)}.$$

由链式法则 (定理 7.1-3), 每个函数 $g_t,|t|\leqslant t_0$, 在 $\overline{B(0;s)}$ 中都是可微的, 且

$$g_t'(\xi)=tf'(a+t(\xi+k))-tf'(a+t\xi)\quad \text{对每个 } \xi\in\overline{B(0;s)}.$$

应用中值定理的推论 (定理 7.2-2), 在其中取

$$A:=t^2f''(a)k\in\mathcal{L}(X;Y),$$

即给出

$$\|g_t(h)-g_t(0)-Ah\|\leqslant\left(\sup_{\xi\in B(0;s)}\|g_t'(\xi)-A\|\right)\|h\|\quad \text{对每个 } |t|\leqslant t_0,$$

而其中对每个 $|t|\leqslant t_0$ 及每个 $\xi\in B(0;s)$,

$$g_t'(\xi)-A=t(f'(a+t(\xi+k))-f'(a+t\xi)-tf''(a)k).$$

由二阶导数的定义, $f''(a)=(f')'(a)$, 因此对每个 $|t|\leqslant t_0$ 及每个 $\xi\in B(0;s)$,

$$\begin{aligned}f'(a+t(\xi+k))&=f'(a)+tf''(a)(\xi+k)+|t|\|\xi+k\|\alpha(t,\xi),\\ f'(a+t\xi)&=f'(a)+tf''(a)\xi+|t|\|\xi\|\beta(t,\xi),\end{aligned}$$

其中 $\lim_{t\to 0}\left(\sup_{\|\xi\|\leqslant s}|\alpha(t,\xi)|\right)=\lim_{t\to 0}\left(\sup_{\|\xi\|\leqslant s}|\beta(t,\xi)|\right)=0$. 这就得到

$$\sup_{\xi\in B(0;s)}\|g_t'(\xi)-A\|=t^2\varepsilon(t),\ \text{其中 } \lim_{t\to 0}\varepsilon(t)=0,$$

[14]冠名源自 Karl Hermann Amandus Schwarz (1843—1921).

它又意味着, 对每个 $|t| \leqslant t_0$,

$$\left\|\frac{g_t(h)-g_t(0)}{t^2}-(f''(a)k)h\right\| \leqslant \varepsilon(t)\|h\|, \text{ 且 } \lim_{t\to 0}\varepsilon(t)=0.$$

这样, 由于

$$f''(a)(k,h)=(f''(a)k)h=\lim_{t\to 0}\frac{g_t(h)-g_t(0)}{t^2},$$

而且差 $g_t(h)-g_t(0)=f(a+t(h+k))-f(a+th)-f(a+tk)+f(a)$ 是一个关于 h 和 k 对称的表达式, 所以

$$f''(a)(k,h)=f''(a)(h,k),$$

这正是我们要证明的. □

实际上, 二阶导数的计算通常是基于下述考虑, 它实质上是将其化为连续两次计算一阶导数:

定理 7.8-2 设 X 和 Y 是两个赋范向量空间, Ω 是 X 的一个开子集, 而 $f:\Omega\subset X\to Y$ 是一个在 Ω 中可微且在点 $a\in\Omega$ 处二次可微的映射, 则

$$f''(a)(h,k)=g_k'(a)h \quad \text{对所有 } h,k\in X,$$

其中, 对每个向量 $k\in X$, 映射 $g_k:\Omega\to Y$ 由下式定义:

$$g_k(x):=f'(x)k \quad \text{在每一点 } x\in\Omega.$$

证明 设 h 和 k 是 X 中的两个向量. 映射 $g_k:\Omega\to Y$ 实际上是一个复合映射 $g_k=\psi_k\circ\varphi$, 其中

$$\varphi: x\in\Omega\subset X\to\varphi(x):=f'(x)\in\mathcal{L}(X;Y) \text{ 及}$$
$$\psi_k: A\in\mathcal{L}(X;Y)\to\psi_k(A):=Ak\in Y.$$

由于 φ 在 a 处可微 (由假设, f 在 a 处二次可微), 而且

$$\varphi'(a)h=f''(a)h\in\mathcal{L}(X;Y) \quad \text{对所有 } h\in X,$$

而 ψ_k 又是在 $\mathcal{L}(X;Y)$ 中可微的 (作为一个连续线性映射), 而且

$$\psi_k'(A)B=Bk \quad \text{对所有 } A,B\in\mathcal{L}(X;Y),$$

所以链式法则说明, 映射 $g_k=\psi_k\circ\psi$ 在 a 处可微, 而且

$$\begin{aligned} g_k'(a)h &= \psi_k'(f'(a))\varphi'(a)h \\ &= (\varphi'(a)h)k=(f''(a)h)k=f''(a)(h,k). \end{aligned}$$

定理的结论证毕. □

所以实际计算 $f''(a)(h,k)$ 的法则就是, 首先计算函数 $x\in\Omega\subset X\to f'(x)k\in Y$ 在点 $x=a$ 处的导数, 然后将这一导数用于向量 h.

为了说明这一法则, 我们现在来计算形如 $f:x\in X\to f(x):=B(x,x)$ 的映射的二阶导数, 其中 X 是赋范向量空间, 而 $B:X\times X\to Y$ 是连续双线性映射. 如在 7.1 节中所证, 在这种情况下映射 $x\in X\to f'(x)k\in Y$ 由下式给出:

$$x\in X\to f'(x)k=B(x,k)+B(k,x).$$

注意到, 对固定的 $k\in X$, 上面的映射是线性且连续的, 因此我们有

$$f''(a)(h,k)=B(h,k)+B(k,h)\quad 对所有\ h,k\in X.$$

注意, 如果映射 B 还是对称的, 则 $f''(a)(h,k)=2B(h,k)$.

如果 $(X,(\cdot,\cdot))$ 是 *Hilbert* 空间, 实值函数 $f:\Omega\subset X\to\mathbb{R}$ 在点 $a\in\Omega$ 处的二阶导数可等同于 $\mathcal{L}(X)$ 中的一个元素, 该元素称为 **f 在 a 处的 Hessian** 并表示为 Hess $f(a)$. 为了说明这一点, 要注意, 由于 $f''(a)\in\mathcal{L}(X;\mathcal{L}(X;\mathbb{R}))$ 及对偶空间 $X'=\mathcal{L}(X;\mathbb{R})$ 与 X 等同 (根据 F. Riesz 表示定理), 在这种情况下就得到

$$f''(a)(h,k)=(\mathrm{Hess}f(a)h,k)\quad 对所有\ h,k\in X.$$

在 $X=\mathbb{R}^n$ 和 $Y=\mathbb{R}$ 这一重要的特殊情况, 实数 $f''(a)(h,k)$ 可写为

$$f''(a)(h,k)=\sum_{i,j=1}^{n}\partial_{ij}f(a)h_ik_j\quad 对所有\ h=(h_i)_{i=1}^n\in\mathbb{R}^n\ 和\ k=(k_i)_{i=1}^n\in\mathbb{R}^n,$$

其中

$$\partial_{ij}f(a):=f''(a)(e_i,e_j),1\leqslant i,j\leqslant n,$$

这里 $(e_i)_{i=1}^n$ 表示 $\mathbb{R}^n$ 中的典范基. 实数 $\partial_{ij}f(a)$ 表示函数 f 在 a 处通常的二阶偏导数, 此因根据定理 7.8-1 和 7.8-2,

$$\partial_{ij}f(a)=\partial_i(\partial_jf)(a)=\partial_{ji}f(a)=\partial_j(\partial_if)(a),\quad 1\leqslant i,j\leqslant n,$$

其中 $\partial_if(a),1\leqslant i\leqslant n$, 表示函数 f 通常的偏导数 (7.1 节). 因为这个原因, 数 $\partial_{ij}f(a)$ 也可表示为

$$\frac{\partial^2 f}{\partial x_i\partial x_j}(a):=\partial_{ij}f(a)\ 若\ i\neq j\quad 及\quad \frac{\partial^2 f}{\partial x_i^2}(a):=\partial_{ii}f(a)\ 若\ i=j,$$

这里隐含着将 $x=(x_1,x_2,\cdots,x_n)$ 视为 $\mathbb{R}^n$ 中的一般点. 在矩阵形式, 我们就有

$$f''(a)(h,k)=(h_1,\cdots,h_n)\begin{pmatrix}\partial_{11}f(a) & \cdots & \partial_{1n}f(a)\\ \vdots & & \vdots\\ \partial_{n1}f(a) & \cdots & \partial_{nn}f(a)\end{pmatrix}\begin{pmatrix}k_1\\ \vdots\\ k_n\end{pmatrix},$$

其中 $n \times n$ 矩阵 $(\partial_{ij}f(a))$ 根据 Schwarz 引理是对称的, 它正是用装备了欧氏内积的 $\mathbb{R}^n$ 中的基 $(e_i)_{i=1}^n$ 表示的, f 在 a 处的 Hessian. 由于这个原因, 矩阵 $(\partial_{ij}f(a))$ 称为 f **在 a 处的 Hessian 矩阵.**

高阶导数可类似地定义. 设 X 和 Y 是两个赋范向量空间, Ω 是 X 的一个开子集. 回忆一下, 对每个整数 $k \geqslant 2$, 所有从 X 到 Y 中的连续 k 线性映射的空间 $\mathcal{L}_k(X;Y)$ 可以等同于空间 $\mathcal{L}(X;\mathcal{L}_{k-1}(X;Y))$, 其中 $\mathcal{L}_1(X;Y) = \mathcal{L}(X;Y)$ (定理 2.11-5).

设

$$f^{(0)} := f, \quad f^{(1)} := f', \quad f^{(2)} := f''.$$

映射 $f : \Omega \subset X \to Y$ 在一点 $a \in \Omega$ 处的 m **阶导数**

$$f^m(a) \in \mathcal{L}(X;\mathcal{L}_{m-1}(X;Y)) = \mathcal{L}_m(X;Y),$$

对任何整数 $m \geqslant 3$, 可归纳定义, 将其视为映射

$$f^{m-1} : x \in \Omega \to f^{(m-1)}(x) \in \mathcal{L}_{m-1}(X;Y)$$

在 $a \in \Omega$ 处的导数. 如果 m 阶导数 $f^{(m)}(a)$ 存在, 则称映射 f **在点 a 处是 m 次可微的**.

映射 f 称为**在 Ω 中是 m 次可微的**, 如果它在 Ω 中所有点处都是 m 次可微的. 如果 m 阶导数映射 $f^{(m)} : \Omega \to \mathcal{L}_m(X;Y)$ 是连续的, 则映射 f 称为在 Ω 中是 **m 次连续可微的**, 或称在 Ω 中是 **$\mathcal{C}^m$ 类的**. 符号

$$\mathcal{C}^m(\Omega;Y), \text{ 或简记为 } \mathcal{C}^m(\Omega) \quad \text{若 } Y = \mathbb{R},$$

表示所有从 Ω 到 Y 中的 m 次连续可微映射的空间. 注意, 与空间 $\mathcal{C}(\Omega)$ 一样 (习题 2.3-2), 空间 $\mathcal{C}^m(\Omega)$ 可装备以可距离化的拓扑 (习题 7.8-3).

最后,

$$\mathcal{C}^\infty(\Omega;Y) := \bigcap_{m=0}^{\infty} \mathcal{C}^m(\Omega;Y), \text{ 或简记为 } \mathcal{C}^\infty(\Omega) \quad \text{若 } Y = \mathbb{R},$$

表示所有从 Ω 到 Y 中**无穷次可微映射**的空间.

如果 $f \in \mathcal{C}^m(\Omega, Y)$ 对某个 $1 \leqslant m \leqslant \infty$, 除此之外, $f : \Omega \to Y$ 还是单射, 其直接像 $f(\Omega)$ 在 Y 中是开的, 且 $f^{-1} \in \mathcal{C}^m(f(\Omega);X)$, 则映射 f 称为 Ω 到 $f(\Omega)$ 上的 **$\mathcal{C}^m$ 微分同胚**.

注 习题 7.8-4 给出了一个有趣的例子, 平面的多项式 $\mathcal{C}^\infty$ 微分同胚, 其逆也是一个多项式映射. □

下面的定理汇集高阶导数的性质, 它们推广了二阶导数类似的性质. 由于其证明与定理 7.8-1 和 7.8-2 的有关内容类似, 在此省略.

定理 7.8-3　设 X 和 Y 是两个赋范向量空间, Ω 是 X 的一个开子集, 又设 $f:\Omega\subset X\to Y$ 是在点 $a\in\Omega$ 处 m 次可微的映射, 其中 $m\geqslant 2$ 是某整数, 则

$$
\begin{aligned}
&(f^{(p)})^{(m-p)}(a)=f^{(m)}(a)\quad \text{对所有 } 0\leqslant p\leqslant m,\\
&f^{(m)}(a)(h_1,h_2,\cdots,h_m)=((\cdots((f'(a)h_m)h_{m-1})\cdots)h_2)h_1\\
&\qquad \text{对所有 } h_1,h_2,\cdots,h_m\in X.
\end{aligned}
$$

此外, 映射 $f^{(m)}(a)\in\mathcal{L}_m(X;Y)$ 在下述意义下 (2.11 节) 是对称的,

$$
f^{(m)}(a)(h_1,h_2,\cdots,h_m)=f^{(m)}(h_{\sigma(1)},h_{\sigma(2)},\cdots,h_{\sigma(m)})
$$

对所有 $h_1,h_2,\cdots,h_m\in X$ 和所有置换 $\sigma\in\mathfrak{S}_m$. □

在 $X=\mathbb{R}^n$ 和 $Y=\mathbb{R}$ 这一特殊情况, 在点 $a\in\Omega\subset\mathbb{R}^n$ 处的 m 阶一般偏导数可重新给出:

$$
\frac{\partial^m f}{\partial x_1^{\alpha_1}\partial x_2^{\alpha_2}\cdots\partial x_n^{\alpha_n}}(a)=f^{(m)}(a)(e_1,\cdots,e_1,e_2,\cdots,e_2,\cdots,e_n,\cdots,e_n),
$$

其中 $\mathbb{R}^n$ 的每个基向量 e_i 出现 α_i 次, $0\leqslant\alpha_i, 1\leqslant i\leqslant n$ 及 $\sum_{i=1}^n\alpha_i=m$. 这样的偏导数也可以用重指标符号 (1.18 节) 表示, 即

$$
\frac{\partial^m f}{\partial x_1^{\alpha_1}\partial x_2^{\alpha_2}\cdots\partial x_n^{\alpha_n}}(a)=\partial^{\boldsymbol{\alpha}}f(a),\ \text{其中 } \boldsymbol{\alpha}=(\alpha_1,\alpha_2,\cdots,\alpha_n).
$$

也要注意, 在这种情况下, 存在常数 $C(m,n)$ 使得

$$
\begin{aligned}
\max_{|\boldsymbol{\alpha}|=m}|\partial^{\boldsymbol{\alpha}}f(x)|&\leqslant\|f^{(m)}\|_{\mathcal{L}_m(\mathbb{R}^n;\mathbb{R})}\\
&\leqslant C(m,n)\max_{|\boldsymbol{\alpha}|=m}|\partial^{\boldsymbol{\alpha}}f(x)|\quad \text{对所有 } x\in\Omega.
\end{aligned}
$$

下面的结果是链式法则 (定理 7.1-3) 的一个自然的补充.

定理 7.8-4　设 X,Y,Z 是赋范向量空间, U 和 V 分别是空间 X 和 Y 的开子集, $m\geqslant 1$ 是整数, 又设 $f:U\subset X\to Y$ 和 $g:V\subset Y\to Z$ 分别是 U 和 V 中的两个 $\mathcal{C}^m$ 类映射, 并且使得 $f(U)\subset V$, 则复合映射 $g\circ f:U\subset X\to Z$ 在 U 中是 $\mathcal{C}^m$ 类的.

证明　如果 $m=1$, 结论成立 (定理 7.1-3). 这样, 就假定该结论对 $m=1,\cdots,k-1$ 成立, $k\geqslant 2$ 为某整数.

设 $f\in\mathcal{C}^k(U;Y)$ 和 $g\in\mathcal{C}^k(V;Z)$ 是两个给定的映射. 如定理 7.1-3 的证明中所作, 我们可以得到映射 $f':U\to\mathcal{L}(X;Y)$ 和 $g'\circ f:U\to\mathcal{L}(Y;Z)$ 都是 $\mathcal{C}^{k-1}$ 类的 (后者要用归纳假设).

由于双线性映射 $(A,B)\in\mathcal{L}(X;Y)\times\mathcal{L}(Y;Z)\to B\circ A\in\mathcal{L}(X;Z)$ 是 $\mathcal{C}^{k-1}$ 类的 (实际上是 $\mathcal{C}^\infty$ 类的), 我们得到 (再用归纳假设), 复合映射

$$(g\circ f)'=(g'\circ f)\circ f':U\to\mathcal{L}(X;Z)$$

也是 $\mathcal{C}^{k-1}$ 类的; 因此 $g\circ f:U\to Z$ 是 $\mathcal{C}^k$ 类的. 即结论对 $m=k$ 也成立. □

注 在较弱的假设下, 即 f 和 g 分别在 U 和 V 中是 $\mathcal{C}^{m-1}$ 类的, 而分别在点 $a\in U$ 和点 $f(a)\in V$ 处是 m 次可微的, 类似的推导可以证明, 复合映射 $g\circ f:U\subset X\to Z$ 在 a 处是 m 次可微的. □

连续仿射映射, 即形如

$$f:x\in\Omega\subset X\to f(x):=(Ax+b)\in Y,\ \text{其中}\ A\in\mathcal{L}(X;Y),b\in Y$$

的映射, 是$\mathcal{C}^\infty$ 类映射的例子. 对这种情况, $f'(x)=A$ 对所有 $x\in\Omega$ (7.1 节), 故 $f''(x)=0\in\mathcal{L}_2(X;Y)$ 对所有 $x\in\Omega$.

这种例子还包括连续的多重线性映射 (2.11 节). 例如考察连续的双线性映射 $B:X_1\times X_2\to Y$, 在这种情况 (7.1 节),

$$\begin{aligned}&B'(x_1,x_2)(h_1,h_2)=B(h_1,x_2)+B(x_1,h_2)\\&\text{对所有}\ (x_1,x_2)\in X_1\times X_2\ \text{及}\ (h_1,h_2)\in X_1\times X_2.\end{aligned}$$

这个式子说明映射

$$(x_1,x_2)\in X_1\times X_2\to B'(x_1,x_2)\in\mathcal{L}(X_1\times X_2;Y)$$

是线性的 (由 B 是双线性的假设) 并且是连续的, 此因

$$\begin{aligned}\|B'(x_1;x_2)\|_{\mathcal{L}(X_1\times X_2;Y)}&=\sup_{(h_1,h_2)\neq(0,0)}\frac{\|B(h_1,x_2)+B(x_1,h_2)\|}{\|h_1\|+\|h_2\|}\\&\leqslant\|B\|(\|x_1\|+\|x_2\|)\quad\text{对所有}\ (x_1,x_2)\in X_1\times X_2\end{aligned}$$

(由关于 B 的连续性假定; 不失一般性, 我们在此假定积空间 $X_1\times X_2$ 装备以范数 $(x_1,x_2)\in X_1\times X_2\to\|x_1\|_{X_1}+\|x_2\|_{X_2}$). 因此

$$B'''(x_1,x_2)=0\in\mathcal{L}_3(X_1\times X_2;Y)\quad\text{对所有}\ (x_1,x_2)\in X_1\times X_2.$$

类似的推导可以证明, 对任何整数 $k\geqslant 3$, 任一连续的 k 线性映射都是 $\mathcal{C}^\infty$ 类的, 而且其 $k+1$ 阶导数为零.

关于 $\mathcal{C}^\infty$ 类映射更多的重要实例将在本章稍后给出 (特别是可见定理 7.13-2 及 7.14-3).

习题

7.8-1 设 Ω 是 $\mathbb{R}^n$ 的一个连通开子集, 而 $f: \boldsymbol{x}=(x_1,x_2,\cdots,x_n)\in\Omega\to f(\boldsymbol{x})\in\mathbb{R}$ 是一个在 Ω 中 m 次可微的函数, $m\geqslant 2$ 为某整数. 证明, 如果 $f^{(m)}(\boldsymbol{x})=0$ 对所有 $\boldsymbol{x}\in\Omega$, 则 f 是变量 $x_i, 1\leqslant i\leqslant n$ 的阶数 $\leqslant m-1$ 的多项式在 Ω 上的限制.

7.8-2 设 $I\subset\mathbb{R}$ 是开区间. 设映射 $\boldsymbol{F}: t\in I\to\boldsymbol{F}(t)\in\mathbb{M}^n$ 使得 $\boldsymbol{F}(t)$ 对所有 $t\in I$ 都是可逆的, 计算映射 $t\in I\to\boldsymbol{F}(t)^{-1}\in\mathbb{M}^n$ 在点 $t\in I$ 处用 $\boldsymbol{F}(t)^{-1},\boldsymbol{F}'(t)$ 及 $\boldsymbol{F}''(t)$ 表示的二阶导数.

7.8-3 设 Ω 是 $\mathbb{R}^n$ 的一个开子集, $m\geqslant 1$ 是整数. 给定任意函数 $f\in\mathcal{C}^m(\Omega)$ 及 Ω 的任一紧子集 K, 设

$$|f|_{m,k}:=\sup_{\begin{cases}x\in K\\|\boldsymbol{\alpha}|\leqslant m\end{cases}}|\partial^{\boldsymbol{\alpha}}f(x)|.$$

注意, 在此每一映射 $|\cdot|_{m,k}:\mathcal{C}^m(\Omega)\to\mathbb{R}$ 在空间 $\mathcal{C}^m(\Omega)$ 上定义的是一个半范数, 而不是范数.

设 $(K_i)_{i=1}^\infty$ 是 Ω 的一个紧子集序列, 使得 $K_i\subset\operatorname{int}K_{i+1}$ 对所有 $i\geqslant 1$ 而且 $\Omega=\cup_{i=1}^\infty K_i$ (如习题 2.3-2 中那样), 又设 $\sum_{i=1}^\infty\alpha_i$, 其中 $\alpha_i>0$ 对所有 $i\geqslant 1$, 是一个收敛的级数.

(1) 证明由

$$d_m(f,g)=\sum_{i=1}^\infty\alpha_i\frac{|f-g|_{m,K_i}}{1+|f-g|_{m,K_i}}\quad\text{对每组 } f,g\in\mathcal{C}^m(\Omega)$$

定义的映射 $d_m:\mathcal{C}^m(\Omega)\times\mathcal{C}^m(\Omega)\to\mathbb{R}$ 是空间 $\mathcal{C}^m(\Omega)$ 上的一个距离.

(2) 证明函数 $f_k\in\mathcal{C}^m(\Omega)$ 的序列 $(f_k)_{k=1}^\infty$ 在距离空间 $(\mathcal{C}^m(\Omega),d_m)$ 中收敛于函数 $f\in\mathcal{C}^m(\Omega)$ 的充分必要条件是

$$\lim_{k\to\infty}|f_k-f|_{m,k}=0\quad\text{对每个紧子集 } K\subset\Omega.$$

这个习题说明空间 $\mathcal{C}^m(\Omega)$ 可装备以可距离化的拓扑, 这一拓扑称为与半范数族 $(|\cdot|_{m,K})_{K\in\mathcal{K}}$ 相关联的 *Fréchet* 拓扑, 其中 $\mathcal{K}$ 表示 Ω 所有紧子集组成的族.

7.8-4 **Hénon 映射**[15]定义为

$$f:(x,y)\in\mathbb{R}^2\to(y+x^2+a,-bx)\in\mathbb{R}^2,$$

其中 a 和 $b\neq 0$ 是实常数.

(1) 证明 Hénon 映射是平面的 $\mathcal{C}^\infty$ 微分同胚.

(2) 证明任何 Hénon 映射的复合 $g:=f\circ f\circ\cdots\circ f:\mathbb{R}^2\to\mathbb{R}^2$ 均存在逆 $g^{-1}:\mathbb{R}^2\to\mathbb{R}^2$, 且逆的分量均是与 g 的分量同阶的多项式.

注 Hénon 映射给出了平面非平凡的 $\mathcal{C}^\infty$ 微分同胚最简单的例子. 它引起了广泛的关注及研究, 这是因为尽管它很简单, 却揭示了一般动力系统的某些本质特性. □

---

[15] M. Hénon [1976]: A two-dimensional mapping with a strange attractor, *Communications in Mathematics and Physics* **50**, 69–77.

7.9 Taylor 公式; 对实值函数极值的应用

我们现在叙述并证明几个在赋范向量空间中的 *Taylor* 公式[16]. 其中, 第一个推广了导数的定义; 第二个推广了中值定理; 第三和第四个给出了余项的显式表示; 更确切地说, 第三个是经典中值定理, 即 $f(a+h)-f(a)=hf'(a+\theta h)$ 对某个 $0<\theta<1$ 的推广, 而第四个则推广了公式 $f(a+h)-f(a)=\int_a^{a+h}f'(\eta)d\eta=\int_0^1 f'(a+th)hdt$, 这两个式子都是用于一个实变量的实值函数.

这些赋范向量空间中的 Taylor 公式特别地在实值函数的局部分析 (如本节结尾所示), 椭圆算子的极值原理的导出 (如下一节中所示), 以及多变量函数的插值理论 (如 7.11 节所示) 等诸多领域起着关键作用.

给定赋范向量空间 X 和 Y, X 的一个开子集 Ω, 及一个在点 $a\in\Omega$ 处 m 次可微的映射 $f:\Omega\subset X\to Y$, 当出现在 m 线性映射 $f^{(m)}(a)\in\mathcal{L}_m(X;Y)$ 作用于其上的 m 重组中, 属于空间 X 的 m 个向量都等于同一个向量 $h\in X$ 时, 将使用如下较简短的符号:

$$f^{(m)}(a)h^m := f^{(m)}(a)(h,h,\cdots,h)\in Y.$$

定理 7.9-1 (赋范向量空间中的 Taylor 公式) 设 X 和 Y 是赋范向量空间, Ω 是 X 的一个开子集, $[a,a+h]$ 是包含在 Ω 中的闭线段, 又设 $f:\Omega\subset X\to Y$ 是给定的映射, 而 $m\geqslant 1$ 是整数.

(a) (**Taylor-Young 公式**)[17] 如果 f 在 Ω 中是 $(m-1)$ 次可微的且在点 a 处是 m 次可微的, 则

$$f(a+h)=f(a)+f'(a)h+\cdots+\frac{1}{m!}f^{(m)}(a)h^m+\|h\|^m\delta(h),$$
$$\text{其中}\ \lim_{h\to 0}\delta(h)=0.$$

(b) (**广义中值定理**) 如果 f 在 Ω 中是 $m-1$ 次连续可微的并且在开区间 $]a,a+h[$ 上是 m 次可微的, 则

$$\left\|f(a+h)-\left(f(a)+f'(a)h+\cdots+\frac{1}{(m-1)!}f^{(m-1)}(a)h^{m-1}\right)\right\|$$
$$\leqslant\frac{1}{m!}\sup_{x\in]a,a+h[}\|f^{(m)}(x)\|\|h\|^m.$$

(c) (**Taylor-MacLaurin 公式**)[18] 如果 $Y=\mathbb{R}$ 而 f 是在 Ω 中 $(m-1)$ 次连续可

---

[16] 冠名源自 Brook Taylor (1685—1731), 他于 1715 年前后对一个实变量的实值函数引入这样的公式.

[17] W. H. Young [1910]: *The Fundamental Theorems of the Differentiable Calculus*, Cambridge University Press,Cambridge, UK.

[18] 冠名源自 Colin MacLaurin (1698—1746).

微的并且在开区间 $]a, a+h[$ 上是 m 次可微的, 则存在 $0<\theta<1$ 使得

$$f(a+h)=f(a)+f'(a)h+\cdots+\frac{1}{(m-1)!}f^{(m-1)}(a)h^{m-1}$$
$$+\frac{1}{m!}f^{(m)}(a+\theta h)h^m.$$

(d) (**具有积分余项的 Taylor 公式**) 如果 Y 是 *Banach* 空间而 f 在 Ω 中是 m 次连续可微的, 则

$$f(a+h)=f(a)+f'(a)h+\cdots+\frac{1}{(m-1)!}f^{(m-1)}(a)h^{m-1}$$
$$+\frac{1}{(m-1)!}\int_0^1(1-t)^{m-1}(f^{(m)}(a+th)h^m)dt.$$

证明 (i) (a) 的证明: 根据导数的定义 (7.1 节), 性质 (a) 对 $m=1$ 成立; 这样, 就假定对某个整数 $k\geqslant 2$, 性质 (a) 对 $m=1,\cdots,k-1$ 成立.

设 $f:\Omega\subset X\to Y$ 是一个函数, 它在 Ω 中 $(k-1)$ 次可微, 而在 $a\in\Omega$ 处 k 次可微, 又设 $r>0$ 使得 $B(a;r)\subset\Omega$. 则辅助函数

$$g:\xi\in B(a;r)\to g(\xi):=f(a+\xi)-\left(f(a)+f'(a)\xi+\cdots+\frac{1}{k!}f^{(k)}(a)\xi^k\right)\in Y$$

在 $B(a;r)$ 中是可微的, 并且

$$g'(\xi)=f'(a+\xi)-\left(f'(a)+\cdots+\frac{1}{(k-1)!}f^{(k)}(a)\xi^{k-1}\right)\quad \text{对所有 } \xi\in B(a;r).$$

注意到 $f':\Omega\subset X\to\mathcal{L}(X;Y)$ 在 Ω 中是 $(k-2)$ 次可微的, 而在 a 处是 $(k-1)$ 次可微的, 由归纳假设我们得到

$$f'(a+\xi)=f'(a)+\cdots+\frac{1}{(k-1)!}f^{(k)}(a)\xi^{k-1}+\|\xi\|^{k-1}\delta(\xi)$$
$$\text{对所有 } \xi\in B(a;r),$$

其中 $\lim_{\xi\to 0}\delta(\xi)=0$ 在 Y 中, 这就意味着

$$\|g'(\xi)\|\leqslant\|\xi\|^{k-1}\widetilde{\delta}(\xi)\quad \text{对所有 } \xi\in B(a;r),\ \text{其中 } \lim_{\xi\to 0}\widetilde{\delta}(\xi)=0.$$

现在设 $a+h$ 是球 $B(a;r)$ 中任意一点, 则由赋范向量空间中的中值定理 (定理 7.2-1) 有

$$\|g(h)-g(0)\|\leqslant(\sup_{\xi\in]0,h[}\|g'(\xi)\|)\|h\|,$$

因此性质 (a) 对 $m=k$ 成立, 这是由于

$$\left\|f(a+h)-\left(f(a)+f'(a)h+\cdots+\frac{1}{(m-1)!}f^{(k-1)}h^{k-1}\right)\right\|$$
$$=\|g(h)-g(0)\|\leqslant\|h\|^k\eta(h),\ \text{其中 } \lim_{h\to 0}\eta(h)=0.$$

(ii) (b) 的证明: 由中值定理知性质 (b) 对 $m=1$ 成立. 这样, 就假定对某个整数 $k \geqslant 2$, (b) 对 $m=1,\cdots,k-1$ 成立.

设 $f:\Omega\subset X\to Y$ 是一个函数, 它在 Ω 中 $(k-1)$ 次连续可微, 而在 $]a,a+h[\subset\Omega$ 上 k 次可微. 辅助函数

$$\begin{aligned}\widetilde{g}: t\in[0,1]\to\widetilde{g}(t) &:= f(a+th)\\ &-\left(f(a)+f'(a)(th)+\cdots+\frac{1}{(k-1)!}f^{(k-1)}(a)(th)^{k-1}\right)\in Y\end{aligned}$$

在 $[0,1]$ 上是可微的 (显然, $\widetilde{g}$ 在包含 $[0,1]$ 的一个开区间上可微), 而且

$$\widetilde{g}'(t)=f'(a+th)h-\left(f'(a)+\cdots+\frac{1}{(k-2)!}f^{(k-1)}(a)(th)^{k-2}\right)h,\quad 0\leqslant t\leqslant 1.$$

注意到, $f':\Omega\subset X\to\mathcal{L}(X;Y)$ 在 Ω 中是 $(k-2)$ 次连续可微的, 在 $]a,a+h[$ 上是 $(k-1)$ 次可微的, 从归纳假设我们得到

$$\begin{aligned}&\left\|f'(a+th)-\left(f'(a)+\cdots+\frac{1}{(k-2)!}f^{(k-1)}(a)(th)^{k-2}\right)\right\|\\ &\leqslant\frac{1}{(k-1)!}\Big(\sup_{x\in]a,a+h[}\|f^{(k)}(x)\|\Big)t^{k-1}\|h\|^{k-1},\quad 0\leqslant t\leqslant 1,\end{aligned}$$

或等价地, 利用函数 $\widetilde{g}$ 来表示, 有

$$\|\widetilde{g}'(t)\|\leqslant\chi'(t),\quad 0\leqslant t\leqslant 1,$$

其中单项式 $\chi:[0,1]\to\mathbb{R}$ 定义为

$$\chi: t\in[0,1]\to\chi(t):=\frac{1}{k!}\Big(\sup_{x\in]a,a+h[}\|f^{(k)}(x)\|\Big)t^k\|h\|^k.$$

给定任意整数 $l\geqslant 1$, 应用中值定理给出

$$\begin{aligned}\|\widetilde{g}(1)-\widetilde{g}(0)\|&\leqslant\sum_{j=0}^{l-1}\left\|\widetilde{g}\left(\frac{j+1}{l}\right)-\widetilde{g}\left(\frac{j}{l}\right)\right\|\\ &\leqslant\frac{1}{l}\sum_{j=0}^{l-1}\left(\sup\left\{\|\widetilde{g}'(t)\|;\frac{j}{l}<t<\frac{j+1}{l}\right\}\right)\\ &\leqslant\frac{1}{l}\sum_{j=0}^{l-1}\left(\sup\left\{\chi'(t);\frac{j}{l}<t<\frac{j+1}{l}\right\}\right).\end{aligned}$$

因此

$$\begin{aligned}\|\widetilde{g}(1)-\widetilde{g}(0)\|&\leqslant\lim_{l\to\infty}\frac{1}{l}\sum_{j=0}^{l-1}\left(\sup\left\{\chi'(t);\frac{j}{l}<t<\frac{j+1}{l}\right\}\right)=\int_0^1\chi'(t)dt\\ &=\chi(1)-\chi(0)=\frac{1}{k!}\Big(\sup_{x\in]a,a+h[}\|f^{(k)}(x)\|\Big)\|h\|^k.\end{aligned}$$

所以性质 (b) 对 $m=k$ 成立, 此因

$$\widetilde{g}(1)-\widetilde{g}(0)=f(a+h)-\left(f(a)+f'(a)h+\cdots+\frac{1}{(k-1)!}f^{(k-1)}(a)h^{k-1}\right).$$

(iii) (c) 的证明: 注意现在 $Y=\mathbb{R}$. 辅助函数

$$\varphi: t\in[0,1]\to\varphi(t):=f(a+th)\in\mathbb{R}$$

在 $\mathbb{R}$ 中包含 $[0,1]$ 的一个开区间内 $(m-1)$ 次连续可微, 在 $]0,1[$ 上 m 次可微, 而且

$$\varphi^{(l)}(t)=f^{(l)}(a+th)h^l,\quad 0\leqslant l\leqslant m, 0\leqslant t\leqslant 1.$$

则由一个实变量的实值函数的 Taylor-MacLaurin 公式 (假定是已知的) 得

$$\varphi(1)=\varphi(0)+\varphi'(0)+\cdots+\frac{1}{(m-1)!}\varphi^{(m-1)}(0)+\frac{1}{m!}\varphi^{(m)}(\theta),\ \text{对某}\ 0<\theta<1,$$

此式, 用函数 f 来表示, 正是所示的对于函数 $f:\Omega\subset X\to\mathbb{R}$ 的 Taylor-MacLaurin 公式.

(iv) (d) 的证明: 注意, 现在 Y 是 Banach 空间. 辅助函数与 (iii) 中相同, 即

$$\varphi: t\in[0,1]\to\varphi(t):=f(a+th)\in Y,$$

它现在于 $\mathbb{R}$ 中包含 $[0,1]$ 的一个开区间内是 m 次连续可微的. 辅助函数

$$\psi: t\in[0,1]\to\psi(t):=\left(\varphi(t)+(1-t)\varphi'(t)+\cdots+\frac{1}{(m-1)!}(1-t)^{m-1}\varphi^{(m-1)}(t)\right)\in Y,$$

则在包含 $[0,1]$ 的一个开区间内是可微的, 而且

$$\psi'(t)=\frac{1}{(m-1)!}(1-t)^{m-1}\varphi^{(m)}(t),\quad 0\leqslant t\leqslant 1$$

(这容易直接验证), 这样, 利用取值于 *Banach* 空间的 $\mathcal{C}^1$ 类函数的中值定理 (定理 7.6-1), 即得

$$\begin{aligned}\psi(1)-\psi(0)&=\varphi(1)-\left(\varphi(0)+\varphi'(0)+\cdots+\frac{1}{(m-1)!}\varphi^{(m-1)}(0)\right)\\&=f(a+h)-\left(f(a)+f'(a)h+\cdots+\frac{1}{(m-1)!}f^{(m-1)}(a)h^{m-1}\right)\\&=\int_0^1\psi'(t)dt=\frac{1}{(m-1)!}\int_0^t(1-t)^{m-1}(f^{(m)}(a+th)h^m)dt.\end{aligned}$$ □

注 在 (d) 中较强的假设下, (c) 中的 Taylor-MacLaurin 公式就成为 (d) 中当 $Y=\mathbb{R}$ 时的一个推论, 此因

$$\begin{aligned}\int_0^1\frac{(1-t)^{m-1}}{(m-1)!}(f^{(m)}(a+th)h^m)dt&=f^{(m)}(a+\theta h)h^m\int_0^1\frac{(1-t)^{m-1}}{(m-1)!}dt\\&=\frac{1}{m!}f^{(m)}(a+\theta h)h^m.\end{aligned}$$ □

设 Ω 是赋范向量空间 V 的一个开子集. 现在借助于在定理 7.9-1 中确立的 Taylor 公式, 可对实值函数 $J:\Omega\subset V\to\mathbb{R}$ 在局部极值点 $a\in\Omega$ 处 (定理 7.1-5) 必须满足的必要条件 $J'(u)=0$, 当 J 在 u 处或在 Ω 内二次可微时, 提供有益的补充. 这种补充或者以充分条件的形式给出 (定理 7.9-2), 或者以更进一步的必要条件的形式给出 (定理 7.9-3). 在此要注意, 在定理 7.9-2 中, 无论结论 (a) 还是结论 (b), 其逆都不成立 (习题 7.9-1).

为确定起见, 我们只讨论极小的情况.

定理 7.9-2 (局部极小的充分条件) 设 Ω 是赋范向量空间 V 的一个开子集, $J:\Omega\subset V\to\mathbb{R}$ 是在 Ω 中可微的函数, 又设 $u\in\Omega$ 使得 $J'(u)=0$.

(a) 如果函数 J 在 u 处二次可微, 并且存在一个数 α 使得

$$\alpha>0 \quad \text{及} \quad J''(u)(v,v)\geqslant\alpha\|v\|^2 \quad \text{对所有 } v\in V,$$

则 u 是函数 $J:\Omega\subset V\to\mathbb{R}$ 的一个严格局部极小点.

(b) 如果函数 J 在 Ω 中是二次可微的, 并且存在点 u 的一个邻域 $W\subset\Omega$ 使得

$$J''(w)(v,v)\geqslant 0 \quad \text{对所有 } w\in W \text{ 及所有 } v\in V,$$

则 u 是函数 $J:\Omega\subset V\to\mathbb{R}$ 的一个局部极小点. 而如果

$$J''(w)(v,v)>0 \quad \text{对所有 } w\in W \text{ 及所有 } v\in V, v\neq 0,$$

则局部极小点是严格的.

证明 如果 $J'(u)=0$ 而且 J 在 $u\in\Omega$ 处是二次可微的, 则由 Taylor-Young 公式有

$$J(u+v)-J(u)=\frac{1}{2}J''(u)(v,v)+\|v\|^2\delta(v), \text{ 其中 } \lim_{v\to 0}\delta(v)=0.$$

设 $r>0$ 使得 $B(u;r)\subset\Omega$ 且 $|\delta(v)|<\frac{\alpha}{2}$ 对所有 $\|v\|<r$. 那么假设 $J''(u)(v,v)\geqslant\alpha\|v\|^2$ 对所有 $v\in V$ 就意味着

$$J(u+v)-J(u)\geqslant\left(\frac{\alpha}{2}+\delta(v)\right)\|v\|^2>0 \quad \text{对所有 } \|v\|<r, v\neq 0.$$

因此 u 是函数 J 的一个严格局部极小值点. 这就证明了 (a).

现在假设 J 在 Ω 中是二次可微的, 而且存在 $r>0$ 分别使得 $J''(w)(v,v)\geqslant 0$ 对所有 $w\in B(u;r)$ 和所有 $v\in V$, 或者 $J''(w)(v,v)>0$ 对所有 $w\in B(u;r)$ 及所有 $v\in V, v\neq 0$. 那么由 Taylor-MacLaurin 公式, 对每个 $\|v\|<r$, 存在 $\theta=\theta(v)$ 使得

$$0<\theta<1 \quad \text{和} \quad J(u+v)-J(u)=\frac{1}{2}J''(u+\theta v)(v,v).$$

因此 u 分别是 J 的一个局部极小值点, 或严格局部极小值点. 这就证明了 (b). □

定理 7.9-3 (局部极小的必要条件) 设 Ω 是赋范向量空间 V 的一个开子集, $J:\Omega\subset V\to\mathbb{R}$ 是在 Ω 中可微、在点 $u\in\Omega$ 处二次可微的函数. 如果 u 是函数 J 的一个局部极小值点, 则

$$J'(u)=0 \quad \text{及} \quad J''(u)(v,v)\geqslant 0 \quad \text{对所有 } v\in V.$$

证明 给定一个非零向量 $v\in V$ (如果 $v=0$, 就没有什么需要证明了), 存在 $\mathbb{R}$ 中包含 0 的开区间 I 使得函数

$$\varphi: t\in I\to\varphi(t):=J(u+tv)$$

在 I 中可微, 在 $t=0$ 处二次可微, 而且

$$\varphi'(0)=J'(u)v=0,\quad \varphi''(0)=J''(u)(v,v),\ \text{及}\ \varphi(t)\geqslant\varphi(0)\quad \text{对所有 } t\in I, t\neq 0.$$

这样, 由 Taylor-Young 公式就有

$$\varphi(t)-\varphi(0)=\frac{t^2}{2}J''(u)(v,v)+t^2\delta(t),\ \text{其中}\ \lim_{t\to 0}\delta(t)=0.$$

如果 $J''(u)(v,v)<0$, 设 $t_0\in I$ 使得 $t_0\neq 0$ 且 $|\delta(t_0)|<\frac{1}{2}|J''(u)(v,v)|$; 则 $\varphi(t_0)-\varphi(0)<0$, 矛盾. □

注意, 万一 J 在 u 处的二阶导数为零, 还是可以得到类似于定理 7.9-2 和 7.9-3 中那样的结果, 只是在这种情况, 要用到 J 在 u 处的高于二阶的导数 (习题 7.9-2).

习题

7.9-1 (1) 给出一个二次可微函数 J 的例子, 使其在一点 u 处有严格的局部极小值, 但 $J''(u)(v,v)=0$ 对至少一个向量 $v\neq 0$ 成立 (因此, 定理 7.9-2 中结论 (a) 之逆不成立).

(2) 给出一个二次可微函数 J 的例子, 使其在一点 u 处有严格极小值, 但在每个以 u 为球心的球 B 内, 存在 $v\in B$ 和 $w\in V$ 满足 $J''(v)(w,w)<0$ (因此, 定理 7.9-2 中结论 (b) 之逆不成立).

7.9-2 这个习题推广了定理 7.9-2 和 7.9-3. 设 Ω 是赋范向量空间 V 的一个开子集, $m\geqslant 2$ 是整数, 又设 $J:\Omega\subset X\to\mathbb{R}$ 是在 Ω 中 $(m-1)$ 次可微、在点 $u\in\Omega$ 处 m 次可微的函数, 而且

$$J'(u)=0,\cdots,J^{(m-1)}(u)=0,\ \text{但}\ J^{(m)}(u)\neq 0.$$

(1) 证明, 如果 J 在 u 处有局部极小值, 则 m 为偶数且 $J^{(m)}(u)v^m\geqslant 0$ 对所有 $v\in V$.

(2) 证明, 如果存在 $\alpha>0$ 使得 $J^{(m)}(u)v^m\geqslant\alpha\|v\|^m$ 对所有 $v\in V$, 则 J 在 u 处有严格局部极小值, 并且因此由 (1) 知 m 是偶数.

(3) 给出一个无穷次可微函数 J 的例子, 使其在一点 u 处有严格局部极小值, 但 $J^{(m)}(u)=0$ 对所有整数 $m\geqslant 1$ 成立.

7.9-3 设 $m \geqslant 1$ 是整数. 设 $f:\mathbb{R}\to\mathbb{R}$ 是一个在 $\mathbb{R}$ 中 m 次可微的函数, 又设 $a\in\mathbb{R}$ 和 $b_k\in\mathbb{R}, 1\leqslant k\leqslant m$, 使得

$$f(a+h)=b_0+b_1h+\cdots+b_mh^m+|h|^m\varepsilon(h),\ \text{其中}\ \lim_{h\to 0}\varepsilon(h)=0.$$

(1) 证明 $b_k=\frac{1}{k!}f^{(k)}(a), 0\leqslant k\leqslant m$.

(2) 用一个反例说明, 如果不假定 f 在 $\mathbb{R}$ 内 m 次可微, 则 (1) 不一定成立.

7.10 应用: 二阶线性椭圆算子的极大值原理

设 Ω 是 $\mathbb{R}^N$ 的有界连通开子集, $\Gamma:=\partial\Omega$. 本节的一个目的是导出形如

$$\mathcal{L}u=f\ \text{在}\ \Omega\ \text{中},\quad u=u_0\ \text{在}\ \Gamma\ \text{上}$$

的二阶线性椭圆边值问题经典解 $u\in\mathcal{C}(\overline{\Omega})\cap\mathcal{C}^2(\Omega)$ 的一些重要性质, 如解的唯一性或关于数据的连续依赖性 (定理 7.10-3 和 7.10-4).

这些性质将从被称为线性椭圆算子的极大值原理 (定理 7.10-2) 的这一基本性质导出, 而基本性质本身只是十分重要的 *Hopf* 引理 (定理 7.10-1) 的一个简单的推论. 这些结果在此得以确立, 前面一节中得到的实值函数在极大值处的二阶导数所满足的必要条件在其证明中起着关键的作用.

这里要强调的是, 这些性质是在关于集合 Ω 及关于定理 7.10-1 中的算子 $\mathcal{M}$ 或定理 7.10-2 到 7.10-4 中的算子 $\mathcal{L}$ 的系数函数 a_{ij}, b_i 和 c 非常弱的假设下得到的. 除了算子 $\mathcal{M}$ 和 $\mathcal{L}$ 在 Ω 的紧子集上是一致椭圆的 (一个介于椭圆性和一致椭圆性之间的假设曾在 6.7 节中给出) 这一基本假设之外, 其他的假设实际上都很弱: 但简单地要求系数 a_{ij} 和 b_i 在 Ω 的紧子集上一致有界, 函数 $c\geqslant 0$ (定理 7.10-2 和 7.10-3) 或以一个特定的常数 c_0 为下界, 这个常数可以小于 0 (定理 7.10-4).

特别引人注目的是, 不需要关于系数 a_{ij}, b_i 和 c 的正则性假设, 这些系数在 Ω 中甚至可以是间断和无界的.

同样引人注目的是, 除了关于开集 Ω 的有界性和连通性假设之外, 关于其边界 Γ 无任何正则性假设.

定理 7.10-1 (Hopf 引理[19]) 设 Ω 是 $\mathbb{R}^N$ 的有界连通开子集, $\Gamma:=\partial\Omega$. 对于函数 $v\in\mathcal{C}^2(\Omega)$, 定义线性偏微分算子 $\mathcal{M}$ 如下:

$$\mathcal{M}v(x):=-\sum_{i,j=1}^{N}a_{ij}(x)\partial_{ij}v(x)+\sum_{i=1}^{N}b_i(x)\partial_i v(x)\quad \text{对所有}\ x\in\Omega,$$

[19] E. Hopf [1927]: Elementare Bemerkungen über die Lösungen partieller Differentialgleichungen zweiter Ordnung vom elliptischen Typus, in *Sitzungsberichte der Preußischen Akademie der Wissenschaften, Berlin*, 147–152.

其中函数 $a_{ij} = a_{ji} : \Omega \to \mathbb{R}$ 和 $b_i : \Omega \to \mathbb{R}$ 满足下述性质: 给定 Ω 的任意紧子集 K, 存在常数 $\mu(K)$ 和 $C(K)$ 使得

$$\mu(K) > 0 \text{ 及 } \sum_{i,j=1}^{N} a_{ij}(x)\xi_i\xi_j \geqslant \mu(K)\sum_{i=1}^{N}|\xi_i|^2 \quad \text{对所有 } x \in K \text{ 及所有 } (\xi_i)_{i=1}^{N} \in \mathbb{R}^N,$$
$$|a_{ii}(x)| \leqslant C(K) \text{ 及 } |b_i(x)| \leqslant C(K) \quad \text{对所有 } x \in K, 1 \leqslant i \leqslant N.$$

假设函数 $v \in \mathcal{C}(\overline{\Omega}) \cap \mathcal{C}^2(\Omega)$ 满足

$$\mathcal{M}v(x) \leqslant 0 \quad \text{对所有 } x \in \Omega,$$

则 v 是常数, 或

$$v(x) < \sup_{y\in\Gamma} v(y) \quad \text{对所有 } x \in \Omega.$$

证明 (i) 证明的思路: 首先注意, 如果 $v \in \mathcal{C}(\overline{\Omega})$, 则 $\sup_{y\in\Gamma} v(y) < \infty$ 及 $\sup_{y\in\overline{\Omega}} v(y) < \infty$, 此因集合 Γ 和 $\overline{\Omega}$ 是紧的 (由假设 Ω 是有界的).

证明归结为, 若

$$\widetilde{\Omega} := \{x \in \Omega; v(x) = \sup_{y\in\overline{\Omega}} v(y)\}$$

是 Ω 的非空子集, 则 $\widetilde{\Omega} = \Omega$. 由于 $\widetilde{\Omega}$ 关于 Ω 的诱导拓扑是闭的 (由 v 的连续性) 而 Ω 是连通的 (由假设), 因此只需证明, 如果 $\widetilde{\Omega} \neq \varnothing$, 则 $\widetilde{\Omega}$ 是开集. 这样, 就假定 $\widetilde{\Omega}$ 包含一点 x_0, 在这种情况存在 $\delta > 0$ 使得 $B(x_0, 2\delta) \subset \Omega$, 此因 Ω 是开的 (由假设). 我们的目标是确认 $B(x_0, \delta) \subset \widetilde{\Omega}$, 这将意味着 $\widetilde{\Omega}$ 是开集.

(ii) 假若不然; 即存在 $x_1 = (x_i^1)_{i=1}^{N} \in B(x_0; \delta)$ 使得

$$v(x_1) < v(x_0) = \sup_{y\in\overline{\Omega}} v(y),$$

并令

$$2R := \sup\{\rho > 0; v(x) < v(x_0) \text{ 对所有 } x \in B(x_1; \rho)\}.$$

$2R$ 的定义意味着

$$0 < 2R \leqslant \delta \quad \text{和} \quad \overline{B(x_1; 2R)} \subset B(x_0; 2\delta) \subset \Omega,$$
$$v(x) < v(x_0) \quad \text{对所有 } x \in B(x_1; 2R).$$

此外, 存在一点 x_2 使得

$$x_2 \in \partial B(x_1; 2R) \quad \text{和} \quad v(x_2) = v(x_0)$$

(否则, $\partial B(x_1; 2R)$ 的紧性及函数 v 的连续性一起将导致与 $2R$ 的定义矛盾).

(iii) 对任意 $\alpha > 0$, 考察辅助函数

$$w_\alpha : x = (x_i)_{i=1}^N \in \mathbb{R}^N \to w_\alpha(x) := e^{-\alpha|x-x_1|^2} - e^{-4\alpha R^2},$$

其中 $|\cdot|$ 表示 $\mathbb{R}^N$ 中的欧氏范数, 则

$$\mathcal{M}w_\alpha(x) = e^{-\alpha|x-x_1|^2}\Big(-4\alpha^2 \sum_{i,j=1}^N a_{ij}(x)(x_i - x_i^1)(x_j - x_j^1) + 2\alpha \sum_{i=1}^N a_{ii}(x) - 2\alpha \sum_{i=1}^N b_i(x)(x_i - x_i^1)\Big) \quad \text{对所有 } x \in \Omega,$$

并且

$$w_\alpha(x) = 0 \quad \text{对所有 } x \in \partial B(x_1; 2R).$$

由于 $\overline{B(x_1;2R)} \subset \Omega$, 集合

$$K := \{x \in \mathbb{R}^N; R \leqslant |x - x_1| \leqslant 2R\}$$

是 Ω 的紧子集. 由关于函数 a_{ij} 和 b_i 所作的假设, 可得

$$\sup_{x\in K} \mathcal{M}w_\alpha(x) \leqslant e^{-\alpha|x-x_1|^2}(-4\alpha^2\mu(K)R^2 + 2\alpha NC(K)(1+2R)).$$

这样, 就可选取 $\alpha > 0$ 使得

$$\mathcal{M}w_\alpha(x) < 0 \quad \text{对所有 } x \in K.$$

(iv) 一个关于矩阵的简单结果 (部分 (v) 中需要): 设 $\boldsymbol{A} = (a_{ij})$ 和 $\boldsymbol{B} = (b_{ij})$ 是两个 $N \times N$ 实对称非负定矩阵, 则 $\sum_{i,j=1}^N a_{ij}b_{ij} \geqslant 0$.

为证明这个结论, 设 $\boldsymbol{Q}$ 是一正交阵使得 $\boldsymbol{A} = \boldsymbol{QDQ}^T$, 其中 $\boldsymbol{D} = \mathbf{Diag}(\lambda_i(\boldsymbol{A}))$. 设 $(\widetilde{b}_{ij}) := \boldsymbol{Q}^T\boldsymbol{BQ}$, 则

$$\sum_{i,j=1}^N a_{ij}b_{ij} = \mathrm{tr}(\boldsymbol{AB}) = \mathrm{tr}(\boldsymbol{QDQ}^T\boldsymbol{B}) = \mathrm{tr}(\boldsymbol{DQ}^T\boldsymbol{BQ}) = \sum_{i=1}^N \lambda_i(\boldsymbol{A})\widetilde{b}_{ii} \geqslant 0.$$

此因 $\lambda_i(\boldsymbol{A}) \geqslant 0$ 和 $\widetilde{b}_{ii} \geqslant 0, 1 \leqslant i \leqslant N$ (对称矩阵 $(\widetilde{b}_{ij})$ 也是非负定的).

(v) 注意到 $v(x) < v(x_0)$ 对所有 $x \in \partial B(x_1;R) \subset B(x_1;2R)$, 我们下面选取 $\varepsilon > 0$ 使得辅助函数

$$v_\varepsilon : x \in \Omega \to v_\varepsilon(x) := v(x) + \varepsilon w_\alpha(x)$$

满足

$$v_\varepsilon(x) < v(x_0) \quad \text{对所有 } x \in \partial B(x_1;R)$$

(这样 $\varepsilon > 0$ 的存在性可由 $\partial B(x_1; R)$ 的紧性及函数 v 和 w_α 的连续性得到).

在紧集 K 上考察函数 v_ε. 一方面, 其在 K 上的极大值不可能在 $\partial B(x_1; R)$ 上达到, 此因 $x_2 \in K$ 且

$$v_\varepsilon(x_2) = v(x_2) + \varepsilon w_\alpha(x_2) = v(x_0) + \varepsilon w_\alpha(x_2) > v_\varepsilon(x) \quad \text{对所有 } x \in \partial B(x_1; R)$$

(我们记得, $v(x_2) = v(x_0), w_\alpha(x_2) = 0$, 此因 $x_2 \in \partial B(x_1; 2R)$, 而且 $v(x_0) > v_\varepsilon(x)$ 对所有 $x \in \partial B(x_1; R)$).

另一方面, 其在 K 上的极大值也不可能在

$$\text{int } K = \{x \in \mathbb{R}^N; R < |x - x_1| < 2R\}$$

中达到. 为了说明这一点, 假设不然, 即存在一点 $\widetilde{x} \in \text{int } K$ 使得

$$v_\varepsilon(\widetilde{x}) = \sup_{x \in K} v_\varepsilon(x) = \sup_{x \in \text{int} K} v_\varepsilon(x).$$

由于集合 int K 是开的, 并且 v_ε 在 $\widetilde{x}$ 处是二次可微的, 定理 7.9-3 说明, 首先有

$$\partial_i v_\varepsilon(\widetilde{x}) = 0, \quad 1 \leqslant i \leqslant N;$$

其次, $N \times N$ 对称矩阵 $(-\partial_{ij} v_\varepsilon(\widetilde{x}))$ 是非负定的. 因为由假设, $N \times N$ 对称矩阵 $(a_{ij}(\widetilde{x}))$ 是正定的, 从部分 (iv) 就得到

$$-\sum_{i,j=1}^{N} a_{ij}(\widetilde{x}) \partial_{ij} v_\varepsilon(\widetilde{x}) \geqslant 0,$$

但这是不可能的, 此因

$$\begin{aligned} \mathcal{M} v_\varepsilon(\widetilde{x}) &= -\sum_{i,j=1}^{N} a_{ij}(\widetilde{x}) \partial_{ij} v_\varepsilon(\widetilde{x}) \\ &= \mathcal{M} v(\widetilde{x}) + \varepsilon \mathcal{M} w_\alpha(\widetilde{x}) < 0 \end{aligned}$$

(回忆一下, 由假设 $\mathcal{M} v(x) \leqslant 0$ 对所有 $x \in \Omega$, 而 $\alpha > 0$ 选得使 $\mathcal{M} w_\alpha(x) < 0$ 对所有 $x \in K$; 见 (iii)).

所以函数 v_ε 在 $\partial B(x_1; 2R)$ 上达到其在 K 上的极大值.

(vi) 由于在部分 (iii) 中构造的辅助函数 w_α 满足 $w_\alpha(x) = 0$ 对所有 $x \in \partial B(x_1; 2R)$, 故在部分 (v) 中构造的辅助函数 $v_\varepsilon = v + \varepsilon w_\alpha$ 满足 $v_\varepsilon(x) = v(x)$ 对所有 $x \in \partial B(x_1; 2R)$. 由于

$$x_2 \in \partial B(x_1; 2R) \quad \text{及} \quad v(x_2) = \sup_{y \in \overline{\Omega}} v(y)$$

(由部分 (ii)), 而函数 v_ε 在 $\partial B(x_1; 2R)$ 上达到其在 K 上的极大值 (由部分 (v)), 因此特别地在点 x_2 处达到其在 K 上的极大值.

如通常那样, 以 ∂_ν 表示沿 $\partial B(x_1;2R)$ 的外法向微分算子, 就一定有

$$\partial_\nu v_\varepsilon(x_2) \geqslant 0,$$

这是一方面. 但另一方面, 由 $\partial_\nu v(x_2) = 0$ (要记住, $x_2 \in \Omega$ 而 $v(x_2) = \sup_{y\in\Omega} v(y)$) 及 $\partial_\nu w_\alpha(x_2) = -4\alpha R e^{-4\alpha R^2} < 0$, 我们就又得到

$$\partial_\nu v_\varepsilon(x_2) = \partial_\nu v(x_2) + \varepsilon \partial_\nu w_\alpha(x_2) < 0.$$

所以这就导致矛盾. 定理的证明完成. □

下面应用 Hopf 引理来确立二阶线性椭圆算子的基本性质.

定理 7.10-2 (二阶线性椭圆算子的极大值原理) 设 Ω 是 $\mathbb{R}^N$ 的有界连通开子集, $\Gamma := \partial\Omega$. 又设对于函数 $v \in \mathcal{C}^2(\Omega)$, 线性偏微分算子 $\mathcal{L}$ 由

$$\mathcal{L}v(x) := -\sum_{i,j=1}^N a_{ij}(x)\partial_{ij}v(x) + \sum_{i=1}^N b_i(x)\partial_i v(x) + c(x)v(x) \quad \text{对所有 } x \in \Omega$$

定义, 其中函数 $a_{ij} = a_{ji} : \Omega \to \mathbb{R}, b_i : \Omega \to \mathbb{R}$ 及 $c : \Omega \to \mathbb{R}$ 满足下述性质: 给定 Ω 的任意紧子集, 存在常数 $\mu(K)$ 和 $C(K)$ 使得

$$\mu(K) > 0 \text{ 且 } \sum_{i,j=1}^N a_{ij}(x)\xi_i\xi_j \geqslant \mu(K)\sum_{i=1}^N |\xi_i|^2 \quad \text{对所有 } x \in K \text{ 和所有 } (\xi_i)_{i=1}^N \in \mathbb{R}^N,$$

$$|a_{ii}(x)| \leqslant C(K) \text{ 及 } |b_i(x)| \leqslant C(K) \quad \text{对所有 } x \in K, 1 \leqslant i \leqslant N,$$

$$c(x) \geqslant 0 \quad \text{对所有 } x \in \Omega.$$

假定函数 $v \in \mathcal{C}(\overline{\Omega}) \cap \mathcal{C}^2(\Omega)$ 满足

$$\mathcal{L}v(x) \leqslant 0 \quad \text{对所有 } x \in \Omega,$$

则

$$v(x) \leqslant \max\{0, \sup_{y\in\Gamma} v(y)\} \quad \text{对所有 } x \in \Omega.$$

证明 假定这个结论不成立, 即存在一点 $\widetilde{x} \in \Omega$ 使得

$$v(\widetilde{x}) = \sup_{x\in\overline{\Omega}} v(x) > \max\{0, \sup_{y\in\Gamma} v(y)\}.$$

集合

$$\widetilde{\Omega} := \{x \in \Omega; v(x) = v(\widetilde{x})\}$$

是非空的, 此因 $\widetilde{x} \in \widetilde{\Omega}$, 而且关于 Ω 的诱导拓扑还是闭的, 此因 $v \in \mathcal{C}(\Omega)$. 因为 $v(\widetilde{x}) > 0$, 故存在 $r > 0$ 使得 $v(x) \geqslant 0$ 对所有 $x \in B(\widetilde{x};r)$, 这是由于 $v \in \mathcal{C}(\Omega)$. 所以有

$$\mathcal{M}v(x) := \mathcal{L}v(x) - c(x)v(x) \leqslant 0 \quad \text{对所有 } x \in B(\widetilde{x};r),$$

此因按假设有 $c(x) \geqslant 0$ 对所有 $x \in \Omega$.

这样, 就可以在开集 $B(\widetilde{x};r)$ 上应用 *Hopf* 引理: 由于 $v(\widetilde{x}) = \sup_{x\in\overline{\Omega}} v(x) \geqslant \sup_{y\in\partial B(\widetilde{x};r)} v(y)$, 函数 v 在 $B(\widetilde{x};r)$ 上必定是一个常函数. 所以 $\widetilde{\Omega}$ 也是开的.

开集 Ω 的连通性这一假设意味着 $\widetilde{\Omega} = \Omega$, 即 $v(x) = v(\widetilde{x})$ 对所有 $x \in \Omega$, 因此也对所有 $x \in \overline{\Omega}$ 成立, 此因 $v \in \mathcal{C}(\overline{\Omega})$. 但这与不等式 $v(\widetilde{x}) > \sup_{y\in\Gamma} v(y)$ 这一假设矛盾. 定理证明完成. □

注 在 $L = -\Delta$ 这一特殊情况, 极大值原理可以用较简单的方法直接证明; 见习题 6.7-3. □

下面的定理汇集了二阶线性椭圆边值问题经典解的两条有用的性质, 它们是极大值原理的直接推论.

定理 7.10-3 (唯一性和关于边值的连续依赖性) 给定 $\mathbb{R}^N$ 的一个开子集 Ω 及一个线性偏微分算子 $\mathcal{L}$, 它满足定理 7.10-2 中的所有假设.

(a) 如果函数 $v \in \mathcal{C}(\overline{\Omega}) \cap \mathcal{C}^2(\Omega)$ 满足 $\mathcal{L}v(x) = 0$ 对所有 $x \in \Omega$, 则

$$\sup_{x\in\overline{\Omega}} |v(x)| \leqslant \sup_{y\in\Gamma} |v(y)|.$$

(b) 给定函数 $f : \Omega \to \mathbb{R}$ 和 $u_0 \in \mathcal{C}(\Gamma)$, 边值问题

$$\mathcal{L}u = f \text{ 在 } \Omega \text{ 内}, \quad u = u_0 \text{ 在 } \Gamma \text{ 上},$$

最多只有一个解 $u \in \mathcal{C}(\overline{\Omega}) \cap \mathcal{C}^2(\Omega)$.

证明 给定函数 $v \in \mathcal{C}(\overline{\Omega}) \cap \mathcal{C}^2(\Omega)$, 设其满足 $\mathcal{L}v(x) = 0$ 对所有 $x \in \Omega$, 由下式定义两个辅助函数 $w^+, w^- \in \mathcal{C}(\overline{\Omega}) \cap \mathcal{C}^2(\Omega)$:

$$w^{\pm} : x \in \overline{\Omega} \to w^{\pm}(x) := \pm v(x) - \|v\|_\Gamma, \text{ 其中 } \|v\|_\Gamma := \sup_{y\in\Gamma} |v(y)|.$$

则有

$$\mathcal{L}w^{\pm}(x) = -\|v\|_\Gamma c(x) \leqslant 0 \text{ 对所有 } x \in \Omega \quad \text{及} \quad w^{\pm}(x) \leqslant 0 \text{ 对所有 } x \in \Gamma.$$

将极大值原理用于算子 $\mathcal{L}$, 就得到

$$w^{\pm}(x) \leqslant 0 \quad \text{对所有 } x \in \Omega.$$

这就证明了 (a), 由它显然可推得 (b). □

关于 $\mathcal{L}$ 的极大值原理隐含着边值问题: $\mathcal{L}u = f$ 在 Ω 及 $u = u_0$ 在 Γ 上, 经典解 $u \in \mathcal{C}(\overline{\Omega}) \cap \mathcal{C}^2(\Omega)$ 的唯一性, 同样地也意味着在下述意义下, 对函数 $u_0 : \Gamma \to \mathbb{R}$ 关于 sup 范数的连续依赖性: 如果两个函数 $u \in \mathcal{C}(\overline{\Omega}) \cap \mathcal{C}^2(\Omega)$ 和 $\widetilde{u} \in \mathcal{C}(\overline{\Omega}) \cap \mathcal{C}^2(\Omega)$ 满足

$$\mathcal{L}u = f \text{ 在 } \Omega \text{ 内和 } u = u_0 \text{ 在 } \Gamma \text{ 上, 及 } \mathcal{L}\widetilde{u} = f \text{ 在 } \Omega \text{ 内和 } \widetilde{u} = \widetilde{u}_0 \text{ 在 } \Gamma \text{ 上},$$

则

$$\sup_{x\in\overline{\Omega}}|u(x)-\widetilde{u}(x)|\leqslant\sup_{y\in\Gamma}|u_0(y)-\widetilde{u}_0(y)|.$$

注 如果 $u\in\mathcal{C}^2(\Omega)$ 满足 $\mathcal{L}u=f$ 在 Ω 内, 但边界条件不是在整个边界 Γ 上成立, 唯一性不成立. 例如边值问题

$$-\Delta u=0 \text{ 在 } \Omega:=\{(x_1,x_2)\in\mathbb{R}^2;x_1^2+x_2^2<1 \text{ 和 } x_2>0\} \text{ 内},$$
$$u=u_0 \text{ 在 } \Gamma-\{0,0\} \text{ 上, 其中 } u_0(x_1,x_2):=x_1x_2 \text{ 对 } (x_1,x_2)\in\Gamma-\{(0,0)\},$$

就有两个不同的解 $u,\widetilde{u}:\overline{\Omega}-\{(0,0)\}\to\mathbb{R}$, 它们分别由以下两式给出:

$$u(x_1,x_2):=x_1x_2 \quad \text{及} \quad \widetilde{u}(x_1,x_2):=\frac{x_1x_2}{(x_1^2+x_2^2)^2} \quad \text{对 } (x_1,x_2)\in\overline{\Omega}-\{(0,0)\}. \qquad \square$$

在适度的附加假设下, 定理 7.10-3(a) 中的上界估计可大为改进, 使得其中包含下述情况: 函数 $\mathcal{L}v$ 在 Ω 中不一定要等于零, 而系数函数 c 允许在 Ω 中有少许负值.

定理 7.10-4 (关于右端和边值的连续依赖性) 设 Ω 是 $\mathbb{R}^N$ 的有界连通开子集, $\Gamma:=\partial\Omega$. 又设对于函数 $v\in\mathcal{C}^2(\Omega)$, 线性偏微分算子 $\mathcal{L}$ 由

$$\mathcal{L}v(x):=-\sum_{i,j=1}^N a_{ij}(x)\partial_{ij}v(x)+\sum_{i=1}^N b_i(x)\partial_i v(x)+c(x)v(x) \quad \text{对所有 } x\in\Omega$$

定义, 其中函数 $a_{ij}=a_{ji}:\Omega\to\mathbb{R},b_i:\Omega\to\mathbb{R}$ 及 $c:\Omega\to\mathbb{R}$ 满足下述性质: 给定 Ω 的任意紧子集 K, 存在常数 $\mu(K)$ 和 $C(K)$ 使得

$$\mu(K)>0 \text{ 且 } \sum_{i,j=1}^N a_{ij}(x)\xi_i\xi_j\geqslant\mu(K)\sum_{i=1}^N|\xi_i|^2 \quad \text{对所有 } x\in K \text{ 及所有 } (\xi_i)_{i=1}^N\in\mathbb{R}^N,$$
$$|a_{ii}(x)|\leqslant C(K) \text{ 及 } |b_i(x)|\leqslant C(K) \quad \text{对所有 } x\in K, 1\leqslant i\leqslant N.$$

(a) 假设存在一个函数 $w\in\mathcal{C}(\overline{\Omega})\cap\mathcal{C}^2(\Omega)$ 满足

$$\mathcal{M}w(x):=-\sum_{i,j=1}^N a_{ij}(x)\partial_{ij}w(x)+\sum_{i=1}^N b_i(x)\partial_i w(x)\geqslant 1 \quad \text{对所有 } w\in\Omega,$$
$$w(x)\geqslant 0 \quad \text{对所有 } x\in\overline{\Omega},$$

并且存在一个常数 $c_0\leqslant 0$ 使得

$$c(x)\geqslant c_0>-\frac{1}{\sup_{y\in\overline{\Omega}}|w(y)|} \quad \text{对所有 } x\in\Omega.$$

则存在常数 $C=C(w,c_0)$ 使得

$$\sup_{x\in\overline{\Omega}}|v(x)|\leqslant C(\sup_{y\in\Gamma}|v(y)|+\sup_{y\in\Omega}|\mathcal{L}v(y)|) \quad \text{对所有 } v\in\mathcal{C}(\overline{\Omega})\cap\mathcal{C}^2(\Omega)$$

(注意, 在这个不等式中, 并未将 $\sup_{y\in\Omega}|\mathcal{L}v(y)|=\infty$ 排除在外).

(b) 假设对于某个指标 $1\leqslant i_0\leqslant N$, 存在常数 α 和 β 使得

$$0<\alpha\leqslant a_{i_0i_0}(x)\ \ 及\ \ b_{i_0}(x)\leqslant\beta\quad 对所有\ x\in\Omega,$$

特别地, 这一假设对系数是 $\overline{\Omega}$ 上连续函数的任何一致椭圆算子 (6.7 节) 满足, 则存在函数 $w\in\mathcal{C}^\infty(\mathbb{R}^N)$ 满足

$$\mathcal{M}w(x)\geqslant 1\ 对所有\ x\in\Omega\quad 且\quad w(x)\geqslant 0\ 对所有\ x\in\overline{\Omega}.$$

证明 (i) 当 $c_0=0$, 即当 $c(x)\geqslant 0$ 对所有 $x\in\Omega$ 时, (a) 的证明. 给定一个函数 $v\in\mathcal{C}(\overline{\Omega})\cap\mathcal{C}^2(\Omega)$ 满足 $\|\mathcal{L}v\|_\Omega:=\sup_{y\in\Omega}|\mathcal{L}v(y)|<\infty$ (如果 $\|\mathcal{L}v\|_\Omega=\infty$, 所示不等式当然成立), 设 $\|v\|_\Gamma:=\sup_{y\in\Gamma}|v(y)|$ 并定义两个辅助函数 $w^+,w^-\in\mathcal{C}(\overline{\Omega})\cap\mathcal{C}^2(\Omega)$:

$$w^\pm: x\in\overline{\Omega}\to w^\pm(x):=\pm v(x)-\|v\|_\Gamma-\|\mathcal{L}v\|_\Omega w(x).$$

则

$$\mathcal{L}w^\pm(x)=\pm\mathcal{L}v(x)-\|v\|_\Gamma c(x)-\|\mathcal{L}v\|_\Omega\mathcal{L}w(x)\leqslant 0\quad 对所有\ x\in\Omega,$$

此因由假设 $\mathcal{L}w(x)=\mathcal{M}w(x)+c(x)w(x)\geqslant 1$ 对所有 $x\in\Omega$. 此外由函数 w^+ 和 w^- 的定义,

$$w^\pm(x)\leqslant 0\quad 对所有\ x\in\Gamma,$$

故对算子 $\mathcal{L}$ 用极大值原理得

$$w^\pm(x)\leqslant 0\quad 对所有\ x\in\Omega.$$

因此对这种情况就得到

$$\sup_{x\in\overline{\Omega}}|v(x)|\leqslant\|v\|_\Gamma+c_1\|\mathcal{L}v\|_\Omega,\ 其中\ c_1:=\sup_{y\in\overline{\Omega}}|w(y)|.$$

(ii) 当 $c(x)\geqslant c_0>-\frac{1}{c_1}=-\frac{1}{\sup_{y\in\overline{\Omega}}|w(y)|}$ 对所有 $x\in\Omega$ 时, (a) 的证明. 设

$$c^+(x):=\max\{0,c(x)\}\quad 和\quad c^-(x):=-\min\{0,c(x)\}\quad 对所有\ x\in\Omega,$$

这样, 给定任意函数 $v\in\mathcal{C}(\overline{\Omega})\cap\mathcal{C}^2(\Omega)$,

$$\begin{aligned}\mathcal{L}^+v(x):&=\mathcal{M}v(x)+c^+(x)v(x)\\&=\mathcal{L}v(x)+c^-(x)v(x)\quad 对所有\ x\in\Omega.\end{aligned}$$

将在 (i) 中确立的不等式用于算子 $\mathcal{L}^+$, 就得到

$$\begin{aligned}\sup_{x\in\overline{\Omega}}|v(x)|&\leqslant\|v\|_\Gamma+c_1\|\mathcal{L}^+v\|_\Omega\\&\leqslant\|v\|_\Gamma+c_1(\|\mathcal{L}v\|_\Omega-c_0\sup_{x\in\overline{\Omega}}|v(x)|),\end{aligned}$$

这是由于 $0 \leqslant c^-(x) \leqslant -c_0$ 对所有 $x \in \Omega$. 因此在这种情况 (注意 $1 + c_0c_1 > 0$),

$$\sup_{x\in\overline{\Omega}} |v(x)| \leqslant \frac{1}{1+c_0c_1}(\|v\|_\Gamma + c_1\|\mathcal{L}v\|_\Omega).$$

(iii) (b) 的证明. 选取 $\delta > 0$ 使得 $\alpha\delta^2 - \beta\delta \geqslant 1$. 因为由假设 Ω 是有界的, 存在 γ 使得 $|x_{i_0}| \leqslant \gamma$ 若 $x \in \overline{\Omega}$. 那么函数

$$w : x = (x_i) \in \overline{\Omega} \to w(x) := e^{2\gamma\delta} - e^{\delta(x_{i_0}+\gamma)}$$

就满足

$$\begin{aligned}\mathcal{M}w(x) &= (\delta^2 a_{i_0i_0}(x) - \delta b_{i_0}(x))e^{\delta(x_{i_0}+\gamma)} \\ &\geqslant \alpha\delta^2 - \beta\delta \geqslant 1 \quad \text{对所有 } x \in \Omega,\end{aligned}$$

及 $w(x) \geqslant 0$ 对所有 $x \in \overline{\Omega}$. □

在定理 7.10-4 中较强的假设下, 极大值原理的一个结论是, 对于边值问题 $\mathcal{L}u = f$ 在 Ω 中和 $u = u_0$ 在 Γ 上, 其经典解的 sup 范数关于函数 $f : \Omega \to \mathbb{R}$ 及 $u_0 : \Gamma \to \mathbb{R}$ 在下述意义下的连续依赖性: 如果两个函数 $u \in \mathcal{C}(\overline{\Omega}) \cap \mathcal{C}^2(\Omega)$ 和 $\widetilde{u} \in \mathcal{C}(\overline{\Omega}) \cap \mathcal{C}^2(\Omega)$ 满足

$$\mathcal{L}u = f \text{ 在 } \Omega \text{ 中}, u = u_0 \text{ 在 } \Gamma \text{ 上, 及 } \mathcal{L}\widetilde{u} = \widetilde{f} \text{ 在 } \Omega \text{ 中}, u = \widetilde{u}_0 \text{ 在 } \Gamma \text{ 上},$$

并且若 $\sup_{y\in\Omega} |f(y)| < \infty$ 和 $\sup_{y\in\Omega} |\widetilde{f}(y)| < \infty$, 则

$$\sup_{x\in\overline{\Omega}} |u(x) - \widetilde{u}(x)| \leqslant C(\sup_{y\in\Gamma} |u_0(y) - \widetilde{u}_0(y)| + \sup_{y\in\Omega} |f(y) - \widetilde{f}(y)|).$$

我们回忆一下, 对于形如 $\mathcal{L}u = f$ 在 Ω 中和 $u = 0$ 在 Γ 上的二阶椭圆边值问题 (在函数 $c \in L^\infty(\Omega)$ 在 Ω 中几乎处处 $\geqslant 0$ 的假设下) 的弱解, 尽管是对不同范数 (即, 对解 u 是空间 $H^1(\Omega)$ 的, 对右端 f 是空间 $L^2(\Omega)$ 的范数), 但在 6.7 节中已得到其关于数据的唯一性和连续依赖性.

实际上, 对于只是在空间 $H^1(\Omega)$ 中, 并且只是在分布意义下满足 $\mathcal{L}u = f$ 的函数 u, 也可以给出一个类似于定理 7.10-2 中结论的弱极大值原理[20]. 下面的定理中, 为便于比较起见采用定理 6.7-6 中的算子 $\mathcal{L}$, 即对函数 $v \in \mathcal{C}^2(\Omega)$ 由下式定义的算子

$$\mathcal{L}v(x) = -\sum_{i,j=1}^{N} \partial_j(a_{ij}(x)\partial_i v(x)) + c(x)v(x) \quad \text{对所有 } x \in \Omega,$$

[20] 该结果属于:

G. STAMPACCHIA [1965]: Le problème de Dirichlet pour les équations elliptiques du second ordre à coefficients discontinus, *Annales de l'Institut Fourier* (*Grenoble*) **15**, 189–258.

给出了那类可予以证明的结果的特性[21].

♭ **定理 7.10-5 (二阶椭圆算子的弱极大值原理)** 设 Ω 是 $\mathbb{R}^N$ 中的区域, 函数 $a_{ij}=a_{ji}\in L^\infty(\Omega), c\in L^\infty(\Omega)$ 和 $f\in L^2(\Omega)$ 给定并满足下述性质: 存在一个常数 μ 使得

$$\mu>0 \text{ 及 } \sum_{i,j=1}^N a_{ij}(x)\xi_i\xi_j\geqslant\mu\sum_{i=1}^N|\xi_i|^2 \quad \text{对所有 } x\in\Omega \text{ 和所有 } (\xi_i)_{i=1}^N\in\mathbb{R}^N,$$

$$c(x)\geqslant 0 \quad \text{对几乎所有 } x\in\Omega,$$

$$f(x)\leqslant 0 \quad \text{对几乎所有 } x\in\Omega.$$

最后, 给定一个函数 $v\in H^1(\Omega)$ 满足

$$\int_\Omega\left(\sum_{i,j=1}^N a_{ij}\partial_i v\partial_j\varphi+cv\varphi\right)dx=\int_\Omega f\varphi dx \quad \text{对所有 } \varphi\in\mathcal{D}(\Omega).$$

则

$$v(x)\leqslant\max\left\{0,\operatorname*{ess\,sup}_{y\in\Gamma}v(y)\right\} \quad \text{对几乎所有 } x\in\Omega,$$

其中

$$\operatorname*{ess\,sup}_{y\in\Gamma}v(y):=\inf\{\tau\geqslant 0;\operatorname{tr}\, v(y)\leqslant\tau \text{ 对 } d\Gamma \text{几乎所有 } y\in\Gamma\}. \qquad \square$$

习题

7.10-1 设 $c:]0,1[\ \to\mathbb{R}$ 是一个对所有 $0<x<1$ 满足 $c(x)\geqslant 0$ 的函数. 直接证明, 如果函数 $v\in\mathcal{C}[0,1]\cap\mathcal{C}^2]0,1[$ 满足 $-v''(x)+c(x)v(x)\leqslant 0$ 对所有 $0<x<1$ 并且 $v(0)\leqslant 0$ 和 $v(1)\leqslant 0$, 则 $v(x)\leqslant 0$ 对所有 $0\leqslant x\leqslant 1$.

提示: 证明, 对每个 $\varepsilon>0, v(x)-\frac{\varepsilon}{2}x(1-x)\leqslant 0$ 对所有 $0\leqslant x\leqslant 1$.

7.10-2 设 Ω 是 $\mathbb{R}^N$ 的一个有界连通开子集, $\Gamma:=\partial\Omega$. 对函数 $v\in\mathcal{C}^2(\Omega)$ 由

$$\mathcal{L}v(x):=-\sum_{i,j=1}^N a_{ij}(x)\partial_{ij}v(x)+\sum_{i=1}^N b_i(x)\partial_i v(x)+c(x)v(x) \quad \text{对所有 } x\in\Omega$$

定义一致椭圆线性偏微分算子 $\mathcal{L}$, 其中函数 a_{ij}, b_i 及 c 在 $\overline{\Omega}$ 上连续; 关于函数 c 没有像 $c(x)\geqslant c_0$ 对所有 $x\in\overline{\Omega}$ (如书中所作) 之类的进一步假设.

证明, 如果存在一个函数 $w\in\mathcal{C}(\overline{\Omega})\cap\mathcal{C}^2(\Omega)$ 使得 $\mathcal{L}w(x)=0$ 对所有 $x\in\Omega$ 及 $w(x)>0$ 对所有 $x\in\overline{\Omega}$, 则边值问题 $\mathcal{L}u=f$ 在 Ω 内及 $u=g$ 在 Γ 上, 有至多一个经典解 $u\in\mathcal{C}(\overline{\Omega})\cap\mathcal{C}^2(\Omega)$.

[21] 定理 7.10-5 的证明可在 Brezis [2001, 定理 9.27] 中找到. 对更一般的二阶椭圆算子弱极大值原理的证明可在 Gilbarg & Trudinger [1998, 定理 8.1] 中找到.

7.11 应用: $\mathbb{R}^n$ 中的 Lagrange 插值公式和多点 Taylor 公式

$\mathbb{R}^n$ 中的 *Lagrange* 插值就是指定 $\mathbb{R}^n$ 中的一个有限集 A, 然后用一个 n 个变量的多项式 Πv 去内插给定函数 v 在 A 中点上的值. $\mathbb{R}^n$ 中的 *Hermite* 插值也是用一个 n 个变量的多项式 Πv, 不仅内插给定函数 v 在 A 的某些点上的值, 此外还要内插 v 在 A 的某些点上的某些导数值 (有时也在非 A 中的点上插值).

我们的基本目标是确立下面一般的插值误差估计[22]: 在 *Lagrange* 插值多项式 Πv 唯一确定, $\Pi p = p$ 当 p 是一个阶数 $\leqslant k$ 的多项式时, 而且 $v \in \mathcal{C}^{k+1}(T)$, 的假设下, 有

$$\begin{aligned}&\max_{|\boldsymbol{\alpha}|=m}\sup_{x\in T}|\partial^{\boldsymbol{\alpha}}\Pi v(x) - \partial^{\boldsymbol{\alpha}} v(x)|\\ = &C\frac{h_T^{k+1}}{\rho_T^m}\max_{|\boldsymbol{\alpha}|=k+1}\sup_{\xi\in T}|\partial^{\boldsymbol{\alpha}} v(\xi)| \quad \text{对每个 } 0 \leqslant m \leqslant k.\end{aligned}$$

在这个估计里 (其中表示偏导数的重指标符号前面已经用过, 见 1.18 节), T 是 A 的凸包, h_T 是 T 的直径, ρ_T 是 T 的内接球直径的上确界, 而 C 是一个 "与 A 无关" 的数值常数, "无关" 的意义在此是, 对所有仿射等价的 *Lagrange* 插值格式 (这个重要的概念将在下面定义) C 都是相同的.

我们从一些一般定义开始. 对每个整数 $k \geqslant 0$, 符号 P_k 表示变量为 $x_1, x_2, \cdots, x_n$, 阶数 $\leqslant k$ 的所有多项式 p 的空间, 这些多项式形如

$$p : x = (x_i)_{i=1}^n \in \mathbb{R}^n \to p(x) := \sum_{\alpha_1+\alpha_2+\cdots+\alpha_n\leqslant k} c_{\alpha_1\alpha_2\cdots\alpha_n} x_1^{\alpha_1} x_2^{\alpha_2}\cdots x_n^{\alpha_n},$$

其中 $\alpha_i \in \mathbb{N}, 1 \leqslant i \leqslant n$, 而系数 $c_{\alpha_1\alpha_2\cdots\alpha_n}$ 均为实数; 或等价地用重指标表示为如下形式:

$$p : x \in \mathbb{R}^n = \sum_{|\boldsymbol{\alpha}|\leqslant k} c_{\boldsymbol{\alpha}} x^{\boldsymbol{\alpha}},$$

其中约定 $x^{\mathbf{0}} := 1$. 空间 P_k 的维数由下式给出

$$\dim P_k = \binom{n+k}{k} = \frac{(n+k)!}{k!n!}.$$

如果 S 是 $\mathbb{R}^n$ 的任意子集, 我们令

$$P_k(S) := \{p|_S; p \in P_k\}.$$

显然, 如果集合 S 内部是非空的, 空间 $P_k(S)$ 的维数与空间 $P_k = P_k(\mathbb{R}^n)$ 的维数相同.

---

[22]这种类型的第一个结果, 是关于在三角形上的 Lagrange 及 Hermite 插值的, 属于:

M.Zlámal [1968]: On the finite element method, *Numerische Mathematik* **12**, 394–409.

回忆一下, $\mathbb{R}^n$ 中 n **单形**是 $n+1$ 个点 $a_j=(a_{ij})_{i=1}^n\in\mathbb{R}^n, 1\leqslant j\leqslant n+1$, 的凸包 T, 这些点称为 n 单形的顶点, 并且使得 $(n+1)\times(n+1)$ 矩阵

$$\boldsymbol{A}=\begin{pmatrix} a_{11} & a_{12} & \cdots & a_{1,n+1} \\ a_{21} & a_{22} & \cdots & a_{2,n+1} \\ \vdots & \vdots & & \vdots \\ a_{n1} & a_{n2} & \cdots & a_{n,n+1} \\ 1 & 1 & \cdots & 1 \end{pmatrix}$$

是可逆的, 或等价地, 就是使得 $n+1$ 个点不在一个超平面里 (见 2.16 节). 因此 T 具有以下形式

$$T=\left\{\sum_{j=1}^{n+1}\lambda_j a_j; 0\leqslant\lambda_j\leqslant 1, 1\leqslant j\leqslant n+1, \sum_{j=1}^{n+1}\lambda_j=1\right\}.$$

注意, 2 单形是三角形, 3 单形是四面体.

对任一整数 $m, 0\leqslant m\leqslant n$, 一个 n 单形的 m 面是任一其 $m+1$ 个顶点也是 T 的顶点的 m 单形. 特别地, $n-1$ 面称为面, 1 面称为棱或边.

给定任意点 $x=(x_i)_{i=1}^n\in\mathbb{R}^n$, 其关于 $n+1$ 个顶点 a_j 的**重心坐标** $\lambda_j(x), 1\leqslant j\leqslant n+1$, 是指线性方程组

$$\sum_{j=1}^{n+1}a_{ij}\lambda_j(x)=x_i,\quad 1\leqslant i\leqslant n,\quad \sum_{j=1}^{n+1}\lambda_j(x)=1$$

的唯一解, 方程组的矩阵正是上述矩阵 $\boldsymbol{A}$, 以这种方式定义的函数 $\lambda_j:\mathbb{R}^n\to\mathbb{R}$ 称为关于 $n+1$ 个顶点 a_j 的**重心坐标**. 因此, 从其定义可知, $x\in\mathbb{R}^n$ 的重心坐标是 x 的坐标 $x_1, x_2, \cdots, x_n$ 的仿射函数 (等价地, 它们属于空间 P_1), 此因

$$\lambda_i=\sum_{j=1}^{n}b_{ij}x_j+b_{i,n+1},\quad 1\leqslant i\leqslant n+1,$$

其中 $(n+1)\times(n+1)$ 矩阵 $\boldsymbol{B}=(b_{ij})$ 是矩阵 $\boldsymbol{A}$ 的逆.

n 单形 T 的重心, 或重力中心, 是 T 中一点, 其所有重心坐标都相等 (等于 $1/(n+1)$).

现在, 我们给出 $\mathbb{R}^n$ 中 *Lagrange* 插值的几个基本例子. 首先我们证明, 一阶多项式 $p:x\in\mathbb{R}^n\to\sum_{|\boldsymbol{\alpha}|\leqslant 1}c_{\boldsymbol{\alpha}}x^{\boldsymbol{\alpha}}$ 由它在 $\mathbb{R}^n$ 中 n 单形的 $n+1$ 个顶点 a_j 处的值 $p(a_j), 1\leqslant j\leqslant n+1$, 唯一确定. 为此, 只要证明, 线性方程组 $\sum_{|\boldsymbol{\alpha}|\leqslant 1}c_{\boldsymbol{\alpha}}a_i^{\boldsymbol{\alpha}}=\mu_i, 1\leqslant i\leqslant n+1$, 对每一组右端 $\mu_i, 1\leqslant i\leqslant n+1$, 有且只有一组解 $c_{\boldsymbol{\alpha}}, |\boldsymbol{\alpha}|\leqslant 1$. 因为

$$\dim P_1=\operatorname{card}A_1=n+1, \text{ 其中 } A_1:=\bigcup_{j=1}^{n+1}\{a_j\}$$

(图 7.11-1), 这个线性方程组的矩阵是方阵, 故只需证明其唯一性或存在性. 在这种情况下, 存在性是显然的: 重心坐标 $\lambda_i \in P_1$ 满足 $\lambda_i(a_j) = \delta_{ij}, 1 \leqslant i, j \leqslant n+1$, 因此多项式 $x \in \mathbb{R}^n \to \sum_{i=1}^{n+1} \mu_i \lambda_i(x)$ 就具有所期望的插值性质. 由此得到的恒等式:

$$p = \sum_{i=1}^{n+1} p(a_i)\lambda_i \quad \text{对所有 } p \in P_1$$

说明, 给定一个定义在包含集合 A 的区域上的函数 v, 内插数值 $v(a_i), 1 \leqslant i \leqslant n+1$, 的阶数 $\leqslant 1$ 的唯一多项式由下式给出:

$$\Pi_1 v = \sum_{i=1}^{n+1} v(a_i)\lambda_i.$$

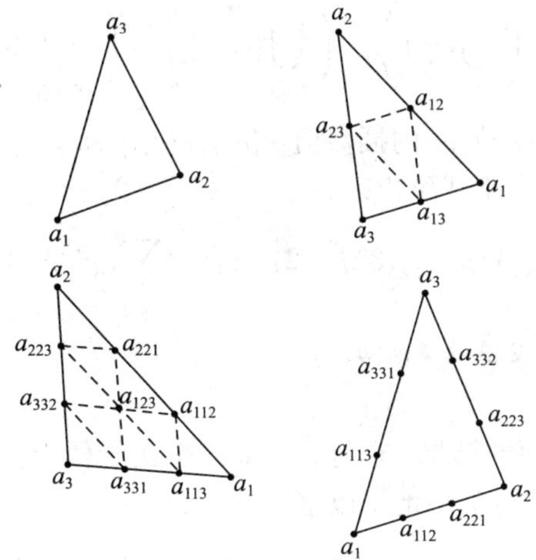

图 7.11-1 三角形上 *Lagrange* 插值例子. 在空间 P_1, P_2, P_3, 或 $\widetilde{P}_3$ (它们满足 $P_2 \subset \widetilde{P}_3 \subset P_3$; 见定理 7.11-2) 中的多项式分别由它们在集合 $A_1 = \cup_i\{a_i\}$, $A_2 = (\cup_i\{a_i\}) \cup (\cup_{i<j}\{a_{ij}\})$, $A_3 = (\cup_i\{a_i\}) \cup (\cup_{i\neq j}\{a_{iij}\}) \cup \{a_{123}\}$, 或 $\widetilde{A}_3 = A_3 - \{a_{123}\}$ 的点上的值唯一确定. 此图最早出现在下书中, P. G. Ciarlet [1978]: *The Finite Element Method for Elliptic Problems*, North-Holland, Amsterdam.

后面将常不指明地用上面的推理.

除非另外指明, 直到 (包含) 定理 7.11-2, 拉丁指标诸如 i, j, l 等都假定在集合 $\{1, 2, \cdots, n+1\}$ 中取值. 设 $a_{ij} = \frac{1}{2}(a_i + a_j), i < j$, 表示 n 单形 T 棱的中点. 注意到 $\lambda_l(a_{ij}) = \frac{1}{2}(\delta_{li} + \delta_{lj})$ 对 $i < j$, 及

$$\dim P_2 = \operatorname{card} A_2, \text{ 其中 } A_2 := \left(\bigcup_i \{a_i\}\right) \cup \left(\bigcup_{i<j} \{a_{ij}\}\right),$$

我们就得到恒等式:

$$p = \sum_i \lambda_i(2\lambda_i - 1)p(a_i) + \sum_{i<j} 4\lambda_i\lambda_j p(a_{ij}) \quad \text{对所有 } p \in P_2.$$

所以, 给定一个定义在包含集合 A_2 (图 7.11-1) 的区域上的函数 v, 内插数值 $v(a_i)$ 和 $v(a_{ij}), i<j$, 阶数 $\leqslant 2$ 的唯一多项式由下式给出:

$$\Pi_2 v=\sum_i \lambda_i(2\lambda_i-1)v(a_i)+\sum_{i<j}4\lambda_i\lambda_j v(a_{ij}).$$

设 $a_{iij}:=\frac{1}{3}(2a_i+a_j)$ 对 $i\neq j, a_{ijl}=\frac{1}{3}(a_i+a_j+a_l)$ 对 $i<j<l$. 从恒等式

$$p=\sum_i \frac{1}{2}\lambda_i(3\lambda_i-1)(3\lambda_i-2)p(a_i)+\sum_{i\neq j}\frac{9}{2}\lambda_i\lambda_j(3\lambda_i-1)p(a_{iij})$$
$$+\sum_{i<j<l}27\lambda_i\lambda_j\lambda_l p(a_{ijl}) \quad 对所有\ p\in P_3$$

(用与上面同样的方式推得), 我们同样可以得到, 给定一个定义在包含集合

$$A_3:=\left(\bigcup_i\{a_i\}\right)\cup\left(\bigcup_{i\neq j}\{a_{iij}\}\right)\cup\left(\bigcup_{i<j<l}\{a_{ijl}\}\right)$$

(图 7.11-1) 的区域上的函数 v, 内插数值 $v(a_i), v(a_{iij}), i\neq j$, 及 $v(a_{ijl}), i<j<l$, 的阶数 $\leqslant 3$ 的唯一多项式由下式给出:

$$\Pi_3 v=\sum_i \frac{1}{2}\lambda_i(3\lambda_i-1)(3\lambda_i-2)v(a_i)+\sum_{i\neq j}\frac{9}{2}\lambda_i\lambda_j(3\lambda_i-1)v(a_{iij})$$
$$+\sum_{i<j<l}27\lambda_i\lambda_j\lambda_l v(a_{ijl}).$$

更一般地, 根据下面的结果 (它包含上面三个例子作为特殊情况), 任意的 $k\geqslant 1$ 阶 Lagrange 插值多项式可类似地予以定义.

定理 7.11-1 设 T 是顶点为 $a_j, 1\leqslant j\leqslant n+1$, 的 n 单形. 则对给定的整数 $k\geqslant 1$, 任意多项式 $p\in P_k$ 均由其在下述集合上的值唯一确定:

$$A_k:=\left\{\sum_{j=1}^{n+1}\mu_j a_j\in\mathbb{R}^n;\sum_{j=1}^{n+1}\mu_j=1,\right.$$
$$\left.\mu_j\in\left\{0,\frac{1}{k},\cdots,\frac{k-1}{k},1\right\}, 1\leqslant j\leqslant n+1\right\}.$$

证明[23] 令 $N_k:=\dim P_k=\operatorname{card} A_k=\begin{pmatrix}n+k\\k\end{pmatrix}$, $A_k=\bigcup_{l=1}^{N_k}\{b_l\}$. 集合 A_k 中任一点 $b_l, 1\leqslant l\leqslant N_k$, 具有如下形式:

$$b_l=\frac{1}{k}\sum_{i=1}^{n+1}m_i^l a_i,\ 其中\ m_i^l\in\{0,1,\cdots,k\}, 1\leqslant i\leqslant n+1\ 及\ \sum_{i=0}^{k}m_i^l=k.$$

[23] 该证明取自:

R. A. Nicolaides [1972]: On a class of finite elements generated by Lagrange interpolation, *SIAM Journal on Numerical Analysis* **9**, 435–445.

容易验证, 每一个如下的函数

$$p_l : x \in \mathbb{R}^n \to p_l(x) := \frac{1}{m_1^l! m_2^l! \cdots m_{n+1}^l!} \prod_{\begin{cases} i=1 \\ m_i^l \geqslant 1 \end{cases}}^{n+1} \prod_{j=0}^{m_i^l - 1} (k\lambda_i(x) - j), \quad 1 \leqslant l \leqslant N_k,$$

其中函数 $\lambda_i, 1 \leqslant i \leqslant n+1$, 与前面一样是关于顶点 $a_i, 1 \leqslant i \leqslant n+1$, 的重心坐标, 都具有如下性质:

$$p_l \in P_k \quad \text{及} \quad p_l(b_m) = \delta_{lm}, 1 \leqslant m \leqslant N_k.$$

所以下述恒等式成立:

$$p = \sum_{l=1}^{N_k} p(b_l) p_l \quad \text{对所有 } p \in P_k.$$

这就证明了定理的结论. □

注 (1) 形如下面的恒等式

$$\begin{aligned} p = &\sum_i \frac{1}{2}\lambda_i(3\lambda_i - 1)(3\lambda_i - 2)p(a_i) + \sum_{i \neq j} \frac{9}{2}\lambda_i\lambda_j(3\lambda_i - 1)p(a_{iij}) \\ &+ \sum_{i<j<l} 27\lambda_i\lambda_j\lambda_l p(a_{ijl}) \quad \text{对所有 } p \in P_3 \end{aligned}$$

是前述恒等式的特殊情况.

(2) 定理 7.11-1 中定义的集合 A_k 称为 n 单形 T 的 k 阶主格点. □

在上面的每一个例子中, 插值多项式都被假定属于一个空间 P, 它对某个 $k \geqslant 1$ 与空间 P_k, 即所有阶数 $\leqslant k$ 的多项式空间相同. 为了得到更一般的情况 (而且还不增加额外的工作量, 如后文所示), 应该尽可能适当地放松这个假设, 而假定插值函数属于一个空间 P, 这个空间可以只是严格地包含空间 P_k 对某个 $k \geqslant 1$; 此外, 空间 P 本身可以是一个多项式空间 (如在下面的例子中), 甚至也可以包含非多项式的函数[24].

定理 7.11-2 对每个三元组 $(i,j,l), i<j<l$, 令

$$\varphi_{ijl}(p) := 12p(a_{ijl}) + 2\sum_{m=i,j,l} p(a_m) - 3 \sum_{\begin{cases} r,s=i,j,l \\ r \neq s \end{cases}} p(a_{rrs}),$$

则空间

$$\widetilde{P}_3 := \{p \in P_3; \varphi_{ijl}(p) = 0, i<j<l\}$$

[24] 这样的空间 P 通常相应于 Hermite 插值; 例如, 可参阅下文中讨论的插值格式:

P.G.Ciarlet [1978]: Interpolation error estimates for the reduced Hsieh-Clough-Tocher triangle, *Mathematics of Computation* **32**, 335–344.

中任一多项式均由其在集合

$$\widetilde{A}_3 := \left(\bigcup_i \{a_i\}\right) \cup \left(\bigcup_{i\neq j} \{a_{iij}\}\right)$$

上的值唯一确定. 此外, 严格的包含关系

$$P_2 \subsetneqq \widetilde{P}_3$$

成立.

证明 (简单直接的) 证明作为习题留给读者 (习题 7.11-1). □

注 n 单形上的 *Hermite* 插值的例子在习题 7.11-6 和 7.11-7 中给出. □

我们现在讨论另一类 Lagrange 插值, 它也相应于严格包含关系 $P_k \subsetneqq P$. 为此, 我们需要一些定义. 对于每个整数 $k \geqslant 0$, 符号 Q_k 表示对于 n 个变量 $x_1, x_2, \cdots, x_n$ 中的每一个变量, 其阶数 $\leqslant k$ 的多项式组成的空间, 这种多项式具有以下形式:

$$p : x = (x_1, x_2, \cdots, x_n) \in \mathbb{R}^n \to p(x) := \sum_{\alpha_i \leqslant k, 1 \leqslant i \leqslant n} c_{\alpha_1\alpha_2\cdots\alpha_n} x_1^{\alpha_1} x_2^{\alpha_2} \cdots x_n^{\alpha_n},$$

其中 $\alpha_i \in \mathbb{N}, 0 \leqslant i \leqslant n$, 而系数 $c_{\alpha_1\alpha_2\cdots\alpha_n}$ 均为实数. 空间 Q_k 的维数为

$$\dim Q_k = (k+1)^n,$$

而且严格包含关系

$$P_k \subsetneqq Q_k$$

对每个整数 $k \geqslant 1$ 都成立 (显然 $Q_0 = P_0$). 如果 S 是 $\mathbb{R}^n$ 中具有非空内部的子集, 空间

$$Q_k(S) := \{p|_S; p \in Q_k\}$$

的维数显然与空间 $Q_k = Q_k(\mathbb{R}^n)$ 的维数相同.

$\mathbb{R}^n$ 中的 n **矩形**, 如果 $n = 2$ 就简称矩形, 是如下形式的集合:

$$T = \prod_{i=1}^n [a_i, b_i] = \{x = (x_1, x_2, \cdots, x_n); a_i \leqslant x_i \leqslant b_i, 1 \leqslant i \leqslant n\},$$

其中 $-\infty < a_i < b_i < \infty$ 对每个 i; 特别地, **单位超立方体** $[0,1]^n$ 是一个 n 矩阵. n 矩形 T 的面, 是指集合

$$\{a_j\} \times \prod_{\substack{i=1 \\ i\neq j}}^n [a_i, b_i] \quad 或 \quad \{b_j\} \times \prod_{\substack{i=1 \\ i\neq j}}^n [a_i, b_i], \quad 1 \leqslant j \leqslant n$$

中的任一个. 而 T 的棱或称为边, 是指以下集合中的任一个:

$$[a_j, b_j] \times \prod_{\begin{cases} i=1 \\ i \neq j \end{cases}}^{n} \{c_i\},$$

其中 $c_i = a_i$ 或 $b_i, 1 \leqslant i \leqslant n, i \neq j, 1 \leqslant j \leqslant n$. T 的顶点是指 T 的任意一点 $x = (x_1, x_2, \cdots, x_n)$, 其中 $x_i = a_i$ 或 b_i, $1 \leqslant i \leqslant n$. 显然, n 矩形是其顶点的凸包.

注意, 根据上述定义, n 矩形的任一条边均平行于 $\mathbb{R}^n$ 的一个坐标轴.

我们现在证明, 给定任意整数 $k \geqslant 1$ 和任意 n 矩形 T, 多项式 $p \in Q_k$ 由它在 T 中巧妙选取的 $(k+1)^n$ 个点上的值唯一确定. 对于 $k = 1, 2, 3$ 而 $n = 2$ 的特殊情况, 见图 7.11-2; 关于在矩形上插值的类似例子, 也可见习题 7.11-2 和 7.11-3, 但在那里并没有用在内部点上的值来定义插值多项式.

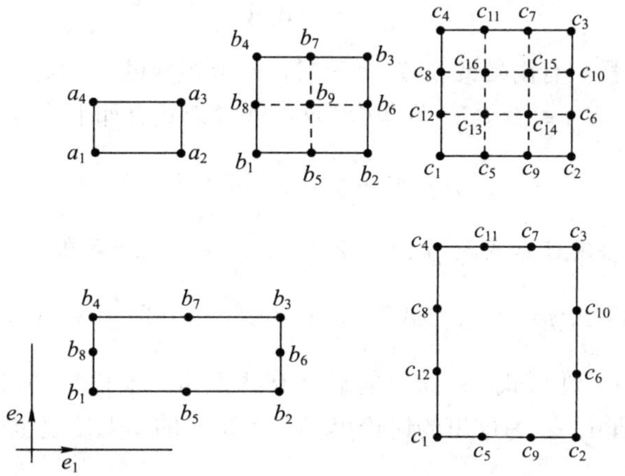

图 7.11-2 矩形上 *Lagrange* 插值的例子. 空间 Q_1, Q_2 或 Q_3 中的多项式分别由它们在集合 $\bigcup_{i=1}^4 \{a_i\}$, $\bigcup_{i=1}^9 \{b_i\}$ 或 $\bigcup_{i=1}^{16} \{c_i\}$ 的点上的值唯一确定. 空间 $\widetilde{Q}_2$ (习题 7.11-2) 或空间 $\widetilde{Q}_3$ (习题 7.11-3) 中的多项式分别由它们在集合 $\bigcup_{i=1}^8 \{b_i\}$ 或集合 $\bigcup_{i=1}^{12} \{c_i\}$ 的点上的值唯一确定. 此图最早出现于下书中, P. G. CIARLET [1978]: *the Finite Element Method for Elliptic Problems*, North-Holland, Amsterdam.

定理 7.11-3 设 T 是一个 n 矩形, F 是对角仿射映射使得 $T = F([0,1]^n)$. 则对每个 $k \geqslant 1$, 多项式 $p \in Q_k$ 由它在集合 $F(B_k)$ 上的值唯一确定, 其中

$$B_k := \left\{ \left(\frac{i_1}{k}, \frac{i_2}{k}, \cdots, \frac{i_n}{k} \right) \in \mathbb{R}^n; i_j \in \{0, 1, \cdots, k\}, 1 \leqslant j \leqslant n \right\}.$$

证明 给定 n 矩形 T, 存在一个可逆对角仿射映射, 即形如 $x \in \mathbb{R}^n \to F(x) = Bx + b$ 的映射, 其中 B 是一个 $n \times n$ 可逆对角矩阵, b 是 $\mathbb{R}^n$ 中的向量, 使得

$$T = F([0,1]^n).$$

所以, 只需讨论当 $T=[0,1]^n$ 的情况, 而对这种情况, 定理的结果可由以下恒等式得到

$$p=\sum_{\begin{cases}0\leqslant i_j\leqslant k\\1\leqslant j\leqslant n\end{cases}}\left(\prod_{j=1}^{n}\left(\prod_{\begin{cases}i'_j=0\\i'_j\neq i_j\end{cases}}^{k}\frac{kx_j-i'_j}{i_j-i'_j}\right)\right)p\left(\frac{i_1}{k},\frac{i_2}{k},\cdots,\frac{i_n}{k}\right)\quad \text{对所有 } p\in Q_k.\ \square$$

我们现在讨论一般的框架[25]), 这涵盖了前面讨论的所有 $\mathbb{R}^n$ 中 *Lagrange* 插值的例子: 在每一种情况, 我们都给出 $\mathbb{R}^n$ 中 N 个不同点的集合

$$A=\bigcup_{i=1}^{N}\{a_i\},$$

该集合具有如下性质, 其凸包

$$T:=\text{co } A$$

有非空内部; 然后我们有由定义在 T 上的实值函数组成的 N 维空间 P, 并伴有 N 个线性形式 $\varphi_i: P\to\mathbb{R}, 1\leqslant i\leqslant N$, 的集合, 这些线性形式有如下特殊形式

$$\varphi_i: p\in P\to p(a_i),\quad 1\leqslant i\leqslant N,$$

并具有如下性质, 给定任意实数 $\mu_i, 1\leqslant i\leqslant N$, 存在并且只存在一个函数 p 使得

$$\varphi_i(p)=\mu_i,\quad \text{或等价地 } p(a_i)=\mu_i, 1\leqslant i\leqslant N.$$

注 引入这种线性形式 (在此可能显得有些人为的不自然, 它们所有的都是同一形式, 即点值) 的理由是, 为这里的讨论提供一个统一的框架使之也适用于 *Hermite* 插值 (这里尚未涉及). □

如果所有上面的条件都满足, 我们就称 (A,P) 构成 $\mathbb{R}^n$ 中的 **Lagrange 插值格式**.

关于这个定义, 给出几个一般性的注记. 首先, 集合 T 是闭的 (由于它显然是有界的, 故是紧的): 由定理 2.16-1, 集合 A 的凸包 T 具有以下形式:

$$T=\left\{x\in\mathbb{R}^n; x=\sum_{i=1}^{N}\mu_i a_i, \sum_{i=1}^{N}\mu_i=1 \text{ 及 } \mu_i\geqslant 0, 1\leqslant i\leqslant N\right\}.$$

设当 $k\to\infty$ 时 $x^k=\sum_{i=1}^{N}\mu_i^k a_i\in T$ 收敛于 $x\in\mathbb{R}^N$. 由于每一个序列 $(\mu_i^k)_{k=1}^{\infty}, 1\leqslant i\leqslant N$, 都是有界的, 故存在子序列 $(x^{\sigma(k)})_{k=1}^{\infty}$ 使得当 $k\to\infty$ 时 $\mu_i^{\sigma(k)}\to\mu_i$ 对每个 $1\leqslant i\leqslant N$. 那么显然有 $x^k\to x=\sum_{i=1}^{N}\mu_i a_i\in T$ 当 $k\to\infty$ 时.

[25]) 实际上是下文中提出的 *Lagrange* 有限元的定义:

P. G. Ciarlet [1975]: *Lectures on the Finite Element Method*, Tata Institute of Fundamental Research, Bombay.

其次, 线性形式 $\varphi_i, 1 \leqslant i \leqslant N$, 是线性无关的并且它们形成 P 的对偶空间的基.

第三, 存在唯一确定的函数 $p_i \in P, 1 \leqslant i \leqslant N$, 使得 $\varphi_j(p_i) = \delta_{ij}, 1 \leqslant j \leqslant N$, 并且下述恒等式成立:

$$p = \sum_{i=1}^{N} \varphi_i(p) p_i \quad \text{或等价地 } p = \sum_{i=1}^{N} p(a_i) p_i \quad \text{对所有 } p \in P.$$

因此, 函数 $p_i, 1 \leqslant i \leqslant N$, 形成空间 P 的基.

第四, 给定函数 $v : T \to \mathbb{R}$, 存在一个且只有一个函数 $\Pi v \in P$ 满足

$$\varphi_i(\Pi v) = \varphi_i(v) \quad \text{或等价地 } \Pi v(a_i) = v(a_i), 1 \leqslant i \leqslant N.$$

因此这个函数 Πv 由

$$\Pi v = \sum_{i=1}^{N} \varphi_i(v) p_i = \sum_{i=1}^{N} v(a_i) p_i$$

给出, 称为 v 的 **Lagrange 内插式** (它应被理解为是相应于给定的 Lagrange 插值格式 (A, P)).

给定一个函数 $v : T \to \mathbb{R}$ 的赋范向量空间 $V(T)$, 典型的如 $\mathcal{C}^m(T)$ 或 $W^{m,r}(\mathring{T})$ 等, $\mathbb{R}^n$ 中 *Lagrange* 插值的基本问题就是寻求充分条件, 以保证当 T 的直径充分小时, 使得**插值误差** $\|\Pi v - v\|_{V(T)}$ 如所需求的那么小.

当 $V(T) = \mathcal{C}^m(T)$ 时, 插值误差的估计特别地基于下述结果, 从实质上说, 如果 $P_k(T) \subset P$, 则差 $\Pi v - v$ 的任何 m 阶导数, $0 \leqslant m \leqslant k$, 只依赖于函数 v 的 $(k+1)$ 阶导数.

回忆一下, 对每一个整数 $m \geqslant 1, v^{(m)}(x) \in \mathcal{L}_m(\mathbb{R}^n; \mathbb{R})$ 表示函数 v 在 x 处的 m 阶导数, 而 $v^{(0)}(x) := v(x)$ (7.8 节).

定理 7.11-4[26] 设 (A, P) 是一个 *Lagrange* 插值格式, 其中 $A := \bigcup_{i=1}^{N} \{a_i\}$ 而空间 P 满足包含关系

$$P_k(T) \subset P \subset \mathcal{C}^k(T) \quad \text{对某个整数 } k \geqslant 0, \text{ 其中 } T := \operatorname{co} A.$$

则给定函数 $v \in \mathcal{C}^{k+1}(T)$, 其由

$$\Pi v = \sum_{i=1}^{N} v(a_i) p_i$$

[26] 该结果属于:

P. G. Ciarlet; P. A. Raviart [1972]: General Lagrange and Hermite interpolation in $\mathbb{R}^n$ with applications to finite element methods, *Archive for Rational Mechanics and Analysis* **46**, 177–199.

这里给出的较简单的证明是建立在 Rémi Arcangéli (私下交流的) 一条建议的基础上的.

给出的 *Lagrange* 内插式 $\Pi v \in P$ 满足

$$\begin{aligned}&\Pi v^{(m)}(x) - v^{(m)}(x)\\&= \frac{1}{k!}\sum_{i=1}^{N}\left(\int_0^1 (1-t)^k (v^{(k+1)}(ta_i + (1-t)x)(a_i - x)^{k+1})dt\right) p_i^{(m)}(x)\end{aligned}$$

在每个 $x \in T$ 处和对每个整数 $0 \leqslant m \leqslant k$.

证明 (i) 由于 T 的边界是 Lipschitz 连续的 (作为 $\mathbb{R}^N$ 的有限子集的凸包的边界), 每个空间 $\mathcal{C}^m(T), 0 \leqslant m \leqslant k+1$, 定义为

$$\mathcal{C}^m(T) := \{v|_T; v \in \mathcal{C}^m(\mathbb{R}^n)\}$$

(定理 1.18-1). 给定一个函数 $v \in \mathcal{C}^{k+1}(T)$, 因此带有积分余项的 *Taylor* 公式 (定理 7.9-1(d)) 对凸集 T 中的所有点 a, x 成立:

$$v(a) = v(x) + v'(x)(a-x) + \cdots + \frac{1}{k!}v^{(k)}(x)(a-x)^k + \mathcal{R}(v^{(k+1)}; a, x),$$

其中

$$\mathcal{R}(v^{(k+1)}; a, x) := \frac{1}{k!}\int_0^1 (1-t)^k (v^{(k+1)}(ta + (1-t)x)(a-x)^{k+1})dt.$$

所以, 在每一点 $x \in T$ 处, 对于每个整数 $0 \leqslant m \leqslant k$, Lagrange 内插式的 m 阶导数由下式给出:

$$\begin{aligned}(\Pi v)^{(m)}(x) &= \sum_{i=1}^{N} v(a_i) p_i^{(m)}(x)\\&= \sum_{l=0}^{k}\left(\frac{1}{l!}\sum_{i=1}^{N}(v^{(l)}(x)(a_i - x)^l) p_i^{(m)}(x)\right)\\&\quad + \sum_{i=1}^{N}\mathcal{R}(v^{(k+1)}; a_i, x) p_i^{(m)}(x).\end{aligned}$$

(ii) 设对满足 $0 \leqslant l \leqslant k$ 的某整数 l, 给定一个对称 l 线性连续映射 $A_l \in \mathcal{L}_l(\mathbb{R}^n; \mathbb{R})$($\mathcal{L}_0(\mathbb{R}^n; \mathbb{R})$ 等同于 $\mathbb{R}$). 则

$$\frac{1}{l!}\sum_{i=1}^{N}(A_l(a_i - x)^l) p_i^{(m)}(x) = A_l \delta_{lm}$$

在每个 $x \in T$ 处及对每个整数 $0 \leqslant m \leqslant k$.

根据假设, $p(x) = \sum_{i=1}^{N} p(a_i) p_i(x)$ 对所有 $p \in P$ 及所有 $x \in T$, 并且 $P_k(T) \subset P$. 固定一点 $y \in \mathbb{R}^n$. 函数

$$p_y : x \in \mathbb{R}^n \to p_y(x) := A_l(x-y)^l$$

是一个 $l \leqslant k$ 阶多项式就意味着

$$p_y(x) = \sum_{i=1}^{N} (A_l(a_i - y)^l) p_i(x) \quad 对所有\ x \in T,$$

进而有

$$p_y^{(m)}(x) = \sum_{i=1}^{N} (A_l(a_i - y)^l) p_i^{(m)}(x) \quad 对所有\ x \in T\ 及所有\ 0 \leqslant m \leqslant k.$$

如果 $m \leqslant l-1$, 在任一点 $x \in T$ 处的 m 阶导数 $p_y^{(m)}(x)$ 是含有 A_l 的若干项之和, A_l 作用在 $\mathbb{R}^n$ 中向量的 m 重组上, 其中含有向量 $x-y$ 至少一次. 故 A_l 的连续性意味着

$$\begin{aligned} 0 = \lim_{y \to x} p_y^{(m)}(x) &= \lim_{y \to x} \sum_{i=1}^{N} (A_l(a_i - y)^l) p_i^{(m)}(x) \\ &= \sum_{i=1}^{N} (A_l(a_i - x)^l) p_i^{(m)}(x) \quad 对所有\ x \in T. \end{aligned}$$

如果 $m \geqslant l$,

$$p_y^{(m)}(x) = l! A_l \delta_{lm} = \sum_{i=1}^{N} (A_l(a_i - y)^l) p_i^{(m)}(x) \quad 对所有\ x \in T$$

(在此用到 A_l 的对称性假设), 故考虑到 A_l 的连续性有

$$\begin{aligned} l! A_l \delta_{lm} &= \lim_{y \to x} \sum_{i=1}^{N} (A_l(a_i - y)^l) p_i^{(m)}(x) \\ &= \sum_{i=1}^{N} (A_l(a_i - x)^l) p_i^{(m)}(x) \quad 对所有\ x \in T. \end{aligned}$$

所以 (ii) 中宣示的关系式对每个整数 $0 \leqslant m \leqslant k$ 都成立.

(iii) 特别地, 选取 $A_l := v^{(l)}(x), 0 \leqslant l \leqslant k$, (ii) 中证明了

$$\sum_{l=0}^{k} \frac{1}{l!} \left(\sum_{i=1}^{N} (v^{(l)}(x)(a_i - x)^l) p_i^{(m)}(x) \right) = v^{(m)}(x) \quad 对所有\ x \in T,$$

这就完成了定理的证明. □

如果函数 v 只是被假定属于空间 $\mathcal{C}^k(T)$ 但在开集 $\mathring{T}$ 中是 $(k+1)$ 次可微的, 带有积分余项的 Taylor 公式就必须换为 *Taylor-MacLaurin* 公式 (定理 7.9-1(c)). 结果, 在这种情况下, 余项 $\sum_{i=1}^{N} \mathcal{R}(v^{(k+1)}; a_i, x) p_i^{(m)}(x)$ 就要换为

$$\frac{1}{(k+1)!} \sum_{i=1}^{N} (v^{(k+1)}(\eta_i(x))(a_i - x)^{k+1}) p_i^{(m)}(x) \quad 对某点\ \eta_i(x) \in]x, a_i[, 1 \leqslant i \leqslant N.$$

在定理 7.11-4 中的符号和假设下, 其 $m=0$ 的特殊情况说明, 任一函数 $v \in \mathcal{C}^{k+1}(T)$ 或任一在 $\mathring{T}$ 中 $(k+1)$ 次[*]可微的函数 $v \in \mathcal{C}^k(T)$, 可以在每个 $x \in T$ 处展开为

$$v(x) = \sum_{i=1}^{N} v(a_i)p_i(x) + \mathrm{R}(v^{(k+1)}; x),$$

其中余项分别为

$$\mathrm{R}(v^{(k+1)}; x) := -\frac{1}{k!}\sum_{i=1}^{N}\left(\int_0^1 (1-t)^k (v^{(k+1)}(ta_i + (1-t)x)(a_i - x)^{k+1})dt\right) p_i(x)$$

或

$$\mathrm{R}(v^{(k+1)}; x) := -\frac{1}{(k+1)!}\sum_{i=1}^{N}(v^{(k+1)}(\eta_i(x))(a_i - x)^{k+1})p_i(x)$$

对某一点 $\eta_i(x) \in]x, a_i[, 1 \leqslant i \leqslant N$.

由于点值 $v(a_i)$ 的因子是与函数 v 无关的函数, 而且出现在余项 $\mathrm{R}(v^{(k+1)}; x)$ 中的函数 v 只用到它的 $(k+1)$ 阶导数, 所以这样的展开给出了一个**多点 Taylor 公式**[27]的例子.

作为例释, 让我们回到第一及第二个例子, 并在 $m=0$ 的情况下应用定理 7.11-4. 这就证明了, 给定一个顶点为 $a_i, 1 \leqslant i \leqslant n+1$, 的 n 单形 T, 任一在 $\mathring{T}$ 中二次可微的函数 $v \in \mathcal{C}^1(T)$ 可展开为下述多点 *Taylor* 公式 (回忆一下, 函数 $\lambda_i, 1 \leqslant i \leqslant n+1$, 表示关于 T 顶点的重心坐标):

$$v(x) = \sum_{i=1}^{n+1} v(a_i)\lambda_i(x) - \frac{1}{2}\sum_{i=1}^{n+1}(v''(\eta_i(x))(a_i - x)^2)\lambda_i(x) \quad \text{对所有 } x \in \mathbb{R}^n,$$

其中 $\eta_i(x) \in]x, a_i[, 1 \leqslant i \leqslant n+1$. 同样地, 给定顶点为 $a_i, 1 \leqslant i \leqslant n+1$, 的 n 单形 T, 及棱的中点 $a_{ij} = \frac{1}{2}(a_i + a_j), 1 \leqslant i \leqslant j \leqslant n+1$, 任一在 $\mathring{T}$ 中三次可微的函数 $v \in \mathcal{C}^2(T)$ 可展开为如下的多点 *Taylor* 公式:

$$\begin{aligned} v(x) = &\sum_{i=1}^{n+1} v(a_i)\lambda_i(x)(2\lambda_i(x) - 1) + \sum_{1\leqslant i<j\leqslant n+1} v(a_{ij})4\lambda_i(x)\lambda_j(x) \\ &-\frac{1}{6}\sum_{i=1}^{n+1}(v^{(3)}(\eta_i(x))(a_i - x)^3)\lambda_i(x)(2\lambda_i(x) - 1) \\ &-\frac{2}{3}\sum_{1\leqslant i<j\leqslant n+1}(v^{(3)}(\eta_{ij}(x))(a_{ij} - x)^3)\lambda_i(x)\lambda_j(x) \quad \text{对所有 } x \in \mathbb{R}^n, \end{aligned}$$

---

[*] 原文在此为 k 次. —— 译者注

[27] 这种多点 Taylor 公式的第一个例子给出在:

C. Coatmélec [1966]: Approximation et interpolation des fonctions différentiables de plusieurs variables, *Annales Scientifiques de l'Ecole Normale Supérieure* **83**, 271–341.

P. G. Ciarlet; C. Wagschal [1971]: Multipoint Taylor formulas and applications to the finite element method, *Numerische Mathematik* **17**, 84–100.

其中 $\eta_i(x) \in]x, a_i[, 1 \leqslant i \leqslant n+1$, 及 $\eta_{ij}(x) \in]x, a_{ij}[, 1 \leqslant i, j \leqslant n+1$.

插值误差的估计关键性地依赖于仿射等价的 *Lagrange* 插值格式的概念 (在下面定义), 这个概念本身又基于下述结果.

定理 7.11-5 设 $(\widehat{A}, \widehat{P})$ 是一个 *Lagrange* 插值格式, 其中

$$\widehat{A} = \bigcup_{i=1}^{N} \{\widehat{a}_i\},$$

又设

$$F : x \in \mathbb{R}^n \to F(x) := Bx + b \in \mathbb{R}^n$$

是可逆仿射映射 (即 B 是可逆的 $n \times m$ 矩阵, $b \in \mathbb{R}^n$).

(a) 定义集合

$$A := \bigcup_{i=1}^{N} \{F(\widehat{a}_i)\}$$

及空间

$$P := \{p : T \to \mathbb{R}; p = \widehat{p} \circ F^{-1}, \widehat{p} \in \widehat{P}\}, \text{ 其中 } T := \text{co } A.$$

则 (A, P) 也是一个 *Lagrange* 插值格式.

(b) 设

$$\widehat{h} := \text{diam } \widehat{T}, \quad \widehat{\rho} := \sup\{\text{diam } \widehat{U}; \widehat{U} \text{ 是含在 } \widehat{T} \text{ 中的球}\}, \text{ 其中 } \widehat{T} := \text{co } \widehat{A},$$
$$h_T := \text{diam } T, \quad \rho_T := \sup\{\text{diam } U; U \text{ 是含在 } T \text{ 中的球}\}.$$

则

$$|B| \leqslant \frac{h_T}{\widehat{\rho}} \quad \text{及} \quad |B^{-1}| \leqslant \frac{\widehat{h}}{\rho_T}.$$

证明 显然, $\text{int } F(\widehat{T}) \neq \varnothing$ 及 $T = F(\widehat{T})$, 并且由关系式 $\widehat{p}_i(\widehat{a}_j) = \delta_{ij}, 1 \leqslant i, j \leqslant N$, 唯一确定的函数 $\widehat{p}_i \in \widehat{P}$ 形成空间 $\widehat{P}$ 的基. 令

$$a_i := F(\widehat{a}_i), \quad 1 \leqslant i \leqslant N.$$

那么可以直接验证, 函数

$$p_i := \widehat{p}_i \circ F^{-1}, \quad 1 \leqslant i \leqslant N,$$

属于空间 P 并满足 $p_i(a_i) = \delta_{ij}, 1 \leqslant i, j \leqslant N$.

因此, 函数 $p_i, 1 \leqslant i \leqslant N$, 形成空间 P 的基, 而且 (A, P) 也是一个 Lagrange 插值格式. (a) 得证.

由于 $\widehat{\rho}>0$ (由假设 $\widehat{T}$ 的内部非空),

$$|B|=\frac{1}{\widehat{\rho}}\sup_{\left\{\begin{array}{l}\widehat{\xi}\in\mathbb{R}^n\\|\widehat{\xi}|=\widehat{\rho}\end{array}\right.}|B\widehat{\xi}|.$$

满足 $|\widehat{\xi}|=\widehat{\rho}$ 的每一个向量 $\widehat{\xi}\in\mathbb{R}^n$ 均可以写为 $\widehat{\xi}=\widehat{y}-\widehat{z}$, 其中 $\widehat{y},\widehat{z}\in\widehat{T}$ (由 $\widehat{\rho}$ 的定义); 所以

$$B\widehat{\xi}=(B\widehat{y}+b)-(B\widehat{z}+b)=y-z,\ \text{其中}\ y,z\in T.$$

所以, $|B\widehat{\xi}|\leqslant h_T$ 对这样的向量 $\widehat{\xi}$ (由 h_T 的定义), 这说明 $|B|\leqslant\frac{h_T}{\widehat{\rho}}$. 不等式 $|B^{-1}|$[*] $\leqslant\frac{\widehat{h}}{\rho_T}$ 的证明是类似的. 这就证明了 (b). □

受上述定理的启示, 设 $\widehat{A}=\bigcup_{i=1}^N\{\widehat{a}_i\}$ 及 $A=\bigcup_{i=1}^N\{a_i\}$, 如果存在可逆仿射映射 $F:\mathbb{R}^n\to\mathbb{R}^n$ 使得

$$a_i=F(\widehat{a}_i), 1\leqslant i\leqslant N,\quad \text{及}\quad P=\{p:\text{co }A\to\mathbb{R}, p=\widehat{p}\circ F^{-1},\widehat{p}\in\widehat{P}\},$$

我们就称两个 Lagrange 插值格式 (A,P) 和 $(\widehat{A},\widehat{P})$ 是**仿射等价的**.

我们现在就可以来证明本节的主要结果了 (类似的误差估计, 也可以用 Sobolev 空间的范数及半范数得到; 见习题 7.11-5). 关于这方面, 回想一下, 存在常数 $C(m,n)$ 使得对任意函数 $w\in\mathcal{C}^{k+1}(T)$ 和任意整数 $1\leqslant m\leqslant k+1$, 成立

$$\begin{aligned}\max_{|\boldsymbol{\alpha}|=m}|\partial^{\boldsymbol{\alpha}}w(x)|&\leqslant\|w^{(m)}(x)\|\\&\leqslant C(m,n)\max_{|\boldsymbol{\alpha}|=m}|\partial^{\boldsymbol{\alpha}}w(x)|\quad\text{对所有}\ x\in T,\end{aligned}$$

其中 $\|\cdot\|$ 在这里表示在空间 $\mathcal{L}_m(\mathbb{R}^n;\mathbb{R})$ 中的范数 (7.8 节).

定理 7.11-6 (Lagrange 插值误差估计)[28] *设 $(\widehat{A},\widehat{P})$ 是一个 Lagrange 插值格式使得*

$$P_k(\widehat{T})\subset\widehat{P}\subset\mathcal{C}^k(\widehat{T})\ \text{对某整数}\ k\geqslant 0,\ \text{其中}\ \widehat{T}:=\text{co }\widehat{A}.$$

则存在常数 $C_m=C_m(\widehat{A},\widehat{P}),0\leqslant m\leqslant k$, 这个常数对于所有与 $(\widehat{A},\widehat{P})$ 仿射等价的 Lagrange 插值格式 (A,P) 都相同, 使得对于任意函数 $v\in\mathcal{C}^{k+1}(T)$, 其中 $T=\text{co }A$, 其 Lagrange 内插式 $\Pi v\in P$ 都满足

$$\sup_{x\in T}|\Pi v(x)-v(x)|\leqslant C_0h_T^{k+1}\sup_{\xi\in T}\|v^{(k+1)}(\xi)\|,$$

$$\sup_{x\in T}\|\Pi v^{(m)}(x)-v^{(m)}(x)\|\leqslant C_m\frac{h_T^{k+1}}{\rho_T^m}\sup_{\xi\in T}\|v^{(k+1)}(\xi)\|,\quad 1\leqslant m\leqslant k,$$

---

[*] 原文在此为 $|B|$. —— 译者注

[28] 仿射等价的概念及这个定理都属于:

P. G. Ciarlet, P. A. Raviart [1972]: General Lagrange and Hermite interpolation in $\mathbb{R}^n$ with applications to finite element methods, *Archive for Rational Mechanics and Analysis* **46**, 177–199.

在上文中也证明了, 对于 *Hermite* 插值格式也能导出类似的误差估计.

其中

$$h_T := \operatorname{diam} T, \quad \rho_T = \sup\{\operatorname{diam} U;\ U \text{ 是含在 } T \text{ 中的球}\}.$$

证明 由定理 7.11-4 并用该定理中的符号, 有

$$\begin{aligned}&\Pi v^{(m)}(x) - v^{(m)}(x)\\&= \frac{1}{k!}\sum_{i=1}^{N}\left(\int_0^1 (1-t)^k (v^{(k+1)}(ta_i + (1-t)x)(a_i - x)^{k+1})dt\right) p_i^{(m)}(x)\end{aligned}$$

在每个点 $x \in T$ 处及对每个整数 $0 \leqslant m \leqslant k$.

由 h_T 的定义,

$$|v^{(k+1)}(ta_i + (1-t)x)(a_i - x)^{k+1}| \leqslant \sup_{\xi \in T}\|v^{(k+1)}(\xi)\| h_T^{k+1} \quad \text{在每个 } x \in T \text{ 处},$$

此因 $[a_i, x] \subset T, 1 \leqslant i \leqslant N$.

给定任一与 $(\widehat{A}, \widehat{P})$ 仿射等价的 Lagrange 插值格式 (A, P), 设 $F : x \in \mathbb{R}^n \to f(x) = Bx + b \in \mathbb{R}^n$ 表示相应的可逆仿射映射. 对每个 $1 \leqslant i \leqslant N$, 在每一点 $x \in T$ 处, 函数 $p_i : T \to \mathbb{R}$ 和 $\widehat{p}_i := p_i \circ F : \widehat{T} \to \mathbb{R}$ 由下述关系相关联:

$$\begin{aligned}&p_i(x) = \widehat{p}_i(F^{-1}(x)),\\&p_i^{(m)}(x)(\xi_1, \xi_2, \cdots, \xi_m) = \widehat{p}_i^{(m)}(F^{-1}(x))(B^{-1}\xi_1, B^{-1}\xi_2, \cdots, B^{-1}\xi_m)\end{aligned}$$

对每个整数 $1 \leqslant m \leqslant k$ 及所有向量 $\xi_\mu \in \mathbb{R}^n, 1 \leqslant \mu \leqslant m$ (为得到这个结果, 要利用链式法则及 F 是仿射的). 所以

$$\begin{aligned}\|p_i^{(m)}(x)\| &= \sup_{\begin{cases}|\xi_\mu| = 1\\ 1 \leqslant \mu \leqslant m\end{cases}} |p_i^{(m)}(x)(\xi_1, \xi_2, \cdots, \xi_m)|\\&\leqslant \|\widehat{p}_i^{(m)}(F^{-1}(x))\| |B^{-1}|^m \quad \text{在每个 } x \in T \text{ 处},\end{aligned}$$

故由定理 7.11-5,

$$\sup_{x \in T}\|p_i^{(m)}(x)\| \leqslant \sup_{\widehat{x} \in \widehat{T}}\|\widehat{p}_i^{(m)}(x)\| \frac{\widehat{h}^m}{\rho_T^m}, \quad 1 \leqslant m \leqslant k.$$

所以, 所宣示的误差估计成立, 其中的常数

$$\begin{aligned}&C_0 := \frac{1}{(k+1)!}\sum_{i=1}^{N}\sup_{\widehat{x} \in \widehat{T}}|\widehat{p}_i(\widehat{x})| \text{ 及}\\&C_m := \frac{\widehat{h}^m}{(k+1)!}\sum_{i=1}^{N}\sup_{\widehat{x} \in \widehat{T}}\|\widehat{p}_i^{(m)}(\widehat{x})\|, \quad 1 \leqslant m \leqslant k.\end{aligned}$$

□

自然地, 从上述估计可直接得到关于通常偏导数的估计, 这是因为对每个整数 $1 \leqslant m \leqslant k$, 有

$$\max_{|\boldsymbol{\alpha}|=m} |\partial^{\boldsymbol{\alpha}} \Pi v(x) - \partial^{\boldsymbol{\alpha}} v(x)| \leqslant \|\Pi v^{(m)}(x) - v^{(m)}(x)\| \quad \text{在每个 } x \in T \text{ 处}.$$

这种做法在定理 7.11-7 中也要用到.

也还要注意, 前面的常数 $C_0 = \frac{1}{(k+1)!}\sum_{i=1}^{N} \sup_{x\in\widehat{T}} |\widehat{p}_i(\widehat{x})|$ 正是在一维 *Lagrange* 插值分析 (5.4 节) 中出现的 *Lebesgue* 常数的 n 维类似.

定理 7.11-6 对本节给出的所有例子均适用. 我们考察第二及第三个例子.

设 $\widehat{T}$ 表示一个 n 单形, 其顶点 $\widehat{a}_i, 1 \leqslant i \leqslant n+1$, 视为始终固定的. 则给定任意顶点为 $a_i, 1 \leqslant i \leqslant n+1$, 的任一 n 单形, 存在唯一的可逆仿射映射 $F: \mathbb{R}^n \to \mathbb{R}^n$ 使得 $F(\widehat{a}_i) = a_i, 1 \leqslant i \leqslant n+1$. 进而, 自动地成立 (符号是不释自明的)

$$F(\widehat{a}_{ij}) = a_{ij}, i < j, \quad F(\widehat{a}_{iij}) = a_{iij}, i \neq j, \quad F(\widehat{a}_{ijl}) = a_{ijl}, i < j < l.$$

此外, 显然

$$P_k(T) = \{\widehat{p} \circ F^{-1}; \widehat{p} \in P_k(\widehat{T})\} \quad \text{对任意整数 } k \geqslant 0.$$

因此, 存在常数, 为方便起见我们用同一字母 C 表示所有常数, 使得任意函数 $v \in \mathcal{C}^3(T)$ 的 Lagrange 内插式 $\Pi_2 v \in P_2(T)$ 满足

$$\max_{|\boldsymbol{\alpha}|=m} \sup_{x\in T} |\partial^{\boldsymbol{\alpha}} \Pi_2 v(x) - \partial^{\boldsymbol{\alpha}} v(x)| \leqslant C \frac{h_T^3}{\rho_T^m} \sup_{\xi\in T} \|v^{(3)}(\xi)\|, \quad 0 \leqslant m \leqslant 2,$$

而任意函数 $v \in \mathcal{C}^4(T)$ 的 Lagrange 内插式 $\Pi_3 v \in P_3(T)$ 满足

$$\max_{|\boldsymbol{\alpha}|=m} \sup_{x\in T} |\partial^{\boldsymbol{\alpha}} \Pi_3 v(x) - \partial^{\boldsymbol{\alpha}} v(x)| \leqslant C \frac{h_T^4}{\rho_T^m} \sup_{\xi\in T} \|v^{(4)}(\xi)\|, \quad 0 \leqslant m \leqslant 3.$$

我们现在说明如何处置定理 7.11-6 里关于导数的插值误差估计中的参数 ρ_T, 以此来结束本节的讨论. 简单地说, 就是所考察的插值格式其中的集合 T 在下述意义下[29]不能"太扁".

我们称 $(A_T, P_T)_{T\in\mathcal{T}}$ 是 Lagrange 插值格式的**正规族**, 如果存在一个常数 σ 使得

$$\frac{h_T}{\rho_T} \leqslant \sigma \quad \text{对所有 } T \in \mathcal{T}$$

---

[29]这个概念有待于进一步精化, 首先注意这个问题的是:

P. JAMET [1976]: Estimation d'erreur pour des éléments finis droits presque dégénérés, *Revue Française d'Automatique, Informatique, Recherche Opérationnelle, Série Rouge: Analyse Numérique* **10**, 43–61.

I. BABUŠKA; A. K. AZIZ [1976]: On the angle condition in the finite element method, *SIAM Journal on Numerical Analysis* **13**, 214–226.

最近的发展及关于这个概念的参考文献可见:

J. BRANDTS; S. KOROTOV; M. KŘÍŽEK [2011]: Generalization of the Zlámal condition for simplicial finite elements in $\mathbb{R}^d$, *Applied Mathematics* **56**, 417–424.

(这里, $T = \text{co}\ A_T$ 实质上是视为定义这个族的参数). 借助于这个定义, 定理 7.11-6 中的误差估计可以直接转换为其中只包含直径 h_T 的估计.

定理 7.11-7 (对于正规族的 Lagrange 插值误差估计) 给定 *Lagrange* 插值格式的一个正规族 $(A_T, P_T)_{T\in\mathcal{T}}$, 其中所有的格式都仿射等价于满足

$$P_k(\widehat{T}) \subset \widehat{P} \subset \mathcal{C}^k(\widehat{T}) \text{ 对某整数 } k \geqslant 0, \text{ 其中 } \widehat{T} := \text{co}\ \widehat{A},$$

的 *Lagrange* 插值格式 $(\widehat{A}, \widehat{P})$. 则存在常数 C 使得, 对任意 $T \in \mathcal{T}$, 任一函数 $v \in \mathcal{C}^{k+1}(T)$ 的 *Lagrange* 内插式 $\Pi_T v \in P_T$ 满足

$$\max_{|\boldsymbol{\alpha}|=m} \sup_{x\in T} |\partial^{\boldsymbol{\alpha}}\Pi_T(x) - \partial^{\boldsymbol{\alpha}}v(x)| \leqslant Ch_T^{k+1-m} \sup_{\xi\in T} \|v^{(k+1)}(\xi)\|, \quad 0 \leqslant m \leqslant k. \qquad \square$$

在我们关于一维的 Lagrange 插值的分析中 (5.4 节), 集合 $T = [a, b]$ 是固定, 而插值多项式的阶数是增加的. 相比之下, 现在的分析是用于一族仿射等价的 Lagrange 插值格式之上, 其中阶数 k 是固定的, 而 T 的直径 h 则趋向于零.

习题

7.11-1 符号与定理 7.11-2 中的相同.

(1) 证明 $\dim \widetilde{P}_3 = \text{card}\ \widetilde{A}_3$, 然后由这个关系式和定理 7.11-1 ($k = 3$ 的情况) 推断, 空间 $\widetilde{P}_3$ 中的任一多项式均由其在集合 $\widetilde{A}_3$ 上的值唯一确定.

(2) 给定多项式 $p \in P_2$ (在这种情况, $p \in P_2 \to p'' \in \mathcal{L}_2(\mathbb{R}^2; \mathbb{R})$ 是常映射), 从 Taylor 公式 $p(a_m) = p(a_{ijl}) + \cdots$ 及 $p(a_{rrs}) = p(a_{ijl}) + \cdots$ 导出 $\varphi_{ijl}(p) = 0, i < j < l$, 因此证明了 $P_2 \subset \widetilde{P}_3$.

7.11-2 (1) 设点 $b_i, 1 \leqslant i \leqslant 9$, 如图 7.11-2 中所示. 证明空间

$$\widetilde{Q}_2 := \left\{p \in Q_2; 4p(b_9) + \sum_{i=1}^{4} p(b_i) - 2\sum_{i=5}^{8} p(b_i) = 0\right\}$$

中的任一多项式 p 由其在集合 $\bigcup_{i=1}^{\infty}\{b_i\}$ 上的值唯一确定.

(2) 证明包含关系 $P_2 \subset \widetilde{Q}_2$ 成立.

7.11-3 (1) 设点 $c_i, 1 \leqslant i \leqslant 16$, 如图 7.11-2 中所示. 又设空间

$$\widetilde{Q}_3 := \{p \in Q_3; \psi_i(p) = 0, 0 \leqslant i \leqslant 3\},$$

其中

$$\begin{aligned}\psi_i(p) :=\ & 4p(c_{1+i}) + 2p(c_{2+i}) + p(c_{3+i}) + 2p(c_{4+i}) \\ & -6p(c_{5+i}) - 3p(c_{6+i}) - 3p(c_{11+i}) \\ & -6p(c_{12+i}) + 9p(c_{13+i}), \quad 0 \leqslant i \leqslant 3.\end{aligned}$$

证明该空间中的任一多项式 p 由其在集合 $\bigcup_{i=1}^{12}\{c_i\}$ 上的值唯一确定.

(2) 证明包含关系 $P_3 \subset \widetilde{Q}_3$ 成立.

7.11-4 符号和假设与定理 7.11-4 中的相同. 这个定理中的差 $(\Pi v^{(m)}(x) - v^{(m)}(x)), x \in T, 1 \leqslant m \leqslant k$, 的表达式可否由微分该定理中 $m = 0$ 时的表达式得到?

7.11-5 本题的目的是导出类似定理 7.11-6 中那样的插值误差估计, 但改为用 *Sobolev* 半范数给出表达式[30].

(1) 设 $\widehat{\Omega}$ 和 Ω 是 $\mathbb{R}^n$ 中具有下述性质的两个区域: 存在 $n \times n$ 可逆矩阵 B 和向量 $b \in \mathbb{R}^n$ 使得 $\Omega = F(\widehat{\Omega})$, 其中 $F(x) := Bx + b$ 对所有 $x \in \mathbb{R}^m$. 证明, 如果函数 v 属于 Sobolev 空间 $W^{m,q}(\Omega)$ 对某个整数 $m \geqslant 0$ 及某个广义实数 $1 \leqslant q \leqslant \infty$, 则函数 $\widehat{v} := v \circ F$ 属于空间 $W^{m,q}(\widehat{\Omega})$ 且存在常数 $C = C(m, n)$ 使得 (如 $|\cdot|_{m,q,\Omega}$ 等 Sobolev 半范数已在 6.5 节中定义)

$$|\widehat{v}|_{m,q,\widehat{\Omega}} \leqslant C|B|^m|\det B|^{-\frac{1}{q}}|v|_{m,q,\Omega} \quad \text{对所有 } v \in W^{m,q}(\Omega),$$
$$|v|_{m,q,\Omega} \leqslant C|B^{-1}|^m|\det B|^{\frac{1}{q}}|\widehat{v}|_{m,q,\widehat{\Omega}} \quad \text{对所有 } \widehat{v} \in W^{m,q}(\widehat{\Omega}).$$

(2) 设给定一个 Lagrange 插值格式 $(\widehat{A}, \widehat{P})$ 使得对某整数 $k \geqslant 0$ 和 $m \geqslant 0$, 以及广义实数 $1 \leqslant q \leqslant \infty$ 和 $1 \leqslant r \leqslant \infty$, 下述包含关系成立:

$$W^{k+1,q}(\text{int } \widehat{T}) \hookrightarrow \mathcal{C}^0(\widehat{T}), \text{ 其中 } \widehat{T} := \text{co } \widehat{A},$$
$$W^{k+1,q}(\text{int } \widehat{T}) \hookrightarrow W^{m,r}(\text{int } \widehat{T}),$$
$$P_k(\widehat{T}) \subset \widehat{P} \subset W^{m,r}(\text{int } \widehat{T}).$$

证明, 存在一个常数 $C = C(\widehat{A}, \widehat{P})$, 它对所有与 $(\widehat{A}, \widehat{P})$ 仿射等价的 Lagrange 插值格式 (A, P) 都是相同的, 使得对任意函数 $v \in W^{k+1,q}(\text{int } T)$, 其中 $T := \text{co } A$, 其 Lagrange 内插式 $\Pi v \in P$ (上面第一个包含式确保了 Πv 是适定的) 满足

$$|v - \Pi v|_{m,r,\text{int } T} \leqslant C(\text{meas } T)^{\frac{1}{r} - \frac{1}{q}} \frac{h_T^{k+1}}{\rho_T^m} |v|_{k+1,q,\text{int } T},$$

其中 $h_T := \text{diam } T$ 和 $\rho_T := \sup\{\text{diam } B; B \text{ 是包含在 } T \text{ 中的球}\}$.

提示: 结合问题 (1), 在集合 $\widehat{T}$ 上利用习题 6.6-5.

7.11-6 设 T 是顶点为 $a_i, 1 \leqslant i \leqslant n+1$, 的 n 单形, $a_{ijl} := \frac{1}{3}(a_i + a_j + a_l), 1 \leqslant i < j < l \leqslant n+1$. 证明, 空间 P_3 中的任一多项式由它的值 $(p(a_i))$, 其在顶点 a_i 处的 Fréchet 导数值 $p'(a_i) \in \mathcal{L}(\mathbb{R}^n), 1 \leqslant i \leqslant n+1$, 以及它本身在点 a_{ijl} 处的值 $p(a_{ijl}), 1 \leqslant i < j < l \leqslant n+1$, 唯一确定.

7.11-7 设 T 是顶点为 $a_i, 1 \leqslant i \leqslant 3$, 的三角形, 对每个 $1 \leqslant i \leqslant 3$, 设 b_i 表示 T 相对于 a_i 的边的中点. 证明, 空间 P_5 中的任一多项式由在顶点 a_i 处其本身的值 $p(a_i)$, 其一阶和二阶导数的值 $p'(a_i) \in \mathcal{L}(\mathbb{R}^2)$ 和 $p''(a_i) \in \mathcal{L}_2(\mathbb{R}^2), 1 \leqslant i \leqslant 3$, 以及 Gâteaux 导数 $p'(b_i)(a_i - b_i), 1 \leqslant i \leqslant 3$, 的值唯一确定.

---

[30] 关于仿射等价 Lagrange 插值格式的这种误差估计属于:

P.G.Ciarlet; P.A.Raviart [1972]: General Lagrange and Hermite interpolation in $\mathbb{R}^n$ with applications to finite element methods, *Archive for Rational Mechanics and Analysis* **46**, 177–199.

7.12 凸函数及可微性; 对实值函数极值的应用

我们的第一个目标是用函数的一阶导数 (定理 7.12-1) 或者二阶导数 (定理 7.12-2) 来刻画凸函数及严格凸函数 (2.17 节).

定理 7.12-1 (凸性及一阶导数) 设 Ω 是赋范向量空间 V 的开子集, $J:\Omega\subset V\to\mathbb{R}$ 是 Ω 中的可微函数, 又设 U 是 Ω 的一个凸子集. 则

(a) 函数 J 在 U 上是凸的充分必要条件是

$$J(v)\geqslant J(u)+J'(u)(v-u)\quad \text{对所有 } u,v\in U.$$

(b) 函数 J 在 U 上是严格凸的充分必要条件是

$$J(v)>J(u)+J'(u)(v-u)\quad \text{对所有 } u,v\in U, u\neq v.$$

证明 设 u 和 v 是 U 中两个不同的点, $0<\theta<1$ 是给定的. 如果函数 J 是凸的, 则

$$J(u+\theta(v-u))\leqslant(1-\theta)J(u)+\theta J(v),$$

它可写为

$$\frac{J(u+\theta(v-u))-J(u)}{\theta}\leqslant J(v)-J(u).$$

所以

$$J'(u)(v-u)=\lim_{\theta\to 0}\frac{J(u+\theta(v-u))-J(u)}{\theta}\leqslant J(v)-J(u).$$

如果函数 J 是严格凸的, 上面的推导需要精化, 这是由于当 θ 趋于零时得不到严格的不等式. 令 $0<\omega<1$ 是一固定数. 因为

$$u+\theta(v-u)=\frac{\omega-\theta}{\omega}u+\frac{\theta}{\omega}(u+\omega(v-u))\quad \text{对所有 } 0\leqslant\theta\leqslant\omega,$$

J 的凸性意味着

$$J(u+\theta(v-u))\leqslant\frac{\omega-\theta}{\omega}J(u)+\frac{\theta}{\omega}J(u+\omega(v-u))\quad \text{对所有 } 0\leqslant\theta\leqslant\omega.$$

因此, 如果 J 是严格凸的, 则

$$\begin{aligned}\frac{J(u+\theta(v-u))-J(u)}{\theta}&\leqslant\frac{J(u+\omega(v-u))-J(u)}{\omega}\\&<J(v)-J(u)\quad \text{对所有 } 0<\theta\leqslant\omega.\end{aligned}$$

此因由假设 $\omega<1$. 所以在这种情况下, 就有

$$\begin{aligned}J'(u)(v-u)&=\lim_{\theta\to 0}\frac{J(u+\theta(v-u))-J(u)}{\theta}\\&\leqslant\frac{J(u+\omega(v-u))-J(u)}{\omega}<J(v)-J(u).\end{aligned}$$

反之, 假定

$$J(v) \geqslant J(u) + J'(u)(v-u) \quad \text{对所有 } u, v \in U.$$

设 u 和 v 是 U 的两个不同的点, $0 < \theta < 1$; 故特别地有

$$J(v) \geqslant J(v+\theta(u-v)) - \theta J'(v+\theta(u-v))(u-v),$$
$$J(u) \geqslant J(v+\theta(u-v)) + (1-\theta)J'(v+\theta(u-v))(u-v),$$

将上面两个不等式分别乘以 $(1-\theta)$ 和 θ, 然后相加即得

$$J(\theta u + (1-\theta)v) \leqslant \theta J(u) + (1-\theta)J(v),$$

这就证明了函数 J 的凸性, 或严格凸性, 如果将上述不等式改为严格的. □

注意, 当 $V = \mathbb{R}$ 或 $V = \mathbb{R}^2$ 时, (a) 中不等式的几何解释是显然的 (图 7.12-1).

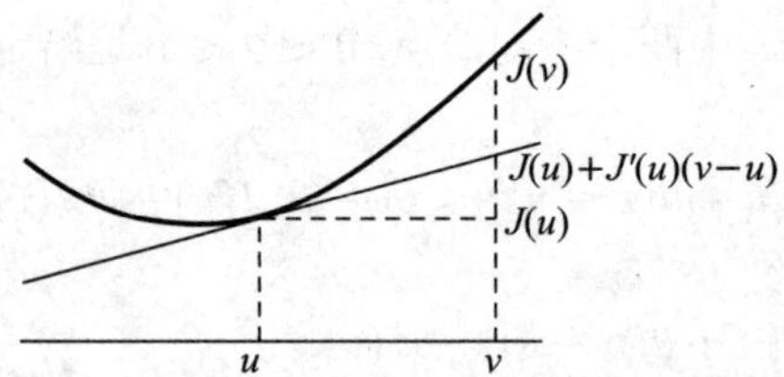

图 7.12-1　不等式 $J(v) \geqslant J(u) + J'(u)(v-u)$ 对所有 $u, v \in U$ (定理 7.12-1(a)) 意味着若 $V = \mathbb{R}$, 函数总在其切线 "之上"; 若 $V = \mathbb{R}^2$, 函数总在其切平面 "之上". 此图最早出现在下书中, P. G. CIARLET [2007]: *Introduction a l'Analyse Numerique Matricelle et a l'Optimisation*, Dunod Paris.

定理 7.12-2 (凸性及二阶导数)　设 Ω 是赋范向量空间 V 的开子集, $J : \Omega \subset V \to \mathbb{R}$ 是在 Ω 中二次可微的函数, 又设 U 是 Ω 的一个凸子集. 则

(a) 函数 J 在 U 上是凸的充分必要条件是

$$J''(u)(v-u, v-u) \geqslant 0 \quad \text{对所有 } u, v \in U.$$

(b) 如果

$$J''(u)(v-u, v-u) > 0 \quad \text{对所有 } u, v \in U, u \neq v,$$

则函数 J 在 U 上是严格凸的.

证明　假设 (a) 中的不等式或者 (b) 中的不等式成立. 设 u 和 v 是 U 中两个不同的点. 由 Taylor-MacLaurin 公式 (定理 7.9-1(c)), 存在一点 $w = u + \theta(v-u)$, 其中 $0 < \theta < 1$, 使得

$$\begin{aligned} J(v) - J(u) - J'(u)(v-u) &= \frac{1}{2} J''(w)(v-u, v-u) \\ &= \frac{1}{2\theta^2} J''(w)(u-w, u-w). \end{aligned}$$

函数 J 的凸性, 或严格凸性, 即可由定理 7.12-1 得出.

假定 J 在 U 上是凸的. 给定任一点 $u \in U$, 定义辅助函数 $G : \Omega \to \mathbb{R}$:

$$G : v \in \Omega \to G(v) := J(v) - J'(u)v.$$

由定理 7.12-1(a) 有

$$G(v) - G(u) = J(v) - J(u) - J'(u)(v-u) \geqslant 0 \quad 对所有\ v \in U,$$

函数 G 在 u 处有相对于集合 U 的极小值. 函数 G 在 Ω 中是二次可微的, 且 $G'' = J''$, 可以应用 Taylor-Young 公式 (定理 7.9-1(a)), 给定任意 $v \in U$, 就有

$$0 \leqslant G(u+t(v-u)) - G(u) = \frac{t^2}{2}(J''(u)(v-u, v-u) + \delta(t))$$
$$对所有\ 0 \leqslant t \leqslant 1,\ 其中\ \lim_{t\to 0}\delta(t) = 0,$$

此因 $G'(u) = 0$. 令 $t \to 0$ 即得 $J''(u)(v-u, v-u) \geqslant 0$. □

严格凸函数 $J : v \in \mathbb{R} \to J(v) := v^4$ 说明, 一般而言, (b) 的逆不成立.

然而, 对于 $\mathbb{R}^n$ 上的二次泛函这种特殊情况, 上述的逆却是成立的. 因为在这种情况下,

$$J(\boldsymbol{v}) = \frac{1}{2}\boldsymbol{v}^T\boldsymbol{A}\boldsymbol{v} - \boldsymbol{b}^T\boldsymbol{v} \quad 对所有\ \boldsymbol{v} \in \mathbb{R}^n,\ 其中\ \boldsymbol{A} = \boldsymbol{A}^T,$$

就有

$$J(\boldsymbol{v}) - J(\boldsymbol{u}) - J'(\boldsymbol{u})(\boldsymbol{v}-\boldsymbol{u}) = \frac{1}{2}(\boldsymbol{v}-\boldsymbol{u})^T\boldsymbol{A}(\boldsymbol{v}-\boldsymbol{u}) \quad 对所有\ \boldsymbol{u}, \boldsymbol{v} \in \mathbb{R}^n.$$

这样, 定理 7.12-1 就说明, $\mathbb{R}^n$ 上的二次泛函是凸的充分必要条件是对称矩阵 $\boldsymbol{A}$ 为非负定的, 是严格凸的充分必要条件是矩阵 $\boldsymbol{A}$ 为正定的. 当然, 对于 6.1 节中讨论的更一般的任意赋范向量空间上的二次泛函, 类似的结论也成立.

我们现在把注意力集中到凸函数的极值问题上. 如下面定理 7.12-3(a) 所示, 凸性假设的一个重要的结果是, 任何局部极小值 (如 7.1 节中所定义) 实际上也是按下述定义的 "全局" 极小值.

设 $J : U \to \mathbb{R}$ 是定义在集合 U 上的函数. 称函数 J 在点 $u \in U$ 处有**极小值**, 或**极大值**, 如果

$$J(u) \leqslant J(v),\ 或\ J(u) \geqslant J(v) \quad 对所有\ v \in U;$$

称其有**严格极小值**, 或**严格极大值**, 如果

$$J(u) < J(v),\ 或\ J(u) > J(v) \quad 对所有\ v \in U, v \neq u.$$

对关于集合 U 的一个子集的有约束极小值, 或极大值, 也有类似的定义.

下面的定理汇集关于凸函数极小的几个常用性质. 注意, 其中性质 (c) 是显著地改进了定理 7.1-6, 在那里无凸性假设, Euler 不等式只被证明是有约束极小值的一个必要条件. 同样地, 性质 (d) 也显著地改进了定理 7.1-5.

定理 7.12-3 (关于凸函数的极小) 设 U 是赋范向量空间 V 的凸子集.

(a) 如果凸函数 $J : U \subset V \to \mathbb{R}$ 在点 $u \in U$ 处有局部极小值, 则 J 在 u 处有极小值.

(b) 严格凸函数 $J : U \subset V \to \mathbb{R}$ 至多有一个极小值, 这个极小值是严格的.

(c) 设 Ω 是 V 包含 U 的开子集, $J : \Omega \subset V \to \mathbb{R}$ 是一个在 U 上为凸的并且在点 $u \in U$ 处可微的函数. 则 J 在 u 处有关于集合 U 的约束极小值的充分必要条件是成立 **Euler 不等式**, 即

$$J'(u)(v-u) \geqslant 0 \quad 对每一个\ v \in U.$$

(d) 另外再假定凸集 U 是开的. 设 $J : U \subset V \to \mathbb{R}$ 是在点 $u \in U$ 处可微的凸函数. 则 J 在 u 处有极小值的充分必要条件是成立 **Euler 方程**, 即

$$J'(u) = 0.$$

证明 设 $v = u + w$ 是凸集 U 中不同于 u 的任一点. 由函数 $J : U \to \mathbb{R}$ 的凸性, 有

$$J(u+\theta w) \leqslant (1-\theta)J(u) + \theta J(v) \quad 对所有\ 0 \leqslant \theta \leqslant 1,$$

它也可以写为

$$J(u+\theta w) - J(u) \leqslant \theta(J(v) - J(u)) \quad 对所有\ 0 \leqslant \theta \leqslant 1.$$

由于点 u 是局部极小点, 故存在数 θ_0 使得

$$\theta_0 > 0 \quad 及 \quad 0 \leqslant J(u+\theta_0 w) - J(u),$$

这意味着 $J(v) \geqslant J(u)$ 对所有 $v \in U$; 因此 u 是 J 的极小点. 这就证明了 (a).

如果函数 $J : U \to \mathbb{R}$ 是严格凸的, 而且 J 在 $u \in U$ 处有极小值, 同样的推导将导致存在 θ_0 使得

$$\theta_0 > 0 \quad 且 \quad 0 \leqslant J(u+\theta_0 w) - J(u) < \theta_0(J(v) - J(u)),$$

这说明极小是严格的, 因此是唯一的. 这就证明了 (b).

在定理 7.1-6 中, $J'(u)(v-u) \geqslant 0$ 对所有 $v \in U$ 成立这个条件的必要性是由 J 在 u 处可微这一单独的假设得到的. 如果 $J : U \to \mathbb{R}$ 是凸的, 由在定理 7.12-1(a) 中确立的不等式

$$J(v) - J(u) \geqslant J'(u)(v-u) \quad 对每个\ v \in U,$$

就得到, 这个条件也是充分的. 这就证明了 (c).

性质 (d) 显然可从性质 (c) 得到. □

作为上述结果的应用, 讨论线性方程组的最小二乘解 (4.4 节): 给定 $m \times n$ 实矩阵 $\boldsymbol{A}$ 和向量 $\boldsymbol{c} \in \mathbb{R}^m$, 求 $\boldsymbol{u} \in \mathbb{R}^n$ 使得

$$\|\boldsymbol{Au} - \boldsymbol{c}\|_m = \inf_{\boldsymbol{v} \in \mathbb{R}^n} \|\boldsymbol{Av} - \boldsymbol{c}\|_m,$$

其中 $\|\cdot\|_m$ 表示 $\mathbb{R}^m$ 中的欧氏范数. 定义二次泛函

$$\begin{aligned} J : \boldsymbol{v} \in \mathbb{R}^n \to J(\boldsymbol{v}) :&= \frac{1}{2}\|\boldsymbol{Av} - \boldsymbol{c}\|_m^2 - \frac{1}{2}\|\boldsymbol{c}\|_m^2 \\ &= \frac{1}{2}(\boldsymbol{Av}, \boldsymbol{Av})_m - (\boldsymbol{c}, \boldsymbol{Av})_m \\ &= \frac{1}{2}(\boldsymbol{A}^T\boldsymbol{Av}, \boldsymbol{v})_n - (\boldsymbol{A}^T\boldsymbol{c}, \boldsymbol{v})_n, \quad \boldsymbol{v} \in \mathbb{R}^n, \end{aligned}$$

其中 $(\cdot,\cdot)_m$ 和 $(\cdot,\cdot)_n$ 分别表示空间 $\mathbb{R}^m$ 和 $\mathbb{R}^n$ 中的欧氏内积.

对称矩阵 $\boldsymbol{A}^T\boldsymbol{A}$ 是非负定的, 函数 J 是凸的 (定理 7.12-2). 由于上述最小二乘问题等价于求向量 $\boldsymbol{u} \in \mathbb{R}^n$ 使得

$$J(\boldsymbol{u}) = \inf_{\boldsymbol{v} \in \mathbb{R}^n} J(\boldsymbol{v}),$$

因此定理 7.12-3 说明, 其解集与方程

$$J'(\boldsymbol{u}) = \boldsymbol{A}^T\boldsymbol{Au} - \boldsymbol{A}^T\boldsymbol{c} = \boldsymbol{0}$$

的解集完全一致, 而后者正是在 4.4 节中利用投影定理得到的正规方程.

顺便提一下, 同样的结论也可以从下面的恒等式得到:

$$\|(\boldsymbol{A}(\boldsymbol{u}+\boldsymbol{w}) - \boldsymbol{c})\|_m^2 = \|\boldsymbol{Au} - \boldsymbol{c}\|_m^2 + 2(\boldsymbol{A}^T\boldsymbol{Au} - \boldsymbol{A}^T\boldsymbol{c}, \boldsymbol{w})_n + \|\boldsymbol{Aw}\|_m^2$$
$$\text{对所有 } \boldsymbol{u}, \boldsymbol{w} \in \mathbb{R}^n.$$

此式正是 Taylor 公式

$$J(\boldsymbol{u}+\boldsymbol{w}) = J(\boldsymbol{u}) + J'(\boldsymbol{u})(\boldsymbol{w}) + \frac{1}{2}(\boldsymbol{A}^T\boldsymbol{Aw}, \boldsymbol{w})_n$$

在二次函数 J 上的应用, 后者的 Hessian 矩阵是常矩阵 $\boldsymbol{A}^T\boldsymbol{A}$ (所谓"常", 在此是指不依赖于 $\boldsymbol{u} \in \mathbb{R}^n$).

习题

7.12-1 设 $(V, (\cdot,\cdot))$ 是实 Hilbert 空间, $J \in \mathcal{C}^1(V)$ 是在下述意义下的 α 强制泛函, 即存在常数 α 使得

$$\alpha > 0 \quad \text{且} \quad (\text{grad } J(v) - \text{grad } J(u), v - u) \geqslant \alpha\|v - u\|^2 \quad \text{对所有 } u, v \in V.$$

显然, α 强制泛函推广了在 6.1 节中引入的强制二次泛函 $v \in V \to \frac{1}{2}a(v,v) - l(v)$ 这一概念.

(1) 证明

$$J(v) - J(u) \geqslant (\text{grad } J(u), v - u) + \frac{\alpha}{2}\|v - u\|^2 \quad \text{对所有 } u, v \in V.$$

(2) 证明 $J : V \to \mathbb{R}$ 是严格凸的.

(3) 设 U 是 V 的非空闭凸子集. 证明下列极小化问题: 求 $u \in U$ 使得 $J(u) = \inf_{v \in U} J(v)$ 有且只有一个解.

提示: 用 (1) 证明 $\lim_{\|v\| \to \infty} J(v) = \infty$. 然后用 *Banach-Eberlein-Šmulian* 定理 (定理 5.14-4) 证明, U 上泛函 J 的任一极小化序列 $(u_k)_{k=1}^{\infty}$, 即满足 $u_k \in U, k \geqslant 1$, 且 $\lim_{k \to \infty} J(u_k) = \inf_{v \in U} J(v)$ 的序列, 都包含一个在 U 中弱收敛的子列. 最后, 证明这个子序列的极限就是极小化问题的解.

(4) 证明 $u \in U$ 是 (3) 中极小化问题的解的充分必要条件是 $(\text{grad } J(u), v - u) \geqslant 0$ 对所有 $v \in U$; 当 $U = V$ 时, 充分必要条件是 $\text{grad } J(u) = 0$.

(5) 证明, 如果 J 在 V 中是二次可微的, 则 J 是 α 强制的充分必要条件是

$$(\text{Hess } J(u)w, w) \geqslant \alpha\|w\|^2 \quad \text{对所有 } w \in V.$$

7.12-2 这一习题讨论一个关于梯度方法[31)]的例子, 其中用迭代方法逼近习题 7.12-1 中问题 (3) 所讨论的极小化问题之解 u.

下面, $(V, (\cdot, \cdot))$ 是一个 Hilbert 空间, $J \in \mathcal{C}^1(V)$ 根据习题 7.12-1 中给出的定义是 α 强制泛函, 它另外还具有如下性质: 存在一个常数 M 使得

$$\|\text{grad } J(v) - \text{grad } J(u)\| \leqslant M\|v - u\| \quad \text{对所有 } u, v \in V.$$

(1) 首先假定 $U = V$. 给定任一点 $u_0 \in V$ 及实数序列 $(\rho_k)_{k=0}^{\infty}$, 由

$$u_{k+1} = u_k - \rho_k \text{grad } J(u_k), \quad k \geqslant 0$$

定义序列 $(u_k)_{k=1}^{\infty}$. 证明, 如果存在两个数 a 和 b 使得

$$0 < a \leqslant \rho_k \leqslant b < \frac{2\alpha}{M^2} \quad \text{对所有 } k \geqslant 0,$$

则存在常数 $\beta < 1$ 使得

$$\|u_k - u\| \leqslant \beta^k \|u_0 - u\| \quad \text{对所有 } k \geqslant 1,$$

其中 u 是下列无约束极小化问题: 求 $u \in U$ 使得 $J(u) = \inf_{v \in V} J(v)$, 的唯一解.

(2) 下面假定 U 是 V 的一个非空闭的凸子集, $P : V \to U$ 表示 V 在 U 上的投影算子 (4.3 节). 给定任意点 $u_0 \in U$ 和一个实数序列 $(\rho_k)_{k=0}^{\infty}$, 由

$$u_{k+1} = P(u_k - \rho_k \text{grad } J(u_k)), \quad k \geqslant 0$$

定义序列 $(u_k)_{k=1}^{\infty}$. 证明, 如果存在两个数 a 和 b 使得

$$0 < a \leqslant \rho_k \leqslant b < \frac{2\alpha}{M^2} \quad \text{对所有 } k \geqslant 0,$$

---

31) 梯度方法的详尽分析可见, 例如 CIARLET [1989, 第 8 章].

则存在一个常数 $\beta < 1$ 使得

$$\|u_k - u\| \leqslant \beta^k \|u_0 - u\| \quad 对所有\ k \geqslant 1,$$

其中 u 是约束极小化问题: 求 $u \in U$ 使得 $J(u) = \inf_{v \in U} J(v)$, 的唯一解.

7.12-3 这个问题分析一个补偿方法, 即用无约束极小化问题的解去逼近一个特殊形式的约束极小化问题的解.

设 $J : \mathbb{R}^n \to \mathbb{R}$ 是严格凸泛函 (因此是连续的, 见定理 2.17-1) 使得 $\lim_{\|\boldsymbol{v}\| \to \infty} J(\boldsymbol{v}) = \infty$, 又设 U 是 $\mathbb{R}^n$ 中形如 $U := \{\boldsymbol{v} \in \mathbb{R}^n; \psi(\boldsymbol{v}) = 0\}$ 的非空凸子集, 其中函数 $\psi : \mathbb{R}^n \to \mathbb{R}$ 是凸的 (因此连续) 并且满足 $\psi(\boldsymbol{v}) \geqslant 0$ 对所有 $\boldsymbol{v} \in \mathbb{R}^n$.

(1) 证明下列约束极小化问题: 求 $\boldsymbol{u} \in U$ 使得 $J(\boldsymbol{u}) = \inf_{\boldsymbol{v} \in U} J(\boldsymbol{v})$, 有唯一解.

(2) 证明, 对每个 $\varepsilon > 0$, 下列无约束极小化问题: 求 $\boldsymbol{u}_\varepsilon \in \mathbb{R}^n$ 使得

$$J_\varepsilon(\boldsymbol{u}_\varepsilon) = \inf_{\boldsymbol{v} \in \mathbb{R}^n} J_\varepsilon(\boldsymbol{v}),\ 其中\ J_\varepsilon(\boldsymbol{v}) := J(\boldsymbol{v}) + \frac{1}{\varepsilon}\psi(\boldsymbol{v})\ 对所有\ \boldsymbol{v} \in \mathbb{R}^n,$$

有唯一解.

(3) 设 $\varepsilon(k) > 0, k \geqslant 0$, 使得 $\lim_{k \to \infty} \varepsilon(k) = 0$. 证明 $\lim_{k \to \infty} \boldsymbol{u}_{\varepsilon(k)} = \boldsymbol{u}$.

7.12-4 设 $J : \boldsymbol{v} \in \mathbb{R}^n \to J(\boldsymbol{v}) := \frac{1}{2}\boldsymbol{v}^T \boldsymbol{A} \boldsymbol{v} - \boldsymbol{b}^T \boldsymbol{v}$, 其中 $\boldsymbol{A}$ 是 $n \times n$ 实对称矩阵及 $\boldsymbol{b} \in \mathbb{R}^n$, 是二次泛函. 证明下述结论:

(1) 存在向量 $\boldsymbol{u} \in \mathbb{R}^n$ 使得

$$J(\boldsymbol{u}) < J(\boldsymbol{v}) \quad 对每个\ \boldsymbol{v} \in \mathbb{R}^n, \boldsymbol{v} \neq \boldsymbol{u},$$

其充分必要条件是 $\boldsymbol{A}$ 为正定的 (J 就是严格凸的).

(2) 存在向量 $\boldsymbol{u} \in \mathbb{R}^n$ 使得

$$J(\boldsymbol{u}) \leqslant J(\boldsymbol{v}) \quad 对每个\ \boldsymbol{v} \in \mathbb{R}^n,$$

其充分必要条件是 $\boldsymbol{A}$ 为非负定的 (J 就是凸的) 且集合 $\{\boldsymbol{w} \in \mathbb{R}^n; \boldsymbol{A}\boldsymbol{w} = \boldsymbol{b}\}$ 是非空的.

(3) 如果矩阵 $\boldsymbol{A}$ 是非负定的, 且集合 $\{\boldsymbol{w} \in \mathbb{R}^n; \boldsymbol{A}\boldsymbol{w} = \boldsymbol{b}\}$ 是空集, 则 $\inf_{\boldsymbol{v} \in \mathbb{R}^n} J(\boldsymbol{v}) = -\infty$.

(4) 如果 $\inf_{\boldsymbol{v} \in \mathbb{R}^n} J(\boldsymbol{v}) > -\infty$, 则矩阵 $\boldsymbol{A}$ 是非负定的且集合 $\{\boldsymbol{w} \in \mathbb{R}^n; \boldsymbol{A}\boldsymbol{w} = \boldsymbol{b}\}$ 是非空的.

7.12-5 (1) 设 $\boldsymbol{E}$ 是 n 阶方阵, 其所有分量都等于 1. 计算 $\boldsymbol{E}$ 的特征值并确定其相应的特征空间.

(2) 设 (开凸) 集 Ω 由下式定义:

$$\Omega = \{\boldsymbol{v} = (v_i) \in \mathbb{R}^n; v_i > 0, 1 \leqslant i \leqslant n\},$$

定义函数

$$J : \boldsymbol{v} \in \Omega \subset \mathbb{R}^n \to J(\boldsymbol{v}) := -\left(\prod_{i=1}^n v_i\right)^{\frac{1}{n}} \in \mathbb{R}.$$

计算数值

$$J'(\boldsymbol{u})\boldsymbol{v} \quad 和 \quad J''(\boldsymbol{u})(\boldsymbol{v}, \boldsymbol{w}) \quad 对\ \boldsymbol{u} \in \Omega, \boldsymbol{v} \in \mathbb{R}^n, \boldsymbol{w} \in \mathbb{R}^n.$$

(3) 证明, 函数 $J : \Omega \subset \mathbb{R}^n \to \mathbb{R}$ 是凸的, 但不是严格凸的.

(4) 用 j 表示函数 J 在开集 Ω 的凸子集

$$U = \left\{ \boldsymbol{v} = (v_i) \in \Omega; \sum_{i=1}^{n} v_i = n \right\}$$

上的限制. 证明函数 $j : U \subset \mathbb{R}^n \to \mathbb{R}$ 是严格凸的.

(5) 用 $\boldsymbol{e}$ 表示 Ω 中的向量, 其所有的分量都等于 1. 证明

$$J'(\boldsymbol{e})(\boldsymbol{v} - \boldsymbol{e}) = 0 \quad \text{对每个 } \boldsymbol{v} \in U.$$

由此断定, 存在唯一向量 $\boldsymbol{u}$ 使得

$$\boldsymbol{u} \in U \quad \text{且} \quad J(\boldsymbol{u}) = \inf_{\boldsymbol{v} \in U} J(\boldsymbol{v}).$$

(6) 证明

$$\left(\prod_{i=1}^{n} v_i \right)^{\frac{1}{n}} \leqslant \frac{1}{n} \sum_{i=1}^{n} v_i \quad \text{对每个 } \boldsymbol{v} = (v_i) \in \Omega,$$

并给出 Ω 的子集, 在该子集上不等式成为等式.

注 (6) 中的不等式就是已在习题 2.17-10 中出现过的算术 –几何平均值不等式. □

7.12-6 给定 $\mathbb{R}^n$ 中非退化三角形的顶点 $\boldsymbol{a}_i \in \mathbb{R}^n, 1 \leqslant i \leqslant 3$, 设函数 $J : \mathbb{R}^n \to \mathbb{R}$ 由 $J(\boldsymbol{v}) := \sum_{i=1}^{3} |\boldsymbol{v} - \boldsymbol{a}_i|$ 定义, 其中 $|\cdot|$ 表示 $\mathbb{R}^n$ 中的欧氏范数.

(1) 证明存在一点且只有一点 $\boldsymbol{u} \in \mathbb{R}^n$ 使得 $J(\boldsymbol{u}) = \inf_{\boldsymbol{v} \in \mathbb{R}^n} J(\boldsymbol{v})$.

(2) 利用向量 $(\boldsymbol{a}_i - \boldsymbol{u})$ 和 $(\boldsymbol{a}_{i+1} - \boldsymbol{u}), 1 \leqslant i \leqslant 3$ (模 3), 的夹角给出 $\boldsymbol{u}$ 的几何刻画.

7.13 隐函数定理; 第一个应用: 映射 $A \to A^{-1}$ 属于 $\mathcal{C}^\infty$ 类

我们现在利用中值定理及 Banach 不动点定理来证明隐函数定理[32], 这不仅在微分学本身, 即使在一般的非线性泛函分析中都是一个基本的结果. 这个结果给出了充分条件, 在这个条件下, 一个形如 $\varphi(x, y) = 0$ 的方程*局部*等价于形如 $y = f(x)$ 的一个方程 ("局部" 在此意指在方程 $\varphi(x, y) = 0$ 的一个特解的邻域内). 这种函数 f 称为**隐函数** (图 7.13-1).

[32] 第一个隐函数定理 (其中在定理 7.13-1 中用 φ 表示的函数是两个变量的实值函数) 属于:

U. Dini [1878]: *Analisi Infinitesimale. Lezioni dettate nella Reale Università di Pisa, Anno Accademico* 1877–1878.

其精彩的历史回忆在下文中给出:

G.M.Scarpello; D.Ritelli [2002]: A historical outline of the theorem of implicit functions, *Divulgaciones Matemáticas* **10**, 171–180.

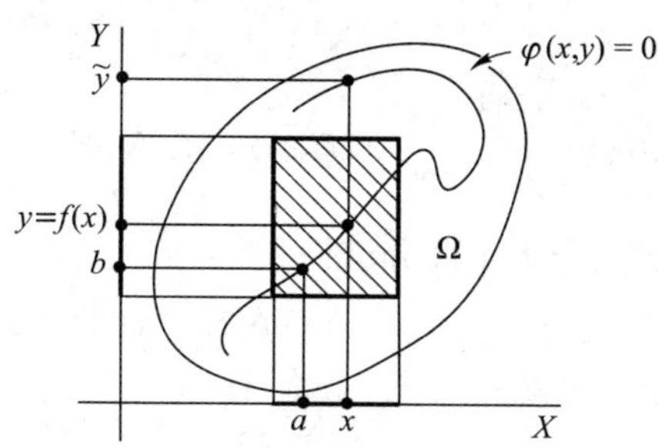

图 7.13-1 在定理 7.13-1 的假设下, 存在使得 $\varphi(a,b)=0$ 的一点 (a,b) 的邻域 $V\times W\subset\Omega$, 在其中方程 $\varphi(x,y)=0$ 的所有解 (x,y) 都具有如下形式: $(x,f(x)), x\in V$, 这里映射 $f:V\to W$ 是一个隐函数. 这个结果本质上是局部的: 可能发生这种情况, 存在点 $x\in V$ 和 $\widetilde{y}\in Y-W$ 使得 $\varphi(x,\widetilde{y})=0$. 此图最早出现在 P. G. Ciarlet [1988]: *Mathematical Elasticity, Volume 1: Three-Dimensional Elasticity*, North-Holland, Amsterdam.

下面, $\frac{\partial\varphi}{\partial x}(a,b)$ 和 $\frac{\partial\varphi}{\partial y}(a,b)$ 分别表示映射 φ 关于在空间 X 和 Y 中的一般变量 x 和 y, 在点 $(a,b)\in X\times Y$ 处的偏导数. 要注意, 在本节及下一节定理的陈述中, 要频繁地用到 *Banach* 开映射定理的推论 (见定理 5.6-2; 例如, 在定理 7.13-1 中要确保 $(\frac{\partial\varphi}{\partial y}(a,b))^{-1}\in\mathcal{L}(Z;Y)$).

定理 7.13-1 (隐函数定理) 给定赋范向量空间 X 和两个 *Banach* 空间 Y 和 Z, 空间 $X\times Y$ 中包含点 (a,b) 的开子集 Ω, 及一个具有下述性质的映射 $\varphi\in\mathcal{C}(\Omega;Z)$:

$$\varphi(a,b)=0,$$

$$\frac{\partial\varphi}{\partial y}(x,y)\in\mathcal{L}(Y;Z) \text{ 存在对所有点 } (x,y)\in\Omega \text{ 且 } \frac{\partial\varphi}{\partial y}\in\mathcal{C}(\Omega;\mathcal{L}(Y;Z)),$$

$$\frac{\partial\varphi}{\partial y}(a,b)\in\mathcal{L}(Y;Z) \text{ 是双射, 故 } \left(\frac{\partial\varphi}{\partial y}(a,b)\right)^{-1}\in\mathcal{L}(Z;Y).$$

(a) 存在 a 在 X 中的开邻域 V, b 在 Y 中的邻域 W, 及**隐函数** $f\in\mathcal{C}(V;W)$ 使得

$$V\times W\subset\Omega \quad \text{且} \quad \{(x,y)\in V\times W;\varphi(x,y)=0\}=\{(x,y)\in V\times W;y=f(x)\}.$$

(b) 另外再假设 φ 在 $(a,b)\in\Omega$ 处是可微的. 则 f 在 a 处可微且

$$f'(a)=-\left(\frac{\partial\varphi}{\partial y}(a,b)\right)^{-1}\frac{\partial\varphi}{\partial x}(a,b)\in\mathcal{L}(X;Y).$$

(c) 进一步再分别假定 $\varphi\in\mathcal{C}^m(\Omega;Z)$ 对某整数 $m\geqslant 1$, 或 $\varphi\in\mathcal{C}^\infty(\Omega;Z)$. 则存在 a 在 X 中的开邻域 $\widetilde{V}\subset V$ 和 b 在 Y 中的邻域 $\widetilde{W}\subset W$ 使得

$$\frac{\partial\varphi}{\partial y}(x,y)\in\mathcal{L}(Y;Z) \text{ 是双射, 故 } \left(\frac{\partial\varphi}{\partial y}(x,y)\right)^{-1}\in\mathcal{L}(Z;Y) \text{ 在每个 } (x,y)\in\widetilde{V}\times\widetilde{W} \text{ 处};$$

还分别有

$$f\in\mathcal{C}^m(\widetilde{V};Y) \quad \text{或} \quad f\in\mathcal{C}^\infty(\widetilde{V};Y);$$

而且

$$f'(x) = -\left(\frac{\partial\varphi}{\partial y}(x, f(x))\right)^{-1} \frac{\partial\varphi}{\partial y}(x, f(x)) \in \mathcal{L}(X; Y) \quad 在每个\ x \in \widetilde{V}\ 处.$$

证明 为清楚起见, 证明分七个部分进行.

(i) 确立隐函数 $x \in V \to f(x) \in W$ 的存在性归结为找到每个 $f(x), x \in V$, 作为依赖于 x 的特殊映射的唯一不动点.

由下式定义映射 $\psi \in \mathcal{C}(\Omega; Y)$:

$$\psi(x, y) := y - \left(\frac{\partial\varphi}{\partial y}(a, b)\right)^{-1} \varphi(x, y) \in Y \quad 在每个\ (x, y) \in \Omega\ 处,$$

则 $\frac{\partial\psi}{\partial y}(x, y) = I - (\frac{\partial\varphi}{\partial y}(a, b))^{-1} \frac{\partial\varphi}{\partial y}(x, y) \in \mathcal{L}(Y)$ 在所有点 $(x, y) \in \Omega$ 处均存在, 而且 $\frac{\partial\psi}{\partial y} \in \mathcal{C}(\Omega; \mathcal{L}(Y))$. 此外,

$$\psi(a, b) = b \in Y, \quad \frac{\partial\psi}{\partial y}(a, b) = 0 \in \mathcal{L}(Y),$$

并且点 $(x, y) \in \Omega$ 满足 $\varphi(x, y) = 0$ 的充分必要条件是 $\psi(x, y) = y$, 即当且仅当 y 是依赖于 x 的映射 $\psi(x, \cdot)$ 的不动点的情况. 这自然地就引导我们考虑, 能否使这一映射在一适当的完备距离空间中变为压缩的. 从而可应用 *Banach* 不动点定理. 我们现在证明, 如果点 $(x, y) \in \Omega$ 局限在 (a, b) 的一个充分小的邻域内, 情况确实如此.

(ii) 隐函数的存在性.

由于 $\frac{\partial\psi}{\partial y} \in \mathcal{C}(\Omega; \mathcal{L}(Y))$ 及 $\frac{\partial\psi}{\partial y}(a, b) = 0$, 存在 a 在 X 中的邻域 V' 及 b 在 Y 中的邻域 W 使得

$$V' \times W \subset \Omega \quad 和 \quad \left\|\frac{\partial\psi}{\partial y}(x, y)\right\| \leqslant \frac{1}{2}\ 对所有\ (x, y) \in V' \times W.$$

此外, 不失一般性可以假定 $W = \overline{B(b; r)}$ 对某个 $r > 0$. 所以, 对每个 $x \in V'$ 我们可以对由

$$T_x(y) := \psi(x, y) \in Y \quad 在每个\ y \in W\ 处$$

定义的映射 $T_x : W \to Y$ 在 W 中 (作为球的闭包, W 是 Banach 空间 Y 的凸子集) 运用中值定理 (定理 7.2-1). 这样就给出, 对每个 $x \in V'$, 有

$$\|T_x(\widetilde{y}) - T_x(y)\| \leqslant \frac{1}{2}\|\widetilde{y} - y\| \quad 对所有\ \widetilde{y} \in W\ 和所有\ y \in W,$$

这就证明了 $T_x : W \to Y$ 对每个 $x \in V'$ 都是压缩的.

然而, 在目前这个阶段, 这不能保证对每个 $x \in V', T_x$ 将 W 映射到其自身内. 但是这一条性质对那些在 a 的比 V' 小的邻域中的 $x \in V'$ 是成立的. 更确定地说, 设 V 是 a 的具有下述性质的邻域:

$$V\ 是开的,\ V \subset V',\ 且\ \|\psi(x, b) - \psi(a, b)\| \leqslant \frac{r}{2} \quad 对所有\ x \in V$$

(由于 $\psi \in \mathcal{C}(\Omega; Y)$, 这是可能的), 则

$$
\begin{aligned}
\|\psi(x,y)-b\| &= \|\psi(x,y)-\psi(a,b)\| \\
&\leqslant \|\psi(x,y)-\psi(x,b)\| + \|\psi(x,b)-\psi(a,b)\| \\
&\leqslant \frac{1}{2}\|y-b\| + \frac{r}{2} \leqslant r \quad \text{对所有 } (x,y) \in V \times W,
\end{aligned}
$$

所以 $T_x(y) = \psi(x,y) \in W = \overline{B(b;r)}$ 对所有 $(x,y) \in V \times W$.

对每个 $x \in V$, 映射 $T_x : W \to W$ 因此就是完备距离空间 W 中的一个压缩. 根据 *Banach* 不动点定理 (定理 3.7-1), 这个压缩映射有唯一的不动点 $f(x) \in W$, 它满足 $\psi(x, f(x)) = f(x)$, 或等价地 $\varphi(x, f(x)) = 0$.

此外, 不动点的唯一性说明, 对每个 $x \in V$, 在 W 中不存在其他的点 $\widetilde{y}$ 使得 $(x, \widetilde{y}) \in \Omega$ 且 $\varphi(x, \widetilde{y}) = 0$ (当然, 在 $Y - W$ 中还是可能存在这种点 $\widetilde{y}$; 见图 7.13-1).

隐函数 $x \in V \to f(x) \in W$ 的存在性因此得以确立.

(iii) 隐函数的连续性.

给定任意两点 $x_0 \in V$ 和 $x \in V$,

$$
\begin{aligned}
\|f(x)-f(x_0)\| &= \|T_x(f(x)) - T_{x_0}(f(x_0))\| \\
&\leqslant \|T_x(f(x)) - T_x(f(x_0))\| + \|T_x(f(x_0)) - T_{x_0}(f(x_0))\| \\
&\leqslant \frac{1}{2}\|f(x)-f(x_0)\| + \|T_x(f(x_0)) - T_{x_0}(f(x_0))\|,
\end{aligned}
$$

所以

$$
\begin{aligned}
\|f(x)-f(x_0)\| &\leqslant 2\|T_x(f(x_0)) - T_{x_0}(f(x_0))\| \\
&= 2\|\psi(x, f(x_0)) - \psi(x_0, f(x_0))\|.
\end{aligned}
$$

$\psi \in \mathcal{C}(\Omega; Y)$ 意味着 $\lim_{x \to x_0} \psi(x, f(x_0)) = \psi(x_0, f(x_0))$, 因此 $\lim_{x \to x_0} f(x) = f(x_0)$, 这说明 $f \in \mathcal{C}(V, W)$. 这就完成了 (a) 的证明.

(iv) 在映射 φ 在 $(a,b) \in V \times W \subset \Omega$ 处可微的附加假设下, 隐函数在 $a \in V$ 处的可微性.

给定任一点 $(a+h) \in V$, 设 $k(h) := f(a+h) - f(a)$, 则

$$
\begin{aligned}
0 &= \varphi(a+h, f(a+h)) - \varphi(a, f(a)) \\
&= \frac{\partial \varphi}{\partial x}(a,b)h + \frac{\partial \varphi}{\partial y}(a,b)k(h) + (\|h\| + \|k(h)\|)\delta(h, k(h)),
\end{aligned}
$$

其中

$$
\lim_{(h,k)\to(0,0)} \delta(h,k) = 0 \quad \text{在 } X \times Y \text{ 中},
$$

故得

$$
k(h) = -\left(\frac{\partial \varphi}{\partial y}(a,b)\right)^{-1} \frac{\partial \varphi}{\partial x}(a,b)h - (\|h\| + \|k(h)\|)\left(\frac{\partial \varphi}{\partial y}(a,b)\right)^{-1} \delta(h, k(h)).
$$

所以, 存在常数

$$\alpha := \left\| \left(\frac{\partial \varphi}{\partial y}(a,b) \right)^{-1} \frac{\partial \varphi}{\partial x}(a,b) \right\|_{\mathcal{L}(X;Y)} \quad \text{和} \quad \beta := \left\| \left(\frac{\partial \varphi}{\partial y}(a,b) \right)^{-1} \right\|_{\mathcal{L}(Z;Y)}$$

使得

$$\|k(h)\| \leqslant \alpha \|h\| + \beta(\|h\| + \|k(h)\|)\|\delta(h,k(h))\|.$$

此外, 由于隐函数是连续的 (部分 (iii)), 有

$$\lim_{h \to 0} k(h) = 0 \quad \text{在 } Y \text{ 中}.$$

所以存在 r_0 使得 $\beta\|\delta(h,k(h))\| \leqslant \frac{1}{2}$ 若 $\|h\| \leqslant r_0$, 这就意味着

$$\|k(h)\| \leqslant (2\alpha + 1)\|h\| \quad \text{如果 } \|h\| \leqslant r_0.$$

于是得到

$$k(h) = f(a+h) - f(a) = -\left(\frac{\partial \varphi}{\partial y}(a,b) \right)^{-1} \frac{\partial \varphi}{\partial x}(a,b)h + \|h\|\varepsilon(h)$$

$$\text{其中} \lim_{h \to 0} \varepsilon(h) = 0 \text{ 在 } Y \text{ 中},$$

这就证明了 f 在 $a \in V$ 处可微, 而且

$$f'(a) = -\left(\frac{\partial \varphi}{\partial y}(a,b) \right)^{-1} \frac{\partial \varphi}{\partial x}(a,b).$$

(b) 得证.

(v) 在映射 φ 在 Ω 中是 $\mathcal{C}^1$ 类的附加假设下, 隐函数是 $\mathcal{C}^1$ 类的.

在这种情况下, 由于 $\frac{\partial \varphi}{\partial y} \in \mathcal{C}(\Omega; \mathcal{L}(Y;Z))$ (定理 7.2-3), 定理 3.6-3 说明, 存在一个包含 (a,b) 的开子集 $\widetilde{\Omega} \subset \Omega$ 使得 $\frac{\partial \varphi}{\partial y}(x,y) \in \mathcal{L}(Y;Z)$ 是双射且 $\left(\frac{\partial \varphi}{\partial y}(x,y)\right)^{-1} \in \mathcal{L}(Z;Y)$ 在每个 $(x,y) \in \widetilde{\Omega}$ 处.

这样, 从部分 (i) 到部分 (iii) 的推论可逐字逐句地重述, 只是用 $\widetilde{\Omega}$ 代替 Ω 的位置. 这就得到, 存在 a 在 X 中的开邻域 $\widetilde{V} \subset V$, b 在 Y 中的邻域 $\widetilde{W} \subset W$, 及一个在每一点 $x \in \widetilde{V}$ 处均可微的隐函数 $f \in \mathcal{C}(\widetilde{V}; \widetilde{W})$ (因为集合 $\widetilde{V}$ 是开的, 在部分 (iv) 中确立隐函数在点 a 处可微的推导也适用于任一点 $x \in \widetilde{V}$).

还要证明 $f' \in \mathcal{C}(\widetilde{V}; \mathcal{L}(X;Y))$. 给定任意 $x \in \widetilde{V}$, 令

$$A(x) := -\left(\frac{\partial \varphi}{\partial y}(x, f(x)) \right)^{-1} \quad \text{和} \quad B(x) := \frac{\partial \varphi}{\partial x}(x, f(x)),$$

给定任意两点 $x \in \widetilde{V}$ 和 $\widetilde{x} \in \widetilde{V}$, 就有

$$\begin{aligned} f'(x) - f'(\widetilde{x}) &= A(x)B(x) - A(\widetilde{x})B(\widetilde{x}) \\ &= A(x)(B(x) - B(\widetilde{x})) + (A(x) - A(\widetilde{x}))B(\widetilde{x}). \end{aligned}$$

设 (x_n) 是点 $x_n \in \widetilde{V}$ 的序列, 使得 $x_n \to \widetilde{x}$ 当 $n \to \infty$ 时. 那么再利用定理 3.6-3, 就有 $A(x_n) \to A(\widetilde{x})$ 在 $\mathcal{L}(Z;Y)$ 中, 这是由于 $\frac{\partial \varphi}{\partial y} \in \mathcal{C}(\Omega; \mathcal{L}(Y;Z))$; 以及 $B(x_n) \to B(\widetilde{x})$ 在 $\mathcal{L}(X;Z)$ 中, 这是由于 $\frac{\partial \varphi}{\partial x} \in \mathcal{C}(\Omega; \mathcal{L}(X;Z))$. 因此当 $n \to \infty$ 时 $f'(x_n) \to f'(\widetilde{x})$ 在 $\mathcal{L}(X;Y)$ 中,(c) 得证.

(vi) 部分 (i)~(v) 对一特殊情况的应用 (这一应用是部分 (vii) 中需要的)

我们在定理 3.6-3 中也证明了, 给定 Banach 空间 X 和赋范向量空间 Y, 集合

$$\mathcal{U} := \{A \in \mathcal{L}(\mathsf{X};\mathsf{Y}); A : \mathsf{X} \to \mathsf{Y} \text{ 是双射且 } A^{-1} \in \mathcal{L}(\mathsf{Y};\mathsf{X})\}$$

在 $\mathcal{L}(\mathsf{X};\mathsf{Y})$ 中是开的而且映射 $A \in \mathcal{U} \to A^{-1} \in \mathcal{L}(\mathsf{Y};\mathsf{X})$ 是连续的. 我们现在证明这个映射在 $\mathcal{U}$ 中是 $\mathcal{C}^1$ 类的, 在证明的最后一部分需要这个结果 (在那里我们将证明, 这个映射实际上在 $\mathcal{U}$ 中是 $\mathcal{C}^\infty$ 类的).

为此目的, 我们的想法是将上面的部分 (i)~(v) 用到特定映射

$$\Phi : (A,B) \in \mathcal{L}(\mathsf{X};\mathsf{Y}) \times \mathcal{L}(\mathsf{Y};\mathsf{X}) \to \Phi(A,B) := (AB - I_{\mathsf{Y}}) \in \mathcal{L}(\mathsf{Y}),$$

其在 $\mathcal{L}(\mathsf{X};\mathsf{Y}) \times \mathcal{L}(\mathsf{Y};\mathsf{X})$ 中是 $\mathcal{C}^\infty$ 类的 (连续双线性映射是 $\mathcal{C}^\infty$ 类的), 也用到空间 $\mathcal{L}(\mathsf{X};\mathsf{Y}) \times \mathcal{L}(\mathsf{Y};\mathsf{X})$ 的特定开子集

$$\mathcal{O} := \mathcal{U} \times \mathcal{L}(\mathsf{Y};\mathsf{X}).$$

由于 (7.1 节)

$$\partial_2\Phi(A,B)K = AK \quad \text{对所有 } K \in \mathcal{L}(\mathsf{Y};\mathsf{X}) \text{ 在每个 } (A,B) \in \mathcal{O} \text{ 处},$$

就得到 $\partial_2\Phi(A,B) \in \mathcal{L}(\mathcal{L}(\mathsf{Y};\mathsf{X});\mathcal{L}(\mathsf{Y}))$ 是双射, 且 $(\partial_2\Phi(A,B))^{-1} \in \mathcal{L}(\mathcal{L}(\mathsf{Y});\mathcal{L}(\mathsf{Y};\mathsf{X}))$ 在每个 $(A,B) \in \mathcal{O}$ 处, 这是由于

$$(\partial_2\Phi(A,B))^{-1}H = A^{-1}H \quad \text{对所有 } H \in \mathcal{L}(\mathsf{Y}) \text{ 在每个 } (A,B) \in \mathcal{O} \text{ 处}.$$

给定任一对 $(A_0, A_0^{-1}) \in \mathcal{O}$, 它满足 $\Phi(A_0, A_0^{-1}) = 0 \in \mathcal{L}(\mathsf{Y})$, 故根据部分 (i)~(v), 存在 A_0 在 $\mathcal{U}$ 中的一个开邻域 $\mathcal{V}$, A_0^{-1} 在 $\mathcal{L}(\mathsf{Y};\mathsf{X})$ 中的一个开邻域 $\mathcal{W}$, 以及一个隐函数 $F \in \mathcal{C}^1(\mathcal{V}; \mathcal{L}(\mathsf{Y};\mathsf{X}))$, 使得

$$\{(A,B) \in \mathcal{V} \times \mathcal{W}; AB = I_{\mathsf{Y}}\} = \{(A,B) \in \mathcal{V} \times \mathcal{W}; B = F(A)\}.$$

但在这种特殊情况, 隐函数就简单地由下式给出:

$$F(A) = A^{-1} \quad \text{对所有 } A \in \mathcal{V}.$$

因此映射 $A \in \mathcal{V} \to A^{-1} \in \mathcal{L}(\mathsf{Y};\mathsf{X})$ 是 $\mathcal{C}^1$ 类的, 我们就得到映射$A \in \mathcal{U} \to A^{-1} \in \mathcal{L}(\mathsf{Y};\mathsf{X})$ 是 $\mathcal{C}^1$ 类的.

(vii) 在映射 φ 对 $m \geqslant 1$ 或 $m = \infty$ 在 Ω 中是 $\mathcal{C}^m$ 类的附加假设下, 隐函数是 $\mathcal{C}^m$ 类的.

由 (v), 对 $m=1$ 结论成立; 假定它对 $m=1,\cdots,k-1$ 成立, 其中 $k \geqslant 2$ 为整数.

在与部分 (vi) 中相同的假设下, 将归纳假设用于部分 (vi) 中的特定映射 Φ, 就意味着映射 $A \in \mathcal{U} \to A^{-1} \in \mathcal{L}(\mathsf{Y};\mathsf{X})$ 是 $\mathcal{C}^{k-1}$ 类的.

由于根据假设, 映射 $\varphi : \Omega \to Z$ 在 Ω 中是 $\mathcal{C}^k$ 类的, 故映射 $\frac{\partial\varphi}{\partial x} : \Omega \to \mathcal{L}(X;Z)$ 和 $\frac{\partial\varphi}{\partial y} : \Omega \to \mathcal{L}(Y;Z)$ 在 Ω 中都是 $\mathcal{C}^{k-1}$ 类的. 此外, 前面的讨论说明, 映射 $\left(\frac{\partial\varphi}{\partial y}\right)^{-1} : \widetilde{\Omega} \to \mathcal{L}(Z;Y)$ 在 $\widetilde{\Omega}$ 中是 $\mathcal{C}^{k-1}$ 类的 (开集 $\widetilde{\Omega} \subset \Omega$ 在部分 (v) 中已定义).

因为根据归纳假设, 隐函数 $f : \widetilde{V} \to W \subset Y$ 在 $\widetilde{V}$ 中是 $\mathcal{C}^{k-1}$ 类的, 故利用定理 7.8-4 得

$$x \in \widetilde{V} \to \left(\frac{\partial\varphi}{\partial y}(x, f(x))\right)^{-1} \in \mathcal{L}(Z;Y) \quad 和 \quad x \in \widetilde{V} \to \left(\frac{\partial\varphi}{\partial x}(x, f(x))\right) \in \mathcal{L}(X;Z)$$

在 $\widetilde{V}$ 中都是 $\mathcal{C}^{k-1}$ 类的. 所以再利用定理 7.8-4 得, 映射

$$f' : x \in V \to f'(x) = -\left(\frac{\partial\varphi}{\partial y}(x, f(x))\right)^{-1} \frac{\partial\varphi}{\partial x}(x, f(x)) \in \mathcal{L}(X;Y)$$

在 $\widetilde{V}$ 中也是 $\mathcal{C}^{k-1}$ 类的. 这就得到, $f : \widetilde{V} \to Y$ 在 $\widetilde{V}$ 中是 $\mathcal{C}^k$ 类的. 所以结论对 $m = k$ 同样也成立. □

在上述证明的部分 (vi) 和 (vii) 中, 实际上还证明了一条重要性质, 值得我们将其单列于下.

定理 7.13-2 (映射 $A \to A^{-1}$ 是 $\mathcal{C}^\infty$ 类的) 设 X 和 Y 是两个 *Banach* 空间, 令

$$\mathcal{U} := \{A \in \mathcal{L}(X;Y); A : X \to Y \text{ 是双射, 故 } A^{-1} \in \mathcal{L}(Y;X)\}$$

(它是 $\mathcal{L}(X;Y)$ 的开子集; 见定理 3.6-3), 则映射 $F : A \in \mathcal{U} \to A^{-1} \in \mathcal{L}(Y;X)$ 在 $\mathcal{U}$ 中是 $\mathcal{C}^\infty$ 类的. □

习题

7.13-1 设对于 $X = \mathbb{R}^2, Y = Z = \mathbb{R}$, 及 $m = 2$, 定理 7.13-1 中的假设都满足. 计算隐函数 f 在点 a 处的一阶和二阶偏导数 (在这种情况下, 出现在定理中的函数 f 及 φ 分别是两个及三个实变量的实值函数), 用函数 φ 在点 (a,b) 处的一阶和二阶偏导数来表示它们.

7.13-2 设 Ω 是 $\mathbb{R}^n$ 中的区域, $m \geqslant 1$, 又设空间 $\mathcal{C}^m(\overline{\Omega})$ 装备由

$$v \in \mathcal{C}^m(\overline{\Omega}) \to \max_{|\boldsymbol{\alpha}| \leqslant m} \sup_{x \in \Omega} |\partial^{\boldsymbol{\alpha}} v(x)|$$

定义的范数 (习题 3.2-1).

(1) 证明 $U := \{v \in \mathcal{C}^m(\overline{\Omega}); v(x) > 0 \text{ 对所有 } x \in \overline{\Omega}\}$ 是空间 $\mathcal{C}^m(\overline{\Omega})$ 的开子集.

(2) 证明映射 $f : v \in U \to f(v) := \frac{1}{v} \in U \subset \mathcal{C}^m(\overline{\Omega})$ 在 U 中是 $\mathcal{C}^\infty$ 类的.

7.14 局部反演定理; Banach 空间中关于 $\mathcal{C}^1$ 类映射的区域不变性定理; 映射 $A \to A^{\frac{1}{2}}$ 属于 $\mathcal{C}^\infty$ 类

本章的其余部分将集中讨论隐函数定理的各种应用. 前两个应用 (局部反演定理和 Banach 空间中关于 $\mathcal{C}^1$ 类映射的区域不变性定理; 见定理 7.14-1 和 7.14-2) 是关于一般性质的, 而后面的讨论则是应用于特定的场合.

在隐函数定理中 $Z = X$ 且映射 φ 形如 $\varphi(x, y) := x - g(y)$ 这一特殊情况, 应用该定理就相当于 "将关系式 $x = g(y)$ 局部反演为形如 $y = f(x)$ 的关系式". 为简洁起见, 我们只是在相应于其部分 (c) 的正则性假设下, 给出隐函数定理 (定理 7.13-1) 的这一推论.

定理 7.14-1 (局部反演定理) 给定两个 *Banach* 空间 X 和 Y, 空间 Y 中包含点 b 的一个开子集 O, 及一个映射 $g \in \mathcal{C}^m(O; X)$ 对某整数 $m \geqslant 1$, 或 $g \in \mathcal{C}^\infty(O; X)$, 它满足下述性质:

$$g'(b) \in \mathcal{L}(Y; X) \text{ 是双射, 故 } g'(b)^{-1} \in \mathcal{L}(X; Y).$$

则存在 X 中的点 $a := g(b)$ 的一个开邻域 V, Y 中的点 b 的一个开邻域 $W \subset O$, 以及一个**隐函数** $f \in \mathcal{C}^m(V; Y)$, 或 $f \in \mathcal{C}^\infty(V; Y)$, 使得 $f(V) \subset W$ 并且

$$\{(x, y) \in V \times W; x = g(y)\} = \{(x, y) \in V \times W; y = f(x)\}.$$

此外,

$$g'(y) \in \mathcal{L}(Y; X) \text{ 是双射, 故 } g'(y)^{-1} \in \mathcal{L}(X; Y) \text{ 在每个 } y \in W \text{ 处,}$$
$$f'(x) = g'(f(x))^{-1} \text{ 在每个 } x \in V \text{ 处.}$$

证明 将定理 7.13-1(c) 用于由

$$\varphi(x, y) := x - g(y) \quad \text{对所有 } (x, y) \in \Omega := X \times O$$

定义的映射 $\varphi : \Omega \subset X \times Y \to X$, 即可得上述所有结论.

更具体地说, 令 $\widetilde{V}$ 和 $\widetilde{W}$ 分别是出现在定理 7.13-1(c) 中的 a 的开邻域和 b 的邻域. 如果 $\widetilde{W}$ 是开的, 令 $V := \widetilde{V}$ 和 $W := \widetilde{W}$. 如果 $\widetilde{W}$ 不是开的, 则令 W 是 b 的任何包含在 $\widetilde{W}$ 中的开邻域; 然后令 $V := f^{-1}(W)$. □

回忆一下, 对于一个从拓扑空间 X 到拓扑空间 Y 的映射 $f : X \to Y$, 如果 X 的任一开子集在映射 f 下的直接像 $f(U)$ 都是 Y 的开子集, 则称其是开的.

对于无限维 Banach 空间之间的线性映射, *Banach* 开映射定理 (定理 5.6-1) 给出了其为开映射的充分条件; 基于这个原因, 它成为线性泛函分析的基本定理之一 (在第 5 章各处曾不厌其烦地予以阐述论证). 下面的定理对于无限维 Banach 空间之间的非

线性映射, 给出其为开映射的充分条件 (当然也适用于线性映射, 但在这种情况下结果就是平凡的了); 正因为如此, 它也构成非线性泛函分析的基本定理之一.

注意, 这个定理的证明, 本质上是依赖于局部反演定理, 所以最终还是依赖于隐函数定理.

定理 7.14-2 (Banach 空间中关于 $\mathcal{C}^1$ 类映射的区域不变定理) 给定两个 *Banach* 空间 X 和 Y, X 的一个开子集 Ω, 以及一个具有下述性质的映射 $f \in \mathcal{C}^1(\Omega; Y)$:

$$f'(x) \in \mathcal{L}(X;Y) \text{ 是可逆的, 故 } f'(x)^{-1} \in \mathcal{L}(Y;X) \text{ 在每个 } x \in \Omega \text{ 处.}$$

(a) 则 $f : \Omega \to Y$ 是开映射. 特别地, $f(\Omega)$ 在 Y 中是开的.

(b) 如果再假定映射 $f : \Omega \to Y$ 是单射, 则 f 是 Ω 到其像 $f(\Omega)$ 上的 $\mathcal{C}^1$ 微分同胚.

证明 (i) 给定任意点 $a \in \Omega$ 及 a 在 Ω 中的任意邻域 V, 则在映射 f 下 V 的直接像 $f(V)$ 是 $f(a)$ 在 Y 中的一个邻域.

关键的思路是利用局部反演定理 (定理 7.14-1), 但其中 X 与 Y, f 与 g 要互换.

更具体地说, 根据这个定理, 存在 a 在 X 中的一个开邻域 $\widehat{V} \subset \Omega$, $b := f(a)$ 在 Y 中的开邻域 W, 以及一个映射 $g \in \mathcal{C}^1(W;X)$ 使得 $g(W) \subset \widehat{V}$, 且对每个 $y \in W$ 方程 $y = f(x)$ 有且只有一个解 $x = g(y) \in \widehat{V}$.

由于 $g(W)$ 是 W 在连续映射 $f : \widehat{V} \subset \Omega \to Y$ 下的逆像, 且 W 在 Y 中是开的, 因此 $g(W)$ 在 X 中是开的. 所以集合 $\widetilde{V} := g(W)$ 是 a 在 Ω 中的一个开邻域, 而且映射 $f|_{\widetilde{V}} : \widetilde{V} \to W$ 是同胚, $g : W \to \widetilde{V}$ 是其逆同胚.

现在设 V 是 a 在 Ω 中的任一邻域, 则 $V \cap \widetilde{V}$ 也是 a 在 Ω 中的邻域, 而且其直接像 $f(V \cap \widetilde{V})$ 是 b 在 W 中的一个邻域, 这是由于 $f|_{\widetilde{V}} : \widetilde{V} \to W$ 是同胚. 这样, $f(V)$ 当然也是 b 在 W 中的邻域.

(ii) 现在设 U 是 Ω 的一个开子集. 给定任一点 $y \in f(U)$, 至少存在一点 $x \in U$ 使得 $y = f(x)$. 作为 Ω 中包含 x 的一个开子集, 集合 U 也是 x 在 Ω 中的一个邻域. 这样, 由 (i) 知, 其直接像 $f(U)$ 是 y 在 Y 中的邻域.

集合 $f(U)$ 作为其所有点中每一点的邻域, 因此是开的. 这就证明了 (a).

(iii) 如果另外再假设映射 $f : \Omega \to Y$ 是单射, 则 $f : \Omega \to f(\Omega)$ 是同胚, 这是因为由 (ii), Ω 的任一开子集在映射 f 下的直接像在 $f(\Omega)$ 中是开的. 由于假设 $f \in \mathcal{C}^1(\Omega; Y)$ 并且根据局部反演定理 $f^{-1} \in \mathcal{C}^1(f(\Omega); X)$ (可微性是局部性质), 故映射 $f : \Omega \to f(\Omega)$ 是 $\mathcal{C}^1$ 微分同胚. 这就证明了 (b). □

在习题 7.14-3 中, 给出定理 7.14-2 的一个有趣的补充, 其中断定, 只要 $f'(x)$ 是满射 (换言之, 不再需要 $f(x)$ 是双射) 而 Y 是有限维的即可; 此外, 在这种情况下不再需要 X 是完备的.

值得注意的是, 如果 $X = Y = \mathbb{R}^n$, 对于单射 $f : \Omega \subset \mathbb{R}^n \to \mathbb{R}^n$, 类似于定理 7.14-2(a) 的结论成立, 其中只要求 f 是连续的. 这个结果称为 $\mathbb{R}^n$ 中 *Brouwer* 区域不变性定理 (定理 7.14-2 借用此名). 后面 (9.17 节) 我们将会看到, 这个定理的证明却较之定理 7.14-2 的证明要难得多, 它有赖于 $\mathbb{R}^n$ 中的 *Brouwer* 拓扑度理论.

这次我们用一个特定的应用, 进一步说明局部反演定理的效力, 即证明把任一对称正定矩阵 $\boldsymbol{C}$ 与其平方根 $\boldsymbol{C}^{\frac{1}{2}}$ 联系起来的映射是 $\mathcal{C}^\infty$ 类的. 值得注意的是, 这个性质的证明并不需要计算这个映射的各阶导数[33].

下面, $\mathbb{S}^n$ 表示所有 n 阶对称矩阵的集合, $\mathbb{S}^n_>$ 表示 $\mathbb{S}^n$ 中所有正定矩阵的集合. 注意, $\mathbb{S}^n_>$ 在 $\mathbb{S}^m$ 中是开的 (习题 2.2-1).

定理 7.14-3 (映射 $\boldsymbol{A} \to \boldsymbol{A}^{\frac{1}{2}}$ 是 $\mathcal{C}^\infty$ 类的) 给定任意矩阵 $\boldsymbol{A} \in \mathbb{S}^n_>$, 存在唯一矩阵 $\boldsymbol{A}^{\frac{1}{2}} \in \mathbb{S}^n_>$ 使得 $(\boldsymbol{A}^{\frac{1}{2}})^2 = \boldsymbol{A}$, 而且由

$$\boldsymbol{\Phi} : \boldsymbol{A} \in \mathbb{S}^n_> \to \boldsymbol{\Phi}(\boldsymbol{A}) = \boldsymbol{A}^{\frac{1}{2}} \in \mathbb{S}^n_>$$

定义的映射是 $\mathcal{C}^\infty$ 类的.

证明 为完整起见, 我们也给出平方根的存在性和唯一性的证明. 出人意料的是, 平方根的存在性可轻易地立即得出 (部分 (i)), 但要证明其唯一性却并不这么容易 (部分 (ii)).

(i) 设 $\boldsymbol{A}$ 是对称正定矩阵, 则满足 $\boldsymbol{B}^2 = \boldsymbol{A}$ 的对称正定矩阵 $\boldsymbol{B}$ 的存在性是显然的: 设 $\boldsymbol{P}$ 是使矩阵 $\boldsymbol{A}$ 对角化的正交矩阵, 即 $\boldsymbol{A} = \boldsymbol{P}^T\boldsymbol{D}\boldsymbol{P}$, 其中 $\boldsymbol{D} = \mathbf{Diag}\ \mu_i$, $\mu_i > 0, 1 \leqslant i \leqslant n$, 则矩阵

$$\boldsymbol{B} := \boldsymbol{P}^T(\mathbf{Diag}\sqrt{\mu_i})\boldsymbol{P}$$

是对称正定的并满足 $\boldsymbol{B}^2 = \boldsymbol{A}$.

(ii) 为了证明平方根的唯一性, 我们首先给出一个预备性的结果: 设 $\boldsymbol{B}$ 是一个对称正定矩阵, 则矩阵 $\boldsymbol{B}^2$ 相应于特征值 μ 的任一特征向量也是矩阵 $\boldsymbol{B}$ 相应于特征值 $\sqrt{\mu}$ 的特征向量 (由于矩阵 $\boldsymbol{B}^2$ 也是对称正定的, 特征值 $\mu > 0$). 换言之

$$\boldsymbol{B}^2\boldsymbol{v} = \mu\boldsymbol{v} \text{ 且 } \boldsymbol{v} \neq \boldsymbol{0} \quad \text{意味着} \quad \boldsymbol{B}\boldsymbol{v} = \sqrt{\mu}\boldsymbol{v}.$$

为了证明这一结论, 注意到关系式 $\boldsymbol{B}^2\boldsymbol{v} = \mu\boldsymbol{v}$ 可以写为

$$(\boldsymbol{B} + \sqrt{\mu}\boldsymbol{I})(\boldsymbol{B} - \sqrt{\mu}\boldsymbol{I})\boldsymbol{v} = \boldsymbol{0},$$

这就必然有 $\boldsymbol{w} := (\boldsymbol{B} - \sqrt{\mu}\boldsymbol{I})\boldsymbol{v} = \boldsymbol{0}$, 否则 $\boldsymbol{w}$ 将是 $\boldsymbol{B}$ 相应于特征值 $-\sqrt{\mu} < 0$ 的特征向量.

---

[33] 关于导数的显式表示, 见

C.Padovani [2000]: On the derivative of some tensor-valued functions, *Journal of Elasticity* **58**, 257–268.

设 $\boldsymbol{B}_1$ 和 $\boldsymbol{B}_2$ 是两个对称正定矩阵, 都满足

$$\boldsymbol{A}=\boldsymbol{B}_1^2=\boldsymbol{B}_2^2,$$

则 $\boldsymbol{A}\boldsymbol{v}=\mu\boldsymbol{v}$ 且 $\boldsymbol{v}\neq\boldsymbol{0}$ 意味着 $\boldsymbol{B}_1^2\boldsymbol{v}=\boldsymbol{B}_2^2\boldsymbol{v}=\mu\boldsymbol{v}$, 因此 $\boldsymbol{B}_1\boldsymbol{v}=\boldsymbol{B}_2\boldsymbol{v}=\sqrt{\mu}\boldsymbol{v}$. 矩阵 $\boldsymbol{B}_1$ 和 $\boldsymbol{B}_2$ 有相同的特征向量和特征值, 因此是相等的. 故平方根的唯一性得证[34].

(iii) 令 $\boldsymbol{\psi}:\mathbb{S}^n_>\to\mathbb{S}^n_>$ 表示 $\boldsymbol{\Phi}$ 的逆映射, 即由 $\boldsymbol{\psi}(\boldsymbol{B})=\boldsymbol{B}^2$ 对所有 $\boldsymbol{B}\in\mathbb{S}^n_>$ 定义的映射, 则在每个 $\boldsymbol{B}\in\mathbb{S}^n_>$ 处映射 $\boldsymbol{\psi}$ 的 Fréchet 导数 $\boldsymbol{\psi}'(\boldsymbol{B})\in\mathcal{L}(\mathbb{S}^n)$ 由下式给出:

$$\boldsymbol{\psi}'(\boldsymbol{B})\boldsymbol{H}=\boldsymbol{B}\boldsymbol{H}+\boldsymbol{H}\boldsymbol{B}\quad \text{对任意 } \boldsymbol{H}\in\mathbb{S}^n,$$

其逆映射存在并且也属于 $\mathcal{L}(\mathbb{S}^n)$. 为了说明这一点, 设 $\boldsymbol{H}\in\mathbb{S}^n$ 使得 $\boldsymbol{\psi}'(\boldsymbol{B})\boldsymbol{H}=\boldsymbol{0}$, 又设 $(\boldsymbol{p}_i)_{i=1}^n$ 是由 $\boldsymbol{B}$ 的特征向量组成的 $\mathbb{R}^n$ 的基, 而 $\lambda_i>0, 1\leqslant i\leqslant n$, 是 $\boldsymbol{B}$ 的相应特征值. 则

$$\boldsymbol{\psi}'(\boldsymbol{B})\boldsymbol{H}\boldsymbol{p}_i=\boldsymbol{B}\boldsymbol{H}\boldsymbol{p}_i+\lambda_i\boldsymbol{H}\boldsymbol{p}_i=\boldsymbol{0},\quad 1\leqslant i\leqslant n,$$

故 $\boldsymbol{H}\boldsymbol{p}_i=\boldsymbol{0}, 1\leqslant i\leqslant n$; 否则 $\boldsymbol{H}\boldsymbol{p}_i$ 就将是 $\boldsymbol{B}$ 的相应于特征值 $-\lambda_i<0$ 的特征向量. 所以 $\boldsymbol{H}=\boldsymbol{0}$, 这就证明了 $\boldsymbol{\psi}'(\boldsymbol{B})\in\mathcal{L}(\mathbb{S}^n)$ 存在逆矩阵且其逆矩阵也属于 $\mathcal{L}(\mathbb{S}^n)$ (空间 $\mathbb{S}^n$ 是有限维的). 这样, 局部反演定理 (定理 7.14-1) 中的所有假设都满足.

由于映射 $\boldsymbol{\psi}:\mathbb{S}^n_>\to\mathbb{S}^n_>$ 是 $\mathcal{C}^\infty$ 类的, 所以其逆映射 $\boldsymbol{\Phi}:\mathbb{S}^n_>\to\mathbb{S}^n_>$ 也是 $\mathcal{C}^\infty$ 类的. □

习题

7.14-1 设 Ω 是 $\mathbb{R}^n$ 中的区域, $f\in\mathcal{C}^1(\overline{\Omega};\mathbb{R}^n)$ 是一映射并满足

$$\det\nabla f(x)>0 \text{ 对所有 } x\in\Omega \quad \text{且} \quad \int_\Omega \det\nabla f(x)dx\leqslant\int_{f(\Omega)}dx.$$

证明 f 在 Ω 上的限制是单射[35].

提示: 利用局部反演定理的证明, 如果 f 在 Ω 上不是单射, 存在 $f(\Omega)$ 的一个开子集 W 使得 $\mathrm{card} f^{-1}(x)\geqslant 2$ 对所有 $x\in W$.

7.14-2 给定一个赋范向量空间 X, 一个有限维向量空间 Y, 一个 X 的开子集 Ω, 以及一个满足下述性质的映射 $f\in\mathcal{C}^1(\Omega;Y)$:

$$\text{在每个 } x\in\Omega \text{ 处, } f'(x)\in\mathcal{L}(X;Y) \text{ 是 } X \text{ 到 } Y \text{ 上的满射.}$$

证明 $f:\Omega\to Y$ 是开映射.

[34] 这个简短的证明属于:

R.A.Stephenson [1980]: On the uniqueness of the square-root of a symmetric, positive-definite tensor, *Journal of Elasticity* **10**, 213–214.

[35] 这个结果属于:

P. G. Ciarlet; J. Nečas [1987]: Injectivity and self-contact in nonlinear elasticity, *Archive for Rational Mechanics and Analysis* **97**, 171–188.

7.14-3 给定两个 Banach 空间 X 和 Y, 及一个具有下述性质的映射 $f \in \mathcal{C}^1(X;Y)$:

$$\text{在每个 } x \in X \text{ 处}, f'(x) \in \mathcal{L}(X;Y) \text{ 是双射且 } \sup_{x \in X} \|f'(x)^{-1}\|_{\mathcal{L}(Y;X)} < \infty.$$

证明 f 是 X 到 Y 上的满射[36].

7.14-4 对每个矩阵 $\boldsymbol{F} \in \mathbb{U}^n$, 其中 $\mathbb{U}^n$ 表示所有 n 阶可逆实矩阵的集合 (它是 $\mathbb{M}^n$ 的一个开子集; 见定理 3.6-3), 设 $\boldsymbol{F} = \boldsymbol{RU}$ 是其唯一的极分解 (习题 4.3-5). 证明以这种方式定义的映射 $\boldsymbol{F} \in \mathbb{U}^n \to \boldsymbol{R} \in \mathbb{M}^n$ 和 $\boldsymbol{F} \in \mathbb{U}^n \to \boldsymbol{U} \in \mathbb{M}^n$ 都 $\mathcal{C}^\infty$ 类的.

7.14-5 希腊和拉丁指标分别在集合 $\{1,2\}$ 和 $\{1,2,3\}$ 中变化, 对于重复指标求和约定仍适用. 设 Ω 是 $\mathbb{R}^2$ 中的区域. 给定一个足够光滑的向量场 $\boldsymbol{v} = (v_i) : \overline{\Omega} \to \mathbb{R}^3$, 设

$$\boldsymbol{A}(\boldsymbol{v}) := (-\partial_\beta N_{1\beta}(\boldsymbol{v}), -\partial_\beta N_{2\beta}(\boldsymbol{v}), \partial_{\alpha\beta} m_{\alpha\beta}(\boldsymbol{v}) - \partial_\beta(N_{\alpha\beta}(\boldsymbol{v})\partial_\alpha v_3)),$$

其中

$$\begin{aligned} m_{\alpha\beta}(\boldsymbol{v}) &:= \frac{\varepsilon^3}{3} a_{\alpha\beta\sigma\tau}\partial_{\sigma\tau}v_3, \quad N_{\alpha\beta}(\boldsymbol{v}) := \varepsilon a_{\alpha\beta\sigma\tau}E_{\sigma\tau}(\boldsymbol{v}), \\ E_{\alpha\beta}(\boldsymbol{v}) &:= \frac{1}{2}(\partial_\alpha v_\beta + \partial_\beta v_\alpha + \partial_\alpha v_3 \partial_\beta v_3), \end{aligned}$$

这里 $\varepsilon > 0$ 是常数, 而 $a_{\alpha\beta\sigma\tau} = a_{\beta\alpha\sigma\tau} = a_{\sigma\tau\alpha\beta}$ 是具有下述性质的常数: 存在常数 C 使得

$$a_{\alpha\beta\sigma\tau}t_{\sigma\tau}t_{\alpha\beta} \geqslant Ct_{\alpha\beta}t_{\alpha\beta} \quad \text{对所有 } (t_{\alpha\beta}) \in \mathbb{S}^2.$$

(1) 给定任意 $p > 2$, 证明以这种方式定义的非线性算子 $\boldsymbol{A}$ 映空间 $W^{3,p}(\Omega) \times W^{3,p}(\Omega) \times W^{4,p}(\Omega)$ 到空间 $W^{1,p}(\Omega) \times W^{1,p}(\Omega) \times L^p(\Omega)$ 内, 并且 $\boldsymbol{A}$ 在这些空间之间是无限次可微的.

(2) 证明, 如果 Ω 的边界 Γ 足够光滑, 对任何 $p > 2$, $\boldsymbol{A}$ 在原点处的导数是从空间

$$\boldsymbol{V}^p(\Omega) := \{\boldsymbol{v} = (v_i) \in W^{3,p}(\Omega) \times W^{3,p}(\Omega) \times W^{4,p}(\Omega); v_i = \partial_\nu v_3 = 0 \text{ 在 } \Gamma \text{ 上}\}$$

到空间

$$\boldsymbol{W}^p(\Omega) := W^{1,p}(\Omega) \times W^{1,p}(\Omega) \times L^p(\Omega)$$

上的连续双射.

提示: 利用下述正则性结果[37]: 如果边界 Γ 足够光滑, 关于习题 6.16-4 中的极小化问题, 在 $\Gamma_0 = \Gamma$ 这一特殊情况下, 对空间 $\boldsymbol{W}^p(\Omega)$ 中的任意向量场 $\boldsymbol{f}$, 其解 $u \in H_0^1(\Omega) \times H_0^1(\Omega) \times H_0^2(\Omega)$ 属于空间 $\boldsymbol{V}^p(\Omega)$.

(3) 利用*局部反演定理*证明, 如果边界 Γ 足够光滑, 则对每个 $p > 2$, 存在 $\boldsymbol{W}^p(\Omega)$ 中原点的邻域 $\boldsymbol{F}^p$ 和 $\boldsymbol{V}^p(\Omega)$ 中原点的邻域 $\boldsymbol{U}^p$ 具有下述性质: 对每个 $\boldsymbol{f} = (f_i) \in \boldsymbol{F}^p$, 下述非线性边

---

[36] 关于两个 Banach 空间之间的映射是单射或满射 (如在此处) 的各种充分条件, 可在下文中找到:

G. Zampieri [1992]: Diffeomorphisms with Banach space domains, *Nonlinear Analysis, Theory, Methods & Applications* **19**, 923–932.

[37] 其证明, 见

P. G. Ciarlet; P. Destuynder [1979]: A justification of a nonlinear model in plate theory, *Computer Methods in Applied Mechanics and Engineering* **17/18**, 227–258.

值问题在 $\boldsymbol{U}^p$ 中有唯一解 $\boldsymbol{u}$:

$$\begin{aligned} \partial_{\alpha\beta} m_{\alpha\beta}(\boldsymbol{u}) - \partial_\beta(N_{\alpha\beta}(\boldsymbol{u})\partial_\alpha u_3) = f_3 \quad & \text{在 } \Omega \text{ 中}, \\ -\partial_\beta N_{\alpha\beta}(\boldsymbol{u}) = f_\alpha \quad & \text{在 } \Omega \text{ 中}, \\ u_i = \partial_\nu u_3 = 0 \quad & \text{在 } \Gamma \text{ 上}. \end{aligned}$$

这个边值问题就构成**非线性弹性板的 Kirchhoff-Love 理论方程组**[38).]

注 这个边值问题弱解的存在性可以用变分学的方法 (习题 9.3-3) 在更一般的意义下得到. □

7.15 实值函数的约束极值; Lagrange 乘子

作为隐函数定理的另一个应用, 我们现在给出一点 u 是实值函数 $J:\Omega \to \mathbb{R}$ 关于 Ω 的子集 U 的约束局部极值点的一个必要条件. 讨论限于下述特殊情况: 集合 Ω 是两个赋范向量空间积 $V_1 \times V_2$ 的一个开子集, 而 Ω 的子集 U 具有下述形式:

$$U = \{(v_1, v_2) \in \Omega : \varphi(v_1, v_2) = 0\},$$

其中

$$\varphi : \Omega \subset V_1 \times V_2 \to V_2$$

是某个给定的映射.

要注意, 以这种方式定义的集合 U, 一般来说不是开的 (例如, 当 $V_1 = V_2 = \mathbb{R}$ 且函数 φ 是连续的时, 它是 $\mathbb{R}^2$ 中一条曲线). 这就是为什么定理 7.1-5 中确立的必要条件不能用于这种情形.

定理 7.15-1 (约束局部极值的必要条件) 设 Ω 是积空间 $V_1 \times V_2$ 的开子集, 其中 V_1 是赋范向量空间, V_2 是 *Banach* 空间. 给定映射 $\varphi \in \mathcal{C}^1(\Omega; V_2)$, 设

$$u = (u_1, u_2) \in U := \{(v_1, v_2) \in \Omega; \varphi(v_1, v_2) = 0\}$$

使得

$$\partial_2\varphi(u_1, u_2) \in \mathcal{L}(V_2) \text{ 是双射, 故 } (\partial_2\varphi(u_1, u_2))^{-1} \in \mathcal{L}(V_2).$$

设 $J:\Omega \to \mathbb{R}$ 是在 u 处可微的函数. 如果 J 在 u 处有关于 U 的约束局部极值, 则存在元素 $\Lambda(u) \in \mathcal{L}(V_2; \mathbb{R})$ 使得

$$J'(u) + \Lambda(u)\varphi'(u) = 0.$$

38) 在 Ciarlet [1997, 第 4 章] 中对这个方程进行了详尽的讨论.

证明 对于空间 V_1 和 V_2, 集合 Ω, 以及映射 φ 所作的假设, 使我们可以在点 u 的邻域内应用隐函数定理 (定理 7.13-1). 这个定理说明, 存在 u_1 在 V_1 中的开邻域 O_1, u_2 在 V_2 中的邻域 W_2, 以及隐函数 $f \in \mathcal{C}(O_1; W_2)$ 使得

$$O_1 \times W_2 \subset \Omega \quad \text{且} \quad (O_1 \times W_2) \cap U = \{(v_1, v_2) \in O_1 \times W_2 : v_2 = f(v_1)\}.$$

进而, 隐函数 f 在点 $u_1 \in O_1$ 处是可微的, 而且其导数由下式给出:

$$f'(u_1) = -(\partial_2 \varphi(u))^{-1} \partial_1 \varphi(u).$$

借助于隐函数定理, 函数 J 在集合 $(O_1 \times W_2) \cap U$ 上的限制就变成在开集 O_1 中由

$$G : v_1 \in O_1 \to G(v_1) := J(v_1, f(v_1)) \in \mathbb{R}$$

定义的单变量函数, 而且这个函数 G 在点 $u_1 \in O_1$ 处有局部极值. 此外, 根据链式法则 (定理 7.1-3), 函数 G 在点 u_1 处是可微的, 而且其导数由下式给出:

$$\begin{aligned} G'(u_1) &= \partial_1 J(u) + \partial_2 J(u) f'(u_1) \\ &= \partial_1 J(u) - \partial_2 J(u)(\partial_2 \varphi(u))^{-1} \partial_1 \varphi(u). \end{aligned}$$

所以, 我们可以利用定理 7.1-5 中的必要条件 (因为集合 O_1 是开的), 这就得到

$$G'(u_1) = O \in \mathcal{L}(V_1; \mathbb{R}).$$

这样, 一方面我们有

$$\partial_1 J(u) = \partial_2 J(u)(\partial_2 \varphi(u))^{-1} \partial_1 \varphi(u),$$

而另一方面显然成立

$$\partial_2 J(u) = \partial_2 J(u)(\partial_2 \varphi(u))^{-1} \partial_2 \varphi(u),$$

因此令

$$\Lambda(u) := -\partial_2 J(u)(\partial_2 \varphi(u))^{-1}$$

即得我们所宣示的结果. □

出现在定理 7.15-1 中的映射 $\Lambda(u) \in \mathcal{L}(V_2; \mathbb{R})$ 称为关于约束局部极值 $u \in U$ 的**广义 Lagrange 乘子**[39].

上述结果多被用于下述常见的情形. 给定两个满足 $1 \leqslant m \leqslant n-1$ 的整数 m 和 n, 以及定义在 $\mathbb{R}^n$ 的同一开子集 Ω 上的函数

$$J : \Omega \subset \mathbb{R}^n \to \mathbb{R} \quad \text{和} \quad \varphi_i : \Omega \subset \mathbb{R}^n \to \mathbb{R}, \quad 1 \leqslant i \leqslant m,$$

[39]冠名源自 Joseph-Louis Lagrange (1736—1813), 这个概念, 还有遍及整个变分学的其他几个基本概念 (如 7.16 节和 9.1 节所涉及的) 都起源于他.

要寻求函数 J 关于集合

$$U := \{v \in \Omega : \varphi_i(v) = 0, 1 \leqslant i \leqslant m\}$$

的约束局部极值满足的必要条件. 显然, 这个问题是前述问题的一个特殊情况 (其中 V_1 和 V_2 分别等同于空间 $\mathbb{R}^{n-m}$ 和 $\mathbb{R}^m$), 故定理 7.15-1 导致下面的结果.

定理 7.15-2 (约束局部极值的必要条件) 设 Ω 是 $\mathbb{R}^n$ 的开子集, $\varphi_i : \Omega \to \mathbb{R}, 1 \leqslant i \leqslant m \leqslant n-1$, 是 Ω 上的 $\mathcal{C}^1$ 类函数, 又设 u 是集合

$$U := \{v \in \Omega : \varphi_i(v) = 0, 1 \leqslant i \leqslant m\}$$

中的一点, 使得导数 $\varphi_i'(u) \in \mathcal{L}(\mathbb{R}^n; \mathbb{R}), 1 \leqslant i \leqslant m$, 是线性无关的.

设 $J : \Omega \to \mathbb{R}$ 是在 u 处可微的函数. 如果 J 在 u 处有关于集合 U 的约束局部极值, 则存在 m 个数 $\lambda_i = \lambda_i(u), 1 \leqslant i \leqslant m$, 使得

$$J'(u) + \sum_{i=1}^{m} \lambda_i \varphi_i'(u) = 0,$$

而且这些数 $\lambda_i, 1 \leqslant i \leqslant m$, 是唯一确定的.

证明 导数 $\varphi_i'(u)$ 的线性无关性意味着元素为 $\partial_j \varphi_i(u), 1 \leqslant i \leqslant m, 1 \leqslant j \leqslant n$, 的矩阵的秩为 m. 假定 (只是为确定起见) 元素为 $\partial_j \varphi_i(u), 1 \leqslant i, j \leqslant m$, 的子矩阵是可逆的, 那么只要在

$$V_1 := \{(v_j)_{j=m+1}^n \in \mathbb{R}^{n-m}\} \quad \text{和} \quad V_2 := \{(v_i)_{i=1}^m \in \mathbb{R}^m\},$$
$$\varphi : v \in \Omega \subset V_1 \times V_2 \to \varphi(v) := (\varphi_i(v))_{i=1}^m \in V_2$$

的情况下应用定理 7.15-1 即可. 这个定理说明, 存在空间 $\mathcal{L}(\mathbb{R}^m; \mathbb{R})$ 中的元素 $\Lambda(u)$ 使得 $J'(u) + \Lambda(u)\varphi'(u) = 0$; 或等价地, 存在 m 个实数 $\lambda_i = \lambda_i(u), 1 \leqslant i \leqslant m$, 使得

$$J'(u) + \sum_{i=1}^{m} \lambda_i \varphi_i'(u) = 0.$$

数 λ_i 的唯一性是导数 $\varphi_i'(u)$ 的线性无关性的推论. □

出现在上述定理中的数 $\lambda_i = \lambda_i(u), 1 \leqslant i \leqslant m$, 称为 **Lagrange 乘子**, 而向量 $\boldsymbol{\lambda} = (\lambda_i)_{i=1}^m \in \mathbb{R}^m$ 称为关于约束局部极值 $u \in U$ 的 **Lagrange 乘子**.

满足定理 7.15-2 中必要条件的向量 $\boldsymbol{u} = (u_i)_{i=1}^n \in \mathbb{R}^n$ 和 $\boldsymbol{\lambda} = (\lambda_i)_{i=1}^m \in \mathbb{R}^m$ 可通

过求解下述由 $(m+n)$ 个方程组成的方程组得到:

$$\begin{aligned}\partial_1 J(\boldsymbol{u})+\lambda_1\partial_1\varphi_1(\boldsymbol{u})+\cdots+\lambda_m\partial_1\varphi_m(\boldsymbol{u}) &= 0,\\ &\cdots\cdots\cdots\cdots\\ \partial_n J(\boldsymbol{u})+\lambda_1\partial_n\varphi_1(\boldsymbol{u})+\cdots+\lambda_m\partial_n\varphi_m(\boldsymbol{u}) &= 0,\\ \varphi_1(\boldsymbol{u}) &= 0,\\ &\cdots\cdots\cdots\cdots\\ \varphi_m(\boldsymbol{u}) &= 0.\end{aligned}$$

注意, 前 n 个方程也可以写为向量形式:

$$\begin{pmatrix}\partial_1 J(\boldsymbol{u})\\ \vdots\\ \partial_n J(\boldsymbol{u})\end{pmatrix}+\begin{pmatrix}\partial_1\varphi_1(\boldsymbol{u}) & \cdots & \partial_1\varphi_m(\boldsymbol{u})\\ \vdots & & \vdots\\ \partial_n\varphi_1(\boldsymbol{u}) & \cdots & \partial_n\varphi_m(\boldsymbol{u})\end{pmatrix}\begin{pmatrix}\lambda_1\\ \vdots\\ \lambda_m\end{pmatrix}$$
$$=\operatorname{grad} J(\boldsymbol{u})+(\nabla\varphi(\boldsymbol{u}))^T\boldsymbol{\lambda}=\mathbf{0}.$$

作为本节的结尾, 我们讨论空间 $\mathbb{R}^n$ 上的二次泛函这一实例, 即形如

$$J:\boldsymbol{v}\in\mathbb{R}^n\to J(\boldsymbol{v}):=\frac{1}{2}\boldsymbol{v}^T\boldsymbol{A}\boldsymbol{v}-\boldsymbol{c}^T\boldsymbol{v}$$

的函数, 其中 $\boldsymbol{A}$ 是 n 阶实对称矩阵, $\boldsymbol{c}\in\mathbb{R}^n$. 这一函数 J 在 $\mathbb{R}^n$ 中是可微的, 而且其导数 $J'(\boldsymbol{u})\in\mathcal{L}(\mathbb{R}^n;\mathbb{R})$ 在每个 $\boldsymbol{u}\in\mathbb{R}^n$ 处可等同于 (用欧氏内积) 向量 $(\boldsymbol{A}\boldsymbol{u}-\boldsymbol{c})\in\mathbb{R}^n$.

假定我们要寻求的是泛函 J 关于下述特殊形式的集合

$$\boldsymbol{U}:=\{\boldsymbol{v}\in\mathbb{R}^n;\boldsymbol{B}\boldsymbol{v}=\boldsymbol{d}\}$$

的约束局部极值, 其中 $\boldsymbol{B}$ 是实 $m\times n$ 矩阵, $\boldsymbol{d}\in\mathbb{R}^m, m\leqslant n-1$. 函数

$$\boldsymbol{\varphi}:\boldsymbol{v}\in\mathbb{R}^n\to\boldsymbol{\varphi}(\boldsymbol{v}):=\boldsymbol{B}\boldsymbol{v}-\boldsymbol{d}\in\mathbb{R}^m$$

的导数 $\boldsymbol{\varphi}':\mathbb{R}^n\to\mathcal{L}(\mathbb{R}^n;\mathbb{R}^m)$ 是等于矩阵 $\boldsymbol{B}$ 的常函数, 由定理 7.15-2 得, 如果矩阵 $\boldsymbol{B}$ 的秩为 m (用定理 7.15-2 的符号, 这个假设意味着导数 $\varphi_i'(u), 1\leqslant i\leqslant m$, 是线性无关的), 则泛函 J 在点 $u\in U$ 有关集合 U 的约束极值的必要条件是线性方程组

$$\begin{aligned}\boldsymbol{A}\boldsymbol{u}+\boldsymbol{B}^T\boldsymbol{\lambda}&=\boldsymbol{c},\\ \boldsymbol{B}\boldsymbol{u}&=\boldsymbol{d}\end{aligned}$$

存在解 $(\boldsymbol{u},\boldsymbol{\lambda})\in\mathbb{R}^n\times\mathbb{R}^m$.

应注意, 作为 Babuška-Brezzi 上下确界定理 (定理 6.12-1) 的推论, 可得到同一个线性方程组 (习题 6.12-2), 但是用完全不同的方法.

考虑了约束 $\boldsymbol{Bv}=\boldsymbol{d}$ 使得我们必须求解一个较之无约束情况更大的方程组. 关于这个问题, 实际上计算向量 $\boldsymbol{\lambda}\in\mathbb{R}^m$ 是不可避免的, 即使如常碰到的情况, 我们的兴趣只是求约束局部极值点 $\boldsymbol{u}\in\boldsymbol{U}$, 换言之未知的 *Lagrange* 乘子 $\boldsymbol{\lambda}$ 只是简单地作为一个"中介"出现.

习题 7.15-3 的目标是将结果拓展到形如 $\boldsymbol{U}:=\{\boldsymbol{v}\in\mathbb{R}^n;\boldsymbol{Bv}\leqslant\boldsymbol{d}\}$ 的集合.

习题

7.15-1 求函数 $J:\boldsymbol{v}=(v_1,v_2)\in\mathbb{R}^2\to J(\boldsymbol{v}):=-v_2$ 关于集合 $U:=\{(v_1,v_2)\in\mathbb{R}^2;v_1^2+v_2^2=1\}$ 的约束局部极值及相关的 Lagrange 乘子.

提示: 用局部分析证明, 那些点确实是 J 关于 U 的约束局部极值点.

7.15-2 设 $U:=\{\boldsymbol{v}\in\mathbb{R}^n;\varphi(\boldsymbol{v})=\boldsymbol{0}\}$, 其中 $\varphi\in\mathcal{C}^1(\mathbb{R}^n)$, 设 $\boldsymbol{a}$ 和 $\boldsymbol{b}$ 是 $\mathbb{R}^n$ 中不属于集合 U 的两个不同点, 又设函数 $J:\mathbb{R}^n\to\mathbb{R}$ 由下式定义: $J(\boldsymbol{v}):=|\boldsymbol{v}-\boldsymbol{a}|+|\boldsymbol{v}-\boldsymbol{b}|,\boldsymbol{v}\in\mathbb{R}^n$, 其中 $|\cdot|$ 表示 $\mathbb{R}^n$ 中的欧氏范数, 假定 $\boldsymbol{u}\in U$ 是 J 关于 U 的局部极值点.

证明, 如果 $\varphi'(\boldsymbol{u})\neq\boldsymbol{0}$ 且 $\frac{\boldsymbol{u}-\boldsymbol{a}}{|\boldsymbol{u}-\boldsymbol{a}|}+\frac{\boldsymbol{u}-\boldsymbol{b}}{|\boldsymbol{u}-\boldsymbol{b}|}\neq\boldsymbol{0}$, 超曲面 U 在 $\boldsymbol{u}$ 处的法线一定位于顶点为 $\boldsymbol{a},\boldsymbol{b},\boldsymbol{u}$ 的三角形顶点 $\boldsymbol{u}$ 处的角平分线上.

注 当 $n=2$ 或 $n=3$ 时, 这个结果的几何解释就是几何光学中著名的 **Fermat 原理**[40]. □

7.15-3 本题的目的是确立 (在问题 (2) 中) 与定理 7.15-2 中类似的结果, 但其中的"等式约束" $\varphi_i(v)=0,1\leqslant i\leqslant m$, 换为形如 $\varphi_i(v)\leqslant 0,1\leqslant i\leqslant m$, 的"不等式约束". 在此, 为简单起见, 我们只限于讨论 φ_i 都是仿射映射的情况[41].

设 $(V,(\cdot,\cdot))$ 是实 Hilbert 空间, $c_i,1\leqslant i\leqslant m$, 是 V 中的向量, 又设 $d_i,1\leqslant i\leqslant m$, 是实数.

(1) 设

$$U:=\{v\in V;(c_i,v)=d_i,1\leqslant i\leqslant m\},$$

又设 Ω 是 V 中包含 U 的开子集, 而且给定一个函数 $J:\Omega\to\mathbb{R}$. 证明, 如果向量 c_i 是线性无关的, 而 J 在点 $u\in U$ 处有关于 U 的约束局部极值并且在 u 处可微, 则存在唯一定义的 *Lagrange* 乘子 $\lambda_i=\lambda_i(u),1\leqslant i\leqslant m$, 使得

$$\operatorname{grad} J(u)+\sum_{i=1}^m\lambda_i c_i=0.$$

(2) 设

$$\widetilde{U}:=\{v\in V;(c_i,v)\leqslant d_i,1\leqslant i\leqslant m\},$$

又设 Ω 是 V 中包含 $\widetilde{U}$ 的开子集, 而且给定一个函数 $J:\Omega\to\mathbb{R}$. 假定 J 在点 $\widetilde{u}\in\widetilde{U}$ 处有关于 $\widetilde{U}$ 的约束局部极小值并且在 $\widetilde{u}$ 处可微 (注意, 这里不再假定向量 $c_i,1\leqslant i\leqslant m$, 是线性无关的),

40) 冠名源自 Pierre de Fermat (1601—1665).

41) 对于更一般映射 φ_i 的讨论; 可见, 例如 Ciarlet [1987, 第 9.2 节].

令

$$I(\widetilde{u}) := \{i \in \{1,2,\cdots,m\}; (c_i, \widetilde{u}) = d_i\}.$$

证明, 存在数 $\widetilde{\lambda}_i = \widetilde{\lambda}_i(\widetilde{u}), i \in I(\widetilde{u})$, 使得

$$\widetilde{\lambda} \geqslant 0, i \in I(\widetilde{u}) \quad 及 \quad \text{grad } J(\widetilde{u}) + \sum_{i \in I(\widetilde{u})} \widetilde{\lambda}_i c_i = 0.$$

这个结果构成 **Kuhn-Tucker**[42] **定理**, 在非线性规划中起着关键作用; 数 $\widetilde{\lambda}_i = \widetilde{\lambda}_i(\widetilde{u}), i \in I(\widetilde{u})$, 称为关于约束局部极值 $\widetilde{u} \in \widetilde{U}$ 的 **Kuhn-Tucker 乘子**.

提示: 证明

$$(\text{grad } J(\widetilde{u}), w) \geqslant 0 \quad 对所有 \ w \in C(\widetilde{u}) := \{v \in V; (c_i, v) \leqslant 0, i \in I(\widetilde{u})\}.$$

然后证明, Kuhn-Tucker 乘子的存在性可由 *Farkaš* 引理 (习题 4.3-11) 导出.

注 实际上, Kuhn-Tucker 乘子 $\widetilde{\lambda}_i = \widetilde{\lambda}_i(\widetilde{u})$ 可以对所有 $1 \leqslant i \leqslant m$ 定义, 这只要简单地对所有那些使 $(c_i, \widetilde{u}) < d_i$ 的指标 i, 令 $\widetilde{\lambda}_i := 0$ 即可. 在这种情况下, (2) 中的最后一个关系式可重写为更能与 (1) 中关系式联系起来的形式, 即

$$\widetilde{\lambda}_i \geqslant 0, 1 \leqslant i \leqslant m, \sum_{i=1}^m \widetilde{\lambda}_i((c_i, \widetilde{u}) - d_i) = 0, \ 及 \ \text{grad } J(\widetilde{u}) + \sum_{i=1}^m \widetilde{\lambda} c_i = 0.$$

例如, 给定二次泛函

$$J : \boldsymbol{v} \in \mathbb{R}^n \to J(\boldsymbol{v}) := \frac{1}{2}\boldsymbol{v}^T \boldsymbol{A}\boldsymbol{v} - \boldsymbol{c}^T \boldsymbol{v},$$

其中 $\boldsymbol{A}$ 是 n 阶正定对称矩阵, $\boldsymbol{b} \in \mathbb{R}^n$, 和一个形如

$$\widetilde{\boldsymbol{U}} := \{\boldsymbol{v} \in \mathbb{R}^n; \boldsymbol{B}\boldsymbol{v} \leqslant \boldsymbol{d}\}$$

的集合 $\widetilde{\boldsymbol{U}}$, 其中 $\boldsymbol{B}$ 是 $m \times n$ 实矩阵, $\boldsymbol{d} \in \mathbb{R}^m$, 而 $\boldsymbol{B}\boldsymbol{v} \leqslant \boldsymbol{d}$ 意指 $(\boldsymbol{B}\boldsymbol{v})_i \leqslant d_i, 1 \leqslant i \leqslant m$. 则泛函 J 在 $\widetilde{\boldsymbol{u}} \in \widetilde{\boldsymbol{U}}$ 处有关于 $\widetilde{U}$ 的约束局部极小值的必要条件是, 非线性方程组 (还是用自明的符号)

$$\boldsymbol{A}\widetilde{\boldsymbol{u}} + \boldsymbol{B}^T\widetilde{\boldsymbol{\lambda}} = \boldsymbol{c}, \boldsymbol{B}\widetilde{\boldsymbol{u}} \leqslant \boldsymbol{d}, \widetilde{\boldsymbol{\lambda}} \geqslant \boldsymbol{0} \ 及 \ (\widetilde{\boldsymbol{\lambda}}, \boldsymbol{B}\widetilde{\boldsymbol{u}} - \boldsymbol{d}) = 0$$

存在解 $(\widetilde{\boldsymbol{u}}, \widetilde{\boldsymbol{\lambda}}) \in \mathbb{R}^{n+m}$. 应将这个方程组与书中出现的线性方程组, 在那里 $\boldsymbol{U} := \{\boldsymbol{v} \in \mathbb{R}^n; \boldsymbol{B}\boldsymbol{v} = \boldsymbol{d}\}$ 及矩阵 $\boldsymbol{B}$ 的秩是 m, 对照比较. □

7.15-4 设 Ω 是 $\mathbb{R}^2$ 中的区域, $x_i, 1 \leqslant i \leqslant m$, 是 Ω 中 m 个不同的点, 又设 $f \in L^2(\Omega)$.

(1) 证明下列极小化问题: 求

$$u \in U := \{v \in H_0^2(\Omega); v(x_i) = 0, 1 \leqslant i \leqslant m\}$$

使得

$$J(u) = \inf_{v \in U} J(v), \ 其中 \ J(v) := \frac{1}{2}\int_\Omega |\Delta v|^2 dx - \int_\Omega f v dx \ 对每个 \ v \in H_0^2(\Omega),$$

[42] H. W. Kuhn; A.W.Tucker [1951]: Nonlinear programming, in *Proceedings of the Second Berkeley Symposium on Mathematical Statistics and Probability* (J. Neyman, editor), pp. 481–492, University of California Press, Berkeley.

有唯一解 u (利用 6.1, 6.2 和 6.8 节的结果).

(2) 证明存在实数 $\lambda_i = \lambda_i(u), 1 \leqslant i \leqslant m$, 使得 u 满足偏微分方程

$$\Delta^2 u = f + \sum_{i=1}^{m} \lambda_i \delta_{x_i} \quad \text{在 } \mathcal{D}'(\Omega) \text{ 中},$$

即在分布意义下满足, 这里对于每个 $1 \leqslant i \leqslant m$, δ_{x_i} 表示在 x_i 处的 Dirac 分布.

(3) 现在设 $\widetilde{U} := \{v \in H_0^2(\Omega); v(x_i) \geqslant 0, 1 \leqslant i \leqslant m\}$. 证明下列极小化问题: 求 $\widetilde{u} \in \widetilde{U}$ 使得 $J(\widetilde{u}) = \inf_{v \in \widetilde{U}} J(v)$ 有唯一解 $\widetilde{u}$; 然后利用习题 7.15-3 证明, 存在数 $\widetilde{\lambda}_i = \widetilde{\lambda}_i(\widetilde{u}), 1 \leqslant i \leqslant m$, 使得

$$\Delta^2 \widetilde{u} = f + \sum_{i=1}^{m} \widetilde{\lambda}_i \delta_{x_i} \text{ 在 } \mathcal{D}'(\Omega) \text{ 中}, \widetilde{\lambda}_i \geqslant 0, 1 \leqslant i \leqslant m, \text{ 及 } \sum_{i=1}^{m} \widetilde{\lambda}_i \widetilde{u}(x_i) = 0.$$

注 (1) 这个结果显著地改进了习题 6.9-3(2) 的结论.

(2) 上面 (2) 中的极小化问题是附着在每一点 x_i 上的线性弹性板的模型 (6.8 节); 而在 (3) 中, 则是一个在每一点 x_i 都服从*单向接触* (在这种点上只允许“向上”的位移) 的板的模型. 而 (2) 中的 *Lagrange 乘子* $\lambda_i, 1 \leqslant i \leqslant m$, 或 (3) 中的 *Kuhn-Tacker 乘子* $\widetilde{\lambda}_i, 1 \leqslant i \leqslant m$, 均有值得关注的力学解释: 每个 λ_i 均表示集中在点 x_i 处的*作用力*大小, 它防止板在该点移动, $\widetilde{\lambda}_i$ 或表示这样的作用力若 $u(x_i) = 0$ (即, 若在 x_i 处保持接触), 或 $\widetilde{\lambda}_i = 0$ 若 $u(x_i) > 0$ (即, 若在 x_i 处无接触). □

7.16 Lagrange 函数及鞍点; 原始和对偶问题

本节的目的是说明, 如何将各种各样的*约束最优化问题*置于一个单一的框架内. 这样做, 特别地就可以说明为什么在这类问题中要引入辅助未知量, 例如 Stokes 方程组化为极小化问题表示式中的压力 $\lambda \in L_0^2(\Omega)$ (6.14 节), 还有在上节末尾讨论的 $\mathbb{R}^n$ 中约束二次极小化问题中的向量 $\boldsymbol{\lambda} \in \mathbb{R}^m$.

设 V 和 M 是任意的两个集合, 又设

$$\mathcal{L} : V \times M \to \mathbb{R}$$

是一个函数. 如果点 u 是函数 $\mathcal{L}(\cdot, \lambda) : V \to \mathbb{R}$ 的极小值点, 而点 λ 是函数 $\mathcal{L}(u, \cdot) : M \to \mathbb{R}$ 的极大值点, 即如果

$$\sup_{\mu \in M} \mathcal{L}(u, \mu) = \mathcal{L}(u, \lambda) = \inf_{v \in V} \mathcal{L}(v, \lambda),$$

则称点 $(u, \lambda) \in V \times M$ 是函数 $\mathcal{L}$ 的**鞍点** (图 7.16-1). 有鞍点 $(u, \lambda) \in V \times M$ 的函数 $\mathcal{L} : V \times M \to \mathbb{R}$ 称为 **Lagrange 函数 (Lagrangian)**.

注 “*Lagrangian*” 在 9.1 节中也被用来表示不同的概念. □

鞍点的一个重要性质是, 它们实际上是上下确界问题和下上确界问题的解:

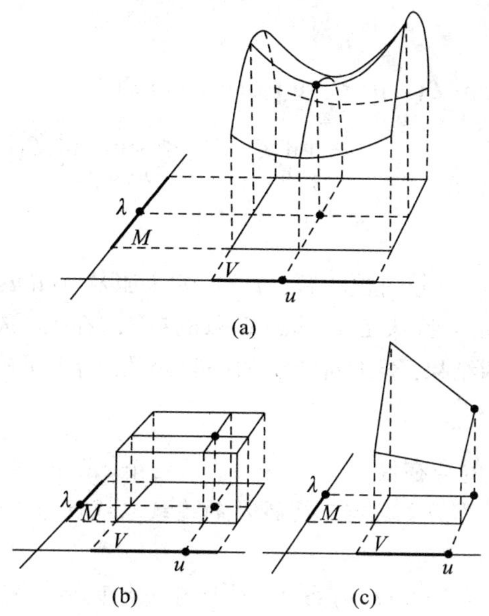

图 7.16-1 函数 $\mathcal{L}: V \times M \to \mathbb{R}$ 的各种类型的鞍点, 在此集合 V 和 M 都假定是 $\mathbb{R}$ 的紧区间. 通常, 鞍点被视为具有马鞍的形状, 这是用这个术语的原因, 见图 (a). 然而其他形状也是可能的, 见图 (b) 和 (c). 此图最早出现在 P. G. CIARLET [2007]: *Introduction a l'Analyse Numerique Matricelle et a l'Optimisation* Dunod, Paris.

定理 7.16-1 如果 (u, λ) 是函数 $\mathcal{L}: V \times M \to \mathbb{R}$ 的鞍点, 则

$$\begin{aligned}\inf_{v \in V} \sup_{\mu \in M} \mathcal{L}(v, \mu) &= \sup_{\mu \in M} \mathcal{L}(u, \mu) = \mathcal{L}(u, \lambda) \\ &= \inf_{v \in V} \mathcal{L}(v, \lambda) = \sup_{\mu \in M} \inf_{v \in V} \mathcal{L}(v, \mu).\end{aligned}$$

证明 首先, 我们证明不等式

$$\sup_{\mu \in M} \inf_{v \in V} \mathcal{L}(v, \mu) \leqslant \inf_{v \in V} \sup_{\mu \in M} \mathcal{L}(v, \mu)$$

总是成立的, 即无关于鞍点的存在性.

给定任意元素 $\widetilde{v} \in V$ 和 $\widetilde{\mu} \in M$, 显然有

$$\inf_{v \in V} \mathcal{L}(v, \widetilde{\mu}) \leqslant \mathcal{L}(\widetilde{v}, \widetilde{\mu}) \leqslant \sup_{\mu \in M} \mathcal{L}(\widetilde{v}, \mu)$$

(在这些不等式的左端和右端并不排除值 $-\infty$ 和 ∞). 由于 $\inf_{v \in V} \mathcal{L}(v, \widetilde{\mu})$ 是 $\widetilde{\mu} \in M$ 的函数, 而 $\sup_{\mu \in M} \mathcal{L}(\widetilde{v}, \mu)$ 是 $\widetilde{v} \in V$ 的函数, 故要证明的不等式成立.

为了得到反过来的不等式, 只要注意到, 如果 (u, λ) 是 $\mathcal{L}: V \times M \to \mathbb{R}$ 的鞍点,

则

$$\begin{aligned}\inf_{v\in V}\sup_{\mu\in M}\mathcal{L}(v,\mu)&\leqslant\sup_{\mu\in M}\mathcal{L}(u,\mu)=\mathcal{L}(u,\lambda)\\&=\inf_{v\in V}\mathcal{L}(v,\lambda)\leqslant\sup_{\mu\in M}\inf_{v\in V}\mathcal{L}(v,\mu).\end{aligned}$$

定理得证. □

我们下面证明, 任一变分问题的解 (u,λ), 如果服从 *Babuška-Brezzi* 上下确界定理 (定理 6.12-1), 一定是某特殊 *Lagrange* 函数的鞍点 (在关于双线性形式 $a(\cdot,\cdot)$ 附加的轻度假设下). 下面的结果, 至少对特定的一类函数, 给出了确保鞍点存在的充分条件.

定理 7.16-2 (鞍点的存在性) 设 V 和 M 是两个 *Hilbert* 空间, $a(\cdot,\cdot):V\times V\to\mathbb{R}$ 和 $b(\cdot,\cdot):V\times M\to\mathbb{R}$ 是两个具有下述性质的连续双线性形式: 双线性形式 $a(\cdot,\cdot)$ 是对称的并满足

$$a(v,v)\geqslant 0 \quad 对所有\ v\in V,$$

存在常数 α 使得

$$\alpha>0\ 且\ a(v,v)\geqslant\alpha\|v\|_V^2\ 对所有\ v\in U_0:=\{v\in V;b(v,\mu)=0\ 对所有\ \mu\in M\},$$

即 $a(\cdot,\cdot)$ 是 U_0 强制的, 又存在常数 β 使得

$$\beta>0 \quad 且 \quad \inf_{\begin{cases}\mu\in M\\ \mu\neq 0\end{cases}}\ \sup_{\begin{cases}v\in V\\ v\neq 0\end{cases}}\frac{|b(v,\mu)|}{\|v\|_V\|\mu\|_M}\geqslant\beta.$$

最后, 设 $l:V\to\mathbb{R}$ 和 $\chi:M\to\mathbb{R}$ 是两个连续线性形式.

则变分问题 (定理 6.12-1)

$$\begin{aligned}a(u,v)+b(v,\lambda)&=l(v) \quad 对所有\ v\in V,\\ b(u,\mu)&=\chi(\mu) \quad 对所有\ \mu\in M\end{aligned}$$

的唯一解 $(u,\lambda)\in V\times M$ 是由

$$\mathcal{L}(v,\mu)=\frac{1}{2}a(v,v)-l(v)+b(v,\mu)-\chi(\mu) \quad 对每个\ (v,\mu)\in V\times M$$

定义的 *Lagrange* 函数 $\mathcal{L}:V\times M\to\mathbb{R}$ 的唯一鞍点.

反之, 如果这个函数 $\mathcal{L}:V\times M\to\mathbb{R}$ 是一个 *Lagrange* 函数, 即 $\mathcal{L}$ 有鞍点 $(u,\lambda)\in V\times M$, 则 (u,λ) 是上述变分问题的唯一解.

证明 首先, 关系式

$$\mathcal{L}(u,\mu)\leqslant\mathcal{L}(u,\lambda) \quad 对所有\ \mu\in M$$

当且仅当 $b(u,\mu-\lambda)\leqslant\chi(\mu-\lambda)$ 对所有 $\mu\in M$ 满足时成立. 而此式又等价于

$$b(u,\mu)=\chi(\mu)\quad \text{对所有 } \mu\in M,$$

此因 M 是向量空间. 其次, 对固定的 $\lambda\in M$, 函数 $v\in V\to\mathcal{L}(v,\lambda)$ 是二次泛函, 其关于变量 $v\in V$ 的二阶导数满足

$$\frac{\partial^2\mathcal{L}}{\partial v^2}(w,\lambda)(v,v)=a(v,v)\geqslant 0\quad \text{对所有 } v,w\in V.$$

因此, 由定理 7.9-2,

$$\mathcal{L}(u,\lambda)=\inf_{v\in V}\mathcal{L}(v,\lambda)$$

当且仅当 $\frac{\partial\mathcal{L}}{\partial v}(u,\lambda)=0$ 时成立, 此式就是

$$a(u,v)-l(v)+b(v,\lambda)=0\quad \text{对所有 } v\in V.$$

这就证明了, 当且仅当

$$\sup_{\mu\in M}\mathcal{L}(u,\mu)=\mathcal{L}(u,\lambda)=\inf_{v\in V}\mathcal{L}(v,\lambda)$$

时, 也就是当且仅当 (u,λ) 是函数 $\mathcal{L}:V\times M\to\mathbb{R}$ 的鞍点时, $(u,\lambda)\in V\times M$ 是变分问题的解. □

在定理 6.12-2 中我们证明了, 定理 7.16-2 中定义 Lagrange 函数 $\mathcal{L}:V\times M\to\mathbb{R}$ 的鞍点 (u,λ) 的第一个变量 $u\in V$ 是约束二次极小化问题 (在下面定理中将重述) 的唯一解, 这个问题在现在情况下称为原始问题.

我们现在证明, (在双线性形式 $a(\cdot,\cdot)$ 在整个空间 V 上都是强制的这一较强的假设下) 鞍点 (u,λ) 的第二个变量 $\lambda\in M$ 也是一个最优化问题的唯一解. 这个问题表示为无约束极大化问题的形式, 在现在情况下称为 (上面原始问题的) 对偶问题.

注 现在定义的 “原始问题” 和 “对偶问题” 要与在 6.13 节中定义的 “原始形式” 和 “对偶形式” 仔细予以区分. □

定理 7.16-3 (原始和对偶问题) 假定关于空间 V 和 W, 关于双线性形式 $a(\cdot,\cdot):V\times V\to\mathbb{R}$ 和 $b(\cdot,\cdot):V\times M\to\mathbb{R}$, 以及关于线性形式 $l:V\to\mathbb{R}$ 和 $\chi:M\to\mathbb{R}$ 的假设与定理 7.16-2 中的相同, 另外再补充假设对称双线性形式 $a(\cdot,\cdot)$ 是 V 强制的, 即存在常数 α 使得

$$\alpha>0\quad \text{且}\quad a(v,v)\geqslant\alpha\|v\|^2\quad \text{对所有 } v\in V.$$

(a) 设空间 V 的子集 U_χ 和泛函 $J:V\to\mathbb{R}$ 分别由以下两式定义:

$$\begin{aligned}
U_\chi &:= \{v\in V; b(v,\mu)=\chi(\mu)\ \text{对所有 } \mu\in M\},\\
J(v) &:= \frac{1}{2}a(v,v)-l(v)\quad \text{对每个 } v\in V,
\end{aligned}$$

而 u 是**原始问题**:

$$u \in U_\chi \quad 且 \quad J(u) = \inf_{u \in U_\chi} J(v)$$

的唯一解. 则 $u \in U_\chi \subset V$ 是由

$$\mathcal{L}(v,\mu) := \frac{1}{2}a(v,v) - l(v) + b(v,\mu) - \chi(\mu) \quad 对每个\ (v,\mu) \in V \times M$$

定义的 *Lagrange* 函数 $\mathcal{L}: V \times M \to \mathbb{R}$ 的唯一鞍点 (u,λ) 的第一个变量.

(b) 设泛函 $K: M \to \mathbb{R}$ 由

$$\mu \in M \to K(\mu) := -\frac{1}{2}a(u_\mu, u_\mu) - \chi(\mu)$$

定义, 其中对每个 $\mu \in M$, 元素 u_μ 是无约束二次极小化问题:

$$u_\mu \in V \quad 且 \quad \mathcal{L}(u_\mu,\mu) = \inf_{v \in V} \mathcal{L}(v,\mu)$$

的唯一解. 则 *Lagrange* 函数 $\mathcal{L}: V \times M \to \mathbb{R}$ 的鞍点 (u,λ) 的第二个变量 $\lambda \in M$ 是**对偶问题**:

$$\lambda \in M \quad 且 \quad K(\lambda) = \sup_{\mu \in M} K(\mu)$$

的唯一解.

证明 部分 (a) 的证明可由定理 6.12-2 和 7.16-2 得到.

由于现在假定双线性形式 $a(\cdot,\cdot)$ 是 V 强制的, 对固定的 $\mu \in M$ 存在唯一元素 $u_\mu \in V$ 使得

$$\mathcal{L}(u_\mu,\mu) = \inf_{v \in V} \mathcal{L}(v,\mu) := -\frac{1}{2}a(u_\mu,u_\mu) - \chi(\mu) = K(\mu).$$

注意到 $u_\lambda = u$, 从定理 7.16-2 可得

$$\begin{aligned}\mathcal{L}(u,\lambda) &= \inf_{v \in V} \mathcal{L}(v,\lambda) = K(\lambda)\\ &= \sup_{\mu \in M} \inf_{v \in V} \mathcal{L}(v,\mu) = \sup_{\mu \in M} K(\mu).\end{aligned}$$

这就证明了 (b). □

定理 7.16-3 中对偶问题的解 $\lambda \in M$ 称为关于约束 $u \in U_\chi$ (或等价地 $b(u,\mu) = \chi(\mu)$ 对所有 $\mu \in M$) 的 **Lagrange 乘子**, 这个约束是原始问题的解必须满足的.

作为定理 7.16-3 的第一个应用, 我们讨论在 6.14 节中引入并予以分析的 *Stokes* 方程组. 在那里已证明 (定理 6.14-3), 未知的速度 $\boldsymbol{u} \in \boldsymbol{H}_0^1(\Omega)$ 是下述约束二次极小化问题的唯一解:

$$\begin{aligned}&\boldsymbol{u} \in \boldsymbol{U}_0 := \{\boldsymbol{v} \in \boldsymbol{H}_0^1(\Omega); \mathrm{div}\ \boldsymbol{v} = 0 \text{ 在 } \Omega \text{ 中}\},\\ &I(\boldsymbol{u}) = \inf_{\boldsymbol{v} \in \boldsymbol{U}_0} I(\boldsymbol{v}), \text{ 其中 } I(\boldsymbol{v}) := \frac{\nu}{2}\int_\Omega \boldsymbol{\nabla v} : \boldsymbol{\nabla v} dx - \int_\Omega \boldsymbol{f} \cdot \boldsymbol{v} dx.\end{aligned}$$

在这种情况, 定理 7.16-3 的所有假设都满足, 故得 $\boldsymbol{u}$ 是对每个 $(\boldsymbol{v},\mu)\in \boldsymbol{H}_0^1(\Omega)\times L_0^2(\Omega)$ 由

$$\mathcal{L}(\boldsymbol{v},\mu):=\frac{\nu}{2}\int_\Omega \boldsymbol{\nabla v}:\boldsymbol{\nabla v}dx-\int_\Omega \boldsymbol{f}\cdot\boldsymbol{v}dx-\int_\Omega(\operatorname{div}\,\boldsymbol{v})\mu dx$$

定义的 *Lagrange* 函数$\mathcal{L}:\boldsymbol{H}_0^1(\Omega)\times L_0^2(\Omega)\to\mathbb{R}$ 的唯一鞍点$(\boldsymbol{u},\lambda)\in\boldsymbol{H}_0^1(\Omega)\times L_0^2(\Omega)$ 的第一个变量.

我们注意, 根据定理 7.16-2, 鞍点 (u,λ) 也满足定理 6.14-3(a) 中的变分方程, 因此可以断言, 未知的压力 $\lambda\in L_0^2(\Omega)$ 是关于在 Ω 内不可压缩约束 $\operatorname{div}\,\boldsymbol{u}=0$ 的 *Lagrange* 乘子.

注 类似的对偶问题的例子在习题 7.16-1 中给出. □

作为定理 7.16-3 的另一个应用, 我们讨论在 $\mathbb{R}^n$ 的子集 $\boldsymbol{U}$ 上极小化二次泛函

$$J:\boldsymbol{v}\in\mathbb{R}^n\to J(\boldsymbol{v}):=\frac{1}{2}\boldsymbol{v}^T\boldsymbol{A}\boldsymbol{v}^T-\boldsymbol{c}^T\boldsymbol{v}$$

的问题 (在 7.15 节中已见过), 其中 $\boldsymbol{A}$ 是 n 阶正定对称矩阵, $\boldsymbol{c}\in\mathbb{R}^n$, $\boldsymbol{U}$ 具有如下形式

$$\boldsymbol{U}:=\{\boldsymbol{v}\in\mathbb{R}^n;\boldsymbol{B}\boldsymbol{v}=\boldsymbol{d}\},$$

其中 $\boldsymbol{B}$ 是秩为 m 的 $m\times n$ 矩阵 (故 $m\leqslant n$), $\boldsymbol{d}\in\mathbb{R}^m$*). 这个问题现在视为原始问题. 那么定理 7.16-3 (其所有假设都满足) 就断言, 这个原始问题的唯一解 $\boldsymbol{u}$ 是由

$$\mathcal{L}(\boldsymbol{v},\boldsymbol{\mu}):=\frac{1}{2}\boldsymbol{v}^T\boldsymbol{A}\boldsymbol{v}-\boldsymbol{c}^T\boldsymbol{v}+\boldsymbol{v}^T\boldsymbol{B}^T\boldsymbol{\mu}-\boldsymbol{d}^T\boldsymbol{\mu}\quad \text{对每个 } (\boldsymbol{v},\boldsymbol{\mu})\in\mathbb{R}^n\times\mathbb{R}^m$$

定义的 Lagrange 函数 $\mathcal{L}:\mathbb{R}^n\times\mathbb{R}^m\to\mathbb{R}$ 的唯一鞍点 $(\boldsymbol{u},\boldsymbol{\lambda})\in\mathbb{R}^n\times\mathbb{R}^m$ 的第一个变量; 而鞍点 $(\boldsymbol{u},\boldsymbol{\lambda})$ 的第二个变量 $\boldsymbol{\lambda}\in\mathbb{R}^m$ 是关于约束 $\boldsymbol{B}\boldsymbol{u}=\boldsymbol{d}$ 的 *Lagrange* 乘子.

顺便提一句, 这说明这里给出的 Lagrange 乘子的定义实际上是上节所给定义的特殊情况.

注意, 取代上面形如 $\boldsymbol{B}\boldsymbol{u}=\boldsymbol{d}$ 的等式约束, 关于形如 $\boldsymbol{B}\boldsymbol{u}\leqslant\boldsymbol{d}$ 的不等式约束的对偶问题及 Lagrange 乘子也可予以定义; 见习题 7.16-2.

习题

7.16-1 (1) 将定理 6.13-1(c) 中的约束二次极小化问题视为原始问题, 何为其对偶问题?

(2) 将定理 6.13-2(c) 中的约束二次极小化问题视为原始问题, 何为其对偶问题?

注 如前所述, 在本节中使用形容词 "原始的" 和 "对偶的" 是依据最优化理论中的习惯用法, 而同样的形容词在 6.13 节中则具有不同的含义, 在那里则是遵循有限元逼近理论中的习惯用法. □

*) 原文在此是 $\boldsymbol{c}\in\mathbb{R}^m$. —— 译者注

7.16-2 给定 n 阶正定对称矩阵 $\boldsymbol{A}$, $m \times n$ 矩阵 $\boldsymbol{B}$, 向量 $\boldsymbol{c} \in \mathbb{R}^n$ 及 $\boldsymbol{d} \in \mathbb{R}^m$, 泛函 $J : \mathbb{R}^n \to \mathbb{R}$ 和 $\mathbb{R}^n$ 的子集 $\boldsymbol{U}$ 定义为

$$J(\boldsymbol{v}) := \frac{1}{2}\boldsymbol{v}^T \boldsymbol{A}\boldsymbol{v} - \boldsymbol{c}^T \boldsymbol{v}, \boldsymbol{v} \in \mathbb{R}^n,\ \text{和}\ \boldsymbol{U} := \{\boldsymbol{v} \in \mathbb{R}^n; \boldsymbol{B}\boldsymbol{v} \leqslant \boldsymbol{d}\},$$

其中 $\boldsymbol{B}\boldsymbol{v} \leqslant \boldsymbol{d}$ 意指 $(\boldsymbol{B}\boldsymbol{v})_i \leqslant d_i, 1 \leqslant i \leqslant m$. 还假设 $\boldsymbol{U} \neq \varnothing$.

(1) 证明, 定义如下:

$$\boldsymbol{u} \in \boldsymbol{U} \quad \text{且} \quad J(\boldsymbol{u}) = \inf_{\boldsymbol{v} \in \boldsymbol{U}} J(\boldsymbol{v})$$

的原始问题有且只有一个解.

(2) 设 $\mathbb{R}^m_+ := \{\boldsymbol{\mu} = (\mu_i)_{i=1}^m \in \mathbb{R}^m; \mu_i \geqslant 0, 1 \leqslant i \leqslant m\}$ 定义函数 $\mathcal{L} : \mathbb{R}^n \times \mathbb{R}^m_+$ 如下:

$$\mathcal{L}(\boldsymbol{v}, \boldsymbol{\mu}) := \frac{1}{2}\boldsymbol{v}^T \boldsymbol{A}\boldsymbol{v} - \boldsymbol{c}^T \boldsymbol{v} + \boldsymbol{v}^T \boldsymbol{B}^T \boldsymbol{\mu} - \boldsymbol{d}^T \boldsymbol{\mu},\ \text{对每组}\ (\boldsymbol{v}, \boldsymbol{\mu}) \in \mathbb{R}^n \times \mathbb{R}^m.$$

证明函数 $\mathcal{L}$ 是 Lagrange 函数, 即 $\mathcal{L}$ 在集合 $\mathbb{R}^n \times \mathbb{R}^m_+$ 上至少有一个鞍点, 而且这个鞍点的第一个变量是唯一确定的.

(3) 另外再假定 $\text{rank}\boldsymbol{B} = m$. 证明 $\mathcal{L}$ 在 $\mathbb{R}^n \times \mathbb{R}^m_+$ 上有唯一的鞍点 $(\boldsymbol{u}, \boldsymbol{\lambda})$, 而且 $\boldsymbol{\lambda}$ 是对偶问题的唯一解, 这里对偶问题定义为

$$K(\boldsymbol{\lambda}) = \sup_{\boldsymbol{\mu} \in \mathbb{R}^m_+} {}^{*)} K(\boldsymbol{\mu}),$$

其中 $K(\boldsymbol{\mu}) := \inf_{\boldsymbol{v} \in \mathbb{R}^n} \mathcal{L}(\boldsymbol{v}, \boldsymbol{\mu})$ 对每个 $\boldsymbol{\mu} \in \mathbb{R}^m_+$.

7.16-3 假设与习题 7.16-2 中相同. 本题的目标是讨论 **Uzawa 方法**[43]. 这是一种迭代方法, 用无约束极小化问题解的序列逼近约束极小化问题 (习题 7.16-2(1) 中的原始问题) 的解. 具体做法如下:

给定任意 $\boldsymbol{\lambda}_0 \in \mathbb{R}^m_+$, 由

$$\begin{aligned} J(\boldsymbol{u}_k) + (\boldsymbol{B}\boldsymbol{u}_k - \boldsymbol{d})^T \boldsymbol{\lambda}_k &= \inf_{\boldsymbol{v} \in \mathbb{R}^n} \{J(\boldsymbol{v}) + (\boldsymbol{B}\boldsymbol{v} - \boldsymbol{d})^T \boldsymbol{\lambda}_k\}, \quad k \geqslant 0, \\ \boldsymbol{\lambda}_{k+1} &= \boldsymbol{P}(\boldsymbol{\lambda}_k + \rho(\boldsymbol{B}\boldsymbol{u}_k - \boldsymbol{d})), \quad k \geqslant 0, \end{aligned}$$

逐次定义 $(\boldsymbol{u}_k, \boldsymbol{\lambda}_k) \in \mathbb{R}^n \times \mathbb{R}^m_+$, 其中 $\boldsymbol{P} : \mathbb{R}^m \to \mathbb{R}^m_+$ 表示 $\mathbb{R}^m$ 到 $\mathbb{R}^m_+$ 上的投影算子 (4.3 节), ρ 是一实参数.

(1) 设 $\alpha > 0$ 表示 A 的最小特征值. 证明, 如果 $0 < \rho < \frac{2\alpha}{|\boldsymbol{B}|^2}$, 则序列 $(\boldsymbol{u}_k)_{k=0}^\infty$ 收敛于习题 7.16-2(1) 中原始问题的唯一解.

(2) 另外再假设 $\text{rank}\ \boldsymbol{B} = m$. 证明序列 $(\boldsymbol{\lambda}_k)_{k=0}^\infty$ 收敛于习题 7.16-2(3) 中对偶问题的唯一解.

(3) 仍假定 $\text{rank}\ \boldsymbol{B} = m$, 证明 Uzawa 方法就是习题 7.12-2 中定义的梯度方法, 但现在被用于习题 7.16-2(3) 中的对偶问题.

---

*) 原文在此是 $\sum_{\boldsymbol{\mu} \in \mathbb{R}^m_+}$. —— 译者注

[43] H. Uzawa [1958]: Iterative methods for concave programming, in *Studies in Linear and Nonlinear Programming* (K. J. Arrow, L. Hurwicz, & H. Uzawa, editors), pp. 154–165, Stanford University Press, stanford, CA.

7.16-4 本题的目标是给出鞍点存在的充分条件, 问题 (5) 中的结果构成 **Ky Fan-Sion 定理**[44)]的一个特殊情况.

设 V 和 M 是有限维向量空间中的非空凸紧子集, 又设 $\mathcal{L}: V \times M \to \mathbb{R}$ 是具有下述性质的连续函数:

$$\mathcal{L}(v, \cdot): M \to \mathbb{R} \text{ 是凹的, 对每个 } v \in V,$$
$$\mathcal{L}(\cdot, \mu): V \to \mathbb{R} \text{ 是凸的, 对每个 } \mu \in M.$$

(1) 证明函数

$$K: \mu \in M \to K(\mu) := \inf_{v \in V} \mathcal{L}(v, \mu)$$

是凹的且是连续的.

(2) 直到问题 (4) 都假设函数 $\mathcal{L}(\cdot, \mu): V \to \mathbb{R}$ 对每个 $\mu \in M$ 是严格凸的, 这就有

$$K(\mu) = \mathcal{L}(u(\mu), \mu),$$

其中元素 $u(\mu) \in V$ 是唯一确定的. 证明, 以这种方式定义的函数 $\mu \in M \to u(\mu) \in V$ 是连续的.

(3) 设 $\lambda \in M$ 是一点, 满足 (由 (1), 至少存在一个这样的点)

$$K(\lambda) = \sup_{\mu \in M} K(\mu).$$

证明, 对任意 $\mu \in M$, 成立

$$K(\lambda) \geqslant \mathcal{L}(u(\theta\mu + (1-\theta)\lambda), \mu) \quad \text{对所有 } 0 \leqslant \theta \leqslant 1.$$

(4) 证明

$$\sup_{\mu \in M} \inf_{v \in V} \mathcal{L}(v, \mu) \geqslant \inf_{v \in V} \sup_{\mu \in M} \mathcal{L}(v, \mu),$$

并且导出, 点 $(u(\lambda), \lambda)$ 是函数 $\mathcal{L}$ 的鞍点.

(5) 如果对每个 $\mu \in M$, 函数 $\mathcal{L}(\cdot, \mu): V \to \mathbb{R}$ 是凸的但不一定是严格凸的, 引入辅助函数

$$\mathcal{L}_\varepsilon: (v, \mu) \in V \times M \to \mathcal{L}_\varepsilon(v, \mu) := \mathcal{L}(v, \mu) + \varepsilon\|v\|^2, \quad \varepsilon > 0,$$

并令 $\varepsilon \to 0$, 证明函数 $\mathcal{L}$ 至少有一个鞍点.

[44)] Ky Fan [1953]: Minimax theorems, *Proceedings of the National Academy of Sciences* **39**, 42–47.
M. Sion [1958]: On general mini-max theorems, *Pacific Journal of Mathematics* **8**, 171–176.

第 8 章 $\mathbb{R}^n$ 中的微分几何

引言

为什么需要这样一章? 简单地说, 是因为即使 $\mathbb{R}^n$ 中的微分几何确实只能看作是一般微分几何的一个简洁的引论, 但其不长的篇幅却给出了关于两个具有很强非线性的偏微方程组的绝妙的存在性和唯一性定理, 而这正是非线性泛函分析的核心课题. 此外, 微分学中一些概念的频繁运用, 也使得它成为上一章的自然续篇.

这一章中, 我们首先重温一些基本概念 (8.1 到 8.5 节), 如度量张量、共变导数以及基本 *Riemann* 曲率张量, 当 n 维欧氏空间 $\mathbb{E}^n$ 中一个开子集装备以曲线坐标时, 自然地会出现这些概念; 此外, 也对张量分析做了简单的介绍, 其目的只是将诸如 "共变指标" 与 "反变指数", 或 "张量" 等概念置于一个适当的处理方式中.

随后就给出了对于 $\mathbb{R}^n$ 中一开子集的 Riemann 几何基本定理 (定理 8.6-1) 的详尽证明. 这个定理回答了下述问题:

给定 $\mathbb{R}^n$ 的一个开子集 Ω 和一个定义在 Ω 上足够光滑的对称正定 $n \times n$ 矩阵场 (g_{ij}), 在什么情况下, *Riemann* 流形 $(\Omega; (g_{ij}))$ 可以等距浸入同维数的欧氏空间 $\mathbb{E}^n$? 或等价地, 在什么情况下存在浸入 $\boldsymbol{\Theta} : \Omega \to \mathbb{E}^n$ 满足下述 $\frac{n(n+1)}{2}$ 个偏微分方程:

$$\partial_i \boldsymbol{\Theta} \cdot \partial_j \boldsymbol{\Theta} = g_{ij} \text{ 在 } \Omega \text{ 中}, \quad 1 \leqslant i \leqslant j \leqslant n$$

组成的非线性方程组?

定理 8.6-1 说明, 这个问题的回答叙述起来却异常简单 (但证明并不简单): 在 Ω 是单连通这一假设下, 与 (g_{ij}) 相关联的 *Riemann* 曲率张量在 Ω 中等于零这一必要条件, 对于这种浸入 $\boldsymbol{\Theta}$ 的存在也是充分的.

此外, 如果 Ω 是连通的, 这个浸入在相差 $\mathbb{E}^n$ 中等距复合的意义下是唯一的. 这就是说, 如果 $\widetilde{\boldsymbol{\Theta}} : \Omega \to \mathbb{E}^n$ 是另一任意光滑浸入, 在 Ω 中满足上述 $\frac{n(n+1)}{2}$ 个偏微分方程

组成的非线性方程组, 则存在向量 $\boldsymbol{c} \in \mathbb{E}^n$ 和 n 阶正交矩阵 $\boldsymbol{Q}$ 使得

$$\widetilde{\boldsymbol{\Theta}}(x) = \boldsymbol{c} + \boldsymbol{Q}\boldsymbol{\Theta}(x) \quad \text{对所有 } x \in \Omega.$$

这个唯一性结果正是恰如其分地被称为*刚性定理* (定理 8.7-1) 的内容.

然后这一章继续回顾一些基本概念 (8.8 到 8.14 节), 如两个*基本形式*、*Gauss 和 Codazzi-Mainardi 方程*、*Gauss 曲率*, 以及共变导数等, 这些概念自然地与 $\mathbb{E}^3$ 中的曲面相关联, 该曲面用两个*曲线坐标*来定义, 即点的分量在 $\mathbb{R}^2$ 的一个开子集 ω 中变化. 附带地还给出了精彩的 *Gauss 绝妙定理* (Gauss Theorem Egregium)(定理 8.15-1) 在制图学方面的一个引人关注的应用 (定理 8.15-2), 根据该定理, 不可能绘制出地球表面一部分的平面图, 使其保持距离 (在一定比例下).

我们以*曲面理论的基本定理* (定理 8.16-1) 的详尽证明来结束这一章. 这个定理回答了下述问题:

给定 $\mathbb{R}^2$ 的一个开子集 ω, 及定义在 ω 上足够光滑的对称正定矩阵场 $(a_{\alpha\beta})$ 和一个足够光滑的对称矩阵场 $(b_{\alpha\beta})$, 在什么情况下它们分别是曲面 $\boldsymbol{\theta}(\omega) \subset \mathbb{R}^3$ 的第一及第二基本形式, 即在什么情况下存在浸入 $\boldsymbol{\theta} : \omega \to \mathbb{E}^3$ 满足下述由 6 个*偏微分方程*:

$$\partial_\alpha \boldsymbol{\theta} \cdot \partial_\beta \boldsymbol{\theta} = a_{\alpha\beta} \quad \text{及} \quad \partial_{\alpha\beta}\boldsymbol{\theta} \cdot \left\{ \frac{\partial_1 \boldsymbol{\theta} \wedge \partial_2 \boldsymbol{\theta}}{|\partial_1 \boldsymbol{\theta} \wedge \partial_2 \boldsymbol{\theta}|} \right\} = b_{\alpha\beta} \text{ 在 } \omega \text{ 中}, \quad 1 \leqslant \alpha \leqslant \beta \leqslant 2$$

组成的非线性方程组?

定理 8.16-1 说明, 这个问题的回答叙述起来仍然很简单 (但证明怎么说都不容易): *在 ω 是单连通的假设下, 由 Gauss 和 Codazzi-Mainardi 方程表示的必要条件, 对这种浸入 $\boldsymbol{\theta}$ 的存在也是充分的.*

此外, 如果 ω 是连通的, 这个浸入在相差 $\mathbb{E}^3$ 中正常等距复合的意义下是唯一的. 这意味着, 如果 $\widetilde{\boldsymbol{\theta}} : \omega \to \mathbb{E}^3$ 是任一在 ω 中满足上述 6 个偏微分方程组成的非线性方程组的光滑浸入, 则存在向量 $\boldsymbol{c} \in \mathbb{E}^3$ 和三阶正常正交矩阵 $\boldsymbol{Q}$ 使得

$$\widetilde{\boldsymbol{\theta}}(y) = \boldsymbol{c} + \boldsymbol{Q}\boldsymbol{\theta}(y) \quad \text{对所有 } y \in \omega.$$

这个唯一性定理构成另一个*刚性定理* (定理 8.17-1).

要注意, 无论 Riemann 几何的基本定理还是曲面理论基本定理, 其证明的关键之处在于第 6 章中确定的*经典 Poincaré 引理*和 *Pfaff 方程组的存在定理*.

8.1 $\mathbb{R}^n$ 的开子集中的曲线坐标

首先, 我们列出一些在本章中一直要用的符号及约定.

除非另外指出, 在使用指标序列时, *拉丁*指标和指数在集合 $\{1, \cdots, n\}$ 中变化, 关

于重复指标与指数的求和约定要与这一规则一起使用. 例如,

$$\boldsymbol{g}_i(x)=g_{ij}(x)\boldsymbol{g}^j(x) \quad \text{意指} \quad \boldsymbol{g}_i(x)=\sum_{j=1}^{n}g_{ij}(x)\boldsymbol{g}^j(x) \quad \text{对 } i=1,\cdots,n.$$

Kronecker 符号根据上下文的要求用 δ_i^j, δ_{ij} 或 δ^{ij} 表示.

设 $\mathbb{E}^n$ 表示 n 维欧氏空间, $\boldsymbol{a}\cdot\boldsymbol{b}$ 表示 $\boldsymbol{a},\boldsymbol{b}\in\mathbb{E}^n$ 的欧氏内积, 而 $|\boldsymbol{a}|=\sqrt{\boldsymbol{a}\cdot\boldsymbol{a}}$ 表示 $\boldsymbol{a}\in\mathbb{E}^n$ 的欧氏范数. $\mathbb{E}^n$ 中典范正交基的向量用 $\widehat{\boldsymbol{e}}^i=\widehat{\boldsymbol{e}}_i$ 表示. 点 $\widehat{x}\in\mathbb{E}^n$ 的笛卡儿坐标用 $\widehat{x}_i$ 表示; 最后, 令 $\widehat{\partial}_i:=\partial/\partial\widehat{x}_i$.

另外, 设给定一个 n 维向量空间, 其中以 $\boldsymbol{e}^i=\boldsymbol{e}_i$ 表示 n 个向量形成的基. 这个空间被等同于 $\mathbb{R}^n$. 设 x_i 表示点 $x\in\mathbb{R}^n$ 的坐标, 又设 $\partial_i:=\partial/\partial x_i$, $\partial_{ij}:=\partial^2/\partial x_i\partial x_j$ 及 $\partial_{ijk}:=\partial^3/\partial x_i\partial x_j\partial x_k$.

设给定 $\mathbb{E}^n$ 的一个开子集 $\widehat{\Omega}$ 并假定存在 $\mathbb{R}^n$ 的一个开子集 Ω 和一个单射 $\boldsymbol{\Theta}:\Omega\to\mathbb{E}^n$ 使得 $\boldsymbol{\Theta}(\Omega)=\widehat{\Omega}$. 则每一点 $\widehat{x}\in\widehat{\Omega}$ 均可毫无歧义地表示为

$$\widehat{x}=\boldsymbol{\Theta}(x), \quad x\in\Omega,$$

而 x 的 n 个坐标 x_i 称为 $\widehat{x}$ 的曲线坐标 (当 $n=3$ 时见图 8.1-1). 当然, 对于一个给定的集合 $\widehat{\Omega}$, 有无穷多种方式定义曲线坐标, 这依赖于如何选取集合 Ω 和映射 $\boldsymbol{\Theta}$.

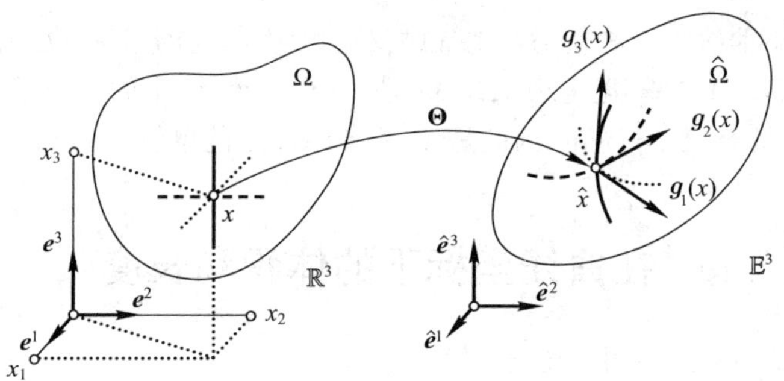

图 8.1-1 开集 $\widehat{\Omega}\subset\mathbb{E}^3$ 中的曲线坐标和共变基. $x\in\Omega$ 的三个坐标 x_1,x_2,x_3 是 $\widehat{x}=\boldsymbol{\Theta}(x)\in\widehat{\Omega}$ 的曲线坐标. 如果三个向量 $\boldsymbol{g}_i(x)=\partial_i\boldsymbol{\Theta}(x)$ 是线性无关的, 它们就形成 $\widehat{x}=\boldsymbol{\Theta}(x)$ 的共变基而且与通过点 $\widehat{x}$ 的坐标曲线相切 (8.2 节). 此图最早出现于下书中, P. G. CIARLET [2005]: *An Introduction to Differential Geometry with Applications to Elasticity*, Springer, Dordrecht.

当 $n=3$ 时曲线坐标的例子包括众所周知的柱面和球面坐标 (图 8.1-2).

作为一种选择, 也可以把 $\mathbb{R}^n$ 的开子集 Ω 连同映射 $\boldsymbol{\Theta}:\Omega\to\mathbb{E}^n$ 视为预先给定的. 如果 $\boldsymbol{\Theta}\in\mathcal{C}(\Omega;\mathbb{E}^n)$ 且 $\boldsymbol{\Theta}$ 是单射, 则由 *Brouwer* 区域不变定理 (将在后面确立, 见定理 9.17-3), 集合 $\widehat{\Omega}:=\boldsymbol{\Theta}(\Omega)$ 是开的, 在这种情况下, $\widehat{\Omega}$ 中的曲线坐标可毫无歧义地予以定义.

如果 $\boldsymbol{\Theta}\in\mathcal{C}^1(\Omega;\mathbb{E}^n)$ 且 n 个向量 $\partial_i\boldsymbol{\Theta}(x)$ 在每一点 $x\in\Omega$ 都是线性无关的, 那么根据 *Banach* 空间中 $\mathcal{C}^1$ 类映射的区域不变定理 (定理 7.14-2), 集合 $\widehat{\Omega}$ 仍旧是开的,

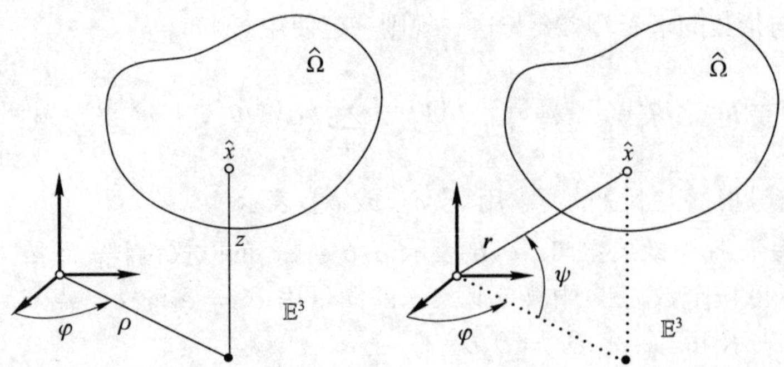

图 8.1-2 两个熟悉的曲面坐标例子. 设映射 $\boldsymbol{\Theta}$ 由

$$\boldsymbol{\Theta}:(\varphi,\rho,z)\in\Omega\to(\rho\cos\varphi,\rho\sin\varphi,z)\in\mathbb{E}^3$$

定义, 则 (φ,ρ,z) 是 $\widehat{x}=\boldsymbol{\Theta}(\varphi,\rho,z)$ 的柱面坐标. 注意, $(\varphi+2k\pi,\rho,z)$ 或 $(\varphi+\pi+2k\pi,-\rho,z)$, $k\in\mathbb{Z}$, 也是同一点 $\widehat{x}$ 的柱面坐标, 而且如果 $\widehat{x}$ 是 $\mathbb{E}^3$ 的原点, φ 没定义.

设映射 $\boldsymbol{\Theta}$ 由

$$\boldsymbol{\Theta}:(\varphi,\psi,r)\in\Omega\to(r\cos\psi\cos\varphi,r\cos\psi\sin\varphi,r\sin\psi)\in\mathbb{E}^3$$

定义, 则 (φ,ψ,r) 是点 $\widehat{x}=\boldsymbol{\Theta}(\varphi,\psi,r)$ 的球面坐标. 注意, $(\varphi+2k\pi,\psi+2l\pi,r)$ 或 $(\varphi+2k\pi,\psi+\pi+2l\pi,-r),k,l\in\mathbb{Z}$, 也是同一点 $\widehat{x}$ 的球面坐标, 而且如果 $\widehat{x}$ 是 $\mathbb{E}^3$ 的原点, φ 和 ψ 都没定义. 此图最早出现于下书中, P. G. Ciarlet [2005]: *An Introduction to Differential Geometry with Applications to Elasticity*, Springer, Dordrecht.

但在这种情况下曲线坐标只能局部地无歧义予以定义: 给定 $x\in\Omega$, 所有我们可以断言的 (根据局部反演定理; 见定理 7.14-1) 是, 存在 x 在 Ω 中的一个开邻域 V 使得 $\boldsymbol{\Theta}$ 在 V 上的限制是 $\mathcal{C}^1$ 微分同胚, 因此是 V 到 $\boldsymbol{\Theta}(V)$ 上的单射.

8.2 度量张量; 在曲线坐标下的体积和长度

设 Ω 是 $\mathbb{R}^n$ 中的开子集, 又设

$$\boldsymbol{\Theta}=\Theta_i\widehat{\boldsymbol{e}}^i:\Omega\to\mathbb{E}^n$$

是在点 $x\in\Omega$ 处可微的映射. 如果 $\boldsymbol{\delta x}=\delta x_i\boldsymbol{e}^i$ 使得 $(x+\boldsymbol{\delta x})\in\Omega$, 则

$$\boldsymbol{\Theta}(x+\boldsymbol{\delta x})=\boldsymbol{\Theta}(x)+\boldsymbol{\nabla\Theta}(x)\boldsymbol{\delta x}+|\boldsymbol{\delta x}|\boldsymbol{\varepsilon}(\boldsymbol{\delta x}),\quad \text{其中}\ \lim_{\boldsymbol{\delta x}\to\boldsymbol{0}}\boldsymbol{\varepsilon}(\boldsymbol{\delta x})=\boldsymbol{0},$$

而 $n\times n$ 矩阵

$$\boldsymbol{\nabla\Theta}(x)=(\partial_j\Theta_i(x))$$

是 $\boldsymbol{\Theta}$ 在 x 处的梯度矩阵 (行指标是 i),$\boldsymbol{\delta x}\in\mathbb{R}^n$ 表示分量为 δx_i 的列向量 (7.1 节).

设 n 个列向量 $\boldsymbol{g}_i(x)\in\mathbb{E}^n$ 由

$$\boldsymbol{g}_i(x):=\partial_i\boldsymbol{\Theta}(x)$$

定义, 即 $\boldsymbol{g}_i(x)$ 是矩阵 $\boldsymbol{\nabla\Theta}(x)$ 的第 i 个列向量, 则 $\boldsymbol{\Theta}(x+\boldsymbol{\delta x})$ 也可以写为

$$\boldsymbol{\Theta}(x+\boldsymbol{\delta x}) = \boldsymbol{\Theta}(x) + \delta x^i \boldsymbol{g}_i(x) + |\boldsymbol{\delta x}|\boldsymbol{\varepsilon}(\boldsymbol{\delta x}), \quad \text{其中} \lim_{\boldsymbol{\delta x}\to\mathbf{0}} \boldsymbol{\varepsilon}(\boldsymbol{\delta x}) = \mathbf{0}.$$

特别地, 如果 $\boldsymbol{\delta x}$ 具有 $\boldsymbol{\delta x} = \delta t \boldsymbol{e}_i$ 的形式, 其中 $\delta t \in \mathbb{R}$ 而 $\boldsymbol{e}_i$ 是 $\mathbb{R}^n$ 的一个基向量, 上述关系式就化为

$$\boldsymbol{\Theta}(x+\delta t\boldsymbol{e}_i) = \boldsymbol{\Theta}(x) + \delta t \boldsymbol{g}_i(x) + |\delta t|\boldsymbol{\chi}(\delta t), \quad \text{其中} \lim_{\delta t\to 0} \boldsymbol{\chi}(\delta t) = \mathbf{0}.$$

一个映射 $\boldsymbol{\Theta}: \Omega \to \mathbb{E}^n$ 称为在 $x \in \Omega$ 处的**浸入**, 如果它在 x 处可微而且矩阵 $\boldsymbol{\nabla\Theta}(x)$ 是可逆的, 或等价地, 如果 n 个向量 $\boldsymbol{g}_i(x) = \partial_i \boldsymbol{\Theta}(x)$ 是线性无关的.

从现在开始在这一节里, 我们都假定映射 $\boldsymbol{\Theta}$ 是在 x 处的浸入, 在这种情况, 我们称 n 个向量 $\boldsymbol{g}_i(x)$ 构成点 $\widehat{x} = \boldsymbol{\Theta}(x)$ 处的**共变基**. 上面最后一个式子说明, 每个向量 $\boldsymbol{g}_i(x)$ 与通过 $\widehat{x} = \boldsymbol{\Theta}(x)$ 的第 i 条**坐标曲线**相切, 该曲线定义为 Ω 中通过 x 处平行于 $\boldsymbol{e}_i$ 的直线上的点在 $\boldsymbol{\Theta}$ 下的像 (存在 t_0 和 t_1, $t_0 < 0 < t_1$, 使得在 $\widehat{x}$ 的邻域内, 第 i 条坐标曲线由 $t \in]t_0, t_1[\to \boldsymbol{f}_i(t) := \boldsymbol{\Theta}(x + t\boldsymbol{e}_i)$ 给出; 因此 $\boldsymbol{f}_i'(0) = \partial_i\boldsymbol{\Theta}(x) = \boldsymbol{g}_i(x)$). 坐标曲线的例子可见图 8.1-1 和图 8.1-2.

现在讨论一般的增量 $\boldsymbol{\delta x} = \delta x^i \boldsymbol{e}_i$, 从 $\boldsymbol{\Theta}(x+\boldsymbol{\delta x})$ 的表示式可以推得

$$\begin{aligned} |\boldsymbol{\Theta}(x+\boldsymbol{\delta x}) - \boldsymbol{\Theta}(x)| &= \sqrt{\boldsymbol{\delta x}^T \boldsymbol{\nabla\Theta}(x)^T \boldsymbol{\nabla\Theta}(x) \boldsymbol{\delta x}} + |\boldsymbol{\delta x}|\eta(\boldsymbol{\delta x}) \\ &= \sqrt{\delta x^i \boldsymbol{g}_i(x)\cdot\boldsymbol{g}_j(x)\delta x^j} + |\boldsymbol{\delta x}|\eta(\boldsymbol{\delta x}), \ \text{其中} \lim_{\boldsymbol{\delta x}\to\mathbf{0}} \eta(\boldsymbol{\delta x}) = 0. \end{aligned}$$

换言之, 点 $\boldsymbol{\Theta}(x+\boldsymbol{\delta x})$ 和 $\boldsymbol{\Theta}(x)$ 之间的距离关于 $\boldsymbol{\delta x}$ 的主部是 $\sqrt{\delta x^i \boldsymbol{g}_i(x)\cdot\boldsymbol{g}_j(x)\delta x^j}$. 这种看法启示我们用

$$g_{ij}(x) := \boldsymbol{g}_i(x)\cdot\boldsymbol{g}_j(x) = (\boldsymbol{\nabla\Theta}(x)^T\boldsymbol{\nabla\Theta}(x))_{ij}$$

来定义一个 $n\times n$ 矩阵 $(g_{ij}(x))$ (行指标是 i).

这个对称矩阵的元素 $g_{ij}(x)$ 称为 $\widehat{x} = \boldsymbol{\Theta}(x)$ 处的**度量张量的共变分量**. 注意, 因为假定向量 $\boldsymbol{g}_i(x)$ 是线性无关的, 故矩阵 $\boldsymbol{\nabla\Theta}(x)$ 是可逆的, 而对称矩阵 $(g_{ij}(x))$ 是正定的.

由于 n 个向量 $\boldsymbol{g}_i(x)$ 是线性无关的, n^2 个方程

$$\boldsymbol{g}^i(x)\cdot\boldsymbol{g}_j(x) = \delta^i_j$$

可唯一确定 n 个线性无关的向量 $\boldsymbol{g}^i(x)$. 为说明这一点, 预先在关系式 $\boldsymbol{g}^i(x)\cdot\boldsymbol{g}_j(x) = \delta^i_j$ 中令 $\boldsymbol{g}^i(x) = X^{ik}(x)\boldsymbol{g}_k(x)$. 这就有 $X^{ik}(x)g_{kj}(x) = \delta^i_j$; 即得 $X^{ik}(x) = g^{ik}(x)$, 其中

$$(g^{ij}(x)) := (g_{ij}(x))^{-1}.$$

因此 $\boldsymbol{g}^i(x) = g^{ik}(x)\boldsymbol{g}_k(x)$. 这些关系式就意味着

$$\begin{aligned}\boldsymbol{g}^i(x) \cdot \boldsymbol{g}^j(x) &= (g^{ik}(x)\boldsymbol{g}_k(x)) \cdot (g^{jl}(x)\boldsymbol{g}_l(x)) \\ &= g^{ik}(x)g^{jl}(x)g_{kl}(x) = g^{ik}(x)\delta_k^j = g^{ij}(x),\end{aligned}$$

因此向量 $\boldsymbol{g}^i(x)$ 是线性无关的, 这是因为矩阵 $(g^{ij}(x))$ 是正定的. 我们同样可以证明 $\boldsymbol{g}_i(x) = g_{ij}(x)\boldsymbol{g}^j(x)$.

n 个向量 $\boldsymbol{g}^i(x)$ 形成在点 $\widehat{x} = \boldsymbol{\Theta}(x)$ 处的**反变基**, 而对称正定矩阵 $(g^{ij}(x))$ 的元素 $g^{ij}(x)$ 是点 $\widehat{x} = \boldsymbol{\Theta}(x)$ 处**度量张量的反变分量**.

为方便起见, 我们整理一下在点 $x \in \Omega$ 处, 共变和反变基向量以及度量张量的共变和反变分量所满足的基本关系式, 其中映射 $\boldsymbol{\Theta}$ 是浸入:

$$\begin{aligned}&\boldsymbol{g}_i(x) = \partial_i\boldsymbol{\Theta}(x) \quad \text{及} \quad \boldsymbol{g}^j(x) \cdot \boldsymbol{g}_i(x) = \delta_i^j, \\ &g_{ij}(x) = \boldsymbol{g}_i(x) \cdot \boldsymbol{g}_j(x), \quad g^{ij}(x) = \boldsymbol{g}^i(x) \cdot \boldsymbol{g}^j(x) \quad \text{及} \quad (g^{ij}(x)) = (g_{ij}(x))^{-1}, \\ &\boldsymbol{g}_i(x) = g_{ij}(x)\boldsymbol{g}^j(x) \quad \text{及} \quad \boldsymbol{g}^i(x) = g^{ij}(x)\boldsymbol{g}_j(x).\end{aligned}$$

如果映射 $\boldsymbol{\Theta}: \Omega \subset \mathbb{R}^n \to \mathbb{E}^n$ 在 Ω 中每一点均为浸入, 即如果 $\boldsymbol{\Theta}$ 在 Ω 中可微, 而且 n 个向量 $\boldsymbol{g}_i(x) = \partial_i\boldsymbol{\Theta}(x)$ 在每个 $x \in \Omega$ 处都是线性无关的, 就称其是**浸入**. 在这种情况, 向量场 $\boldsymbol{g}_i : \Omega \to \mathbb{E}^n$ 和 $\boldsymbol{g}^i : \Omega \to \mathbb{E}^n$ 分别形成**共变基**和**反变基**.

这样的浸入 $\boldsymbol{\Theta} : \Omega \subset \mathbb{R}^n \to \mathbb{E}^n$ 称为 n **维参数化流形**. 如果 $\boldsymbol{\Theta}$ 还是单射, 则其像 $\boldsymbol{\Theta}(\Omega) \subset \mathbb{E}^n$ 称为[1)] $\mathbb{E}^n$ 中的 n **维流形**.

注 隐藏在其共变分量 $g_{ij}(x)$ 或反变分量 $g^{ij}(x)$ 后面的 "张量" 到底是什么? 我们将在 8.4 节中解释; 与分量 $g_{ij}(x)$ 或 $g^{ij}(x)$ 连在一起的形容词 "共变" 或 "反变" 的意义也将在那里予以说明. □

我们现在回顾一下用在 Ω 内的积分来计算在 $\widehat{\Omega} = \boldsymbol{\Theta}(\Omega)$ 内的体积和长度的一些公式, 被积函数是度量张量的共变或反变分量的函数, 而这些分量本身又是在开集 $\widehat{\Omega}$ 中所用曲线坐标的函数 (当 $n = 3$ 时, 见图 8.2-1); 也见习题 8.2-1, 其中对 $n = 3$ 这一特殊情况, 还计算了 $\widehat{\Omega}$ 中的面积.

这些公式突出地显示出度量张量场 $(g_{ij}) : \Omega \to \mathbb{S}^n_>$ 在计算与 $\widehat{\Omega}$ 中 "度量" 有关的概念时的重要作用, 真是名副其实.

定理 8.2-1 (曲线坐标下的体积和长度) 设 Ω 是 $\mathbb{R}^n$ 的开子集, $\boldsymbol{\Theta} : \Omega \to \mathbb{E}^n$ 是 $\mathcal{C}^1$ 微分同胚 (7.1 节), 又设 $\widehat{\Omega} := \boldsymbol{\Theta}(\Omega)$.

1) 这里给出的定义实际上是更一般定义的特殊情况, 参阅 SCHLICHTKRULL [2012].

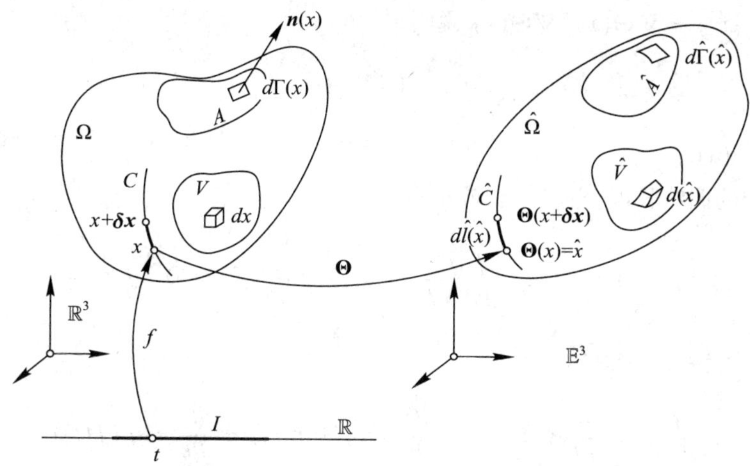

图 8.2-1 曲线坐标下的体积、面积及长度. 设 V 是 Ω 中的开子集, 又设 A 是满足 $\bar{D}\subset\Omega$ 的区域 D 中的 $d\Gamma$ 可测子集, I 是 $\mathbb{R}$ 的紧区间, 则 $\widehat{V}:=\boldsymbol{\Theta}(V)\subset\widehat{\Omega}$ 的体积, $\widehat{A}:=\boldsymbol{\Theta}(A)\subset\widehat{\Omega}$*) ($n=3$ 的情况) 的面积, 以及曲线 $\widehat{C}:=\boldsymbol{\Theta}(C)\subset\widehat{\Omega}$ 的长度均可用度量张量的共变及反变分量来计算; 见定理 8.2-1 和习题 8.2-1. 此图最早出现于下书中, P. G. Ciarlet [2005]: *An Introduction to Differential Geometry with Applications to Elasticity*, Springer, Dordrecht.

(a) 设 V 是 Ω 的开子集, $\widehat{V}:=\boldsymbol{\Theta}(V)$, 而函数 $\widehat{f}\in L^1(\widehat{\Omega})$ 是给定的, 则

$$\int_{\widehat{V}}\widehat{f}(\widehat{x})d\widehat{x}=\int_V(\widehat{f}\circ\boldsymbol{\Theta})(x)|\det\boldsymbol{\nabla\Theta}(x)|dx$$
$$=\int_V(\widehat{f}\circ\boldsymbol{\Theta})(x)\sqrt{g(x)}dx,$$

其中

$$g(x):=\det(g_{ij}(x))\quad \text{在每个 } x\in\Omega.$$

特别地, $\widehat{V}$ 的**体积**由下式给出:

$$\operatorname{vol}\widehat{V}=\int_{\widehat{V}}d\widehat{x}=\int_V\sqrt{g(x)}dx.$$

(b) 设 $C=\boldsymbol{f}(I)$ 是 Ω 中的曲线, 其中 I 是 $\mathbb{R}$ 的紧区间, 又设 $\boldsymbol{f}=f^i\boldsymbol{e}_i\in\mathcal{C}^1(I;\mathbb{R}^n)$ 是单射, 使得 $\boldsymbol{f}(I)\subset\Omega$ 而且 $\frac{df^i}{dt}(t)\boldsymbol{e}_i\neq\boldsymbol{0}$ 对所有 $t\in I$, 则曲线 $\widehat{C}:=\boldsymbol{\Theta}(C)\subset\widehat{\Omega}$ 的**长度**由下式给出:

$$\operatorname{length}\widehat{C}=\int_I\sqrt{g_{ij}(\boldsymbol{f}(t))\frac{df^i}{dt}(t)\frac{df^j}{dt}(t)}dt.$$

证明 根据 Lebesgue 积分中变量代换公式 (定理 1.16-1), 函数 $(\widehat{f}\circ\boldsymbol{\Theta})\sqrt{g}$ 属于空间 $L^1(\Omega)$ 且

$$\int_{\widehat{V}}\widehat{f}(\widehat{x})d\widehat{x}=\int_V(\widehat{f}\circ\boldsymbol{\Theta})(x)|\det\boldsymbol{\nabla\Theta}(x)|dx.$$

*) 原文在此是 Ω. —— 译者注

关系式 $(g_{ij}(x)) = \boldsymbol{\nabla\Theta}(x)^T\boldsymbol{\nabla\Theta}(x)$ 说明

$$g(x) := \det(g_{ij}(x)) = |\det\boldsymbol{\nabla\Theta}(x)|^2 \quad 对每个\ x\in\Omega,$$

这就证明了 (a).

由给定的曲线长度公式 (1.17 节) 有

$$\text{length}\,\widehat{C} := \int_I \left|\frac{d\widehat{\boldsymbol{f}}}{dt}(t)\right| dt, \quad 其中\ \widehat{\boldsymbol{f}} := \boldsymbol{\Theta}\circ\boldsymbol{f}.$$

这样, 在每个 $t\in I$, 关系式

$$\frac{d\widehat{\boldsymbol{f}}}{dt}(t) = \frac{d}{dt}\boldsymbol{\Theta}(\boldsymbol{f}(t)) = \frac{df^i}{dt}(t)\partial_i\boldsymbol{\Theta}(\boldsymbol{f}(t)) = \frac{df^i}{dt}(t)\boldsymbol{g}_i(\boldsymbol{f}(t))$$

说明

$$\begin{aligned}\left|\frac{d\widehat{\boldsymbol{f}}}{dt}(t)\right|^2 &= \left(\frac{df^i}{dt}(t)\boldsymbol{g}_i(\boldsymbol{f}(t))\right)\cdot\left(\frac{df^j}{dt}(t)\boldsymbol{g}_j(\boldsymbol{f}(t))\right)\\ &= g_{ij}(\boldsymbol{f}(t))\frac{df^i}{dt}(t)\frac{df^j}{dt}(t),\end{aligned}$$

(b) 得证. □

注 (b) 的结果说明, 在 $\widehat{x} = \boldsymbol{\Theta}(x)\in\widehat{\Omega}$ 处的长度单元 $d\widehat{l}(\widehat{x})$ 由

$$d\widehat{l}(\widehat{x}) = \sqrt{\boldsymbol{\delta x}^T\boldsymbol{\nabla\Theta}(x)^T\boldsymbol{\nabla\Theta}(x)\boldsymbol{\delta x}} = \sqrt{\delta x^i g_{ij}(x)\delta x^j}$$

给出, 其中 $\boldsymbol{\delta x} = \delta x^i\boldsymbol{e}_i$. 这个表达式说明, $d\widehat{l}(\widehat{x})$ 由 $|\boldsymbol{\Theta}(x+\boldsymbol{\delta x})-\boldsymbol{\Theta}(x)|$ 关于 $\boldsymbol{\delta x} = \delta x^i\boldsymbol{e}_i$ 的主部来定义, 而正是这个主部的表达式导致了矩阵 $(g_{ij}(x))$ 的引入. □

在 (b) 中确立的关系式表明, 在 n 维流形 $\boldsymbol{\Theta}(\Omega)\subset\mathbb{E}^n$ 中的曲线长度与由空间 $\mathbb{E}^n$ 中欧氏度量导出的相同.

习题

8.2-1 设 Ω 是 $\mathbb{R}^3$ 的开子集, $\boldsymbol{\Theta}:\Omega\to\mathbb{E}^3$ 是 $\mathcal{C}^1$ 微分同胚, 令 $\widehat{\Omega} := \boldsymbol{\Theta}(\Omega)$. 给定区域 D (1.18 节) 使得 $\bar{D}\subset\Omega$, 设 $\boldsymbol{n} = n_i\boldsymbol{e}^i$ 表示沿 ∂D 的单位外法向量, 又设 A 是 $\Gamma := \partial D$ 的 $d\Gamma$ 可测子集.

(1) 设 $\widehat{D} := \boldsymbol{\Theta}(D), \widehat{A} := \boldsymbol{\Theta}(A)$. 证明 $\overline{\boldsymbol{\Theta}(D)} = \boldsymbol{\Theta}(\bar{D})$ 与 $\partial\widehat{D} = \boldsymbol{\Theta}(\partial D)$.

(2) 设 $\widehat{A}$ 是 $\widehat{\Gamma} := \partial\widehat{D}$ 的任一 $d\widehat{\Gamma}$ 可测子集. 证明, 对任一函数 $\widehat{h}\in L^1(\widehat{A})$ 有

$$\begin{aligned}\int_{\widehat{A}}\widehat{h}(\widehat{x})d\widehat{\Gamma} &= \int_A(\widehat{h}\circ\boldsymbol{\Theta})(x)|\mathbf{Cof}\boldsymbol{\nabla\Theta}(x)\boldsymbol{n}(x)|d\Gamma\\ &= \int_A(\widehat{h}\circ\boldsymbol{\Theta})(x)\sqrt{g(x)}\sqrt{n_i(x)g^{ij}(x)n_j(x)}d\Gamma.\end{aligned}$$

特别地, $\widehat{A}$ 的面积由

$$\text{area}\ \widehat{A} := \int_{\widehat{A}} d\widehat{\Gamma} = \int_A \sqrt{g(x)}\sqrt{n_i(x)g^{ij}(x)n_j(x)}d\Gamma$$

给出, 其中函数 $g^{ij}:\Omega\to\mathbb{R}$ 是度量张量的反变分量.

8.3 向量场的共变导数

给定一个在 $\mathbb{E}^n$ 的开子集 $\widehat{\Omega}$ 中由笛卡儿分量 $\widehat{v}_i:\widehat{\Omega}\to\mathbb{R}$ 定义的向量场, 即这个场在每个 $\widehat{x}\in\widehat{\Omega}$ 处由其值 $\widehat{v}_i(\widehat{x})\widehat{\boldsymbol{e}}^i\in\mathbb{E}^n$ 定义, 其中向量 $\widehat{\boldsymbol{e}}^i$ 构成 $\mathbb{E}^n$ 的正交基 (图 8.3-1). 假设开集 $\widehat{\Omega}$ 装备了来自 $\mathbb{R}^n$ 中的开子集 Ω, 利用满足 $\boldsymbol{\Theta}(\Omega)=\widehat{\Omega}$ 的单射 $\boldsymbol{\Theta}:\Omega\to\mathbb{E}^n$ 给出曲线坐标 (8.1 节).

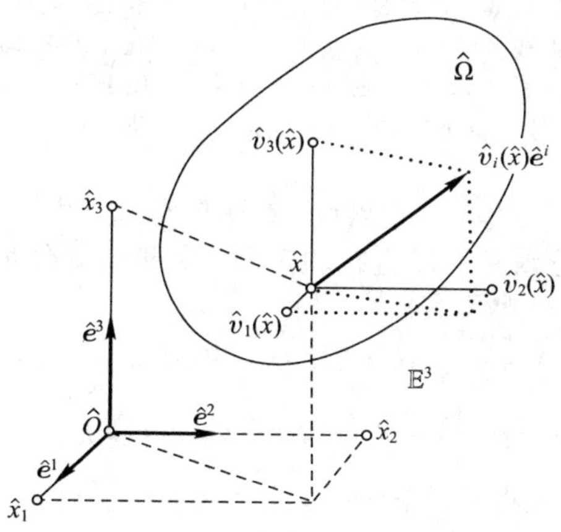

图 8.3-1 在笛卡儿坐标下的向量场. 在每一点 $\widehat{x}\in\widehat{\Omega}$ 处, 向量 $\widehat{v}_i(\widehat{x})\widehat{\boldsymbol{e}}^i$ 用其在由向量 $\widehat{\boldsymbol{e}}^i$ 构成的 $\mathbb{E}^3$ 正交基上的笛卡儿分量 $\widehat{v}_i(\widehat{x})$ 来定义. 此图最早出现于下书中, P. G. CIARLET [2005]: *An Introduction to Differential Geometry with Applications to Elasticity*,Springer, Dordrecht.

但是, 如何用这些曲线坐标来定义这个向量场适当的分量呢? 一个合适的方法应当是定义几个函数 $v_i:\Omega\to\mathbb{R}$, 要求它们满足 (图 8.3-2)

$$v_i(x)\boldsymbol{g}^i(x)=\widehat{v}_i(\widehat{x})\widehat{\boldsymbol{e}}^i \quad \text{对所有 } \widehat{x}=\boldsymbol{\Theta}(x), x\in\Omega,$$

其中向量 $\boldsymbol{g}^i(x)$ 形成在 $\widehat{x}=\boldsymbol{\Theta}(x)$ 处的反变基 (8.2 节), 而分量 $v_i(x)$ 称为向量 $v_i(x)\boldsymbol{g}^i(x)$ 在 $\widehat{x}$ 处的**共变分量**. 利用关系式 $\boldsymbol{g}^i(x)\cdot\boldsymbol{g}_j(x)=\delta^i_j$ 及 $\widehat{\boldsymbol{e}}^i\cdot\widehat{\boldsymbol{e}}_j=\delta^i_j$, 立即可以看出笛卡儿分量与共变分量之间如何关联, 即

$$v_j(x)=v_i(x)\boldsymbol{g}^i(x)\cdot\boldsymbol{g}_j(x)=\widehat{v}_i(\widehat{x})\widehat{\boldsymbol{e}}^i\cdot\boldsymbol{g}_j(x),$$
$$\widehat{v}_i(\widehat{x})=\widehat{v}_j(\widehat{x})\widehat{\boldsymbol{e}}^j\cdot\widehat{\boldsymbol{e}}_i=v_j(x)\boldsymbol{g}^j(x)\cdot\widehat{\boldsymbol{e}}_i.$$

另一个合适的方法是定义 n 个函数 $v^i:\Omega\to\mathbb{R}$, 要求它们满足

$$v^i(x)\boldsymbol{g}_i(x) := \widehat{v}_i(\widehat{x})\widehat{\boldsymbol{e}}^i \quad 在每个\ \widehat{x}=\boldsymbol{\Theta}(x)\ 处,\ x\in\Omega,$$

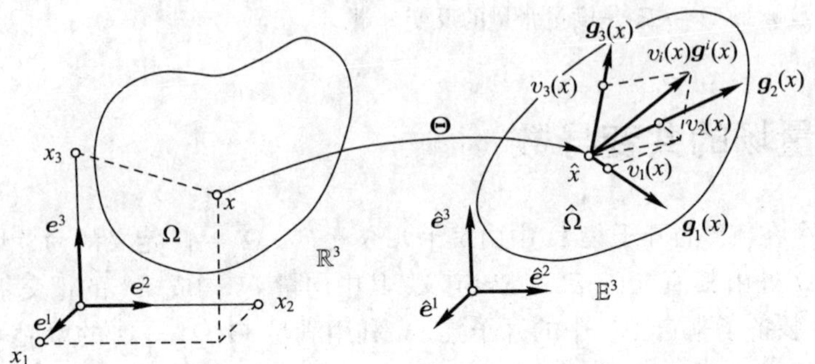

图 8.3-2 曲线坐标下的向量场. 设一向量场在每一点 $\widehat{x}\in\widehat{\Omega}$ 处由其在向量 $\widehat{\boldsymbol{e}}^i$ 上的笛卡儿分量 $\widehat{v}_i(\widehat{x})$ 定义 (图 8.3-1). 同一向量场在曲线坐标下在每一点 $x\in\Omega$ 处由其在反变基向量 $\boldsymbol{g}^i(x)$ 上的共变分量 $v_i(x)$ 定义, 这里要求 $v_i(x)\boldsymbol{g}^i(x)=\widehat{v}_i(\widehat{x})\widehat{\boldsymbol{e}}^i, \widehat{x}=\boldsymbol{\Theta}(x)$. 此图最早出现于下书中, P. G. Ciarlet [2005]: *An Introduction to Differential Geometry with Applications to Elasticity*, Springer,Dordrecht.

其中向量 $\boldsymbol{g}_i(x)$ 形成在点 $\widehat{x}=\boldsymbol{\Theta}(x)$ 处的共变基. 分量 $v^i(x)$ 称为在 $\widehat{x}$ 处**向量** $v^i(x)\boldsymbol{g}_i(x)$ **的反变分量**. 可以直接验证, 共变和反变分量之间由下述关系相关联:

$$v_i(x)=g_{ij}(x)v^j(x) \quad 及 \quad v^j(x)=g^{ij}(x)v_i(x)$$

(此因 $v_i(x)=v_j(x)\boldsymbol{g}^j(x)\cdot\boldsymbol{g}_i(x)=v^j(x)\boldsymbol{g}_j(x)\cdot\boldsymbol{g}_i(x)$ 等).

注 在 8.4 节中, 我们将解释在何种意义下, 分量 $v_i(x)$ 是 "共变" 的, 而分量 $v^i(x)$ 是 "反变" 的. □

下面我们想要计算在点 $\widehat{x}=\boldsymbol{\Theta}(x)\in\widehat{\Omega}$ 处的偏导数 $\widehat{\partial}_j\widehat{v}_i(\widehat{x})$ 并用偏导数 $\partial_l v_k(x)$ 和 $v_q(x)$ (根据链式法则会出现这种项) 表示. 譬如说, 要给出以曲线坐标表示的向量场为未知量的偏微分方程, 就需要这种计算 (或许计算不像初看时那么简单, 见下面定理的证明).

我们将会看到, 进行这样的转换自然地导出向量场的共变导数这一基本概念.

定理 8.3-1 设 Ω 是 $\mathbb{R}^n$ 的开子集, $\boldsymbol{\Theta}:\Omega\to\mathbb{E}^n$ 是 Ω 到 $\widehat{\Omega}:=\boldsymbol{\Theta}(\Omega)$ 上的 $\mathcal{C}^2$ 微分同胚 (7.8 节). 给定一个在笛卡儿坐标下分量为 $\widehat{v}_i\in\mathcal{C}^1(\widehat{\Omega})$ 的向量场 $\widehat{v}_i\widehat{\boldsymbol{e}}^i:\widehat{\Omega}\to\mathbb{E}^n$, 设 $v_i\boldsymbol{g}^i:\Omega\to\mathbb{E}^n$ 是在曲线坐标下的同一向量, 即其由下式定义:

$$\widehat{v}_i(\widehat{x})\widehat{\boldsymbol{e}}^i=v_i(x)\boldsymbol{g}^i(x) \quad 在每个\ \widehat{x}=\boldsymbol{\Theta}(x), x\in\Omega.$$

则以这种方式定义的函数 $v_i:\Omega\to\mathbb{R}$ 在 Ω 中是 $\mathcal{C}^1$ 类的而且

$$\widehat{\partial}_j\widehat{v}_i(\widehat{x})=(v_{k\|l}[\boldsymbol{g}^k]_i[\boldsymbol{g}^l]_j)(x) \quad 在每个\ \widehat{x}=\boldsymbol{\Theta}(x),$$

其中

$$v_{i\|j} := \partial_j v_i - \Gamma^p_{ij} v_p, \text{ 这里 } \Gamma^p_{ij} := \boldsymbol{g}^p \cdot \partial_i \boldsymbol{g}_j,$$

和

$$[\boldsymbol{g}^i(x)]_k := \boldsymbol{g}^i(x) \cdot \widehat{\boldsymbol{e}}_k$$

表示在每个 $x \in \Omega$ 处, $\boldsymbol{g}^i(x)$ 在基 $\{\widehat{\boldsymbol{e}}_1, \cdots, \widehat{\boldsymbol{e}}_n\}$ 上的第 k 个分量.

证明 在下面整个证明中, 遵循下述约定: 在一个等式中同时出现 $\widehat{x}$ 和 x 意味着它们由 $\widehat{x} = \boldsymbol{\Theta}(x)$ 相关联, 且该等式对每个 $x \in \Omega$ 均成立.

(i) $[\boldsymbol{g}^i(x)]_k := \boldsymbol{g}^i(x) \cdot \widehat{\boldsymbol{e}}_k$ 的另一种表示.

设 $\boldsymbol{\Theta}(x) = \Theta^k(x)\widehat{\boldsymbol{e}}_k$ 和 $\widehat{\boldsymbol{\Theta}}(\widehat{x}) = \widehat{\Theta}^i(\widehat{x})\boldsymbol{e}_i$, 其中 $\widehat{\boldsymbol{\Theta}} : \widehat{\Omega} \to \Omega$ 表示 $\boldsymbol{\Theta} : \Omega \to \widehat{\Omega}$ 的逆映射. 由于 $\widehat{\boldsymbol{\Theta}}(\boldsymbol{\Theta}(x)) = x$ 在每个 $x \in \Omega$ 处成立, 链式法则 (定理 7.1-3) 说明矩阵 $\boldsymbol{\nabla\Theta}(x) := (\partial_j \Theta^k(x))$ (行指标为 k) 和矩阵 $\widehat{\boldsymbol{\nabla}}\widehat{\boldsymbol{\Theta}}(\widehat{x}) := (\widehat{\partial}_k \widehat{\Theta}^i(\widehat{x}))$ (行指标为 i) 满足

$$\widehat{\boldsymbol{\nabla}}\widehat{\boldsymbol{\Theta}}(\widehat{x})\boldsymbol{\nabla\Theta}(x) = \boldsymbol{I},$$

或等价地, 对每个 i 和每个 j,

$$\widehat{\partial}_k \widehat{\Theta}^i(\widehat{x}) \partial_j \Theta^k(x) = (\widehat{\partial}_1 \widehat{\Theta}^i(\widehat{x}) \cdots \widehat{\partial}_n \widehat{\Theta}^i(\widehat{x})) \begin{pmatrix} \partial_j \Theta^1(x) \\ \vdots \\ \partial_j \Theta^n(x) \end{pmatrix} = \delta^i_j.$$

上面列向量的分量 $\partial_j \Theta^k(x)$, $1 \leqslant k \leqslant n$, 正是向量 $\boldsymbol{g}_j(x)$ 的分量, 由于对每个指标 i, $\boldsymbol{g}^i(x)$ 由 n 个关系式 $\boldsymbol{g}^i(x) \cdot \boldsymbol{g}_j(x) = \delta^i_j$, $1 \leqslant j \leqslant n$, 唯一确定, 故上面的行向量的分量 $\widehat{\partial}_k \widehat{\Theta}^i(\widehat{x})$, $1 \leqslant k \leqslant n$, 必定是向量 $\boldsymbol{g}^i(x)$ 的分量. 所以 $\boldsymbol{g}^i(x)$ 在基 $\{\widehat{\boldsymbol{e}}_1, \cdots, \widehat{\boldsymbol{e}}_n\}$ 上的第 k 个分量可以用逆映射 $\widehat{\boldsymbol{\Theta}}$ 表示为

$$[\boldsymbol{g}^i(x)]_k = \widehat{\partial}_k \widehat{\Theta}^i(\widehat{x}).$$

(ii) 引入函数 $\Gamma^q_{lk} := \boldsymbol{g}^q \cdot \partial_l \boldsymbol{g}_k \in \mathcal{C}(\Omega)$.

我们下面计算导数 $\partial_l \boldsymbol{g}^q(x)$ (由于假设 $\boldsymbol{\Theta}$ 在 Ω 中是 $\mathcal{C}^2$ 类的, 故场 $\boldsymbol{g}^q = g^{qr}\boldsymbol{g}_r$ 在 Ω 中是 $\mathcal{C}^1$ 类的), 在 (iii) 中要将导数 $\widehat{\partial}_j \widehat{v}_i(\widehat{x})$ 表示为 x 的函数时 (注意 $\widehat{v}_i(\widehat{x}) = v_k(x)[\boldsymbol{g}^k(x)]_i$) 需要这个结果. 由于 n 个向量 $\boldsymbol{g}^k(x)$ 形成基, 我们可以先写为

$$\partial_l \boldsymbol{g}^q(x) = -\Gamma^q_{lk}(x)\boldsymbol{g}^k(x),$$

由此可无歧义地定义函数 $\Gamma^q_{lk} : \Omega \to \mathbb{R}$. 为了找到这些函数用映射 $\boldsymbol{\Theta}$ 和 $\widehat{\boldsymbol{\Theta}}$ 表示的式子, 我们注意到

$$\Gamma^q_{lk}(x) = \Gamma^q_{lm}(x)\delta^m_k = \Gamma^q_{lm}(x)\boldsymbol{g}^m(x) \cdot \boldsymbol{g}_k(x) = -\partial_l \boldsymbol{g}^q(x) \cdot \boldsymbol{g}_k(x).$$

又因为 $\partial_l(\boldsymbol{g}^q(x)\cdot\boldsymbol{g}_k(x))=0$ 及 $[\boldsymbol{g}^q(x)]_p=\widehat{\partial}_p\widehat{\Theta}^q(\widehat{x})$, 所以我们得到

$$\Gamma_{lk}^q(x)=\boldsymbol{g}^q(x)\cdot\partial_l\boldsymbol{g}_k(x)=\widehat{\partial}_p\widehat{\Theta}^q(\widehat{x})\partial_{lk}\Theta^p(x)=\Gamma_{kl}^q(x).$$

又因为根据假设 $\boldsymbol{\Theta}:\Omega\to\mathbb{E}^n$ 是 $\mathcal{C}^2$ 微分同胚, 最后一个关系式说明 $\Gamma_{lk}^q\in\mathcal{C}(\Omega)$.

(iii) 向量场 $\widehat{v}_i\widehat{\boldsymbol{e}}^i\in\mathcal{C}^1(\widehat{\Omega},\mathbb{E}^n)$ 的笛卡儿分量的偏导数 $\widehat{\partial}_j\widehat{v}_i(\widehat{x})$ 在每个 $\widehat{x}=\boldsymbol{\Theta}(x)\in\widehat{\Omega}$ 处由下式给出:

$$\widehat{\partial}_j\widehat{v}_i(\widehat{x})=v_{k\|l}(x)[\boldsymbol{g}^k(x)]_i[\boldsymbol{g}^l(x)]_j,$$

其中

$$v_{k\|l}(x):=\partial_l v_k(x)-\Gamma_{lk}^q(x)v_q(x),$$

而 $[\boldsymbol{g}^k(x)]_i$ 和 $\Gamma_{lk}^q(x)$ 则如在 (i) 和 (ii) 中所定义的.

为了计算作为 x 的函数的偏导数 $\widehat{\partial}_j\widehat{v}_i(\widehat{x})$, 我们就简单地利用关系式 $\widehat{v}_i(\widehat{x})=v_k(x)[\boldsymbol{g}^k(x)]_i$. 注意, 根据链式法则以及 (i), 可微函数 $w:\Omega\to\mathbb{R}$ 满足

$$\widehat{\partial}_j w(\widehat{\boldsymbol{\Theta}}(\widehat{x}))=\partial_l w(x)\widehat{\partial}_j\widehat{\Theta}^l(\widehat{x})=\partial_l w(x)[\boldsymbol{g}^l(x)]_j,$$

我们就得到

$$\begin{aligned}\widehat{\partial}_j\widehat{v}_i(\widehat{x})&=\widehat{\partial}_j v_k(\widehat{\boldsymbol{\Theta}}(\widehat{x}))[\boldsymbol{g}^k(x)]_i+v_q(x)\widehat{\partial}_j[\boldsymbol{g}^q(\widehat{\boldsymbol{\Theta}}(\widehat{x}))]_i\\&=\partial_l v_k(x)[\boldsymbol{g}^l(x)]_j[\boldsymbol{g}^k(x)]_i+v_q(x)(\partial_l[\boldsymbol{g}^q(x)]_i)[\boldsymbol{g}^l(x)]_j\\&=(\partial_l v_k(x)-\Gamma_{lk}^q(x)v_q(x))[\boldsymbol{g}^k(x)]_i[\boldsymbol{g}^l(x)]_j,\end{aligned}$$

这是因为由 (ii), $\partial_l\boldsymbol{g}^q(x)=-\Gamma_{lk}^q(x)\boldsymbol{g}^k(x)$. 这就完成了证明. □

出现在定理 8.3-1 中的函数

$$v_{i\|j}=\partial_j v_i-\Gamma_{ij}^p v_p$$

称为**向量场** $v_i\boldsymbol{g}^i:\Omega\to\mathbb{E}^n$ **的共变导数的共变分量**.

注 在 8.4 节中我们将会看到, 虽然如同函数 g_{ij} (8.2 节), 函数 $v_{i\|j}$ 也是一个二阶张量的共变分量, 但它与度量张量的分量在本质上是不同的. □

函数

$$\Gamma_{ij}^p=\boldsymbol{g}^p\cdot\partial_i\boldsymbol{g}_j:\Omega\to\mathbb{R}$$

称为**第二类 Christoffel 符号**[2)], 第一类 Christoffel 符号将在 8.5 节中引入.

下面的结果汇总了关于共变导数和 Christoffel 符号的一些常用性质.

---

2)冠名源自:

E. B. Christoffel [1869]: Über die Transformation der homogenen Differentialausdrücke zweiten Grades, *Journal für die Reine und Angewandte Mathematik* **70**, 46–70.

定理 8.3-2 关于映射 $\boldsymbol{\Theta}:\Omega\to\mathbb{E}^n$ 的假设与在定理 8.3-1 中的相同, 又给定一个共变分量 $v_i\in\mathcal{C}^1(\Omega)$ 的向量场 $v_i\boldsymbol{g}^i:\Omega\to\mathbb{E}^n$.

(a) 由

$$v_{i\|j}:=\partial_j v_i-\Gamma_{ij}^p v_p,\ \text{其中}\ \Gamma_{ij}^p:=\boldsymbol{g}^p\cdot\partial_i\boldsymbol{g}_j$$

定义的向量场 $v_i\boldsymbol{g}^i:\Omega\to\mathbb{E}^n$ 的共变导数的共变分量 $v_{i\|j}\in\mathcal{C}(\Omega)$ 也可由下述关系式定义:

$$v_{i\|j}\boldsymbol{g}^i=\partial_j(v_i\boldsymbol{g}^i),\ \text{或等价地}\ v_{i\|j}=\{\partial_j(v_k\boldsymbol{g}^k)\}\cdot\boldsymbol{g}_i.$$

(b) *Christoffel* 符号 $\Gamma_{ij}^p:=\boldsymbol{g}^p\cdot\partial_i\boldsymbol{g}_j=\Gamma_{ji}^p\in\mathcal{C}(\Omega)$ 满足下述关系式:

$$\partial_i\boldsymbol{g}^p=-\Gamma_{ij}^p\boldsymbol{g}^j\quad\text{和}\quad\partial_j\boldsymbol{g}_q=\Gamma_{jq}^i\boldsymbol{g}_i.$$

证明 只需验证, 在定理 8.3-1 中由

$$v_{i\|j}=\partial_j v_i-\Gamma_{ij}^p v_p$$

定义的共变分量 $v_{i\|j}$ 可以等价地由关系式

$$\partial_j(v_i\boldsymbol{g}^i)=v_{i\|j}\boldsymbol{g}^i$$

定义, 此式无歧义地定义函数 $v_{i\|j}:=\{\partial_j(v_k\boldsymbol{g}^k)\}\cdot\boldsymbol{g}_i$, 这是由于根据假设, 向量 $\boldsymbol{g}^i$ 在 Ω 的所有点处均是线性无关的.

为此, 我们只需注意到, 根据定义 Christoffel 符号满足 $\partial_i\boldsymbol{g}^p=-\Gamma_{ij}^p\boldsymbol{g}^j$ (见定理 8.3-1 证明的部分 (ii)), 因此

$$\begin{aligned}\partial_j(v_i\boldsymbol{g}^i)&=(\partial_j v_i)\boldsymbol{g}^i+v_i\partial_j\boldsymbol{g}^i\\&=(\partial_j v_i)\boldsymbol{g}^i-v_i\Gamma_{jk}^i\boldsymbol{g}^k=v_{i\|j}\boldsymbol{g}^i.\end{aligned}$$

为了确立另一个关系式 $\partial_j\boldsymbol{g}_q=\Gamma_{jq}^i\boldsymbol{g}_i$, 注意, 因为 $\boldsymbol{g}^p\cdot\boldsymbol{g}_q=\delta_q^p$, 故

$$\begin{aligned}0=\partial_j(\boldsymbol{g}^p\cdot\boldsymbol{g}_q)&=-\Gamma_{ji}^p\boldsymbol{g}^i\cdot\boldsymbol{g}_q+\boldsymbol{g}^p\cdot\partial_j\boldsymbol{g}_q\\&=-\Gamma_{qj}^p+\boldsymbol{g}^p\cdot\partial_j\boldsymbol{g}_q.\end{aligned}$$

所以

$$\partial_j\boldsymbol{g}_q=(\partial_j\boldsymbol{g}_q\cdot\boldsymbol{g}^p)\boldsymbol{g}_p=\Gamma_{qj}^p\boldsymbol{g}_p.$$ □

注 Christoffel 符号 Γ_{ij}^p 的一个重要性质是, 它可只用度量张量的分量 g_{ij} 及其导数 $\partial_k g_{ij}$ 来定义 (定理 8.5-1). □

如果 $\mathbb{E}^n$ 与 $\mathbb{R}^n$ 等同, 而且 $\boldsymbol{\Theta}(x)=x$ 对所有 $x\in\Omega$, 关系式 $\partial_j(v_i\boldsymbol{g}^i)(x)=(v_{i\|j}\boldsymbol{g}^i)(x)$ 就化为 $\widehat{\partial}_j(\widehat{v}_i(\widehat{x})\widehat{\boldsymbol{e}}^i)=(\widehat{\partial}_j\widehat{v}_i(\widehat{x}))\widehat{\boldsymbol{e}}^i$. 在这种意义上, 向量场的共变导数的共变分量就成为在笛卡儿坐标下偏导数的推广.

在笛卡儿坐标下经典的梯度、*Laplace* 算子、散度以及旋度也同样可以用曲线坐标表示; 见习题 8.3-3.

习题

8.3-1 计算相应于柱面坐标及球面坐标 (图 8.1-2) 的共变和反变基向量, 度量张量的共变和反变分量, 以及 Christoffel 符号.

8.3-2 在定理 8.3-1 的证明部分 (iii) 中, 证明了

$$\widehat{\partial}_j \widehat{v}_i(\widehat{x}) = (v_{k\|l}[\boldsymbol{g}^k]_i[\boldsymbol{g}^l]_j)(x) \quad \text{对所有 } \widehat{x} \in \boldsymbol{\Theta}(x) \in \widehat{\Omega}.$$

证明, 反过来, 每个共变导数 $v_{i\|j}(x)$ 均可表示为偏导数 $\widehat{\partial}_l \widehat{v}_k(\widehat{x})$ 的线性组合.

8.3-3 本题给出梯度、*Laplace* 算子、散度以及旋度等算子在曲线坐标下的表达式. 符号与假设和定理 8.3-1 中的相同.

(1) 给定足够光滑的函数 $\widehat{v}: \widehat{\Omega} \to \mathbb{R}$, 设 $\widehat{\mathbf{grad}}\, \widehat{v}: \widehat{\Omega}^{*)} \to \mathbb{E}^n$ 是分量为 $\widehat{\partial}_i \widehat{v}$ 的向量场, 又设 $\widehat{\Delta} \widehat{v} := \sum_i \frac{\partial^2 \widehat{v}}{\partial \widehat{x}_i^2} : \widehat{\Omega}^{**)} \to \mathbb{R}$, 而函数 $v: \Omega \to \mathbb{R}$ 在每个 $x \in \Omega$ 处由 $v(x) = \widehat{v}(\boldsymbol{\Theta}(x))$ 定义. 证明

$$(\widehat{\mathbf{grad}}\, \widehat{v})(\widehat{x}) = ((\partial_i v)\boldsymbol{g}^i)(x),$$
$$\widehat{\Delta} \widehat{v}(\widehat{x}) = \left(\frac{1}{\sqrt{g}} \partial_i (\sqrt{g} g^{ij} \partial_j v)\right)(x),$$

其中 $g := \det(g_{ij})$.

(2) 给定一个足够光滑的向量场 $\widehat{\boldsymbol{v}} = \widehat{v}_i \widehat{\boldsymbol{e}}^i : \widehat{\Omega} \to \mathbb{E}^n$, 设 $\widehat{\operatorname{div}}\, \widehat{\boldsymbol{v}} := \widehat{\partial}_i \widehat{v}_i : \widehat{\Omega} \to \mathbb{R}$. 证明

$$\operatorname{div} \widehat{\boldsymbol{v}}(\widehat{x}) = (v_{k\|l} g^{kl})(x) \quad \text{在每个 } \widehat{x} = \boldsymbol{\Theta}(x) \in \widehat{\Omega} \text{ 处}.$$

(3) 给定一个足够光滑的向量场 $\widehat{\boldsymbol{v}} = \widehat{v}_i \widehat{\boldsymbol{e}}^i : \widehat{\Omega} \to \mathbb{E}^3$, 设 $\widehat{\mathbf{curl}}\, \widehat{\boldsymbol{v}} : \widehat{\Omega} \to \mathbb{E}^3$ 是分量为 $\widehat{\varepsilon}^{ijk} \widehat{\partial}_i \widehat{v}_j$ 的向量场, 其中 $\widehat{\varepsilon}^{ijk} = 1$, 若 $\{i,j,k\}$ 是 $\{1,2,3\}$ 的偶置换; $\widehat{\varepsilon}^{ijk} = -1$, 若 $\{i,j,k\}$ 是 $\{1,2,3\}$ 的奇置换; $\widehat{\varepsilon}^{ijk} = 0$ 对其他情况. 证明

$$\widehat{\mathbf{curl}}\, \widehat{\boldsymbol{v}}(\widehat{x}) = (\varepsilon^{ijk} v_{j\|i} \boldsymbol{g}_k)(x),$$

其中 $\varepsilon^{ijk}(x) := \frac{1}{\sqrt{g(x)}} \widehat{\varepsilon}^{ijk}$.

8.4 张量简介

张量分析是一个宏大的课题, 所以在这不长的一节中的目标必须是适度的.

我们的第一个目标是解释形容词 "共变" 及 "反变" 的含义, 这两个形容词分别与上节中涉及的分量 $v_i(x), g_{ij}(x), v_{i\|j}(x)$ 及 $v^i(x), g^{ij}(x)$ 的下标或指标密切相关. 要注意, 当与 "导数" 连在一起时, 形容词 "共变" 有另外的含义.

第二个目标是对到目前为止所涉及的特殊情况给出张量场的定义, 即定义在形如 $\widehat{\Omega} = \boldsymbol{\Theta}(\Omega)$ 的 $\mathbb{E}^n$ 中的开子集 $\widehat{\Omega}$ 上的张量场, 其中 Ω 是 $\mathbb{R}^n$ 的开子集, 而 $\boldsymbol{\Theta}: \Omega \to \widehat{\Omega}$ 是 $\mathcal{C}^1$ 微分同胚.

---

*) 原文在此是 Ω. —— 译者注.

**) 原文在此是 Ω. —— 译者注.

注 这个特殊情况是最简单的. 例如, 即使定义在三维欧氏空间 $\mathbb{E}^3$ 中的二维曲面上的张量, 如我们在 8.13 节的结尾简要指出的, 就要求更精细的讨论了. □

为简单起见, 我们将主要把精力集中在一阶及二阶张量上, 而将高阶张量的定义和性质作为习题留给读者.

第一种视角在于考察当在给定 $\mathbb{E}^n$ 的开子集中变换曲线坐标时, 上述的分量如何变化.

更具体地, 给定一个从 $\mathbb{R}^n$ 中的开子集到 $\mathbb{E}^n$ 中的开子集 $\widehat{\Omega}$ 上的 $\mathcal{C}^1$ 微分同胚 $\mathbf{\Theta}$ 及一点 $\widehat{x} = \mathbf{\Theta}(x) \in \widehat{\Omega}$. 然后我们定义向量 $\boldsymbol{g}_i(x) := \partial_i \mathbf{\Theta}_i(x) \in \mathbb{E}^n$ 作为在点 $\widehat{x} \in \widehat{\Omega}$ (关于 $\mathbf{\Theta}$) 的**共变基**, 并且进而定义满足 $\boldsymbol{g}^j(x) \cdot \boldsymbol{g}_i(x) = \delta_i^j$ 的 (唯一) 向量 $\boldsymbol{g}^j(x)$ 作为在 $\widehat{x} \in \widehat{\Omega}$ 处 (也是关于 $\mathbf{\Theta}$) 的**反变基**. 在这个阶段, 形容词 "共变" 和 "反变" 只是简单地被理解为意在区分定义在同一点 $\widehat{x} \in \widehat{\Omega}$ 的两种不同类型 (关于 $\mathbf{\Theta}$) 的基.

现在设 Ω 和 $\widetilde{\Omega}$ 是 $\mathbb{R}^n$ 的两个开子集, 又设 $\mathbf{\Theta} : \Omega \to \mathbb{E}^n$ 和 $\widetilde{\mathbf{\Theta}} : \widetilde{\Omega} \to \mathbb{E}^n$ 是两个 $\mathcal{C}^1$ 微分同胚使得 $\mathbf{\Theta}(\Omega) = \widetilde{\mathbf{\Theta}}(\widetilde{\Omega})$. 然后设 $\boldsymbol{g}_i(x) := \partial_i \mathbf{\Theta}(x)$ 和 $\widetilde{\boldsymbol{g}}_i(\widetilde{x}) := \widetilde{\partial}_i \widetilde{\mathbf{\Theta}}(\widetilde{x})$ 表示在同一点 $\mathbf{\Theta}(x) = \widetilde{\mathbf{\Theta}}(x) \in \mathbb{E}^n$ 的共变基的有关向量, 又设 $\boldsymbol{g}^i(x)$ 和 $\widetilde{\boldsymbol{g}}^i(\widetilde{x})$ 表示在同一点 $\widehat{x}$ 相应的反变基向量. 简单的计算说明

$$\boldsymbol{g}_i(x) = \frac{\partial \chi^k}{\partial x_i}(x) \widetilde{\boldsymbol{g}}_k(\widetilde{x}) \quad 及 \quad \boldsymbol{g}^i(x) = \frac{\partial \widetilde{\chi}^i}{\partial \widetilde{x}_k}(x) \widetilde{\boldsymbol{g}}^k(\widetilde{x}),$$

其中

$$\boldsymbol{\chi} = (\chi^j) := \widetilde{\mathbf{\Theta}}^{-1} \circ \mathbf{\Theta} \in \mathcal{C}^1(\Omega; \widetilde{\Omega}) \quad 及 \quad \widetilde{\boldsymbol{\chi}} = (\widetilde{\chi}^i) := \boldsymbol{\chi}^{-1} \in \mathcal{C}^1(\widetilde{\Omega}; \Omega).$$

这样, 根据定义 (8.3 节), 在同一点 $\mathbf{\Theta}(x) = \widetilde{\mathbf{\Theta}}(\widetilde{x}) \in \widehat{\Omega} \subset \mathbb{E}^n$ 的向量场的 "共变" 分量 $v_i(x)$ 与 $\widetilde{v}_i(\widetilde{x})$, 及 "反变" 分量 $v^i(x)$ 与 $\widetilde{v}^i(\widetilde{x})$ (符号的含义都是不说自明的) 满足

$$v_i(x) \boldsymbol{g}^i(x) = \widetilde{v}_i(\widetilde{x}) \widetilde{\boldsymbol{g}}^i(\widetilde{x}) = v^i(x) \widetilde{\boldsymbol{g}}_i(x) = \widetilde{v}^i(\widetilde{x}) \widetilde{\boldsymbol{g}}_i(\widetilde{x}).$$

由于 $\widetilde{x} = \boldsymbol{\chi}(x)$, 容易验证

$$v_i(x) = \frac{\partial \chi^k}{\partial x_i}(x) \widetilde{v}_k(\widetilde{x}) \quad 及 \quad v^i(x) = \frac{\partial \widetilde{\chi}^i}{\partial \widetilde{x}_k}(x) \widetilde{v}^k(\widetilde{x}).$$

换言之, 在曲线坐标变换下, 分量 $v_i(x)$ "变化像" 共变基向量 $\boldsymbol{g}_i(x)$, 而分量 $v^i(x)$ "变化像" 反变基向量 $\boldsymbol{g}^i(x)$. 这就是它们分别称为 "共变" 和 "反变" 的原因.

同样, 设 $g_{ij}(x)$ 和 $\widetilde{g}_{ij}(\widetilde{x})$ 表示在同一点 $\mathbf{\Theta}(x) = \widetilde{\mathbf{\Theta}}(\widetilde{x}) \in \widehat{\Omega} \subset \mathbb{E}^n$ 处的度量张量场的 "共变" 分量, 而 $g^{ij}(x)$ 和 $\widetilde{g}^{ij}(\widetilde{x})$ 表示其 "反变" 分量. 简单的计算可以证明

$$g_{ij}(x) = \frac{\partial \chi^k}{\partial x_i}(x) \frac{\partial \chi^l}{\partial x_j}(x) \widetilde{g}_{kl}(\widetilde{x}) \quad 及 \quad g^{ij}(x) = \frac{\partial \widetilde{\chi}^i}{\partial \widetilde{x}_k}(x) \frac{\partial \widetilde{\chi}^j}{\partial \widetilde{x}_l}(x) \widetilde{g}^{kl}(\widetilde{x}).$$

这些式子再一次解释了为什么分量 $g_{ij}(x)$ 和 $g^{ij}(x)$ 分别称为 "共变" 和 "反变": 在曲线坐标变换下, $g_{ij}(x)$ 的每一个下标 "变化像" 相应的共变基向量那样, 而 $g^{ij}(x)$ 的每一个指标则 "变化像" 相应的反变基向量那样.

类似的分析可以说明, 向量场共变导数的分量 $v_{i\|j}(x)$ (8.3 节) 同样是 "共变" 的; 见习题 8.4-1.

第二种视角当然更具启发性, 是将同一组数量 $v_i(x)$ 或 $v^i(x)$ 视为一个向量的分量, 将 $g_{ij}(x)$ 或 $g^{ij}(x)$ 视为一个线性算子的分量, 这些分量都是关于由向量 $\boldsymbol{g}_i(x)$ 及 $\boldsymbol{g}^j(x)$ 构成的适当的基而言. 在这种处理方法中向量 $\boldsymbol{g}_i(x)$ 和 $\boldsymbol{g}^j(x)$ 是视为利用已给的 $\mathcal{C}^1$ 微分同胚 $\boldsymbol{\Theta} : \Omega \to \widehat{\Omega}$ 给定的.

例如, 一个向量

$$v_j(x)\boldsymbol{g}^j(x) = v^i(x)\boldsymbol{g}_j(x) \in \mathbb{E}^n$$

可以用它在反变基向量 $\boldsymbol{g}^j(x)$ 上的共变分量 $v_j(x)$ 来定义, 也可以用它在共变基向量 $\boldsymbol{g}_i(x)$ 上的反变分量 $v^i(x)$ 来定义, 它作为 $\mathbb{E}^n$ 中向量的内在特征反映于下面关系式 (8.3 节):

$$v_i(x)\boldsymbol{g}^i(x) = \widehat{v}_i(\widehat{x})\widehat{\boldsymbol{e}}^i.$$

在这种看法中, 向量是**一阶张量**的实例, 所谓 "一阶" 简单来说就是指其分量是用一个下标或一个指标来确定的.

由向量 $\boldsymbol{g}_i(x)$ 张成的向量空间实质上是在点 $\widehat{x} = \boldsymbol{\Theta}(x)$ 处切于 n 维流形 $\widehat{\Omega} = \boldsymbol{\Theta}(\Omega)$ 的**切空间**[3)]

$$\mathbb{T}_{\widehat{x}}\widehat{\Omega},$$

而由向量 $\boldsymbol{g}^j(x)$ 张成的向量空间是 $\mathbb{T}_{\widehat{x}}\widehat{\Omega}$ 的对偶空间. 在现在的场合, 空间 $\mathbb{T}_{\widehat{x}}\widehat{\Omega}$ 与其对偶空间依据欧氏内积是等同的, 这在定义关系式 $\boldsymbol{g}^j(x) \cdot \boldsymbol{g}_i(x) = \delta_i^j$ 时已用过.

由于向量 $\boldsymbol{g}_i(x)$ 是线性无关的, 在每一个 $\widehat{x} = \boldsymbol{\Theta}(x) \in \widehat{\Omega}$ 处, 空间 $\mathbb{T}_{\widehat{x}}\widehat{\Omega}$ 可以等同于 $\mathbb{E}^n$. 这就解释了为什么迄今为止将 $\boldsymbol{g}_i(x)$ 和 $\boldsymbol{g}^j(x)$ 视为 $\mathbb{E}^n$ 中的向量. 但这种等同性是特指现在这种场合, 即流形 $\widehat{\Omega}$ 是 $\mathbb{E}^n$ 中的一个开子集. 例如, 如果流形是 $\mathbb{E}^3$ 中的曲面, 情形就不同了 (直观上显然, 与前面不同, 一般来说切空间是沿曲面 "变化" 的; 见 8.9 节).

注 关系式 $\boldsymbol{g}^j(x) \cdot \boldsymbol{g}_i(x) = \delta_i^j$ 等价于关系式 $\boldsymbol{g}_i(x) = g_{ij}(x)\boldsymbol{g}^j(x)$ 或 $\boldsymbol{g}^i(x) = g^{ij}(x)\boldsymbol{g}_j(x)$, 因此它们之中任一个均可用于定义分量 $g_{ij}(x)$ 或 $g^{ij}(x)$ (而不是像 8.2 节中用 $g_{ij}(x) := \boldsymbol{g}_i(x) \cdot \boldsymbol{g}_j(x)$ 或 $g^{ij}(x) := \boldsymbol{g}^i(x) \cdot \boldsymbol{g}^j(x)$). □

在每一点 $x \in \Omega$, 由 $v_j(x)\boldsymbol{g}^j(x)$ 或 $v^i(x)\boldsymbol{g}_i(x)$ 定义的向量场映 Ω 到集合

$$\mathbb{T}\widehat{\Omega} := \bigsqcup_{\widehat{x} \in \widehat{\Omega}} \mathbb{T}_{\widehat{x}}\widehat{\Omega},$$

其中符号 $\bigsqcup$ 表示不相交的并 (见 1.3 节)。集合 $\mathbb{T}\widehat{\Omega}$ 称为 $\widehat{\Omega}$ 的**切丛**.

3) 对于切空间这一概念的详尽讨论, 可参阅, 例如 SCHLICHTKRULL [2012, 第 3 章].

这里顺便给出一个下面要反复使用的 (可直接验证的) 性质: 任一向量 $\boldsymbol{w} \in \mathbb{T}_{\widehat{x}}\widehat{\Omega}$ 在每组基上均可展开为

$$\boldsymbol{w} = (\boldsymbol{w} \cdot \boldsymbol{g}^i(x))\boldsymbol{g}_i(x) = (\boldsymbol{w} \cdot \boldsymbol{g}_j(x))\boldsymbol{g}^j(x).$$

其次, 设线性算子 $\boldsymbol{g}_i(x) \otimes \boldsymbol{g}_j(x) \in \mathcal{L}(\mathbb{T}_{\widehat{x}}\widehat{\Omega}; \mathbb{T}_{\widehat{x}}\widehat{\Omega})$ 在每一点 $x \in \Omega$ 处由下式定义:

$$(\boldsymbol{g}_i(x) \otimes \boldsymbol{g}_j(x))\boldsymbol{w} := (\boldsymbol{g}_j(x) \cdot \boldsymbol{w})\boldsymbol{g}_i(x) \quad \text{对每个 } \boldsymbol{w} \in \mathbb{T}_{\widehat{x}}\widehat{\Omega}.$$

那么, 这 n^2 个线性算子就形成空间 $\mathcal{L}(\mathbb{T}_{\widehat{x}}\widehat{\Omega}; \mathbb{T}_{\widehat{x}}\widehat{\Omega})$ 的基, 这是因为任一线性算子 $\boldsymbol{T}(x) \in \mathcal{L}(\mathbb{T}_{\widehat{x}}\widehat{\Omega}; \mathbb{T}_{\widehat{x}}\widehat{\Omega})$ 均可展开为

$$\boldsymbol{T}(x) = T^{ij}(x)(\boldsymbol{g}_i(x) \otimes \boldsymbol{g}_j(x)), \quad \text{其中 } T^{ij}(x) := \boldsymbol{g}^i(x) \cdot (\boldsymbol{T}(x)\boldsymbol{g}^j(x)).$$

为了得到这个结论, 只需验证, 当上式两端作用到向量 $\boldsymbol{g}^k(x)$ (它们形成 $\mathbb{T}_{\widehat{x}}\widehat{\Omega}$ 的基) 上时, 两端的结果都是 $\mathbb{T}_{\widehat{x}}\widehat{\Omega}$ 中同一向量; 实际上

$$\begin{aligned} T^{ij}(x)(\boldsymbol{g}_i(x) \otimes \boldsymbol{g}_j(x))\boldsymbol{g}^k(x) &= (\boldsymbol{g}^i(x) \cdot \boldsymbol{T}(x)\boldsymbol{g}^j(x))(\boldsymbol{g}_j(x) \cdot \boldsymbol{g}^k(x))\boldsymbol{g}_i(x) \\ &= (\boldsymbol{g}^i(x) \cdot \boldsymbol{T}(x)\boldsymbol{g}^k(x))\boldsymbol{g}_i(x) = \boldsymbol{T}(x)\boldsymbol{g}^k(x). \end{aligned}$$

实数 $T^{ij}(x)$ 称为线性算子 $\boldsymbol{T}(x)$ 的反变分量 (它们是反变的这一点可直接由定义 $T^{ij}(x) := \boldsymbol{g}^i(x) \cdot (\boldsymbol{T}(x)\boldsymbol{g}^j(x))$ 得出, 这是由于向量 $\boldsymbol{g}^i(x)$ 本身是反变的).

因此, 一个线性算子 $\boldsymbol{T}(x) \in \mathcal{L}(\mathbb{T}_{\widehat{x}}\widehat{\Omega}; \mathbb{T}_{\widehat{x}}\widehat{\Omega})$ 可用其在共变基 $(\boldsymbol{g}_i(x) \otimes \boldsymbol{g}_j(x))$ 上的反变分量 $T^{ij}(x)$ 来定义. 但同一个算子 $\boldsymbol{T}(x)$ 也可以用在空间 $\mathcal{L}(\mathbb{T}_{\widehat{x}}\widehat{\Omega}; \mathbb{T}_{\widehat{x}}\widehat{\Omega})$ 的反变基 $(\boldsymbol{g}^i(x) \otimes \boldsymbol{g}^j(x))$ 上的共变分量

$$T_{ij}(x) := \boldsymbol{g}_i(x) \cdot (\boldsymbol{T}(x)\boldsymbol{g}_j(x))$$

来定义, 而反变基由下式定义:

$$(\boldsymbol{g}^i(x) \otimes \boldsymbol{g}^j(x))\boldsymbol{w} := (\boldsymbol{g}^j(x) \cdot \boldsymbol{w})\boldsymbol{g}^i(x) \quad \text{对每个 } \boldsymbol{w} \in \mathbb{T}_{\widehat{x}}\widehat{\Omega};$$

该算子也可以用对每个 $\boldsymbol{w} \in \mathbb{T}_{\widehat{x}}\widehat{\Omega}$ 分别由

$$(\boldsymbol{g}_i(x) \otimes \boldsymbol{g}^j(x))\boldsymbol{w} := (\boldsymbol{g}^j(x) \cdot \boldsymbol{w})g_i(\boldsymbol{x})$$

及

$$(\boldsymbol{g}^i(x) \otimes \boldsymbol{g}_j(x))\boldsymbol{w} := (\boldsymbol{g}_j(x) \cdot \boldsymbol{w})\boldsymbol{g}^i(x)$$

定义的混合基 $(\boldsymbol{g}_i(x) \otimes \boldsymbol{g}^j(x))$ 及 $(\boldsymbol{g}^i(x) \otimes \boldsymbol{g}_j(x))$ 上的混合分量

$$T^{i\cdot}_{\cdot j}(x) := \boldsymbol{g}^i(x) \cdot (\boldsymbol{T}(x)\boldsymbol{g}_j(x))$$

及

$$T_{i\cdot}^{\cdot j}(x) := \boldsymbol{g}_i(x) \cdot (\boldsymbol{T}(x)\boldsymbol{g}^j(x))$$

来定义.

总结一下, 任一线性算子 $\boldsymbol{T}(x) \in \mathcal{L}(\mathbb{T}_{\widehat{x}}\widehat{\Omega}; \mathbb{T}_{\widehat{x}}\widehat{\Omega})$ 根据在空间 $\mathcal{L}(\mathbb{T}_{\widehat{x}}\widehat{\Omega}; \mathbb{T}_{\widehat{x}}\widehat{\Omega})$ 中所选的基, 可表示为四种不同形式

$$\begin{aligned} \boldsymbol{T}(x) &= T^{ij}(x)(\boldsymbol{g}_i(x) \otimes \boldsymbol{g}_j(x)) = T_{ij}(x)(\boldsymbol{g}^i(x) \otimes \boldsymbol{g}^j(x)) \\ &= T^{i\cdot}_{\cdot j}(x)(\boldsymbol{g}_i(x) \otimes \boldsymbol{g}^j(x)) = T_{i\cdot}^{\cdot j}(x)(\boldsymbol{g}^i(x) \otimes \boldsymbol{g}_j(x)). \end{aligned}$$

要注意, $\boldsymbol{T}(x)$ 混合分量 $T^{i\cdot}_{\cdot j}(x)$ 与 $T_{i\cdot}^{\cdot j}(x)$ 一般来说是不同的.

然而, 如果张量 $\boldsymbol{T}(x)$ 关于欧氏内积是对称的, 即若 $(\boldsymbol{T}(x)\boldsymbol{v} \cdot \boldsymbol{w}) = (\boldsymbol{v} \cdot \boldsymbol{T}(x)\boldsymbol{w})$ 对所有 $\boldsymbol{v}, \boldsymbol{w} \in \mathbb{T}_{\widehat{x}}\widehat{\Omega}$, 则

$$T_{i\cdot}^{\cdot j}(x) = \boldsymbol{g}_i(x) \cdot (\boldsymbol{T}(x)\boldsymbol{g}^j(x)) = (\boldsymbol{T}(x)\boldsymbol{g}_i(x)) \cdot \boldsymbol{g}^j(x) = T^{j\cdot}_{\cdot i}(x).$$

在这种情况, 就采用较简洁的符号

$$T_i^j(x) := T_{i\cdot}^{\cdot j}(x) = T^{j\cdot}_{\cdot i}(x).$$

线性算子 $\boldsymbol{T}(x) \in \mathcal{L}(\mathbb{T}_{\widehat{x}}\widehat{\Omega}; \mathbb{T}_{\widehat{x}}\widehat{\Omega})$ 给出一个**二阶张量**的例子, 所谓 "二阶" 简单地说就是反映在, 其分量是由两个指标, 或两个下标, 或一个指标一个下标, 或一个下标一个指标确定的.

也要注意, 由这种张量 $\boldsymbol{T}(x)$ 分量的四种不同的定义可直接证明, 它们具有下述关系:

$$\begin{aligned} T^{i\cdot}_{\cdot j}(x) &= g^{ik}(x)T_{kj}(x), \quad & T^{ij}(x) &= g^{ik}(x)T_{k\cdot}^{\cdot j}(x), \\ T_{i\cdot}^{\cdot j}(x) &= g_{ik}(x)T^{kj}(x), \quad & T_{ij}(x) &= g_{ik}(x)T_{i\cdot}^{\cdot k}(x). \end{aligned}$$

作为首个关于二阶张量的例子, 考察空间 $\mathcal{L}(\mathbb{T}_{\widehat{x}}\widehat{\Omega}; \mathbb{T}_{\widehat{x}}\widehat{\Omega})$ 中恒等映射 $\boldsymbol{I}$, 其 (分别关于基 $(\boldsymbol{g}^i(x) \otimes \boldsymbol{g}^j(x))$ 和 $(\boldsymbol{g}_i(x) \otimes \boldsymbol{g}_j(x))$ 的) 共变和反变分量就分别是 $g_{ij}(x)$ 和 $g^{ij}(x)$, 这是因为对每个向量 $\boldsymbol{w} \in \mathbb{T}_{\widehat{x}}\widehat{\Omega}$,

$$\begin{aligned} g_{ij}(x)(\boldsymbol{g}^i(x) \otimes \boldsymbol{g}^j(x))\boldsymbol{w} &= g_{ij}(x)(\boldsymbol{g}^j(x) \cdot \boldsymbol{w})\boldsymbol{g}^i(x) \\ &= (\boldsymbol{g}^j(x) \cdot \boldsymbol{w})\boldsymbol{g}_j(x) = \boldsymbol{w}, \\ g^{ij}(x)(\boldsymbol{g}_i(x) \otimes \boldsymbol{g}_j(x))\boldsymbol{w} &= g^{ij}(x)(\boldsymbol{g}_j(x) \cdot \boldsymbol{w})\boldsymbol{g}_i(x) \\ &= (\boldsymbol{g}_j(x) \cdot \boldsymbol{w})\boldsymbol{g}^j(x) = \boldsymbol{w}. \end{aligned}$$

换言之

$$\boldsymbol{I} = g_{ij}(x)(\boldsymbol{g}^i(x) \otimes \boldsymbol{g}^j(x)) = g^{ij}(x)(\boldsymbol{g}_i(x) \otimes \boldsymbol{g}_j(x)).$$

恒等映射显然是对称的, 它像空间 $\mathcal{L}(\mathbb{T}_{\widehat{x}}\widehat{\Omega}; \mathbb{T}_{\widehat{x}}\widehat{\Omega})$ 中的任一元素一样, 也有混合分量 $g_i^j(x) = g_{i\cdot}^{\cdot j}(x) = g^{j\cdot}_{\cdot i}(x)$, 这些分量就等于 Kronecker 符号 δ_i^j, 这是因为

$$\boldsymbol{I} = \delta_i^j(\boldsymbol{g}^i(x) \otimes \boldsymbol{g}_j(x)),$$

此式可以将两端作用于任意向量 $\boldsymbol{w} \in \mathbb{T}_{\widehat{x}}\widehat{\Omega}$, 直接验证.

因此恒等映射提供了一个空间 $\mathcal{L}(\mathbb{T}_{\widehat{x}}\widehat{\Omega};\mathbb{T}_{\widehat{x}}\widehat{\Omega})$ 中的对称二阶张量的例子.

也要注意, 同样的分量 $g_{ij}(x)$ 及 $g^{ij}(x)$ 也可以分别看作一个不同的二阶张量的共变及反变分量, 现在将它们视为 $\mathbb{T}_{\widehat{x}}\widehat{\Omega} \times \mathbb{T}_{\widehat{x}}\widehat{\Omega}$ 上所有对称双线性形式组成的空间 $\mathcal{L}_2^s(\mathbb{T}_{\widehat{x}}\widehat{\Omega} \times \mathbb{T}_{\widehat{x}}\widehat{\Omega};\mathbb{R})$ 中的元素, 而且由下式定义:

$$(v^i(x)\boldsymbol{g}_i(x), w^j(x)\boldsymbol{g}_j(x)) \in \mathbb{T}_{\widehat{x}}\widehat{\Omega} \times \mathbb{T}_{\widehat{x}}\widehat{\Omega} \to g_{ij}(x)v^i(x)w^j(x) \in \mathbb{R}.$$

注意, $g_{ij}(x)v^i(x)w^j(x) \in \mathbb{R}$ 正是向量 $v^i(x)\boldsymbol{g}_i(x) \in \mathbb{T}_{\widehat{x}}\widehat{\Omega}$ 与 $w^j(x)\boldsymbol{g}_j(x) \in \mathbb{T}_{\widehat{x}}\widehat{\Omega}$ 的欧氏内积. 空间 $\mathcal{L}_2(\mathbb{T}_{\widehat{x}}\widehat{\Omega} \times \mathbb{T}_{\widehat{x}}\widehat{\Omega};\mathbb{R})$ 相应的基则由下述 n^2 个双线性形式给出:

$$(v^i(x)\boldsymbol{g}_i(x), w^j(x)\boldsymbol{g}_j(x)) \in \mathbb{T}_{\widehat{x}}\widehat{\Omega} \times \mathbb{T}_{\widehat{x}}\widehat{\Omega} \to v^k(x)w^l(x) \in \mathbb{R}, \quad 1 \leqslant k, l \leqslant n.$$

实际上, 这两个看似不同定义的二阶张量, 可以轻易地融为一体, 因为 $\mathcal{L}_2^s(\mathbb{T}_{\widehat{x}}\widehat{\Omega} \times \mathbb{T}_{\widehat{x}}\widehat{\Omega};\mathbb{R})$ 是空间 $\mathcal{L}_2(\mathbb{T}_{\widehat{x}}\widehat{\Omega} \times \mathbb{T}_{\widehat{x}}\widehat{\Omega};\mathbb{R})$ 的子空间, 而后者可等同于空间 $\mathcal{L}(\mathbb{T}_{\widehat{x}}\widehat{\Omega};\mathbb{T}_{\widehat{x}}\widehat{\Omega})$(定理 2.11-5).

向量场 $v_i\boldsymbol{g}^i : \Omega \to \mathbb{T}\widehat{\Omega}$ **在** $x \in \Omega$ **处的共变导数**提供了空间 $\mathcal{L}(\mathbb{T}_{\widehat{x}}\widehat{\Omega};\mathbb{T}_{\widehat{x}}\widehat{\Omega})$ 中二阶张量的另一个实例, 它定义为张量 $v_{i\|j}(x)(\boldsymbol{g}^i(x) \otimes \boldsymbol{g}^j(x)) \in \mathcal{L}(\mathbb{T}_{\widehat{x}}\widehat{\Omega};\mathbb{T}_{\widehat{x}}\widehat{\Omega})$, 其共变分量已在定理 8.3-1 中给出, 即

$$v_{i\|j}(x) := \partial_j v_i(x) - \Gamma_{ij}^p(x)v_p(x)$$

(这些分量 $v_{i\|j}(x)$ 是共变的这一结论容易直接验证; 见习题 8.4-1).

现在来揭示这个张量的内在含义. 设 $\widehat{\boldsymbol{v}} : \widehat{\Omega} \to \mathbb{E}^n$ 表示共变分量为函数 $v_i : \Omega \to \mathbb{R}$ 的向量场; 即满足 $v_i(x)\boldsymbol{g}^i(x) = \widehat{v}_i(\widehat{x})\widehat{\boldsymbol{e}}^i$ 在每个 $\widehat{x} = \boldsymbol{\Theta}(x)$, $x \in \Omega$ 处 (8.3 节). 则在 $x \in \Omega$ 处的共变导数就是向量场 $\widehat{\boldsymbol{v}} : \widehat{\Omega} \to \mathbb{R}^n$ 用曲线坐标表示的 Fréchet 导数 $\widehat{\boldsymbol{v}}'(\widehat{x})$ (7.1 节, 在笛卡儿坐标下其矩阵是 $(\widehat{\partial}_j\widehat{v}_i(\widehat{x})) \in \mathbb{M}^n$). 为了说明这一点, 设 $\widehat{\boldsymbol{w}} = \widehat{w}^j\widehat{\boldsymbol{e}}_j = w^m(x)\boldsymbol{g}_m(x)$ 是 $\mathbb{T}_{\widehat{x}}\widehat{\Omega}$ 中的任一向量, 故 $\widehat{w}^j = (w^m(x)\boldsymbol{g}_m(x)) \cdot \widehat{\boldsymbol{e}}^j = [\boldsymbol{g}_m(x)]^j$. 则有 (定理 8.3-1)

$$\begin{aligned}
\widehat{\boldsymbol{v}}'(\widehat{x})\widehat{\boldsymbol{w}} &= \widehat{\partial}_j\widehat{v}_i(\widehat{x})\widehat{w}^j\widehat{\boldsymbol{e}}^i \\
&= v_{k\|l}(x)[\boldsymbol{g}^k(x)]_i[\boldsymbol{g}^l(x)]_j w^m(x)[\boldsymbol{g}_m(x)]^j\widehat{\boldsymbol{e}}^i \\
&= v_{k\|l}(x)w^l(x)\boldsymbol{g}^k(x),
\end{aligned}$$

此因 $[\boldsymbol{g}^l(x)]_j[\boldsymbol{g}_m(x)]^j = \boldsymbol{g}^l(x) \cdot \boldsymbol{g}_m(x) = \delta_m^l$ 而且 $[\boldsymbol{g}^k(x)]_i\widehat{\boldsymbol{e}}^i = \boldsymbol{g}^k(x)$. 另一方面,

$$\begin{aligned}
v_{k\|l}(x)(\boldsymbol{g}^k(x) \otimes \boldsymbol{g}^l(x))w^i(x)\boldsymbol{g}_i(x) &= v_{k\|l}(x)w^i(x)(\boldsymbol{g}^l(x) \cdot \boldsymbol{g}_i(x))\boldsymbol{g}^k(x) \\
&= v_{k\|l}(x)w^l(x)\boldsymbol{g}^k(x),
\end{aligned}$$

这是因为 $\boldsymbol{g}^l(x) \cdot \boldsymbol{g}_i(x) = \delta_i^l$. 所以断言成立.

上面诸例子导致下述定义: 在空间 $\mathcal{L}_2(\mathbb{T}_{\widehat{x}}\widehat{\Omega}\times\mathbb{T}_{\widehat{x}}\widehat{\Omega};\mathbb{R})$ 和 $\mathcal{L}(\mathbb{T}_{\widehat{x}}\widehat{\Omega};\mathbb{T}_{\widehat{x}}\widehat{\Omega})$ 之间合理认同之后 (定理 2.11-5), **在点 $x\in\Omega$ 处的二阶张量**是空间 $\mathcal{L}(\mathbb{T}_{\widehat{x}}\widehat{\Omega};\mathbb{T}_{\widehat{x}}\widehat{\Omega})$ 中的元素; 在空间 $\mathcal{L}_2(\mathbb{T}_{\widehat{x}}\widehat{\Omega}\times\mathbb{T}_{\widehat{x}}\widehat{\Omega};\mathbb{R})$ 和 $\mathcal{L}(\mathbb{T}_{\widehat{x}}\widehat{\Omega};\mathbb{T}_{\widehat{x}}\widehat{\Omega})$ 之间及空间 $\mathcal{L}(\mathbb{T}_{\widehat{x}}\widehat{\Omega}\times\mathbb{T}_{\widehat{x}}\widehat{\Omega}\times\mathbb{T}_{\widehat{x}}\widehat{\Omega};\mathbb{R})$ 和 $\mathcal{L}(\mathbb{T}_{\widehat{x}}\widehat{\Omega};\mathcal{L}(\mathbb{T}_{\widehat{x}}\widehat{\Omega};\mathbb{T}_{\widehat{x}}\widehat{\Omega}))$ 之间合理认同之后, **在 $x\in\Omega$ 处的三阶张量**是空间 $\mathcal{L}(\mathbb{T}_{\widehat{x}}\widehat{\Omega};\mathcal{L}(\mathbb{T}_{\widehat{x}}\widehat{\Omega};\mathbb{T}_{\widehat{x}}\widehat{\Omega}))$ 中或空间 $\mathcal{L}(\mathcal{L}(\mathbb{T}_{\widehat{x}}\widehat{\Omega};\mathbb{T}_{\widehat{x}}\widehat{\Omega});\mathbb{T}_{\widehat{x}}\widehat{\Omega})$ 中的元素; 可类似得到四阶张量.

三阶张量的实例将在习题 8.4-3 到 8.4-5 中给出; 在习题 8.4-4 和 8.4-5 中将给出四阶张量的例子.

习题

8.4-1 给定两个 $\mathcal{C}^1$ 微分同胚 $\boldsymbol{\Theta}:\Omega\subset\mathbb{R}^n\to\mathbb{E}^n$ 和 $\widetilde{\boldsymbol{\Theta}}:\widetilde{\Omega}\subset\mathbb{R}^n\to\mathbb{E}^n$ 使得 $\boldsymbol{\Theta}(\Omega)=\widetilde{\boldsymbol{\Theta}}(\widetilde{\Omega})$, 设 $v_{i\|j}(x)$ 和 $\widetilde{v}_{i\|j}(\widetilde{x})$ 表示一给定向量场在同一点 $\boldsymbol{\Theta}(x)=\widetilde{\boldsymbol{\Theta}}(\widetilde{x})$ 的共变导数在 $x\in\Omega$ 处的共变分量. 利用书中做坐标变换时所用的符号, 直接证明

$$v_{i\|j}(x)=\frac{\partial\chi^k}{\partial x_i}(x)\frac{\partial\chi^l}{\partial x_j}(x)\widetilde{v}_{k\|l}(\widetilde{x}).$$

8.4-2 (1) 证明, 向量场 $v^i\boldsymbol{g}_i:\Omega\to\mathbb{T}\widehat{\Omega}$ 的共变导数的混合分量

$$v^i\|_j(x):=g^{ik}(x)v_{k\|j}(x),\quad x\in\Omega$$

也可由

$$v^i\|_j(x)=\partial_j v^i(x)+\Gamma^i_{jq}(x)v^q(x)$$

给出.

(2) 证明, 同一个混合分量 $v^i\|_j:\Omega\to\mathbb{R}$ 也可用关系式

$$\partial_j(v^i\boldsymbol{g}_i)=v^i\|_j\boldsymbol{g}_i$$

定义.

8.4-3 给定 $x\in\Omega\subset\mathbb{R}^3$, 设 $\varepsilon^{ijk}(x):=\frac{1}{\sqrt{g(x)}}$, 若 $\{i,j,k\}$ 是 $\{1,2,3\}$ 的偶置换, $\varepsilon^{ijk}(x):=-\frac{1}{\sqrt{g(x)}}$, 若 $\{i,j,k\}$ 是 $\{1,2,3\}$ 的奇置换, 及 $\varepsilon^{ijk}(x)=0$ 在其他情况. 证明, 在点 $x\in\Omega$ 处, 映射

$$(v_i(x)\boldsymbol{g}^i(x),\omega_j(x)\boldsymbol{g}^j(x))\in\mathbb{T}_{\widehat{x}}\widehat{\Omega}\times\mathbb{T}_{\widehat{x}}\widehat{\Omega}\to\varepsilon^{ijk}(x)v_i(x)\omega_j(x)\boldsymbol{g}_k(x)\in\mathbb{T}_{\widehat{x}}\widehat{\Omega}$$

定义一个三阶张量, 其作为从 $\mathbb{T}_{\widehat{x}}\widehat{\Omega}\times\mathbb{T}_{\widehat{x}}\widehat{\Omega}$ 到 $\mathbb{T}_{\widehat{x}}\widehat{\Omega}$ 的所有反对称双线性映射空间的元素, 称为**定向张量**. 注意, $\varepsilon^{ijk}(x)v_i(x)\omega_j(x)\boldsymbol{g}_k(x)$ 正是用曲线坐标表示的两个向量 $v_i\boldsymbol{g}^i(x)$ 与 $\omega_j\boldsymbol{g}^j(x)$ 的向量积.

8.4-4 设 Ω 是 $\mathbb{R}^n$ 的开子集, $\boldsymbol{\Theta}:\Omega\to\mathbb{E}^n$ 是 Ω 到 $\widehat{\Omega}:=\boldsymbol{\Theta}(\Omega)$ 上的 $\mathcal{C}^3$ 微分同胚.

(1) 证明

$$\partial_k(\boldsymbol{g}^i\otimes\boldsymbol{g}^j)=-\Gamma^i_{kl}\boldsymbol{g}^l\otimes\boldsymbol{g}^j-\Gamma^j_{kl}\boldsymbol{g}^i\otimes\boldsymbol{g}^l.$$

(2) 给定张量 $T_{ij}(x)\boldsymbol{g}^i(x)\otimes\boldsymbol{g}^j(x), x\in\Omega$, 其共变分量 $T_{ij}\in\mathcal{C}^1(\Omega)$, 又设函数 $T_{ij\|k}:\Omega\to\mathbb{R}$ 由下面关系式定义:

$$T_{ij\|k}\boldsymbol{g}^i\otimes\boldsymbol{g}^j=\partial_k(T_{ij}\boldsymbol{g}^i\otimes\boldsymbol{g}^j).$$

证明

$$T_{ij\|k}=\partial_k T_{ij}-\Gamma^l_{ki}T_{lj}-\Gamma^l_{kj}T_{il}.$$

(3) 证明, 在每个 $x\in\Omega$ 处, 数 $T_{ij\|k}(x)$ 作为空间 $\mathcal{L}(\mathcal{L}(\mathbb{T}_{\widehat{x}}\widehat{\Omega};\mathbb{T}_{\widehat{x}}\widehat{\Omega});\mathbb{T}_{\widehat{x}}\widehat{\Omega})$ 中的元素, 是三阶张量的共变分量.

(4) 假设 $T_{ij}\in\mathcal{C}^2(\Omega)$, 函数 $T_{ij\|kl}:\Omega\to\mathbb{R}$ 由下面关系式定义:

$$T_{ij\|kl}\boldsymbol{g}^i\otimes\boldsymbol{g}^j=(\partial_{lk}-\Gamma^p_{lk}\partial_p)(T_{ij}\boldsymbol{g}^i\otimes\boldsymbol{g}^j).$$

证明

$$T_{ij\|kl}=\partial_l T_{ij\|k}-\Gamma^p_{li}T_{pj\|k}-\Gamma^p_{lj}T_{ip\|k}-\Gamma^p_{lk}T_{ij\|p},$$

特别地, 这证明了

$$T_{ij\|kl}=T_{ij\|lk}.$$

(5) 证明, 在每个 $x\in\Omega$ 处, 数 $T_{ij\|kl}(x)$ 作为空间 $\mathcal{L}(\mathbb{T}_{\widehat{x}}\widehat{\Omega};\mathcal{L}(\mathbb{T}_{\widehat{x}}\widehat{\Omega};\mathcal{L}(\mathbb{T}_{\widehat{x}}\widehat{\Omega};\mathbb{T}_{\widehat{x}}\widehat{\Omega})))$ 中的元素, 是四阶张量的共变分量.

8.4-5 考察三维线性化弹性的纯位移问题, 它 (符号的意义不说自明) 在笛卡儿坐标中具有下述形式 (6.16 节):

$$-\widehat{\partial}_j\widehat{\sigma}^{ij}=\widehat{f}^i \text{ 在 } \widehat{\Omega} \text{ 中} \quad \text{和} \quad \widehat{u}^i=0 \text{ 在 } \widehat{\Gamma} \text{ 上},$$

其中

$$\begin{aligned}\widehat{\sigma}^{ij}&:=\widehat{A}^{ijkl}\widehat{e}_{kl}(\widehat{\boldsymbol{u}}),\\ \widehat{A}^{ijkl}&:=\lambda\delta^{ij}\delta^{kl}+\mu(\delta^{ik}\delta^{jl}+\delta^{il}\delta^{jk}),\\ \widehat{e}_{ij}(\widehat{\boldsymbol{u}})&:=\frac{1}{2}(\widehat{\partial}_j\widehat{u}_i+\widehat{\partial}_i\widehat{u}_j).\end{aligned}$$

(1) 直接证明, 用曲线坐标来表示, 这个边值问题就变为

$$-\sigma^{ij}\|_j=f^i \text{ 在 } \Omega \text{ 中} \quad \text{和} \quad u^i=0 \text{ 在 } \Gamma \text{ 上},$$

其中

$$\begin{aligned}\sigma^{ij}&=A^{ijkl}e_{kl}(\boldsymbol{u}),\\ A^{ijkl}&:=\lambda g^{ij}g^{kl}+\mu(g^{ik}g^{jl}+g^{il}g^{jk}),\\ e_{ij}(\boldsymbol{u})&:=\frac{1}{2}(u_{i\|j}+u_{j\|i}),\\ \sigma^{ij}\|_k&:=\partial_k\sigma^{ij}+\Gamma^i_{pk}\sigma^{pj}+\Gamma^j_{kq}\sigma^{iq}.\end{aligned}$$

(2) 证明, 在每个 $x\in\Omega$ 处, 数 $A^{ijkl}(x)$ 作为空间

$$\mathcal{L}^s_2(\mathcal{L}^s_2(\mathbb{T}_{\widehat{x}}\widehat{\Omega}\times\mathbb{T}_{\widehat{x}}\widehat{\Omega};\mathbb{R})\times\mathcal{L}^s_2(\mathbb{T}_{\widehat{x}}\widehat{\Omega}\times\mathbb{T}_{\widehat{x}}\widehat{\Omega};\mathbb{R});\mathbb{R})$$

中的元素, 是四阶张量的反变分量.

(3) 证明, 在每个 $x \in \Omega$ 处, (1) 中定义的数 $\sigma^{ij}\|_k(x)$ 作为空间 $\mathcal{L}(\mathcal{L}(\mathbb{T}_{\widehat{x}}\widehat{\Omega};\mathbb{T}_{\widehat{x}}\widehat{\Omega});\mathbb{T}_{\widehat{x}}\widehat{\Omega})$ 中的元素, 是三阶张量的混合分量.

(4) 证明 $\sigma^{ij}\|_k = g^{il}g^{mj}\sigma_{lm\|k}$, 其中同一三阶张量场的共变分量 $\sigma_{lm\|k}$ 如习题 8.4-4(2) 中那样定义.

8.4-6 给定一个分量为 $u_i \in \mathcal{C}^3(\Omega)$ 的向量场 $\boldsymbol{u} = u_i\boldsymbol{g}^i : \Omega \to \mathbb{T}\widehat{\Omega}$, 证明在曲线坐标下, *Saint-Venant* 相容性条件 (6.18 节) 具有下述形式 (符号含义不说自明):

$$e_{ki\|jl}(\boldsymbol{u}) + e_{lj\|ik}(\boldsymbol{u}) - e_{kj\|il}(\boldsymbol{u}) - e_{li\|jk}(\boldsymbol{u}) = 0 \quad \text{在 } \Omega \text{ 中},$$

其中 $e_{ij}(\boldsymbol{u}) := \frac{1}{2}(u_{i\|j} + u_{j\|i})$, 而函数 $e_{ij\|kl} \in \mathcal{C}(\Omega)$ 如习题 8.4-4(4) 中那样定义.

8.5 度量张量满足的必要条件; Riemann 曲率张量

不出所料, 由一个光滑的浸入 $\boldsymbol{\Theta} : \Omega \to \mathbb{E}^n$ 所定义的度量张量 (8.2 节) 的分量 $g_{ij} = g_{ji} = (\boldsymbol{\nabla\Theta}^T\boldsymbol{\nabla\Theta})_{ij} : \Omega \to \mathbb{R}$ 不可能是任意的函数.

在下面定理中将证明, 它们必须满足具有下述形式的关系式:

$$\partial_j\Gamma_{ikq} - \partial_k\Gamma_{ijq} + \Gamma^p_{ij}\Gamma_{kqp} - \Gamma^p_{ik}\Gamma_{jqp} = 0 \quad \text{在 } \Omega \text{ 中},$$

其中函数 Γ_{ijq} 和 Γ^p_{ij} 具有用函数 g_{ij} 及它们的一些偏导数给出的简单表示式 (虽然在这里给出了不同的定义, 但函数 Γ^p_{ij} 正是在 8.3 节中给出的第二类 Christoffel 符号). 要记住, 根据管控拉丁下标和指标的规则, 意味着这些关系式对所有的 $i, j, k, q \in \{1, \cdots, n\}$ 都成立.

定理 8.5-1 (度量张量满足的必要条件) 设 Ω 是 $\mathbb{R}^n$ 中的开集, $\boldsymbol{\Theta} \in \mathcal{C}^3(\Omega;\mathbb{E}^n)$ 是浸入, 又令

$$g_{ij} := \partial_i\boldsymbol{\Theta}\cdot\partial_j\boldsymbol{\Theta}$$

表示度量张量的共变分量. 又设函数 $\Gamma_{ijq} \in \mathcal{C}^1(\Omega)$ 及 $\Gamma^p_{ij} \in \mathcal{C}^1(\Omega)$ 分别由

$$\Gamma_{ijq} := \frac{1}{2}(\partial_j g_{iq} + \partial_i g_{jq} - \partial_q g_{ij})$$

及

$$\Gamma^p_{ij} := g^{pq}\Gamma_{ijq}, \quad \text{其中 } (g^{pq}) := (g_{ij})^{-1},$$

定义.

则必定有

$$\partial_j\Gamma_{ikq} - \partial_k\Gamma_{ijq} + \Gamma^p_{ij}\Gamma_{kqp} - \Gamma^p_{ik}\Gamma_{jqp} = 0 \text{ 在 } \Omega \text{ 中}, \quad 1 \leqslant i, j, k, q \leqslant n.$$

证明 设共变基和反变基如 8.2 节中所定义, 即由 $\boldsymbol{g}_i = \partial_i \boldsymbol{\Theta}$ 和 $\boldsymbol{g}^j \cdot \boldsymbol{g}_i = \delta_i^j$ 给出. 那么可以直接验证, 函数 $\Gamma_{ijq} := \frac{1}{2}(\partial_j g_{iq} + \partial_i g_{jq} - \partial_q g_{ij})$ 也可以由

$$\Gamma_{ijq} = \partial_i \boldsymbol{g}_j \cdot \boldsymbol{g}_q$$

给出. 由于 $\boldsymbol{g}^j = g^{ij}\boldsymbol{g}_i$, 上式意味着函数 $\Gamma_{ij}^p := g^{pq}\Gamma_{ijq}$ 也可以由

$$\Gamma_{ij}^p = \partial_i \boldsymbol{g}_j \cdot \boldsymbol{g}^p$$

给出. 所以

$$\partial_i \boldsymbol{g}_j = \Gamma_{ij}^p \boldsymbol{g}_p,$$

此因 $\partial_i \boldsymbol{g}_j = (\partial_i \boldsymbol{g}_j \cdot \boldsymbol{g}^p)\boldsymbol{g}_p$. 上述关系式一起给出

$$\partial_k \Gamma_{ijq} = \partial_{ik} \boldsymbol{g}_j \cdot \boldsymbol{g}_q + \partial_i \boldsymbol{g}_j \cdot \partial_k \boldsymbol{g}_q$$

和

$$\partial_i \boldsymbol{g}_j \cdot \partial_k \boldsymbol{g}_q = \Gamma_{ij}^p \boldsymbol{g}_p \cdot \partial_k \boldsymbol{g}_q = \Gamma_{ij}^p \Gamma_{kqp}.$$

所以

$$\partial_{ik} \boldsymbol{g}_j \cdot \boldsymbol{g}_q = \partial_k \Gamma_{ijq} - \Gamma_{ij}^p \Gamma_{kqp}.$$

因为 $\partial_{ik}\boldsymbol{g}_j = \partial_{ij}\boldsymbol{g}_k$, 我们也有

$$\partial_{ik} \boldsymbol{g}_j \cdot \boldsymbol{g}_q = \partial_j \Gamma_{ikq} - \Gamma_{ik}^p \Gamma_{jqp},$$

因此, 直接就得到所要求的必要条件. □

如在上述证明中所示, 必要条件

$$\partial_j \Gamma_{ikq} - \partial_k \Gamma_{ijq} + \Gamma_{ij}^p \Gamma_{kqp} - \Gamma_{ik}^p \Gamma_{iqp} = 0$$

实际上就是以等价关系式

$$\partial_{ik} \boldsymbol{g}_j \cdot \boldsymbol{g}_q = \partial_{ki} \boldsymbol{g}_j \cdot \boldsymbol{g}_q$$

的形式重申关系式 $\partial_{ik}\boldsymbol{g}_j = \partial_{ki}\boldsymbol{g}_j$.

所以, 这些必要条件的答案所在就是 *Schwarz* 引理 (定理 7.8-1).

函数

$$\Gamma_{ijq} = \frac{1}{2}(\partial_j g_{iq} + \partial_i g_{jq} - \partial_q g_{ij}) = \partial_i \boldsymbol{g}_j \cdot \boldsymbol{g}_q = \Gamma_{jiq}$$

及

$$\Gamma_{ij}^p = g^{pq}\Gamma_{ijq} = \partial_i \boldsymbol{g}_j \cdot \boldsymbol{g}^p = \Gamma_{ji}^p$$

分别是关于度量张量场 (g_{ij}) 的**第一类及第二类 Christoffel 符号**. 8.3 节中我们看到, 在共变导数的定义中也自然地出现同一个第二类 Christoffel 符号.

函数

$$R_{qijk} := \partial_j \Gamma_{ikq} - \partial_k \Gamma_{ijq} + \Gamma_{ij}^p \Gamma_{kqp} - \Gamma_{ik}^p \Gamma_{jqp}$$

是四阶张量的**共变分量** (习题 8.5-1), 称为关于度量张量场 (g_{ij}) 的 **Riemann 曲率张量**[4]. 因此, 定理 8.5-1 中的关系式 $R_{qijk} = 0$ 表示, 关于由一个足够光滑的浸入 $\boldsymbol{\Theta}$: $\Omega \subset \mathbb{R}^n \to \mathbb{E}^n$ 定义的度量张量场的 *Riemann* 曲率张量等于零[5].

注意, 也可以有不同形式的必要条件. 例如, 用矩阵场 (g_{ij}) 的平方根表示的; 见习题 8.5-2.

习题

8.5-1 设 Ω 是 $\mathbb{R}^n$ 的开子集, $\boldsymbol{\Theta} \in \mathcal{C}^2(\Omega; \mathbb{E}^n)$ 是浸入.

(1) 证明 Christoffel 符号 $\Gamma_{ij}^p \in \mathcal{C}(\Omega)$ 或 $\Gamma_{ijq} \in \mathcal{C}(\Omega)$ 不是三阶张量的分量.

(2) 现在假定 $\boldsymbol{\Theta} \in \mathcal{C}^3(\Omega; \mathbb{E}^n)$, 证明 Riemann 曲率张量的共变分量 $R_{qijk} \in \mathcal{C}(\Omega)$, 按照 8.4 节中给出的定义, 确是四阶张量的共变分量.

8.5-2 设 Ω 是 $\mathbb{R}^n$ 的开子集, $\boldsymbol{\Theta} \in \mathcal{C}^3(\Omega; \mathbb{R}^n)$ 是给定的浸入. 在每一点 $x \in \Omega$ 处, 令

$$\boldsymbol{\nabla\Theta}(x) = \boldsymbol{R}(x)\boldsymbol{U}(x),$$

其中 $\boldsymbol{U}(x) := (\boldsymbol{\nabla\Theta}(x)^T \boldsymbol{\nabla\Theta}(x))^{\frac{1}{2}} \in \mathbb{S}_>^n$ 及 $\boldsymbol{R}(x) := \boldsymbol{\nabla\Theta}(x)\boldsymbol{U}(x)^{-1} \in \mathbb{O}^n$, 表示矩阵 $\boldsymbol{\nabla\Theta}(x) \in \mathbb{M}^n$ 的唯一极分解, 故 $\boldsymbol{U} \in \mathcal{C}^2(\Omega; \mathbb{S}_>^n)$ 及 $\boldsymbol{R} \in \mathcal{C}^2(\Omega; \mathbb{O}^n)$ (习题 4.3-5). 然后设反对称矩阵场 $\boldsymbol{A}_j \in \mathcal{C}^1(\Omega; \mathbb{A}^n)$, $1 \leqslant j \leqslant n$, 用矩阵场 $\boldsymbol{U}$ 表示为

$$\boldsymbol{A}_j := \frac{1}{2}\{\boldsymbol{U}^{-1}(\boldsymbol{\nabla c}_j - (\boldsymbol{\nabla c}_j)^T)\boldsymbol{U}^{-1} + \boldsymbol{U}^{-1}\partial_j \boldsymbol{U} - (\partial_j \boldsymbol{U})\boldsymbol{U}^{-1}\},$$

其中 $\boldsymbol{c}_j \in \mathcal{C}^2(\Omega; \mathbb{R}^n)$ 表示矩阵场 $\boldsymbol{U}^2 \in \mathcal{C}^2(\Omega; \mathbb{S}_>^n)$ 的第 j 个列向量场.

证明, 矩阵场 $\boldsymbol{U}$ 必须满足相容性条件[6]

$$\partial_i \boldsymbol{A}_j - \partial_j \boldsymbol{A}_i + \boldsymbol{A}_i \boldsymbol{A}_j - \boldsymbol{A}_j \boldsymbol{A}_i = \boldsymbol{0} \quad \text{在 } \Omega \text{ 中}.$$

---

[4]这个张量是 1854 年 6 月 10 日 Bernhard Riemann (1826—1866) 在名为 “Über die Hypothesen, welche der Geometrie zu Grunde liegen” 的里程碑式讲座中给出的, 该讲座是对其 “Habilitation” (其中除其他问题之外, 他还引入了 Riemann 积分) 的补充.

[5]这个结果属于:

E. B. Christoffel [1869]: Über die Transformation der homogenen Differentialausdrücke zweiten Grades, *Journal für die Reine und Angewandte Mathematik* **70**, 46–70.

[6]这些相容性条件属于:

R. T. Shield [1973]: The rotation associated with large strains, *SIAM Journal on Applied Mathematics* **25**, 483–491.

8.6 具有指定度量张量的 $\mathbb{R}^n$ 开子集上浸入的存在性; Riemann 几何的基本定理

回忆一下, $\mathbb{M}^n$, $\mathbb{S}^n$ 及 $\mathbb{S}^n_>$ 分别表示所有 n 阶方阵, 所有 n 阶对称矩阵, 及所有 n 阶对称正定矩阵的集合.

到目前为止, 我们已经考察这样的问题, 给定一个开集 $\Omega \subset \mathbb{R}^n$ 及一个足够光滑的浸入 $\boldsymbol{\Theta} : \Omega \to \mathbb{E}^n$, 我们就可以定义一个矩阵场

$$\boldsymbol{C} = (g_{ij}) = \boldsymbol{\nabla\Theta}^T \boldsymbol{\nabla\Theta} : \Omega \to \mathbb{S}^n_>,$$

其中 $g_{ij} : \Omega \to \mathbb{R}$ 是相应的度量张量的共变分量.

我们现在讨论相反的问题:

给定 $\mathbb{R}^n$ 的开子集 Ω 及一个足够光滑的矩阵场 $\boldsymbol{C} = (g_{ij}) : \Omega \to \mathbb{S}^n_>$, 在什么情况下存在浸入 $\boldsymbol{\Theta} : \Omega \to \mathbb{E}^n$ 使得

$$\boldsymbol{\nabla\Theta}^T \boldsymbol{\nabla\Theta} = \boldsymbol{C} \quad 在 \ \Omega \ 中,$$

或等价地, 使得

$$\partial_i \boldsymbol{\Theta} \cdot \partial_j \boldsymbol{\Theta} = g_{ij} \quad 在 \ \Omega \ 中?$$

如果这样的浸入存在, 它在什么程度上是唯一的?

这个问题的回答异乎寻常地简单: 如果 Ω 是单连通的, 则出现在定理 8.5-1 中的必要条件

$$\partial_j \Gamma_{ikq} - \partial_k \Gamma_{ijq} + \Gamma^p_{ij} \Gamma_{kqp} - \Gamma^p_{ik} \Gamma_{jqp} = 0 \quad 在 \ \Omega \ 中$$

对于这样的浸入的存在也是充分的, 而且这个浸入在相差 $\mathbb{E}^n$ 中等距的意义上是唯一的. 于是, 这些结果由本质上不同的两部分组成, 一个是整体存在性结果 (定理 8.6-1), 另一个是唯一性结果 (定理 8.7-1). 要注意, 这两个结果是在关于集合 Ω 和关于场 (g_{ij}) 的光滑性的不同假设下得到的.

注 以这种方式得到的浸入 $\boldsymbol{\Theta} : \Omega \to \mathbb{E}^n$ 是否是单射, 这是一个不同的问题, 因此应该用不同的方法解决. □

为了将这些结果置于一个合适的视角下予以讨论, 我们先简单地谈谈 *Riemann* 几何.

一个装备浸入 $\boldsymbol{\Theta} : \Omega \to \mathbb{E}^n$ 的开集 $\Omega \subset \mathbb{R}^n$, 视为 n 维流形, 就成为 **Riemann 流形** $(\Omega; (g_{ij}))$ 的一个实例. 在这种情况下, 流形就是装备了 *Riemann* 度量[7]的集合 Ω, 而对称正定矩阵场 $(g_{ij}) : \Omega \to \mathbb{S}^n_>$ 在 Ω 中由 $g_{ij} := \partial_i \boldsymbol{\Theta} \cdot \partial_j \boldsymbol{\Theta}$ 定义. 更一般地, **流形**

[7] *Riemann* 流形的概念是 Bernhard Riemann 于 1854 年 6 月 10 日在 (前面已引用过的) 里程碑式讲座里提出的, 在那个讲座里他也引入了 *Riemann* 曲率张量 (8.5 节).

上的 Riemann 度量是作用在流形切空间 (对于现在的情况, 这些切空间与 $\mathbb{R}^n$ 相同; 见 8.4 节) 中向量上的二阶共变 (8.4 节) 对称正定张量场.

这个特殊的 Riemann 流形 $(\Omega;(g_{ij}))$ 在下述意义下等距浸入欧氏空间 $\mathbb{E}^n$ 中: 存在一个浸入 $\boldsymbol{\Theta}:\Omega\to\mathbb{E}^n$ 满足关系式 $g_{ij}=\partial_i\boldsymbol{\Theta}\cdot\partial_j\boldsymbol{\Theta}$ 在 Ω 中; 或等价地, Riemann 流形 $(\Omega;(g_{ij}))$ 中任一曲线的长度与其在 $\boldsymbol{\Theta}$ 映射下的像在欧氏空间 $\mathbb{E}^n$ 中的长度 (定理 8.2-1(b)) 相同.

上述的第一个问题因此可以改述如下: *给定 $\mathbb{R}^n$ 的开子集 Ω 及一个正定对称矩阵场 $(g_{ij}):\Omega\to\mathbb{S}^n_>$, 在什么情况下 Riemann 流形 $(\Omega;(g_{ij}))$ 是* **平坦的**, *即它能等距地浸入到同维数的欧氏空间中?*

这个问题的回答则可改述如下 (应与下面定理 8.6-1 中的陈述比较): *设 Ω 是 $\mathbb{R}^n$ 的单连通开子集, 则在 Ω 中具有 $\mathcal{C}^2$ 类 Riemann 度量 (g_{ij}) 的 Riemann 流形$(\Omega;(g_{ij}))$, 当且仅当其 Riemann 曲率张量在 Ω 中等于零时是平坦的.* 改述成这样, 这个存在性结果就变成适用于一般有限维 Riemann 流形的**平坦 Riemann 流形基本定理**的一个特殊情况.

第二个问题, 即唯一性问题的回答可改述如下 (应与下节中定理 8.7-1 的陈述比较): *设 Ω 是 $\mathbb{R}^n$ 的连通开子集, 则平坦的 Riemann 流形 $(\Omega;(g_{ij}))$ 到欧氏空间 $\mathbb{E}^n$ 中的等距浸入在相差 $\mathbb{E}^n$ 等距的意义下是唯一的.* 改述成这样, 这个结果就称为**刚性定理**.

这样改述后, 这两个定理一起就构成 **Riemann 几何基本定理**的一个特殊情况 (其中流形与欧氏空间维数相同). 这个定理在更一般的假设下讨论同样的*存在性*和*唯一性*问题, 即将其中的 Ω 换为 p 维流形, $\mathbb{E}^n$ 换为 $(p+q)$ 维欧氏空间[8)](在 8.16 和 8.17 节中确立的曲面论基本定理和关于曲面的刚性定理一起构成另一个重要的特殊情况).

另一个引人入胜的问题 (在此将不予详细讨论) 如下: 仍给定 $\mathbb{R}^n$ 中装备了对称正定矩阵场 $(g_{ij}):\Omega\to\mathbb{S}^n$ 的开子集 Ω, 但假定 *Riemann 流形 $(\Omega;(g_{ij}))$ 不再是平坦的*, 即其 Riemann 曲率张量在 Ω 中不再为零. 在这种情况下, *Riemann 流形能否等距地浸入到一个更高维的欧氏空间?* 或等价地, 是否存在一个欧氏空间 $\mathbb{E}^m$, $m>n$, 及一个浸入 $\boldsymbol{\Theta}:\Omega\to\mathbb{E}^m$ 使得 $g_{ij}=\partial_i\boldsymbol{\Theta}\cdot\partial_j\boldsymbol{\Theta}$ 在 Ω 中?

回答是肯定的, 这是依据下述绝妙的 **Nash 定理**[9)]: *任一装备连续度量的 p 维 Riemann 流形可用 $\mathcal{C}^1$ 类浸入等距地浸入维数为 $2p$ 的欧氏空间中; 它也能用 $\mathcal{C}^1$ 类单射浸入等距地浸入维数为 $(2p+1)$ 的欧氏空间中.*

[8)] 当 p 维流形是 $\mathbb{R}^p$ 的开子集时, 这个定理的证明在下文中给出:

M. Szopos [2005]: On the recovery and continuity of a submanifold with boundary, *Analysis and Applications* **3**, 119–143.

[9)] J. Nash [1954]: $\mathcal{C}^1$ isometric imbeddings, *Annals of Mathematics* **60**, 383–396.

John Forbes Nash 于 1994 年获诺贝尔经济学奖.

现在我们老实地回到本节开始时提出的关于存在性的问题[10), 即讨论流形是 $\mathbb{R}^n$ 中的开集的情况. 下面我们令

$$\mathcal{C}^2(\Omega;\mathbb{S}^n_>) := \{\boldsymbol{C} \in \mathcal{C}^2(\Omega;\mathbb{S}^n); \boldsymbol{C}(x) \in \mathbb{S}^n_> \text{ 对所有 } x \in \Omega\}.$$

定理 8.6-1 (具有指定度量张量的 $\mathbb{R}^n$ 的开子集上浸入的存在性) *设 Ω 是 $\mathbb{R}^n$ 中的单连通开集, $\boldsymbol{C} = (g_{ij}) \in \mathcal{C}^2(\Omega;\mathbb{S}^n_>)$ 是矩阵场, 它满足*

$$R_{qijk} := \partial_j \Gamma_{ikq} - \partial_k \Gamma_{ijq} + \Gamma^p_{ij}\Gamma_{kqp} - \Gamma^p_{ik}\Gamma_{iqp} = 0 \quad \text{在 } \Omega \text{ 中},$$

其中

$$\Gamma_{ijq} := \frac{1}{2}(\partial_j g_{iq} + \partial_j g_{iq} - \partial_q g_{ij})$$

及

$$\Gamma^p_{ij} := g^{pg}\Gamma_{ijq} \quad \text{这里 } (g^{pq}) := (g_{ij})^{-1}.$$

则存在浸入 $\boldsymbol{\Theta} \in \mathcal{C}^3(\Omega;\mathbb{E}^n)$ 使得

$$\boldsymbol{\nabla\Theta}^T\boldsymbol{\nabla\Theta} = \boldsymbol{C} \quad \text{在 } \Omega \text{ 中}.$$

证明 证明的思路来源于一个简单但重要的考虑. 若一足够光滑的浸入 $\boldsymbol{\Theta} = (\Theta_l) : \Omega \to \mathbb{E}^n$ 是先行给定的 (迄今为止就是这样), 其分量 $\Theta_l, 1 \leqslant l \leqslant n$, 满足关系式 $\partial_{ij}\Theta_l = \Gamma^p_{ij}\partial_p\Theta_l$, 这就是出现在定理 8.5-1 证明中的关系式 $\partial_i \boldsymbol{g}_j = \Gamma^p_{ij}\boldsymbol{g}_p$ 的另一种书写形式. 这个考虑启示我们求解 (见部分 (ii)) 由偏微分方程 (6.20 节)

$$\partial_i F_{lj} = \Gamma^p_{ij} F_{lp} \quad \text{在 } \Omega \text{ 中}$$

组成的 Pfaff 方程组, 其解 $F_{lj} : \Omega \to \mathbb{R}$ 就成为未知浸入 $\boldsymbol{\Theta} = (\Theta_l) : \Omega \to \mathbb{E}^n$ 的自然候选者 (见部分 (iii)).

首先, 在 (i) 中我们要确立一些关系式, 利用它们我们可将假设中的关系式

$$\partial_j \Gamma_{ikq} - \partial_k \Gamma_{ijq} + \Gamma^p_{ij}\Gamma_{kqp} - \Gamma^p_{ik}\Gamma_{jqp} = 0 \quad \text{在 } \Omega \text{ 中}$$

改写为等价形式:

$$\partial_i \Gamma^p_{kj} - \partial_k \Gamma^p_{ij} + \Gamma^q_{kj}\Gamma^p_{iq} - \Gamma^q_{ij}\Gamma^p_{kq} = 0 \quad \text{在 } \Omega \text{ 中},$$

它更适合于部分 (ii) 中存在性结果的证明. 注意, 在这些讨论中并不需要用到对称矩阵 (g_{ij}) 的正定性, 在 (i) 中只用到其可逆性.

[10) 这个定理局部情况的第一个证明属于:

M. Janet [1926]: Sur la possibilité de plonger un espace riemannien donné dans un espace euclidien , *Annales de la Société Polonaise de Mathématiques* **5**, 38–43.

E. Cartan [1927]: Sur la possibilité de plonger un espace riemannien donné dans un espace euclidien, *Annales de la Société Polonaise de Mathématiques* **6**, 1–7.

(i) 设 Ω 是 $\mathbb{R}^n$ 的开子集, 给定一个对称可逆矩阵场 $(g_{ij}) \in \mathcal{C}^2(\Omega; \mathbb{S}^n)$. 函数 $\Gamma_{ijq}, \Gamma_{ij}^p$ 及 g^{pq} 由

$$\Gamma_{ijq} := \frac{1}{2}(\partial_j g_{iq} + \partial_i g_{jq} - \partial_q g_{ij}),$$
$$\Gamma_{ij}^p := g^{pq}\Gamma_{ijq}, \quad (g^{pq}) := (g_{ij})^{-1}$$

定义, 又定义函数

$$R_{qijk} := \partial_j \Gamma_{ikq} - \partial_k \Gamma_{ijq} + \Gamma_{ij}^p \Gamma_{kqp} - \Gamma_{ik}^p \Gamma_{iqp},$$
$$R_{\cdot ijk}^p := \partial_j \Gamma_{ik}^p - \partial_k \Gamma_{ij}^p + \Gamma_{ik}^l \Gamma_{jl}^p - \Gamma_{ij}^l \Gamma_{kl}^p.$$

则有

$$R_{\cdot ijk}^p = g^{pq} R_{qijk} \quad 和 \quad R_{qijk} = g_{pq} R_{\cdot ijk}^p.$$

从函数 Γ_{ijq} 和 Γ_{ij}^p 的定义可得

$$\Gamma_{jql} + \Gamma_{ljq} = \partial_j g_{ql} \quad 及 \quad \Gamma_{ikq} = g_{ql}\Gamma_{ik}^l,$$

利用这些关系式并注意到

$$(g^{pq}\partial_j g_{ql} + g_{ql}\partial_j g^{pq}) = \partial_j(g^{pq}g_{ql}) = \partial_j(\delta_q^p) = 0,$$

我们有

$$\begin{aligned} g^{pq}(\partial_j \Gamma_{ikq} - \Gamma_{ik}^r \Gamma_{jqr}) &= \partial_j \Gamma_{ik}^p - \Gamma_{ikq}\partial_j g^{pq} - \Gamma_{ik}^l g^{pq}(\partial_j g_{ql} - \Gamma_{ljq}) \\ &= \partial_j \Gamma_{ik}^p + \Gamma_{ik}^l \Gamma_{jl}^p - \Gamma_{ik}^l (g^{pq}\partial_j g_{ql} + g_{ql}\partial_j g^{pq}) \\ &= \partial_j \Gamma_{ik}^p + \Gamma_{ik}^l \Gamma_{jl}^p. \end{aligned}$$

同样地, 有

$$\partial^{pq}(\partial_k \Gamma_{ijq} - \Gamma_{ij}^r \Gamma_{kqr}) = \partial_k \Gamma_{ij}^p + \Gamma_{ij}^l \Gamma_{kl}^p.$$

所以关系式 $R_{\cdot ijk}^p = g^{pq} R_{qijk}$ 成立, 且关系式 $R_{qijk} = g_{pq} R_{\cdot ijk}^p$ 也成立 (它们显然是等价的).

(ii) 设 Ω 是 $\mathbb{R}^n$ 的单连通开子集, 又假设给定函数 $\Gamma_{ij}^p = \Gamma_{ji}^p \in \mathcal{C}^1(\Omega)$ 满足关系式

$$\partial_j \Gamma_{ikq} - \partial_k \Gamma_{ijq} + \Gamma_{ij}^p \Gamma_{kqp} - \Gamma_{ik}^p \Gamma_{jqp} = 0 \quad 在\ \Omega\ 中,$$

此式 (由于部分 (i) 及对称关系式 $\Gamma_{ij}^p = \Gamma_{ji}^p$) 等价于关系式

$$\partial_i \Gamma_{kj}^p - \partial_k \Gamma_{ij}^p + \Gamma_{kj}^q \Gamma_{iq}^p - \Gamma_{ij}^q \Gamma_{kq}^p = 0 \quad 在\ \Omega\ 中.$$

设点 $x^0 \in \Omega$ 和矩阵 $(F_{lj}^0) \in \mathbb{M}^n$ 是给定的, 则存在一个, 且只有一个, 矩阵场 $(F_{lj}) \in \mathcal{C}^2(\Omega; \mathbb{M}^n)$ 满足 *Pfaff* 方程组

$$\partial_i F_{lj}(x) = \Gamma_{ij}^p(x) F_{lp}(x), \quad x \in \Omega, \quad 及\ F_{lj}(x^0) = F_{lj}^0.$$

场 $(F_{lj}) \in \mathcal{C}^2(\Omega; \mathbb{M}^n)$ 的存在性和唯一性可由 *Pfaff* 方程组的存在唯一性定理 (定理 6.20-1) 得到. 这个定理适用于现在的方程组, 这是因为矩阵场 $(\Gamma^p_{ij}) \in \mathcal{C}^1(\Omega; \mathbb{M}^n)$ (行指标为 p, 列指标为 j), $1 \leqslant i \leqslant n$, 在开子集 Ω 中满足相容性条件 $R^p_{\cdot ijk} = 0$, 而且由假设 Ω 是单连通的.

(iii) 设 Ω 是 $\mathbb{R}^n$ 的单连通开子集, $(g_{ij}) \in \mathcal{C}^2(\Omega; \mathbb{S}^n_>)$ 是满足

$$\partial_j \Gamma_{ikq} - \partial_k \Gamma_{ijq} + \Gamma^p_{ij} \Gamma_{kqp} - \Gamma^p_{ik} \Gamma_{jqp} = 0 \quad 在\ \Omega\ 中$$

的矩阵场, 其中函数 $\Gamma_{ijq}, \Gamma^p_{ij}$ 及 g^{pq} 由以下诸式定义:

$$\Gamma_{ijq} := \frac{1}{2}(\partial_j g_{iq} + \partial_i g_{jq} - \partial_q g_{ij}),$$
$$\Gamma^p_{ij} := g^{pq} \Gamma_{ijq} \quad 及 \quad (g^{pg}) := (g_{ij})^{-1}.$$

给定任一点 $x^0 \in \Omega$, 设 $(F^0_{ij}) \in \mathbb{M}^n$ 是满足

$$F^0_{ki} F^0_{kj} = g^0_{ij}, \quad 其中\ (g^0_{ij}) := (g_{ij}(x^0))$$

的任一可逆矩阵 (例如, $(F^0_{ij}) := (g^0_{ij})^{\frac{1}{2}}$), 设 $\boldsymbol{\Theta}^0 \in \mathbb{E}^n$ 是给定向量, 又设 $(F_{lj}) \in \mathcal{C}^2(\Omega; \mathbb{M}^n)$ 是下面 *Pfaff* 方程组的解:

$$\partial_i F_{lj}(x) = \Gamma^p_{ij}(x) F_{lp}(x), \quad x \in \Omega, \quad 及 \quad F_{lj}(x^0) = F^0_{lj},$$

由部分 (i) 和 (ii) 知, 这个解是存在且唯一的. 则存在一个, 且只有一个, 浸入 $\boldsymbol{\Theta} = (\Theta_l) \in \mathcal{C}^3(\Omega; \mathbb{E}^n)$ 使得

$$\partial_j \Theta_l = F_{lj} \quad 及 \quad \partial_i \boldsymbol{\Theta} \cdot \partial_j \boldsymbol{\Theta} = g_{ij}\ 在\ \Omega\ 中, \quad 且\ \boldsymbol{\Theta}(x^0) = \boldsymbol{\Theta}^0.$$

作为开始, 我们证明由

$$\boldsymbol{g}_j := (F_{lj})^n_{l=1} \in \mathcal{C}^2(\Omega; \mathbb{R}^n)$$

定义的 n 个向量场满足

$$\boldsymbol{g}_i \cdot \boldsymbol{g}_j = g_{ij} \quad 在\ \Omega\ 中.$$

为此, 注意到这些向量场的构造, 它们满足

$$\partial_i \boldsymbol{g}_j = \Gamma^p_{ij} \boldsymbol{g}_p\ 在\ \Omega\ 中 \quad 且\ \boldsymbol{g}_j(x^0) = \boldsymbol{g}^0_j,$$

其中 $\boldsymbol{g}^0_j$ 是矩阵 $(F^0_{lj}) \in \mathbb{M}^n$ 的第 j 个列向量. 因此, 矩阵场 $(\boldsymbol{g}_i \cdot \boldsymbol{g}_j) \in \mathcal{C}^2(\Omega; \mathbb{M}^n)$ 满足

$$\partial_k(\boldsymbol{g}_i \cdot \boldsymbol{g}_j) = \Gamma^m_{kj}(\boldsymbol{g}_m \cdot \boldsymbol{g}_i) + \Gamma^m_{ki}(\boldsymbol{g}_m \cdot \boldsymbol{g}_j)\ 在\ \Omega\ 中,\ 及$$
$$(\boldsymbol{g}_i \cdot \boldsymbol{g}_j)(x^0) = g^0_{ij}.$$

函数 Γ_{ijq} 和 Γ_{ij}^p 的定义意味着

$$\partial_k g_{ij} = \Gamma_{ikj} + \Gamma_{jki} \quad 和 \quad \Gamma_{ijq} = g_{pq}\Gamma_{ij}^p.$$

因此矩阵场 $(g_{ij}) \in \mathcal{C}^2(\Omega; \mathbb{S}^n_>)$ 满足

$$\partial_k g_{ij} = \Gamma_{kj}^m g_{mi} + \Gamma_{ki}^m g_{mj} \text{ 在 } \Omega \text{ 中, 和 } g_{ij}(x^0) = g_{ij}^0.$$

将其视为关于矩阵场 $(g_{ij}) : \Omega \to \mathbb{M}^n$ 在点 x^0 处取给定值的偏微分方程组, 上面的方程组在空间 $\mathcal{C}^2(\Omega; \mathbb{M}^n)$ 中至多有一个解.

为说明这一点, 设 $x^1 \in \Omega$ 是与 x^0 不同的点, $\gamma \in \mathcal{C}^1([0,1]; \mathbb{R}^n)$ 是 Ω 中联结 x^0 到 x^1 的任一路径, 则 n^2 个函数 $g_{ij}(\gamma(t)), 0 \leqslant t \leqslant 1$, 满足 n^2 个常微分方程组成的线性方程组的 Cauchy 问题, 它最多只有一个解 (定理 3.8-2).

检验一下上面两个方程组就得到, 它们的解应是相同的, 即 $\boldsymbol{g}_i \cdot \boldsymbol{g}_j = g_{ij}$ 在 Ω 中.

余下来的是要证明, 存在一个, 且只有一个, 浸入 $\boldsymbol{\Theta} \in \mathcal{C}^3(\Omega; \mathbb{E}^n)$ 使得

$$\partial_i \boldsymbol{\Theta} = \boldsymbol{g}_i \text{ 在 } \Omega \text{ 中, 且 } \boldsymbol{\Theta}(x^0) = \boldsymbol{\Theta}^0,$$

其中 $\boldsymbol{g}_i := (F_{li})_{l=1}^n$.

由于函数 Γ_{ij}^p 满足 $\Gamma_{ij}^p = \Gamma_{ji}^p$, 方程组

$$\partial_i F_{lj}(x) = \Gamma_{ij}^p(x) F_{lp}(x), x \in \Omega, \quad 及 \quad F_{lj}(x^0) = F_{lj}^0$$

的解 $(F_{lj}) \in \mathcal{C}^2(\Omega; \mathbb{M}^n)$ 满足

$$\partial_i F_{lj} = \partial_j F_{li} \quad \text{在 } \Omega \text{ 中}.$$

开集 Ω 是单连通的, 经典的 *Poincaré* 引理 (定理 6.17-2) 说明, 对每个整数 $l \in \{1, \cdots, n\}$, 存在一个在相差一个常数的意义下是唯一的函数 $\Theta_l \in \mathcal{C}^3(\Omega)$, 使得

$$\partial_i \Theta_l = F_{li} \quad \text{在 } \Omega \text{ 中},$$

或等价地, 存在一个, 且只有一个, 映射 $\boldsymbol{\Theta} := (\Theta_l) \in \mathcal{C}^3(\Omega; \mathbb{E}^n)$ 满足

$$\partial_i \boldsymbol{\Theta} = \boldsymbol{g}_i \text{在 } \Omega \text{ 中, 且 } \boldsymbol{\Theta}(x^0) = \boldsymbol{\Theta}^0.$$

由矩阵 (g_{ij}) 的可逆性假设得, $\boldsymbol{\Theta}$ 是浸入. 证明完成. □

顺便再提一下, 值得注意的是, 非线性方程 $\boldsymbol{\nabla\Theta}^T \boldsymbol{\nabla\Theta} = \boldsymbol{C}$ 在 Ω 中的解 $\boldsymbol{\Theta}$ 可以依次求解 Ω 中的线性 Pfaff 方程组 (上面证明中的部分 (ii)) 及一些线性方程 (即 $\partial_i \boldsymbol{\Theta} = \boldsymbol{g}_i$ 在 Ω 中; 见部分 (iii)) 而得到.

由于在部分 (ii) 中的 Pfaff 方程组的解 (F_{lj}) 是唯一的, 在部分 (iii) 中出现的每个函数 $\boldsymbol{\Theta}_l$ 同样也是唯一确定的, 定理 8.6-1 可方便地改述为下述存在唯一性结果.

定理 8.6-2 设 Ω 是 $\mathbb{R}^n$ 中的单连通开集, $\boldsymbol{C}=(g_{ij})\in\mathcal{C}^2(\Omega;\mathbb{S}^n_>)$ 是矩阵场并满足

$$R_{qijk}:=\partial_j\Gamma_{ikq}-\partial_k\Gamma_{ijq}+\Gamma^p_{ij}\Gamma_{kqp}-\Gamma^p_{ik}\Gamma_{jqp}=0 \quad \text{在 } \Omega \text{ 中},$$

其中

$$\Gamma_{ijq}:=\frac{1}{2}(\partial_j g_{iq}+\partial_i g_{jq}-\partial_q g_{ij}) \text{ 及}$$
$$\Gamma^p_{ij}:=g^{pq}\Gamma_{ijq},\ \text{这里 } (g^{pq}):=(g_{ij})^{-1}.$$

最后, 假定给定一点 $x^0\in\Omega$, 一个向量 $\boldsymbol{\Theta}^0\in\mathbb{E}^n$ 及一个矩阵 $\boldsymbol{F}^0\in\mathbb{M}^n$, 使得

$$(\boldsymbol{F}^0)^T\boldsymbol{F}^0=\boldsymbol{C}(x^0).$$

则存在一个, 且只有一个, 浸入 $\boldsymbol{\Theta}\in\mathcal{C}^3(\Omega;\mathbb{E}^n)$ 使得

$$\boldsymbol{\nabla\Theta}^T\boldsymbol{\nabla\Theta}=\boldsymbol{C} \quad \text{在 } \Omega \text{ 中},$$

$$\boldsymbol{\Theta}(x^0)=\boldsymbol{\Theta}^0 \quad \text{及} \quad \boldsymbol{\nabla\Theta}(x^0)=\boldsymbol{F}^0. \qquad \square$$

另外, 在一般情况下的唯一性问题, 即没有像定理 8.6-2 所指定的 $\boldsymbol{\Theta}(x^0)=\boldsymbol{\Theta}^0$ 及 $\boldsymbol{\nabla\Theta}(x^0)=\boldsymbol{F}^0$ 这样的条件, 将于下一节中在比定理 8.6-2 中弱的正则性假设及无 Ω 单连通性的假设下讨论.

设 Ω 是 $\mathbb{R}^n$ 的单连通开子集, 又设点 $x_0\in\Omega$, 向量 $\boldsymbol{\Theta}_0\in\mathbb{E}^n$, 及 $n\times n$ 可逆矩阵 $\boldsymbol{F}_0$ 是给定的. 定理 8.6-2 确立了关于满足

$$\boldsymbol{C}(x_0)=\boldsymbol{F}_0^T\boldsymbol{F}_0 \quad \text{及}$$
$$R_{qijk}:=\partial_j\Gamma_{ikq}-\partial_k\Gamma_{ijq}+\Gamma^p_{ij}\Gamma_{kqp}-\Gamma^p_{ik}\Gamma_{jqp}=0 \quad \text{在 } \Omega \text{ 中}$$

(其中函数 Γ_{ijq} 和 Γ^p_{ij} 如定理 8.6-1 中那样用函数 g_{ij} 定义) 的任一矩阵场 $\boldsymbol{C}=(g_{ij})\in\mathcal{C}^2(\Omega;\mathbb{S}^n_>)$ (显然是非线性) 的映射 $\boldsymbol{\mathcal{F}}$ 的存在性, 即存在一个适定的浸入 $\boldsymbol{\Theta}=\boldsymbol{\mathcal{F}}(\boldsymbol{C})\in\mathcal{C}^3(\Omega;\mathbb{E}^n)$, 它满足

$$\boldsymbol{\nabla\Theta}^T\boldsymbol{\nabla\Theta}=\boldsymbol{C} \text{ 在 } \Omega \text{ 中} \quad \text{且 } \boldsymbol{\Theta}(x_0)=\boldsymbol{\Theta}_0 \quad \text{和} \quad \boldsymbol{\nabla\Theta}(x_0)=\boldsymbol{F}_0.$$

这样, 在空间 $\mathcal{C}^2(\Omega;\mathbb{S}^3)$ 和 $\mathcal{C}^3(\Omega;\mathbb{E}^n)$ 上就存在自然的拓扑, 使得以这种方式定义的映射 $\boldsymbol{\mathcal{F}}$ 是连续的. 换言之, 在这种连续可微函数空间之间, 浸入是其度量张量的连续函数; 见习题 8.6-3.

注 作为非线性 *Korn* 不等式[11] (之所以这样称谓, 是因为它将定理 6.15-3 中建立的线性 Korn 不等式推广到非线性的情况) 的一个结果, 用 *Sobolev* 范数给出的一个类似结论也成立. □

[11] P. G. Ciarlet; C. Mardare [2004]: Continuity of a deformation in H^1 as a function of its Cauchy-Green tensor in L^1, *Journal of Nonlinear Science* **14**, 415–427.

在定理 8.6-1 的证明中所用的方法是, 先确定矩阵场 $\boldsymbol{F}:\Omega\to\mathbb{M}^n$, 然后决定浸入 $\boldsymbol{\Theta}:\Omega\to\mathbb{E}^n$ 使得 $\boldsymbol{\nabla\Theta}=\boldsymbol{F}$ 在 Ω 中, 另一种途径是先决定正交矩阵场 $\boldsymbol{R}:\Omega\to\mathbb{O}^n$, 然后确定浸入 $\boldsymbol{\Theta}:\Omega\to\mathbb{E}^n$ 使得 $\boldsymbol{\nabla\Theta}=\boldsymbol{RC}^{\frac{1}{2}}$ 在 Ω 中; 在这种情况, 相容性条件用矩阵场 $\boldsymbol{C}^{\frac{1}{2}}:\Omega\to\mathbb{S}^n$ 表示; 参见习题 8.6-1 和 8.6-2.

注 (1) 在部分 (ii) 中关于函数 $\Gamma^p_{ij}=\Gamma^p_{ji}$ 所做的假设

$$\partial_j\Gamma^p_{ik}-\partial_k\Gamma^p_{ij}+\Gamma^l_{ik}\Gamma^p_{jl}-\Gamma^l_{ij}\Gamma^p_{kl}=0 \quad \text{在 } \Omega \text{ 中}$$

是在 Ω 中的方程组 $\partial_i F_{lj}=\Gamma^p_{ij}F_{lp}$ 有解的充分条件. 反过来, 实质上类似于在定理 8.5-1 的证明中所进行的一个简单计算说明, 它们也是必要条件. 简单来说就是, 如果这些方程有在 Ω 中处处可逆的解, 则在 Ω 中必定有 $\partial_{ik}F_{lj}=\partial_{ki}F_{lj}$. 毫不奇怪的是, 这些必要条件与定理 8.5-1 中的那些具有同样的特性, 即又取决于 *Schwarz* 引理.

(2) 矩阵 (g_{ij}) 的正定性假设只在部分 (iii) 中用到, 用以定义初始向量 $\boldsymbol{g}^0_i$.

(3) 函数 Γ^p_{ij} 和 Γ_{ijq} 的定义意味着函数

$$R_{qijk}:=\partial_j\Gamma_{ikq}-\partial_k\Gamma_{ijq}+\Gamma^p_{ij}\Gamma_{kqp}-\Gamma^p_{ik}\Gamma_{jqp}$$

对所有 i,j,k,p 满足

$$R_{qijk}=R_{jkqi}=-R_{qikj}, \quad \text{及}$$
$$R_{qijk}=0 \quad \text{若 } j=k \text{ 或 } q=i.$$

由这些关系式可得, 当 $n=3$ 时, 81 个充分条件

$$R_{qijk}=0 \text{ 在 } \Omega \text{ 中} \quad \text{对所有 } 1\leqslant i,j,k,q\leqslant 3$$

成立的充分必要条件是 6 个关系式

$$R_{1212}=R_{1213}=R_{1223}=R_{1313}=R_{1323}=R_{2323}=0 \quad \text{在 } \Omega \text{ 中}$$

满足 (容易看出, 当 $n=3$ 时有其他 6 个关系式集合也适用). □

定理 8.6-1 中的存在性结果在下述意义下 "直到集合 Ω 的边界" 都成立[12]: 假设集合 Ω 有 Lipschitz 连续的边界 (1.18 节), 函数 g_{ij} 及其阶数 $\leqslant 2$ 的偏导数可连续延拓到闭包 $\overline{\Omega}$, 用这种方式延拓的对称矩阵场在集合 $\overline{\Omega}$ 上保持正定, 则浸入 $\boldsymbol{\Theta}$ 及其阶数 $\leqslant 3$ 的偏导数也可以连续延拓到 $\overline{\Omega}$ 上.

在定理 8.6-1 中所做的关于对称正定矩阵场 $\boldsymbol{C}=(g_{ij})$ 的分量 g_{ij} 的正则性假设 (即 $g_{ij}\in\mathcal{C}^2(\Omega)$) 可显著地减弱.

[12] P. G. CIARLET; C. MARDARE [2004]: Recovery of a manifold with boundary and its continuity as a function of its metric tensor, *Journal de Mathématiques Pures et Appliquées* **83**, 811–843.

更具体地说, 如果 $g_{ij} \in \mathcal{C}^1(\Omega)$, 存在性定理仍然成立[13], 所得的映射 $\boldsymbol{\Theta}$ 在空间 $\mathcal{C}^2(\Omega;\mathbb{E}^n)$ 中; 如果 Ω 是 $\mathbb{R}^n$ 中的区域, 而 $g_{ij} \in W^{1,p}(\Omega)$ 对某个 $p > n$, 它也成立[14], 所得的映射 $\boldsymbol{\Theta}$ 在空间 $W^{2,p}(\Omega;\mathbb{E}^n)$ 中. 可以想见, 定理 8.6-1 中的充分条件 $R_{qijk} = 0$ 在 Ω 中就应被假设只是在分布意义下成立, 即

$$\int_\Omega\{-\Gamma_{ikq}\partial_j\varphi + \Gamma_{ijq}\partial_k\varphi + \Gamma^p_{ij}\Gamma_{kqp}\varphi - \Gamma^p_{ik}\Gamma_{jqp}\varphi\}dx = 0 \quad 对所有\ \varphi \in \mathcal{D}(\Omega).$$

习题

8.6-1 本题的目的是要证明习题 8.5-2 中的必要条件对于浸入 $\boldsymbol{\Theta} \in \mathcal{C}^3(\Omega;\mathbb{E}^n)$ 的存在[15]也是充分的, 如果开集 $\Omega \subset \mathbb{R}^n$ 是单连通的, 在整个题目中都做此假设.

(1) 给定反对称矩阵场 $\boldsymbol{A}_j \in \mathcal{C}^1(\Omega;\mathbb{A}^n), 1 \leqslant j \leqslant n$, 它满足

$$\partial_i\boldsymbol{A}_j - \partial_j\boldsymbol{A}_i + \boldsymbol{A}_i\boldsymbol{A}_j - \boldsymbol{A}_j\boldsymbol{A}_i = \boldsymbol{0} \quad 在\ \Omega\ 中,$$

又给定一点 $x^0 \in \Omega$ 及一个正交矩阵 $\boldsymbol{R}^0 \in \mathbb{O}^n$, 则 *Pfaff* 方程组

$$\partial_j\boldsymbol{R}(x) = \boldsymbol{R}(x)\boldsymbol{A}_j(x), x \in \Omega, \ 及\ \boldsymbol{R}(x^0) = \boldsymbol{R}^0$$

有唯一解 $\boldsymbol{R} \in \mathcal{C}^2(\Omega;\mathbb{M}^n)$ (定理 6.20-1). 证明 $\boldsymbol{R}(x) \in \mathbb{O}^n$ 在每个 $x \in \Omega$ 处.

(2) 在本题的其余部分, 矩阵场 $\boldsymbol{U} \in \mathcal{C}^2(\Omega;\mathbb{S}^n_>)$ 是给定的并满足相容性条件

$$\partial_i\boldsymbol{A}_j - \partial_j\boldsymbol{A}_i + \boldsymbol{A}_i\boldsymbol{A}_j - \boldsymbol{A}_j\boldsymbol{A}_i = \boldsymbol{0} \quad 在\ \Omega\ 中,$$

其中矩阵场 $\boldsymbol{A}_j \in \mathcal{C}^1(\Omega;\mathbb{M}^n), 1 \leqslant j \leqslant n$, 通过

$$\boldsymbol{A}_j := \frac{1}{2}\{\boldsymbol{U}^{-1}(\boldsymbol{\nabla c}_j - (\boldsymbol{\nabla c}_j)^T)\boldsymbol{U}^{-1} + \boldsymbol{U}^{-1}\partial_j\boldsymbol{U} - (\partial_j\boldsymbol{U})\boldsymbol{U}^{-1}\}$$

由矩阵场 $\boldsymbol{U}$ 定义, 其中 $\boldsymbol{c}_j \in \mathcal{C}^2(\Omega;\mathbb{R}^n)$ 表示矩阵场 $\boldsymbol{U}^2 \in \mathcal{C}^2(\Omega;\mathbb{S}^n_>)$ 的第 j 个列向量场.

证明 $\boldsymbol{A}_j(x) \in \mathbb{A}^n$ 在每个 $x \in \Omega$ 处, 而且每个矩阵场 $\boldsymbol{A}_j$ 也可以写为

$$\boldsymbol{A}_j = \boldsymbol{U\Gamma}_j\boldsymbol{U}^{-1} - (\partial_j\boldsymbol{U})\boldsymbol{U}^{-1},$$

其中

$$\boldsymbol{\Gamma}_j := \frac{1}{2}\boldsymbol{U}^{-2}((\partial_j\boldsymbol{U}^2) + \boldsymbol{\nabla c}_j - (\boldsymbol{\nabla c}_j)^T) \in \mathcal{C}^1(\Omega;\mathbb{M}^n).$$

---

[13] C. Mardare [2003]: On the recovery of a manifold with prescribed metric tensor, *Analysis and Applications* **1**, 433–453.

[14] S. Mardare [2007]: On systems of first order linear partial differential equations with L^p-coefficients, *Advances in Differential Equations* **12**, 301–360.

[15] 这个存在性结果属于:

P. G. Ciarlet; L. Gratie; O. Iosifescu; C. Mardare; C. Vallée [2007]: Another approach to the fundamental theorem of Riemannian geometry in $\mathbb{R}^3$, by way of rotation fields, *Journal de Mathématiques Pures et Appliquées* **87**, 237–252.

在这篇论文中也包含对特殊情况 $n = 3$ 的详尽分析.

(3) 给定一个向量 $\boldsymbol{\Theta}^0 \in \mathbb{E}^n$. 矩阵场 $\boldsymbol{R} \in \mathcal{C}^1(\Omega; \mathbb{O}^n)$ 如 (1) 中那样确定, 证明存在一个, 且只有一个, 向量 $\boldsymbol{\Theta} \in \mathcal{C}^3(\Omega; \mathbb{E}^n)$ 满足

$$\boldsymbol{\nabla\Theta}(x) = \boldsymbol{R}(x)\boldsymbol{U}(x), \quad x \in \Omega, \quad \text{及} \quad \boldsymbol{\Theta}(x^0) = \boldsymbol{\Theta}^0.$$

提示: 注意, 求解 $\boldsymbol{\nabla\Theta} = \boldsymbol{RU}$ 在 Ω 中与求解诸方程 $\partial_j \boldsymbol{\Theta} = \boldsymbol{R}\boldsymbol{u}_j$ 在 Ω 中, $1 \leqslant j \leqslant n$, 是一样的, 其中 $\boldsymbol{u}_j \in \mathcal{C}^2(\Omega; \mathbb{R}^n)$ 表示矩阵场 $\boldsymbol{U}$ 的第 j 个列向量场. 然后证明这些方程可用经典 *Poincaré* 引理 (定理 6.17-2) 求解.

8.6-2 设 Ω 是 $\mathbb{R}^n$ 的开子集. 证明, 矩阵场 $\boldsymbol{C} = (g_{ij}) \in \mathcal{C}^2(\Omega; \mathbb{S}^2_>)$ 满足定理 8.6-1 中的关系式 $R_{qijk} = 0$ 在 Ω 中当且仅当矩阵场 $\boldsymbol{U} := \boldsymbol{C}^{\frac{1}{2}} \in \mathcal{C}^2(\Omega; \mathbb{S}^2_>)$ 满足相容性条件

$$\partial_i \boldsymbol{A}_j - \partial_j \boldsymbol{A}_i + \boldsymbol{A}_i \boldsymbol{A}_j - \boldsymbol{A}_j \boldsymbol{A}_i = \boldsymbol{0} \quad \text{在 } \Omega \text{ 中},$$

其中反对称矩阵 $\boldsymbol{A}_j \in \mathcal{C}^1(\Omega; \mathbb{A}^n), 1 \leqslant j \leqslant n$, 通过

$$\boldsymbol{A}_j := \frac{1}{2}\{\boldsymbol{U}^{-1}(\boldsymbol{\nabla c}_j - (\boldsymbol{\nabla c}_j)^T)\boldsymbol{U}^{-1} + \boldsymbol{U}^{-1}\partial_j \boldsymbol{U} - (\partial_j \boldsymbol{U})\boldsymbol{U}^{-1}\}$$

由矩阵场 $\boldsymbol{U}$ 定义, 其中 $\boldsymbol{c}_j \in \mathcal{C}^2(\Omega; \mathbb{R}^n)$ 表示矩阵场 $\boldsymbol{U}^2 \in \mathcal{C}^2(\Omega; \mathbb{S}^n_>)$ 的第 j 个列向量场.

提示: 利用定理 8.5-1 和 8.6-1 及习题 8.5-2 和 8.6-1.

8.6-3 给定 $\mathbb{R}^n$ 的开子集 Ω, 符号 $K \Subset \Omega$ 意指 K 是 Ω 的紧子集. 给定任意整数 $m \geqslant 0$ 和任意 $K \Subset \Omega$, 定义半范数 $|\cdot|_{m,K}$ 和 $\|\cdot\|_{m,K}$ 如下:

$$|f|_{m,K} = \sup_{\begin{cases} x \in K \\ |\boldsymbol{\alpha}| = m \end{cases}} |\partial^{\boldsymbol{\alpha}} f(x)| \quad \text{和} \quad \|f\|_{m,K} = \sup_{\begin{cases} x \in K \\ |\boldsymbol{\alpha}| \leqslant m \end{cases}} |\partial^{\boldsymbol{\alpha}} f(x)| \text{ 对每个 } f \in \mathcal{C}^m(\Omega),$$

并对向量值和矩阵值函数定义类似的半范数, 而 $|\cdot|$ 现在则表示欧氏向量范数或其相应的矩阵范数.

下面, Ω 是 $\mathbb{R}^n$ 中的单连通开子集, 点 $x_0 \in \Omega$ 是给定的.

(1) 设 $\boldsymbol{C}^l = (g^l_{ij}) \in \mathcal{C}^2(\Omega; \mathbb{S}^n_>)$, $l \geqslant 0$, 是矩阵场, 它满足 $R^l_{qijk} = 0$ 在 Ω 中, $l \geqslant 0$, 并具有下述性质:

$$\lim_{l \to \infty} \|\boldsymbol{C}^l - \boldsymbol{I}\|_{2,K} = 0 \quad \text{对每个 } K \Subset \Omega.$$

由定理 8.6-2, 存在唯一确定的浸入 $\boldsymbol{\Theta}^l \in \mathcal{C}^3(\Omega; \mathbb{E}^3)$ 满足

$$(\boldsymbol{\nabla\Theta}^l)^T \boldsymbol{\nabla\Theta}^l = \boldsymbol{C}^l \text{ 在 } \Omega \text{ 内}, \quad l \geqslant 0$$

及

$$\boldsymbol{\Theta}^l(x_0) = x_0 \quad \text{和} \quad \boldsymbol{\nabla\Theta}^l(x_0) = \boldsymbol{I}, \quad l \geqslant 0.$$

证明, 对每个 $K \Subset \Omega$,

$$\lim_{l \to \infty} |\boldsymbol{\Theta}^l - \mathbf{id}|_{m,K} = \lim_{l \to \infty} |\boldsymbol{\Theta}^l|_{m,K} = 0 \text{ 对 } m = 2, \text{ 然后对 } m = 3.$$

提示: 证明 (符号的含义应是自明的) 半范数 $|(\boldsymbol{g}^q)^l|_{0,K}$ 有与 $l \geqslant 0$ 无关的界, 并利用关系式

$$\partial_{ij} \boldsymbol{\Theta}^l = \frac{1}{2}(\partial_j g^l_{iq} + \partial_i g^l_{jq} - \partial_q g^l_{ij})(\boldsymbol{g}^q)^l, \quad l \geqslant 0.$$

(2) 证明, 对每个 $K \Subset \Omega$,

$$\lim_{l\to\infty} |\boldsymbol{\Theta}^l - \mathbf{id}|_{m,K} = 0 \text{ 对 } m = 1, \text{ 然后对 } m = 0.$$

提示: 利用连续可微映射序列的极限的可微性 (定理 7.3-1).

(3) 设向量 $\boldsymbol{\Theta}^0 \in \mathbb{E}^n$ 和 $n \times n$ 可逆矩阵 $\boldsymbol{F}_0$ 是给定的, 又设 $\boldsymbol{C}^l = (g_{ij}^l) \in \mathcal{C}^2(\Omega; \mathbb{S}^n_>)$, $l \geqslant 0$, 及 $\boldsymbol{C} = (g_{ij}) \in \mathcal{C}^2(\Omega; \mathbb{S}^n_>)$ 是分别满足 $R^l_{qijk} = 0$ 在 Ω 内, $l \geqslant 0$, 及 $R_{qijk} = 0$ 在 Ω 内, 的矩阵场, 并具有下述性质

$$\lim_{l\to\infty} \|\boldsymbol{C}^l - \boldsymbol{C}\|_{2,K} = 0 \quad \text{对每个 } K \Subset \Omega.$$

由定理 8.6-2, 存在唯一确定的浸入 $\boldsymbol{\Theta}^l \in \mathcal{C}^3(\Omega; \mathbb{E}^n)$, $l \geqslant 0$, 及 $\boldsymbol{\Theta} \in \mathcal{C}^3(\Omega; \mathbb{E}^n)$, 它们分别满足

$$\begin{aligned}
(\boldsymbol{\nabla}\boldsymbol{\Theta}^l)^T \boldsymbol{\nabla}\boldsymbol{\Theta}^l = \boldsymbol{C}^l \text{ 在 } \Omega \text{ 内}, \ l \geqslant 0, \quad &\text{及} \quad \boldsymbol{\nabla}\boldsymbol{\Theta}^T \boldsymbol{\nabla}\boldsymbol{\Theta} = \boldsymbol{C} \text{ 在 } \Omega \text{ 内},\\
\boldsymbol{\Theta}^l(x_0) = \boldsymbol{\Theta}_0 \quad \text{和} \quad \boldsymbol{\nabla}\boldsymbol{\Theta}^l(x_0) = \boldsymbol{F}_0, &\quad l \geqslant 0, \text{ 及}\\
\boldsymbol{\Theta}(x_0) = \boldsymbol{\Theta}_0 \quad \text{和} \quad \boldsymbol{\nabla}\boldsymbol{\Theta}(x_0) = \boldsymbol{F}_0.&
\end{aligned}$$

假定浸入 $\boldsymbol{\Theta}$ 在 Ω 中是单射, 证明

$$\lim_{l\to\infty} \|\boldsymbol{\Theta}^l - \boldsymbol{\Theta}\|_{3,K} = 0 \quad \text{对每个 } K \Subset \Omega.$$

提示: 引入矩阵场 $\boldsymbol{\nabla}\boldsymbol{\Theta}^{-T}\boldsymbol{C}^l\boldsymbol{\nabla}\boldsymbol{\Theta}^{-1}$, $l \geqslant 0$, 并利用问题 (1) 和 (2).

(4) 证明, 即使浸入 $\boldsymbol{\Theta}$ 在 Ω 中不是单射, (3) 仍然成立.

注 定义集合

$$\begin{aligned}
\boldsymbol{\mathcal{X}} &:= \{\boldsymbol{C} = (g_{ij}) \in \mathcal{C}^2(\Omega; \mathbb{S}^n_>); \boldsymbol{C}(x_0) = \boldsymbol{F}_0^T\boldsymbol{F}_0 \text{ 及 } R_{qijk} = 0 \text{ 在 } \Omega \text{ 内}\},\\
\boldsymbol{\mathcal{Y}} &:= \{\boldsymbol{\Theta} \in \mathcal{C}^3(\Omega; \mathbb{E}^n); \boldsymbol{\Theta}(x_0) = \boldsymbol{\Theta}_0 \text{ 及 } \boldsymbol{\nabla}\boldsymbol{\Theta}(x_0) = \boldsymbol{F}_0\},
\end{aligned}$$

又设距离 d_2 和 d_3 如习题 7.8-3 中所定义, 则在问题 (3) 中确立的序列连续性说明, 由

$$\boldsymbol{\mathcal{F}} : \boldsymbol{C} \in (\boldsymbol{\mathcal{X}}; d_2) \to \boldsymbol{\mathcal{F}}(\boldsymbol{C}) := \boldsymbol{\Theta} \in (\boldsymbol{\mathcal{Y}}; d_3)$$

定义的映射是连续的[16], 其中 $\boldsymbol{\Theta}$ 表示对每个 $\boldsymbol{C} \in \boldsymbol{\mathcal{X}}$ 在集合 $\boldsymbol{\mathcal{Y}}$ 里满足 $\boldsymbol{\nabla}\boldsymbol{\Theta}^T\boldsymbol{\nabla}\boldsymbol{\Theta} = \boldsymbol{C}$ 在 Ω 中的唯一元素. □

8.7 具有同一度量张量的浸入在相差一等距意义下的唯一性; $\mathbb{R}^n$ 中开子集的刚性定理

一个映射 $\boldsymbol{\Phi} : \mathbb{E}^n \to \mathbb{E}^n$ 称为 $\mathbb{E}^n$ 的等距, 若它保持欧氏距离不变, 即

$$|\boldsymbol{\Phi}(x) - \boldsymbol{\Phi}(y)| = |x - y| \quad \text{对所有 } x, y \in \mathbb{E}^n,$$

[16] 这个结果属于:

P. G. Ciarlet; F. Laurent [2003]: Continuity of a deformation as a function of its Cauchy-Green tensor. *Archive for Rational Mechanics and Analysis* **167**, 255–269.

或等价地 (习题 8.7-1), 当且仅当存在一个向量 $\boldsymbol{c} \in \mathbb{E}^n$ 和一个正交矩阵 $\boldsymbol{Q} \in \mathbb{O}^n$ 使得

$$\boldsymbol{\Phi}(x) = \boldsymbol{c} + \boldsymbol{Q}x \quad \text{对所有 } x \in \mathbb{E}^n.$$

若 $\boldsymbol{Q}$ 是正常正交矩阵, 映射 $\boldsymbol{\Phi}$ 就称为 $\mathbb{E}^n$ 的**正常等距**.

在 8.6 节中, 我们已经确立了具有指定度量张量的浸入 $\boldsymbol{\Theta}: \Omega \subset \mathbb{R}^n \to \mathbb{E}^n$ 的存在性, 这是在与这个张量关联的 Riemann 曲率张量在 Ω 中为零及开集 Ω 是单连通的假设下得到的. 我们现在讨论这种浸入唯一性的问题.

这个唯一性的结果是下一定理[17] 的讨论对象, 考虑到其下述几何解释, 称其为刚性定理可谓名副其实: 该结果断言, 如果两个浸入 $\boldsymbol{\Theta} \in \mathcal{C}^1(\Omega; \mathbb{E}^n)$ 和 $\widetilde{\boldsymbol{\Theta}} \in \mathcal{C}^1(\Omega; \mathbb{E}^n)$ 具有同一个度量张量场, 则集合 $\boldsymbol{\Theta}(\Omega)$ 可由集合 $\widetilde{\boldsymbol{\Theta}}(\Omega)$ 经过一个旋转 (由一正常正交矩阵 $\boldsymbol{Q} \in \mathbb{O}^n_+$ 表示) 或关于一个超平面的对称变换再紧随着一个旋转, 然后对所得的集合再进行平移 (由向量 $\boldsymbol{c}$ 表示) 而得到. 这样两个映射的复合称为 $\boldsymbol{\Theta}(\Omega)$ 的**刚性形变**.

注意, Ω 的单连通性假设在此已不再需要.

定理 8.7-1 ($\mathbb{R}^n$ 中开子集的刚性定理) 设 Ω 是 $\mathbb{R}^n$ 的连通开子集, $\widetilde{\boldsymbol{\Theta}} \in \mathcal{C}^1(\Omega; \mathbb{E}^n)$ 和 $\boldsymbol{\Theta} \in \mathcal{C}^1(\Omega; \mathbb{E}^n)$ 是两个相关度量张量相同的浸入, 即

$$\boldsymbol{\nabla}\widetilde{\boldsymbol{\Theta}}^T \boldsymbol{\nabla}\widetilde{\boldsymbol{\Theta}} = \boldsymbol{\nabla}\boldsymbol{\Theta}^T \boldsymbol{\nabla}\boldsymbol{\Theta} \quad \text{在 } \Omega \text{ 中}.$$

则存在一个向量 $\boldsymbol{c} \in \mathbb{E}^n$ 和一个正交矩阵 $\boldsymbol{Q} \in \mathbb{O}^n$ 使得

$$\widetilde{\boldsymbol{\Theta}}(x) = \boldsymbol{c} + \boldsymbol{Q}\boldsymbol{\Theta}(x) \quad \text{对所有 } x \in \Omega.$$

证明 在整个证明中, 认为空间 $\mathbb{R}^n$ 等同于欧氏空间 $\mathbb{E}^n$. 特别地, $\mathbb{R}^n$ 中延用 $\mathbb{E}^n$ 中的内积和范数. 重温一下,

$$|\boldsymbol{A}| := \sup\{|\boldsymbol{A}\boldsymbol{b}|; \boldsymbol{b} \in \mathbb{R}^n, |\boldsymbol{b}| = 1\}$$

表示矩阵 $\boldsymbol{A} \in \mathbb{M}^n$ 的谱范数.

作为开始, 我们考察 $\widetilde{\boldsymbol{\Theta}}: \Omega \to \mathbb{E}^n = \mathbb{R}^n$ 是 $\mathbb{E}^n$ 中恒等映射的特殊情况. 在这种情况下, 唯一性的问题就化为确定所有满足

$$\boldsymbol{\nabla}\boldsymbol{\Theta}(x)^T \boldsymbol{\nabla}\boldsymbol{\Theta}(x) = \boldsymbol{I} \quad \text{在每个 } x \in \Omega \text{ 处}$$

的映射 $\boldsymbol{\Theta} \in \mathcal{C}^1(\Omega; \mathbb{E}^n)$.

部分 (i) 到 (iii) 将致力于求这个非线性偏微分方程组的显式解.

---

[17] 无证明的陈述, 见:

E. Cosserat; F. Cosserat [1896]: Sur la théorie de l'élasticité. Premier mémoire, *Annales de la Faculté des Sciences de l'Université de Toulouse* **10**, 1–116.

后来的证明在下面著作的第 30 节中:

E. Cartan [1928]: *Leçons sur la Géométrie des Espaces de Riemann*, Gauthier-Villars, Paris.

(i) 首先我们证明满足

$$\boldsymbol{\nabla}\boldsymbol{\Theta}(x)^T\boldsymbol{\nabla}\boldsymbol{\Theta}(x)=\boldsymbol{I}\quad 在每个\ x\in\Omega\ 处$$

的映射 $\boldsymbol{\Theta}\in\mathcal{C}^1(\Omega;\mathbb{E}^n)$ 是局部等距. 这意味着, 给定 $x^0\in\Omega$, 存在 x^0 的包含在 Ω 中的开邻域 V, 使得

$$|\boldsymbol{\Theta}(y)-\boldsymbol{\Theta}(x)|=|y-x|\quad 对所有\ x,y\in V.$$

设 B 是以 x^0 为球心, 含在 Ω 中的开球. 因为集合 B 是凸的, 赋范向量空间中的中值定理 (定理 7.2-1) 适用, 故有

$$|\boldsymbol{\Theta}(y)-\boldsymbol{\Theta}(x)|\leqslant\sup_{z\in]x,y[}|\boldsymbol{\nabla}\boldsymbol{\Theta}(z)||y-x|\quad 对所有\ x,y\in B.$$

因为正交矩阵的谱范数等于 1, 所以有

$$|\boldsymbol{\Theta}(y)-\boldsymbol{\Theta}(x)|\leqslant|y-x|\quad 对所有\ x,y\in B.$$

因为矩阵 $\boldsymbol{\nabla}\boldsymbol{\Theta}(x^0)$ 是可逆的, 局部反演定理 (定理 7.14-1) 说明, 存在一个 x^0 的包含在 Ω 中的开邻域 V 及 $\boldsymbol{\Theta}(x^0)$ 在 $\mathbb{E}^n$ 中的开邻域 $\widehat{V}$ 使得 $\boldsymbol{\Theta}$ 在 V 上的限制是从 V 到 $\widehat{V}$ 上的 $\mathcal{C}^1$ 微分同胚. 此外, 不失一般性可假设 V 包含在 B 中而 $\widehat{V}$ 是凸的. (为此, 首先对 $\boldsymbol{\Theta}$ 在 B 上的限制应用局部反演定理, 这就给出了第一个 x^0 的包含在 B 中的邻域 V', 然后将用这种方式得到的逆映射限制在球心在 $\boldsymbol{\Theta}(x^0)$ 处并包含在 $\boldsymbol{\Theta}(V')$ 中的开球 $\widehat{V}$ 上.)

设 $\boldsymbol{\Theta}^{-1}:\widehat{V}\to V$ 表示 $\boldsymbol{\Theta}:V\to\widehat{V}$ 的逆映射. 将链式法则 (定理 7.1-3) 应用到关系式 $\boldsymbol{\Theta}^{-1}(\boldsymbol{\Theta}(x))=x$ 对所有 $x\in V$, 就得到

$$\widehat{\boldsymbol{\nabla}}\boldsymbol{\Theta}^{-1}(\widehat{x})=\boldsymbol{\nabla}\boldsymbol{\Theta}(x)^{-1}\quad 对所有\ \widehat{x}=\boldsymbol{\Theta}(x),x\in V.$$

因此矩阵 $\widehat{\boldsymbol{\nabla}}\boldsymbol{\Theta}^{-1}(\widehat{x})$ 在每个 $\widehat{x}\in\widehat{V}$ 处均是正交的, 在凸集 $\widehat{V}$ 中应用中值定理就给出

$$|\boldsymbol{\Theta}^{-1}(\widehat{y})-\boldsymbol{\Theta}^{-1}(\widehat{x})|\leqslant|\widehat{y}-\widehat{x}|\quad 对所有\ \widehat{x},\widehat{y}\in\widehat{V},$$

或等价地

$$|y-x|\leqslant|\boldsymbol{\Theta}(y)-\boldsymbol{\Theta}(x)|\quad 对所有\ x,y\in V.$$

因此, 映射 $\boldsymbol{\Theta}$ 在 x^0 的开邻域 V 上的限制是等距.

(ii) 下面我们证明, 如果映射 $\boldsymbol{\Theta}\in\mathcal{C}^1(\Omega;\mathbb{E}^n)$ 是一局部等距, 则其导数是局部常值矩阵. 这意指, 给定 $x^0\in\Omega$, 存在 x^0 含在 Ω 中的开邻域 V 使得

$$\boldsymbol{\nabla}\boldsymbol{\Theta}(x)=\boldsymbol{\nabla}\boldsymbol{\Theta}(x^0)\quad 对所有\ x\in V.$$

给定 $x^0 \in \Omega$, 设 $V \subset \Omega$ 表示出现在 (i) 中的 x^0 的开邻域, 又设可微函数 $F : V \times V \to \mathbb{R}$ 在每个 $x = (x_p) \in V$ 和 $y = (y_p) \in V$ 处由

$$F(x, y) := (\Theta_l(y) - \Theta_l(x))(\Theta_l(y) - \Theta_l(x)) - (y_l - x_l)(y_l - x_l)$$

定义. 则由 (i) 知, $F(x, y) = 0$ 对所有 $x, y \in V$. 所以

$$\begin{aligned} G_i(x, y) &:= \frac{1}{2}\frac{\partial F}{\partial y_i}(x, y) \\ &= \frac{\partial \Theta_l}{\partial y_i}(y)(\Theta_l(y) - \Theta_l(x)) - \delta_{il}(y_l - x_l) = 0 \end{aligned}$$

对所有 $x, y \in V$. 对于一个固定的 $y \in V$, 每个函数 $G_i(\cdot, y) : V \to \mathbb{R}$ 都是可微的而且导数为零. 所以

$$\frac{\partial G_i}{\partial x_i}(x, y) = -\frac{\partial \Theta_l}{\partial y_i}(y)\frac{\partial \Theta_l}{\partial x_j}(x) + \delta_{ij} = 0 \quad \text{对所有 } x, y \in V,$$

或等价地, 用矩阵形式

$$\boldsymbol{\nabla\Theta}(y)^T \boldsymbol{\nabla\Theta}(x) = \boldsymbol{I} \quad \text{对所有 } x, y \in V.$$

在这个式子中, 令 $y = x^0$ 即得

$$\boldsymbol{\nabla\Theta}(x) = \boldsymbol{\nabla\Theta}(x^0) \quad \text{对所有 } x \in V.$$

(iii) 由 (ii), 映射 $\boldsymbol{\nabla\Theta} : \Omega \to \mathbb{M}^n$ 在 Ω 中是可微的, 其导数在 Ω 中为零. 因此, 由于集合 Ω 是连通的, 根据定理 7.2-4, 映射 $\boldsymbol{\nabla\Theta}$ 是常值矩阵. 这意味着, 存在矩阵 $\boldsymbol{Q} \in \mathbb{M}^n$ 使得

$$\boldsymbol{\nabla\Theta}(x) = \boldsymbol{Q} \quad \text{对所有 } x \in \Omega.$$

再一次应用同一定理说明, 映射 $\boldsymbol{\Theta}$ 在 Ω 中是仿射的, 即存在向量 $\boldsymbol{c} \in \mathbb{E}^n$ 及矩阵 $\boldsymbol{Q} \in \mathbb{M}^n$ 使得

$$\boldsymbol{\Theta}(x) = \boldsymbol{c} + \boldsymbol{Q}x \quad \text{对所有 } x \in \Omega.$$

由于 $\boldsymbol{Q} = \boldsymbol{\nabla\Theta}(x^0)$ 而且由假设 $\boldsymbol{\nabla\Theta}(x^0)^T \boldsymbol{\nabla\Theta}(x^0) = \boldsymbol{I}$, 故矩阵 $\boldsymbol{Q}$ 是正交的.

(iv) 我们现在考察一般情况, 其中

$$\boldsymbol{\nabla}\widetilde{\boldsymbol{\Theta}}(x)^T \boldsymbol{\nabla}\widetilde{\boldsymbol{\Theta}}(x) = \boldsymbol{\nabla\Theta}(x)^T \boldsymbol{\nabla\Theta}(x) \quad \text{对每个 } x \in \Omega.$$

给定任意一点 $x^0 \in \Omega$, 设 x^0 的邻域 V, $\boldsymbol{\Theta}(x^0)$ 的邻域 $\widehat{V}$ 以及映射 $\boldsymbol{\Theta}^{-1} : \widehat{V} \to V$ 均如部分 (i) 中所定义的 (由假设, 映射 $\boldsymbol{\Theta}$ 是浸入; 因此矩阵 $\boldsymbol{\nabla\Theta}(x^0)$ 是可逆的).

考虑复合映射

$$\widehat{\boldsymbol{\Phi}} := \widetilde{\boldsymbol{\Theta}} \circ \boldsymbol{\Theta}^{-1} : \widehat{V} \to \mathbb{E}^n.$$

显然 $\widehat{\boldsymbol{\Phi}} \in \mathcal{C}^1(\widehat{V};\mathbb{E}^n)$ 而且

$$\widehat{\boldsymbol{\nabla}}\widehat{\boldsymbol{\Phi}}(\widehat{x}) = \boldsymbol{\nabla}\widetilde{\boldsymbol{\Theta}}(x)\widehat{\boldsymbol{\nabla}}\boldsymbol{\Theta}^{-1}(\widehat{x})$$
$$= \boldsymbol{\nabla}\widetilde{\boldsymbol{\Theta}}(x)\boldsymbol{\nabla}\boldsymbol{\Theta}(x)^{-1} \quad \text{对每个 } \widehat{x} = \boldsymbol{\Theta}(x), \quad x \in V.$$

因此, 假设的关系式 $\boldsymbol{\nabla}\boldsymbol{\Theta}(x)^T\boldsymbol{\nabla}\boldsymbol{\Theta}(x) = \boldsymbol{\nabla}\widetilde{\boldsymbol{\Theta}}(x)^T\boldsymbol{\nabla}\widetilde{\boldsymbol{\Theta}}(x)$ 在每个 $x \in \Omega$ 处意味着

$$\widehat{\boldsymbol{\nabla}}\widehat{\boldsymbol{\Phi}}(\widehat{x})^T\widehat{\boldsymbol{\nabla}}\widehat{\boldsymbol{\Phi}}(\widehat{x}) = \boldsymbol{I} \quad \text{在每个 } x \in V \text{ 处}.$$

由部分 (i) 到 (iii), 存在一个向量 $\boldsymbol{c} \in \mathbb{R}^n$ 和矩阵 $\boldsymbol{Q} \in \mathbb{O}^n$ 使得

$$\widehat{\boldsymbol{\Phi}}(\widehat{x}) = \widehat{\boldsymbol{\Theta}}(x) = \boldsymbol{c} + \boldsymbol{Q}\boldsymbol{\Theta}(x) \quad \text{对所有 } \widehat{x} = \boldsymbol{\Theta}(x),\ x \in V,$$

因此就使得

$$\boldsymbol{\Xi}(x) := \boldsymbol{\nabla}\widetilde{\boldsymbol{\Theta}}(x)\boldsymbol{\nabla}\boldsymbol{\Theta}(x)^{-1} = \boldsymbol{Q} \quad \text{对所有 } x \in V.$$

以这种方式定义的连续映射 $\boldsymbol{\Xi} : V \to \mathbb{M}^n$ 因此在 Ω 中是局部常值矩阵. 如在部分 (iii) 中那样, 从关于 Ω 的连通性假设即得映射 $\boldsymbol{\Xi}$ 在 Ω 中是常值矩阵. 证明完成. □

定理 8.7-1 的一个特殊情况, 即其中 $\boldsymbol{\Theta}$ 是 $\mathbb{R}^n$ 的恒等映射而 $\mathbb{R}^n$ 等同于 $\mathbb{E}^n$, 构成经典的 **Liouville 定理**[18]; 这个定理断言, 如果一个映射 $\boldsymbol{\Theta} \in \mathcal{C}^1(\Omega;\mathbb{E}^n)$ 使得 $\boldsymbol{\nabla}\boldsymbol{\Theta}(x) \in \mathbb{O}^n$ 对所有 $x \in \Omega$, 而且 Ω 是 $\mathbb{R}^n$ 中的连通开子集, 则存在向量 $\boldsymbol{c} \in \mathbb{R}^n$ 及一个正交矩阵 $\boldsymbol{Q} \in \mathbb{O}^n$ 使得

$$\boldsymbol{\Theta}(x) = \boldsymbol{c} + \boldsymbol{Q}x \quad \text{对所有 } x \in \Omega.$$

注 (1) 对于映射 $\boldsymbol{\Theta} \in H^1(\Omega;\mathbb{E}^n)$, 如其满足 $\boldsymbol{\nabla}\boldsymbol{\Theta}(x) \in \mathbb{O}^3_+$ 对几乎所有 $x \in \Omega$ (注意关于 $\det \boldsymbol{\nabla}\boldsymbol{\Theta}(x)$ 符号的限制), Liouville 定理仍然适用; 见习题 8.7-3.

(2) 更一般地, 如果 $\boldsymbol{\Theta} \in \mathcal{C}^1(\Omega;\mathbb{E}^n)$ 和 $\widetilde{\boldsymbol{\Theta}} \in H^1(\Omega;\mathbb{E}^n)$, 则在 $\det \boldsymbol{\nabla}\boldsymbol{\Theta} > 0$ 在 Ω 中及 $\det \boldsymbol{\nabla}\widetilde{\boldsymbol{\Theta}} > 0$ 几乎处处在 Ω 中的附加假设下, 定理 8.7-1 仍然适用[19]. □

尽管根据定理 8.7-1, 出现在定理 8.6-1 中的浸入 $\boldsymbol{\Theta} \in \mathcal{C}^3(\Omega;\mathbb{E}^n)$ 只是在 $\mathbb{E}^n$ 中相差等距的意义下确定, 但定理 8.6-2 说明, 如果要求它们满足适当的附加条件, 它们就可以变为唯一确定的了. 我们现在证明, 同样的唯一性结果 (即具有同样的附加条件) 在关于浸入 $\boldsymbol{\Theta}$ 较弱的正则性假设下, 仍然成立.

[18] 实际上, 这个结果是一个更一般情况的推论, 那个结果适用于 $\mathbb{R}^n$ 中的保角映射 (即保持角度不变的映射), 属于:

J. Liouville [1850]: Extension au cas des trois dimensions de la question du tracé géographique, Note VI in the Appendix to G. Monge: *Application de l'Analyse à la Géométrie*, Cinquième Edition, Bachelier, Paris.

[19] P. G. Ciarlet; C. Mardare [2003]: On rigid and infinitesimal rigid displacements in three-dimensional elasticity, *Mathematical Models and Methods in Applied Sciences* **13**, 1589–1598.

定理 8.7-2 设 Ω 是 $\mathbb{R}^n$ 的连通开子集, 给定一个浸入 $\boldsymbol{\Phi} \in \mathcal{C}^1(\Omega; \mathbb{E}^n)$, 一点 $x_0 \in \Omega$, 一个向量 $\boldsymbol{\Theta}_0 \in \mathbb{E}^n$ 及一个矩阵 $\boldsymbol{F}_0 \in \mathbb{M}^n$, 它们满足

$$\boldsymbol{F}_0^T \boldsymbol{F}_0 = \boldsymbol{\nabla\Phi}(x_0)^T \boldsymbol{\nabla\Phi}(x_0).$$

则存在一个且只有一个浸入 $\boldsymbol{\Theta} \in \mathcal{C}^1(\Omega; \mathbb{E}^n)$ 满足

$$\boldsymbol{\nabla\Theta}(x)^T \boldsymbol{\nabla\Theta}(x) = \boldsymbol{\nabla\Phi}(x)^T \boldsymbol{\nabla\Phi}(x) \quad 对所有\ x \in \Omega,$$
$$\boldsymbol{\Theta}(x_0) = \boldsymbol{\Theta}_0 \quad 及 \quad \boldsymbol{\nabla\Theta}(x_0) = \boldsymbol{F}_0.$$

证明 给定浸入 $\boldsymbol{\Phi} \in \mathcal{C}^1(\Omega; \mathbb{E}^n)$, 由

$$\boldsymbol{\Theta}(x) := \boldsymbol{\Theta}_0 + \boldsymbol{F}_0 \boldsymbol{\nabla\Phi}(x_0)^{-1}(\boldsymbol{\Phi}(x) - \boldsymbol{\Phi}(x_0)) \quad 在每个\ x \in \Omega\ 处$$

定义的映射 $\boldsymbol{\Theta} : \Omega \to \mathbb{E}^n$ 满足所示的性质.

此外, 它是唯一确定的. 为说明这一点, 设 $\boldsymbol{\Theta} \in \mathcal{C}^1(\Omega; \mathbb{E}^n)$ 和 $\boldsymbol{\psi} \in \mathcal{C}^1(\Omega; \mathbb{E}^n)$ 是两个浸入, 它们满足

$$\boldsymbol{\nabla\Theta}(x)^T \boldsymbol{\nabla\Theta}(x) = \boldsymbol{\nabla\psi}(x)^T \boldsymbol{\nabla\psi}(x) \quad 对所有\ x \in \Omega.$$

因此 (根据定理 8.7-1) 存在向量 $\boldsymbol{c} \in \mathbb{R}^n$ 及正交矩阵 $\boldsymbol{Q} \in \mathbb{O}^n$ 使得

$$\boldsymbol{\psi}(x) = \boldsymbol{c} + \boldsymbol{Q}\boldsymbol{\Theta}(x) \quad 对所有\ x \in \Omega,$$

故 $\boldsymbol{\nabla\psi}(x) = \boldsymbol{Q}\boldsymbol{\nabla\Theta}(x)$ 对所有 $x \in \Omega$. 关系式 $\boldsymbol{\nabla\Theta}(x_0) = \boldsymbol{\nabla\psi}(x_0)$ 意味着 $\boldsymbol{Q} = \boldsymbol{I}$, 而由关系式 $\boldsymbol{\Theta}(x_0) = \boldsymbol{\psi}(x_0)$ 即得 $\boldsymbol{c} = \boldsymbol{0}$. □

注 对矩阵 $\boldsymbol{F}_0$ 的一种可能的选取是对称正定矩阵 $\boldsymbol{\nabla\Phi}(x_0)^T \boldsymbol{\nabla\Phi}(x_0)$ 的平方根 (定理 7.14-3). □

习题

8.7-1 设 Ω 是 $\mathbb{R}^n$ 的连通开子集, $\boldsymbol{\Phi} : \Omega \to \mathbb{R}^n$ 是保持欧氏距离的映射, 即满足

$$|\boldsymbol{\Phi}(x) - \boldsymbol{\Phi}(y)| = |x - y| \quad 对所有\ x, y \in \Omega.$$

证明, 存在向量 $\boldsymbol{c} \in \mathbb{R}^n$ 和正交矩阵 $\boldsymbol{Q} \in \mathbb{O}^n$ 使得

$$\boldsymbol{\Phi}(x) = \boldsymbol{c} + \boldsymbol{Q}x \quad 对所有\ x \in \Omega.$$

注 这个结果构成经典的 **Mazur-Ulam 定理**[20] (其证明已在定理 8.7-1 的部分 (ii) 和 (iii) 中给出, 但是在映射 $\boldsymbol{\Phi}$ 在 Ω 中是 $\mathcal{C}^1$ 类的假设下得到的). 无穷维的情况也成立, 见习题 4.1-4. □

[20] S. Mazur; S. Ulam [1932]: Sur les transformations isométriques d'espaces vectoriels normés, *Comptes Rendus de l'Académie des Sciences de Paris* **194**, 946–948.

8.7-2 设 $\boldsymbol{\Phi}: \mathbb{E}^n \to \mathbb{E}^n, n \geqslant 2$, 是只保持一个非零欧氏距离的映射; 换言之, 存在 $\delta > 0$ 使得

$$|x-y| = \delta \quad \text{意味着} \quad |\boldsymbol{\Phi}(x) - \boldsymbol{\Phi}(y)| = \delta.$$

证明, $\boldsymbol{\Phi}$ 实际上保持任意欧氏距离, 即 $\boldsymbol{\Phi}$ 是 $\mathbb{E}^n$ 的一个等距; 注意, 事先并未假设 $\boldsymbol{\Phi}$ 是连续的.

8.7-3 (1) 设 Ω 是 $\mathbb{R}^n$ 的连通开子集, $\boldsymbol{\Phi} \in H^1(\Omega; \mathbb{E}^n)$ 是满足

$$\det \boldsymbol{\nabla\Theta} > 0 \text{ 几乎处处在 } \Omega \text{ 中} \quad \text{及} \quad \boldsymbol{\nabla\Theta}^T \boldsymbol{\nabla\Theta} = \boldsymbol{I} \text{ 几乎处处在 } \Omega \text{ 中}$$

的映射. 证明, 存在向量 $\boldsymbol{c} \in \mathbb{E}^n$ 及一个正常正交矩阵 $\boldsymbol{Q} \in \mathbb{O}_+^n$ 使得[21)]

$$\boldsymbol{\Theta}(x) = \boldsymbol{c} + \boldsymbol{Q}x \quad \text{对几乎所有 } x \in \Omega.$$

提示: 用 *Piola* 恒等式 (定理 7.1-4) 推得 $\boldsymbol{\Delta\Theta} = \mathbf{div}\ \mathbf{Cof}\ \boldsymbol{\nabla\Theta} = \mathbf{0}$ 在 $\mathcal{D}'(\Omega; \mathbb{E}^n)$ 中, 根据 Δ 的次椭圆性 (定理 6.4-2) 得 $\boldsymbol{\Theta} \in \mathcal{C}^\infty(\Omega; \mathbb{E}^n)$; 然后用恒等式

$$\Delta(\partial_i \Theta_j \partial_i \Theta_j) = 2\partial_i \Theta_j \partial_i (\Delta \Theta_j) + 2\partial_{ik} \Theta_j \partial_{ik} \Theta_j$$

证明 $\partial_{ik}\Theta_j = 0$ 在 $\mathcal{D}'(\Omega)$ 中; 然后用类似于定理 6.3-4 的证明中所用的推导[22)].

(2) 设 $\Omega = \{x \in \mathbb{R}^3; |x| < 1\}$, 又设映射 $\boldsymbol{\Theta}: \Omega \to \mathbb{E}^3$ 由 $\boldsymbol{\Theta}(x) = x$ 若 $x_1 > 0$ 和 $\boldsymbol{\Theta}(x) = (-x_1, x_2, x_3)$ 若 $x_1 < 0$ 定义. 验证 $\boldsymbol{\Theta} \in H^1(\Omega; \mathbb{E}^3)$ 且 $\boldsymbol{\nabla\Theta}^T \boldsymbol{\nabla\Theta} = \boldsymbol{I}$ 几乎处处在 Ω 中, 但不存在任何正交矩阵 $\boldsymbol{Q} \in \mathbb{O}^3$ 使得 $\boldsymbol{\Theta}(x) = \boldsymbol{Q}x$ 对几乎所有 $x \in \Omega$. 这就是为什么在这种情况, 需要一个关于符号 $\det \boldsymbol{\nabla\Theta}$ 的假设.

8.8 $\mathbb{R}^3$ 中曲面上的曲线坐标

在本章的其余部分, 整数 n 等于 3; 因此拉丁下标与指标在集合 $\{1,2,3\}$ 中变化. 另外, 希腊下标与指标在集合 $\{1,2\}$ 中变化, 而求和约定结合这些规则系统地应用. 例如, 关系式

$$\partial_\alpha(\eta_i \boldsymbol{a}^i) = (\eta_{\beta|\alpha} - b_{\alpha\beta}\eta_3)\boldsymbol{a}^\beta + (\eta_{3|\alpha} + b_\alpha^\beta \eta_\beta)\boldsymbol{a}^3$$

意指

$$\partial_\alpha\left(\sum_{i=1}^3 \eta_i \boldsymbol{a}^i\right) = \sum_{\beta=1}^2 (\eta_{\beta|\alpha} - b_{\alpha\beta}\eta_3)\boldsymbol{a}^\beta + \left(\eta_{3|\alpha} + \sum_{\beta=1}^2 b_\alpha^\beta \eta_\beta\right)\boldsymbol{a}^3 \quad \text{对于 } \alpha = 1, 2.$$

Kronecker 符号根据上下文用 δ_α^β, $\delta_{\alpha\beta}$ 或 $\delta^{\alpha\beta}$ 表示.

[21)] Liouville 定理的这个推广属于:

Y. G. Reshetnyak [1967]: Liouville's theory on conformal mappings under minimal regularity assumptions, *Siberian Mathematical Journal* **8**, 69–85.

[22)] 这个精致的证明可在下文中找到:

G. Friesecke; R. D. James; S. Müller [2002]: A theorem on geometric rigidity and the derivation of nonlinear plate theory from three dimensional elasticity, *Communications on Pure and Applied Mathematics* **55**, 1461–1506.

给定一个三维欧氏空间 $\mathbb{E}^3$, 装备了由三个向量 $\widehat{e}^i = \widehat{e}_i$ 组成的正交基, 又设 $\boldsymbol{a}\cdot\boldsymbol{b}$, $|\boldsymbol{a}|$ 及 $\boldsymbol{a}\wedge\boldsymbol{b}$ 分别表示空间 $\mathbb{E}^3$ 中的欧氏内积, 欧氏范数及向量 $\boldsymbol{a},\boldsymbol{b}$ 的向量积.

另外, 给定一个二维向量空间, 其中两个向量 $\boldsymbol{e}^\alpha = \boldsymbol{e}_\alpha$ 形成其基. 这个空间将等同于 $\mathbb{R}^2$. 设 y_α 表示一点 $y\in\mathbb{R}^2$ 的坐标, 令

$$\partial_\alpha := \frac{\partial}{\partial y_\alpha} \quad 及 \quad \partial_{\alpha\beta} := \frac{\partial^2}{\partial y_\alpha \partial y_\beta}.$$

最后, 给定一个 $\mathbb{R}^2$ 中的开子集 ω 及一个足够光滑的单映射 $\boldsymbol{\theta}:\omega\to\mathbb{E}^3$ (关于 $\boldsymbol{\theta}$ 具体的光滑性假设将根据以后行文的需要给出). 而集合

$$\widehat{\omega} := \boldsymbol{\theta}(\omega)$$

就称为 $\mathbb{E}^3$ 中的**曲面**. 因为映射 $\boldsymbol{\theta}:\omega\to\mathbb{E}^3$ 是单射, 每一点 $\widehat{y}\in\widehat{\omega}$ 都可毫无歧义地写为

$$\widehat{y} = \boldsymbol{\theta}(y), \quad y\in\omega,$$

而 y 的两个坐标 y_α 就称为 $\widehat{y}$ 的**曲线坐标** (图 8.8-1). 关于曲面和曲线坐标以及其相应的坐标曲线 (将在下节中定义) 的一些常见例子在图 8.8-2 及图 8.8-3 中给出.

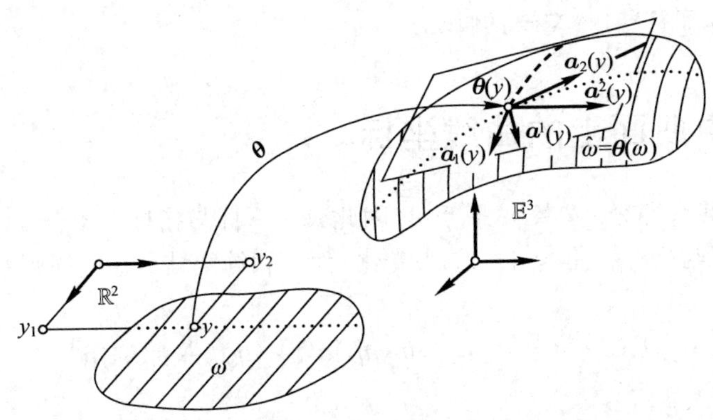

图 8.8-1 曲面上的曲线坐标及切平面的共变基和反变基. 设 $\widehat{\omega}=\boldsymbol{\theta}(\omega)$ 是 $\mathbb{E}^3$ 中的曲面. $y\in\omega$ 的两个坐标 y_1,y_2 是 $\widehat{y}=\boldsymbol{\theta}(y)\in\widehat{\omega}$ 的曲线坐标. 如果两个向量 $\boldsymbol{a}_\alpha(y)=\partial_\alpha\boldsymbol{\theta}(y)$ 是线性无关的, 它们与通过 $\widehat{y}$ 的坐标曲线相切, 形成在 $\widehat{y}=\boldsymbol{\theta}(y)$ 处 $\widehat{\omega}$ 的切平面的共变基 (8.9 节). 由 $\boldsymbol{a}^\alpha(y)\cdot\boldsymbol{a}_\beta(y)=\delta^\alpha_\beta$ 定义的这个平面中的两个向量 $\boldsymbol{a}^\alpha(y)$ 形成反变基 (8.9 节). 此图最早出现于下书中, P. G. Ciarlet [2005]: *An Introduction to Differetial Geometry with Applications to Elasticity*, Springer, Dordrecht.

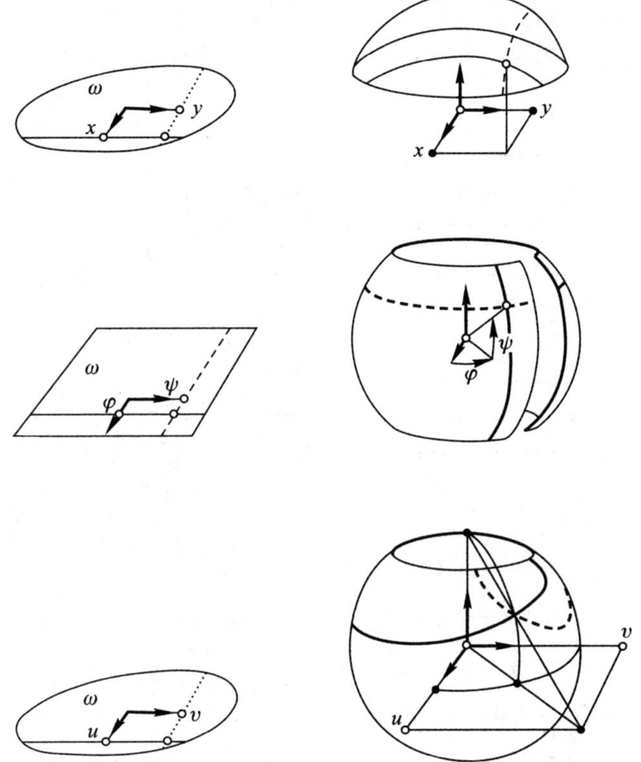

图 8.8-2 三个关于球面上一部分的曲线坐标例子. 设 Σ 是一个半径为 R 的球面. Σ 的"包含在北半球内"部分可以用笛卡儿坐标表示, 映射 $\boldsymbol{\theta}$ 具有如下形式:

$$\boldsymbol{\theta}:(x,y)\in\omega\to(x,y,\{R^2-(x^2+y^2)\}^{\frac{1}{2}})\in\mathbb{E}^3.$$

Σ 的去除两"极"和"子午线"(为确定起见)的部分可用球面坐标表示, 映射 $\boldsymbol{\theta}$ 具有如下形式:

$$\boldsymbol{\theta}:(\varphi,\psi)\in\omega\to(R\cos\psi\cos\varphi,R\cos\psi\sin\varphi,R\sin\psi)\in\mathbb{E}^3.$$

Σ 的去除"北极"的部分可用球极平面坐标表示, 映射 $\boldsymbol{\theta}$ 具有如下形式:

$$\boldsymbol{\theta}:(u,v)\in\omega\to\left(\frac{2R^2u}{u^2+v^2+R^2},\frac{2R^2v}{u^2+v^2+R^2},R\frac{u^2+v^2-R^2}{u^2+v^2+R^2}\right)\in\mathbb{E}^3.$$

每一种情况均按自明的图示常规标出相应的坐标曲线 (8.9 节). 此图最早出现于下书中, P. G. Ciarlet [2005]: *An Introduction to Differential Geometry with Applications to Elasticity*, Springer, Dordrecht.

自然地, 一旦曲面定义为 $\widehat{\omega}=\boldsymbol{\theta}(\omega)$, 就有无穷多种其他方法定义 $\widehat{\omega}$ 上的曲线坐标, 这依赖于如何选取区域 ω 和映射 $\boldsymbol{\theta}$. 例如, 球面上一部分 $\widehat{\omega}$ 可用笛卡儿坐标、球面坐标或球极平面坐标 (stereographic coordinates) 表示 (图 8.8-3). 在此顺便提一下, 这些例子说明了根据要装备的曲线坐标的类型, 加之于 $\widehat{\omega}$ 上限制的多样性.

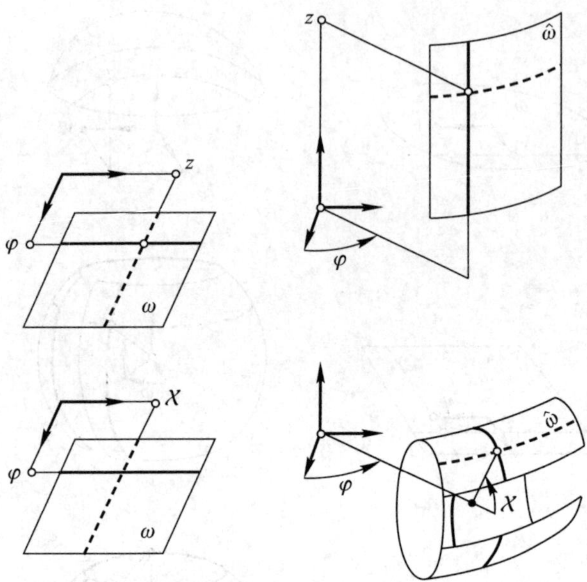

图 8.8-3 两个熟知的曲面和曲线坐标实例. 半径为 R 的圆柱的一部分 $\widehat{\omega}$ 可由如下形式的映射 $\boldsymbol{\theta}$ 表示:

$$\boldsymbol{\theta} : (\varphi, z) \in \omega \to (R\cos\varphi, R\sin\varphi, z) \in \mathbb{E}^3.$$

环面的一部分 $\widehat{\omega}$ 可由如下形式的映射 $\boldsymbol{\theta}$ 表示:

$$\boldsymbol{\theta} : (\varphi, \chi) \in \omega \to ((R + r\cos\chi)\cos\varphi, (R + r\cos\chi)\sin\varphi, r\sin\chi) \in \mathbb{E}^3,$$

其中 $R > r$.

每一种情况均按自明的图示常规标出相应的坐标曲线. 此图最早出现于下书中: P. G. Ciarlet [2005]: *An Introduction to Differential Geometry with Applications to Elasticity*, Springer, Dordrecht.

8.9 曲面的第一基本形式; 曲面上的面积, 长度和角度

设 ω 是 $\mathbb{R}^2$ 的一个开子集, 又设

$$\boldsymbol{\theta} = \theta_i \widehat{\boldsymbol{e}}^i : \omega \subset \mathbb{R}^2 \to \widehat{\omega} := \boldsymbol{\theta}(\omega) \quad 在\ \mathbb{E}^3\ 中$$

是在点 $y \in \omega$ 处可微的单映射. 如果 $\boldsymbol{\delta y} = \delta y_\alpha \boldsymbol{e}^\alpha$ 使得 $(y + \boldsymbol{\delta y}) \in \omega$, 则 (7.1 节)

$$\boldsymbol{\theta}(y + \boldsymbol{\delta y}) = \boldsymbol{\theta}(y) + \boldsymbol{\nabla\theta}(y)\boldsymbol{\delta y} + |\boldsymbol{\delta y}|\varepsilon(\boldsymbol{\delta y}), \quad 其中 \lim_{\boldsymbol{\delta y}\to\boldsymbol{0}} \varepsilon(\boldsymbol{\delta y}) = 0,$$

这里 3×2 矩阵 $\boldsymbol{\nabla\theta}(y)$ 和列向量 $\boldsymbol{\delta y}$ 则由以下两式给出:

$$\boldsymbol{\nabla\theta}(y) = \begin{pmatrix} \partial_1\theta_1 & \partial_2\theta_1 \\ \partial_1\theta_2 & \partial_2\theta_2 \\ \partial_1\theta_3 & \partial_2\theta_3 \end{pmatrix}(y), \quad \boldsymbol{\delta y} = \begin{pmatrix} \delta y_1 \\ \delta y_2 \end{pmatrix}.$$

设两个列向量 $\boldsymbol{a}_\alpha(y)$ 定义为

$$\boldsymbol{a}_\alpha(y) := \partial_\alpha\boldsymbol{\theta}(y) = \begin{pmatrix}\partial_\alpha\theta_1\\ \partial_\alpha\theta_2\\ \partial_\alpha\theta_3\end{pmatrix}(y),$$

即 $\boldsymbol{a}_\alpha(y)$ 是矩阵 $\boldsymbol{\nabla\theta}(y)$ 的第 α 个列向量. 则 $\boldsymbol{\theta}(y+\boldsymbol{\delta y})$ 也可以写为

$$\boldsymbol{\theta}(y+\boldsymbol{\delta y}) = \boldsymbol{\theta}(y) + \delta y^\alpha \boldsymbol{a}_\alpha(y) + |\boldsymbol{\delta y}|\varepsilon(\boldsymbol{\delta y}), \quad 其中 \lim_{\boldsymbol{\delta y}\to\boldsymbol{0}} \varepsilon(\boldsymbol{\delta y}) = 0.$$

特别地, 如果 $\boldsymbol{\delta y}$ 形如 $\boldsymbol{\delta y} = \delta t\boldsymbol{e}_\alpha$, 其中 $\delta t \in \mathbb{R}$ 而 $\boldsymbol{e}_\alpha$ 是 $\mathbb{R}^2$ 的基向量之一, 则以上关系式就化为

$$\boldsymbol{\theta}(y+\delta t\boldsymbol{e}_\alpha) = \boldsymbol{\theta}(y) + \delta t\boldsymbol{a}_\alpha(y) + |\delta t|\boldsymbol{\chi}(\delta t), \quad 其中 \lim_{\delta t\to 0} \boldsymbol{\chi}(\delta t) = \boldsymbol{0}.$$

一个映射 $\boldsymbol{\theta}: \omega \to \mathbb{E}^3$ 在 $y \in \omega$ 处是浸入, 若它在 y 处可微且 3×2 矩阵 $\boldsymbol{\nabla\theta}(y)$ 的秩为 2, 或等价地, 若两个向量 $\boldsymbol{a}_\alpha(y) = \partial_\alpha\boldsymbol{\theta}(y)$ 是线性无关的.

假定映射 $\boldsymbol{\theta}$ 在 y 处是浸入. 在这种情况下, 上面最后一个关系式说明, 每个向量 $\boldsymbol{a}_\alpha(y)$ 与通过 $\widehat{y} = \boldsymbol{\theta}(y)$ 的第 α 条**坐标曲线**相切, 该坐标曲线定义为: ω 中在通过 y 平行于 $\boldsymbol{e}_\alpha$ 的直线上的点, 在 $\boldsymbol{\theta}$ 映射下的像 (存在 t_0 和 t_1, $t_0 < 0 < t_1$, 使得在 $\widehat{y}$ 的邻域内第 α 条坐标曲线由 $t \in]t_0, t_1[\to \boldsymbol{f}_\alpha(t) := \boldsymbol{\theta}(y+t\boldsymbol{e}_\alpha)$ 给出; 因此 $\boldsymbol{f}'_\alpha(0) = \partial_\alpha\boldsymbol{\theta}(y) = \boldsymbol{a}_\alpha(y)$). 坐标曲线的例子在图 8.8-2 和 8.8-3 中均已标出.

更一般地, 设 ω 中的一曲线由单射 $\boldsymbol{g} = g^\alpha\boldsymbol{e}_\alpha \in \mathcal{C}^1(I;\mathbb{R}^2)$ 定义, 其中 I 是 $\mathbb{R}$ 中包含 0 的区间, $\boldsymbol{g}(0) = y$, $\boldsymbol{g}(I) \subset \omega$ 且 $\boldsymbol{g}'(0) \neq \boldsymbol{0}$, 则曲线 $(\boldsymbol{\theta}\circ\boldsymbol{g})(I) \subset \widehat{\omega}$ 在点 $\boldsymbol{\theta}(y)$ 处的切向量由

$$(\boldsymbol{\theta}\circ\boldsymbol{g})'(0) = \frac{dg^\alpha}{dt}(0)\partial_\alpha\boldsymbol{\theta}(\boldsymbol{g}(0)) = \frac{dg^\alpha}{dt}(0)\boldsymbol{a}_\alpha(y)$$

给出. 这说明, 向量 $\boldsymbol{a}_\alpha(y)$ 张成曲面 $\widehat{\omega}$ 在 $\widehat{y} = \boldsymbol{\theta}(y)$ 处的**切平面**. 向量 $\boldsymbol{a}_\alpha(y)$ 就称为 $\widehat{\omega}$ 在 $\widehat{y}$ 处的**切平面的共变基**. 见图 8.8-1.

现在回到一般的增量 $\boldsymbol{\delta y} = \delta y^\alpha\boldsymbol{e}_\alpha$, 从 $\boldsymbol{\theta}(y+\boldsymbol{\delta y})$ 的表达式我们同样可以推得

$$\begin{aligned}|\boldsymbol{\theta}(y+\boldsymbol{\delta y}) - \boldsymbol{\theta}(y)| &= \sqrt{\boldsymbol{\delta y}^T\boldsymbol{\nabla\theta}(y)^T\boldsymbol{\nabla\theta}(y)\boldsymbol{\delta y}} + |\boldsymbol{\delta y}|\eta(\boldsymbol{\delta y})\\ &= \sqrt{\delta y^\alpha\boldsymbol{a}_\alpha(y)\cdot\boldsymbol{a}_\beta(y)\delta y^\beta} + |\boldsymbol{\delta y}|\eta(\boldsymbol{\delta y}), \quad 其中 \lim_{\boldsymbol{\delta y}\to\boldsymbol{0}}\eta(\boldsymbol{\delta y}) = 0.\end{aligned}$$

换言之, 点 $\boldsymbol{\theta}(y+\boldsymbol{\delta y})$ 与 $\boldsymbol{\theta}(y)$ 之间的长度关于 $\boldsymbol{\delta y}$ 的主部是 $\sqrt{\delta y^\alpha\boldsymbol{a}_\alpha(y)\cdot\boldsymbol{a}_\beta(y)\delta y^\beta}$. 这一观察启示我们令

$$a_{\alpha\beta}(y) := \boldsymbol{a}_\alpha(y)\cdot\boldsymbol{a}_\beta(y) = (\boldsymbol{\nabla\theta}(y)^T\boldsymbol{\nabla\theta}(y))_{\alpha\beta},$$

从而定义二阶矩阵 $(a_{\alpha\beta}(y))$.

这个矩阵的元素 $a_{\alpha\beta}(y)$ 显然是对称的, 称为**第一基本形式的共变分量**, 也称为曲面 $\widehat{\omega}$ 在 $\widehat{y}=\boldsymbol{\theta}(y)$ 处的**度量张量**. 注意, 对称矩阵 $(a_{\alpha\beta}(y))$ 是正定的, 此因向量 $\boldsymbol{a}_\alpha(y)$ 被假设是线性无关的 (可直接验证).

两个向量 $\boldsymbol{a}_\alpha(y)$ 已定义, 四个关系式

$$\boldsymbol{a}^\alpha(y)\cdot\boldsymbol{a}_\beta(y)=\delta^\alpha_\beta$$

即在切平面内无歧义地定义两个线性无关的向量 $\boldsymbol{a}^\alpha(y)$. 为了说明这一点, 先在关系式 $\boldsymbol{a}^\alpha(y)\cdot\boldsymbol{a}_\beta(y)=\delta^\alpha_\beta$ 中令 $\boldsymbol{a}^\alpha(y)=Y^{\alpha\sigma}(y)\boldsymbol{a}_\sigma(y)$. 这给出了 $Y^{\alpha\sigma}(y)a_{\sigma\beta}(y)=\delta^\alpha_\beta$, 意味着 $Y^{\alpha\sigma}(y)=a^{\alpha\sigma}(y)$, 其中

$$(a^{\alpha\beta}(y)):=(a_{\alpha\beta}(y))^{-1}.$$

因此有 $\boldsymbol{a}^\alpha(y)=a^{\alpha\sigma}(y)\boldsymbol{a}_\sigma(y)$. 由这些关系式可得

$$\begin{aligned}\boldsymbol{a}^\alpha(y)\cdot\boldsymbol{a}^\beta(y)&=a^{\alpha\sigma}(y)a^{\beta\tau}(y)\boldsymbol{a}_\sigma(y)\cdot\boldsymbol{a}_\tau(y)\\&=a^{\alpha\sigma}(y)a^{\beta\tau}(y)a_{\sigma\tau}(y)=a^{\alpha\sigma}(y)\delta^\beta_\sigma=a^{\alpha\beta}(y),\end{aligned}$$

且向量 $\boldsymbol{a}^\alpha(y)$ 是线性无关的, 此因矩阵 $(a^{\alpha\beta}(y))$ 是正定的. 同样地, 我们可以得到 $\boldsymbol{a}_\alpha(y)=a_{\alpha\beta}(y)\boldsymbol{a}^\beta(y)$.

两个向量 $\boldsymbol{a}^\alpha(y)$ 形成曲面 $\widehat{\omega}$ 在 $\widehat{y}=\boldsymbol{\theta}(y)$ 处**切平面的反变基** (图 8.8-1), 而对称矩阵 $(a^{\alpha\beta}(y))$ 的元素 $a^{\alpha\beta}(y)$ 则称为曲面 $\widehat{\omega}$ 在 $\widehat{y}=\boldsymbol{\theta}(y)$ 处的**第一基本形式**或**度量张量的反变分量**.

为方便起见, 我们综述一下在点 $y\in\omega$ 处切平面的共变和反变基向量以及第一基本张量的共变和反变分量所满足的基本关系式, 其中 $\boldsymbol{\theta}$ 是浸入:

$$\begin{gathered}\boldsymbol{a}_\alpha(y)=\partial_\alpha\boldsymbol{\theta}(y)\quad\text{及}\quad\boldsymbol{a}^\beta(y)\cdot\boldsymbol{a}_\alpha(y)=\delta^\beta_\alpha,\\a_{\alpha\beta}(y)=\boldsymbol{a}_\alpha(y)\cdot\boldsymbol{a}_\beta(y),\quad a^{\alpha\beta}(y)=\boldsymbol{a}^\alpha(y)\cdot\boldsymbol{a}^\beta(y)\quad\text{及}\quad(a^{\alpha\beta}(y))=(a_{\alpha\beta}(y))^{-1},\\\boldsymbol{a}_\alpha(y)=a_{\alpha\beta}(y)\boldsymbol{a}^\beta(y)\quad\text{及}\quad\boldsymbol{a}^\alpha(y)=a^{\alpha\beta}(y)\boldsymbol{a}_\beta(y).\end{gathered}$$

映射 $\boldsymbol{\theta}:\omega\to\mathbb{E}^3$ 是**浸入**, 如果它在 ω 中每一点处都是浸入, 即如果 $\boldsymbol{\theta}$ 在 ω 中可微且两个向量 $\partial_\alpha\boldsymbol{\theta}(y)$ 在每个 $y\in\omega$ 处都是线性无关的. 在这种情况, 向量场 $\boldsymbol{a}_\alpha:\omega\to\mathbb{E}^3$ 和 $\boldsymbol{a}^\alpha:\omega\to\mathbb{E}^3$ 分别形成**切平面**的**共变基**和**反变基**.

注 在这一节中的陈述与 8.2 节中给出的非常接近, 只是映射 $\boldsymbol{\theta}:\omega\subset\mathbb{R}^2\to\mathbb{E}^3$ “取代” 了映射 $\boldsymbol{\Theta}:\Omega\subset\mathbb{R}^n\to\mathbb{E}^n$. 两种陈述之间确实有很强的类似性, 例如在两种情况下定义度量张量的方式等, 但它们之间有明显的差异. 特别地, $\boldsymbol{\nabla\theta}(y)$ 不是方阵, 而 $\boldsymbol{\nabla\Theta}(x)$ 是方阵. □

我们现在重温一下用 ω 内的积分计算曲面 $\widehat{\omega}=\boldsymbol{\theta}(\omega)$ (图 8.9-1) 上的面积及长度的基本公式, 其被积函数是曲面第一基本形式的共变分量的函数, 因此最后用 $\widehat{\omega}$ 中的曲线坐标给出.

这些公式显示出矩阵场 $(a_{\alpha\beta}) : \omega \to \mathbb{S}^2_>$ 在计算曲面 $\boldsymbol{\theta}(\omega)$ 上与“度量”有关的对象时起到的重要作用.

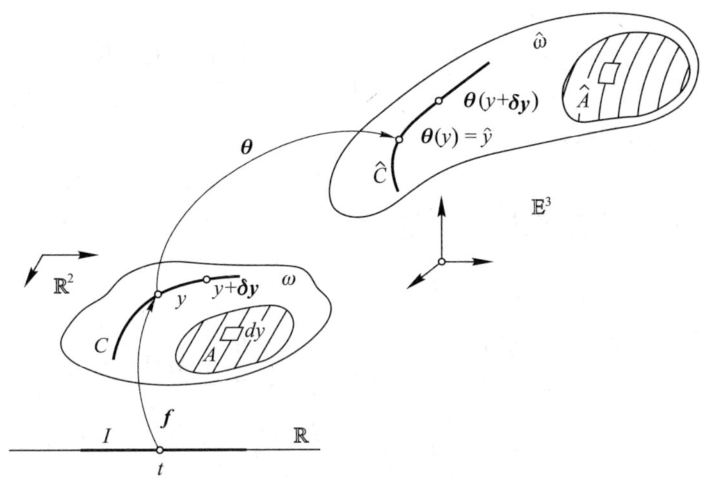

图 8.9-1　曲面上的面积和长度. 设 A 是 ω 的开子集, $C = \boldsymbol{f}(I)$ 是 ω 中的曲线, 其中 I 是 $\mathbb{R}$ 的紧区间, 则 $\widehat{A} := \boldsymbol{\theta}(A) \subset \widehat{\omega}$ 的面积和曲线 $\widehat{C} = \boldsymbol{\theta}(C) \subset \widehat{\omega}$ 的长度用曲面 $\widehat{\omega}$ 的第一基本形式的共变分量来计算; 见定理 8.9-1. 此图最早出现于下书中, P. G. Ciarlet [2005]: *An Introduction to Differential Geometry with Applications to Elasticity*, Springer, Dordrecht.

定理 8.9-1 (曲面上的面积和长度)　设 ω 是 $\mathbb{R}^2$ 的开子集, 设 $\boldsymbol{\theta} \in \mathcal{C}^1(\omega; \mathbb{E}^3)$ 是 $\mathcal{C}^1$ 类单射浸入, $\widehat{\omega} = \boldsymbol{\theta}(\omega)$.

(a) 设 A 是 ω 的开子集, $\widehat{A} := \boldsymbol{\theta}(A)$, 而函数 $\widehat{f} \in L^1(\widehat{A})$ 是给定的, 又设 $d\widehat{a}(\widehat{y})$ 表示在点 $\widehat{y} \in \widehat{\omega}$ 处沿曲面 $\widehat{\omega}$ 的面积单元, 则

$$\int_{\widehat{A}} \widehat{f}(\widehat{y}) d\widehat{a}(\widehat{y}) = \int_A (\widehat{f} \circ \boldsymbol{\theta})(y) \sqrt{a(y)} dy,$$

其中 $a(y) := \det(a_{\alpha\beta}(y))$ 在每个 $y \in \omega$ 处.

特别地, $\widehat{A}$ 的**面积**由下式给出:

$$\text{area } \widehat{A} = \int_A \sqrt{a(y)} dy.$$

(b) 设 $C = \boldsymbol{f}(I)$ 是 ω 中的曲线, 其中 I 是 $\mathbb{R}$ 的紧区间, 而 $\boldsymbol{f} = f^\alpha \boldsymbol{e}_\alpha \in \mathcal{C}^1(I; \mathbb{R}^2)$ 是单射, 使得 $\boldsymbol{f}(I) \subset \omega$ 且 $\frac{df^\alpha}{dt}(t)\boldsymbol{e}_\alpha \neq \boldsymbol{0}$ 对所有 $t \in I$, 则曲线 $\widehat{C} := \boldsymbol{\theta}(C) \subset \widehat{\omega}$ 的**长度**由

$$\text{length } \widehat{C} = \int_I \sqrt{a_{\alpha\beta}(\boldsymbol{f}(t)) \frac{df^\alpha}{dt}(t) \frac{df^\beta}{dt}(t)} dt$$

给出.

证明 (a) 中公式是定义 n 维面积的公式 (1.17 节) 当 $n=2$ 时的特殊情况.

由已知的曲线长度公式 (1.17 节),

$$\text{length}\,\widehat{C} := \int_I \left|\frac{d\widehat{\boldsymbol{f}}}{dt}(t)\right| dt, \quad \text{其中 } \widehat{\boldsymbol{f}} := \boldsymbol{\theta}\circ\boldsymbol{f}.$$

在每个 $t\in I$ 处, 由关系式

$$\frac{d\widehat{\boldsymbol{f}}}{dt}(t) = \frac{d}{dt}(\boldsymbol{\theta}(\boldsymbol{f}(t))) = \frac{df^{\alpha}}{dt}(t)\partial_\alpha\boldsymbol{\theta}(f(t)) = \frac{df^{\alpha}}{dt}(t)\boldsymbol{a}_\alpha(\boldsymbol{f}(t))$$

得

$$\begin{aligned}\left|\frac{d\widehat{\boldsymbol{f}}}{dt}(t)\right|^2 &= \left(\frac{df^{\alpha}}{dt}(t)\boldsymbol{a}_\alpha(\boldsymbol{f}(t))\right)\cdot\left(\frac{df^{\beta}}{dt}(t)\boldsymbol{a}_\beta(\boldsymbol{f}(t))\right)\\ &= a_{\alpha\beta}(\boldsymbol{f}(t))\frac{df^{\alpha}}{dt}(t)\frac{df^{\beta}}{dt}(t).\end{aligned}$$

这就证明了 (b). □

注 (b) 的结果说明, 在 $\widehat{y}=\boldsymbol{\theta}(y)\in\widehat{\omega}$ 处的长度单元由

$$d\widehat{l}(\widehat{y}) = \sqrt{\delta y^\alpha a_{\alpha\beta}(y)\delta y^\beta}$$

给出. 这个表达式重申了 $d\widehat{l}(\widehat{y})$ 是长度 $|\boldsymbol{\theta}(y+\boldsymbol{\delta y})-\boldsymbol{\theta}(y)|$ 关于 $\boldsymbol{\delta y}=\delta y^\alpha\boldsymbol{e}_\alpha$ 的主部, 正是对这个长度的处理导致了矩阵 $(a_{\alpha\beta}(y))$ 的引入. □

在 (b) 中确立的关系式表明, 在曲面 $\boldsymbol{\theta}(\omega)$ 内的曲线长度与用空间 $\mathbb{E}^3$ 的欧氏度量导出的完全一致.

最后, 我们指出如何计算显示在曲面上的相交曲线间的夹角.

定理 8.9-2 (曲面上的角度) 设 ω 是 $\mathbb{R}^2$ 的开子集, $\boldsymbol{\theta}\in\mathcal{C}^1(\omega;\mathbb{E}^3)$ 是单射浸入. 又设 $\boldsymbol{\theta}(\boldsymbol{f}(I))$ 和 $\boldsymbol{\theta}(\boldsymbol{g}(J))$ 是显示在曲面 $\widehat{\omega}:=\boldsymbol{\theta}(\omega)$ 上的两条曲线, 其中 $\boldsymbol{f}=f^\alpha\boldsymbol{e}_\alpha\in\mathcal{C}^1(I;\mathbb{R}^2)$ 和 $\boldsymbol{g}=g^\alpha\boldsymbol{e}_\alpha\in\mathcal{C}^1(J;\mathbb{R}^2)$ 是单射, 使得 $\boldsymbol{f}(I)\subset\omega$ 和 $\boldsymbol{g}(J)\subset\omega$. 假定这两条曲线相交于点 $\widehat{y}:=\boldsymbol{\theta}(\boldsymbol{f}(t))=\boldsymbol{\theta}(\boldsymbol{g}(\tau))$ 且 $\frac{df^\alpha}{dt}(t)\boldsymbol{e}_\alpha\neq\mathbf{0}$ 和 $\frac{dg^\alpha}{dt}(\tau)\boldsymbol{e}_\alpha\neq\mathbf{0}$. 则这两条曲线在 $\widehat{y}$ 处的切线间夹角 χ 的余弦由下式给出

$$\cos\chi = \frac{a_{\alpha\beta}(\boldsymbol{f}(t))\dfrac{df^{\alpha}}{dt}(t)\dfrac{dg^{\beta}}{dt}(\tau)}{\sqrt{a_{\alpha\beta}(\boldsymbol{f}(t))\dfrac{df^{\alpha}}{dt}(t)\dfrac{df^{\beta}}{dt}(t)}\sqrt{a_{\alpha\beta}(\boldsymbol{g}(\tau))\dfrac{dg^{\alpha}}{dt}(\tau)\dfrac{dg^{\beta}}{dt}(\tau)}}.$$

证明 曲线 $\boldsymbol{\theta}(\boldsymbol{f}(I))$ 和 $\boldsymbol{\theta}(\boldsymbol{g}(J))$ 在点 $\widehat{y}$ 处的切向量分别由

$$\frac{d(\boldsymbol{\theta}\circ\boldsymbol{f})}{dt}(t) = \partial_\alpha\boldsymbol{\theta}(\boldsymbol{f}(t))\frac{df^{\alpha}}{dt}(t) = \frac{df^{\alpha}}{dt}(t)\boldsymbol{a}_\alpha(\boldsymbol{f}(t))$$

及

$$\frac{d(\boldsymbol{\theta} \circ \boldsymbol{g})}{d\tau}(\tau) = \partial_\beta \boldsymbol{\theta}(\boldsymbol{g}(\tau)) \frac{dg^\beta}{d\tau}(\tau) = \frac{dg^\beta}{d\tau}(\tau)\boldsymbol{a}_\beta(\boldsymbol{g}(\tau))$$

给出.

这两个向量间夹角 χ 的余弦因此满足

$$\left(\frac{df^\alpha}{dt}(t)\boldsymbol{a}_\alpha(\boldsymbol{f}(t))\right) \cdot \left(\frac{dg^\beta}{d\tau}(\tau)\boldsymbol{a}_\beta(\boldsymbol{g}(\tau))\right) = \left|\frac{df^\alpha}{dt}(t)\boldsymbol{a}_\alpha(\boldsymbol{f}(t))\right| \left|\frac{dg^\beta}{d\tau}(\tau)\boldsymbol{a}_\beta(\boldsymbol{g}(\tau))\right| \cos\chi,$$

这就证明了 $\cos\chi$ 由所示的公式给出. □

注 特别地, 通过点 $\widehat{y} = \boldsymbol{\theta}(y)$ 的两条坐标曲线间夹角 $\varphi(y)$ 的余弦由 $\cos\varphi(y) = \frac{a_{12}(y)}{\sqrt{a_{11}(y)a_{22}(y)}}$ 给出. □

习题

8.9-1 (1) 设 $\mathbb{E}^3$ 中球面的一部分装备了如图 8.8-2 中所示的一种曲线坐标. 证明, 在每一个例子中, 坐标曲线都是圆周的一部分.

(2) 设 $\mathbb{E}^3$ 中环面的一部分装备了如图 8.8-3 中所示的曲线坐标. 证明坐标曲线是圆周的一部分.

(3) 在 $\mathbb{E}^3$ 中是否有其他类型的曲面, 其坐标曲线都是圆周的部分?

8.9-2 计算如图 8.8-3 中那样参数化了的环面的面积.

8.10 等距, 等积及保形曲面

设 ω 是 $\mathbb{R}^2$ 的开子集, $\boldsymbol{\theta} : \omega \to \mathbb{E}^3$ 和 $\widetilde{\boldsymbol{\theta}} : \omega \to \mathbb{E}^3$ 是两个 $\mathcal{C}^1$ 类单射浸入. 两个曲面 $\boldsymbol{\theta}(\omega)$ 和 $\widetilde{\boldsymbol{\theta}}(\omega)$ 称为**等距的**, 若长度保持不变, 即如果在 ω 中给定任意曲线 $C = \boldsymbol{f}(I)$, 其中 I 是 $\mathbb{R}$ 的紧区间而 $\boldsymbol{f} = f^\alpha \boldsymbol{e}_\alpha \in \mathcal{C}^1(I; \mathbb{R}^2)$ 是单射, 使得 $\boldsymbol{f}(I) \subset \omega$ 且 $\frac{df^\alpha}{dt}(t)\boldsymbol{e}_\alpha \neq \boldsymbol{0}$ 对所有 $t \in I$, 曲线 $\boldsymbol{\theta}(C)$ 和 $\widetilde{\boldsymbol{\theta}}(C)$ 的长度是相等的.

两个曲面 $\boldsymbol{\theta}(\omega)$ 和 $\widetilde{\boldsymbol{\theta}}(\omega)$ 称为**等积的**, 若面积保持不变, 即如果给定任意开集 $A \subset \omega$ 使得 $\overline{A}$ 是紧的, 曲面 $\boldsymbol{\theta}(A)$ 和 $\widetilde{\boldsymbol{\theta}}(A)$ 的面积相等.

两个曲面 $\boldsymbol{\theta}(\omega)$ 和 $\widetilde{\boldsymbol{\theta}}(\omega)$ 称为**保形的**, 若相交曲线切线间的夹角保持不变.

从前面给出的曲面上长度、面积及角度的公式 (定理 8.9-1 和 8.9-2) 可得, 如果两个曲面 $\boldsymbol{\theta}(\omega)$ 和 $\widetilde{\boldsymbol{\theta}}(\omega)$ 共有相同的第一基本形式, 它们定是等距、等积及保形的. 我们现在考察在多大程度上, 这些性质之逆也成立.

注 这种结果在下面关于制图学的简短讨论中起着重要的作用 (8.15 节). □

作为开始, 我们证明, 两个等距的曲面必定共有相同的第一基本形式.

定理 8.10-1 设 ω 是 $\mathbb{R}^2$ 的开子集, $\boldsymbol{\theta} \in \mathcal{C}^1(\omega; \mathbb{E}^3)$ 和 $\widetilde{\boldsymbol{\theta}} \in \mathcal{C}^1(\omega; \mathbb{E}^3)$ 是两个单射浸入, 使得两个曲面 $\boldsymbol{\theta}(\omega)$ 和 $\widetilde{\boldsymbol{\theta}}(\omega)$ 是等距的.

则曲面 $\boldsymbol{\theta}(\omega)$ 和 $\widetilde{\boldsymbol{\theta}}(\omega)$ 的第一基本形式 $(a_{\alpha\beta}) : \omega \to \mathbb{S}^2_>$ 和 $(\widetilde{a}_{\alpha\beta}) : \omega \to \mathbb{S}^2_>$ 是相等的, 即

$$a_{\alpha\beta}(y) = \widetilde{a}_{\alpha\beta}(y) \quad 在每个\ y \in \omega\ 处.$$

证明 不失一般性, 假定 $I = [0, 1]$, 又令 $I(t) := [0, t]$ 对每个 $t \in I$. 假设对 ω 中所有曲线 $C = \boldsymbol{f}(I)$, 其中 $\boldsymbol{f} = f^\alpha \boldsymbol{e}_\alpha \in \mathcal{C}^1(I; \mathbb{R}^2)$ 是任意的单射, 使得 $\boldsymbol{f}(I) \subset \omega$ 及 $\frac{df^\alpha}{dt}(t)\boldsymbol{e}_\alpha \neq \mathbf{0}$ 对每个 $t \in I$, 曲线 $\boldsymbol{\theta}(\boldsymbol{f}(I))$ 和 $\widetilde{\boldsymbol{\theta}}(\boldsymbol{f}(I))$ 的长度都相等. 则由假设,

$$\int_{I(t)} \left| \frac{d(\boldsymbol{\theta} \circ \boldsymbol{f})}{d\tau}(\tau) \right| d\tau = \int_{I(t)} \left| \frac{d(\widetilde{\boldsymbol{\theta}} \circ \boldsymbol{f})}{d\tau}(\tau) \right| d\tau \quad 在每个\ t \in I\ 处,$$

对满足 $f(I) \subset \omega$ 及在每个 $\tau \in I$ 处 $\frac{df}{d\tau}^\alpha(\tau)\boldsymbol{e}_\alpha \neq \mathbf{0}$ 的任意单射 $\boldsymbol{f} = f^\alpha \boldsymbol{e}_\alpha \in \mathcal{C}^1(I; \mathbb{R}^2)$ 都成立. 对这个等式两端关于 $t \in I$ 求导即得

$$\left| \frac{d(\boldsymbol{\theta} \circ \boldsymbol{f})}{dt}(t) \right| = \left| \frac{d(\widetilde{\boldsymbol{\theta}} \circ \boldsymbol{f})}{dt}(t) \right| \quad 在每个\ t \in I\ 处,$$

或等价地,

$$a_{\alpha\beta}(\boldsymbol{f}(t)) \frac{df}{dt}^\alpha(t) \frac{df}{dt}^\beta(t) = \widetilde{a}_{\sigma\tau}(\boldsymbol{f}(t)) \frac{df}{dt}^\sigma(t) \frac{df}{dt}^\tau(t) \quad 在每个\ t \in I\ 处.$$

给定任意的 $t \in I$ 和任一非零向量 $(\xi^\alpha) \in \mathbb{R}^2$, 存在上述类型的映射 $\boldsymbol{f}$ 使得 $\frac{df^\alpha}{dt}(t) = \xi^\alpha$. 所以

$$a_{\alpha\beta}(\boldsymbol{f}(t)) = \widetilde{a}_{\alpha\beta}(\boldsymbol{f}(t)) \quad 在每个\ t \in I\ 处.$$

由此即得

$$a_{\alpha\beta}(y) = \widetilde{a}_{\alpha\beta}(y) \quad 在每个\ y \in \omega\ 处. \qquad \square$$

注 定理 8.10-1 可容易地推广到更一般的情况, 即两个曲面是分别用定义在不同开子集 $\omega \in \mathbb{R}^2$ 和 $\widetilde{\omega} \in \mathbb{R}^2$ 上的单射浸入 $\boldsymbol{\theta} \in \mathcal{C}^1(\omega; \mathbb{E}^3)$ 和 $\widetilde{\boldsymbol{\theta}} \in \mathcal{C}^1(\widetilde{\omega}; \mathbb{E}^3)$ 来定义的, 而且存在一个从 ω 到 $\widetilde{\omega}$ 上的 $\mathcal{C}^1$ 微分同胚 $\boldsymbol{\chi} = \chi^\alpha \boldsymbol{e}_\alpha$. 则在这种情况下, 第一基本形式 $(a_{\alpha\beta}) : \omega \to \mathbb{S}^2_>$ 和 $(\widetilde{a}_{\alpha\beta}) : \widetilde{\omega} \to \mathbb{S}^2_>$ 必定满足下述关系:

$$a_{\alpha\beta}(y) = \widetilde{a}_{\sigma\tau}(\widetilde{y}) \partial_\alpha \chi^\sigma(y) \partial_\beta \chi^\tau(y) \quad 在每个\ \widetilde{y} = \chi(y) \in \widetilde{\omega}\ 处,$$

或等价地

$$\partial_\alpha \boldsymbol{\theta} \cdot \partial_\beta \boldsymbol{\theta} = \partial_\alpha(\widetilde{\boldsymbol{\theta}} \circ \chi) \cdot \partial_\beta(\widetilde{\boldsymbol{\theta}} \circ \chi) \quad 在\ \omega\ 中. \qquad \square$$

等距曲面的例子当然包括只相差一个 $\mathbb{E}^3$ 中等距的曲面 $\boldsymbol{\theta}(\omega)$ 和 $\widetilde{\boldsymbol{\theta}}(\omega)$, 即使得 $\widetilde{\boldsymbol{\theta}}(y) = \boldsymbol{c} + \boldsymbol{Q}\boldsymbol{\theta}(y), y \in \omega$, 对某向量 $\boldsymbol{c} \in \mathbb{E}^3$ 及某正交矩阵 $\boldsymbol{Q} \in \mathbb{O}^3$ 成立的情况. 这是因为此时

$$\widetilde{a}_{\alpha\beta}(y) = \partial_\alpha \widetilde{\boldsymbol{\theta}}(y) \cdot \partial_\beta \widetilde{\boldsymbol{\theta}}(y) = \partial_\alpha \boldsymbol{\theta}(y) \cdot \partial_\beta \boldsymbol{\theta}(y) = a_{\alpha\beta}(y) \quad 在每个\ y \in \omega\ 处.$$

注 这种曲面另外还共有同样的第二基本形式, 它将在下节中引入. □

不太简单的例子包括可展曲面, 这种曲面至少局部地与平面的一部分等距, 将在 8.12 节中做简单介绍. 更困难一些的例子包括与球面的一部分等距的非球面[23]. 然而要注意, 任何与一球面等距的"闭"曲面一定是球面[24].

我们下面讨论等积及保形曲面的刻画以及它们与等距曲面的关系.

定理 8.10-2 符号和假设与定理 8.10-1 中相同.

(a) 两个曲面 $\boldsymbol{\theta}(\omega)$ 和 $\widetilde{\boldsymbol{\theta}}(\omega)$ 等积当且仅当

$$\det(a_{\alpha\beta}(y)) = \det(\widetilde{a}_{\alpha\beta}(y)) \quad \text{在每个 } y \in \omega \text{ 处}$$

成立.

(b) 两个曲面 $\boldsymbol{\theta}(\omega)$ 和 $\widetilde{\boldsymbol{\theta}}(\widetilde{\omega})$ 是保形的当且仅当在每个 $y \in \omega$ 处存在一个常数 $C(y) > 0$ 使得

$$a_{\alpha\beta}(y) = C(y)\widetilde{a}_{\alpha\beta}(y)$$

成立.

(c) 两个曲面 $\boldsymbol{\theta}(\omega)$ 和 $\widetilde{\boldsymbol{\theta}}(\widetilde{\omega})$ 既是等积又是保形的当且仅当它们是等距的.

证明 (a), (b) 和 (c) 的"当"字部分可从定理 8.9-1, 8.9-2 和 8.10-1 得到.

如果两个曲面是等积的, 则根据定理 8.9-1

$$\int_A \sqrt{\det(a_{\alpha\beta}(y))}dy = \int_A \sqrt{\det(\widetilde{a}_{\alpha\beta}(y))}dy$$

对 ω 中每个使 $\overline{A}$ 为紧的开子集 A 成立. 因为根据假设函数 $y \in \omega \to \sqrt{\det(a_{\alpha\beta}(y))}$ 和 $y \in \omega \to \sqrt{\det(\widetilde{a}_{\alpha\beta}(y))}$ 都是连续的, 所以 $\det(a_{\alpha\beta}(y)) = \det(\widetilde{a}_{\alpha\beta}(y))$ 在每个 $y \in \omega$ 处成立.

故 (a) 的"仅当"部分得证. (b) 的"仅当"部分归结为一个关于矩阵的简单练习, 为此将其留作习题 (习题 8.10-1). (c) 的"仅当"部分是 (a) 和 (b) 的"仅当"部分与定理 8.9-1 相结合的一个直接推论. □

习题

8.10-1 符号和假设同定理 8.9-2. 证明, 如果两个曲面 $\boldsymbol{\theta}(\omega)$ 和 $\widetilde{\boldsymbol{\theta}}(\omega)$ 是保形的, 则在每个 $y \in \omega$ 处存在一个常数 $C(y) > 0$ 使得 $a_{\alpha\beta}(y) = C(y)\widetilde{a}_{\alpha\beta}(y)$.

[23] 这种例子早在 1888 年已为 Augustus Edward Hough Love (1863—1940) 所知, 他是出版于 1893 年的著名两卷本著作 *Treatise on the Mathematical Theory of Elasticity* 的作者.

[24] 这个结果属于:

H. Liebmann [1899]: Eine neue Eigenschaft der Kugel, *Nachrichten von der Gesellschaft der Wissenschaften zu Göttingen, Mathematisch-Physikalische Klasse*, 45–55.

"现代的"证明, 见 Do Carmo [1976, 第 5.2 节, 定理 1].

提示: 给定 $y \in \omega$, 令 $\boldsymbol{A}(y) := (a_{\alpha\beta}(y))$ 及 $\widetilde{\boldsymbol{A}}(y) := (\widetilde{a}_{\alpha\beta}(y))$. 对所有非零向量 $\boldsymbol{\xi} \in \mathbb{R}^2$ 和 $\boldsymbol{\eta} \in \mathbb{R}^2$,

$$\frac{(\boldsymbol{A}(y)\boldsymbol{\xi})\cdot\boldsymbol{\eta}}{\sqrt{(\boldsymbol{A}(y)\boldsymbol{\xi})\cdot\boldsymbol{\xi}}\sqrt{(\boldsymbol{A}(y)\boldsymbol{\eta})\cdot\boldsymbol{\eta}}} = \frac{(\widetilde{\boldsymbol{A}}(y)\boldsymbol{\xi})\cdot\boldsymbol{\eta}}{\sqrt{(\widetilde{\boldsymbol{A}}(y)\boldsymbol{\xi})\cdot\boldsymbol{\xi}}\sqrt{(\widetilde{\boldsymbol{A}}(y)\boldsymbol{\eta})\cdot\boldsymbol{\eta}}}.$$

因此, 问题化为确立正定对称矩阵的一条性质.

8.11 曲面的第二基本形式; 曲面上的曲率

在定理 8.6-1 和 8.7-1 中令 $n = 3$ 说明, 对于三维单连通开集 $\Omega \subset \mathbb{R}^3$, 假若其度量张量的共变分量 $g_{ij} : \Omega \to \mathbb{R}$ 满足相容性条件 $R_{qijk} = 0$ 在 Ω 中, 它在足够光滑浸入 $\boldsymbol{\Theta} : \Omega \subset \mathbb{R}^3 \to \mathbb{E}^3$ 下的像 $\boldsymbol{\Theta}(\Omega) \subset \mathbb{E}^3$ 由它的度量 (在相差 $\mathbb{E}^3$ 中等距的意义下唯一地) 确定. 相比之下, 由一个二维的开集 $\omega \subset \mathbb{R}^2$ 在足够光滑浸入 $\boldsymbol{\theta} : \omega \subset \mathbb{R}^2 \to \mathbb{E}^3$ 下的像 $\boldsymbol{\theta}(\omega) \subset \mathbb{E}^3$ 给出的曲面就不能仅由其度量来确定.

如图 8.11-1 直观地启示, 缺失的信息可由曲面的 “曲率” 提供. 要给出这样一个不清晰概念的实质, 正确的方法是先讨论如何计算曲面上的曲线的曲率. 在这一节中我们将看到, 解决这个问题依赖于在讨论过程中自然出现的曲面第二基本形式的有关知识 (定理 8.11-1).

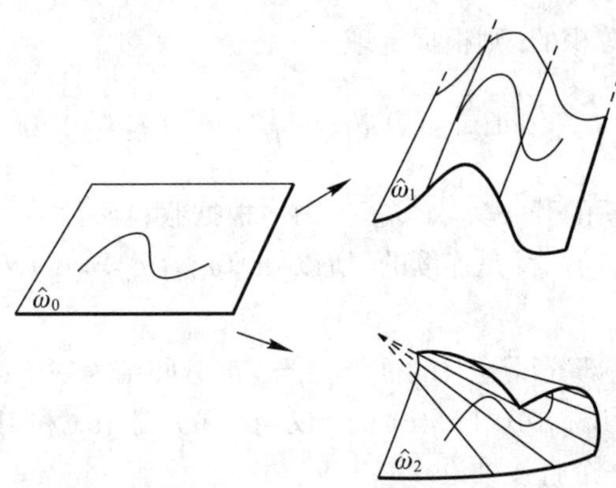

图 8.11-1 $\mathbb{E}^3$ 中不能仅由度量确定的曲面. 一个平的曲面 $\widehat{\omega}_0$ 可以变形为圆柱面的一部分 $\widehat{\omega}_1$ 或圆锥面的一部分 $\widehat{\omega}_2$, 而并不影响其上任意曲线的长度 (柱面与锥面均是 “可展曲面” 的实例; 见 8.12 节). 应该明确指出的是, 虽然它们是等距的曲面 (8.10 节), 但 $\widehat{\omega}_0$ 与 $\widehat{\omega}_1$, 或 $\widehat{\omega}_0$ 与 $\widehat{\omega}_2$, 或 $\widehat{\omega}_1$ 与 $\widehat{\omega}_2$ 一般来说并不是相差一个 $\mathbb{E}^3$ 中正常等距意义下而等同的曲面. 此图最早出现于下书中, P. G. Ciarlet [2005]: *An Introduction to Differential Geometry with Applications to Elasticity*, Springer, Dordrechdt.

如在 8.8 和 8.9 节中那样, 考虑 $\mathbb{E}^3$ 中的曲面 $\widehat{\omega} = \boldsymbol{\theta}(\omega)$, 其中 ω 是 $\mathbb{R}^2$ 的开子集, $\boldsymbol{\theta} : \omega \subset \mathbb{R}^2 \to \mathbb{E}^3$ 是足够光滑的浸入. 对每个 $y \in \omega$, 向量

$$\boldsymbol{a}_3(y) := \frac{\boldsymbol{a}_1(y) \wedge \boldsymbol{a}_2(y)}{|\boldsymbol{a}_1(y) \wedge \boldsymbol{a}_2(y)|}$$

是适定的, 此因向量 $\boldsymbol{a}_1(y) = \partial_1\boldsymbol{\theta}(y)$ 和 $\boldsymbol{a}_2(y) = \partial_2\boldsymbol{\theta}(y)$ 是线性无关的, 它是曲面 $\widehat{\omega}$ 在点 $\widehat{y} = \boldsymbol{\theta}(y)$ 处的法向量, 且其欧氏范数为 1.

注 $\boldsymbol{a}_3(y)$ 定义中的分母也可写为

$$|\boldsymbol{a}_1(y) \wedge \boldsymbol{a}_2(y)| = \sqrt{a(y)},$$

其中 $a(y) := \det(a_{\alpha\beta}(y))$; 见习题 8.11-1. □

固定 $y \in \omega$, 考虑在 $\widehat{y} = \boldsymbol{\theta}(y)$ 处正交于 $\widehat{\omega}$ 的平面 P, 即包含向量 $\boldsymbol{a}_3(y)$ 的平面. 截线 $\widehat{C} = P \cap \widehat{\omega}$ 因此是曲面 $\widehat{\omega}$ 上的平面曲线.

如定理 8.11-1 所示, 值得关注的是, $\widehat{C}$ 在 $\widehat{y}$ 处的曲率可用曲面 $\widehat{\omega} = \boldsymbol{\theta}(\omega)$ 的第一基本形式的共变分量 $a_{\alpha\beta}(y)$ 连同 $\widehat{\omega}$ 的"第二"基本形式的共变分量 $b_{\alpha\beta}(y)$ 来计算. 在图 8.11-2 中重述了平面曲线**曲率**的定义.

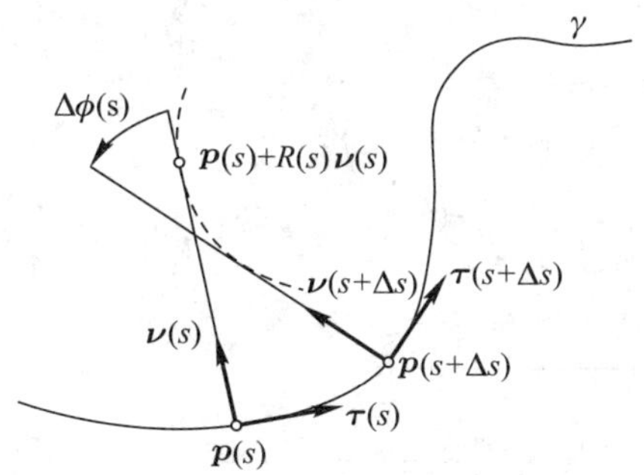

图 8.11-2 平面曲线的曲率. 设 γ 是一光滑的平面曲线, 以其弧长 s (1.17 节) 作为参数. 考察曲线横坐标为 s 和 $s + \Delta s$ 的两点 $\boldsymbol{p}(s)$ 和 $\boldsymbol{p}(s + \Delta s)$, 又设 $\Delta\phi(s)$ 表示 γ 在这些点处的两个法向量 $\boldsymbol{\nu}(s)$ 和 $\boldsymbol{\nu}(s + \Delta s)$ (按常规方式方向) 之间的代数角. 当 $\Delta s \to 0$ 时, 比值 $\frac{\Delta\phi(s)}{\Delta s}$ 有极限, 称为 γ 在 $\boldsymbol{p}(s)$ 处的曲率. 如果这个极限不为零, 其倒数 $R(s)$ 称为 γ 在 $\boldsymbol{p}(s)$ 处的代数曲率半径 ($R(s)$ 的符号取决于在 γ 上所选取的定向). 点 $\boldsymbol{p}(s) + R(s)\boldsymbol{\nu}(s)$ 是内蕴定义的, 称为 γ 在 $\boldsymbol{p}(s)$ 处的曲率中心. 曲率中心也是当 $\Delta s \to 0$ 时法线 $\boldsymbol{\nu}(s)$ 和 $\boldsymbol{\nu}(s + \Delta s)$ 交点的极限. 因而, γ 的曲率中心在一曲线上 (图中用虚线标出), 它称为 C 的包络, 与 γ 的法线相切. 此图最早出现于下书中, P. G. CIARLET [2005]: *An Introduction to Differential Geometry with Applications to Elasticity*, Springer, Dordrecht.

如果曲线 $\widehat{C}$ 在 $\widehat{y}$ 处的代数曲率不等于零, 它可以写为 $\frac{1}{R}$, 其中 R 称为曲线 $\widehat{C}$ 在 $\widehat{y}$ 处的**代数曲率半径**. 这意味着曲线 $\widehat{C}$ 在 $\widehat{y}$ 处的**曲率中心**是点 $(\widehat{y} + R\boldsymbol{a}_3(y))$; 见图 8.11-3. 尽管 R 不是内蕴定义的, 这是因为在任何一个将法向量 $\boldsymbol{a}_3(y)$ 换为其反向的曲线坐标系中, 它的符号要改变, 但曲率中心是内蕴定义的.

如果 $\widehat{C}$ 在 $\widehat{y}$ 处的曲率为零, 曲线 $\widehat{C}$ 在 $\widehat{y}$ 处的曲率半径称为是无穷大的; 为方便计, 即使在这种情况, $\widehat{C}$ 在 $\widehat{y}$ 处的曲率仍表示为 $\frac{1}{R}$.

要注意, 根据下面定理给出的公式, 实数 $\frac{1}{R}$ 总是被很好地定义, 这是因为对称矩阵 $(a_{\alpha\beta}(y))$ 是正定的. 这特别地意味着, 沿由 ω 上 $\mathcal{C}^2$ 类单射浸入 $\boldsymbol{\theta}: \omega \to \mathbb{E}^3$ 定义的曲面 $\boldsymbol{\theta}(\omega)$ 上的曲线, 曲率半径恒不为零.

注 直观上显然, 如果 $R=0$, 映射 $\boldsymbol{\theta}$ "不可能太光滑". 设想由沿一线段相交的两个平面部分组成的曲面, 交线构成曲面上的褶. 或设想一曲面 $\boldsymbol{\theta}(\omega)$, $0\in\omega$ 且 $\boldsymbol{\theta}(y_1,y_2)=|y_1|^{1+\alpha}$ 对某 $0<\alpha<1$, 故 $\boldsymbol{\theta}\in\mathcal{C}^1(\omega;\mathbb{E}^3)$ 但 $\boldsymbol{\theta}\notin\mathcal{C}^2(\omega;\mathbb{E}^3)$; 相应于一常值 y_2 的曲线的曲率半径在 $y_1=0$ 处为零. □

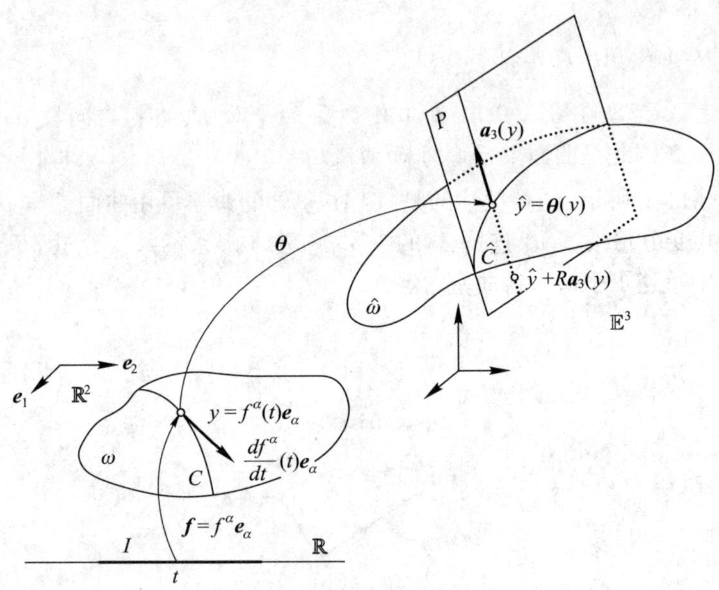

图 8.11-3 曲面上的曲率. 设 P 是包含曲面 $\widehat{\omega}=\boldsymbol{\theta}(\omega)$ 的法向量 $\boldsymbol{a}_3(y)=\frac{\boldsymbol{a}_1(y)\wedge\boldsymbol{a}_2(y)}{|\boldsymbol{a}_1(y)\wedge\boldsymbol{a}_2(y)|}$ 的平面. 平面曲线 $\widehat{C}=P\cap\widehat{\omega}=\boldsymbol{\theta}(C)$ 在 $\widehat{y}=\boldsymbol{\theta}(y)$ 处的代数曲率 $\frac{1}{R}$ 由以下分式给出:

$$\frac{1}{R}=\frac{b_{\alpha\beta}(\boldsymbol{f}(t))\frac{df^\alpha}{dt}(t)\frac{df^\beta}{dt}(t)}{a_{\alpha\beta}(\boldsymbol{f}(t))\frac{df^\alpha}{dt}(t)\frac{df^\beta}{dt}(t)},$$

其中 $a_{\alpha\beta}(y)$ 和 $b_{\alpha\beta}(y)$ 分别是曲面 $\widehat{\omega}$ 在 $\widehat{y}$ 处的第一和第二基本形式的共变分量, 而 $\frac{df^\alpha}{dt}(t)$ 是曲线 $C=\boldsymbol{f}(I)$ 在 $y=\boldsymbol{f}(t)=f^\alpha(t)\boldsymbol{e}_\alpha$ 处切向量的分量. 若 $\frac{1}{R}\neq 0$, 曲线 $\widehat{C}$ 在 $\widehat{y}$ 处的曲率中心是点 $(\widehat{y}+R\boldsymbol{a}_3(y))$, 它在欧氏空间 $\mathbb{E}^3$ 中是内蕴定义的. 此图最早出现于下书中, P. G. CIARLET [2005]: *An Introduction to Differential Geometry with Applications to Elasticity*, Springer, Dordrecht.

定理 8.11-1 设 ω 是 $\mathbb{R}^2$ 的开子集, $\boldsymbol{\theta}\in\mathcal{C}^2(\omega;\mathbb{E}^3)$ 是一单射浸入, 另设 $y\in\omega$ 是固定的一点.

给定在点 $\widehat{y}=\boldsymbol{\theta}(y)$ 处正交于 $\widehat{\omega}=\boldsymbol{\theta}(\omega)$ 的平面 P, 截线 $P\cap\widehat{\omega}$ 是 $\widehat{\omega}$ 上的平面曲线 $\widehat{C}$, 它是 ω 的子集 C 的像 $\boldsymbol{\theta}(C)$. 假定, 在 y 的一个充分小的邻域内, C 在这个邻域上的限制是一开区间 $I\subset\mathbb{R}$ 的像 $\boldsymbol{f}(I)$, 其中 $\boldsymbol{f}=f^\alpha\boldsymbol{e}_\alpha: I\to\mathbb{R}^2$ 是 I 内的 $\mathcal{C}^1$ 类单射并满足 $\frac{df^\alpha}{dt}(t)\boldsymbol{e}_\alpha\neq\mathbf{0}$, 这里 $t\in I$ 使得 $y=\boldsymbol{f}(t)$ (图 8.11-3).

则平面曲线 $\widehat{C}$ 在 $\widehat{y}$ 的曲率 $\frac{1}{R}$ 由以下分式给出:

$$\frac{1}{R}=\frac{b_{\alpha\beta}(\boldsymbol{f}(t))\frac{df^\alpha}{dt}(t)\frac{df^\beta}{dt}(t)}{a_{\alpha\beta}(\boldsymbol{f}(t))\frac{df^\alpha}{dt}(t)\frac{df^\beta}{dt}(t)},$$

其中 $a_{\alpha\beta}(y)$ 是 $\widehat{\omega}$ 在 y 处的第一基本形式的共变分量 (8.9 节), 而

$$b_{\alpha\beta}(y) := \boldsymbol{a}_3(y) \cdot \partial_\alpha \boldsymbol{a}_\beta(y) = -\partial_\alpha \boldsymbol{a}_3(y) \cdot \boldsymbol{a}_\beta(y) = b_{\beta\alpha}(y).$$

证明 (i) 我们首先回顾一下如何计算平面曲线的曲率. 利用图 8.11-2 中的符号, 我们有

$$\begin{aligned}\sin \Delta\phi(s) &= \boldsymbol{\nu}(s) \cdot \boldsymbol{\tau}(s+\Delta s) \\ &= -\{(\boldsymbol{\nu}(s+\Delta s) - \boldsymbol{\nu}(s)\} \cdot \boldsymbol{\tau}(s+\Delta s),\end{aligned}$$

故

$$\frac{1}{R(s)} := \lim_{\Delta s \to 0} \frac{\Delta\phi(s)}{\Delta s} = \lim_{\Delta s \to 0} \frac{\sin \Delta\phi(s)}{\Delta s} = -\frac{d\boldsymbol{\nu}}{ds}(s) \cdot \boldsymbol{\tau}(s).$$

(ii) 已由 $t \in I$ 先行参数化的曲线 $(\boldsymbol{\theta} \circ \boldsymbol{f})(I)$, 在点 $\widehat{y}$ 的邻域内也可以利用弧长 s 参数化. 因此, 存在区间 $J \subset \mathbb{R}$, 区间 $\widetilde{I} \subset I$, $\mathcal{C}^1$ 类的函数 $\rho : J \to \widetilde{I}$ 且 $\frac{d\rho}{ds}(s) \neq 0$ 对所有 $s \in J$, 以及映射 $\boldsymbol{p} : J \to P$, 使得

$$(\boldsymbol{\theta} \circ \boldsymbol{f})(t) = \boldsymbol{p}(s) \quad \text{及} \quad (\boldsymbol{a}_3 \circ \boldsymbol{f})(t) = \boldsymbol{\nu}(s) \text{ 对所有 } t = \rho(s) \in \widetilde{I}, s \in J.$$

根据 (i), $\widehat{C}$ 的曲率 $\frac{1}{R(s)}$ 由下式给出

$$\frac{1}{R(s)} = -\frac{d\boldsymbol{\nu}}{ds}(s) \cdot \boldsymbol{\tau}(s), \text{ 这里 } \boldsymbol{\tau}(s) = \frac{d\boldsymbol{p}}{ds}(s),$$

其中

$$\begin{aligned}\frac{d\boldsymbol{\nu}}{ds}(s) &= \frac{d(\boldsymbol{a}_3 \circ \boldsymbol{f})}{dt}(t)\frac{d\rho}{ds}(s) = \partial_\alpha \boldsymbol{a}_3(\boldsymbol{f}(t))\frac{df^\alpha}{dt}(t)\frac{d\rho}{ds}(s), \\ \boldsymbol{\tau}(s) &= \frac{d\boldsymbol{p}}{ds}(s) = \frac{d(\boldsymbol{\theta} \circ \boldsymbol{f})}{dt}(t)\frac{d\rho}{ds}(s) = \partial_\beta \boldsymbol{\theta}(\boldsymbol{f}(t))\frac{df^\beta}{dt}(t)\frac{d\rho}{ds}(s) \\ &= \boldsymbol{a}_\beta(\boldsymbol{f}(t))\frac{df^\beta}{dt}(t)\frac{d\rho}{ds}(s).\end{aligned}$$

因此

$$\frac{1}{R(s)} = -\partial_\alpha \boldsymbol{a}_3(\boldsymbol{f}(t)) \cdot \boldsymbol{a}_\beta(\boldsymbol{f}(t))\frac{df^\alpha}{dt}(t)\frac{df^\beta}{dt}(t)\left(\frac{d\rho}{ds}(s)\right)^2.$$

为了得到所示的 $\frac{1}{R}$ 的表达式, 只需注意到, 由函数 $b_{\alpha\beta}$ 的定义

$$-\partial_\alpha \boldsymbol{a}_3(\boldsymbol{f}(t)) \cdot \boldsymbol{a}_\beta(\boldsymbol{f}(t)) = b_{\alpha\beta}(\boldsymbol{f}(t)),$$

以及 (1.17 节和定理 8.9-1)

$$\left|\frac{d\rho}{ds}(s)\right|^{-1} = \left|\frac{d(\boldsymbol{\theta} \circ \boldsymbol{f})}{dt}(t)\right| = \sqrt{a_{\alpha\beta}(\boldsymbol{f}(t))\frac{df^\alpha}{dt}(t)\frac{df^\beta}{dt}(t)}. \qquad \square$$

在定理 8.11-1 中定义的对称矩阵 $(b_{\alpha\beta}(y))$ 的元素 $b_{\alpha\beta}(y)$ 称为曲面 $\widehat{\omega}=\boldsymbol{\theta}(\omega)$ 在 $\widehat{y}=\boldsymbol{\theta}(y)$ 处的**第二基本形式的共变分量**.

习题

8.11-1 设 ω 是 $\mathbb{R}^2$ 的开子集, $\boldsymbol{\theta}:\omega\to\mathbb{R}^3$ 是在点 $y\in\omega$ 处可微的映射. 证明, $|\boldsymbol{a}_1(y)\wedge\boldsymbol{a}_2(y)|=\sqrt{a(y)}$, 其中 $\boldsymbol{a}_\alpha(y):=\partial_\alpha\boldsymbol{\theta}(y), a(y):=\det(\boldsymbol{a}_\alpha(y)\cdot\boldsymbol{a}_\beta(y))$.

注 这个关系式也可从 **Lagrange 恒等式**[25] 导出, 该恒等式断言: $|\boldsymbol{x}|^2|\boldsymbol{y}|^2-|(\boldsymbol{x},\boldsymbol{y})|^2=\sum_{1\leqslant i<j\leqslant n}|x_iy_j-x_jy_i|^2$ 对任意向量 $\boldsymbol{x}=(x_i)_{i=1}^n\in\mathbb{C}^n$, $\boldsymbol{y}=(y_i)_{i=1}^n\in\mathbb{C}^n$, 其中 $(\cdot,\cdot)$ 和 $|\cdot|$ 分别表示 $\mathbb{C}^n$ 上的 Hermite 内积和相应的范数 (顺便指出, 这个恒等式隐含着 $\mathbb{C}^n$ 中的 Cauchy-Schwarz 不等式). 因此, 特别地有

$$|\boldsymbol{x}|^2|\boldsymbol{y}|^2-(\boldsymbol{x},\boldsymbol{y})^2=|\boldsymbol{x}\wedge\boldsymbol{y}|^2 \quad 对任意\ \boldsymbol{x},\boldsymbol{y}\in\mathbb{R}^3. \qquad \square$$

8.11-2 (1) 对于装备了图 8.8-2 上所示曲线坐标的球面的一部分, 计算其共变和反变基向量以及其第一和第二基本形式的共变和反变分量.

(2) 对每一种情况, 验证球半径的倒数满足定理 8.11-1 中确立的关系式.

(3) 对于装备了图 8.8-3 中所示曲线坐标的环面的一部分, 进行如 (1) 中同样的计算.

(4) 对于由形如 $\boldsymbol{\theta}:(x,y)\in\omega\subset\mathbb{R}^2\to(x,y,\frac{c}{ab}xy)\in\mathbb{E}^3$ 的映射表示的双曲抛物面的一部分, 进行如 (1) 中同样的计算, 其中 a,b 及 c 是正常数.

8.12 主曲率; Gauss 曲率

上一节的讨论分析给我们启示, 要得到曲面 $\widehat{\omega}=\boldsymbol{\theta}(\omega)$ 在其一点 $\widehat{y}=\boldsymbol{\theta}(y)$ 邻域内形状的精确信息, 可让平面 P 绕法向量 $\boldsymbol{a}_3(y)$ 旋转, 并注意考察在这个过程中, 相应的平面曲线 $P\cap\widehat{\omega}$ 在 $\widehat{y}$ 处, 如定理 8.11-1 中那样给出的曲率的变化情况, 进而汇总分析.

作为这个方向的第一步, 我们证明, 这些曲率形成 $\mathbb{R}$ 的一个紧区间. 特别地, 它们"远离无穷大".

要注意, 当且仅当至少对一个这样的平面 P, 曲线 $P\cap\widehat{\omega}$ 的曲率半径为无穷大时, 这个紧区间才包含 0 点.

定理 8.12-1 *考察在点 $\widehat{y}=\boldsymbol{\theta}(y)$ 处与曲面 $\widehat{\omega}=\boldsymbol{\theta}(\omega)$ 正交的所有平面 P 的集合 $\mathcal{P}$, 假定定理 8.11-1 中的假设对每个 $P\in\mathcal{P}$ 均成立.*

(a) 当 P 在 $\mathcal{P}$ 中变化时, 相应的平面曲线 $P\cap\widehat{\omega}$ 的曲率集合形成 $\mathbb{R}$ 的紧区间, 以 $\left[\frac{1}{R_1(y)},\frac{1}{R_2(y)}\right]$ 表示.

---

[25] J. L. LAGRANGE [1773]: Solutions analytiques de quelques problèmes sur les pyramides triangulaires, *Mémoire de l'Académie Royale de Berlin.*

(b) 设矩阵 $(b_\alpha^\beta(y))$, α 是行指标, 由

$$b_\alpha^\beta(y) := a^{\beta\sigma}(y) b_{\alpha\sigma}(y)$$

定义, 其中 $(a^{\alpha\beta}(y)) = (a_{\alpha\beta}(y))^{-1}$ (8.9 节), 而矩阵 $(b_{\alpha\beta}(y))$ 则如定理 8.11-1 中所定义. 那么有

$$\frac{1}{R_1(y)} + \frac{1}{R_2(y)} = \operatorname{tr}(b_\alpha^\beta(y)) = b_1^1(y) + b_2^2(y),$$
$$\frac{1}{R_1(y)R_2(y)} = \det(b_\alpha^\beta(y)) = b_1^1(y)b_2^2(y) - b_1^2(y)b_2^1(y) = \frac{\det(b_{\alpha\beta}(y))}{\det(a_{\alpha\beta}(y))}.$$

(c) 如果 $\frac{1}{R_1(y)} \neq \frac{1}{R_2(y)}$, 一定存在唯一的正交平面对 $P_1 \in \mathcal{P}$ 和 $P_2 \in \mathcal{P}$ 使得相应的平面曲线 $P_1 \cap \widehat{\omega}$ 和 $P_2 \cap \widehat{\omega}$ 的曲率分别为 $\frac{1}{R_1(y)}$ 和 $\frac{1}{R_2(y)}$.

证明 (i) 设 Δ_P 表示 $P \in \mathcal{P}$ 与曲面 $\widehat{\omega}$ 在 $\widehat{y}$ 处的切平面 T 的截线, 而 $\widehat{C}_P$ 表示 P 与 $\widehat{\omega}$ 的截线. 因此 Δ_P 是 $\widehat{C}_P$ 在 $\widehat{y} \in \widehat{\omega}$ 处的切线.

在 $\widehat{y}$ 的一个充分小邻域里, 曲线 $\widehat{C}_P$ 在这个邻域里的限制由 $\widehat{C}_P = (\boldsymbol{\theta} \circ \boldsymbol{f}_P)(I_P)$ 给出, 其中 $I_P \subset \mathbb{R}$ 是一个开区间, 而 $\boldsymbol{f}_P = f_P^\alpha \boldsymbol{e}_\alpha : I_P \to \mathbb{R}^2$ 是足够光滑的单射并满足 $\frac{df_P^\alpha}{dt}(t)\boldsymbol{e}_\alpha \neq \mathbf{0}$, 这里的 $t \in I_P$ 使得 $y = \boldsymbol{f}_P(t)$ 成立. 因此直线 Δ_P 可表示为

$$\Delta_P = \left\{\widehat{y} + \lambda \frac{d(\boldsymbol{\theta} \circ \boldsymbol{f}_P)}{dt}(t); \lambda \in \mathbb{R}\right\} = \{\widehat{y} + \lambda \xi_P^\alpha \boldsymbol{a}_\alpha(y); \lambda \in \mathbb{R}\},$$

其中 $\xi_P^\alpha := \frac{df_P^\alpha}{dt}(t)$ 且由假设 $\xi_P^\alpha \boldsymbol{e}_\alpha \neq \mathbf{0}$.

因为对每个这种参数化的函数 $\boldsymbol{f}_P : I_P \to \mathbb{R}^2$, 直线 $\{y + \mu \xi_P^\alpha \boldsymbol{e}_\alpha; \mu \in \mathbb{R}\}$ 在 $y \in \omega$ 处切于曲线 $C_P : \boldsymbol{\theta}^{-1}(\widehat{C}_P)$ (映射 $\boldsymbol{\theta} : \omega \to \mathbb{E}^3$ 按假设是单射), 而向量 $\boldsymbol{a}_\alpha(y)$ 又是线性无关的, 故存在一个所有直线 $\Delta_P \subset T$, $P \in \mathcal{P}$ 的集合与所有支撑曲线 C_P 的非零切向量的直线集合之间的双射.

因此定理 8.11-1 说明, 当 P 在 $\mathcal{P}$ 中变化时, 相应的曲线 $\widehat{C}_P$ 在 $\widehat{y}$ 处的曲率与当 $\boldsymbol{\xi} := \binom{\xi_1}{\xi_2}$ 在 $\mathbb{R}^2 - \{\mathbf{0}\}$ 中变化时分式 $\frac{b_{\alpha\beta}(y)\xi^\alpha\xi^\beta}{a_{\alpha\beta}(y)\xi^\alpha\xi^\beta}$ 的取值相同.

(ii) 设二阶对称矩阵 $\boldsymbol{A}$ 和 $\boldsymbol{B}$ 由

$$\boldsymbol{A} := (a_{\alpha\beta}(y)) \quad 和 \quad \boldsymbol{B} := (b_{\alpha\beta}(y))$$

定义. 因为 $\boldsymbol{A}$ 是正定的, 它有 (唯一的) 平方根 $\boldsymbol{C}$, 即一个对称正定矩阵 $\boldsymbol{C}$ 使得 $\boldsymbol{A} = \boldsymbol{C}^2$ (定理 7.14-3). 因此比值

$$\frac{b_{\alpha\beta}(y)\xi^\alpha\xi^\beta}{a_{\alpha\beta}(y)\xi^\alpha\xi^\beta} = \frac{\boldsymbol{\xi}^T \boldsymbol{B} \boldsymbol{\xi}}{\boldsymbol{\xi}^T \boldsymbol{A} \boldsymbol{\xi}} = \frac{\boldsymbol{\eta}^T \boldsymbol{C}^{-1} \boldsymbol{B} \boldsymbol{C}^{-1} \boldsymbol{\eta}}{\boldsymbol{\eta}^T \boldsymbol{\eta}}, \text{ 其中 } \boldsymbol{\eta} := \boldsymbol{C}\boldsymbol{\xi},$$

正是关于对称矩阵 $\boldsymbol{C}^{-1}\boldsymbol{B}\boldsymbol{C}^{-1}$ 的 *Rayleigh* 商. 当 $\boldsymbol{\eta}$ 在 $\mathbb{R}^2 - \{0\}$ 中变化时, 这个 Rayleigh 商形成 $\mathbb{R}$ 的紧区间, 其端点是矩阵 $\boldsymbol{C}^{-1}\boldsymbol{B}\boldsymbol{C}^{-1}$ 的最小和最大特征值[26), 分别表示为 $\frac{1}{R_1(y)}$ 和 $\frac{1}{R_2(y)}$. 这就证明了 (a).

[26) 关于证明, 可参阅例如, CIARLET [1987, 定理 1.3-1].

进而, 关系式

$$C(C^{-1}BC^{-1})C^{-1} = BC^{-2} = BA^{-1}$$

说明, 对称矩阵 $C^{-1}BC^{-1}$ 的特征值与矩阵 BA^{-1} 的相同. 要注意

$$BA^{-1} = (b_\alpha^\beta(y)), \text{ 其中 } b_\alpha^\beta(y) := a^{\beta\sigma}(y)b_{\alpha\sigma}(y),$$

α 是行指标, 此因 $A^{-1} = (a^{\alpha\beta}(y))$.

因此, (b) 中的关系表示, 矩阵 BA^{-1} 的特征值的和与积分别等于其迹和其行列式, 由于 $BA^{-1} = (b_\alpha^\beta(y))$, 后者也可写为 $\frac{\det(b_{\alpha\beta}(y))}{\det(a_{\alpha\beta}(y))}$. 这就证明了 (b).

(iii) 设 $\eta_1 = \binom{\eta_1^1}{\eta_1^2} = C\xi_1$ 和 $\eta_2 = \binom{\eta_2^1}{\eta_2^2} = C\xi_2$, 其中 $\xi_1 = \binom{\xi_1^1}{\xi_1^2}$ 和 $\xi_2 = \binom{\xi_2^1}{\xi_2^2}$, 是对称矩阵 $C^{-1}BC^{-1}$ 分别相应于特征值 $\frac{1}{R_1(y)}$ 和 $\frac{1}{R_2(y)}$ 的两个正交特征向量. 因此有

$$0 = \eta_1^T\eta_2 = \xi_1^T C^T C\xi_2 = \xi_1^T A\xi_2,$$

此因 $C^T = C$. 根据 (i), 切平面相应的直线 Δ_{P_1} 和 Δ_{P_2} 平行于向量 $\xi_1^\alpha a_\alpha(y)$ 和 $\xi_2^\beta a_\beta(y)$, 它们是正交的, 此因

$$(\xi_1^\alpha a_\alpha(y)) \cdot (\xi_2^\beta a_\beta(y)) = a_{\alpha\beta}(y)\xi_1^\alpha\xi_2^\beta = \xi_1^T A\xi_2.$$

如果 $\frac{1}{R_1(y)} \neq \frac{1}{R_2(y)}$, 向量 η_1 和 η_2 的方向是唯一确定的, 直线 Δ_{P_1} 和 Δ_{P_2} 同样是唯一确定且是正交的. 这就证明了 (c). □

我们现在可以叙述几个基本定义了.

在定理 8.12-1 中定义的 (一般是非对称的) 矩阵 $(b_\alpha^\beta(y))$ 的元素 $b_\alpha^\beta(y)$ 称为曲面 $\widehat{\omega} = \theta(\omega)$ 在 $\widehat{y} = \theta(y)$ 处的**第二基本形式的混合分量**.

在定理 8.12-1 中出现的实数 $\frac{1}{R_1(y)}$ 和 $\frac{1}{R_2(y)}$ (其中一个, 或两个都可能等于零) 称为 $\widehat{\omega}$ 在 $\widehat{y}$ 处的**主曲率**.

如果 $\frac{1}{R_1(y)} = \frac{1}{R_2(y)}$, 在所有方向上, 即对所有 $P \in \mathcal{P}$, 平面曲线 $P \cap \widehat{\omega}$ 的曲率都相同. 如果 $\frac{1}{R_1(y)} = \frac{1}{R_2(y)} = 0$, 点 $\widehat{y} = \theta(y)$ 称为**平点**. 如果 $\frac{1}{R_1(y)} = \frac{1}{R_2(y)} \neq 0$, 点 $\widehat{y}$ 称为**脐点**.

如果 $\frac{1}{R_1(y)} \neq 0$ 且 $\frac{1}{R_2(y)} \neq 0$, 实数 $R_1(y)$ 和 $R_2(y)$ 称为 $\widehat{\omega}$ 在 $\widehat{y}$ 处的**主曲率半径**. 我们记得, 根据 8.11 节中的约定, 如果 (例如) $\frac{1}{R_1(y)} = 0$, 则相应的曲率半径 $R_1(y)$ 称为无穷大. 尽管主曲率半径在另一个曲线坐标系中可能同时改变符号, 但相关的曲率中心是内蕴定义的.

数 $\frac{1}{2}(\frac{1}{R_1(y)} + \frac{1}{R_2(y)})$ 和 $\frac{1}{R_1(y)R_2(y)}$ 是矩阵 $(b_\alpha^\beta(y))$ 的主不变量 (定理 8.12-1), 分别称为曲面 $\widehat{\omega}$ 在 $\widehat{y}$ 处的**平均曲率**和 **Gauss 曲率**或**全曲率**.

对于曲面上一点, 根据其 Gauss 曲率 > 0, $= 0$ 但它不是平点, 或 < 0, 分别称为**椭圆点**、**抛物点**或**双曲点**; 见图 8.12-1.

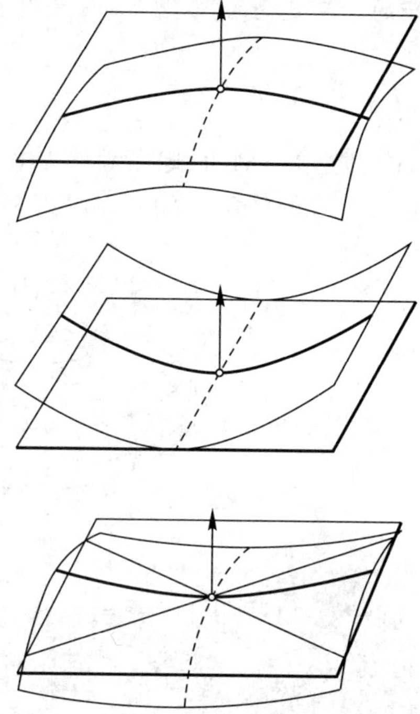

图 8.12-1 曲面上点的不同类型. 一点是椭圆的, 如果 Gauss 曲率 > 0, 或等价地, 如果两个主曲率半径同号; 曲面局部地在其切平面的一侧. 一点是抛物的, 如果两个主曲率半径中正好有一个是无穷大; 曲面一般来说局部地在其切平面的一侧. 一点是双曲的, 如果 Gauss 曲率 < 0, 或等价地, 如果两个主曲率半径具有不同符号; 曲面沿两条曲线与其切平面相割.

注意, 这个图中的曲面均假定是二次曲面的一部分; 这解释了为什么在这些曲面上一些曲线实际上是线段. 此图最早出现于下书中, P. G. CIARLET [2005]: *An Introduction to Differential Geometry with Applications to Elasticity*, Springer, Dordrecht.

在 8.11 节中已经指出, $\mathbb{E}^3$ 中的曲面不能只由其度量, 即只通过其第一基本形式来定义, 这是因为其曲率必须另外通过其第二基本形式来确定. 但非常奇怪的是, 在一点的 *Gauss* 曲率都可以仅用函数 $a_{\alpha\beta}$ 及其导数来表示! 这就是著名的 *Gauss Theorema Egregium* (“绝妙定理”) (将在稍后证明; 见定理 8.15-1).

另一包含 Gauss 曲率的引人注目的结果是同样著名的 **Gauss-Bonnet** 定理[27]:

---

[27] 第一个证明 (对一特殊情况) 在下文中给出:

C.F.GAUSS [1827]: Disquisitiones generales circa superficies curvas, *Commentationes Societatis Regiae Scientiarum Gottingensis Recentiores* **6**, 99–146.

对一般情况的第一个证明属于:

O. BONNET [1848]: Mémoire sur la théorie générale des surfaces, *Journal de l'Ecole Polytechnique* **19**, 1–146.

“现代的” 证明, 可见例如 KLINGENBERG [1973, 定理 6.3–5].

设 S 是 $\mathbb{R}^3$ 中足够光滑、"闭的""可定向的"[28] 紧曲面, 又设 $K: S \to \mathbb{R}$ 表示其 *Gauss* 曲率. 则

$$\int_S K(\widehat{y})d\widehat{a}(\widehat{y}) = 2\pi(2-2g(S)),$$

其中**亏格** $g(S)$ 是 S 的 "洞" 的个数 (例如, 球面亏格为 0, 而环面亏格为 1); 见图 8.12-2. 由 $\chi(S) := (2-2g(S))$ 定义的整数 $\chi(S) \in \mathbb{Z}$ 是 S 的 **Euler 示性数**.

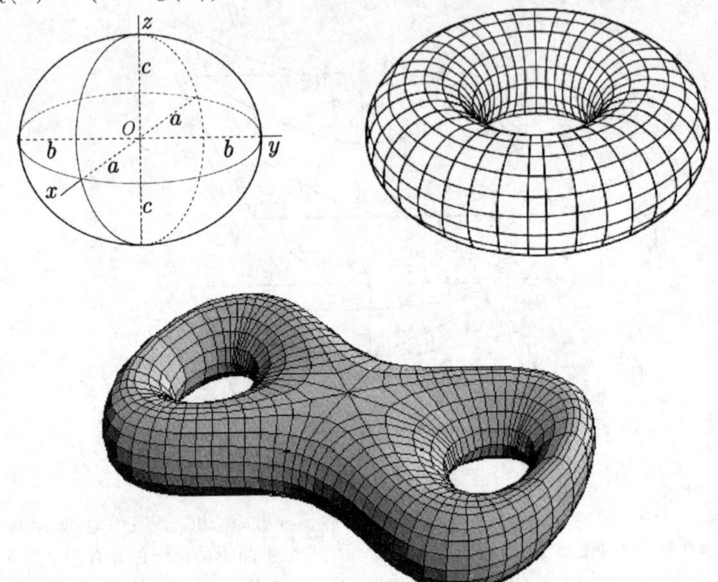

图 8.12-2　$\mathbb{E}^3$ 中的紧、可定向的闭曲面及其亏格 ($\mathbb{E}^3$ 中的坐标表示为 x, y, z). 例如椭球面由以下方程定义:

$$\frac{x^2}{a^2} + \frac{y^2}{b^2} + \frac{z^2}{c^2} = 1,$$

其中 a, b 及 c 是正常数, 其亏格为 0. 由方程

$$(x^2+y^2+z^2+R^2-r^2)^2 - 4R^2(x^2+y^2) = 0,$$

其中 $0 < r < R$, 定义的环面的亏格为 1. 而由方程

$$x^8 + 2x^4(y^2-x^2) + (y^2-x^2)^2 + z^2 - \frac{1}{25} = 0$$

定义的 "双环面" 的亏格为 2. 左图在此重印, 已经 Wikipedia 和 Peter Mercator 同意. 右图的重印, 也经 Wikipedia 和 Yassine Mrabet 同意. 最下面图的重印, 承蒙 Stan Wagon 同意, 也经 Springer Science +Business Media 允许在此使用.

可展曲面是 Gauss 曲率处处为零的曲面[29]. 平面的一部分是第一个例子, 也是唯一的一个可展曲面, 其所有的点都是平点. 任何其所有点均是抛物点的可展曲面同样

[28] "闭的" 紧曲面是 "没有边界" 的曲面, 如球面或环面; "可定向的曲面", 排除了例如 Klein 瓶这样的曲面, 其定义见例如, Klingenberg [1973, 第 5.5 节].

[29] 根据在 Stoker [1969, 第 5 章, 第 2 节] 中的定义. 一个稍许不同的定义在 Klingenberg [1973, 第 3.7 节] 中给出.

可完全地描述为: 它或是柱面的一部分, 或是锥面的一部分 (图 8.11-1), 或是一扭曲曲线的切线张成的曲面的一部分. 既包含平点又有抛物点的可展曲面的描述要更困难[30].

可展曲面的吸引力在于, 至少局部地, 它们可以连续地 "铺开" 或 "展开" (因此而得名) 到一个平面上, 而且在这个过程中*不改变*中间曲面的度量.

习题

8.12-1 设 ω 为 $\mathbb{R}^2$ 的开子集, $\boldsymbol{\theta} \in \mathcal{C}^2(\omega;\mathbb{E}^3)$ 是单射浸入, 又假定在每一点 $y \in \omega$ 定理 8.11-1 的假设都满足.

(1) 证明, 如果曲面 $\widehat{\omega} := \boldsymbol{\theta}(\omega)$ 的所有点均是平点 ($\frac{1}{R_1(y)} = \frac{1}{R_2(y)} = 0$ 在每一点 $y \in \omega$), 则 $\widehat{\omega}$ 是平面的一部分[31].

(2) 证明, 若曲面 $\widehat{\omega} := \boldsymbol{\theta}(\omega)$ 的所有点均是脐点 ($\frac{1}{R_1(y)} = \frac{1}{R_2(y)} \neq 0$ 在每一点 $y \in \omega$), 则 $\widehat{\omega}$ 是球面的一部分[32].

8.12-2 符号和假设与定理 8.12-1 中的相同, 假定 $\widehat{y}$ 既不是平点也不是脐点; 换言之, 在 $\widehat{y}$ 处的主曲率不相等. 则两条分别切于平面曲线 $P_1 \cap \widehat{\omega}$ 和 $P_2 \cap \widehat{\omega}$ (定理 8.12-1(c)) 的正交直线称为在 $\widehat{y}$ 处的*主方向*. *曲率线*是 $\widehat{\omega}$ 上的一条曲线, 在其上每一点处均切于该点的主方向.

证明, 对既不是平点又不是脐点的一点, 存在一个邻域, 在该邻域中两个正交的曲率线族可选为坐标曲线[33].

8.12-3 设 ω 为 $\mathbb{R}^2$ 的开子集, $\boldsymbol{\theta} \in \mathcal{C}^2(\omega;\mathbb{R}^3)$ 是单射浸入, 又假定在每一点 $y \in \omega$ 定理 8.11-1 的假设均满足.

*渐近线*是曲面上的一条曲线, 它处处切于一个方向, 沿该方向曲率半径为无穷大; 沿渐近线的任一点因此或是抛物点或是双曲点. 证明, 如果 $\boldsymbol{\theta}(\omega)$ 的所有点均是双曲的, 任一点均有一邻域, 在其中两个相交的渐近线族可选为坐标曲线[34].

8.12-4 设 $K : S \to \mathbb{R}$ 表示沿环面的 Gauss 曲率. 直接计算证明

$$\int_S \widehat{K}(\widehat{y})d\widehat{a}(\widehat{y}) = 0.$$

8.13 定义在曲面上向量场的共变导数; Gauss 公式和 Weingarten 公式

像上一节中那样, 考察在 $\mathbb{E}^3$ 中的曲面 $\widehat{\omega} = \boldsymbol{\theta}(\omega)$, 其中 $\boldsymbol{\theta} : \omega \subset \mathbb{R}^2 \to \mathbb{E}^3$ 是足够光滑的单射浸入, 令

---

[30] 在一定意义上, 上述例子是仅有的几种可能, 至少局部地是如此; 见 Stoker [1969, 第 5 章, 第 2 到 6 节].

[31] 见, 例如 Stoker [1969, 第 4 章, 第 11 节].

[32] 见, 例如 Stoker [1969, 第 4 章, 第 18 节].

[33] 见, 例如 Klingenberg [1973, 引理 3.6.6].

[34] 见, 例如 Klingenberg [1973, 引理 3.6.12].

$$\boldsymbol{a}_3(y) = \boldsymbol{a}^3(y) := \frac{\boldsymbol{a}_1(y) \wedge \boldsymbol{a}_2(y)}{|\boldsymbol{a}_1(y) \wedge \boldsymbol{a}_2(y)|}, \quad y \in \omega.$$

则两个向量 $\boldsymbol{a}_\alpha(y) = \partial_\alpha \boldsymbol{\theta}(y)$ (它们形成 $\widehat{\omega}$ 在 $\widehat{y} = \boldsymbol{\theta}(y)$ 处的切平面的共变基; 见 8.9 节) 与向量 $\boldsymbol{a}_3(y)$ (它是 $\widehat{\omega}$ 的法向量且欧氏范数为 1) 一起形成在每一点 $\widehat{y} = \boldsymbol{\theta}(y)$, $y \in \omega$, 处的**共变基**.

回忆一下, $\widehat{\omega}$ 在 $\widehat{y}$ 处切平面的向量 $\boldsymbol{a}^\alpha(y)$ 是用关系式 $\boldsymbol{a}^\alpha(y) \cdot \boldsymbol{a}_\beta(y) = \delta^\alpha_\beta$ 来定义的 (8.9 节). 向量 $\boldsymbol{a}^\alpha(y)$ (它们形成在 $\widehat{y}$ 处切平面的反变基; 见 8.9 节) 与向量 $\boldsymbol{a}^3(y)$ 一起形成在 $\widehat{y}$ 处的**反变基**; 见图 8.13-1. 要注意, 在 $\widehat{y}$ 处的共变和反变基向量满足

$$\boldsymbol{a}^i(y) \cdot \boldsymbol{a}_j(y) = \delta^i_j.$$

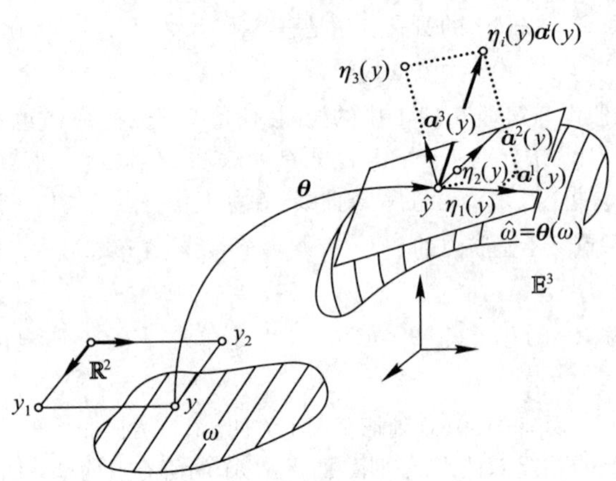

图 8.13-1　曲面上的反变基和向量场. 在每一点 $\widehat{y} = \boldsymbol{\theta}(y), y \in \omega$, 三个向量 $\boldsymbol{a}^i(y)$, 其中 $\boldsymbol{a}^\alpha(y)$ 形成 $\widehat{\omega} = \boldsymbol{\theta}(\omega)$ 在 $\widehat{y}$ 处切平面的反变基 (图 8.8-1) 而 $\boldsymbol{a}^3(y) = \frac{\boldsymbol{a}_1(y) \wedge \boldsymbol{a}_2(y)}{|\boldsymbol{a}_1(y) \wedge \boldsymbol{a}_2(y)|}$, 形成在 $\widehat{y}$ 处的反变基. 这样, 定义在 $\widehat{\omega}$ 上的任一向量场均可用其在向量场 $\boldsymbol{a}^i$ 上的共变分量 $\eta_i : \omega \to \mathbb{R}$ 来定义. 这意味着 $\eta_i(y)\boldsymbol{a}^i(y)$ 是在点 $\widehat{y}$ 处的向量.

如何定义给定在曲面 $\widehat{\omega}$ 上的向量场? 一种方式是从用以定义曲面 $\widehat{\omega}$ 的曲线坐标的角度出发, 将其写为 $\eta_i \boldsymbol{a}^i : \omega \to \mathbb{E}^3$, 即指定其在由反变基形成的向量场 $\boldsymbol{a}^i$ 上的**共变分量** $\eta_i : \omega \to \mathbb{R}$. 这意味着 $\eta_i(y)\boldsymbol{a}^i(y)$ 是向量场在每一点 $\widehat{y} = \boldsymbol{\theta}(y) \in \widehat{\omega}$ 处的值 (图 8.13-1).

我们在本节中的目标是计算这样一个向量场的偏导数 $\partial_\alpha(\eta_i a^i)$. 这些结果将在下一定理中, 作为两个基本公式, 即 Gauss 公式和 Weingarten 公式的直接推论给出. "曲面上" 的 *Christoffel* 符号及定义在曲面上向量场的共变导数也在这个过程中自然地引入.

注意, 在本节及下一节中引入的 "曲面上的" Christoffel 符号 $\Gamma^\alpha_{\alpha\beta}$ 和 $\Gamma_{\alpha\beta\tau}$ 与在 8.3 和 8.5 节中引入的 "n 维" Christoffel 符号, 即 Γ^p_{ij} 和 Γ_{ijq}, 用同样的符号表示. 然而, 应不至于引起混淆.

定理 8.13-1 设 ω 是 $\mathbb{R}^2$ 的开子集, $\boldsymbol{\theta} \in \mathcal{C}^2(\omega;\mathbb{E}^3)$ 是浸入.

(a) 共变和反变基向量的导数由

$$\partial_\alpha \boldsymbol{a}_\beta = \Gamma^\sigma_{\alpha\beta}\boldsymbol{a}_\sigma + b_{\alpha\beta}\boldsymbol{a}_3 \quad 及 \quad \partial_\alpha \boldsymbol{a}^\beta = -\Gamma^\beta_{\alpha\sigma}\boldsymbol{a}^\sigma + b^\beta_\alpha \boldsymbol{a}^3,$$
$$\partial_\alpha \boldsymbol{a}_3 = \partial_\alpha \boldsymbol{a}^3 = -b_{\alpha\beta}\boldsymbol{a}^\beta = -b^\sigma_\alpha \boldsymbol{a}_\sigma$$

给出, 其中

$$\Gamma^\sigma_{\alpha\beta} := \boldsymbol{a}^\sigma \cdot \partial_\alpha \boldsymbol{a}_\beta = \Gamma^\sigma_{\beta\alpha}, \quad b_{\alpha\beta} = \boldsymbol{a}_3 \cdot \partial_\alpha \boldsymbol{a}_\beta \quad 及 \quad b^\beta_\alpha = a^{\beta\sigma} b_{\alpha\sigma}$$

(函数 $b_{\alpha\beta}$ 和 b^β_α 是在定理 8.11-1 和 8.12-1 中引入的 $\widehat{\omega}$ 的第二基本形式的共变和混合分量).

(b) 给定一个共变分量为 $\eta_i \in \mathcal{C}^1(\omega)$ 的向量场 $\eta_i \boldsymbol{a}^i : \omega \to \mathbb{E}^3$, 则 $\eta_i \boldsymbol{a}^i \in \mathcal{C}^1(\omega;\mathbb{E}^3)$ 而偏导数 $\partial_\alpha(\eta_i \boldsymbol{a}^i) \in \mathcal{C}^0(\omega;\mathbb{E}^3)$[*)] 由

$$\begin{aligned}\partial_\alpha(\eta_i \boldsymbol{a}^i) &= (\partial_\alpha \eta_\beta - \Gamma^\sigma_{\alpha\beta}\eta_\sigma - b_{\alpha\beta}\eta_3)\boldsymbol{a}^\beta + (\partial_\alpha \eta_3 + b^\beta_\alpha \eta_\beta)\boldsymbol{a}^3 \\ &= (\eta_{\beta|\alpha} - b_{\alpha\beta}\eta_3)\boldsymbol{a}^\beta + (\eta_{3|\alpha} + b^\beta_\alpha \eta_\beta)\boldsymbol{a}^3\end{aligned}$$

给出, 其中

$$\eta_{\beta|\alpha} := \partial_\alpha \eta_\beta - \Gamma^\sigma_{\alpha\beta}\eta_\sigma \quad 及 \quad \eta_{3|\alpha} := \partial_\alpha \eta_3.$$

证明 由于在切平面里的任一向量 $\boldsymbol{c}$ 均可展为 $\boldsymbol{c} = (\boldsymbol{c}\cdot\boldsymbol{a}_\beta)\boldsymbol{a}^\beta = (\boldsymbol{c}\cdot\boldsymbol{a}^\sigma)\boldsymbol{a}_\sigma$, 而 $\partial_\alpha \boldsymbol{a}^3$ 是在切平面里 ($\partial_\alpha \boldsymbol{a}^3 \cdot \boldsymbol{a}^3 = \frac{1}{2}\partial_\alpha(\boldsymbol{a}^3\cdot\boldsymbol{a}^3) = 0$), 又因为 $\partial_\alpha \boldsymbol{a}^3 \cdot \boldsymbol{a}_\beta = -b_{\alpha\beta}$ (定理 8.11-1), 故有

$$\partial_\alpha \boldsymbol{a}^3 = (\partial_\alpha \boldsymbol{a}^3 \cdot \boldsymbol{a}_\beta)\boldsymbol{a}^\beta = -b_{\alpha\beta}\boldsymbol{a}^\beta.$$

这个结果与函数 b^β_α 的定义 (定理 8.12-1) 一起, 就得到

$$\begin{aligned}\partial_\alpha \boldsymbol{a}_3 &= (\partial_\alpha \boldsymbol{a}_3 \cdot \boldsymbol{a}^\sigma)\boldsymbol{a}_\sigma = -b_{\alpha\beta}(\boldsymbol{a}^\beta \cdot \boldsymbol{a}^\sigma)\boldsymbol{a}_\sigma \\ &= -b_{\alpha\beta}a^{\beta\sigma}\boldsymbol{a}_\sigma = -b^\sigma_\alpha \boldsymbol{a}_\sigma.\end{aligned}$$

任一向量 $\boldsymbol{c}$ 可展为 $\boldsymbol{c} = (\boldsymbol{c}\cdot\boldsymbol{a}^i)\boldsymbol{a}_i = (\boldsymbol{c}\cdot\boldsymbol{a}_j)\boldsymbol{a}^j$. 特别地, 由 $\Gamma^\sigma_{\alpha\beta}$ 和 $b_{\alpha\beta}$ 的定义有

$$\begin{aligned}\partial_\alpha \boldsymbol{a}_\beta &= (\partial_\alpha \boldsymbol{a}_\beta \cdot \boldsymbol{a}^\sigma)\boldsymbol{a}_\sigma + (\partial_\alpha \boldsymbol{a}_\beta \cdot \boldsymbol{a}^3)\boldsymbol{a}_3 \\ &= \Gamma^\sigma_{\alpha\beta}\boldsymbol{a}_\sigma + b_{\alpha\beta}\boldsymbol{a}_3.\end{aligned}$$

最后,

$$\begin{aligned}\partial_\alpha \boldsymbol{a}^\beta &= (\partial_\alpha \boldsymbol{a}^\beta \cdot \boldsymbol{a}_\sigma)\boldsymbol{a}^\sigma + (\partial_\alpha \boldsymbol{a}^\beta \cdot \boldsymbol{a}_3)\boldsymbol{a}^3 \\ &= -\Gamma^\beta_{\alpha\sigma}\boldsymbol{a}^\sigma + b^\beta_\alpha \boldsymbol{a}^3,\end{aligned}$$

[*)] 原文在此是 $\mathcal{C}^1(\omega;\mathbb{E}^3)$. —— 译者注

此因

$$\partial_\alpha \boldsymbol{a}^\beta \cdot \boldsymbol{a}_\sigma = -\boldsymbol{a}^\beta \cdot \partial_\alpha \boldsymbol{a}_\sigma = -\Gamma^\beta_{\alpha\sigma} \quad \text{及}$$
$$\partial_\alpha \boldsymbol{a}^\beta \cdot \boldsymbol{a}_3 = -\boldsymbol{a}^\beta \cdot \partial_\alpha \boldsymbol{a}_3 = b^\sigma_\alpha \boldsymbol{a}_\sigma \cdot \boldsymbol{a}^\beta = b^\beta_\alpha.$$

如果 $\eta_i \in \mathcal{C}^1(\omega)$, 则显然有 $\eta_i \boldsymbol{a}^i \in \mathcal{C}^1(\omega; \mathbb{E}^3)$, 此因若 $\boldsymbol{\theta} \in \mathcal{C}^2(\omega; \mathbb{E}^3)$, 则 $\boldsymbol{a}^i \in \mathcal{C}^1(\omega; \mathbb{E}^3)$. 上面确立的公式可直接导出所示 $\partial_\alpha(\eta_i \boldsymbol{a}^i)$ 的表达式. □

定理 8.13-1 中所确立的关系式, 即

$$\partial_\alpha \boldsymbol{a}_\beta = \Gamma^\sigma_{\alpha\beta} \boldsymbol{a}_\sigma + b_{\alpha\beta} \boldsymbol{a}_3, \quad \partial_\alpha \boldsymbol{a}^\beta = -\Gamma^\beta_{\alpha\sigma} \boldsymbol{a}^\sigma + b^\beta_\alpha \boldsymbol{a}^3$$

及

$$\partial_\alpha \boldsymbol{a}_3 = \partial_\alpha \boldsymbol{a}^3 = -b_{\alpha\beta} \boldsymbol{a}^\beta = -b^\sigma_\alpha \boldsymbol{a}_\sigma$$

分别构成 **Gauss 公式**[35] 和 **Weingarten 公式**[36].

如果向量场切于平面 $\widehat{\omega}$ (即若 $\eta_3 = 0$), (出现在定理 8.13-1 中的) 函数

$$\eta_{\beta|\alpha} = \partial_\alpha \eta_\beta - \Gamma^\sigma_{\alpha\beta} \eta_\sigma$$

称为切向量场 $\eta_\beta \boldsymbol{a}^\beta : \omega \to \mathbb{E}^3$ 的**共变导数**的**共变分量**, 而函数

$$\Gamma^\sigma_{\alpha\beta} := \boldsymbol{a}^\sigma \cdot \partial_\alpha \boldsymbol{a}_\beta = -\partial_\alpha \boldsymbol{a}^\sigma \cdot \boldsymbol{a}_\beta$$

是**第二类 Christoffel 符号** (第一类 Christoffel 符号将在下节引入).

注 Christoffel 符号也可以只用第一基本形式的共变分量来定义; 见下节中定理 8.14-1 的证明. □

在定理 8.13-1 中给出的切于曲面 $\boldsymbol{\theta}(\omega)$ 的向量场的共变导数的共变分量之定义 $\eta_{\alpha|\beta} = \partial_\beta \eta_\alpha - \Gamma^\sigma_{\alpha\beta} \eta_\sigma$ 使我们回想起定义在开集 $\boldsymbol{\Theta}(\Omega)$ 上向量场的共变导数的共变分量 $v_{i\|j} = \partial_j v_i - \Gamma^p_{ij} v_p$ (定理 8.3-1)[*]. 然而, 前者较之后者更精巧微妙[37]. 为了说明这一点, 我们回忆一下, 共变分量 $v_{i\|j} = \partial_j v_i - \Gamma^p_{ij} v_p$ 可以由以下关系式定义 (定理 8.3-2).

$$v_{i\|j} \boldsymbol{g}^i = \partial_j (v_i \boldsymbol{g}^i).$$

与之相比, 共变分量 $\eta_{\alpha|\beta} = \partial_\beta \eta_\alpha - \Gamma^\sigma_{\alpha\beta} \eta_\sigma$ 满足的只是关系式

$$\eta_{\alpha|\beta} \boldsymbol{a}^\alpha = \boldsymbol{P}(\partial_\beta (\eta_\alpha \boldsymbol{a}^\alpha)),$$

---

[35] C. F. GAUSS [1827]: Disquisitiones generales circa superficies curvas, *Commentationes Societatis Regiae Scientiarum Gottingensis Recentiores* **6**, 99–146.

[36] J. WEINGARTEN [1861]: Über eine Klasse auf einander abwickelbarer Flächen, *Journal für Reine und Angewandte Mathematik* **59**, 382–393.

[*] 原文在此是 (定理 8.13-1). —— 译者注

[37] 关于曲面上共变导数概念的更详尽的分析, 可参阅例如, KÜHNEL [2002, 第 4 章].

其中 $\boldsymbol{P}$ 表示沿法向量方向在切平面上的投影算子 (即 $\boldsymbol{P}(c_i\boldsymbol{a}^i) := c_\alpha\boldsymbol{a}^\alpha$), 这是因为根据定理 8.13-1, 对这样的切向量场, 有

$$\partial_\beta(\eta_\alpha\boldsymbol{a}^\alpha) = \eta_{\alpha|\beta}\boldsymbol{a}^\alpha + b_\beta^\alpha\eta_\alpha\boldsymbol{a}^3.$$

之所以如此是因为一般来说曲面有非零曲率, 在此这由额外项 $b_\beta^\alpha\eta_\alpha\boldsymbol{a}^3$ 显示出来. 如果 $\widehat{\omega}$ 是平面的一部分, 这一项在 ω 中为零, 因为在这种情况, $b_\beta^\alpha = b_{\alpha\beta} = 0$. 注意, 还是在这种情况, 定理 8.13-1(b) 中给出偏导数的公式就化为

$$\partial_\alpha(\eta_i\boldsymbol{a}^i) = (\eta_{i|\alpha})\boldsymbol{a}^i.$$

习题

8.13-1 给定 $\mathbb{R}^2$ 的开子集 ω 及一个浸入 $\boldsymbol{\theta} \in \mathcal{C}^2(\omega;\mathbb{E}^3)$, 在每一点 $y \in \omega$ 处定义矩阵

$$\boldsymbol{a}^i(y) \otimes \boldsymbol{a}^j(y) = \boldsymbol{a}^i(y)(\boldsymbol{a}^j(y))^T \in \mathbb{M}^3,$$

其中在 $\widehat{y} = \boldsymbol{\theta}(y)$ 处的反变基向量 $\boldsymbol{a}^i(y)$ 在此视为列向量.

(1) 证明, 在每个 $y \in \omega$ 处, 9 个矩阵 $\boldsymbol{a}^i(y) \otimes \boldsymbol{a}^j(y)$ 形成空间 $\mathbb{M}^3$ 的基.

(2) 证明

$$\begin{aligned}
\partial_\sigma(\boldsymbol{a}^\alpha \otimes \boldsymbol{a}^\beta) &= -\Gamma_{\sigma\tau}^\alpha\boldsymbol{a}^\tau \otimes \boldsymbol{a}^\beta - \Gamma_{\sigma\tau}^\beta\boldsymbol{a}^\alpha \otimes \boldsymbol{a}^\tau + b_\sigma^\beta\boldsymbol{a}^\alpha \otimes \boldsymbol{a}^3 + b_\sigma^\alpha\boldsymbol{a}^3 \otimes \boldsymbol{a}^\beta,\\
\partial_\sigma(\boldsymbol{a}^\alpha \otimes \boldsymbol{a}^3) &= -b_{\sigma\tau}\boldsymbol{a}^\alpha \otimes \boldsymbol{a}^\tau - \Gamma_{\sigma\tau}^\alpha\boldsymbol{a}^\tau \otimes \boldsymbol{a}^3 + b_\sigma^\alpha\boldsymbol{a}^3 \otimes \boldsymbol{a}^3,\\
\partial_\sigma(\boldsymbol{a}^3 \otimes \boldsymbol{a}^\beta) &= -b_{\sigma\tau}\boldsymbol{a}^\tau \otimes \boldsymbol{a}^\beta - \Gamma_{\sigma\tau}^\beta\boldsymbol{a}^3 \otimes \boldsymbol{a}^\tau + b_\sigma^\beta\boldsymbol{a}^3 \otimes \boldsymbol{a}^3,\\
\partial_\sigma(\boldsymbol{a}^3 \otimes \boldsymbol{a}^3) &= -b_{\sigma\tau}\boldsymbol{a}^\tau \otimes \boldsymbol{a}^3 - b_{\sigma\tau}\boldsymbol{a}^3 \otimes \boldsymbol{a}^\tau.
\end{aligned}$$

(3) 设 $(T_{\alpha\beta}) : \omega \to \mathbb{M}^2$ 是分量为 $T_{\alpha\beta} \in \mathcal{C}^1(\omega)$ 的矩阵场. 这个矩阵场的共变导数的共变分量 $T_{\alpha\beta|\sigma}$ 由

$$T_{\alpha\beta|\sigma} := \partial_\sigma T_{\alpha\beta} - \Gamma_{\sigma\alpha}^\nu T_{\nu\beta} - \Gamma_{\sigma\beta}^\nu T_{\alpha\nu}$$

定义. 利用 (2) 证明, 同样的分量 $T_{\alpha\beta|\sigma}$ 也可以用关系式

$$\partial_\sigma(T_{\alpha\beta}\boldsymbol{a}^\alpha \otimes \boldsymbol{a}^\beta) = T_{\alpha\beta|\sigma}\boldsymbol{a}^\alpha \otimes \boldsymbol{a}^\beta + b_\sigma^\alpha T_{\alpha\beta}\boldsymbol{a}^3 \otimes \boldsymbol{a}^\beta + b_\sigma^\beta T_{\alpha\beta}\boldsymbol{a}^\alpha \otimes \boldsymbol{a}^3$$

来定义.

注 如果曲面 $\widehat{\omega}$ 是平面的一部分, 上式就变成与习题 8.4-4 问题 (2) 中那个类似的表示式. □

8.13-2 设 ω 是 $\mathbb{R}^2$ 的开子集, $\boldsymbol{\theta} \in \mathcal{C}^3(\omega;\mathbb{E}^3)$ 是浸入. 切向量场 $\eta_\alpha\boldsymbol{a}^\alpha$ 的二阶共变导数的共变分量 $\eta_{\alpha|\sigma\tau}$ 由

$$\eta_{\alpha|\sigma\tau} := \partial_\tau\eta_{\alpha|\sigma} - \Gamma_{\tau\alpha}^\nu\eta_{\nu|\sigma} - \Gamma_{\tau\sigma}^\nu\eta_{\alpha|\nu}$$

定义. 证明, 分量 $\eta_{\alpha|\sigma\tau}$ 也可以用关系式

$$\partial_{\tau\sigma}(\eta_\alpha\boldsymbol{a}^\alpha) = (\eta_{\alpha|\sigma\tau} + \Gamma_{\tau\sigma}^\mu\eta_{\alpha|\mu} - b_{\alpha\tau}b_\sigma^\nu\eta_\nu)\boldsymbol{a}^\alpha + (b_\tau^\alpha\eta_{\alpha|\sigma} + b_\sigma^\alpha\eta_{\alpha|\tau} + (b_{\sigma|\tau}^\alpha + \Gamma_{\tau\sigma}^\mu b_\mu^\alpha)\eta_\alpha)\boldsymbol{a}^3$$

定义, 其中 $b_{\sigma|\tau}^\alpha := \partial_\tau b_\sigma^\alpha - \Gamma_{\tau\sigma}^\mu b_\mu^\alpha + \Gamma_{\tau\mu}^\alpha b_\sigma^\mu$.

8.14 第一和第二基本形式满足的必要条件: Gauss 方程和 Codazzi-Mainardi 方程

不出所料, 由光滑浸入 $\boldsymbol{\theta}: \omega \to \mathbb{R}^3$ 定义的曲面 $\boldsymbol{\theta}(\omega)$ 的第一和第二基本形式的分量 $a_{\alpha\beta} = a_{\beta\alpha}: \omega \to \mathbb{R}$ 和 $b_{\alpha\beta} = b_{\beta\alpha}: \omega \to \mathbb{R}$ 不可能是任意函数.

下面的定理将证明, 它们必须满足下述形式的关系式:

$$\partial_\beta \Gamma_{\alpha\sigma\tau} - \partial_\sigma \Gamma_{\alpha\beta\tau} + \Gamma^\mu_{\alpha\beta}\Gamma_{\sigma\tau\mu} - \Gamma^\mu_{\alpha\sigma}\Gamma_{\beta\tau\mu} = b_{\alpha\sigma}b_{\beta\tau} - b_{\alpha\beta}b_{\sigma\tau} \quad 在\ \omega\ 中,$$

$$\partial_\beta b_{\alpha\sigma} - \partial_\sigma b_{\alpha\beta} + \Gamma^\mu_{\alpha\sigma} b_{\beta\mu} - \Gamma^\mu_{\alpha\beta} b_{\sigma\mu} = 0 \quad 在\ \omega\ 中,$$

其中函数 $\Gamma_{\alpha\beta\tau}$ 和 $\Gamma^\sigma_{\alpha\beta}$ 有用函数 $a_{\alpha\beta}$ 及它们的某些偏导数给出的简单表示式 (尽管它们将先验地以不同的方式定义, 但函数 $\Gamma^\sigma_{\alpha\beta}$ 正是在上一节中引入的第二类 Christoffel 符号). 我们记得, 根据关于希腊下标及指标的规则, 这些关系式应对所有 $\alpha, \beta, \sigma, \tau \in \{1, 2\}$ 均成立, 但下面我们将看到, 实际上它们将化为三个独立的关系式.

注 可以给出一组用矩阵场 $(a_{\alpha\beta})$ 的平方根及矩阵场 $(b_{\alpha\beta})$ 表示的不同的必要条件; 见习题 8.14-4. □

定理 8.14-1 (第一和第二基本形式满足的必要条件) 设 ω 是 $\mathbb{R}^2$ 的开子集, $\boldsymbol{\theta} \in \mathcal{C}^3(\omega; \mathbb{E}^3)$ 是浸入, 又设

$$a_{\alpha\beta} := \partial_\alpha \boldsymbol{\theta} \cdot \partial_\beta \boldsymbol{\theta} \quad 和 \quad b_{\alpha\beta} := \partial_{\alpha\beta}\boldsymbol{\theta} \cdot \left\{ \frac{\partial_1 \boldsymbol{\theta} \wedge \partial_2 \boldsymbol{\theta}}{|\partial_1 \boldsymbol{\theta} \wedge \partial_2 \boldsymbol{\theta}|} \right\}$$

表示曲面 $\boldsymbol{\theta}(\omega)$ 的第一和第二基本形式的共变分量. 设函数 $\Gamma_{\alpha\beta\tau} \in \mathcal{C}^1(\omega)$ 和 $\Gamma^\sigma_{\alpha\beta} \in \mathcal{C}^1(\omega)$ 由以下诸式定义:

$$\Gamma_{\alpha\beta\tau} := \frac{1}{2}(\partial_\beta a_{\alpha\tau} + \partial_\alpha a_{\beta\tau} - \partial_\tau a_{\alpha\beta}) \quad 和 \quad \Gamma^\sigma_{\alpha\beta} := a^{\sigma\tau}\Gamma_{\alpha\beta\tau}, \quad 其中\ (a^{\sigma\tau}) := (a_{\alpha\beta})^{-1}.$$

则函数 $a_{\alpha\beta}$ 和 $b_{\alpha\beta}$ 必须满足 **Gauss 方程**[38]:

$$\partial_\beta \Gamma_{\alpha\sigma\tau} - \partial_\sigma \Gamma_{\alpha\beta\tau} + \Gamma^\mu_{\alpha\beta}\Gamma_{\sigma\tau\mu} - \Gamma^\mu_{\alpha\sigma}\Gamma_{\beta\tau\mu} = b_{\alpha\sigma}b_{\beta\tau} - b_{\alpha\beta}b_{\sigma\tau} \quad 在\ \omega\ 中,$$

及 **Codazzi-Mainardi 方程**[39]

$$\partial_\beta b_{\alpha\sigma} - \partial_\sigma b_{\alpha\beta} + \Gamma^\mu_{\alpha\sigma} b_{\beta\mu} - \Gamma^\mu_{\alpha\beta} b_{\sigma\mu} = 0 \quad 在\ \omega\ 中.$$

---

[38] 冠名源自:

C. F. GAUSS [1827]: Disquisitiones generales circa superficies curvas, *Commentationes Societatis Regiae Scientiarum Gottingensis Recentiores* **6**, 99–146.

[39] 冠名源自:

D. CODAZZI [1868—1869]: Sulle coordinate curvilinee d'una superficie dello spazio, *Annali di Mathematica Pura e Applicata* **2**, 101–119.

G. MAINARDI [1856]: Su la teoria generale delle superficie, *Giornale dell' Istituto Lombardo* **9**, 385–404.

证明 设 $\boldsymbol{a}_i$ 与 $\boldsymbol{a}^j$ 像前面那样表示共变与反变基向量, 那么可以直接验证, 函数

$$\Gamma_{\alpha\beta\tau} := \frac{1}{2}(\partial_\beta a_{\alpha\tau} + \partial_\alpha a_{\beta\tau} - \partial_\tau a_{\alpha\beta})$$

也可由下式给出:

$$\Gamma_{\alpha\beta\tau} = \partial_\alpha \boldsymbol{a}_\beta \cdot \boldsymbol{a}_\tau.$$

因为 $\boldsymbol{a}^\sigma = a^{\sigma\tau}\boldsymbol{a}_\tau$, 故函数 $\Gamma^\sigma_{\alpha\beta} := a^{\sigma\tau}\Gamma_{\alpha\beta\tau}$ 也可由

$$\Gamma^\sigma_{\alpha\beta} = \partial_\alpha \boldsymbol{a}_\beta \cdot \boldsymbol{a}^\sigma$$

给出.

求导并运用 *Gauss* 公式 (定理 8.13-1), 我们得到

$$\partial_\sigma \Gamma_{\alpha\beta\tau} = \partial_{\alpha\sigma}\boldsymbol{a}_\beta \cdot \boldsymbol{a}_\tau + \partial_\alpha \boldsymbol{a}_\beta \cdot \partial_\sigma \boldsymbol{a}_\tau = \partial_{\alpha\sigma}\boldsymbol{a}_\beta \cdot \boldsymbol{a}_\tau + \Gamma^\mu_{\alpha\beta}\Gamma_{\sigma\tau\mu} + b_{\alpha\beta}b_{\sigma\tau}.$$

故

$$\partial_{\alpha\sigma}\boldsymbol{a}_\beta \cdot \boldsymbol{a}_\tau = \partial_\sigma \Gamma_{\alpha\beta\tau} - \Gamma^\mu_{\alpha\beta}\Gamma_{\sigma\tau\mu} - b_{\alpha\beta}b_{\sigma\tau}.$$

由于 $\partial_{\alpha\sigma}\boldsymbol{a}_\beta = \partial_{\alpha\beta}\boldsymbol{a}_\sigma$, 我们也有

$$\partial_{\alpha\sigma}\boldsymbol{a}_\beta \cdot \boldsymbol{a}_\tau = \partial_\beta \Gamma_{\alpha\sigma\tau} - \Gamma^\mu_{\alpha\sigma}\Gamma_{\beta\tau\mu} - b_{\alpha\sigma}b_{\beta\tau}.$$

所以直接就得到 Gauss 方程.

微分关系式 $b_{\alpha\beta} = \partial_\alpha \boldsymbol{a}_\beta \cdot \boldsymbol{a}_3$ 并运用 *Weingarten* 公式 (定理 8.13-1), 我们得到

$$\partial_\sigma b_{\alpha\beta} = \partial_{\alpha\sigma}\boldsymbol{a}_\beta \cdot \boldsymbol{a}_3 + \partial_\alpha \boldsymbol{a}_\beta \cdot \partial_\sigma \boldsymbol{a}_3 = \partial_{\alpha\sigma}\boldsymbol{a}_\beta \cdot \boldsymbol{a}_3 - \Gamma^\mu_{\alpha\beta}b_{\sigma\mu}.$$

故

$$\partial_{\alpha\sigma}\boldsymbol{a}_\beta \cdot \boldsymbol{a}_3 = \partial_\sigma b_{\alpha\beta} + \Gamma^\mu_{\alpha\beta}b_{\sigma\mu}.$$

因为 $\partial_{\alpha\sigma}\boldsymbol{a}_\beta = \partial_{\alpha\beta}\boldsymbol{a}_\sigma$, 我们也有

$$\partial_{\alpha\sigma}\boldsymbol{a}_\beta \cdot \boldsymbol{a}_3 = \partial_\beta b_{\alpha\sigma} + \Gamma^\mu_{\alpha\sigma}b_{\beta\mu},$$

由此可直接导出 Codazzi-Mainardi 方程. □

如上面的证明中所示, Gauss 和 Codazzi-Mainardi 方程实际上就是简单地但很聪明地将关系式 $\partial_{\alpha\sigma}\boldsymbol{a}_\beta = \partial_{\alpha\beta}\boldsymbol{a}_\sigma$ 重写为等价的形式 $\partial_{\alpha\sigma}\boldsymbol{a}_\beta \cdot \boldsymbol{a}_\tau = \partial_{\alpha\beta}\boldsymbol{a}_\sigma \cdot \boldsymbol{a}_\tau$ 和 $\partial_{\alpha\sigma}\boldsymbol{a}_\beta \cdot \boldsymbol{a}_3 = \partial_{\alpha\beta}\boldsymbol{a}_\sigma \cdot \boldsymbol{a}_3$. 所以, 就像在定理 8.5-1 中一样, 这些必要条件的关键所在就是 *Schwarz* 引理 (定理 7.8-1).

函数

$$\Gamma_{\alpha\beta\tau} = \frac{1}{2}(\partial_\beta a_{\alpha\tau} + \partial_\alpha a_{\beta\tau} - \partial_\tau a_{\alpha\beta}) = \partial_\alpha \boldsymbol{a}_\beta \cdot \boldsymbol{a}_\tau = \Gamma_{\beta\alpha\tau}$$

和

$$\Gamma_{\alpha\beta}^{\sigma} = a^{\sigma\tau}\Gamma_{\alpha\beta\tau} = \partial_\alpha \boldsymbol{a}_\beta \cdot \boldsymbol{a}^\sigma = \Gamma_{\beta\alpha}^{\sigma}$$

分别称为**第一和第二类 Christoffel 符号**. 我们记得, 第二类 Christoffel 符号也曾出现在不同的场合 (关于共变微分的; 见 8.13 节).

最后, 函数

$$R_{\tau\alpha\beta\sigma} := \partial_\beta \Gamma_{\alpha\sigma\tau} - \partial_\alpha \Gamma_{\alpha\beta\tau} + \Gamma_{\alpha\beta}^{\mu}\Gamma_{\sigma\tau\mu} - \Gamma_{\alpha\sigma}^{\mu}\Gamma_{\beta\tau\mu}$$

是**曲面 $\boldsymbol{\theta}(\omega)$ 的 Riemann 曲率张量的共变分量**. 这些分量用的符号 $R_{\tau\alpha\beta\sigma}$ 与在 8.5 节中引入的 Riemann 曲率张量的共变分量 R_{qijk} 所用的类似; 然而并不会引起混淆.

函数 $\Gamma_{\alpha\beta}^{\sigma}$ 和 $\Gamma_{\alpha\beta\tau}$ 的定义意味着, 16 个 Gauss 方程当且仅当它对 $\alpha = 1, \beta = 2, \sigma = 1, \tau = 2$ 成立时成立, 而 8 个 Codazzi-Mainardi 方程当且仅当它对 $\alpha = 1, \beta = 2, \sigma = 1$ 及 $\alpha = 1, \beta = 2, \sigma = 2$ 成立时成立 (当然, 也可以选取具有同样性质的其他指标).

也就是说, 实际上 Gauss 方程和 Codazzi-Mainardi 方程分别化为一个方程和两个方程.

习题

8.14-1 给定 $\mathbb{R}^{2}$[*)] 的开子集 ω 及浸入 $\boldsymbol{\theta} \in \mathcal{C}^3(\omega; \mathbb{E}^3)$, 设曲面 $\boldsymbol{\theta}(\omega)$ 的 Riemann 曲率张量的混合分量由下式定义:

$$R_{\cdot\alpha\beta\sigma}^{\mu} := \partial_\beta \Gamma_{\sigma\alpha}^{\mu} - \partial_\alpha \Gamma_{\beta\alpha}^{\mu} + \Gamma_{\sigma\alpha}^{\tau}\Gamma_{\beta\tau}^{\mu} - \Gamma_{\beta\alpha}^{\tau}\Gamma_{\sigma\tau}^{\mu}.$$

(1) 证明, *Gauss 方程* (定理 8.14-1) 等价于方程

$$R_{\cdot\alpha\beta\sigma}^{\mu} = b_{\sigma\alpha}b_{\beta}^{\mu} - b_{\beta\alpha}b_{\sigma}^{\mu}.$$

提示: 仿照定理 8.6-1 证明的部分 (i), 证明, $R_{\cdot\alpha\beta\sigma}^{\mu} = a^{\mu\tau}R_{\tau\alpha\beta\sigma}$.

(2) 证明, *Codazzi-Mainardi 方程* (定理 8.14-1) 等价于方程

$$b_{\alpha\beta|\sigma} = b_{\alpha\sigma|\beta},$$

其中函数 $b_{\alpha\beta|\sigma}$ 是第二基本形式 $(b_{\alpha\beta}) : \omega \to \mathbb{M}^2$ 的共变导数的共变分量 (参阅习题 8.13-1 中的问题 (3)).

8.14-2 证明, 当用第二基本形式的混合分量 (不是像定理 8.13-1 中那样, 用共变分量) 表示时, *Codazzi-Mainardi 方程*具有如下形式:

$$\partial_\alpha b_{\beta}^{\sigma} - \partial_\beta b_{\alpha}^{\sigma} + \Gamma_{\alpha\tau}^{\sigma} b_{\beta}^{\tau} - \Gamma_{\beta\tau}^{\sigma} b_{\alpha}^{\tau} = 0 \quad \text{在 } \omega \text{ 中}.$$

提示: 利用 (先证明) 关系式 $\partial_\alpha a_{\beta\sigma} = \Gamma_{\alpha\beta}^{\tau} a_{\sigma\tau} + \Gamma_{\alpha\sigma}^{\tau} a_{\beta\tau}$.

[*)] 原文在此是 $\mathbb{R}^3$. ——译者注

8.14-3 设 ω 是 $\mathbb{R}^2$ 的开子集, $\boldsymbol{\theta} \in \mathcal{C}^3(\omega; \mathbb{E}^3)$ 是浸入. 证明, 切于曲面 $\boldsymbol{\theta}(\omega)$ 的向量场 $\eta_\alpha \boldsymbol{a}^\alpha$ 的二阶共变导数的共变分量满足 *Ricci* 恒等式, 即

$$\eta_{\alpha|\sigma\tau} - \eta_{\alpha|\tau\sigma} = R^{\nu}_{\cdot\alpha\sigma\tau}\eta_\nu$$

(共变分量 $\eta_{\alpha|\sigma\tau}$ 及混合分量 $R^{\nu}_{\cdot\alpha\sigma\tau}$ 分别在习题 8.13-2 和 8.14-1 中定义).

8.14-4 设 ω 是 $\mathbb{R}^2$ 的开子集, $\boldsymbol{\theta} \in \mathcal{C}^3(\omega; \mathbb{E}^3)$ 是给定的浸入. 如通常所作, 令

$$\boldsymbol{a}_\alpha := \partial_\alpha \boldsymbol{\theta}, \quad \boldsymbol{a}_3 := \frac{\boldsymbol{a}_1 \wedge \boldsymbol{a}_2}{|\boldsymbol{a}_1 \wedge \boldsymbol{a}_2|}, \quad a_{\alpha\beta} := \boldsymbol{a}_\alpha \cdot \boldsymbol{a}_\beta, \quad (a^{\sigma\tau}) := (a_{\alpha\beta})^{-1},$$

$$\Gamma_{\alpha\beta\tau} := \frac{1}{2}(\partial_\beta a_{\alpha\tau} + \partial_\alpha a_{\beta\tau} - \partial_\tau a_{\alpha\beta}), \quad \Gamma^\sigma_{\alpha\beta} := a^{\sigma\tau}\Gamma_{\alpha\beta\tau},$$

$$b_{\alpha\beta} := \partial_\alpha \boldsymbol{a}_\beta \cdot \boldsymbol{a}_3, \quad b^\sigma_\alpha := a^{\beta\sigma} b_{\alpha\beta},$$

此外, 令

$$\boldsymbol{\Gamma}_\alpha := \begin{pmatrix} \Gamma^1_{\alpha 1} & \Gamma^1_{\alpha 2} & -b^1_\alpha \\ \Gamma^2_{\alpha 1} & \Gamma^2_{\alpha 2} & -b^2_\alpha \\ b_{\alpha 1} & b_{\alpha 2} & 0 \end{pmatrix}, \quad \boldsymbol{C} := \begin{pmatrix} a_{11} & a_{12} & 0 \\ a_{21} & a_{22} & 0 \\ 0 & 0 & 1 \end{pmatrix},$$

$$\boldsymbol{U} := \boldsymbol{C}^{\frac{1}{2}}, \quad \boldsymbol{A}_\alpha := (\boldsymbol{U}\boldsymbol{\Gamma}_\alpha - \partial_\alpha \boldsymbol{U})\boldsymbol{U}^{-1}.$$

证明, 矩阵 $\boldsymbol{A}_\alpha \in \mathcal{C}^1(\omega; \mathbb{M}^3)$ 是反对称的且它们必定满足相容性条件:

$$\partial_1 \boldsymbol{A}_2 - \partial_2 \boldsymbol{A}_1 + \boldsymbol{A}_1 \boldsymbol{A}_2 - \boldsymbol{A}_2 \boldsymbol{A}_1 = \boldsymbol{0} \quad 在\ \omega\ 中.$$

8.15 Gauss 绝妙定理; 在制图学上的应用

在 Gauss 方程 (定理 8.14-1) 中令 $\alpha = 1, \beta = 2, \sigma = 1, \tau = 2$ 则特别地给出

$$R_{2121} = b_{11}b_{22} - b_{12}b_{21} = \det(b_{\alpha\beta}).$$

故在曲面 $\boldsymbol{\theta}(\omega)$ 上每一点 $\boldsymbol{\theta}(y)$ 处的 *Gauss* 曲率 (8.12 节) 可以写为

$$\frac{1}{R_1(y)R_2(y)} = \frac{R_{2121}(y)}{\det(a_{\alpha\beta}(y))}, \quad y \in \omega,$$

此因 $\frac{1}{R_1(y)R_2(y)} = \frac{\det(b_{\alpha\beta}(y))}{\det(a_{\alpha\beta}(y))}$ (定理 8.12-1). 检视一下函数 R_{2121} 就得到一个惊人的结论, 在曲面的每一点处, 一个涉及曲面 "曲率" 的概念, 即 *Gauss* 曲率, 完全由在该点邻域曲面的 "度量" 决定, 即由在该点处的第一基本形式的分量及它们的阶数 $\leqslant 2$ 的偏导数完全决定! 这个令人震惊的结论成为数学中最美妙的定理之一.

定理 8.15-1 (Gauss 绝妙定理[40]) 设 ω 是 $\mathbb{R}^2$ 的开子集, $\boldsymbol{\theta} \in \mathcal{C}^3(\omega; \mathbb{E}^3)$ 是浸入, 令 $a_{\alpha\beta} = \partial_\alpha \boldsymbol{\theta} \cdot \partial_\beta \boldsymbol{\theta}$ 表示曲面 $\boldsymbol{\theta}(\omega)$ 的第一基本形式的共变分量, 设函数 $\Gamma_{\alpha\beta\tau}$ 和

[40] C. F. Gauss [1828]: Disquisitiones generales circas superficies curvas, *Commentationes societatis regiae scientiarum Gottingensis recentiores* **6**, Göttingen.

R_{2121} 定义如下:

$$\Gamma_{\alpha\beta\tau} := \frac{1}{2}(\partial_\beta a_{\alpha\tau} + \partial_\alpha a_{\beta\tau} - \partial_\tau a_{\alpha\beta}),$$

$$R_{2121} := \frac{1}{2}(2\partial_{12}a_{12} - \partial_{11}a_{22} - \partial_{22}a_{11}) + a^{\alpha\beta}(\Gamma_{12\alpha}\Gamma_{12\beta} - \Gamma_{11\alpha}\Gamma_{22\beta}).$$

则在曲面 $\boldsymbol{\theta}(\omega)$ 的每一点 $\boldsymbol{\theta}(y), y \in \omega$ 处, *Gauss* 曲率由下式给出:

$$\frac{1}{R_1(y)R_2(y)} = \frac{R_{2121}(y)}{\det(a_{\alpha\beta}(y))}. \qquad \square$$

我们现在简略地讨论一下有关引人入胜的数学制图学[41], 即地图科学领域的问题, 所谓地图就是对地球表面一部分的表示. 为简单起见, 在此地球被假定是一个球面 (当然这只是一种近似).

地图是一个偶对 $(\omega, \boldsymbol{\theta})$, 其中 ω 是 $\mathbb{R}^2$ 的有界开子集, $\boldsymbol{\theta} \in \mathcal{C}^1(\omega; \mathbb{E}^3)$ 是浸入, 使得 $\boldsymbol{\theta}(\omega) \subset S_R = \{\widehat{x} \in \mathbb{E}^3; |\widehat{x}| = R\}$, 这里 $R > 0$ 是地球半径. 图 8.15-1 中给出一个普通地图实例.

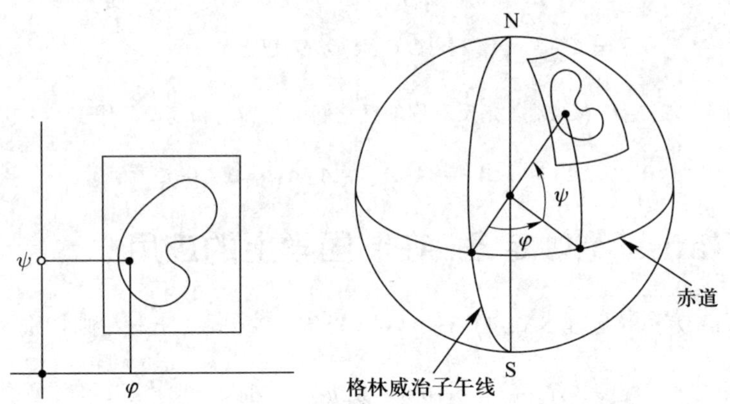

图 8.15-1　地图实例. 集合 ω 是包含在 $]-\pi, \pi[\, \times\,]-\frac{\pi}{2}, \frac{\pi}{2}[\, \subset \mathbb{R}^2$ 中的开矩形, 而映射 $\boldsymbol{\theta}: \omega \to \mathbb{E}^3$ 由

$$\boldsymbol{\theta}(\varphi, \psi) := R\cos\varphi\cos\psi\widehat{\boldsymbol{e}}_1 + R\sin\varphi\cos\psi\widehat{\boldsymbol{e}}_2 + R\sin\psi\widehat{\boldsymbol{e}}_3 \quad 在每个\ (\varphi, \psi) \in \omega$$

定义. 曲线坐标 φ 和 ψ 正是球面坐标 (图 8.8-2), 在此称为经度和纬度.

一幅地图理想的性质是什么?

[41] 详细的介绍可在以下诸文中找到:

D. H. Maling [1992]: *Coordinate Systems and Map Projections*, Second Edition, Pergamon Press, Oxford.

J. P. Snyder [1993]: *Flattening the Earth: Two Thousand Years of Map Projection*, University of Chicago Press,Chicago.

Q. Yang; J. P. Snyder; W. R. Tobler [2000]: *Map Projection Transformation—Principle and Applications*, Taylor and Francis, London.

T. G. Freeman [2002]: *Portraits of the Earth. A Mathematician Looks at Maps*, American Mathematical Society, Providence.

第一, 也是最重要的, 地图应该保距 (相差一个因子, 在此忽略), 即平面集合 $\omega \subset \mathbb{R}^2$ (在此与相应于映射 $y \in \omega \to (y, 0) \in \mathbb{E}^3$ 的 $\mathbb{E}^3$ 中曲面等同) 与曲面 $\boldsymbol{\theta}(\omega)$ 应按 8.10 节中给出的定义是等距的.

第二, 地图应是等积的, 也就是说保持面积不变 (相差一个因子, 在此仍忽略); 见 8.10 节.

第三, 地图应是保形的, 也就是说相交曲线间的角度保持不变; 仍见 8.10 节.

遗憾啊! 这种美好的愿望必须大打折扣; 一幅实际的地图只可能保有或第二条性质, 或第三条性质, 但不可能保有第一条性质.

定理 8.15-2 (a) 不存在保持距离的地图[42].

(b) 不存在既保持面积又保持角度的地图.

证明 设 $(\omega, \boldsymbol{\theta})$ 是一个保持距离的地图, 这意味着曲面 $\boldsymbol{\theta}(\omega) \subset \mathbb{E}^3$ 和 $\boldsymbol{\iota}(\omega)$ 是等距的, 其中 $\boldsymbol{\iota}(y) := y^\alpha \widehat{\boldsymbol{e}}_\alpha$ 对所有 $y = (y^\alpha) \in \omega$. 所以它们共有相同的第一基本形式 (定理 8.10-1). 故它们的 *Gauss* 曲率相同, 这是因为根据 Gauss 绝妙定理 (定理 8.15-1) 它只依赖于第一基本形式. 但这是不可能的, 因为包含在一个平面里的曲面 (在此为 $\boldsymbol{\iota}(\omega)$) 的 Gauss 曲率处处为零, 而半径为 R 的球面一部分的 Gauss 曲率处处等于 $\frac{1}{R^2}$. 这就证明了 (a).

同样地, 一幅地图要既保持面积不变又保持角度不变也是不可能的, 因为如果那样的话, 曲面 $\omega \subset \mathbb{R}^2$ 和 $\boldsymbol{\theta}(\omega) \subset \mathbb{E}^3$ 根据定理 8.10-2(c) 将是等距的. 这就证明了 (b). □

保持面积或角度不变的地图实例分别在图 8.15-2[43]及图 8.15-3 中给出; 也见习题 8.15-1 到 8.15-3.

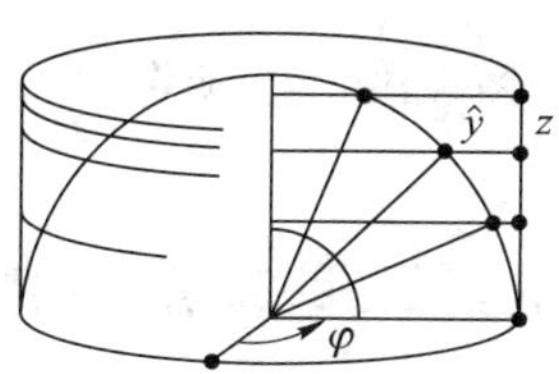

图 8.15-2 保积地图的实例. 如图中所示, 不是极点的一点 $\widehat{y}$ 的曲线坐标是其经度 φ 及它在地球的 "柱面包 (cylindrical wrapping)" 上投影的坐标 z; 见习题 8.15-3.

[42] 这个不可能性最早是以直接证明的方式确立的, 见

L. Euler [1775]: On representations of a spherical surface on the plane, *Proceedings of the Saint Petersburg Academy of Sciences*.

[43] 这个例子属于 Archimedes(前 287—前 212), 他用其计算球的面积.

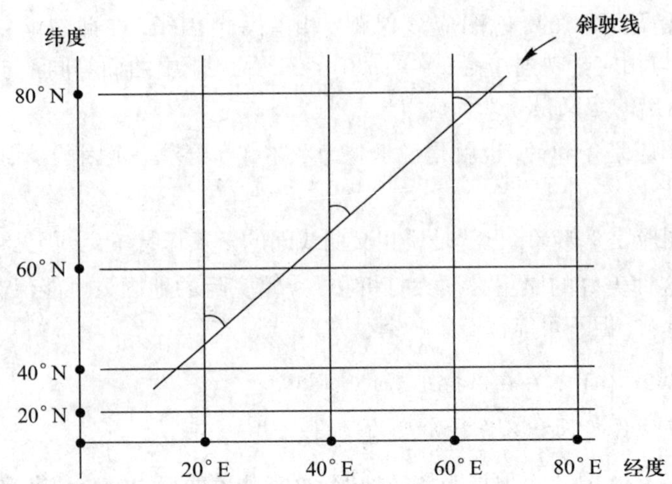

图 8.15-3 保角地图的实例. *Mercator* 地图 $(\omega, \boldsymbol{\theta})$ 是一幅其中纬线和子午线仍是如图 8.15-1 中那样的正交线的地图, 但其中纬度发生变化使得地图保持角度不变. 于是, 斜驶线, 即在集合 ω 中的直线段, 在 $\boldsymbol{\theta}$ 映射下的像, 在地球上与所有子午线交于一个常角度; 见习题 8.15-3.

习题

8.15-1 设 $\omega =]-\pi R, \pi R[\times]0, R[\subset \mathbb{R}^2$, 给出相应于地球的柱面包 (图 8.15-2) 的映射 $\boldsymbol{\theta}: \omega \to \mathbb{E}^3$ 的表达式, 并验证地图 $(\omega, \boldsymbol{\theta})$ 是保积的.

8.15-2 证明用球极平面坐标 (图 8.8-2) 的地图保持角度不变.

8.15-3 设 ω 是包含在 $]-\pi, \pi[\times\mathbb{R}$ 中的开矩形, $\boldsymbol{\theta}: \omega \to \mathbb{E}^3$ 在每个 $(\varphi, \chi) \in \omega$ 由下式定义:

$$\boldsymbol{\theta}(\varphi, \chi) := R\cos\varphi\cos F(\chi)\widehat{\boldsymbol{e}}_1 + R\sin\varphi\cos F(\chi)\widehat{\boldsymbol{e}}_2 + R\sin F(\chi)\widehat{\boldsymbol{e}}_3, \text{ 其中 } F(\chi) := \log\tan\frac{\chi}{2}.$$

地图 $(\omega, \boldsymbol{\theta})$ 称为 *Mercator* 地图[44] (图 8.15-3), 证明它保持角度不变.

8.16 具有指定第一和第二基本形式的曲面的存在性; 曲面基本定理

设 $\mathbb{M}^2$, $\mathbb{S}^2$ 和 $\mathbb{S}^2_>$ 分别表示所有二阶方阵、所有二阶对称矩阵及所有二阶对称正定矩阵的集合.

到现在为止, 我们已经考察了下述课题: 给定开集 $\omega \subset \mathbb{R}^2$ 和一个足够光滑的浸入 $\boldsymbol{\theta}: \omega \to \mathbb{E}^3$, 由此我们可以定义场 $(a_{\alpha\beta}): \omega \to \mathbb{S}^2_>$ 及 $(b_{\alpha\beta}): \omega \to \mathbb{S}^2$, 其中 $a_{\alpha\beta}: \omega \to \mathbb{R}$ 及 $b_{\alpha\beta}: \omega \to \mathbb{R}$ 是曲面 $\boldsymbol{\theta}(\omega) \subset \mathbb{E}^3$ 的第一和第二基本形式的共变分量.

[44] 冠名源自 Gerardus Mercator, 他于 1569 年首次画出地球的这样一个地图, 结合斜驶线和罗盘的使用, 导致航海的革命.

注意, 为了使这些矩阵适定, 并不需要浸入 $\boldsymbol{\theta}$ 是单射.

我们现在转向讨论逆问题:

给定 $\mathbb{R}^2$ 的开子集 ω 及两个足够光滑的矩阵场 $(a_{\alpha\beta}):\omega\to\mathbb{S}^2_>$ 和 $(b_{\alpha\beta}):\omega\to\mathbb{S}^2$, 何时它们能成为一曲面 $\boldsymbol{\theta}(\omega)\subset\mathbb{E}^3$ 的第一和第二基本形式; 或等价地, 何时存在一个浸入 $\boldsymbol{\theta}:\omega\to\mathbb{E}^3$ 使得

$$\partial_\alpha\boldsymbol{\theta}\cdot\partial_\beta\boldsymbol{\theta}=a_{\alpha\beta}\quad \text{及}\quad \partial_{\alpha\beta}\boldsymbol{\theta}\cdot\left\{\frac{\partial_1\boldsymbol{\theta}\wedge\partial_2\boldsymbol{\theta}}{|\partial_1\boldsymbol{\theta}\wedge\partial_2\boldsymbol{\theta}|}\right\}=b_{\alpha\beta}\quad \text{在 }\omega\text{ 中?}$$

如果这样的浸入存在, 它在什么程度上是唯一的?

对于这些问题的回答, 叙述起来 (但不是证明) 却是非常简单的: 如果 ω 是单连通的, 出现在定理 8.14-1 中的必要条件, 即 *Gauss* 和 *Codazzi-Mainardi* 方程, 也是这样一个浸入存在的充分条件. 如果 ω 是连通的, 这个浸入在相差 $\mathbb{E}^3$ 中一个等距的意义下是唯一的.

至于以这种方式得到的浸入是否为单射是一个不同的问题, 因此应当用不同的方法解决.

这个结果是我们在 8.6 节中提到的 *Riemann* 几何基本定理的另一特殊情况. 这个定理断言, 维数为 p 的单连通 Riemann 流形可以等距地浸入到维数为 $(p+q)$ 的欧氏空间的充分必要条件是存在张量同时满足广义的 *Gauss* 方程和 *Codazzi-Mainardi* 方程, 并且相应的等距浸入在相差欧氏空间等距的意义下是唯一的[45].

像对于 $\mathbb{R}^n$ 的开子集的 Riemann 几何基本定理 (定理 8.6-1 和 8.7-1) 一样, 这个定理包括本质上不同的两部分, 一个是整体存在性结果 (定理 8.16-1), 称为**曲面理论的基本定理**或 **Bonnet 定理**[46], 另一个是唯一性结果 (定理 8.17-1), 称为**曲面刚性定理**. 要注意, 这两个结果是在关于集合 ω 和场 $(a_{\alpha\beta})$ 及 $(b_{\alpha\beta})$ 光滑性的不同假设下得到的.

可以想见, 与定理 8.6-1 的证明一样, 存在性的证明本质上依赖于 *Pfaff* 方程组的存在定理 (定理 6.20-1) 和 (经典的) *Poincaré* 引理 (定理 6.17-2). 下面, 我们令

$$\mathcal{C}^2(\omega;\mathbb{S}^2_>)=\{\boldsymbol{A}\in\mathcal{C}^2(\omega;\mathbb{S}^2);\boldsymbol{A}(y)\in\mathbb{S}^2_>\ \text{对所有}\ y\in\omega\}.$$

---

[45] 大量的文献投入到这个定理的讨论, 给出其各种各样的证明, 特别地可见:

R. H. Szczarba [1970]: On isometric immersions of Riemannian manifolds in Euclidean space, *Boletim da Sociedade Brasileira de Matemática* **1**, 31–45.

K. Tenenblat [1971]: On isometric immersions of Riemannian manifolds, *Boletim da Sociedade Brasileira de Matemática* **2**, 23–36.

H. Jacobowith [1982]: *The Gauss-Codazzi equations, Tensor (N. S.)* **39**, 15–22.

M. Szopos [2005]: On the recovery and continuity of a submanifold with boundary, *Analysis and Applications* **3**, 119–143.

[46] 这个定理局部形式的第一个证明, 见:

P. O. Bonnet [1867]: Mémoire sur la théorie des surfaces applicables sur une surface donnée, *Journal de l'Ecole Polytechnique* **42**, 1–151.

定理 8.16-1 (曲面理论的基本定理) 设 ω 是 $\mathbb{R}^2$ 的单连通开子集, 又设 $(a_{\alpha\beta}) \in \mathcal{C}^2(\omega; \mathbb{S}^2_>)$ 和 $(b_{\alpha\beta}) \in \mathcal{C}^1(\omega; \mathbb{S}^2)$ 是两个满足 *Gauss* 和 *Codazzi-Mainardi* 方程的矩阵场, 即

$$\begin{aligned} R_{\tau\alpha\beta\sigma} &:= \partial_\beta \Gamma_{\alpha\sigma\tau} - \partial_\sigma \Gamma_{\alpha\beta\tau} + \Gamma^\mu_{\alpha\beta}\Gamma_{\sigma\tau\mu} - \Gamma^\mu_{\alpha\sigma}\Gamma_{\beta\tau\mu} \\ &= b_{\alpha\sigma} b_{\beta\tau} - b_{\alpha\beta} b_{\sigma\tau} \quad \text{在 } \omega \text{ 中}, \\ \partial_\beta b_{\alpha\sigma} &- \partial_\sigma b_{\alpha\beta} + \Gamma^\mu_{\alpha\sigma} b_{\beta\mu} - \Gamma^\mu_{\alpha\beta} b_{\sigma\mu} = 0 \quad \text{在 } \omega \text{ 中}, \end{aligned}$$

其中

$$\Gamma_{\alpha\beta\tau} := \frac{1}{2}(\partial_\beta a_{\alpha\tau} + \partial_\alpha a_{\beta\tau} - \partial_\tau a_{\alpha\beta})$$

及

$$\Gamma^\sigma_{\alpha\beta} := a^{\sigma\tau}\Gamma_{\alpha\beta\tau}, \quad \text{这里 } (a^{\sigma\tau}) := (a_{\alpha\beta})^{-1}.$$

则存在一个浸入 $\boldsymbol{\theta} \in \mathcal{C}^3(\omega; \mathbb{E}^3)$ 使得

$$\partial_\alpha \boldsymbol{\theta} \cdot \partial_\beta \boldsymbol{\theta} = a_{\alpha\beta} \quad \text{及} \quad \partial_{\alpha\beta}\boldsymbol{\theta} \cdot \left\{ \frac{\partial_1 \boldsymbol{\theta} \wedge \partial_2 \boldsymbol{\theta}}{|\partial_1 \boldsymbol{\theta} \wedge \partial_2 \boldsymbol{\theta}|} \right\} = b_{\alpha\beta} \quad \text{在 } \omega \text{ 中}.$$

证明[47] (i) 定义矩阵场 $\boldsymbol{\Gamma}_\alpha \in \mathcal{C}^1(\omega; \mathbb{M}^3), \alpha = 1, 2$, 如下:

$$\boldsymbol{\Gamma}_\alpha := \begin{pmatrix} \Gamma^1_{\alpha 1} & \Gamma^1_{\alpha 2} & -b^1_\alpha \\ \Gamma^2_{\alpha 1} & \Gamma^2_{\alpha 2} & -b^2_\alpha \\ b_{\alpha 1} & b_{\alpha 2} & 0 \end{pmatrix}, \text{ 其中 } b^\beta_\alpha := a^{\beta\sigma} b_{\sigma\alpha}.$$

则矩阵场 $(a_{\alpha\beta}) \in \mathcal{C}^2(\omega; \mathbb{S}^2_>)$ 和 $(b_{\alpha\beta}) \in \mathcal{C}^1(\omega; \mathbb{S}^2)$ 满足 *Gauss* 和 *Codazzi-Mainardi* 方程的充分必要条件是矩阵场 $\boldsymbol{\Gamma}_\alpha$ 满足关系式:

$$\partial_\alpha \boldsymbol{\Gamma}_\beta - \partial_\beta \boldsymbol{\Gamma}_\alpha + \boldsymbol{\Gamma}_\alpha \boldsymbol{\Gamma}_\beta - \boldsymbol{\Gamma}_\beta \boldsymbol{\Gamma}_\alpha = \mathbf{0} \quad \text{在 } \omega \text{ 中}.$$

重写为分量形式, 以上关系式化为:

$$\begin{aligned} \partial_\alpha \Gamma^\mu_{\beta\sigma} - \partial_\beta \Gamma^\mu_{\alpha\sigma} + \Gamma^\tau_{\beta\sigma}\Gamma^\mu_{\alpha\tau} - \Gamma^\tau_{\alpha\sigma}\Gamma^\mu_{\beta\tau} - b_{\beta\sigma} b^\mu_\alpha + b_{\alpha\sigma} b^\mu_\beta &= 0, \\ \partial_\alpha b_{\beta\sigma} - \partial_\beta b_{\alpha\sigma} + \Gamma^\tau_{\beta\sigma} b_{\alpha\tau} - \Gamma^\tau_{\alpha\sigma} b_{\beta\tau} &= 0, \\ \partial_\alpha b^\mu_\beta - \partial_\beta b^\mu_\alpha + \Gamma^\mu_{\alpha\tau} b^\tau_\beta - \Gamma^\mu_{\beta\tau} b^\tau_\alpha &= 0, \\ b_{\alpha\tau} b^\tau_\beta - b_{\beta\tau} b^\tau_\alpha &= 0. \end{aligned}$$

容易看出 (习题 8.14-1), *Gauss* 方程 $R_{\tau\alpha\beta\sigma} = b_{\alpha\sigma} b_{\beta\tau} - b_{\alpha\beta} b_{\sigma\tau}$ 在 ω 中等价于方程

$$\begin{aligned} R^\mu_{\cdot\alpha\beta\sigma} &:= \partial_\beta \Gamma^\mu_{\alpha\sigma} - \partial_\sigma \Gamma^\mu_{\alpha\beta} + \Gamma^\tau_{\alpha\sigma}\Gamma^\mu_{\beta\tau} - \Gamma^\tau_{\alpha\beta}\Gamma^\mu_{\sigma\tau} \\ &= b_{\alpha\sigma} b^\mu_\beta - b_{\alpha\beta} b^\mu_\sigma \quad \text{在 } \omega \text{ 中}. \end{aligned}$$

[47] 这里给出的简洁精致的证明取自:

S. Mardare [2005]: On Pfaff systems with L^p coefficients and their applications in differential geometry, *Journal de Mathématiques Pures et Appliquées* **84**, 1659–1692.

因此, 第一个关系式等价于 Gauss 方程; 第二个方程正是 Codazzi-Mainardi 方程; 容易看出 (习题 8.14-2), 第三个方程等价于 Codazzi-Mainardi 方程; 第四个方程总是满足的, 这是因为

$$b_{\alpha\tau}b^{\tau}_{\beta} = b_{\alpha\tau}b_{\sigma\beta}a^{\tau\sigma} = b_{\sigma\beta}b^{\sigma}_{\alpha}.$$

(ii) 给定一点 $y^0 \in \omega$, 设 $\boldsymbol{a}^0_\alpha \in \mathbb{E}^3, \alpha = 1, 2$, 表示两个满足

$$\boldsymbol{a}^0_\alpha \cdot \boldsymbol{a}^0_\beta = a_{\alpha\beta}(y^0)$$

的向量 (例如, 可令 $(\boldsymbol{a}^0_\alpha)_\beta$ 为矩阵 $(a_{\alpha\beta}(y^0))$ 的平方根在第 α 行第 β 列的分量, 及令 $(\boldsymbol{a}^0_\alpha)_3 := 0$), 又令 $\boldsymbol{F}^0 \in \mathbb{M}^3$ 表示其第 i 列是 $\boldsymbol{a}^0_i$ 的矩阵, 其中

$$\boldsymbol{a}^0_3 := \frac{\boldsymbol{a}^0_1 \wedge \boldsymbol{a}^0_2}{|\boldsymbol{a}^0_1 \wedge \boldsymbol{a}^0_2|}.$$

则存在一个且只有一个矩阵场 $\boldsymbol{F} \in \mathcal{C}^2(\omega; \mathbb{M}^3)$ 满足

$$\partial_\alpha \boldsymbol{F}(y) = \boldsymbol{F}(y)\boldsymbol{\Gamma}_\alpha(y), y \in \omega, \quad 及 \quad \boldsymbol{F}(y^0) = \boldsymbol{F}^0.$$

这样一个场 $\boldsymbol{F} \in \mathcal{C}^2(\omega; \mathbb{M}^3)$ 的存在性和唯一性可由 *Pfaff* 方程组的存在唯一性 (定理 6.20-1) 得出, 由于假设开集是单连通的, 而且可以验证矩阵场 $\boldsymbol{\Gamma}_\alpha \in \mathcal{C}^1(\omega; \mathbb{M}^3)$ 满足相容性条件:

$$\partial_\alpha \boldsymbol{\Gamma}_\beta - \partial_\beta \boldsymbol{\Gamma}_\alpha + \boldsymbol{\Gamma}_\alpha \boldsymbol{\Gamma}_\beta - \boldsymbol{\Gamma}_\beta \boldsymbol{\Gamma}_\alpha = \mathbf{0} \quad 在\ \omega\ 中.$$

(iii) 设 $\boldsymbol{a}_i \in \mathcal{C}^2(\omega; \mathbb{E}^3), 1 \leqslant i \leqslant 3$, 表示在 (ii) 中的矩阵场 $\boldsymbol{F} \in \mathcal{C}^2(\omega; \mathbb{M}^3)$ 的第 i 个列向量场, 而向量 $\boldsymbol{\theta}^0 \in \mathbb{E}^3$ 是给定的, 则存在一个且只有一个向量场 $\boldsymbol{\theta} \in \mathcal{C}^3(\omega; \mathbb{E}^3)$ 满足

$$\partial_\alpha \boldsymbol{\theta}(y) = \boldsymbol{a}_\alpha(y), y \in \omega, \quad 且 \quad \boldsymbol{\theta}(y^0) = \boldsymbol{\theta}^0.$$

取在 (ii) 中求解的矩阵方程, $\partial_\alpha \boldsymbol{F} = \boldsymbol{F}\boldsymbol{\Gamma}_\alpha$ 在 ω 中, 的第一和第二列, 有

$$\partial_\alpha \boldsymbol{a}_\beta = \Gamma^\sigma_{\alpha\beta}\boldsymbol{a}_\sigma + b_{\alpha\beta}\boldsymbol{a}_3 \quad 在\ \omega\ 中,$$

这个式子, 结合对称性关系 $\Gamma^\sigma_{\alpha\beta} = \Gamma^\sigma_{\beta\alpha}$ 和 $b_{\alpha\beta} = b_{\beta\alpha}$, 就得到

$$\partial_\alpha \boldsymbol{a}_\beta = \partial_\beta \boldsymbol{a}_\alpha \quad 在\ \omega\ 中.$$

将经典 *Poincaré* 引理 (定理 6.17-2) 用于向量方程, $\partial_\alpha \boldsymbol{\theta} = \boldsymbol{a}_\alpha$ 在 ω 中, 的每一个分量上, 就得到 $\boldsymbol{\theta} \in \mathcal{C}^3(\omega; \mathbb{E}^3)$ 的存在性和唯一性; ω 的单连通性这一假设在此也是实质性的.

(iv) 在 (iii) 中得到的映射 $\boldsymbol{\theta} \in \mathcal{C}^3(\omega; \mathbb{E}^3)$ 满足

$$\partial_\alpha \boldsymbol{\theta} \cdot \partial_\beta \boldsymbol{\theta} = a_{\alpha\beta} \quad 和 \quad \partial_{\alpha\beta}\boldsymbol{\theta} \cdot \frac{\partial_1 \boldsymbol{\theta} \wedge \partial_2 \boldsymbol{\theta}}{|\partial_1 \boldsymbol{\theta} \wedge \partial_2 \boldsymbol{\theta}|} = b_{\alpha\beta} \quad 在\ \omega\ 中.$$

设

$$a_{i3}(y) = a_{3i}(y) := \delta_{i3} \quad 及 \quad \Gamma^i_{\alpha j}(y) := (\boldsymbol{\Gamma}_\alpha)_{ij}, \quad y \in \omega,$$

则函数 $\Gamma_{\alpha\beta\tau}$ 和 $\Gamma^\sigma_{\alpha\beta}$ 用函数 $a_{\alpha\beta}$ 和 $a^{\alpha\beta}$ 表示的定义意味着函数 $a_{ij} \in \mathcal{C}^2(\omega)$ 满足

$$\partial_\alpha a_{ij} = \Gamma^m_{\alpha i} a_{mj} + \Gamma^m_{\alpha j} a_{mi} \text{ 在 } \omega \text{ 中} \quad \text{且} \quad a_{ij}(y^0) = \boldsymbol{a}^0_i \cdot \boldsymbol{a}^0_j.$$

矩阵场 $\boldsymbol{F}$ 在 ω 中满足的方程, $\partial_\alpha \boldsymbol{F} = \boldsymbol{F}\boldsymbol{\Gamma}_\alpha$ 及 $\boldsymbol{F}(y^0) = \boldsymbol{F}^0$ (部分 (iii)), 意味着函数 $\boldsymbol{a}_i \cdot \boldsymbol{a}_j \in \mathcal{C}^2(\omega)$ 满足

$$\begin{aligned}\partial_\alpha(\boldsymbol{a}_i \cdot \boldsymbol{a}_j) &= \partial_\alpha \boldsymbol{a}_i \cdot \boldsymbol{a}_j + \boldsymbol{a}_i \cdot \partial_\alpha \boldsymbol{a}_j \\ &= \Gamma^m_{\alpha i}(\boldsymbol{a}_m \cdot \boldsymbol{a}_j) + \Gamma^m_{\alpha j}(\boldsymbol{a}_m \cdot \boldsymbol{a}_i) \quad \text{在 } \omega \text{ 中}, \\ (\boldsymbol{a}_i \cdot \boldsymbol{a}_j)(y^0) &= \boldsymbol{a}^0_i \cdot \boldsymbol{a}^0_j.\end{aligned}$$

但是, 这些偏微分方程组中的任何一个, 连同给定的在 y^0 处的值, 最多只有一个解. 为了说明这一点, 设 $\gamma \in \mathcal{C}^1([0,1];\mathbb{R}^2)$ 是联结 y^0 到任意给定点 $y \in \omega$ 的路径; 则矩阵场 $(a_{ij} \circ \gamma) \in \mathcal{C}^1([0,1];\mathbb{M}^3)$ 和 $((\boldsymbol{a}_i \circ \boldsymbol{a}_j) \circ \gamma) \in \mathcal{C}^1([0,1];\mathbb{M}^3)$ 满足同一线性 *Cauchy* 问题, 该问题至多有一个解; 见定理 3.8-2.

因此, 这两个方程组的解是一样的, 即

$$\boldsymbol{a}_\alpha(y) \cdot \boldsymbol{a}_\beta(y) = a_{\alpha\beta}(y) \quad 及 \quad \boldsymbol{a}_i(y) \cdot \boldsymbol{a}_3(y) = \delta_{i3}, \quad y \in \omega.$$

这些关系式则意味着

$$\begin{aligned}&\partial_\alpha \boldsymbol{\theta}(y) \cdot \partial_\beta \boldsymbol{\theta}(y) = a_{\alpha\beta}(y), \quad y \in \omega, \\ &\boldsymbol{F}^T(y)\boldsymbol{F}(y) = \begin{pmatrix} a_{11} & a_{12} & 0 \\ a_{21} & a_{22} & 0 \\ 0 & 0 & 1 \end{pmatrix}(y), \quad y \in \omega, \\ &\boldsymbol{a}_3(y) = \varepsilon \frac{\boldsymbol{a}_1(y) \wedge \boldsymbol{a}_2(y)}{|\boldsymbol{a}_1(y) \wedge \boldsymbol{a}_2(y)|}, \quad y \in \omega, \quad \text{其中 } \varepsilon = 1 \text{ 或 } \varepsilon = -1\end{aligned}$$

(数 ε 不依赖于 $y \in \omega$, 这是因为 $\boldsymbol{a}_3 : \omega \to \mathbb{E}^3$ 在连通集 ω 上是连续的). 由假设对称矩阵 $(a_{\alpha\beta}(y))$ 在每个 $y \in \omega$ 处都是正定的, 故有 $(\det \boldsymbol{F}(y))^2 > 0$, 因此在每个 $y \in \omega$ 处均有 $\det \boldsymbol{F}(y) \neq 0$. 由于

$$\begin{aligned}\det \boldsymbol{F}(y) &= (\boldsymbol{a}_1(y) \wedge \boldsymbol{a}_2(y)) \cdot \boldsymbol{a}_3(y) = \varepsilon |\boldsymbol{a}_1(y) \wedge \boldsymbol{a}_2(y)|, \quad y \in \omega, \\ \det \boldsymbol{F}(y^0) &= ((\boldsymbol{a}^0_1 \wedge \boldsymbol{a}^0_2) \cdot \boldsymbol{a}^0_3) = |\boldsymbol{a}^0_1 \wedge \boldsymbol{a}^0_2| > 0,\end{aligned}$$

而且 $\det \boldsymbol{F} : \omega \to \mathbb{R}$ 是在连通集 ω 上不为零的连续函数, 唯一的可能是 $\varepsilon = 1$, 即

$$\boldsymbol{a}_3(y) = \frac{\boldsymbol{a}_1(y) \wedge \boldsymbol{a}_2(y)}{|\boldsymbol{a}_1(y) \wedge \boldsymbol{a}_2(y)|}, \quad y \in \omega.$$

关系式 $\partial_\alpha \boldsymbol{a}_\beta = \Gamma^\sigma_{\alpha\beta}\boldsymbol{a}_\sigma + b_{\alpha\beta}\boldsymbol{a}_3$ 则意味着 $\partial_\alpha \boldsymbol{a}_\beta \cdot \boldsymbol{a}_3 = b_{\alpha\beta}$, 即

$$\partial_{\alpha\beta}\boldsymbol{\theta}(y) \cdot \frac{\partial_1\boldsymbol{\theta}(y) \wedge \partial_2\boldsymbol{\theta}(y)}{|\partial_1\boldsymbol{\theta}(y) \wedge \partial_2\boldsymbol{\theta}(y)|} = b_{\alpha\beta}(y), \quad y \in \omega,$$

这就完成了证明. □

顺便提一下, 值得关注的是, 非线性方程

$$\partial_\alpha\boldsymbol{\theta} \cdot \partial_\beta\boldsymbol{\theta} = a_{\alpha\beta} \quad \text{和} \quad \partial_{\alpha\beta}\boldsymbol{\theta} \cdot \left\{\frac{\partial_1\boldsymbol{\theta} \wedge \partial_2\boldsymbol{\theta}}{|\partial_1\boldsymbol{\theta} \wedge \partial_2\boldsymbol{\theta}|}\right\} = b_{\alpha\beta} \quad \text{在 } \omega \text{ 中}$$

的解 $\boldsymbol{\theta}$ 是利用逐次求解线性 Pfaff 方程组 (上面证明的部分 (ii)) 和线性方程 (即 $\partial_\alpha\boldsymbol{\theta} = \boldsymbol{a}_\alpha$ 在 ω 中; 见部分 (iii)) 而得到的.

因为在部分 (ii) 中得到的 Pfaff 方程组的解 $\boldsymbol{F}$ 是唯一的, 部分 (iv) 中得到的映射 $\boldsymbol{\theta}$ 也是唯一确定的, 所以定理 8.16-1 也可以重述为下面的存在唯一性定理.

定理 8.16-2 设关于集合 ω 及矩阵场 $(a_{\alpha\beta})$ 和 $(b_{\alpha\beta})$ 的假设与定理 8.16-1 中的相同, 又设点 $y_0 \in \omega$ 及向量 $\boldsymbol{\theta}_0 \in \mathbb{E}^3$ 是给定的, 而 $\boldsymbol{a}^0_\alpha \in \mathbb{R}^3$ 是满足

$$\boldsymbol{a}^0_\alpha \cdot \boldsymbol{a}^0_\beta = a_{\alpha\beta}(y_0)$$

的两个向量, 则存在一个且只有一个浸入 $\boldsymbol{\theta} \in \mathcal{C}^3(\omega; \mathbb{E}^3)$ 满足

$$\partial_\alpha\boldsymbol{\theta} \cdot \partial_\beta\boldsymbol{\theta} = a_{\alpha\beta} \quad \text{和} \quad \partial_{\alpha\beta}\boldsymbol{\theta} \cdot \frac{\partial_1\boldsymbol{\theta} \wedge \partial_2\boldsymbol{\theta}}{|\partial_1\boldsymbol{\theta} \wedge \partial_2\boldsymbol{\theta}|} = b_{\alpha\beta} \quad \text{在 } \omega \text{ 中},$$

$$\boldsymbol{\theta}(y_0) = \boldsymbol{\theta}_0 \quad \text{和} \quad \partial_\alpha\boldsymbol{\theta}(y_0) = \boldsymbol{a}^0_\alpha.$$

□

在一般情形下的唯一性问题, 即无在定理 8.16-2 中要求的如 $\boldsymbol{\theta}(y_0) = \boldsymbol{\theta}_0$ 和 $\partial_\alpha\boldsymbol{\theta}(y^0) = \boldsymbol{a}^0_\alpha$ 这样的条件, 是下一节讨论的目标, 而且实际上是在比定理 8.16-2 更弱的正则性假设下进行的.

设 ω 是 $\mathbb{R}^2$ 的单连通开子集, 又设一点 $y^0 \in \omega$, 向量 $\boldsymbol{\theta}_0 \in \mathbb{E}^3$, 及两个线性无关的向量 $\boldsymbol{a}^0_\alpha \in \mathbb{R}^3$ 是给定的. 定理 8.16-2 证明了, 对任意满足在 ω 中的 Gauss 和 Codazzi-Mainardi 关系式及 $a_{\alpha\beta}(y^0) = \boldsymbol{a}^0_\alpha \cdot \boldsymbol{a}^0_\beta$ 的矩阵场 $(a_{\alpha\beta}) \in \mathcal{C}^2(\omega; \mathbb{S}^2_>)$ 和 $(b_{\alpha\beta}) \in \mathcal{C}^1(\omega; \mathbb{S}^2)$, 存在一个与其相关联的 (显然是非线性的) 映射, 即一个适定的浸入 $\boldsymbol{\theta} \in \mathcal{C}^3(\omega; \mathbb{E}^3)$ 满足 $\boldsymbol{\theta}(y_0) = \boldsymbol{\theta}_0$ 及 $\partial_\alpha\boldsymbol{\theta}(y_0) = \boldsymbol{a}^0_\alpha$ 并且使得 $(a_{\alpha\beta})$ 和 $(b_{\alpha\beta})$ 是曲面 $\boldsymbol{\theta}(\omega)$ 的两个基本形式.

此外, 还存在自然的拓扑使这个映射是连续的. 换言之, 曲面在这种连续可微函数空间之间, 是其两个基本形式的连续函数; 见习题 8.16-1.

注 类似的结论, 作为关于曲面的非线性 *Korn* 不等式[48] 的推论, 对于 *Sobolev* 范数成立. □

[48] P. G. Ciarlet; L. Gratie; C. Mardare [2005]: A nonlinear Korn inequality on a surface, *Journal de Mathématiques Pures et Appliquées* **85**, 2–16.

曲面理论的基本定理 (定理 8.16-1) 也可以作为关于 $\mathbb{E}^3$ 中开子集的 *Riemann* 几何基本定理 (定理 8.6-1) 的推论而得证, 然而这是在 $(b_{\alpha\beta}) \in \mathcal{C}^2(\omega;\mathbb{S}^2)$ 的较强假设下得到的. 这个不同的证明[49], 依据下述基本考虑: 给定一个足够光滑的浸入 $\boldsymbol{\theta}:\omega \to \mathbb{E}^3$ 及 $\varepsilon > 0$, 令映射 $\boldsymbol{\Theta}:\omega\times\,]-\varepsilon,\varepsilon[\,\to \mathbb{R}^3$ 由下式定义:

$$\boldsymbol{\Theta}(y,x_3) := \boldsymbol{\theta}(y) + x_3\boldsymbol{a}_3(y) \quad \text{对所有 } (y,x_3) \in \omega\times\,]-\varepsilon,\varepsilon[\,,$$

其中 $\boldsymbol{a}_3 := \frac{\partial_1\boldsymbol{\theta}\wedge\partial_2\boldsymbol{\theta}}{|\partial_1\boldsymbol{\theta}\wedge\partial_2\boldsymbol{\theta}|}$, 再令

$$g_{ij} := \partial_i\boldsymbol{\Theta}\cdot\partial_j\boldsymbol{\Theta},$$

则直接计算说明

$$g_{\alpha\beta} = a_{\alpha\beta} - 2x_3 b_{\alpha\beta} + x_3^2 c_{\alpha\beta} \quad \text{及} \quad g_{i3} = \delta_{i3} \quad \text{在 } \omega\times\,]-\varepsilon,\varepsilon[\, \text{中},$$

其中 $a_{\alpha\beta}$ 和 $b_{\alpha\beta}$ 是曲面 $\boldsymbol{\theta}(\omega)$ 的第一和第二基本形式的共变分量, 而 $c_{\alpha\beta} := a^{\sigma\tau}b_{\alpha\sigma}b_{\beta\tau}$.

假定用这种方式构造的矩阵 (g_{ij}) 在集合 $\omega\times\,]-\varepsilon,\varepsilon[$ 上可逆, 因此是正定的 (也可能不是, 但所导致的困难容易解决). 那么矩阵场 $(g_{ij}):\omega\times\,]-\varepsilon,\varepsilon[\,\to \mathbb{S}^3_>$ 就成为适用定理 8.6-1 中 "三维" 存在性结果的自然候选者, 当然, 条件是这个定理的 "三维" 充分条件, 即

$$\partial_j\Gamma_{ikq} - \partial_k\Gamma_{ijq} + \Gamma^p_{ij}\Gamma_{kqp} - \Gamma^p_{ik}\Gamma_{jqp} = 0 \quad \text{在 } \Omega \text{ 中},$$

可以作为假设成立的 "二维" *Gauss* 和 *Codazzi-Mainardi* 方程的一个推论, 被证明是成立的. 这个证明的实质正在于此, 然而要证明这一点依赖于精妙的计算.

根据定理 8.6-1, 存在一个浸入 $\boldsymbol{\Theta}:\omega\times\,]-\varepsilon,\varepsilon[\,\to\mathbb{R}^3$ 满足 $g_{ij} = \partial_i\boldsymbol{\Theta}\cdot\partial_j\boldsymbol{\Theta}$ 在 $\omega\times\,]-\varepsilon,\varepsilon[$ 中, 而且容易验证, $\boldsymbol{\theta} := \boldsymbol{\Theta}(\cdot,0)$ 就满足 $\partial_\alpha\boldsymbol{\theta}\cdot\partial_\beta\boldsymbol{\theta} = a_{\alpha\beta}$ 及 $\partial_{\alpha\beta}\boldsymbol{\theta}\cdot\left\{\frac{\partial_1\boldsymbol{\theta}\wedge\partial_2\boldsymbol{\theta}}{|\partial_1\boldsymbol{\theta}\wedge\partial_2\boldsymbol{\theta}|}\right\} = b_{\alpha\beta}$ 在 ω 中.

一组不同的相容性条件, 其中仍用矩阵场 $(a_{\alpha\beta})$ 和 $(b_{\alpha\beta})$ 表示, 但矩阵场 $(a_{\alpha\beta})$ 是通过其平方根出现在其中, 同样也可导致类似的存在唯一性定理; 见习题 8.16-2.

在定理 8.16-1 中所作的关于矩阵场 $(a_{\alpha\beta})$ 和 $(b_{\alpha\beta})$ 的正则性假设可通过几种方式 (用不说自明的符号, 如 $W^{1,p}(\omega;\mathbb{S}^2_>)$ 等) 显著地减弱. 例如, 如果 $(a_{\alpha\beta}) \in \mathcal{C}^1(\omega;\mathbb{S}^2_>)$ 和 $(b_{\alpha\beta}) \in \mathcal{C}(\omega;\mathbb{S}^2)$, 存在性定理仍然成立[50], 所得到的映射 $\boldsymbol{\theta}$ 在空间 $\mathcal{C}^2(\omega;\mathbb{E}^3)$ 中.

定理 8.16-1 中的存在性结果在下述意义下, "直到集合 ω 的边界" 都成立[51]: 假定函数 $a_{\alpha\beta}$ 和 $b_{\alpha\beta}$ 及它们的阶数分别 $\leqslant 2$ 和 $\leqslant 1$ 的偏导数可以连续地延拓到闭包 $\overline{\omega}$,

[49] P. G. Ciarlet; F. Larsonneur [2002]: On the recovery of a surface with prescribed first and second fundamental forms, *Journal de Mathématiques Pures et Appliquées* **81**, 167–185.

[50] P. Hartman; A. Wintner [1950]: On the embedding problem in differential geometry, *American Journal of Mathematics* **72**, 553–564.

[51] P. G. Ciarlet; C. Mardare [2005]: Recovery of a surface with boundary and its continuity as a function of its two fundamental forms, *Analysis and Applications* **3**, 99–117.

且用这种方式连续延拓的对称矩阵场在集合 $\overline{\omega}$ 上保持其正定性, 则浸入 $\boldsymbol{\theta}$ 及其阶数 $\leqslant 3$ 的偏导数也可连续延拓到 $\overline{\omega}$ 上.

定理 8.16-1 也可扩展到 *Sobolev* 空间: 如果对某个 $p>2$, $(a_{\alpha\beta}) \in W^{1,p}(\omega;\mathbb{S}^2_>)$ 和 $(b_{\alpha\beta}) \in L^p(\omega;\mathbb{S}^2)$ 是在分布意义下满足 Gauss 和 Codazzi-Mainardi 方程的两个矩阵场, 而 ω 是 $\mathbb{R}^2$ 中的单连通区域, 则[52] 存在映射 $\boldsymbol{\theta} \in W^{2,p}(\omega;\mathbb{E}^3)$ 使得 $(a_{\alpha\beta})$ 和 $(b_{\alpha\beta})$ 是曲面 $\boldsymbol{\theta}(\omega)$ 的基本形式.

习题

8.16-1 给定开子集 $\omega \in \mathbb{R}^2$, 符号 $\mathcal{K} \Subset \omega$ 意指 $\mathcal{K}$ 是 ω 的紧子集. 给定任意整数 $m \geqslant 0$ 及任意 $\mathcal{K} \Subset \omega$, 在空间 $\mathcal{C}^m(\omega)$ 上的半范数 $|\cdot|_{m,\mathcal{K}}$ 由

$$|g|_{m,\mathcal{K}} := \sup_{\begin{cases} y \in \mathcal{K} \\ |\boldsymbol{\alpha}| \leqslant m \end{cases}} |\partial^{\boldsymbol{\alpha}} g(y)| \quad \text{对每个 } g \in \mathcal{C}^m(\omega)$$

定义. 类似的半范数也对向量值及矩阵值的函数定义, $|\cdot|$ 现在表示欧氏向量范数或其从属的矩阵范数.

设 ω 是 $\mathbb{R}^2$ 的单连通开子集, 点 $y_0 \in \omega$, 向量 $\boldsymbol{\theta}_0 \in \mathbb{E}^3$, 而两个线性无关的向量 $\boldsymbol{a}^0_\alpha \in \mathbb{R}^3$ 是给定的. 又设 $(a^l_{\alpha\beta}) \in \mathcal{C}^2(\omega;\mathbb{S}^2_>)$ 和 $(b^l_{\alpha\beta}) \in \mathcal{C}^2(\omega;\mathbb{S}^2), l \geqslant 1$, 及 $(a_{\alpha\beta}) \in \mathcal{C}^2(\omega;\mathbb{S}^2_>)$ 和 $(b_{\alpha\beta}) \in \mathcal{C}^2(\omega;\mathbb{S}^2)$ 是在 ω 中满足 Gauss 和 Codazzi-Mainardi 关系的矩阵场, 且

$$\begin{aligned} &a^l_{\alpha\beta}(y_0) = \boldsymbol{a}^0_\alpha \cdot \boldsymbol{a}^0_\beta, l \geqslant 1, \quad \text{及} \quad a_{\alpha\beta}(y_0) = \boldsymbol{a}^0_\alpha \cdot \boldsymbol{a}^0_\beta, \\ &\lim_{l\to\infty} |(a^l_{\alpha\beta}) - (a_{\alpha\beta})|_{2,\mathcal{K}} = 0 \quad \text{及} \\ &\lim_{l\to\infty} |(b^l_{\alpha\beta}) - (b_{\alpha\beta})|_{2,\mathcal{K}} = 0 \quad \text{对每个 } \mathcal{K} \Subset \omega. \end{aligned}$$

根据定理 8.16-2, 分别存在唯一确定的浸入 $\boldsymbol{\theta}^l \in \mathcal{C}^3(\omega;\mathbb{E}^3), l \geqslant 1$, 及 $\boldsymbol{\theta} \in \mathcal{C}^3(\omega;\mathbb{E}^3)$, 使得 $(a^l_{\alpha\beta})$ 和 $(b^l_{\alpha\beta}), l \geqslant 1$, 及 $(a_{\alpha\beta})$ 和 $(b_{\alpha\beta})$ 分别是曲面 $\boldsymbol{\theta}^l(\omega)$ 及 $\boldsymbol{\theta}(\omega)$ 的第一和第二基本形式, 并且分别满足

$$\begin{aligned} &\boldsymbol{\theta}^l(y_0) = \boldsymbol{\theta}_0 \quad \text{和} \quad \partial_\alpha \boldsymbol{\theta}^l(y_0) = \boldsymbol{a}^0_\alpha, l \geqslant 1, \text{ 及} \\ &\boldsymbol{\theta}(y_0) = \boldsymbol{\theta}_0 \quad \text{和} \quad \partial_\alpha \boldsymbol{\theta}(y_0) = \boldsymbol{a}^0_\alpha. \end{aligned}$$

(1) 矩阵场 $(g^l_{ij}) \in \mathcal{C}^2(\omega \times \mathbb{R};\mathbb{S}^3), l \geqslant 1$, 及 $(g_{ij}) \in \mathcal{C}^2(\omega \times \mathbb{R};\mathbb{S}^3)$ 由 (为简洁计, 略去对于 $y \in \omega$ 的依赖性)

$$\begin{aligned} &g^l_{\alpha\beta} := a^l_{\alpha\beta} - 2x_3 b^l_{\alpha\beta} + x_3^2 a^{\sigma\tau,l} b^l_{\alpha\sigma} b^l_{\beta\tau} \quad \text{和} \quad g^l_{i3} := \delta_{i3}, l \geqslant 1, \\ &g_{\alpha\beta} := a_{\alpha\beta} - 2x_3 b_{\alpha\beta} + x_3^2 a^{\sigma\tau} b_{\alpha\sigma} b_{\beta\tau} \quad \text{和} \quad g_{i3} := \delta_{i3} \end{aligned}$$

定义. 证明矩阵场 (g^l_{il}), $l \geqslant 1$, 及 (g_{ij}) 在形如 $\Omega := \cup_{k=0}^{\infty} \omega_k \times \,]-\varepsilon_k, \varepsilon_k[$ 的开集 Ω 上是正定的, 其中 $\omega_k \Subset \omega$ 而 $\varepsilon_k > 0$ 对每个 $k \geqslant 0$.

[52] S. Mardare [2007]: On systems of first order linear partial differential equations with L^p coefficients, *Advances in Differential Equations* **73**, 301–360.

(2) 证明

$$\lim_{l\to\infty}|\boldsymbol{\theta}^l-\boldsymbol{\theta}|_{3,\mathcal{K}}=0 \quad \text{对每个 } \mathcal{K}\Subset\omega.$$

提示: 结合习题 8.6-3 利用 (1).

注 定义集合

$$\begin{aligned}\boldsymbol{X}:=\{((a_{\alpha\beta}),(b_{\alpha\beta}))\in\mathcal{C}^2(\omega;\mathbb{S}^2_>)\times\mathcal{C}^2(\omega;\mathbb{S}^2);(a_{\alpha\beta})\text{ 及 }(b_{\alpha\beta})\text{ 在 }\omega\text{ 中}\\ \text{满足 Gauss 和 Codazzi-Mainardi 关系式且 } a_{\alpha\beta}(y_0)=\boldsymbol{a}^0_\alpha\cdot\boldsymbol{a}^0_\beta\},\\ \boldsymbol{Y}:=\{\boldsymbol{\theta}\in\mathcal{C}^3(\omega;\mathbb{E}^3);\boldsymbol{\theta}(y_0)=\boldsymbol{\theta}_0\text{ 和 }\partial_\alpha\boldsymbol{\theta}(y_0)=\boldsymbol{a}^0_\alpha\}.\end{aligned}$$

则问题 (2) 证明, 由

$$((a_{\alpha\beta}),(b_{\alpha\beta}))\in(\boldsymbol{X};d_2)\to\boldsymbol{\theta}\in(\boldsymbol{Y};d_3)$$

定义的映射是连续的[53], 其中 $\boldsymbol{\theta}$ 是出现在定理 8.16-2 中的浸入 (距离 d_2 和 d_3 如习题 7.8-3 中所定义). □

8.16-2 本题的目的是证明习题 8.14-4 中的必要条件也是浸入 $\boldsymbol{\theta}\in\mathcal{C}^3(\omega;\mathbb{E}^3)$ 存在的充分条件[54], 如果开集 $\omega\subset\mathbb{R}^2$ 是单连通的, 假定这一要求在本题中自始至终成立.

下面, $(a_{\alpha\beta})\in\mathcal{C}^2(\omega;\mathbb{S}^2_>)$ 和 $(b_{\alpha\beta})\in\mathcal{C}^1(\omega;\mathbb{S}^2)$ 是两个给定的, 满足

$$\partial_1\boldsymbol{A}_2-\partial_2\boldsymbol{A}_1+\boldsymbol{A}_1\boldsymbol{A}_2-\boldsymbol{A}_2\boldsymbol{A}_1=\boldsymbol{0}\quad\text{在 }\omega\text{ 中}$$

的矩阵场, 其中矩阵场 $\boldsymbol{A}_\alpha\in\mathcal{C}^1(\omega;\mathbb{M}^3)$ 通过下述一系列的定义由矩阵场 $(a_{\alpha\beta})$ 和 $(b_{\alpha\beta})$ 给出:

$$\begin{aligned}&\Gamma_{\alpha\beta\tau}:=\frac{1}{2}(\partial_\beta a_{\sigma\tau}+\partial_\alpha a_{\beta\tau}-\partial_\tau a_{\alpha\beta}),\\ &(a^{\sigma\tau}):=(a_{\alpha\beta})^{-1},\quad \Gamma^\sigma_{\alpha\beta}:=a^{\sigma\tau}\Gamma_{\alpha\beta\tau},\quad b^\sigma_\alpha:=a^{\beta\sigma}b_{\alpha\beta},\\ &\boldsymbol{\Gamma}_\alpha:=\begin{pmatrix}\Gamma^1_{\alpha1}&\Gamma^1_{\alpha2}&-b^1_\alpha\\ \Gamma^2_{\alpha1}&\Gamma^2_{\alpha2}&-b^2_\alpha\\ b_{\alpha1}&b_{\alpha2}&0\end{pmatrix},\quad \boldsymbol{C}:=\begin{pmatrix}a_{11}&a_{12}&0\\ a_{21}&a_{22}&0\\ 0&0&1\end{pmatrix},\\ &\boldsymbol{U}=\boldsymbol{C}^{1/2},\quad \boldsymbol{A}_\alpha=(\boldsymbol{U}\boldsymbol{\Gamma}_\alpha-\partial_\alpha\boldsymbol{U})\boldsymbol{U}^{-1}.\end{aligned}$$

(1) 证明矩阵场 $\boldsymbol{A}_\alpha\in\mathcal{C}^1(\omega;\mathbb{M}^3)$ 是反对称的.

---

[53] 这个结果属于:

P. G. CIARLET [2003]: The continuity of a surface as a function of its two fundamental forms, *Journal de Mathématiques Pures et Appliquées* **82**, 253–274.

[54] 习题 8.16-2 的相容性条件及这个存在性结果属于:

P. G. CIARLET; L. GRATIE; C. MARDARE [2008]: A new approach to the fundamental theorem of surface theory, *Archive for Rational Mechanics and Analysis* **188**, 457–473.

还有其他有关的必要且充分的 (如果 ω 是单连通的) 相容性条件组, 以向量形式给出, 见

C. VALLÉE; D. FORTUNÉ [1976]: Compatibility equations in shell theory, *International Journal of Engineering Science* **34**, 495–499.

P. G. CIARLET; O. IOSIFESCU [2009]: A new approach to the fundamental theorem of surface theory, by means of the Darboux-Vallée-Fortunée compatibility relation, *Journal de Mathématiques Pures et Appliquées* **91**, 384–401.

(2) 设点 $y^0 \in \omega$ 和正常正交矩阵 $\boldsymbol{R}^0 \in \mathbb{O}^3_+$ 是给定的. 证明存在一个且只有一个正常正交矩阵场 $\boldsymbol{R} \in \mathcal{C}^2(\omega; \mathbb{O}^3_+)$ 满足

$$\partial_\alpha \boldsymbol{R} = \boldsymbol{R}\boldsymbol{A}_\alpha \text{ 在 } \omega \text{ 中, 及 } \quad \boldsymbol{R}(y^0) = \boldsymbol{R}^0,$$

其中 $\mathcal{C}^2(\omega; \mathbb{O}^3_+) := \{\boldsymbol{R} \in \mathcal{C}^2(\omega; \mathbb{M}^3); \boldsymbol{R}(y) \in \mathbb{O}^3_+ \text{ 对所有 } y \in \omega\}$.

(3) 设 $\boldsymbol{u}_\alpha \in \mathcal{C}^2(\omega; \mathbb{E}^3)$ 表示 (2) 中矩阵场 $\boldsymbol{R} \in \mathcal{C}^2(\omega; \mathbb{O}^3_+)$ 的第 α 列向量场. 证明, 存在浸入 $\boldsymbol{\theta} \in \mathcal{C}^3(\omega; \mathbb{E}^3)$ 满足

$$\partial_\alpha \boldsymbol{\theta} = \boldsymbol{R}\boldsymbol{u}_\alpha \quad \text{在 } \omega \text{ 中}.$$

(4) 证明 (3) 中得到的浸入满足

$$\partial_\alpha \boldsymbol{\theta} \cdot \partial_\beta \boldsymbol{\theta} = a_{\alpha\beta} \text{ 在 } \omega \text{ 中} \quad \text{及} \quad \partial_{\alpha\beta} \boldsymbol{\theta} \cdot \frac{\partial_1 \boldsymbol{\theta} \wedge \partial_2 \boldsymbol{\theta}}{|\partial_1 \boldsymbol{\theta} \wedge \partial_2 \boldsymbol{\theta}|} = b_{\alpha\beta} \text{ 在 } \omega \text{ 中}.$$

8.16-3 设 ω 是 $\mathbb{R}^2$ 的开子集. 证明, 两个矩阵场 $(a_{\alpha\beta}) \in \mathcal{C}^2(\omega; \mathbb{S}^2_>)$ 和 $(b_{\alpha\beta}) \in \mathcal{C}^1(\omega; \mathbb{S}^2)$ 在 ω 中满足 Gauss 和 Codazzi-Mainardi 方程的充分必要条件是它们满足

$$\partial_1 \boldsymbol{A}_2 - \partial_2 \boldsymbol{A}_1 + \boldsymbol{A}_1 \boldsymbol{A}_2 - \boldsymbol{A}_2 \boldsymbol{A}_1 = \boldsymbol{0} \quad \text{在 } \omega \text{ 中},$$

其中矩阵场 $\boldsymbol{A}_\alpha \in \mathcal{C}^1(\omega; \mathbb{A}^3)$ 如习题 8.16-2 中那样, 由矩阵场 $(a_{\alpha\beta})$ 和 $(b_{\alpha\beta})$ 给出.

8.17 具有相同基本形式的曲面的唯一性; 曲面的刚性定理

在 8.16 节中, 我们证明了, 假设给定在 ω 中满足 Gauss 及 Codazzi-Mainardi 条件的第一和第二基本形式, 且开集 ω 是单连通的, 则存在一个浸入 $\boldsymbol{\theta}: \omega \subset \mathbb{R}^2 \to \mathbb{E}^3$, 它形成的曲面具有这些指定的基本形式. 我们现在来讨论这种浸入唯一性的问题.

这是下一个定理的目标, 这个定理, 如定理 8.7-1 那样, 构成另一个刚性定理. 它断言, 如果两个浸入 $\boldsymbol{\theta} \in \mathcal{C}^2(\omega; \mathbb{E}^3)$ 及 $\widetilde{\boldsymbol{\theta}} \in \mathcal{C}^2(\omega; \mathbb{E}^3)$ 共有同样的基本形式, 则曲面 $\widetilde{\boldsymbol{\theta}}(\omega)$ 可由对曲面 $\boldsymbol{\theta}(\omega)$ 施加一个旋转 (由一个正常正交矩阵 $\boldsymbol{Q}$ 表示), 然后对旋转后的曲面施加一个平移 (由向量 $\boldsymbol{c}$ 表示) 而得到. 换言之, 定理 8.16-1 中得到的浸入在相差 $\mathbb{E}^3$ 中正常等距 (8.7 节) 的意义下是唯一的.

如下面的证明所示, 唯一性问题可以作为关于 $\mathbb{R}^3$ 的开子集的刚性定理 (定理 8.7-1) 的一个推论而得到, 这就是为什么比在存在性定理 (定理 8.16-1) 中弱的光滑性假设就够了. 回忆一下, $\mathbb{O}^3$ 表示三阶正交矩阵的集合, 而 $\mathbb{O}^3_+ = \{\boldsymbol{Q} \in \mathbb{O}^3; \det \boldsymbol{Q} = 1\}$ 表示所有三阶正常正交矩阵的集合.

注意, 在这里 ω 是单连通的这一假设不再需要.

定理 8.17-1 (曲面的刚性定理) 设 ω 是 $\mathbb{R}^2$ 的连通开子集, 又设 $\widetilde{\boldsymbol{\theta}} \in \mathcal{C}^2(\omega; \mathbb{E}^3)$ 和 $\boldsymbol{\theta} \in \mathcal{C}^2(\omega; \mathbb{E}^3)$ 是两个浸入, 它们相应的第一和第二基本形式 (符号是自明的) 满足

$$\widetilde{a}_{\alpha\beta} = a_{\alpha\beta} \quad \text{及} \quad \widetilde{b}_{\alpha\beta} = b_{\alpha\beta} \quad \text{在 } \omega \text{ 中}.$$

则存在一个向量 $\boldsymbol{c}\in\mathbb{E}^3$ 及一个矩阵 $\boldsymbol{Q}\in\mathbb{O}^3_+$ 使得

$$\widetilde{\boldsymbol{\theta}}(y)=\boldsymbol{c}+\boldsymbol{Q}\boldsymbol{\theta}(y)\quad \text{对所有 } y\in\omega.$$

证明 设矩阵场 $(g_{ij})\in\mathcal{C}(\omega\times\mathbb{R};\mathbb{S}^3)$ 在 $\omega\times\mathbb{R}$ 中由

$$g_{\alpha\beta}(y,x_3):=a_{\alpha\beta}(y)-2x_3b_{\alpha\beta}(y)+x_3^2a^{\sigma\tau}(y)b_{\alpha\sigma}(y)b_{\beta\tau}(y)$$
$$\text{在每个 } (y,x_3)\in\omega\times\mathbb{R} \text{ 处},$$
$$g_{i3}(y,x_3):=\delta_{i3}\quad \text{在每个 } (y,x_3)\in\omega\times\mathbb{R} \text{ 处}$$

定义.

存在 ω 的开子集 $\omega_l, l\geqslant 0$, 使得对每个 $l\geqslant 0$, $\overline{\omega}_l$ 是 ω 的紧子集, 而且使得

$$\omega=\bigcup_{l=0}^{\infty}\omega_l.$$

那么, 对每个 $l\geqslant 0$, 存在 $\varepsilon_l=\varepsilon_l(\omega_l)>0$ 使得对称矩阵 $(g_{ij}(y,x_3))$ 在所有 $(y,x_3)\in\overline{\omega}_l\times[-\varepsilon_l,\varepsilon_l]$ 处都是正定的 (这是因为函数 $g_{ij}:=\omega\times\mathbb{R}\to\mathbb{R}$ 是连续的, 而对称矩阵 $(a_{\alpha\beta}(y))\in\mathbb{S}^2$ 在每个 $y\in\overline{\omega}_l$ 处都是正定的).

定义开集

$$\Omega:=\bigcup_{l=0}^{\infty}(\omega_l\times\,]-\varepsilon_l,\varepsilon_l[\,)\subset\omega\times\mathbb{R},$$

由定理 1.9-9 知它是连通的 (因为 ω 是开的连通集, 显然 Ω 是弧连通的).

定义两个映射 $\widetilde{\boldsymbol{\Theta}}\in\mathcal{C}^1(\Omega;\mathbb{E}^3)$ 和 $\boldsymbol{\Theta}\in\mathcal{C}^1(\Omega;\mathbb{E}^3)$ 如下 (符号是自明的):

$$\widetilde{\boldsymbol{\Theta}}(y,x_3):=\widetilde{\boldsymbol{\theta}}(y)+x_3\widetilde{\boldsymbol{a}}_3(y)\text{ 及}$$
$$\boldsymbol{\Theta}(y,x_3):=\boldsymbol{\theta}(y)+x_3\boldsymbol{a}_3(y)\quad \text{在每个 } (y,x_3)\in\Omega \text{ 处},$$

它们满足

$$\boldsymbol{\nabla}\widetilde{\boldsymbol{\Theta}}^T\boldsymbol{\nabla}\widetilde{\boldsymbol{\Theta}}=\boldsymbol{\nabla}\boldsymbol{\Theta}^T\boldsymbol{\nabla}\boldsymbol{\Theta}=(g_{ij})\quad \text{在 } \Omega \text{ 中},$$

因为对称矩阵场 (g_{ij}) 在 Ω 中是正定的, 上式说明它们都是浸入.

所以, 根据定理 8.7-1, 存在向量 $\boldsymbol{c}\in\mathbb{E}^3$ 和正交矩阵 $\boldsymbol{Q}\in\mathbb{O}^3$ 使得

$$\widetilde{\boldsymbol{\Theta}}(y,x_3)=\boldsymbol{c}+\boldsymbol{Q}\boldsymbol{\Theta}(y,x_3)\quad \text{对所有 } (y,x_3)\in\Omega.$$

因此, 一方面,

$$\det\boldsymbol{\nabla}\widetilde{\boldsymbol{\Theta}}(y,x_3)=\det\boldsymbol{Q}\det\boldsymbol{\nabla}\boldsymbol{\Theta}(y,x_3)\quad \text{对所有 } (y,x_3)\in\Omega.$$

另一方面, 简单的计算说明

$$\det\boldsymbol{\nabla}\boldsymbol{\Theta}(y,x_3)=\sqrt{\det(a_{\alpha\beta}(y))}(1-x_3(b_1^1+b_2^2)(y)+x_3^2(b_1^1b_2^2-b_1^2b_2^1)(y))$$

对所有 $(y, x_3) \in \Omega$, 其中

$$b_\alpha^\beta(y) := a^{\beta\sigma}(y) b_{\alpha\sigma}(y), \quad y \in \omega,$$

故

$$\det \boldsymbol{\nabla} \widetilde{\boldsymbol{\Theta}}(y, x_3) = \det \boldsymbol{\nabla} \boldsymbol{\Theta}(y, x_3) \quad \text{对所有 } (y, x_3) \in \Omega.$$

所以 $\det \boldsymbol{Q} = 1$, 这说明 $\boldsymbol{Q} \in \mathbb{O}^3$ 实际上是一个正常正交矩阵. 在关系式

$$\widetilde{\boldsymbol{\Theta}}(y, x_3) = \boldsymbol{c} + \boldsymbol{Q}\boldsymbol{\Theta}(y, x_3) \quad \text{对所有 } (y, x_3) \in \Omega$$

中令 $x_3 = 0$ 即得定理结论. □

注 (1) 相比较而言, 对于 $\mathbb{R}^n$ 的开子集的刚性定理 (定理 8.7-1) 中所包含的 $\mathbb{E}^n$ 等距并未要求是正常的.

(2) 曲面的刚性定理可扩展到分量在 *Sobolev* 空间中的映射 $\boldsymbol{\Theta}$[55]. □

[55] P. G. Ciarlet; C. Mardare [2003]: On rigid and infinitesimal rigid displacements in shell theory, *Journal de Mathématiques Pures et Appliquées* **83**, 1–15.

第 9 章　非线性泛函分析的重要定理

引言

本章的标题稍微有点名不符实, 这有两个原因. 第一, 应算是非线性泛函分析重要定理之中的一些基本结果, 如 *Banach* 不动点定理, *Sard* 引理, *Newton-Kontorovich* 定理, 或隐函数定理等, 并未出现于此 (因为已在第 3 和第 7 章中予以讨论).

第二, 虽然本书中对线性泛函分析基本概念的处理可谓相当完整, 但对非线性泛函分析问题, 由于课题范围浩瀚, 处理就难免不够彻底. 在本章中, 我们更合适的目标是只对那些最基本的概念给出合理的完整处理, 而不深入讨论一些更高深或专门的课题 (如, Γ 收敛性, 集中紧性, 补偿紧性, 山口引理, 或无限维 Banach 空间中的 Leray-Schauder 度等), 只是有时简略地提一下 (但在每处都给出专门文献).

本章的第一部分是关于变分学的一个导引, 实际上也就是讨论典型地定义在 Sobolev 空间 $W^{1,p}(\Omega)$ 上的非二次泛函的极小化问题, 其中 $1 < p < \infty$ 而 Ω 是 $\mathbb{R}^n$ 中的区域. 可以预见, 这种极小化问题的解, 至少在分布意义上, 满足 Ω 上的非线性偏微分方程, 它们在变分学中称为 *Euler-Lagrange* 方程 (在 9.1 节中, 对于一个理想的模型问题引入这些方程); 关于这个问题我们回忆一下, 与之不同的是, 二次泛函的极小化子满足的是 Ω 中的线性偏微分方程 (第 6 章).

对于泛函是序列弱下半连续的情况, 这一特性在变分学中起着基本作用, 我们确立了这种极小化问题的一般存在定理 (定理 9.3-1 和 9.5-2). 其他关键性的假设是泛函的强制性, 其被积函数的凸性, 以及泛函在其上极小化的空间的自反性. 这些假设解释了为什么在这些定理的证明中, 关键之处要用到在第 5 章末尾给出的一些基本概念: 弱收敛, Banach-Saks-Mazur 定理, 或 Banach-Eberlein-Šmulian 定理等.

要用到这些一般定理的包括: *Von Kármán* 方程 (定理 9.4-3), *p-Laplace* 算子

的 *Dirichlet* 问题 (定理 9.6-1), 以及特别值得关注的三维非线性弹性中的 *John Ball* 存在定理 (定理 9.7-4), 这个结果本身依赖于引入两个基本概念: 多凸性及补偿紧性 (9.7 节).

借助于 *Ekeland* 变分原理 (定理 9.8-1 和 9.8-2) 也证明了, 在非自反 *Banach* 空间上也可以得到极小化子的存在性, 假若泛函是 $\mathcal{C}^1$ 类, 下有界的, 且满足 *Palais-Smale* 条件 (定理 9.8-3).

本章的第二部分与第一部分紧密交织在一起, 其中心课题在于非线性泛函分析的最基本定理之一: *Brouwer* 不动点定理. 这个定理简单地断言, 任何从 $\mathbb{R}^n$ 的紧凸子集到其自身的连续映射至少有一个不动点.

Brouwer 定理的第一个、在很大程度上也是初等的证明在定理 9.9-2 中给出, 它基于以下考虑: 如果两个光滑的函数 v 和 $\widetilde{v}$ 在 $\mathbb{R}^n$ 中区域 Ω 的边界上相等, 则 $\int_\Omega \det \nabla v(x)dx = \int_\Omega \det \nabla \widetilde{v}(x)dx$, 这个关系式本身可直接从基本的 *Piola* 恒等式 (7.1 节) 得到.

我们现在开始介绍 Brouwer 定理的几个意义深远的应用, 这其中包括对非负矩阵的 *Perron-Frobenius* 理论简短的涉及 (定理 9.9-4), 或用于确立 von Kármán 方程 (见定理 9.10-1, 不是如 9.4 节中那样依靠一个泛函) 及 *Navier-Stokes* 方程 (定理 9.11-1) 解存在性的 *Galerkin* 方法的有效性等.

我们也将阐明, 如果将 Brouwer 不动点定理推广到无限维赋范向量空间, 成为 *Schauder* 不动点定理 (定理 9.12-1) 或 *Schäfer* 不动点定理 (定理 9.12-2) 的形式, 后者本身又是非线性泛函分析的另一个基本定理, *Leray-Schauder* 不动点定理 (定理 9.12-3) 的一个特殊情况.

确立非线性偏微分方程解存在性的另一个途径是基于基本的 *Minty-Browder* 定理 (定理 9.14-1), 它适用于一大类称为单调算子 (9.14 节) 的非线性算子. 其证明本质上还是依赖于连同 Galerkin 方法一起应用的 Brouwer 不动点定理. 例如, 这种处理可以提供另一种方法来证明 *p-Laplace* 算子的 *Dirichlet* 问题解的存在性 (见定理 9.14-2; 而无须如 9.6 节中那样借助于一个泛函).

在本书的最后三节中, 我们将给出非线性泛函分析中另一个基本概念, 即 $\mathbb{R}^n$ 中 *Brouwer* 拓扑度 (9.15 节) 的详细结构. 然后说明, Brouwer 度如何为 *Brouwer* 不动点定理提供了第二个极简短的证明 (定理 9.16-1), 它同样也是 $\mathbb{R}^n$ 中非线性泛函分析一些最重要结果证明的关键, 诸如毛球定理 (the hairy ball theorem, 定理 9.16-2), *Borsuk* 和 *Borsuk-Ulam* 定理 (定理 9.17-1 和 9.17-2), 最后还有深刻的 $\mathbb{R}^n$ 中区域的 *Brouwer* 不变性 (定理 9.17-3) 等.

9.1 作为与泛函极小化相关的 Euler-Lagrange 方程的非线性偏微分方程

在 Sobolev 空间, 如 $H_0^1(\Omega)$ 或 $\boldsymbol{H}_0^1(\Omega) := H_0^1(\Omega;\mathbb{R}^n)$ 上的二次泛函的极小化子是 Ω 上线性二阶边值问题的解, 至少在其为足够光滑时是如此 (否则, 偏微分方程至少在分布意义下, 即在空间 $\mathcal{D}'(\Omega)$ 中满足). 例如, 在定理 6.7-2 的假设下, 如果在空间 $H_0^1(\Omega)$ 上的泛函

$$J : v \in H_0^1(\Omega) \to \int_\Omega (|\nabla v|^2 + cv^2)dx - \int_\Omega fvdx$$

的极小化子 $u \in H_0^1(\Omega)$ 是在空间 $H^2(\Omega)$ 中, 则 u 是以下边值问题的解:

$$-\Delta u + cu = f \text{ 在 } \Omega \text{ 中} \quad \text{及} \quad u = 0 \text{ 在 } \Gamma := \partial\Omega \text{ 上}.$$

又例如, 在定理 6.16-1 的假设下, 如果在空间 $\boldsymbol{H}_0^1(\Omega)$ 上的泛函

$$J : \boldsymbol{v} \in \boldsymbol{H}_0^1(\Omega) \to \int_\Omega \{\lambda(\mathrm{tr}\,\boldsymbol{e}(\boldsymbol{v}))^2 + 2\mu\boldsymbol{e}(\boldsymbol{v}) : \boldsymbol{e}(\boldsymbol{v})\}dx - \int_\Omega \boldsymbol{f}\cdot\boldsymbol{v}dx$$

的极小化子 $\boldsymbol{u} \in \boldsymbol{H}_0^1(\Omega)$ 是在空间 $\boldsymbol{H}^2(\Omega)$ 中, 则 $\boldsymbol{u}$ 是以下边值问题的解:

$$-\mathbf{div}\{\lambda(\mathrm{tr}\,\boldsymbol{e}(\boldsymbol{u}))\boldsymbol{I} + 2\mu\boldsymbol{e}(\boldsymbol{u})\} = \boldsymbol{f} \text{ 在 } \Omega \text{ 中} \quad \text{及} \quad \boldsymbol{u} = \boldsymbol{0} \text{ 在 } \Gamma \text{ 上}.$$

在这种例子中, Ω 中的偏微分方程以下述方式导出: 设 $u \in V$ 使得 $J(u) = \inf_{v\in V} J(v)$, 其中空间 V 和泛函 $J : v \in V \to J(v) = \frac{1}{2}a(v,v) - l(v)$ 满足定理 6.1-1 中的假设. 由于在这种情况, $a(u,v) = l(v)$ 对所有 $v \in V$ 成立 (定理 6.1-2), 于是可得偏微分方程, 为此首先对这些变分方程应用 *Green* 公式 (这是合理的, 因为这时为此目的假定 u 具有额外的正则性); 再利用以下结果, 如果 $w \in L^2(\Omega)$ 满足 $\int_\Omega w\varphi dx = 0$ 对所有 $\varphi \in \mathcal{D}(\Omega)$, 则 $w = 0$.

注意, 变分方程 $a(u,v) = l(v)$ 对所有 $v \in V$, 简单来说就是, J 在 u 处的 *Gâteaux* 导数 $a(u,v) - l(v)$ 在所有方向 $v \in V$ 上都为零, 或等价地, *Fréchet* 导数 $J'(u)$ 在 u 处等于零 (回忆一下, 在这种情况下泛函 J 是 Fréchet 可微的).

实际上, 这种考虑具有更广泛的应用, 因它们对不再是二次的泛函同样适用, 如以下定理中所示, 从而成为将一大类非线性边值问题与泛函的极小化联系起来的有力手段.

注意, 在这个定理中, 每个偏导数 $\frac{\partial\mathcal{L}}{\partial\boldsymbol{a}}(x,\boldsymbol{a},\boldsymbol{F})$ 都等同于列向量 $\left(\frac{\partial\mathcal{L}}{\partial a_i}(x,\boldsymbol{a},\boldsymbol{F})\right)_{i=1}^m \in \mathbb{R}^m$, 每个偏导数 $\frac{\partial\mathcal{L}}{\partial\boldsymbol{F}}(x,\boldsymbol{a},\boldsymbol{F})$ 都等同于矩阵 $\left(\frac{\partial\mathcal{L}}{\partial F_{ij}}(x,\boldsymbol{a},\boldsymbol{F})\right) \in \mathbb{M}^{m\times n}$ (行指标为 i), 而且 $\nabla\boldsymbol{v}(x) = (\partial_j v_i(x)) \in \mathbb{M}^{m\times n}, x \in \Omega$ (行指标为 i) (与 7.1 节中定义的符号一致).

也要注意, 在定理 9.1-1 部分 (a), (b), 或部分 (c) 的陈述中所作的关于函数 $\mathcal{L}$ 的所有假设, 当 $\mathcal{L} \in \mathcal{C}^1(\overline{\Omega} \times \mathbb{R}^m \times \mathbb{M}^{m\times n})$, 或 $\mathcal{L} \in \mathcal{C}^2(\overline{\Omega} \times \mathbb{R}^m \times \mathbb{R}^{m\times n})$ 时, 分别成立.

定理 9.1-1 设 $m \geqslant 1$ 和 $n \geqslant 1$ 是两个整数, Ω 是 $\mathbb{R}^n$ 中边界为 Γ 的区域, 又给定一个函数 $\mathcal{L}:\overline{\Omega}\times\mathbb{R}^m\times\mathbb{M}^{m\times n}\to\mathbb{R}$ 具有下述性质: 在每个 $x\in\overline{\Omega}$ 处, 函数 $\mathcal{L}(x,\cdot,\cdot):\mathbb{R}^m\times\mathbb{M}^{m\times n}\to\mathbb{R}$ 是 *Fréchet* 可微的; 对任意 $r>0$, 存在常数 $k(r)$ 使得其偏导数满足

$$\left|\frac{\partial\mathcal{L}}{\partial\boldsymbol{a}}(x,\boldsymbol{b},\boldsymbol{G})-\frac{\partial\mathcal{L}}{\partial\boldsymbol{a}}(x,\boldsymbol{a},\boldsymbol{F})\right|+\left|\frac{\partial\mathcal{L}}{\partial\boldsymbol{F}}(x,\boldsymbol{b},\boldsymbol{G})-\frac{\partial\mathcal{L}}{\partial\boldsymbol{F}}(x,\boldsymbol{a},\boldsymbol{F})\right|\leqslant k(r)(|\boldsymbol{b}-\boldsymbol{a}|+|\boldsymbol{G}-\boldsymbol{F}|)$$

对所有 $x\in\overline{\Omega}$ 及所有 $|\boldsymbol{a}|+|\boldsymbol{F}|\leqslant r$ 和 $|\boldsymbol{b}|+|\boldsymbol{G}|\leqslant r$; 而且函数 $x\in\Omega\to\mathcal{L}(x,\boldsymbol{v}(x),\boldsymbol{\nabla v}(x))$, $x\in\Omega\to\frac{\partial\mathcal{L}}{\partial\boldsymbol{a}}(x,\boldsymbol{v}(x),\boldsymbol{\nabla v}(x))$, 及 $x\in\Omega\to\frac{\partial\mathcal{L}}{\partial\boldsymbol{F}}(x,\boldsymbol{v}(x),\boldsymbol{\nabla v}(x))$ 对每个向量场 $\boldsymbol{v}\in\mathcal{C}^1(\overline{\Omega};\mathbb{R}^m)$ 在 Ω 中是 *Lebesgue* 可积的. 最后, 给定向量场 $\boldsymbol{u}_0\in\mathcal{C}(\Gamma;\mathbb{R}^m)$ 和向量场 $\boldsymbol{f}\in\mathcal{C}(\overline{\Omega};\mathbb{R}^m)$, 定义空间

$$\boldsymbol{V}:=\{\boldsymbol{v}\in\mathcal{C}^1(\overline{\Omega};\mathbb{R}^m);\boldsymbol{v}=\boldsymbol{u}_0\ \text{在}\ \Gamma\ \text{上}\},$$

和泛函

$$J:\boldsymbol{v}\in\mathcal{C}^1(\overline{\Omega};\mathbb{R}^m)\to J(\boldsymbol{v}):=\int_\Omega\mathcal{L}(x,\boldsymbol{v}(x),\boldsymbol{\nabla v}(x))dx-\int_\Omega\boldsymbol{f}(x)\cdot\boldsymbol{v}(x)dx.$$

(a) 泛函 J 在装备了由

$$\boldsymbol{v}\in\mathcal{C}^1(\overline{\Omega};\mathbb{R}^m)\to\|\boldsymbol{v}\|:=\sup_{x\in\overline{\Omega}}|\boldsymbol{v}(x)|+\sup_{x\in\overline{\Omega}}|\boldsymbol{\nabla v}(x)|$$

定义的范数的空间 $\mathcal{C}^1(\overline{\Omega};\mathbb{R}^m)$ 上是 *Fréchet* 可微的 (7.1 节), 对每个 $\boldsymbol{u},\boldsymbol{w}\in\mathcal{C}^1(\overline{\Omega};\mathbb{R}^m)$, 其 *Gâteaux* 导数由下式给出

$$\begin{aligned}J'(\boldsymbol{u})\boldsymbol{w}=&\int_\Omega\left\{\frac{\partial\mathcal{L}}{\partial\boldsymbol{a}}(x,\boldsymbol{u}(x),\boldsymbol{\nabla u}(x))\cdot\boldsymbol{w}(x)+\frac{\partial\mathcal{L}}{\partial\boldsymbol{F}}(x,\boldsymbol{u}(x),\boldsymbol{\nabla u}(x)):\boldsymbol{\nabla w}(x)\right\}dx\\&-\int_\Omega\boldsymbol{f}(x)\cdot\boldsymbol{w}(x)dx.\end{aligned}$$

(b) 假定 $\boldsymbol{u}$ 是 J 在 $\boldsymbol{V}$ 上的极小化子, 即

$$\boldsymbol{u}\in\boldsymbol{V}\quad\text{且}\quad J(\boldsymbol{u})=\inf_{\boldsymbol{v}\in\boldsymbol{V}}J(\boldsymbol{v}),$$

又设空间 $\boldsymbol{W}$ 由下式定义:

$$\boldsymbol{W}:=\{\boldsymbol{w}\in\mathcal{C}^1(\overline{\Omega};\mathbb{R}^m);\boldsymbol{w}=\boldsymbol{0}\ \text{在}\ \Gamma\ \text{上}\},$$

则极小化子 $\boldsymbol{u}$ 满足变分方程:

$$\begin{aligned}&\int_\Omega\left\{\frac{\partial\mathcal{L}}{\partial\boldsymbol{a}}(x,\boldsymbol{u}(x),\boldsymbol{\nabla u}(x))\cdot\boldsymbol{w}(x)+\frac{\partial\mathcal{L}}{\partial\boldsymbol{F}}(x,\boldsymbol{u}(x),\boldsymbol{\nabla u}(x)):\boldsymbol{\nabla w}(x)\right\}dx\\&=\int_\Omega\boldsymbol{f}(x)\cdot\boldsymbol{w}(x)dx\quad\text{对所有}\ \boldsymbol{w}\in\boldsymbol{W}.\end{aligned}$$

(c) 另外, 如果矩阵场 $x \in \overline{\Omega} \to \frac{\partial \mathcal{L}}{\partial \boldsymbol{F}}(x, \boldsymbol{u}(x), \boldsymbol{\nabla} \boldsymbol{u}(x)) \in \mathbb{M}^{m\times n}$ 属于空间 $\mathcal{C}^1(\overline{\Omega}; \mathbb{M}^{m\times n})$, 则 $\boldsymbol{u}$ 满足边值问题:

$$-\mathbf{div}\frac{\partial \mathcal{L}}{\partial \boldsymbol{F}}(x, \boldsymbol{u}(x), \boldsymbol{\nabla} \boldsymbol{u}(x)) + \frac{\partial \mathcal{L}}{\partial \boldsymbol{a}}(x, \boldsymbol{u}(x), \boldsymbol{\nabla} \boldsymbol{u}(x)) = \boldsymbol{f}(x), \quad x \in \Omega,$$
$$\boldsymbol{u}(x) = \boldsymbol{u}_0(x), \quad x \in \Gamma.$$

证明 (i) 泛函 $J : \mathcal{C}^1(\overline{\Omega}; \mathbb{R}^n) \to \mathbb{R}$ 是 *Fréchet* 可微的.

给定任意向量场 $\boldsymbol{u}, \boldsymbol{w} \in \mathcal{C}^1(\overline{\Omega}; \mathbb{R}^n)$. Taylor-MacLaurin 公式 (定理 7.9-1(c)) 说明, 在每个 $x \in \overline{\Omega}$ 处, 存在 $0 < \theta(x) < 1$ 使得

$$\begin{aligned} J(\boldsymbol{u}+\boldsymbol{w}) - J(\boldsymbol{u}) = &\int_\Omega \frac{\partial \mathcal{L}}{\partial \boldsymbol{a}}(x, \boldsymbol{u}(x)+\theta(x)\boldsymbol{w}(x), \boldsymbol{\nabla}\boldsymbol{u}(x)+\theta(x)\boldsymbol{\nabla}\boldsymbol{w}(x)) \cdot \boldsymbol{w}(x)dx \\ &+ \int_\Omega \frac{\partial \mathcal{L}}{\partial \boldsymbol{F}}(x, \boldsymbol{u}(x)+\theta(x)\boldsymbol{w}(x), \boldsymbol{\nabla}\boldsymbol{u}(x)+\theta(x)\boldsymbol{\nabla}\boldsymbol{w}(x)) : \boldsymbol{\nabla}\boldsymbol{w}(x)dx \\ &- \int_\Omega \boldsymbol{f}(x)\cdot \boldsymbol{w}(x)dx. \end{aligned}$$

那么根据假设, 对任意 $r > 0$, 有

$$\begin{aligned} &\left|\frac{\partial \mathcal{L}}{\partial \boldsymbol{a}}(x, \boldsymbol{u}(x)+\theta(x)\boldsymbol{w}(x), \boldsymbol{\nabla}\boldsymbol{u}(x)+\theta(x)\boldsymbol{\nabla}\boldsymbol{w}(x)) - \frac{\partial \mathcal{L}}{\partial \boldsymbol{a}}(x, \boldsymbol{u}(x), \boldsymbol{\nabla}\boldsymbol{u}(x))\right| \\ &+ \left|\frac{\partial \mathcal{L}}{\partial \boldsymbol{F}}(x, \boldsymbol{u}(x)+\theta(x)\boldsymbol{w}(x), \boldsymbol{\nabla}\boldsymbol{u}(x)+\theta(x)\boldsymbol{\nabla}\boldsymbol{w}(x)) - \frac{\partial \mathcal{L}}{\partial \boldsymbol{F}}(x, \boldsymbol{u}(x), \boldsymbol{\nabla}\boldsymbol{u}(x))\right| \\ &\leqslant k(r)\|\boldsymbol{w}\| \end{aligned}$$

对所有 $x \in \overline{\Omega}$ 及所有满足 $\|\boldsymbol{u}\| \leqslant r$ 和 $\|\boldsymbol{u}+\boldsymbol{w}\| \leqslant r$ 的 $\boldsymbol{u}, \boldsymbol{w} \in \mathcal{C}^1(\overline{\Omega}; \mathbb{R}^n)$. 因此, 对这种向量场,

$$\begin{aligned} &J(\boldsymbol{u}+\boldsymbol{w}) - J(\boldsymbol{u}) \\ &= \int_\Omega \left\{\frac{\partial \mathcal{L}}{\partial \boldsymbol{a}}(x, \boldsymbol{u}(x), \boldsymbol{\nabla}\boldsymbol{u}(x)) \cdot \boldsymbol{w}(x) + \frac{\partial \mathcal{L}}{\partial \boldsymbol{F}}(x, \boldsymbol{u}(x), \boldsymbol{\nabla}\boldsymbol{u}(x)) : \boldsymbol{\nabla}\boldsymbol{w}(x)\right\} dx \\ &\quad - \int_\Omega \boldsymbol{f}(x)\cdot\boldsymbol{w}(x)dx + \|\boldsymbol{w}\|\delta(\boldsymbol{w}) \quad \text{其中 } \lim \delta(\boldsymbol{w}) = 0 \text{ 当 } \|\boldsymbol{w}\| \to 0 \text{ 时}. \end{aligned}$$

因此泛函 $J : \mathcal{C}^1(\overline{\Omega}; \mathbb{R}^n) \to \mathbb{R}$ 在每个 $\boldsymbol{u} \in \mathcal{C}^1(\overline{\Omega}; \mathbb{R}^n)$ 处都是 Fréchet 可微的, 且其导数 $J'(\boldsymbol{u}) \in \mathcal{L}(\mathcal{C}^1(\overline{\Omega}; \mathbb{R}^m); \mathbb{R})$ 由下式给出:

$$\begin{aligned} J'(\boldsymbol{u})\boldsymbol{w} = &\int_\Omega \left\{\frac{\partial \mathcal{L}}{\partial \boldsymbol{a}}(x, \boldsymbol{u}(x), \boldsymbol{\nabla}\boldsymbol{u}(x)) \cdot \boldsymbol{w}(x) + \frac{\partial \mathcal{L}}{\partial \boldsymbol{F}}(x, \boldsymbol{u}(x), \boldsymbol{\nabla}\boldsymbol{u}(x)) : \boldsymbol{\nabla}\boldsymbol{w}(x)\right\} dx \\ &- \int_\Omega \boldsymbol{f}(x)\cdot\boldsymbol{w}(x)dx \quad \text{对所有 } \boldsymbol{w} \in \boldsymbol{W}. \end{aligned}$$

(ii) 设 $\boldsymbol{u} \in \boldsymbol{V}$ 使得 $J(\boldsymbol{u}) = \inf_{\boldsymbol{v}\in\boldsymbol{V}} J(\boldsymbol{v})$. 因为 $\boldsymbol{V}$ 是空间 $\mathcal{C}^1(\overline{\Omega}; \mathbb{R}^m)$ 的凸子集, 所以 *Euler* 不等式必定满足 (定理 7.1-6), 即

$$J'(\boldsymbol{u})(\boldsymbol{v}-\boldsymbol{u}) \geqslant 0 \text{ 对所有 } \boldsymbol{v} \in \boldsymbol{V}, \text{ 或等价地},$$
$$J'(\boldsymbol{u})\boldsymbol{w} \geqslant 0 \text{ 对所有 } \boldsymbol{w} \in \boldsymbol{W}.$$

所以

$$J'(\boldsymbol{u})\boldsymbol{w}=0 \quad \text{对所有 } \boldsymbol{w}\in\boldsymbol{W},$$

此因 $\boldsymbol{W}$ 是向量空间. 因此 (b) 中宣示的变分方程成立.

(iii) 给定任意向量场 $\boldsymbol{w}=(w_i)\in\mathcal{C}^1(\overline{\Omega};\mathbb{R}^m)$ 及任意矩阵场 $\boldsymbol{T}=(T_{ij})\in\mathcal{C}^1(\overline{\Omega};\mathbb{M}^{m\times n})$, 下述 *Green* 公式成立 (作为基本 Green 公式的一个推论, 因为 Ω 是区域, 基本 Green 公式适用; 见定理 1.18-2):

$$\int_\Omega\sum_{i=1}^m\sum_{j=1}^n T_{ij}\partial_j w_i dx=-\int_\Omega\sum_{i=1}^m\left(\sum_{j=1}^n\partial_j T_{ij}\right)w_i dx+\int_\Gamma\sum_{i=1}^m\left(\sum_{j=1}^n T_{ij}\nu_j\right)w_i d\Gamma,$$

其中 $\boldsymbol{\nu}=(\nu_j)_{j=1}^n$ 表示沿 Γ 的单位外法向量; 或等价地

$$\int_\Omega\boldsymbol{T}:\boldsymbol{\nabla}\boldsymbol{w}dx=-\int_\Omega\mathbf{div}\,\boldsymbol{T}\cdot\boldsymbol{w}dx+\int_\Gamma\boldsymbol{T}\boldsymbol{\nu}\cdot\boldsymbol{w}d\Gamma.$$

如果 $\boldsymbol{u}\in\boldsymbol{V}$ 使得 $\frac{\partial\mathcal{L}}{\partial\boldsymbol{F}}(\cdot,\boldsymbol{u}(\cdot),\boldsymbol{\nabla}\boldsymbol{u}(\cdot))\in\mathcal{C}^1(\overline{\Omega};\mathbb{M}^{m\times n})$, 在 (b) 中得到的变分方程可重写为

$$\int_\Omega\left\{-\mathbf{div}\frac{\partial\mathcal{L}}{\partial\boldsymbol{F}}(x,\boldsymbol{u}(x),\boldsymbol{\nabla}\boldsymbol{u}(x))+\frac{\partial\mathcal{L}}{\partial\boldsymbol{a}}(x,\boldsymbol{u}(x),\boldsymbol{\nabla}\boldsymbol{u}(x))-\boldsymbol{f}(x)\right\}\cdot\boldsymbol{w}(x)dx=0$$

对所有 $\boldsymbol{w}\in\boldsymbol{W}$

(因为 $\boldsymbol{w}=\mathbf{0}$ 在 Γ 上, Green 公式中在边界上的积分为零).

(c) 中宣示的在 Ω 中的偏微分方程可由定理 6.3-2 得到, 因为包含关系 $\mathcal{D}(\Omega;\mathbb{R}^m)\subset\boldsymbol{W}$ 成立, 故该定理在此适用. □

用变分学中的语言, 出现在泛函 J 中的函数 $\mathcal{L}:\overline{\Omega}\times\mathbb{R}^m\times\mathbb{M}^{m\times n}\to\mathbb{R}$ 称为 **Lagrange 函数**, 而出现在这个定理得到的边值问题中的偏微分方程则构成相关的 **Euler-Lagrange 方程**[1].

注 同一术语 *Lagrange* 函数在 7.16 节中已引入, 但其意义是完全不同的. □

下面给出关于定理 9.1-1 的几个注记.

上面证明的末尾, 关键是利用定理 6.3-2, 这说明了为什么这个定理被称为变分学的基本引理.

为简单起见, 要在其中寻求未知函数的函数空间在定理 9.1-1 中选为 $\mathcal{C}^1(\overline{\Omega},\mathbb{R}^m)$. 但是, 如在本章稍后的各种实例中所示, 未知函数通常是在 Sobolev 空间 $W^{1,p}(\Omega;\mathbb{R}^m)$ (对某个 $1<p<\infty$) 中寻求 (在第 6 章所讨论的例子, 已经是这种情况, 只不过 $p=2$).

---

[1] 冠名源自 Leonhard Euler (1707—1783) 和 Joseph-Louis Lagrange (1736—1813), 他们发现了如何用这些方程求解等时下降线 (isochrone curve) 问题; 同一等时问题已被 Christiaan Huyghens (1629—1695) 用几何光学方法解决.

可以想见, 要确立泛函 J 在这种空间上的 Fréchet 可微性比在定理 9.1-1 中的更困难 (除非对二次泛函); 且在有些情况, 这甚至是不成立的.

尽管如此, 定理 9.1-1 还是说明了哪种类型的偏微分方程可以用极小化一个泛函来求解. 由于求得这些方程需要进行的计算形式上是相同的 (即使当只是在分布意义下有意义时), 这些偏微分方程的表达式无关于泛函在其上是可微的赋范向量空间.

定理 9.1-1 为变分学的两个基本问题 (将在下节中予以讨论) 的陈述打下了基础: 第一个问题, 给定函数空间 V 的一个子集 U 及定理 9.1-1 中讨论的那种形式的泛函 $J: V \to \mathbb{R}$, 寻求保证 J 在 U 上的极小化子 u 存在的充分条件; 第二, 根据适当的正则性假设, 或在分布意义下, 或在经典意义下, 确定相关联的 Euler-Lagrange 方程.

事实说明, 确立极小化子存在的关键性质是泛函的序列弱下半连续性. 这就是为什么在下一节中我们从讨论这个概念开始, 并且还讨论它与凸性概念的联系.

习题

9.1-1 设 Ω 是 $\mathbb{R}^2$ 中边界为 Γ 的区域, $u_0: \Gamma \to \mathbb{R}$ 是给定的函数. 非参数形式的极小曲面问题[2)] 就是求函数 $u: \overline{\Omega} \to \mathbb{R}$, 使其在空间 V 上极小化由 $J(v) := \int_\Omega \sqrt{1+|\nabla v|^2}dx$ 定义的泛函 J, 这里 V 是由在 Γ 上等于 u_0 的函数 $v: \overline{\Omega} \to \mathbb{R}$ 组成的适当空间.

(1) 证明泛函 J 在 Sobolev 空间 $W^{1,1}(\Omega)$ 上是适定的而且是 Fréchet 可微的, 在每个 $u \in W^{1,1}(\Omega)$ 处其导数 $J'(u)$ 由下式给出:

$$J'(u)v = \int_\Omega \frac{\nabla u \cdot \nabla v}{\sqrt{1+|\nabla u|^2}}dx \quad \text{对所有 } v \in W^{1,1}(\Omega).$$

(2) 证明, 极小曲面问题充分光滑的解 u 满足非线性边值问题:

$$\operatorname{div}\left(\frac{\nabla u}{\sqrt{1+|\nabla u|^2}}\right) = 0 \quad \text{在 } \Omega \text{ 中}.$$

(3) 证明, 在 Ω 中的偏微分方程可等价地重写为[3)]

[2)] 如果 Ω 是凸的 (在问题 (4) 中就不是这种情况) 且 $u_0 \in \mathcal{C}(\Gamma)$, 这个问题总是存在经典解; 见

T. Rado [1930]: The problem of the least area and the problem of Plateau, *Mathematische Zeitschrift* **32**, 763–796.

否则, 只要 Ω 是有界的 (如在问题 (4) 中), 广义解 (在特定意义下定义的) 总是存在的; 见

R. Temam [1971]: Solutions généralisées de certaines équations du type hypersurfaces minima, *Archive for Rational Mechanics and Analysis* **44**, 121–156.

参数形式的极小曲面问题在于寻求由曲线坐标定义的极小曲面 (参见 8.8 节; 未知量是向量场 $\boldsymbol{u}: \overline{\Omega} \subset \mathbb{R}^2 \to \mathbb{R}^3$); 见

B. Dacorogna [1982]: Minimal hypersurfaces in parametric form with non convex integrands, *Indiana University Mathematics Journal* **31**, 531–552.

对极小曲面问题全面的回顾及深入的评述, 见

W. H. Meeks III; J. Pérez [2011]: The classical theory of minimal surfaces, *Bulletin of the American Mathematical Society* **48**, 325–407.

[3)] 这个方程首次出现在下文中:

J. L. Lagrange [1760]: Essai d'une nouvelle méthode pour déterminer les maxima et les minima des formules intégrales indéfinies, *Miscellanea Taurinensia* **325**, 173–199.

$$(1+(\partial_2 u)^2)\partial_{11}u-2\partial_1 u\partial_2 u\partial_{12}u+(1+(\partial_1 u)^2)\partial_{22}u=0 \text{ 在 } \Omega \text{ 中 } \quad \text{及} \quad u=u_0 \text{ 在 } \Gamma \text{ 上}.$$

(4) 设 $\Omega:=\{\boldsymbol{x}\in\mathbb{R}^2;1<|\boldsymbol{x}|<2\}$ 及 $u_0(\boldsymbol{x}):=\gamma>0$ 若 $|\boldsymbol{x}|=1$ 和 $u_0(\boldsymbol{x}):=0$ 若 $|\boldsymbol{x}|=2$, 又假定相应的极小曲面问题的解只是 $|\boldsymbol{x}|$ 的函数, 在这种情况, 极小化问题就化为一个单变量函数的问题. 证明, 存在一个常数 γ^* 使得, 若 $\gamma<\gamma^*$ 则存在唯一这种解, 若 $\gamma\geqslant\gamma^*$ 则无解.

9.2 凸函数和在 $\mathbb{R}\cup\{\infty\}$ 中取值的序列下半连续函数

下面, 我们考察取值于广义实数集 $\{-\infty\}\cup\mathbb{R}\cup\{\infty\}$ 的子集 $\mathbb{R}\cup\{\infty\}$ 中的函数, 广义实数中装备以承继自集 $\mathbb{R}$ 的自然的运算和序, 对于符号 $-\infty$ 和 ∞ 则有指定的规则[4].

给定集合 X, 一个函数 $f:X\to\mathbb{R}\cup\{\infty\}$ 称为**正常**的, 如果集合 $\{x\in X;f(x)<\infty\}$ 是非空的. 一个正常函数 $f:X\to\mathbb{R}\cup\{\infty\}$ 的**上图** epi f 定义为集合 $X\times\mathbb{R}$ 的非空子集

$$\text{epi}\, f:=\{(x,\alpha)\in X\times\mathbb{R};f(x)\leqslant\alpha\}.$$

注意, 根据集合 epi f 的定义, $f(x)<\infty$ 当且仅当存在 $\alpha\in\mathbb{R}$ 使得 $(x,\alpha)\in$ epi f 时成立; 也要注意, epi f 不可能是整个积空间 $X\times\mathbb{R}$, 这是因为 epi $f=X\times\mathbb{R}$ 将意味着 $f(x)=-\infty$ 对所有 $x\in X$, 而这正是要排除的.

下面总心照不宣地假定所讨论的所有函数都是正常的.

实值函数凸性的概念可按下述方式延拓到取值在集合 $\mathbb{R}\cup\{\infty\}$ 中的函数: 设 U 是向量空间中的凸子集. 一个函数 $J:U\to\mathbb{R}\cup\{\infty\}$ 称为**凸的**, 若

$$J(\lambda u+(1-\lambda)v)\leqslant\lambda J(u)+(1-\lambda)J(v) \quad \text{对所有 } u,v\in U \text{ 及所有 } 0\leqslant\lambda\leqslant 1,$$

或称为**严格凸的**, 若

$$J(\lambda u+(1-\lambda)v)<\lambda J(u)+(1-\lambda)J(v) \quad \text{对所有 } u,v\in U,u\neq v \text{ 及所有 } 0<\lambda<1.$$

注意, 由于值 $-\infty$ 被排除在外, 以上不等式的右端在集合 $\mathbb{R}\cup\{\infty\}$ 中总是一确定的数.

注 (1) 容许取值 ∞ 的一个好处在于, 定义在一个凸集上的实值凸函数可以等同于一个取值在集合 $\mathbb{R}\cup\{\infty\}$ 中, 但定义在全空间的凸函数; 见习题 9.2-1.

(2) 在 Legendre-Fenchel 变换的定义中也需要容许取值 ∞, 该变换在对偶理论中起着关键作用; 关于这个方面的问题, 见习题 9.2-6 和 9.2-7. □

在下一定理中, 利用其上图来刻画定义在全向量空间上, 取值在集合 $\mathbb{R}\cup\{\infty\}$ 中的凸函数.

[4] 详细的讨论, 可见, 如 Bourbaki [1966a, 第 4 章, 第 4 节] 或 Taylor [1965, 第 1.7 和 4.1 节]. 为避免不合理的情形, 将值 $-\infty$ 排除在外; 例如, 可见 Ekeland & Temam [1976, 第 1 章, 第 2.1 节] 中的讨论.

定理 9.2-1 设 V 是向量空间, 函数 $J:V\to\mathbb{R}\cup\{\infty\}$ 当且仅当其上图 epi J 是空间 $V\times\mathbb{R}$ 的凸子集时是凸的.

证明 设 $J:V\to\mathbb{R}\cup\{\infty\}$ 是凸的, 则给定 epi J 中任意两点 (u,α) 和 (v,β), 不等式 $J(u)\leqslant\alpha$ 及 $J(v)\leqslant\beta$, 连同关于 J 的凸性假定, 意味着, 对任意 $0\leqslant\lambda\leqslant 1$ 有

$$J(\lambda u+(1-\lambda)v)\leqslant\lambda J(u)+(1-\lambda)J(v)\leqslant\lambda\alpha+(1-\lambda)\beta,$$

这意味着

$$\lambda(u,\alpha)+(1-\lambda)(v,\beta)=(\lambda u+(1-\lambda)v,\lambda\alpha+(1-\lambda)\beta)\in\text{epi } J.$$

所以 epi J 是凸的.

反之, 假设函数 $J:V\to\mathbb{R}\cup\{\infty\}$ 的上图是凸的. 给定任意的 $u\in V$ 和 $v\in V$ 使得 $J(u)<\infty$ 及 $J(v)<\infty$, 两点 $(u,J(u))$ 和 $(v,J(v))$ 都属于 epi J. 因此 epi J 是凸的这一假设意味着, 对任意的 $0\leqslant\lambda\leqslant 1$, 有

$$\lambda(u,J(u))+(1-\lambda)(v,J(v))=(\lambda u+(1-\lambda)v,\lambda J(u)+(1-\lambda)J(v))\in\text{epi } J.$$

这就得到

$$J(\lambda u+(1-\lambda)v)\leqslant\lambda J(u)+(1-\lambda)J(v).$$

所以函数 J 是凸的 (若 $J(u)=\infty$, 或 $J(v)=\infty$, 或 $J(u)=J(v)=\infty$, 以上不等式当然满足). □

下面我们要研究凸性与序列弱下半连续性这一重要概念之间的关系, 在下一节中将会看到, 后者对确立这种泛函的极小化子的存在性起着关键作用; 见定理 9.3-1.

设 V 是拓扑空间. 一个函数 $J:V\to\mathbb{R}\cup\{\infty\}$ 称为**下半连续的**, 如果对每个 $\alpha\in\mathbb{R}$, 逆像

$$J^{-1}(]-\infty,\alpha])=\{v\in V;J(v)\leqslant\alpha\}$$

是 V 的闭子集, 或等价地, 如果对每个 $\alpha\in\mathbb{R}$, 逆像

$$J^{-1}(]\alpha,\infty])=\{v\in V;\alpha<J(v)\leqslant\infty\}$$

是 V 的开子集. 显然, 连续函数 $J:V\to\mathbb{R}$ 是下半连续的, 反之, 一个下半连续函数 $J:V\to\mathbb{R}$ 当且仅当函数 $-J:V\to\mathbb{R}$ 也是下半连续时是连续的.

在下一定理中, 利用函数的上图 (图 9.2-1) 及序列来刻画下半连续函数.

回忆一下, 一个广义实数序列 $(\alpha_k)_{k=0}^{\infty}$ 的下极限是广义实数

$$\liminf_{k\to\infty}\alpha_k:=\lim_{k\to\infty}\left(\inf_{l>k}\alpha_l\right),$$

它是适定的, 因为单调序列在集合 $\{-\infty\}\cup\mathbb{R}\cup\{\infty\}$ 中总是收敛的; 等价地, $\liminf_{k\to\infty}\alpha_k$ 可以定义为可从序列 $(\alpha_k)_{k=0}^{\infty}$ 抽取的收敛子序列的最小极限.

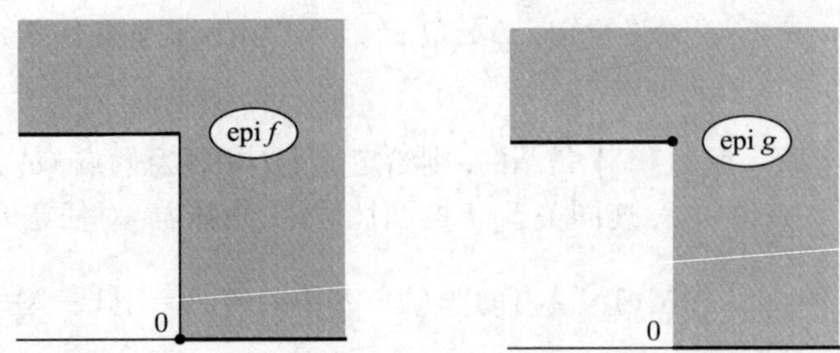

图 9.2-1 函数 $f: x \in \mathbb{R} \to f(x) := 0$ 若 $x \geqslant 0$ 及 $f(x) := 1$ 若 $x < 0$ 是下半连续的, 而函数 $g: x \in \mathbb{R} \to g(x) := 0$ 若 $x > 0$ 及 $g(x) := 1$ 若 $x \leqslant 0$ 不是下半连续的: 集合 epi f 是 $\mathbb{R}^2$ 的闭子集, 而 epi g 不是.

定理 9.2-2 (a) 设 V 是拓扑空间. 一个函数 $J: V \to \mathbb{R} \cup \{\infty\}$ 当且仅当其上图 $\text{epi}\, J = \{(v, \alpha) \in V \times \mathbb{R}; J(v) \leqslant \alpha\}$ 是 $V \times \mathbb{R}$ 中闭子集时是下半连续的.

(b) 设 V 是拓扑空间. 若函数 $J: V \to \mathbb{R} \cup \{\infty\}$ 是下半连续的, 则 J 在下述意义下是**序列下半连续的**:

$$\lim_{k \to \infty} u_k = u \text{ 在 } V \text{ 中} \quad \text{意味着} \quad J(u) \leqslant \liminf_{k \to \infty} J(u_k).$$

(c) 设 V 是拓扑空间, 其拓扑是可距离化的, 又设 $J: V \to \mathbb{R} \cup \{\infty\}$ 是具有下述性质的函数:

$$\lim_{k \to \infty} u_k = u \text{ 在 } V \text{ 中} \quad \text{意味着} \quad J(u) \leqslant \liminf_{k \to \infty} J(u_k),$$

则函数 J 是下半连续的.

证明 (i) (a) 的证明: 假定, 对每个 $\alpha \in \mathbb{R}$, 集合 $\{v \in V; \alpha < J(v) \leqslant \infty\}$ 在 V 中是开的. 给定任意点

$$(v_0, \alpha_0) \in (V \times \mathbb{R} - \text{epi}\, J) = \{(v, \alpha) \in V \times \mathbb{R}; \alpha < J(v)\},$$

又设 $\beta_0 \in \mathbb{R}$ 使得 $\alpha_0 < \beta_0 < J(v_0)$, 则集合 $\{v \in V; \beta_0 < J(v)\} \times]-\infty, \beta_0[$ 在 $V \times \mathbb{R}$ 中是开的, 包含点 (v_0, α_0), 并且包含在集合 $(V \times \mathbb{R} - \text{epi}\, J)$ 中, 因此后者在 $V \times \mathbb{R}$ 中是开的; 故 epi J 在 $V \times \mathbb{R}$ 中是闭的.

反之, 假定集合 $\{(v, \alpha) \in V \times \mathbb{R}; \alpha < J(v)\}$ 在 $V \times \mathbb{R}$ 中是开的, 则对每个 $\alpha \in \mathbb{R}$, 根据 $V \times \mathbb{R}$ 的积拓扑的定义 (1.6 节), 集合 $\{v \in V; \alpha < J(v)\}$ 在 V 中是开的.

(ii) (b) 的证明: 设 $u_k \to u$ 在 V 中, 当 $k \to \infty$. 首先假定 $J(u) < \infty$. 给定任意 $\varepsilon > 0$, 函数 $J: V \to \mathbb{R} \cup \{\infty\}$ 的下半连续性意味着集合 $V(\varepsilon) := \{v \in V; J(u) - \varepsilon < J(v)\}$ 是 u 的一个开邻域. 因此存在 $k_0 = k_0(\varepsilon)$ 使得 $u_k \in V(\varepsilon)$ 对所有 $k \geqslant k_0$, 这意味着

$$J(u) - \varepsilon < J(u_k) \quad \text{对所有 } k \geqslant k_0,$$

由此即得

$$J(u)-\varepsilon \leqslant \liminf_{k\to\infty} J(u_k).$$

由于 $\varepsilon>0$ 是任意的, 所以 $J(u)\leqslant \liminf_{k\to\infty} J(u_k)$.

其次假设 $J(u)=\infty$. 给定任意 $\alpha>0$, J 的下半连续性意味着集合 $\widetilde{V}(\alpha):=\{v\in V;\alpha<J(v)\}$ 是 u 的开邻域. 所以存在 $\widetilde{k}_0=\widetilde{k}_0(\alpha)$ 使得 $u_k\in\widetilde{V}(\alpha)$ 对所有 $k\geqslant\widetilde{k}_0$, 这意味着

$$\alpha<J(u_k)\quad \text{对所有 } k\geqslant \widetilde{k}_0,$$

由此即得

$$\alpha\leqslant \liminf_{k\to\infty} J(u_k).$$

由于 $\alpha>0$ 是任意的, 所以 $\liminf_{k\to\infty} J(u_k)=\infty=J(u)$.

(iii) (c) 的证明: 由 (i) 知, 证明 J 是下半连续的等价于证明 $\operatorname{epi} J$ 在 $V\times\mathbb{R}$ 中是闭的, 也即等价于证明

$$(u_k,\alpha_k)\in \operatorname{epi} J, k\geqslant 1 \quad \text{及} \quad \lim_{k\to\infty}(u_k,\alpha_k)=(u,\alpha) \text{ 在 } V\times\mathbb{R} \text{ 中意味着 } (u,\alpha)\in\operatorname{epi} J,$$

此因现在已假定 V 的拓扑是可距离化的 (定理 1.10-2). 因为这样的序列满足

$$\lim_{k\to\infty} u_k=u \text{ 在 } V \text{ 中} \quad \text{及} \quad J(u_k)\leqslant\alpha_k \text{ 对所有 } k\geqslant 1,$$

故有

$$J(u)\leqslant \liminf_{k\to\infty} J(u_k)\leqslant \lim_{k\to\infty}\alpha_k=\alpha,$$

这就是所要证明的 $(u,\alpha)\in\operatorname{epi} J$. □

设 V 是赋范向量空间, U 是 V 的一个非空子集. 函数 $J:U\to\mathbb{R}\cup\{\infty\}$ 称为**强下半连续的**, 如果当 U 被赋予 V 的强拓扑, 即 V 的范数诱导的拓扑时, 它是下半连续的. 函数 $J:U\to\mathbb{R}\cup\{\infty\}$ 称为**序列弱下半连续的**, 如果

$$u_k\in U\rightharpoonup u\in U \text{ 当 } k\to\infty \quad \text{意味着} \quad J(u)\leqslant\liminf_{k\to\infty}J(u_k),$$

其中 $\rightharpoonup$ 表示在 V 中的弱收敛 (5.12 节).

下面给出的关于函数序列弱下半连续的充分条件是基本的. 要注意, 其证明起码要依赖 *Hahn-Banach* 定理的几何形式 (部分 (i)), *Banach-Steinhaus* 定理 (部分 (ii)) 及 *Banach-Saks-Mazur* 定理 (部分 (iii)).

定理 9.2-3 (序列弱下半连续的充分条件) 设 V 是赋范向量空间, 则凸强下半连续函数 $J:V\to\mathbb{R}\cup\{\infty\}$ 在 V 中是序列弱下半连续的.

证明 (i) 存在连续线性泛函 $l\in V'$ 和 $c\in\mathbb{R}$ 使得

$$J(v)>l(v)+c\quad \text{对所有 } v\in V.$$

设 $(v_0,\alpha_0)\notin \mathrm{epi}\,J$ (我们记得, epi J 是 $V\times\mathbb{R}$ 的严格子集), 故 $\alpha_0<J(v_0)$. 由于根据定理 9.2-1 和 9.2-2, epi J 是 $V\times\mathbb{R}$ 的凸闭子集, *Hahn-Banach* 定理的几何形式 (定理 5.10-2) 说明, 集合 $\{(v_0,\alpha_0)\}$ 与 epi J 可被一个超平面严格分离; 这意味着存在连续线性泛函 $\widetilde{l}\in(V\times\mathbb{R})'=V'\times\mathbb{R}$ 及 $\gamma\in\mathbb{R}$ 使得

$$\widetilde{l}(v_0,\alpha_0)<\gamma<\widetilde{l}(v,\alpha)\quad \text{对所有 } (v,\alpha)\in \mathrm{epi}\,J.$$

由于 $\widetilde{l}\in V'\times\mathbb{R}$, 故存在 $\hat{l}\in V'$ 和 $a\in\mathbb{R}$ 使得

$$\widetilde{l}(v,\alpha)=\hat{l}(v)+a\alpha\quad \text{对所有 } (v,\alpha)\in V\times\mathbb{R}.$$

由于 $(v,J(v))\in \mathrm{epi}\,J$ 对每个 $v\in V$, 故

$$\hat{l}(v_0)+a\alpha_0<\gamma<\hat{l}(v)+aJ(v)\quad \text{对所有 } v\in V.$$

在这个关系式中令 $v=v_0$ 即得 $a(\alpha_0-J(v_0))<0$, 由于 $\alpha_0<J(v_0)$, 故 $a>0$. 最后有

$$J(v)>a^{-1}(-\hat{l}(v)+\gamma)\quad \text{对所有 } v\in V.$$

所以断言成立, 其中 $l:=-a^{-1}\hat{l}$ 及 $c:=a^{-1}\gamma$.

(ii) *设 $u_k\in V, k\geqslant 0$, 及 $u\in V$, 则*

$$u_k\rightharpoonup u \text{ 当 } k\to\infty \quad \text{意味着} \quad \Lambda:=\liminf_{k\to\infty}J(u_k)>-\infty.$$

根据下极限的定义, 存在序列 $(u_k)_{k=0}^{\infty}$ 的一个子列 $(u_m)_{m=0}^{\infty}$ 使得

$$\Lambda=\lim_{m\to\infty}J(u_m).$$

因为 $u_m\rightharpoonup u$ 当 $m\to\infty$, 作为 Banach-Steinhaus 定理 (参阅定理 5.3-2 和 5.12-2) 的一个推论, 序列 $(u_m)_{m=0}^{\infty}$ 在 V 中有界. 记 $M:=\sup_{m\geqslant 0}\|u_m\|<\infty$; 由 (i) 有

$$J(u_m)\geqslant -M\|l\|_{V'}+c\quad \text{对所有 } m\geqslant 0,$$

这就证明了断言.

(iii) *泛函 J 在 V 上是序列弱下半连续的.*

设 $u_k\rightharpoonup u$ 在 V 中当 $k\to\infty$, 仍令 $(u_m)_{m=0}^{\infty}$ 表示子列使得

$$\Lambda=\lim_{m\to\infty}J(u_m).$$

如果 $\Lambda=\infty$, 断言当然成立. 这样, 唯一需要讨论的情况是 $\Lambda\in\mathbb{R}$ (由 (ii), $\Lambda=-\infty$ 已被排除), 故 $(u,\Lambda)\in V\times\mathbb{R}$. 所以, 我们有

$$(u_m,J(u_m))\in \mathrm{epi}\,J, m\geqslant 0,\quad \text{及}\quad (u_m,J(u_m))\rightharpoonup(u,\Lambda) \text{ 在 } V\times\mathbb{R} \text{ 中}.$$

作为 $V\times\mathbb{R}$ 的凸闭子集, 集合 epi J, 根据 *Banach-Saks-Mazur* 定理 (定理 5.13-1), 是序列弱闭的. 因此

$$(u,\Lambda)\in \text{epi } J,$$

这意味着

$$J(u)\leqslant \Lambda=\lim_{m\to\infty}J(u_m)=\liminf_{k\to\infty}J(u_k),$$

于是断言得证. □

注意, 如果凸函数 J 是实值的而且是可微的, 证明就要简单得多: 给定一个弱收敛到元素 $u\in V$ 的序列 $(u_k)_{k=1}^{\infty}$, 对于可微函数凸性的刻画 (定理 7.12-1) 意味着

$$J(u)\leqslant J(u_k)-J'(u)(u_k-u)\quad 对所有\ k,$$

另外, 由于 $J'(u)\in V'$, 根据弱收敛的定义, 有 $\lim_{k\to\infty}J'(u)(u_k-u)=0$. 所以

$$J(u)\leqslant \liminf_{k\to\infty}J(u_k),$$

故函数 J 是序列弱下半连续的.

我们可以更一般地将弱下半连续函数 $J:V\to\mathbb{R}\cup\{\infty\}$ 定义为在装备了弱拓扑 (5.12 节) 的赋范向量空间 V 上是下半连续的; 或等价地, 其上图关于 V 的弱拓扑是闭的 (在无穷维赋范向量空间中, 强拓扑与弱拓扑总是不同的; 见定理 5.12-5(b)). 但是, 由于当 V 是无限维时, 弱拓扑是不可距离化的 (定理 5.12-5(b)), 在这种情况下, 序列弱下半连续性并不一定意味着弱下半连续性 (与之相比, 如果 V 是其拓扑可距离化的拓扑空间, 以上结论回答就是正面的; 见定理 9.2-2(c)). 尽管如此, 序列弱下半连续性这一较弱的概念对于我们的目的已经足够了.

赋范向量空间的范数, 作为凸的且强连续的, 当然更是强下半连续函数, 为序列弱下半连续函数提供了一个例子. 所以, 由定理 9.2-3, 有

$$u_k\rightharpoonup u\ 当\ k\to\infty\quad 意味着\quad \|u\|\leqslant\liminf_{k\to\infty}\|u_k\|,$$

这一性质已经在定理 5.12-2 中利用 *Banach-Steinhaus* 定理证明.

习题

9.2-1 设 U 是向量空间 V 的子集, $J:U\to\mathbb{R}$ 是实值函数. 证明, 由

$$\widetilde{J}:v\in V\to\widetilde{J}(v):=J(v)\ 若\ v\in U\quad 和\quad \widetilde{J}(v):=\infty\ 若\ v\notin U$$

定义的函数 $\widetilde{J}:V\to\mathbb{R}\cup\{\infty\}$ 当且仅当 U 是凸的且函数 $J:U\to\mathbb{R}$ 也是凸的时, 才是凸的.

9.2-2 设 V 是向量空间.

(1) 设 $f,g:V\to\mathbb{R}\cup\{\infty\}$ 是凸函数. 证明, 函数 $f+g$ 及 αf $(\alpha>0)$ 是凸的.

(2) 设 $(J_i)_{i\in I}$ 是凸函数 $J_i : V \to \mathbb{R}\cup\{\infty\}$ 形成的族. 证明函数 $\sup_{i\in I} J_i$ 是凸的.

9.2-3 设 V 是拓扑空间.

(1) 证明, 函数 $J : V \to \mathbb{R}\cup\{\infty\}$ 是下半连续的充分必要条件是, 给定任意 $u \in V$ 和任意 $\varepsilon > 0$, 存在 u 的一个邻域 $W = W(u,\varepsilon)$ 使得 $J(v) \geqslant J(u) - \varepsilon$ 对所有 $v \in W$.

(2) 设 $f, g : V \to \mathbb{R}\cup\{\infty\}$ 是下半连续函数. 证明, 函数 $f + g$ 及 $\alpha f (\alpha > 0)$ 是下半连续函数.

(3) 设 $(J_i)_{i\in I}$ 是下半连续函数 $J_i : V \to \mathbb{R}\cup\{\infty\}$ 形成的族. 证明, 函数 $\sup_{i\in I} J_i$ 是下半连续的.

9.2-4 设 V 是一个集合, A 是 V 的子集. A 的*指标函数* $I_A : V \to \mathbb{R}\cup\{\infty\}$ 定义如下: $I_A(x) := 0$ 若 $x \in A$ 而 $I_A(x) := \infty$ 若 $x \notin A$.

(1) 设 V 是向量空间. 证明, 当且仅当 I_A 是凸的时, A 是 V 的凸子集.

(2) 设 V 是拓扑空间. 证明, 当且仅当 I_A 是下半连续的时, A 是 V 的闭子集.

9.2-5 设 V 是赋范向量空间. 证明, 凸函数 $J : V \to \mathbb{R}\cup\{\infty\}$ 在集合 $\{v \in V; J(v) < \infty\}$ 内部是连续的[5] (如果 V 是有限维的, 这一性质可由定理 2.17-1 得出).

9.2-6 设 Σ 是自反的 Banach 空间, Σ' 和 Σ'' 表示其对偶和双对偶空间. 一个函数 $g : \Sigma \to \mathbb{R}\cup\{\infty\}$ 的 **Legendre-Fenchel 变换**是如下定义的函数 $g^* : \Sigma' \to \mathbb{R}\cup\{\infty\}$:

$$g^* : \sigma' \in \Sigma' \to g^*(\sigma') := \sup_{\sigma\in\Sigma}\{{}_{\Sigma'}\langle \sigma', \sigma\rangle_{\Sigma} - g(\sigma)\}.$$

(1) 证明, 如果 g 是正常的、凸的并且下半连续的函数, 则 g^* 也是正常的、凸的并且下半连续的.

(2) 证明, 如果 g 是正常的、凸的并且下半连续的函数, 则 g^* 的 Legendre-Fenchel 变换 $g^{**} : \Sigma \to \mathbb{R}\cup\{\infty\}$ (这里空间 X'' 利用标准等距等同于 X; 参阅 5.14 节) 满足 $g^{**} = g$; 这个结果构成 **Fenchel-Moreau 定理**[6),7)].

9.2-7 这个习题说明, Fenchel-Moreau 定理 (习题 9.2-6) 如何被用于借助特定的 *Lagrange 函数*来定义特定形式的极小化问题的*对偶问题* (对偶问题及 Lagrange 函数已在 7.16 节中定义).

设 Σ 和 V 是两个自反 Banach 空间, $g : \Sigma \to \mathbb{R}\cup\{\infty\}$ 和 $h : V' \to \mathbb{R}\cup\{\infty\}$ 是两个正常的、凸的且下半连续的函数, 又设 $\Lambda : \Sigma \to V'$ 是线性连续映射, 函数 $G : \Sigma \to \mathbb{R}\cup\{\infty\}$ 由

$$G : \sigma \in \Sigma \to G(\sigma) := g(\sigma) + h(\Lambda\sigma)$$

定义, 而两个函数

$$\mathcal{L} : \Sigma \times \Sigma' \to \{-\infty\}\cup\mathbb{R}\cup\{\infty\} \quad 及 \quad \widetilde{\mathcal{L}} : \Sigma \times V \to \{-\infty\}\cup\mathbb{R}\cup\{\infty\}$$

---

[5] 见 Ekeland & Temam [1976, 第 1 章, 推论 2.3].

[6] W. Fenchel [1949]: On conjugate convex functions, *Canadian Journal of Mathematics* **1**, 73–77.

J. J. Moreau [1970]: Inf-convolution, sous-additivité, convexité des fonctions numériques, *Journal de Mathématiques Pures et Appliquées* **49**, 109–154.

[7] 证明见, 例如 Ekeland & Temam [1976, 第 1 章, 第 3 节] 或 Brezis [2011, 第 1.4 节].

则由

$$\mathcal{L} : (\sigma, e) \in \Sigma \times \Sigma' \to \mathcal{L}(\sigma, e) := {}_{\Sigma'}\langle e, \sigma\rangle_{\Sigma} + h(\Lambda\sigma) - g^*(e),$$
$$\widetilde{\mathcal{L}} : (\sigma, v) \in \Sigma \times V \to \widetilde{\mathcal{L}}(\sigma, v) := {}_{V'}\langle \Lambda\sigma, v\rangle_V + g(\sigma) - h^*(v)$$

定义. 利用 *Fenchel-Moreau* 定理 (习题 9.2-6) 证明

$$\inf_{\sigma\in\Sigma} G(\sigma) = \inf_{\sigma\in\Sigma} \sup_{e\in\Sigma'} \mathcal{L}(\sigma, e) = \inf_{\sigma\in\Sigma} \sup_{v\in V} \widetilde{\mathcal{L}}(\sigma, v).$$

注 上面用下 – 上确界问题 (inf-sup problem) 来替代极小化问题 $\inf_{\sigma\in\Sigma} G(\sigma)$, 这种替代中的任何一个都是将极小化问题 $\inf_{\sigma\in\Sigma} G(\sigma)$ 的对偶问题定义为上 – 下确界问题 (sup-inf problem) 的依据. 这意味着相应于第一个下 – 上确界问题的对偶问题定义为

$$\sup_{e\in\Sigma'} G^*(e), \text{ 其中 } G^*(e) := \inf_{\sigma\in\Sigma} \mathcal{L}(\sigma, e) \text{ 对每个 } e \in \Sigma^*,$$

而相应于第二个下 – 上确界问题的对偶问题定义为

$$\sup_{v\in V} \widetilde{G}^*(v), \text{ 其中 } \widetilde{G}^*(v) := \inf_{\sigma\in\Sigma} \widetilde{\mathcal{L}}(\sigma, v) \text{ 对每个 } v \in V.$$

这样, 关键问题就在于确定下确界 $\inf_{\sigma\in\Sigma} G(\sigma)$ 是否等于这里出现的其任何一个对偶问题的上确界, 例如 (为确定起见) 对第一个对偶问题的情况, 即是否 $\inf_{\sigma\in\Sigma} G(\sigma) = \sup_{e\in\Sigma'} G^*(e)$, 或等价地, 是否

$$\inf_{\sigma\in\Sigma} \sup_{e\in\Sigma'} \mathcal{L}(\sigma, e) = \sup_{e\in\Sigma'} \inf_{\sigma\in\Sigma} \mathcal{L}(\sigma, e).$$

如果这个成立, 下一个问题就是确定是否 Lagrange 函数 $\mathcal{L}$ 具有鞍点 $(\overline{\sigma}, \overline{e}) \in \Sigma \times \Sigma'$ (7.16 节), 即满足[8)]

$$\begin{aligned}\inf_{\sigma\in\Sigma} \sup_{e\in\Sigma'} \mathcal{L}(\sigma, e) &= \inf_{\sigma\in\Sigma} \mathcal{L}(\sigma, \overline{e}) = \mathcal{L}(\overline{\sigma}, \overline{e}) \\ &= \sup_{e\in\Sigma'} \mathcal{L}(\overline{\sigma}, e) = \sup_{e\in\Sigma'} \inf_{\sigma\in\Sigma} \mathcal{L}(\sigma, e).\end{aligned}$$ □

9.3 强制序列弱下半连续泛函极小化子的存在性

如下一定理及随后的应用所示, 序列弱下半连续性概念为确立极小化子的存在性, 提供了一个非常简单但高效的手段. 注意, 此后, 要进行极小化的函数都称为*泛函*, 这是因为在我们考虑的应用中, 其变量本身就是函数.

一个定义在赋范向量空间 V 的非空无界子集 U 的泛函 $J : U \to \mathbb{R} \cup \{\infty\}$ 称为**在 U 上是强制的**, 若

$$v \in U \text{ 且 } \|v\| \to \infty \quad \text{意味着} \quad J(v) \to \infty.$$

[8)] Legendre-Fenchel 变换对这种情况应用的实例 (关于三维线性化弹性; 见 6.16 节) 可在下文中找到:

P. G. Ciarlet; G. Geymonat; F. Krasucki [2012]: A new duality approach to elasticity, *Mathematical Models and Methods in Applied Sciences* **22**, 1150003.

我们回忆一下, 对于赋范向量空间的子集 U, 如果 U 中元素的任一弱收敛序列的弱极限也属于 U, 则称其为*序列弱闭的*, 如果 U 是强闭并且是凸的, 就也是序列弱闭的 (定理 5.13-1(b)).

定理 9.3-1 (强制序列弱下半连续泛函的极小化子的存在性) *设 V 是自反 Banach 空间, U 是 V 的非空序列弱闭子集, 又设 $J : U \to \mathbb{R} \cup \{\infty\}$ 是序列弱下半连续的泛函, 而且当 U 无界时它在 U 上还是强制的.*

则至少存在一个元素 $u \in U$ 使得

$$J(u) = \inf_{v \in U} J(v),$$

因此还有 $\inf_{v \in U} J(v) > -\infty$.

证明 假定 $\inf_{v \in U} J(v) < \infty$ (如果 $J(v) = \infty$ 对所有 $v \in U$, 就没什么可证的了). 设 $(u_k)_{k=1}^{\infty}$ 是泛函 $J : U \to \mathbb{R} \cup \{\infty\}$ 的极小化序列, 即满足

$$u_k \in U \quad 且 \quad \lim_{k \to \infty} J(u_k) = \inf_{v \in U} J(v)$$

的序列 $(u_k)_{k=1}^{\infty}$. 注意, 在这一步, $\inf_{v \in U} J(v) = -\infty$ 尚未排除在外.

若集合 U 是有界的, 序列 $(u_k)_{k=1}^{\infty}$ 也有界; 若 U 是无界的, 因为序列 $(J(u_k))_{k=1}^{\infty}$ 是上有界的 (否则将存在一个子列 $(u_m)_{m=1}^{\infty}$ 使得 $J(u_m) \to \infty$ 当 $m \to \infty$), 故 $(u_k)_{k=1}^{\infty}$ 也是有界的.

因为 V 是自反 Banach 空间, 根据 Banach-Eberlein-Šmulian 定理 (定理 5.14-4), 存在序列 $(u_k)_{k=1}^{\infty}$ 的子列 $(u_m)_{m=1}^{\infty}$ 及一个元素 $u \in V$ 使得 $u_m \rightharpoonup u$ 当 $m \to \infty$, 其中 $\rightharpoonup$ 表示弱收敛. 此外, 由于按假设 U 是序列弱闭的, 故 $u \in U$. 所以 $J(u)$ 是适定的.

那么根据所假设的 J 在 U 上的序列弱下半连续性, 有

$$-\infty < J(u) \leqslant \liminf_{m \to \infty} J(u_m) = \inf_{v \in U} J(v),$$

这就完成了证明. □

习题 9.3-1 到 9.3-3 说明了定理 9.3-1 对于利用极小化特定泛函来求解非线性边值问题的有效性及适用性. 首先, 在习题 9.3-1 中, 泛函 $v \in H_0^1(\Omega) \to \int_\Omega |\nabla v|^2 dx$ 作为凸的连续函数, 根据定理 9.2-3 在 $H_0^1(\Omega)$ 上是序列弱下半连续的, 将其在 $H_0^1(\Omega)$ 的一个不是子空间的序列弱闭子集上极小化.

随后, 在习题 9.3-2 和 9.3-3 中给出了非二次泛函的例子, 它们分别在空间 $H_0^1(\Omega)$ 及 $H_0^1(\Omega) \times H_0^1(\Omega) \times H_0^2(\Omega)$ 上是强制且序列弱下半连续的.

在每一种情况中, 泛函都是 Fréchet 可微的而且给出了相应的非线性偏微分方程 (在习题 9.3-1 中还有些额外的内容). 注意, 习题 9.3-3 提供的是一个非线性偏微分方程组的实例.

整个 9.4 节都讨论定理 9.3-1 的另一应用.

习题

9.3-1 设 Ω 是 $\mathbb{R}^N$ 中的区域, $N \geqslant 2$, 设 $1 < p < \infty$ 若 $N = 2$ 及 $1 < p < \frac{N+2}{N-2}$ 若 $N \geqslant 3$, 又设泛函 $J : H_0^1(\Omega) \to \mathbb{R}$ 由

$$v \in H_0^1(\Omega) \to J(v) := \frac{1}{2}\int_\Omega |\nabla u|^2 dx$$

定义而 $H_0^1(\Omega)$ 的子集 U 由下式定义:

$$U = \left\{v \in H_0^1(\Omega); \int_\Omega |v|^{p+1} dx = 1\right\}.$$

(1) 证明集合 U 适定, 且在 $H_0^1(\Omega)$ 中是序列弱闭的.

(2) 证明函数 $v \in L^{p+1}(\Omega) \to f(v) := \int_\Omega |v|^{p+1} dx$ 具有下述性质:

$$v_k \rightharpoonup v \text{ 在 } H_0^1(\Omega) \text{ 中} \quad \text{或} \quad v_k \to v \text{ 在 } L^{p+1}(\Omega) \text{ 中} \quad \text{意味着} \quad f(v_k) \to f(v) \text{ 当 } k \to \infty.$$

(3) 证明至少存在一个元素 $u \in U$ 使得 $J(u) = \inf_{v \in U} J(v)$.

(4) 证明函数 $F : v \in H_0^1(\Omega) \to F(v) := \int_\Omega |v|^{p+1} dx$ 是 $\mathcal{C}^1$ 类的, 且在每个 $v \in H_0^1(\Omega)$ 处

$$F'(v)w = (p+1)\int_\Omega |v|^{p-1} vw dx \quad \text{对所有 } w \in H_0^1(\Omega).$$

(5) 设 $u \in U$ 是 J 在 U 上的极小化子. 证明

$$T := \left\{v \in H_0^1(\Omega); \int_\Omega |u|^{p-1} uv dx = 0\right\}$$

是 $H_0^1(\Omega)$ 的闭子空间.

(6) 用隐函数定理 (定理 7.13-1) 证明, 存在映射 $\varphi : T \to H_0^1(\Omega)$ 具有以下性质: 在 T 中存在 0 的邻域 W 使得 $(u + \varphi(w)) \in U$ 对所有 $w \in W, \varphi(0) = 0$ 及 $\varphi'(0) = \mathrm{id}_T$.

(7) 证明 $J'(u)w = 0$ 对所有 $w \in T$.

(8) 证明存在 $\lambda \in \mathbb{R}$ 使得

$$J'(u)v = \lambda \int_\Omega (p+1)|u|^{p-1} uv dx \quad \text{对所有 } v \in H_0^1(\Omega).$$

(9) 证明

$$-\Delta u - \lambda(p+1)|u|^{p-1}u = 0 \quad \text{在 } \mathcal{D}'(\Omega) \text{ 中}.$$

(10) 证明 $\lambda \neq 0$. 可得结论, 非线性边值问题

$$-\Delta u - |u|^{p-1}u = 0 \text{ 在 } \mathcal{D}'(\Omega) \text{ 中} \quad \text{及} \quad u = 0 \text{ 在 } \partial\Omega \text{ 上}$$

至少存在一个非零解 (仍表示为) $u \in H_0^1(\Omega)$.

9.3-2 设 Ω 是 $\mathbb{R}^N$ 中的区域, $N \leqslant 3$, 又设常数 c 和函数 $f \in L^2(\Omega)$ 是给定的, 而泛函 $J : H_0^1(\Omega) \to \mathbb{R}$ 由下式定义:

$$v \in H_0^1(\Omega) \to J(v) := \frac{1}{2}\int_\Omega \left(|\nabla v|^2 + cv^2 + \frac{1}{2}v^4\right) dx - \int_\Omega fv dx.$$

(1) 证明, J 在 $H_0^1(\Omega)$ 上是 Fréchet 可微的, 而且在每个 $u\in H_0^1(\Omega)$ 处,

$$J'(u)v=\int_\Omega(\nabla u\cdot\nabla v+cuv+u^3v)dx-\int_\Omega fvdx \quad \text{对所有 } v\in H_0^1(\Omega).$$

(2) 证明 J 在 $H_0^1(\Omega)$ 上是强制的并且在 $H_0^1(\Omega)$ 上是序列弱下半连续的.

提示: 利用紧单射 $H^1(\Omega)\Subset L^4(\Omega)$ (这对 $N\leqslant 3$ 成立).

(3) 根据 (2), 至少存在一个函数 $u\in H_0^1(\Omega)$ 使得 $J(u)=\inf_{v\in H_0^1(\Omega)}J(v)$. 证明, 这种极小化子 u 是下述非线性边值问题的解:

$$-\Delta u+cu+u^3=f \text{ 在 } \mathcal{D}'(\Omega) \text{ 中} \quad \text{及} \quad u=0 \text{ 在 } \partial\Omega \text{ 上}.$$

9.3-3 本题中讨论的极小化问题是非线性弹性板的 *Kirchhoff-Love* 理论的一个数学模型 (参见习题 7.14-5).

希腊指标和拉丁指标分别在集合 $\{1,2\}$ 和 $\{1,2,3\}$ 中变化, 关于重复指标的求和约定仍适用. 给定 $\mathbb{R}^2$ 中的区域 Ω 及函数 $f_i\in L^2(\Omega)$, 定义空间 $\boldsymbol{V}:=H_0^1(\Omega)\times H_0^1(\Omega)\times H_0^2(\Omega)$ 及泛函

$$\begin{aligned}J:\boldsymbol{v}=(v_i)\in\boldsymbol{V}\to J(\boldsymbol{v}):=&\frac{1}{2}\int_\Omega\left\{\frac{\varepsilon^3}{3}a_{\alpha\beta\sigma\tau}\partial_{\sigma\tau}v_3\partial_{\alpha\beta}v_3+\varepsilon a_{\alpha\beta\sigma\tau}E_{\sigma\tau}(\boldsymbol{v})E_{\alpha\beta}(\boldsymbol{v})\right\}dx\\&-\int_\Omega f_iv_idx,\end{aligned}$$

其中 $\varepsilon>0$ 是常数, 常数 $a_{\alpha\beta\sigma\tau}=a_{\beta\alpha\sigma\tau}=a_{\sigma\tau\alpha\beta}$ 具有如下性质: 存在常数 $C>0$ 使得

$$a_{\alpha\beta\sigma\tau}t_{\sigma\tau}t_{\alpha\beta}\geqslant Ct_{\alpha\beta}t_{\alpha\beta} \quad \text{对所有 } (t_{\alpha\beta})\in\mathbb{S}^2,$$

而

$$E_{\alpha\beta}(\boldsymbol{v}):=\frac{1}{2}(\partial_\alpha v_\beta+\partial_\beta v_\alpha+\partial_\alpha v_3\partial_\beta v_3).$$

(1) 证明泛函 J 在空间 $\boldsymbol{V}$ 上是序列弱下半连续的.

(2) 证明, 如果范数 $\|f_\alpha\|_{0,\Omega}$ 充分小, 泛函 J 在 $\boldsymbol{V}$ 上是强制的. 因此由定理 9.3-1, 在这种情况下[9]至少存在一个向量场 $\boldsymbol{u}\in\boldsymbol{V}$ 使得 $J(\boldsymbol{u})=\inf_{\boldsymbol{v}\in\boldsymbol{V}}J(\boldsymbol{v})$.

提示: 利用紧嵌入 $H^1(\Omega)\Subset L^4(\Omega)$ 以及空间 $H_0^1(\Omega)\times H_0^1(\Omega)$ 中的二维 Korn 不等式.

(3) 证明泛函 J 在空间 $\boldsymbol{V}$ 上是 $\mathcal{C}^\infty$ 类的.

(4) 假定极小化子 $\boldsymbol{u}\in\boldsymbol{V}$ 是足够光滑的, 证明 $\boldsymbol{u}$ 满足习题 7.14-5(3) 中的非线性偏微分方程组. 在那里, 解的存在性 (当向量场 (f_i) 在空间 $W^{1,p}(\Omega)\times W^{1,p}(\Omega)\times L^p(\Omega)$ 中原点的一充分小的邻域里, 对某个 $p>2$) 是利用基于*局部反演定理* (定理 7.14-1) 的完全不同的方法证明的.

---

[9]这个结果属于:

P. G. Ciarlet; P. Destuynder [1979]: A justification of a nonlinear model in plate theory, *Computer Methods in Applied Mechanics and Engineering* **17/18**, 227–258.

实际上极小化子的存在性在对范数 $\|f_\alpha\|_{0,\Omega}$ 的大小无任何限制的情况下仍成立, 但证明更困难; 见

P. Rabier [1979]: Résultats d'existence dans des modèles non linéaires de plaques, *Comptes Rendus de l'Académie des Sciences de Paris, Série A*, **289**, 515–518.

9.4 对 von Kármán 方程的应用

von Kármán 方程, 其导出要追溯到 1910 年[10], 是最受关注的源自连续介质力学的非线偏微分方程组之一. 它是沿侧面服从特定边界条件的非线性弹性板的数学模型.

更具体地说, 给定 $\mathbb{R}^2$ 中边界为 Γ 的区域 Ω, 寻求两个函数 $\xi : \overline{\Omega} \to \mathbb{R}$ 和 $\psi : \overline{\Omega} \to \mathbb{R}$ 使其满足 **von Kármán** 方程:

$$
\begin{aligned}
&\Delta^2\xi = [\psi, \xi] + f \quad \text{在 } \Omega \text{ 中},\\
&\Delta^2\psi = -[\xi, \xi] \quad \text{在 } \Omega \text{ 中},\\
&\xi = \partial_\nu \xi = 0 \quad \text{在 } \Gamma \text{ 上},\\
&\psi = \partial_\nu \psi = 0 \quad \text{在 } \Gamma \text{ 上},
\end{aligned}
$$

其中 *Monge-Ampère 形式* $[\cdot,\cdot]$ 定义为

$$
[\eta, \chi] = \partial_{11}\eta\partial_{22}\chi + \partial_{22}\eta\partial_{11}\chi - 2\partial_{12}\eta\partial_{12}\chi,
$$

而 $f \in L^2(\Omega)$ 是给定的函数, 它表示作用在板上的横向体积力密度. 未知量 ξ 是板的中曲面的位移 (相差一常因子), 而函数 ψ 则是 *Airy 函数* (也相差一常因子), 利用它可以计算板内部的各种应力.

注 接下来的分析可扩展到函数 ψ 满足形如, $\psi = \psi_0$ 及 $\partial_\nu \psi = \psi_1$ 在 Γ 上, 的非齐次边界条件的情况; 见习题 9.4-1. □

这一节的目标[11]是利用定理 9.3-1 来极小化在空间 $H_0^2(\Omega)$ 上的一个 (非二次的) *强制的序列弱下半连续泛函*, 从而证明这些方程至少存在一个解 $(\xi, \psi) \in H_0^2(\Omega) \times H_0^2(\Omega)$ (定理 9.4-3). 在这个极小化问题中, 未知量是偶对 (ξ, ψ) 的第一个变量 ξ.

因此, 我们首先将 von Kármán 方程转换为更简缩的形式, 化为求解*只含未知量 ξ 的单个非线性方程*. 不仅证明这个方程解的存在性特别方便, 而且还说明了*在 von Kármán 方程中的非线性是"三次的"* (在定理 9.4-1 中特定的意义下).

[10] T. von Kármán [1910]: Festigkeitsprobleme im Maschinenbau, in *Encyclopädie der Mathematischen Wissenschaften*, Volume IV/4, pp. 311–385, Leipzig.

对于这些源自三维非线性弹性的方程的严格论证 (运用 Γ 收敛理论) 属于:

G. Friesecke; R. D. James; S. Müller [2006]: A hierarchy of plate models derived from nonlinear elasticity by Gamma-convergence, *Archive for Rational Mechanics and Analysis* **180**, 183–236.

关于 von Kármán 方程的详尽分析可见 Ciarlet & Babier [1980].

[11] 这一节的内容基于以下文献:

M. S. Berger [1967]: On the von Kármán equations and the buckling of a thin elastic plate. I. The clamped plate, *Communications on Pure and Applied Mathematics* **20**, 687–719.

M. S. Berger [1977]: *Nonlinearity and Functional Analysis*, Academic Press, New York.

P. G. Ciarlet; P. Rabier [1980]: *Les Equations de von Kármán*, Lecture Notes in Mathematics, Volume 826, Springer, Berlin.

注 在第 9.10 节中我们将看到, von Kármán 方程解的存在性也可以基于 *Galerkin* 方法和 *Brouwer* 不动点定理, 用完全不同的途径得到. □

在下面证明中要用到的关于 Sobolev 空间理论的各种结果以及关于范数和半范数的符号可在第 6.5, 6.6 和 6.11 节中找到.

定理 9.4-1 设 Ω 是 $\mathbb{R}^2$ 中的区域, 双线性对称算子 $B: H^2(\Omega)\times H^2(\Omega)\to H_0^2(\Omega)$ 定义如下: 对每个 $(\xi,\eta)\in H^2(\Omega)\times H^2(\Omega)$, 函数 $B(\xi,\eta)$ 表示

$$B(\xi,\eta)\in H_0^2(\Omega) \quad \text{及} \quad \Delta^2 B(\xi,\eta)=[\xi,\eta] \quad \text{在 } \mathcal{D}'(\Omega) \text{ 中}$$

的唯一解. 设算子 $C: H_0^2(\Omega)\to H_0^2(\Omega)$ 定义如下:

$$C:\xi\in H_0^2(\Omega)\to C(\xi):=B(B(\xi,\xi),\xi)\in H_0^2(\Omega),$$

故 C 在下述意义下是"三次的": $C(\alpha\xi)=\alpha^3C(\xi)$ 对所有 $\alpha\in\mathbb{R}$ 和所有 $\xi\in H_0^2(\Omega)$. 最后, 设 F 是

$$F\in H_0^2(\Omega) \quad \text{且} \quad \Delta^2F=f \quad \text{在 } \mathcal{D}'(\Omega) \text{ 中}$$

的唯一解.

则 $(\xi,\psi)\in H_0^2(\Omega)\times H_0^2(\Omega)$ 满足 *von Kármán* 方程的充分必要条件是 ξ 满足**化约的 von Kármán 方程**

$$\xi\in H_0^2(\Omega) \quad \text{和} \quad C(\xi)+\xi-F=0,$$

而 ψ 由 $\psi=-B(\xi,\xi)$ 给出.

证明 如果 $(\xi,\eta)\in H^2(\Omega)\times H^2(\Omega)$, 函数 $[\xi,\eta]$ 属于 $L^1(\Omega)$; 我们现在证明 $L^1(\Omega)\hookrightarrow H^{-2}(\Omega)$, 因此 $B(\xi,\eta)$ 是唯一确定的. 设 $g\in L^1(\Omega)$; 因为 $H^2(\Omega)\hookrightarrow \mathcal{C}^0(\overline{\Omega})$, 存在常数 c 使得 ($\langle\cdot,\cdot\rangle$ 表示 $\mathcal{D}'(\Omega)$ 与 $\mathcal{D}(\Omega)$ 之间的对偶)

$$|\langle g,\varphi\rangle|\leqslant\|g\|_{0,1,\Omega}\|\varphi\|_{0,\infty,\Omega}\leqslant c\|g\|_{0,1,\Omega}\|\varphi\|_{2,\Omega}$$

对所有 $\varphi\in\mathcal{D}(\Omega)$, 因此对所有 $\varphi\in H_0^2(\Omega)=\overline{\mathcal{D}(\Omega)}$ 成立 (这里 $\mathcal{D}(\Omega)$ 的闭包是关于范数 $\|\cdot\|_{2,\Omega}$ 的); 这说明 g 可等同于 $H^{-2}(\Omega)$ 中的一个分布. 根据同一不等式有

$$\|g\|_{-2,\Omega}=\sup_{\begin{cases}\varphi\in\mathcal{D}(\Omega)\\ \varphi\neq 0\end{cases}}\frac{|\langle g,\varphi\rangle|}{\|\varphi\|_{2,\Omega}}\leqslant c\|g\|_{0,1,\Omega},$$

这就证明前面所宣示的 $L^1(\Omega)\hookrightarrow H^{-2}(\Omega)$. 这样, 偶对 $(\xi-F,\psi)\in H_0^2(\Omega)\times H_0^2(\Omega)$ 满足

$$\Delta^2(\xi-F)=[\psi,\xi] \quad \text{和} \quad \Delta^2\psi=-[\xi,\xi]$$

当且仅当

$$\xi - F = B(\psi,\xi) \quad 和 \quad \psi = -B(\xi,\xi),$$

或等价地, 当且仅当 ξ 满足所示的化约 *von Kármán* 方程, 即

$$\xi - F = B(-B(\xi,\xi),\xi) = -C(\xi),$$

而 ψ 由 $\psi = -B(\xi,\xi)$ 给出. □

下一定理汇集了 Monge-Ampére 形式 $[\cdot,\cdot]$, 以及在定理 9.4-1 中定义的算子 B 和 C 的一些有用的性质.

定理 9.4-2 设 Ω 是 $\mathbb{R}^2$ 中的区域.

(a) 下述结论成立

$$\xi \in H_0^2(\Omega) \text{ 且 } [\xi,\xi] = 0 \quad \text{意味着} \quad \xi = 0.$$

(b) 对每个 $\xi, \eta \in H^2(\Omega)$, 设

$$(\xi,\eta)_\Delta := \int_\Omega \Delta\xi\Delta\eta dx,$$

则

$$(B(\xi,\eta),\chi)_\Delta = (B(\xi,\chi),\eta)_\Delta \quad \text{对所有 } (\xi,\eta,\chi) \in H^2(\Omega)\times H_0^2(\Omega)\times H_0^2(\Omega).$$

这就得到, 对任意 $\xi \in H_0^2(\Omega)$,

$$(C(\xi),\xi)_\Delta = (B(\xi,\xi),B(\xi,\xi))_\Delta \geqslant 0,$$
$$(C(\xi),\xi)_\Delta = 0 \text{ 当且仅当 } \xi = 0.$$

(c) 非线性算子 $B: H^2(\Omega)\times H^2(\Omega) \to H_0^2(\Omega)$ 和 $C: H_0^2(\Omega) \to H_0^2(\Omega)$ 具有下述性质 (如往常, 强及弱收敛分别以 $\to$ 及 $\rightharpoonup$ 表示):

$$(\xi^k,\eta^k) \rightharpoonup (\xi,\eta) \text{在 } H^2(\Omega)\times H^2(\Omega)\text{中} \quad \text{意味着} \quad B(\xi^k,\eta^k) \to B(\xi,\eta) \text{ 在 } H_0^2(\Omega) \text{ 中},$$
$$\xi^k \rightharpoonup \xi \text{ 在 } H_0^2(\Omega)\text{中} \quad \text{意味着} \quad C(\xi^k) \to C(\xi) \text{ 在 } H_0^2(\Omega) \text{ 中},$$

特别地, 这说明 B 和 C 都是连续的.

证明 (i) 三线性形式

$$T: (\xi,\eta,\chi) \in H^2(\Omega)\times H^2(\Omega)\times H^2(\Omega) \to \int_\Omega [\xi,\eta]\chi dx$$

是连续的; 进而, 如果其三个变量中至少有一个在 $H_0^2(\Omega)$ 中, T 就是一个对称的三线性形式, 且在这种情况下, 存在常数 c 使得, 对所有这种变量, 有

$$\left|\int_\Omega [\xi,\eta]\chi dx\right| \leqslant c|\xi|_{2,\Omega}|\eta|_{1,4,\Omega}|\chi|_{1,4,\Omega}.$$

$[\xi,\eta]$ 的定义和连续嵌入 $H^2(\Omega)\hookrightarrow \mathcal{C}^0(\overline{\Omega})$ 说明存在常数 c_0 使得, 对所有 $(\xi,\eta,\chi)\in H^2(\Omega)\times H^2(\Omega)\times H^2(\Omega)$,

$$\begin{aligned}\left|\int_\Omega [\xi,\eta]\chi dx\right| &\leqslant \|[\xi,\eta]\|_{0,1,\Omega}\|\chi\|_{0,\infty,\Omega}\\ &\leqslant c_0|\xi|_{2,\Omega}|\eta|_{2,\Omega}\|\chi\|_{2,\Omega},\end{aligned}$$

这说明三线性形式 $T: H^2(\Omega)\times H^2(\Omega)\times H^2(\Omega)\to\mathbb{R}$ 是连续的 (定理 2.11-1). 给定三个函数 $\xi,\eta,\chi\in\mathcal{C}^\infty(\overline{\Omega})$, 我们有

$$\begin{aligned}\int_\Omega [\xi,\eta]\chi dx &= \int_\Omega (\chi\partial_{11}\xi\partial_{22}\eta-\chi\partial_{12}\xi\partial_{12}\eta)dx+\int_\Omega(\chi\partial_{22}\xi\partial_{11}\eta-\chi\partial_{12}\xi\partial_{12}\eta)dx\\ &= \int_\Omega \partial_2(\chi\partial_{11}\xi\partial_2\eta-\chi\partial_{12}\xi\partial_1\eta)dx-\int_\Omega\partial_2\eta\partial_2(\chi\partial_{11}\xi)dx\\ &\quad+\int_\Omega\partial_1\eta\partial_2(\chi\partial_{12}\xi)dx+\int_\Omega\partial_1(\chi\partial_{22}\xi\partial_1\eta-\chi\partial_{12}\xi\partial_2\eta)dx\\ &\quad-\int_\Omega\partial_1\eta\partial_1(\chi\partial_{22}\xi)dx+\int_\Omega\partial_2\eta\partial_1(\chi\partial_{12}\xi)dx.\end{aligned}$$

显然, 如果三个函数 ξ,η,χ 至少有一个属于 $\mathcal{D}(\Omega)$, 积分 $\int_\Omega\partial_1(\cdots)dx$ 和 $\int_\Omega\partial_2(\cdots)dx$ 就等于零; 因此在这种情况下, 剩下的就是

$$\begin{aligned}\int_\Omega[\xi,\eta]\chi dx &= \int_\Omega\partial_{12}\xi(\partial_1\eta\partial_2\chi+\partial_2\eta\partial_1\chi)dx-\int_\Omega(\partial_{11}\xi\partial_2\eta\partial_2\chi+\partial_{22}\xi\partial_1\eta\partial_1\chi)dx\\ &= \int_\Omega[\xi,\chi]\eta dx.\end{aligned}$$

因为 $\overline{\mathcal{C}^\infty(\overline{\Omega})}=H^2(\Omega)$ 和 $\overline{\mathcal{D}(\Omega)}=H_0^2(\Omega)$, 而且两端都是关于范数 $\|\cdot\|_{2,\Omega}$ 的连续三线性形式 (回忆一下, $H^2(\Omega)\hookrightarrow W^{1,4}(\Omega)$ 若 Ω 是 $\mathbb{R}^2$ 中的区域), 故如果函数 ξ,η 及 χ 属于 $H^2(\Omega)$, 而其中之一在 $H_0^2(\Omega)$ 中, 以上关系式仍保持成立. 所以所宣示的不等式成立, 而且三线性形式 T 在这种情况下是对称的: 若 ξ 和 η 交换, 左端不变, 同样, 若 η 和 χ 交换, 右端不变.

(ii) 设 $\xi\in H_0^2(\Omega)$ 使得 $[\xi,\xi]=0$, 又设 $\chi\in H^2(\Omega)$ 由 $\chi(x_1,x_2)=\frac{1}{2}(x_1^2+x_2^2)$ 定义. 因此 $[\xi,\chi]=\Delta\xi$, 由 (i) 确立的 T 的对称性, 有

$$0=\int_\Omega[\xi,\xi]\chi dx=\int_\Omega[\xi,\chi]\xi dx=\int_\Omega\xi\Delta\xi dx=|\xi|_{1,\Omega}^2.$$

所以 $\xi=0$, (a) 得证.

(iii) 设 $(\xi,\eta,\chi)\in H^2(\Omega)\times H_0^2(\Omega)\times H_0^2(\Omega)$. 由 B 的定义和 T 的对称性,

$$\begin{aligned}(B(\xi,\eta),\chi)_\Delta &= \int_\Omega\Delta B(\xi,\eta)\Delta\chi dx=\int_\Omega[\xi,\eta]\chi dx\\ &= \int_\Omega[\xi,\chi]\eta dx=\int_\Omega\Delta B(\xi,\chi)\Delta\eta dx=(B(\xi,\chi),\eta)_\Delta.\end{aligned}$$

回忆一下 (定理 6.8-1(a))

$$|\xi|_\Delta := \|\Delta\xi\|_{0,\Omega} = |\xi|_{2,\Omega} \quad 对所有\ \xi \in H_0^2(\Omega).$$

因此 $|\cdot|_\Delta$ 是空间 $H_0^2(\Omega)$ 上的范数, 它正好相应于内积 $(\cdot,\cdot)_\Delta$. 设 $\xi \in H_0^2(\Omega)$, 那么根据 C 的定义及刚才确立的关系式,

$$\begin{aligned}(C(\xi),\xi)_\Delta &= (B(B(\xi,\xi),\xi),\xi)_\Delta = (B(\xi,B(\xi,\xi)),\xi)_\Delta \\ &= (B(\xi,\xi),B(\xi,\xi))_\Delta \geqslant 0,\end{aligned}$$

故

$$(C(\xi),\xi)_\Delta = 0 \quad 意味着 \quad [\xi,\xi] = \Delta^2 B(\xi,\xi) = 0$$

(此因 $B(\xi,\xi)=0$), 这样, 根据 (a) 就得到 $\xi = 0$. 因此 (b) 中所有的断言均得证.

(iv) 根据算子 B 的定义及 (i),

$$\begin{aligned}(B(\xi,\eta),\chi)_\Delta &= \int_\Omega [\xi,\eta]\chi dx = \int_\Omega [\chi,\xi]\eta dx \\ &\leqslant c|\chi|_\Delta |\xi|_{1,4,\Omega}|\eta|_{1,4,\Omega}\end{aligned}$$

对所有 $(\xi,\eta,\chi) \in H^2(\Omega)\times H^2(\Omega)\times H_0^2(\Omega)$, 所以

$$|B(\xi,\eta)|_\Delta = \sup_{\begin{cases}\chi \in H_0^2(\Omega)\\ \chi \neq 0\end{cases}} \frac{(B(\xi,\eta),\chi)_\Delta}{|\chi|_\Delta} \leqslant c|\xi|_{1,4,\Omega}|\eta|_{1,4,\Omega}$$

对所有 $(\xi,\eta) \in H^2(\Omega)\times H^2(\Omega)$. 设 $(\xi^k,\eta^k) \rightharpoonup (\xi,\eta)$ 在 $H^2(\Omega)\times H^2(\Omega)$ 中; 由 B 的双线性性质,

$$B(\xi^k,\eta^k) - B(\xi,\eta) = B(\xi^k-\xi,\eta) + B(\xi,\eta^k-\eta) + B(\xi^k-\xi,\eta^k-\eta),$$

因此, 由刚才证的不等式

$$\begin{aligned}&|B(\xi^k,\eta^k) - B(\xi,\eta)|_\Delta \\ &\leqslant c\left(|\xi^k-\xi|_{1,4,\Omega}|\eta|_{1,4,\Omega} + |\xi|_{1,4,\Omega}|\eta^k-\eta|_{1,4,\Omega} + |\xi^k-\xi|_{1,4,\Omega}|\eta^k-\eta|_{1,4,\Omega}\right).\end{aligned}$$

这样, 紧嵌入 $H^2(\Omega) \Subset W^{1,4}(\Omega)$ 就说明

$$B(\xi^k,\eta^k) \to B(\xi,\eta) \quad 在\ H_0^2(\Omega)\ 中.$$

设 $\xi^k \rightharpoonup \xi$ 在 $H_0^2(\Omega)$ 中. 算子 B 的上述性质连同算子 C 的定义说明

$$C(\xi^k) \to C(\xi) \quad 在\ H_0^2(\Omega)\ 中.$$ □

注 在 (a) 中求解的方程 $[\xi,\xi] = 2\det(\partial_{\alpha\beta}\xi) = 0$ 称为 *Monge-Ampère* 方程. □

我们现在就可以来证明对于 von Kármán 方程的存在性结果了.

定理 9.4-3 (von Kármán 方程解的存在性) 设 Ω 是 $\mathbb{R}^2$ 中的区域, 三次算子 $C: H_0^2(\Omega) \to H_0^2(\Omega)$ 和函数 $F \in H_0^2(\Omega)$ 如定理 9.4-1 中所定义.

(a) 由下式定义四次泛函 $j: H_0^2(\Omega) \to \mathbb{R}$:

$$j: \eta \in H_0^2(\Omega) \to j(\eta) := \frac{1}{4}(C(\eta), \eta)_\Delta + \frac{1}{2}(\eta, \eta)_\Delta - (F, \eta)_\Delta,$$

其中 $(\xi, \eta)_\Delta = \int_\Omega \Delta\xi\Delta\eta dx$, 则求解化约 *von Kármán* 方程, 即寻求 ξ 使得

$$\xi \in H_0^2(\Omega) \quad \text{及} \quad C(\xi) + \xi - F = 0,$$

就等价于寻求泛函 j 的驻点, 即那些 ξ 满足

$$\xi \in H_0^2(\Omega) \quad \text{及} \quad j'(\xi) = 0.$$

(b) 至少存在一个 ξ 使得

$$\xi \in H_0^2(\Omega) \quad \text{和} \quad j(\xi) = \inf_{\eta \in H_0^2(\Omega)} j(\eta).$$

因此, 任何一个这种极小化子都是化约 *von Kármán* 方程的解, 它相应于 (定理 9.4-1) 一个 *von Kármán* 方程的解 $(\xi, -B(\xi, \xi)) \in H_0^2(\Omega) \times H_0^2(\Omega)$.

证明 (i) 泛函 j 在空间 $H_0^2(\Omega)$ 上是可微的, 求解化约 *von Kármán* 方程等价于寻求这个泛函的临界点.

对所有 $\eta \in H_0^2(\Omega)$, 令

$$j_4(\eta) := \frac{1}{4}(C(\eta), \eta)_\Delta = \frac{1}{4}(B(B(\eta, \eta), \eta), \eta)_\Delta = \frac{1}{4}(B(\eta, \eta), B(\eta, \eta))_\Delta$$

(注意, 这里要用到定理 9.4-2(b)), 定义泛函 $j_4: H_0^2(\Omega) \to \mathbb{R}$. 显然, $j_4(\eta) \geqslant 0$ 对所有 $\eta \in H_0^2(\Omega)$ 且 j_4 在下述意义下是 "四次" 的: $j_4(\alpha\eta) = \alpha^4 j_4(\eta)$ 对所有 $\alpha \in \mathbb{R}$ 和所有 $\eta \in H_0^2(\Omega)$. 作为一个连续的双线性算子 (定理 9.4-2(c)), B 是 (无穷次) 可微的 (7.1 及 7.8 节), 基于同样的理由, 内积 $(\cdot, \cdot)_\Delta$ 也是 (无穷次) 可微的.

因此, 根据链式法则 (定理 7.1-3) j_4 也是可微的. 简单的计算, 并结合定理 9.4-2(b) 的另一应用, 就得 $j_4'(\xi)\eta$, 即差 $(j_4(\xi + \eta) - j_4(\xi))$ 关于 η 的线性部分, 由下式给出:

$$j_4'(\xi)\eta = (B(\xi, \xi), B(\xi, \eta))_\Delta = (B(B(\xi, \xi), \xi), \eta)_\Delta = (C(\xi), \eta)_\Delta.$$

由

$$j_2(\eta) := \frac{1}{2}(\eta, \eta)_\Delta$$

定义的二次泛函 $j_2(\eta): H_0^2(\Omega) \to \mathbb{R}$ 同样也是可微的, 而且 $j_2'(\xi)\eta = (\xi, \eta)_\Delta$. 由

$$j_1(\eta) := (F, \eta)_\Delta$$

定义的连续线性泛函 $j_1 : H_0^2(\Omega) \to \mathbb{R}$ 也是可微的, 而且 $j_1'(\xi)\eta = (F, \eta)_\Delta$.

总结起来, 我们已经证明了, j 是可微的而且

$$j'(\xi)\eta = (C(\xi) + \xi - F, \eta)_\Delta \quad \text{对所有 } \xi, \eta \in H_0^2(\Omega).$$

因为 $(\cdot,\cdot)_\Delta$ 是 $H_0^2(\Omega)$ 上的内积, 寻求泛函 j 的临界点因此等价于求解化约 von Kármán 方程.

(ii) *泛函 j 在 $H_0^2(\Omega)$ 上是序列弱下半连续的.*

设 $\eta^k \rightharpoonup \eta$ 在 $H_0^2(\Omega)$ 中, 则由定理 9.4-2(c), $B(\eta^k, \eta^k) \to B(\eta, \eta)$ 在 $H_0^2(\Omega)$ 中, 所以

$$j_4(\eta^k) = \frac{1}{4}(B(\eta^k, \eta^k), B(\eta^k, \eta^k))_\Delta \to j_4(\eta).$$

由于相应于内积 $(\cdot,\cdot)_\Delta$ 的范数的平方是序列弱下半连续的 (作为一个凸的连续函数; 见定理 9.2-3), 我们有

$$j_2(\eta) \leqslant \liminf_{k\to\infty} j_2(\eta^k).$$

最后, 根据弱收敛的定义, $j_1(\eta^k) \to j_1(\eta)$. 我们已经证明了

$$j(\eta) \leqslant \liminf_{k\to\infty} j(\eta^k).$$

(iii) *泛函 j 在 $H_0^2(\Omega)$ 上是强制的, 即*

$$\eta \in H_0^2(\Omega) \quad \text{和} \quad |\eta|_\Delta := \|\Delta\eta\|_{0,\Omega} \to \infty \text{ 意味着 } j(\eta) \to \infty.$$

假定结论不成立, 则存在 $M \geqslant 0$ 和序列 $(\eta^k)_{k=1}^\infty$ 使得

$$\eta^k \in H_0^2(\Omega), \quad |\eta^k|_\Delta \to \infty \text{ 当 } k \to \infty, \quad \text{及 } j(\eta^k) \leqslant M \text{ 对所有 } k \geqslant 1.$$

不失一般性, 可假设 $\eta^k \neq 0$ 对所有 k. 令

$$\theta^k := \frac{1}{|\eta^k|_\Delta}\eta^k,$$

故 $|\theta^k|_\Delta = 1$. 将不等式 $j(\eta^k) \leqslant M$ 两端除以 $|\eta^k|_\Delta^2$, 并利用 j_4 是四次的, 我们得到

$$\frac{1}{2} \leqslant \frac{1}{2} + |\eta^k|_\Delta^2 j_4(\theta^k) \leqslant \frac{M}{|\eta^k|_\Delta^2} + \frac{1}{|\eta^k|_\Delta}(F, \theta^k)_\Delta \quad \text{对所有 } k \geqslant 1.$$

在这个不等式中取极限即导致矛盾, 此因当 $k \to \infty$ 时右端趋向于零. 所以 j 在 $H_0^2(\Omega)$ 上是强制的.

(iv) *泛函 j 在 $H_0^2(\Omega)$ 上至少有一个极小化子 ξ. 此外, 给定任一个这种极小化子 $\xi \in H_0^2(\Omega)$, 偶对 $(\xi, -B(\xi,\xi)) \in H_0^2(\Omega) \times H_0^2(\Omega)$ 是 von Kármán 方程的解.*

j 在 $H_0^2(\Omega)$ 上至少一个极小化子的存在性由定理 9.3-1 得到, 这是因为 j 在 $H_0^2(\Omega)$ 上是序列弱下半连续的 (部分 (ii)) 而且在同一空间上是强制的 (部分 (iii)).

所以 $\xi \in H_0^2(\Omega)$ 满足化约 von Kármán 方程 (定理 9.4-3(a)), 并且因此偶对 $(\xi, -B(\xi,\xi)) \in H_0^2(\Omega) \times H_0^2(\Omega)$ 满足 von Kármán 方程 (定理 9.4-1). 定理证明完成. □

可以进一步证明[12], 如果边界 Γ 充分光滑, 函数 ξ 及 ψ 实际上是在空间 $H^4(\Omega) \cap H_0^2(\Omega)$ 中.

习题

9.4-1 本题的目的是确立在区域 $\Omega \subset \mathbb{R}^2$ 上的非齐次 *von Kármán* 方程解的存在性, 即讨论如下问题:

$$\begin{aligned}
&\Delta^2\xi = [\psi,\xi] + f \quad 在\ \Omega\ 中,\\
&\Delta^2\psi = -[\xi,\xi] \quad 在\ \Omega\ 中,\\
&\xi = \partial_\nu \xi = 0 \quad 在\ \Gamma\ 上,\\
&\psi = \psi_0 \quad 和 \quad \partial_\nu\psi = \partial_\nu\psi_1\ 在\ \Gamma\ 上,
\end{aligned}$$

其中 $f \in L^2(\Omega)$ 及 $\psi_0, \psi_1 \in H^2(\Omega)$ 是给定函数.

(1) 设 θ_0 是如下问题的唯一解:

$$\begin{aligned}
&\theta_0 \in H^2(\Omega), \quad \Delta^2\theta_0 = 0\ 在\ \mathcal{D}'(\Omega)\ 中,\\
&\theta_0 = \psi_0 \quad 和 \quad \partial_\nu\theta_0 = \partial_\nu\psi_1\ 在\ \Gamma\ 上,
\end{aligned}$$

并且定义线性算子

$$\Lambda : \xi \in H_0^2(\Omega) \to \Lambda(\xi) := B(\theta_0, \xi) \in H_0^2(\Omega).$$

又设三次算子 $C : H_0^2(\Omega) \to H_0^2(\Omega)$ 及函数 $F \in H_0^2(\Omega)$ 如定理 9.4-1 中所定义. 证明 $(\xi,\psi) \in H_0^2(\Omega) \times H^2(\Omega)$ 满足非齐次 von Kármán 方程当且仅当 ξ 满足

$$\xi \in H_0^2(\Omega) \quad 和 \quad C(\xi) + (I - \Lambda)\xi - F = 0,$$

函数 ψ 则由 $\psi = \theta_0 - B(\xi,\xi)$ 给出.

(2) 证明线性算子 $\Lambda : H_0^2(\Omega) \to H_0^2(\Omega)$[*] 关于内积 $(\cdot,\cdot)_\Delta$ 是紧的并且是对称的.

(3) 由

$$j : \eta \in H_0^2(\Omega) \to j(\eta) := \frac{1}{4}(C(\eta),\eta)_\Delta + \frac{1}{2}((I-\Lambda)\eta,\eta)_\Delta - (F,\eta)_\Delta$$

定义泛函 $j : H_0^2(\Omega) \to \mathbb{R}$. 证明, 寻求 $\xi \in H_0^2(\Omega)$ 使得 $C(\xi) + (I-\Lambda)\xi - F = 0$ 等价于寻求泛函 j 的驻点.

(4) 证明, 泛函 $j : H_0^2(\Omega) \to \mathbb{R}$ 在空间 $H_0^2(\Omega)$ 上是序列弱下半连续的, 并且是强制的. 因此存在至少一个 $\xi \in H_0^2(\Omega)$ 使得 $j(\xi) = \inf_{\eta \in H_0^2(\Omega)} j(\eta)$, 从而 $(\xi, \theta_0 - B(\xi,\xi)) \in H_0^2(\Omega) \times H^2(\Omega)$ 是非齐次 von Kármán 方程的解.

---

[12] 见 Lions [1969, 第 1 章, 第 4.4 节].

[*] 原文在此是 $H_0^2(w) \to H_0^2(w)$. —— 译者注

9.4-2 设 Ω 是 $\mathbb{R}^2$ 中的区域, 求解 **Marguerre-von Kármán 方程**[13] 就在于寻求两个函数 $\xi:\overline{\Omega}\to\mathbb{R}$ 和 $\psi:\overline{\Omega}\to\mathbb{R}$ 满足

$$\begin{aligned}&\Delta^2\xi=[\psi,\xi+\theta]+f \quad 在\ \Omega\ 中,\\&\Delta^2\psi=-[\xi,\xi+2\theta] \quad 在\ \Omega\ 中,\\&\xi=\partial_\nu\xi=0 \quad 在\ \Gamma\ 上,\\&\psi=\partial_\nu\psi=0 \quad 在\ \Gamma\ 上,\end{aligned}$$

其中 $\theta\in H_0^2(\Omega)$ 及 $f\in L^2(\Omega)$ 是给定函数; 如果 $\theta=0$, 这些方程就化为 *von Kármán 方程*.

本题的目标是说明, 这一节给出的存在性理论同样也适用于这些方程. 设双线性算子 $B:H^2(\Omega)\times H^2(\Omega)\to H_0^2(\Omega)$, 三次算子 $C:H_0^2(\Omega)\to H_0^2(\Omega)$, 以及函数 $F\in H_0^2(\Omega)$ 均如定理 9.4-1 中所定义, 又设 χ 表示

$$\chi\in H_0^2(\Omega) \quad 和 \quad \Delta^2\psi=[\theta,\theta]\ 在\ \mathcal{D}'(\Omega)\ 中$$

的唯一解.

(1) 证明, $(\xi,\psi)\in H_0^2(\Omega)\times H_0^2(\Omega)$ 满足 Marguerre-von Kármán 方程当且仅当 $\widetilde{\xi}:=\xi+\theta$ 满足下述化约 *Marguerre-von Kármán 方程*

$$C(\widetilde{\xi})+\widetilde{\xi}-B(\chi,\widetilde{\xi})-(\theta+F)=0 \quad 在\ H_0^2(\Omega)\ 中,$$

并且 ψ 是方程

$$\psi\in H_0^2(\Omega) \quad 和 \quad \Delta^2\psi=-[\widetilde{\xi}-\theta,\widetilde{\xi}+\theta]\ 在\ \mathcal{D}'(\Omega)\ 中$$

的唯一解.

(2) 证明, 求解化约 Marguerre-von Kármán 方程等价于寻求在空间 $H_0^2(\Omega)$ 上的一个四次泛函的驻点, 并证明这个泛函在此空间上至少有一个极小化子.

9.5 在 $W^{1,p}(\Omega)$ 中的极小化子的存在性

作为本节的开始, 对于形如

$$\boldsymbol{\zeta}\in\boldsymbol{L}^1(\Omega)\to\int_\Omega h(x,\boldsymbol{\zeta}(x))dx\in\mathbb{R}\cup\{\infty\}$$

的特定泛函, 我们证明一个使其为序列弱下半连续的基本充分条件, 关键的假设在于, 对几乎所有 $x\in\Omega$ 函数 $h(x,\cdot)$ 的凸性. 这一准则下面将成为确立一大类泛函极小化子存在性的基础 (定理 9.5-2).

首先, 我们给出一个定义. 设 Ω 是 $\mathbb{R}^n$ 中的开子集, $M\geqslant 1$ 是整数. 又设 B 是 $\mathbb{R}^M$[*)] 中的 Borel 集. 一个函数 $h:\Omega\times B\to\mathbb{R}\cup\{\infty\}$ 称为 **Carathéodory 函**

---

[13])这些方程构成非线性弹性扁壳的数学模型, 属于:

K. Marguerre [1939]: Zur Theorie der gekrümmten Platte großer Formänderung, Jahrbuch der deutschen Luftfahrt-forschung,413–418.

[*)]原文为 $\mathbb{R}^m$.——译者注

数[14], 如果对几乎所有 $x \in \Omega$ 函数 $h(x,\cdot) : \boldsymbol{\zeta} \in B \to h(x,\boldsymbol{\zeta}) \in \mathbb{R} \cup \{\infty\}$ 是连续的, 而对所有 $\boldsymbol{\zeta} \in B$ 函数 $h(\cdot,\boldsymbol{\zeta}) : x \in \Omega \to h(x,\boldsymbol{\zeta}) \in \mathbb{R} \cup \{\infty\}$ 是可测的.

定理 9.5-1 (序列弱下半连续性和凸性) 设 Ω 是 $\mathbb{R}^n$ 的有界开子集, $M \geqslant 1$ 是整数, 又设 $h : \Omega \times \mathbb{R}^M \to \mathbb{R} \cup \{\infty\}$ 是 *Carathéodory* 函数, 使得对几乎所有 $x \in \Omega$, 函数 $h(x,\cdot) : \boldsymbol{\zeta} \in \mathbb{R}^M \to h(x,\boldsymbol{\zeta}) \in \mathbb{R} \cup \{\infty\}$ 是凸的, 而且

$$\inf_{(x,\boldsymbol{\zeta}) \in \Omega \times \mathbb{R}^M} h(x,\boldsymbol{\zeta}) > -\infty.$$

则

$$\boldsymbol{\zeta}_k \rightharpoonup \boldsymbol{\zeta} \text{ 在 } (L^1(\Omega))^M \text{ 中} \quad \text{意味着} \quad \int_\Omega h(x,\boldsymbol{\zeta}(x))dx \leqslant \liminf_{k\to\infty} \int_\Omega h(x,\boldsymbol{\zeta}_k(x))dx.$$

证明 (i) 由于 Ω 是有界的, 常函数在 Ω 上是可积的, 因此不失一般性假设 $\beta := \inf_{(x,\boldsymbol{\zeta}) \in \Omega \times \mathbb{R}^M} h(x,\boldsymbol{\zeta}) = 0$ (若 $\beta \neq 0$, 用函数 $h - \beta$ 取代函数 h).

因为函数 h 是 Carathéodory 函数, 故当函数 $\boldsymbol{\zeta} : x \in \Omega \to \boldsymbol{\zeta}(x) \in \mathbb{R}^M$ 可测时, 函数 $x \in \Omega \to h(x,\boldsymbol{\zeta}(x))$ 是可测的[15]. 因为函数 h 在集合 $[0,\infty]$ 中取值, 对于每个函数 $\boldsymbol{\zeta} \in \boldsymbol{L}^1(\Omega) := (L^1(\Omega))^M$, 积分 $\int_\Omega h(x,\boldsymbol{\zeta}(x))dx$ 是区间 $[0,\infty]$ 中一个确定的广义实数.

(ii) 我们下面证明, 泛函

$$H : \boldsymbol{\zeta} \in \boldsymbol{L}^1(\Omega) \to H(\boldsymbol{\zeta}) := \int_\Omega h(x,\boldsymbol{\zeta}(x))dx \in [0,\infty]$$

关于空间 $\boldsymbol{L}^1(\Omega)$ 的强拓扑是下半连续的, 即

$$\boldsymbol{\zeta}_k \xrightarrow[k\to\infty]{} \boldsymbol{\zeta} \text{ 在 } \boldsymbol{L}^1(\Omega) \text{ 中} \quad \text{意味着} \quad \int_\Omega h(x,\boldsymbol{\zeta}(x))dx \leqslant \liminf_{k\to\infty} \int_\Omega h(x,\boldsymbol{\zeta}_k(x))dx$$

(如果赋范向量空间的拓扑是可距离化的, 下半连续性就等价于序列下半连续性; 参阅定理 9.2-2).

设 $(\boldsymbol{\zeta}_k)$ 是在空间 $\boldsymbol{L}^1(\Omega)$ 中强收敛于极限 $\boldsymbol{\zeta}$ 的序列, 又设 $(\boldsymbol{\zeta}_l)$ 的任一子序列使得广义实数序列 $\left(\int_\Omega h(x,\boldsymbol{\zeta}_l(x))dx\right)$ 在区间 $[0,\infty]$ 中收敛. 根据下极限的定义, 我们必须证明

$$\int_\Omega h(x,\boldsymbol{\zeta}(x))dx \leqslant \lim_{l\to\infty} \int_\Omega h(x,\boldsymbol{\zeta}_l(x))dx.$$

因为子序列 $(\boldsymbol{\zeta}_l)$ 在 $\boldsymbol{L}^1(\Omega)$ 中强收敛于 $\boldsymbol{\zeta}$, 存在 $(\boldsymbol{\zeta}_l)$ 的子序列 $(\boldsymbol{\zeta}_m)$ 使得 $\boldsymbol{\zeta}_m(x) \to \boldsymbol{\zeta}(x)$ 对几乎所有 $x \in \Omega$ (定理 3.4-3). 所以, 根据所假定的对几乎所有 $x \in \Omega$, 函数 $h(x,\cdot)$ 的连续性, 有

$$\lim_{m\to\infty} h(x,\boldsymbol{\zeta}_m(x)) = h(x,\boldsymbol{\zeta}(x)) \quad \text{在 } [0,\infty] \text{ 中对几乎所有 } x \in \Omega.$$

---

[14] 冠名源自:

C. Carathéodory [1965]: *Calculus of Variations and Partial Differential Equations of the First Order*, Holden Day, San Francisco.

[15] 见, 例如, Ekeland & Temam [1976, 第 8 章, 第 1 节].

所以, 由 *Fatou* 引理 (定理 1.15-2),

$$\begin{aligned}\int_\Omega h(x,\boldsymbol{\zeta}(x))dx &= \int_\Omega \lim_{m\to\infty} h(x,\boldsymbol{\zeta}_m(x))dx \\ &\leqslant \liminf_{m\to\infty}\int_\Omega h(x,\boldsymbol{\zeta}_m(x))dx \\ &= \lim_{l\to\infty}\int_\Omega h(x,\boldsymbol{\zeta}_l(x))dx,\end{aligned}$$

这说明泛函 $H:\boldsymbol{L}^1(\Omega)\to[0,\infty]$ 是强下半连续的, 这是一方面.

(iii) 另一方面, 泛函 $H:\boldsymbol{L}^1(\Omega)\to[0,\infty]$ 是凸的, 这是因为假设的函数 h 关于其第二个变量的凸性意味着, 对所有 $\lambda\in[0,1]$ 及所有 $\boldsymbol{\zeta},\boldsymbol{\eta}\in\boldsymbol{L}^1(\Omega)$:

$$\begin{aligned}H(\lambda\boldsymbol{\zeta}+(1-\lambda)\boldsymbol{\eta}) &= \int_\Omega h(x,\lambda\boldsymbol{\zeta}(x)+(1-\lambda)\boldsymbol{\eta}(x))dx \\ &\leqslant \int_\Omega(\lambda h(x,\boldsymbol{\zeta}(x))+(1-\lambda)h(x,\boldsymbol{\eta}(x)))dx \\ &= \lambda H(\boldsymbol{\zeta})+(1-\lambda)H(\boldsymbol{\eta}).\end{aligned}$$

作为一个凸的强下半连续泛函, 根据定理 9.2-3, H 是序列弱下半连续的. □

注 (1) 函数 $h(x,\cdot)$ 的连续性并不是一个多余的假设, 此因容许取值 ∞ (凸性意味着连续性只是对集合 $\{\boldsymbol{\zeta}\in\mathbb{R}^M;h(x,\boldsymbol{\zeta})<\infty\}$ 的内部而言; 见习题 9.2-5).

(2) 如果函数 h 与 $x\in\Omega$ 无关, 可测性假设自动满足.

(3) 如果 Ω 是有界的, 在任何空间 $\boldsymbol{L}^p(\Omega)$ 中弱收敛, $1\leqslant p<\infty$, 都意味着在空间 $\boldsymbol{L}^1(\Omega)$ 中弱收敛. □

作为定理 9.5-1 中给出的序列弱下半连续性判定准则的一个应用, 对于在应用中常见的一类泛函, 我们现在确立其在 Sobolev 空间 $\boldsymbol{W}^{1,p}(\Omega)$ 中极小化子的存在性, 其中 $p>1,\Omega$ 是 $\mathbb{R}^n$ 中的区域.

定理 9.5-2 (具有凸被积函数的泛函在 $\boldsymbol{W}^{1,p}(\Omega)$ 中极小化子的存在性) 设 Ω 是 $\mathbb{R}^n$ 中边界为 Γ 的区域, $h:\Omega\times\mathbb{M}^{m\times n}\to\mathbb{R}\cup\{\infty\}$ 是具有下述性质的函数: 对几乎所有 $x\in\Omega$, 函数 $h(x,\cdot):\boldsymbol{F}\in\mathbb{M}^{m\times n}\to h(x,\boldsymbol{F})\in\mathbb{R}\cup\{\infty\}$ 是凸且连续的; 函数 $h(\cdot,\boldsymbol{F}):x\in\Omega\to h(x,\boldsymbol{F})\in\mathbb{R}\cup\{\infty\}$ 对所有 $\boldsymbol{F}\in\mathbb{M}^{m\times n}$ 是可测的; 而且存在常数 α,β 及 p 使得

$$\alpha>0,p>1,\ 及\ h(x,\boldsymbol{F})\geqslant\alpha|\boldsymbol{F}|^p+\beta\quad 对几乎所有\ x\in\Omega\ 及所有\ \boldsymbol{F}\in\mathbb{M}^{m\times n}.$$

设 Γ_0 是 Γ 的 $d\Gamma$ 可测子集, 且 $d\Gamma\text{-meas}\,\Gamma_0>0$, 设 $\boldsymbol{u}_0:\Gamma_0\to\mathbb{R}^m$ 是 $d\Gamma$ 可测函数, 使得集合

$$\boldsymbol{U}=\{\boldsymbol{v}\in\boldsymbol{W}^{1,p}(\Omega);\boldsymbol{v}=\boldsymbol{u}_0\ 在\ \Gamma_0\ 上\},\ 其中\ \boldsymbol{W}^{1,p}(\Omega):=(W^{1,p}(\Omega))^m,$$

是非空的, 又设 L 是空间 $\boldsymbol{W}^{1,p}(\Omega)$ 上的连续线性泛函. 最后, 定义泛函 $J:\boldsymbol{W}^{1,p}\to\mathbb{R}\cup\{\infty\}$ 如下:

$$J(\boldsymbol{v}):=\int_\Omega h(x,\boldsymbol{\nabla v}(x))dx-L(\boldsymbol{v})\quad 对每个\ \boldsymbol{v}\in\boldsymbol{W}^{1,p}(\Omega),$$

并且假定

$$\inf_{\boldsymbol{v}\in\boldsymbol{U}}J(\boldsymbol{v})<\infty.$$

则存在至少一个函数 $\boldsymbol{u}$ 使得

$$\boldsymbol{u}\in\boldsymbol{U}\quad 和\quad J(\boldsymbol{u})=\inf_{\boldsymbol{v}\in\boldsymbol{U}}J(\boldsymbol{v}).$$

如果对几乎所有 $x\in\Omega$ 函数 $h(x,\cdot):\boldsymbol{F}\in\mathbb{M}^{m\times n}\to h(x,\boldsymbol{F})$ 是严格凸的, 那么极小化子 $\boldsymbol{u}$ 是唯一的.

证明 (i) 由于 $1<p<\infty$, *Banach* 空间 $\boldsymbol{W}^{1,p}(\Omega)$ 是自反的 (定理 6.5-1), 而且根据 *Banach-Saks-Mazur* 定理 (定理 5.13-1) 集合 U 是序列弱闭的, 此因它是强闭且凸的.

由函数 h 满足的不等式以及线性形式 L 的连续性, 得

$$J(\boldsymbol{v})\geqslant\alpha\int_\Omega|\nabla\boldsymbol{v}|^p dx+\beta\mathrm{vol}\Omega-\|L\|\|\boldsymbol{v}\|_{1,p,\Omega}\quad 对所有\ \boldsymbol{v}\in\boldsymbol{W}^{1,p}(\Omega).$$

根据广义 Poincaré 不等式 (定理 6.6-6(c)), 存在一个常数 $c_1>0$ 使得

$$\int_\Omega|\psi|^p dx\leqslant c_1\left\{\int_\Omega|\boldsymbol{\nabla}\psi|^p dx+\left|\int_{\Gamma_0}\psi da\right|^p\right\}\quad 对所有\ \psi\in\boldsymbol{W}^{1,p}(\Omega).$$

因此存在常数 $c_2>0$ 和 c_3 使得

$$J(\boldsymbol{v})\geqslant c_2\|\boldsymbol{v}\|_{1,p,\Omega}^p-\|L\|\|\boldsymbol{v}\|_{1,p,\Omega}+c_3\quad 对所有\ \boldsymbol{v}\in\boldsymbol{U},$$

而且因为 $p>1$, 存在常数 c 和 d 使得

$$c>0\quad 及\quad J(\boldsymbol{v})\geqslant c\|\boldsymbol{v}\|_{1,p,\Omega}^p+d\ 对所有\ \boldsymbol{v}\in\boldsymbol{U}.$$

所以

$$\boldsymbol{v}^k\in\boldsymbol{U}\ 和\ \|\boldsymbol{v}^k\|_{1,p,\Omega}\to\infty\quad 意味着\quad J(\boldsymbol{v}^k)\to\infty,$$

这说明泛函 J 在集合 $\boldsymbol{U}$ 上是强制的.

由于

$$\boldsymbol{u}^l\rightharpoonup\boldsymbol{u}\ 在\ \boldsymbol{W}^{1,p}(\Omega)\ 中\quad 意味着\quad \boldsymbol{\nabla u}^l\rightharpoonup\boldsymbol{\nabla u}\ 在\ (L^p(\Omega))^{m\times n}\ 中,$$

因此在 $(L^1(\Omega))^{m\times n}$ 中也成立,

由定理 9.5-1 (在其中 $M = m \times n$ 且 $\mathbb{R}^M$ 等同于 $\mathbb{M}^{m\times n}$) 得

$$\boldsymbol{u}^l \rightharpoonup \boldsymbol{u} \text{ 在 } \boldsymbol{W}^{1,p}(\Omega) \text{中} \quad \text{意味着} \quad \int_\Omega h(x, \boldsymbol{\nabla u}(x))dx \leqslant \liminf_{l\to\infty} \int_\Omega h(x, \boldsymbol{\nabla u}^l(x))dx,$$

这是一方面. 另一方面, 由于 L 是 $\boldsymbol{W}^{1,p}(\Omega)$ 上的连续线性形式, 根据弱收敛的定义,

$$\boldsymbol{u}^l \rightharpoonup \boldsymbol{u} \text{ 在 } \boldsymbol{W}^{1,p}(\Omega) \text{ 中} \quad \text{意味着} \quad L(\boldsymbol{u}) = \lim_{l\to\infty} L(\boldsymbol{u}^l).$$

所以泛函 $J : \boldsymbol{W}^{1,p}(\Omega) \to \mathbb{R}$ 是序列弱下半连续的.

这样, 泛函 J 在集合 $\boldsymbol{U}$ 上的极小化子的存在性即可从定理 9.3-1 中得出.

(ii) 假设函数 $h(x,\cdot) : \boldsymbol{F} \in \mathbb{M}^{m\times n} \to h(x, \boldsymbol{F})$ 对几乎所有 $x \in \Omega$ 是严格凸的, 又设 $\boldsymbol{u}_1 \in \boldsymbol{U}$ 和 $\boldsymbol{u}_2 \in \boldsymbol{U}$ 使得

$$\boldsymbol{u}_1 \neq \boldsymbol{u}_2 \quad \text{但} \quad J(\boldsymbol{u}_1) = J(\boldsymbol{u}_2) = \inf_{\boldsymbol{v}\in\boldsymbol{U}} J(\boldsymbol{v}).$$

由于 $\boldsymbol{v} \to (\int_\Omega |\boldsymbol{\nabla v}|^p dx)^{1/p}$ 是空间 $\boldsymbol{V} := \{\boldsymbol{v} \in \boldsymbol{W}^{1,p}(\Omega); \boldsymbol{v} = \boldsymbol{0} \text{ 在 } \Gamma_0 \text{ 上}\}$ 上的范数 (因为 $d\Gamma$-meas $\Gamma_0 > 0$; 参见定理 6.6-6(b)), 且 $(\boldsymbol{u}_1 - \boldsymbol{u}_2) \in \boldsymbol{V}$, 假设 $\boldsymbol{u}_1 \neq \boldsymbol{u}_2$ 意味着

$$dx\text{-meas } A > 0, \text{ 其中 } A := \{x \in \Omega; \boldsymbol{\nabla u}_1(x) \neq \boldsymbol{\nabla u}_2(x)\}.$$

给定任意 $0 < \lambda < 1$, 我们有

$$\begin{aligned}
&J(\lambda\boldsymbol{u}_1 + (1-\lambda)\boldsymbol{u}_2)\\
&= \int_\Omega h(x, \lambda\boldsymbol{\nabla u}_1(x) + (1-\lambda)\boldsymbol{\nabla u}_2(x))dx - L(\lambda\boldsymbol{u}_1 + (1-\lambda)\boldsymbol{u}_2)\\
&< \lambda \int_A h(x, \boldsymbol{\nabla u}_1(x))dx + (1-\lambda)\int_A h(x, \boldsymbol{\nabla u}_2(x))dx\\
&\quad +\lambda \int_{\Omega - A} h(x, \boldsymbol{\nabla u}_1(x))dx + (1-\lambda)\int_{\Omega-A} h(x, \boldsymbol{\nabla u}_2(x))dx\\
&\quad -\lambda L(\boldsymbol{u}_1) - (1-\lambda)L(\boldsymbol{u}_2)\\
&= \lambda J(\boldsymbol{u}_1) + (1-\lambda)J(\boldsymbol{u}_2) = \inf_{\boldsymbol{v}\in\boldsymbol{U}} J(\boldsymbol{v}),
\end{aligned}$$

矛盾. 因此在这种情况下, 极小化子是唯一的. □

注 (1) $\boldsymbol{U}$ 是序列闭的这一事实也可从迹算子 $\text{tr} \in \mathcal{L}(W^{1,p}(\Omega); L^p(\Gamma))$ 的紧性 (定理 6.6-5(b)) 导出. 这是由于, $\boldsymbol{v}^l \rightharpoonup \boldsymbol{v}$ 在 $\boldsymbol{W}^{1,p}(\Omega)$ 中意味着 $\text{tr}\, \boldsymbol{v}^l \to \text{tr}\, \boldsymbol{v}$ 在 $\boldsymbol{L}^p(\Gamma)$ 中 (定理 5.12-4(b)). 在 $(\text{tr}\, \boldsymbol{v}^l)$ 中可挑选一个子列使其在 Γ 上 $d\Gamma$ 几乎处处收敛, 然后证明 $\text{tr}\, \boldsymbol{v}(y) = \boldsymbol{u}_0(y)$ 对 $d\Gamma$ 几乎所有 $y \in \Gamma$.

(2) 定理 9.5-2 可以推广到如下形式更一般的泛函[16]:

$$\boldsymbol{v} \in \boldsymbol{W}^{1,p}(\Omega) \longrightarrow \int_\Omega h(x, \boldsymbol{v}(x), \boldsymbol{\nabla v}(x))dx - L(\boldsymbol{v}),$$

[16] 见 Dacorgna [2010, 第 3 章, 定理 3.30].

其中函数 $h(x,\boldsymbol{a},\cdot):\mathbb{M}^{m\times n}\to\mathbb{R}\cup\{\infty\}$ 是凸的对几乎所有 $x\in\Omega$ 和所有 $\boldsymbol{a}\in\mathbb{R}^m$, 而且存在常数 $\alpha_1>0,\alpha_2>0,\beta\in\mathbb{R}$ 及 $p>q\geqslant 1$, 使得

$$h(x,\boldsymbol{a},\boldsymbol{F})\geqslant\alpha_1|\boldsymbol{F}|^p+\alpha_2|\boldsymbol{a}|^q+\beta$$

对几乎所有 $x\in\Omega$ 及所有 $(\boldsymbol{a},\boldsymbol{F})\in\mathbb{R}^m\times\mathbb{M}^{m\times n}$.

(3) 定理 9.5-2 中, 被积函数 $h(x,\cdot)$ 是变量 $\boldsymbol{F}\in\mathbb{M}^{m\times n}$ 的凸函数这一假定, 对于确立序列弱下半连续性是实质性的; 关于反例, 见习题 9.5-1.

(4) 被积函数以一个形如 $\alpha|\boldsymbol{F}|^p+\beta$ (对某个 $\alpha>0$ 和 $p>1$) 的函数为下界这一假设同样也是实质性的; 关于反例, 见习题 9.5-2. □

定理 9.5-2 的证明说明, 被积函数关于其变量 $\boldsymbol{F}\in\mathbb{M}^{m\times n}$ 的凸性意味着泛函在 $\boldsymbol{W}^{1,p}(\Omega)$ 上的序列弱下半连续性. 但这种弱下半连续性实质上与比凸性更一般的概念, 拟凸性[17]有关.

一个可测且局部可积函数 $h:\mathbb{M}^{m\times n}\to\mathbb{R}$ 是**拟凸的**, 如果对所有有界开集 $U\subset\mathbb{R}^n$, 所有 $\boldsymbol{F}\in\mathbb{M}^{m\times n}$, 及所有 $\boldsymbol{\theta}\in W_0^{1,\infty}(\Omega;\mathbb{R}^m)$, 成立

$$h(\boldsymbol{F})\leqslant\frac{1}{dx\text{-meas }U}\int_U h(\boldsymbol{F}+\boldsymbol{\nabla}\boldsymbol{\theta}(x))dx.$$

更为具体地, 可以证明下述精彩的结果: 对任意的 $1\leqslant p\leqslant\infty$, 形如

$$\boldsymbol{v}\in\boldsymbol{W}^{1,p}(\Omega)\to\int_\Omega h(\boldsymbol{\nabla}\boldsymbol{v}(x))dx$$

的泛函是序列弱下半连续的当且仅当函数 h 是拟凸的[18].

拟凸性在变分学的另一种非常有效称之为 Γ **收敛**[19]的方法中起着关键作用. 设 V 是赋范向量空间, $J(\varepsilon):V\to\mathbb{R}$ 是对所有 $\varepsilon>0$ 定义的泛函. 泛函族 $(J(\varepsilon))_{\varepsilon>0}$ 称为当 $\varepsilon\to 0$ 时是 Γ **收敛的**, 如果存在一个泛函 $J:V\to\mathbb{R}\cup\{\infty\}$, 称为当 $\varepsilon\to 0$ 时泛

[17] 拟凸性的概念属于:

C. B. Morrey, Jr. [1952]: Quasi-convexity and the lower semicontinuity of multiple integrals, *Pacific Journal of Mathematics* **2**, 25–53.

C. B. Morrey, Jr. [1966]: *Multiple Integrals in the Calculus of Variations*, Springer, Berlin.

[18] 许多作者对这一结果做出贡献. 关于参考文献及证明 (甚至于针对形如 $\boldsymbol{v}\in\boldsymbol{W}^{1,p}(\Omega)\to\int_\Omega h(x,\boldsymbol{v}(x),\boldsymbol{\nabla}\boldsymbol{v}(x))dx$ 更一般的泛函), 可参阅 Dacorogna [2010, 第 5 和 9 章] 中富有启发性的介绍.

[19] 这个理论源于两篇开创性的论文:

E. De. Giorgi [1975]: Sulla convergenza di alcune successioni di integrali del tipo dell'area, *Rendiconti Mathematica Roma* **8**, 227–294.

E. De. Giorgi [1977]: Γ-convergenza e *G*-convergenza, *Bolletina Unione Mathematica Italiana* **5**, 213–220.

一个富有启发性的导论给出在:

E. De Giorgi; G. Dal Maso [1983]: Γ-*Convergence and Calculus of Variations*, Lecture Notes in Mathematics, Volume 979, Springer, Berlin.

函 $J(\varepsilon)$ 的 Γ 极限, 使得

$$v(\varepsilon) \rightharpoonup v \text{ 当 } \varepsilon \to 0 \quad \text{意味着} \quad J(v) \leqslant \liminf_{\varepsilon \to 0} J(\varepsilon)(v(\varepsilon)),$$

而且给定任意的 $v \in V$, 存在 $v(\varepsilon) \in V$, $\varepsilon > 0$, 使得

$$v(\varepsilon) \rightharpoonup v \text{ 当 } \varepsilon \to 0 \quad \text{且} \quad J(v) = \lim_{\varepsilon \to 0} J(\varepsilon)(v(\varepsilon)),$$

其中 $v(\varepsilon) \rightharpoonup v$ 当 $\varepsilon \to 0$, 是指对每个 $v' \in V'$, $\lim_{\varepsilon \to 0} {}_{V'}\langle v', v(\varepsilon)\rangle_V = {}_{V'}\langle v', v\rangle_V$. 容易看出, Γ 极限如果存在的话, 是唯一的. 也要注意, Γ 极限也可能在 V 的某子集上等于 ∞.

可以证明下述定理, 它具有那种可以应用 Γ 收敛理论予以证明的结果的味道: *设 V 是自反 Banach 空间, 而 $(J(\varepsilon))_{\varepsilon>0}$ 是泛函 $J(\varepsilon): V \to \mathbb{R}$ 形成的族, 当 $\varepsilon \to 0$ 时 $J(\varepsilon)$ 将 Γ 收敛于泛函 $J: V \to \mathbb{R} \cup \{\infty\}$. 另外假定, 对每个 $\varepsilon > 0$, 存在 $u(\varepsilon) \in V$ 使得 $J(\varepsilon)(u(\varepsilon)) = \inf_{v \in V} J_\varepsilon(v)$ 而且所有的极小化子 $u(\varepsilon)$ 有与 $\varepsilon > 0$ 无关的界.*

则存在 $(u(\varepsilon))_{\varepsilon>0}$ 的子序列 $(u(\varepsilon_k))_{k=1}^{\infty}$ 和 $u \in V$ 使得

$$u(\varepsilon_k) \rightharpoonup u \text{ 当 } \varepsilon_k \to 0 \quad \text{且} \quad J(u) = \inf_{v \in V} J(v).$$

此外还有

$$J(\varepsilon_k)(u(\varepsilon_k)) \to J(u) \quad \text{当 } \varepsilon_k \to 0.$$

特别地, 为了寻求 "薄的" 非线性弹性结构 (如板和壳) 的数学模型并充分验证其合理性, 将其视为三维非线性弹性模型当其作为小参数的厚度趋向零的极限, Γ 收敛性已被证明是非常有效的[20]. 出现在这种情况中的 Γ 极限的计算, 通常要求按照下述定义计算拟凸包络 (quasi-convex envelopes): 给定任意函数 $h: \mathbb{M}^{m \times n} \to \mathbb{R}$, 其**拟凸包络**是由下式定义的函数 $Qh: \mathbb{M}^{m \times n} \to \mathbb{R}$:

$$Qh = \sup\{g: \mathbb{M}^{m \times n} \to \mathbb{R};\ g \text{ 是拟凸的且 } g \leqslant h\}.$$

[20] 见下述里程碑式论文的精彩表述:

H. LE DRET; A. RAOULT [1995]: The nonlinear membrane model as variational limit of nonlinear three-dimensional elasticity, *Journal de Mathématiques Pures et Appliquées* **74**, 549–578.

H. LE DRET; A. RAOULT [1996]: The membrane shell model in nonlinear elasticity: A variational asymptotic derivation, *Journal of Nonlinear Science* **6**, 59–94.

G. FRIESECKE; R. D. JAMES; S. MÜLLER: [2002]: A theorem on geometric rigidity and the derivation of nonlinear plate theory from three-dimensional elasticity, *Communications on Pure and Applied Mathematics* **LV**, 1461–1506.

G. FRIESECKE; R. D. JAMES; M. G. MORA; S. MÜLLER: [2003]: Derivation of nonlinear bending theory for shells from three-dimensional nonlinear elasticity by Gamma-convergence, *Comptes Rendus de l'Académie des Sciences de Paris*, Série 1, **336**, 697–702.

G. FRIESECKE; R. D. JAMES; S. MÜLLER: [2006]: A hierarchy of plate models derived from nonlinear elasticity by Gamma-convergence, *Archive for Rational Mechanics and Analysis* **180**, 183–236.

最后, 应该强调的是, 定理 9.5-2 的适用范围本质上局限于是 $\mathbb{R}^n$ 中区域的开子集 Ω 上提出的极小化问题, 特别是有界的区域. 但有大量具有重要物理意义的极小化问题 (非线性场方程, 非线性 Schrödinger 方程, 孤立波等) 是在 $\Omega = \mathbb{R}^n$ 上提出的. Pierre-Louis Lions[21] 提出一种称为**集中紧性**的强有力的方法, 借助于对于泛函特定的假设, 当适用于区域情形的方法失效时, 就能以某种方式 "恢复极小化序列的某种紧性". 由于这种方法不在本书 (这里只考虑提出于区域上的边值问题) 范围之内, 建议读者阅读原始论文[22]以及更新的文献[23].

习题

9.5-1 下面叙述的极小化问题构成 Bolza 实例[24]. 由下式定义泛函 $J : W_0^{1,4}(0,1) \to \mathbb{R}$:

$$v \in W_0^{1,4}(0,1) \to J(v) := \int_0^1 ((v'(x)^2 - 1)^2 + v(x)^2)dx.$$

(1) 证明在 $W_0^{1,4}(0,1)$ 上, 泛函 J 是强制的, 但不是序列弱下半连续的.

(2) 证明, 给定任意 $a \in \mathbb{R}$, 函数 $y \in \mathbb{R} \to (y^2 - 1)^2 + a^2$ 不是凸的, 而且函数 $J : W_0^{1,4}(0,1) \to \mathbb{R}$ 也不是凸的.

(3) 证明 $\inf_{v \in W_0^{1,4}(0,1)} J(v) = 0$, 但在 $W_0^{1,4}(0,1)$ 上无 J 的极小化子.

9.5-2[25] 由下式定义泛函 $J : H_0^1(0,1) \to \mathbb{R}$:

$$v \in H_0^1(0,1) \to J(v) := \int_0^1 x(v'(x) - 1)^2 dx.$$

(1) 证明 J 在 $H_0^1(\Omega)$ 上不是强制的.

(2) 证明 $\inf_{v \in H_0^1(0,1)} J(v) = 0$, 但在 $H_0^1(0,1)$ 上无 J 的极小化子.

---

21) Pierre-Louis Lions 在 1994 年荣获 Fields 奖, 主要是因为他对偏微分方程理论的重要贡献.

22) P. L. Lions [1984]: The concentration-compactness principle in the calculus of variations. The locally compact case–Part 1, *Annales de l'Institut Henri Poincaré–Analyse Non Linéaire* **1**, 109–145.

P. L. Lions [1984]: The concentration-compactness principle in the calculus of variations. The locally compact case – Part 2, *Annales de l'Institut Henri Poincaré–Analyse Non Linéaire* **1**, 223–283.

P. L. Lions [1985]: The concentration-compactness principle in the calculus of variations. The limit case–Part 1, *Revista Matematica Iberoamericana* **1.1**, 145–201.

P. L. Lions [1985]: The concentration-compactness principle in the calculus of variations. The limit case–Part 2, *Revista Matematica Iberoamericana* **1.2**, 45–121.

23) 诸如 Struwe [1990, 第 1 章, 第 4 节], Kavian [1993, 第 6 章, 第 8 节], 或 Tintarev & Fieseler [2007].

24) O. Bolza [1946]: *Lectures on the Calculus of Variations*, Chelsea Publishing Company, New York.

25) O. Bolza [1946]: *Lectures on the Calculus of Variations*, Chelsea Publishing Company, New York.

9.5-3 证明, 由

$$v \in W^{1,4}(0,1) \to J(v) := \int_0^1 \left(\frac{1}{2}v'(x)^2 + v'(x)\right)^2 dx$$

定义的泛函 $J : W^{1,4}(0,1) \to \mathbb{R}$ 不是序列弱下半连续的.

9.5-4 给定一个下有界的函数 $h \in \mathcal{C}[0,\infty[$, 泛函

$$H : \zeta \in W^{1,p}(0,1) \to H(\zeta) := \int_0^1 h(\zeta'(x))dx \in [0,\infty]$$

对每个 $1 \leqslant p < \infty$ 是 $\mathbb{R} \cup \{\infty\}$ 中一个适定的数. 证明, 如果泛函 H 是序列弱下半连续的, 则 h 是凸的 (根据定理 9.5-1, 此性质之逆也成立)[26].

提示: 对任意 $0 < \lambda < 1$ 及 $a, b \in \mathbb{R}$, 证明由

$$\zeta_k(x) := \begin{cases} a, & \text{若 } \dfrac{j}{k} \leqslant x < \dfrac{j+\lambda}{k}, \\ b, & \text{若 } \dfrac{j+\lambda}{k} \leqslant x \leqslant \dfrac{j+1}{k}, \end{cases} \quad 0 \leqslant j \leqslant k-1$$

定义的序列 $(\zeta_k)_{k=1}^{\infty}$ 在 $L^1(0,1)$ 中弱收敛于一个常函数.

9.5-5 对任意 $6 \leqslant p \leqslant \infty$, 定义泛函 $J : W^{1,p}(0,1) \to \mathbb{R}$ 如下:

$$v \in W^{1,p}(0,1) \to J(v) := \int_0^1 (v'(x)(v'(x)^2 - 1))^2 dx.$$

显然, 对任何 $6 \leqslant p \leqslant \infty$, 函数 $u := 0$ 是泛函 J 在空间

$$V_p := \{v \in W^{1,p}(0,1); v(0) = v(1) = 0\}$$

上的极小化子.

(1) 证明, 存在 u 在 V_∞ 中的一个凸邻域 U, 使得 J 在 U 上的限制是严格凸的; 故 u 是 J 在 U 上的严格局部极小点 (定理 7.12-3(b)).

(2) 现在假定 $6 \leqslant p < \infty$, 证明, 给定任意 $\varepsilon > 0$, 存在一个函数 u_p 使得

$$u_p \in V_p,\ J(u_p) = J(u) = \inf_{v \in V_p} J(v),\ u_p \neq u, \quad \text{且 } \|u_p - u\|_{W^{1,p}(0,1)} < \varepsilon.$$

这个问题[27]说明, 如果 $6 \leqslant p < \infty$, J 在 V_p 上的极小化子 u 不再是孤立的, 这与 (1) 中讨论的 $p = \infty$ 情况形成鲜明的对比.

9.5-6 对任意 $1 \leqslant p \leqslant \infty$, 定义泛函 $J : W^{1,p}(0,1) \to \mathbb{R}$ 如下:

$$v \in W^{1,p}(0,1) \to J(v) := \int_0^1 ((v(x)+x)^3 - x)^2 (v'(x)+1)^6 dx,$$

---

[26] 这个结果构成 Tonelli 定理维数为 1 的特殊情况, 该定理冠名源自:

L. TONELLI [1920]: La semicontinuità nel calcolo delle variazioni, *Rendiconti del Circolo Matematico di Palermo* **44**, 167–249.

[27] 取自: J. M. BALL; R. J. KNOPS; J. E. MARSDEN [1978]: Two examples in nonlinear elasticity, in *Proceedings–Conference in Nonlinear Analysis, Besançon*, pp. 41–49, Lecture Notes in Mathematics, Volume 466, Springer, Berlin.

并定义空间[28)]

$$V_p := \{v \in W^{1,p}(0,1); v(0) = v(1) = 0\}.$$

(1) 证明函数 $u : x \in [0,1] \to u(x) := x^{1/3} - x$ 属于空间 V_1 且满足 $J(u) = \inf_{v \in V_1} J(v)$.

(2) 证明 $\inf_{v \in V_\infty} J(v) > \inf_{v \in V_1} J(v)$.

这个例子为 **Lavrentiev 现象**[29)] 提供了一个实例, 即在 $W^{1,p}(\Omega)$ 的一个子空间上极小化的泛函, 其极小值可能受 p 值的影响.

9.6 对 p-Laplace 算子的应用

作为定理 9.5–2 的一个应用, 我们现在考察一个极小化问题, 它推广了二次极小化问题 (在 6.7 节曾予详细讨论): 求 $u \in H_0^1(\Omega)$ 使得 $J(u) = \inf_{v \in H_0^1(\Omega)} J(v)$, 其中

$$J(v) = \frac{1}{2}\int_\Omega |\nabla v|^2 dx - \int_\Omega fv dx,$$

而 $f \in L^2(\Omega)$ 是给定函数. 我们记得, 这个极小化问题的唯一解也是 (至少在分布意义上) Laplace 算子 Δ 的齐次 Dirichlet 问题的解.

这个极小化问题可视为下述极小化问题当 $p = 2$ 时的特殊情况, 在此 p 是满足 $1 < p < \infty$ 的任意实数: 求 $u \in W_0^{1,p}(\Omega)$ 使得 $J_p(u) = \inf_{v \in W_0^{1,p}(\Omega)} J_p(v)$, 其中

$$J_p(v) := \frac{1}{p}\int_\Omega |\nabla v|^p dx - \int_\Omega fv dx,$$

而 $f \in L^q(\Omega)$, 其中 q 表示 p 的共轭指数.

我们现在借助于定理 9.5-2 证明, 这个极小化问题有唯一解 u (定理 9.6-1(a)). 我们也将证明 (定理 9.6-1(b)), u 满足由

$$\Delta_p : v \to \Delta_p v := \operatorname{div}(|\nabla v|^{p-2}\nabla v) = \sum_{i=1}^n \partial_i(|\nabla v|^{p-2}\partial_i v), \quad 1 < p < \infty$$

定义的 **p-Laplace 算子**的 Dirichlet 问题.

p-Laplace 算子, 当 $p = 2$ 时显然就化为 Laplace 算子 Δ, 是在研究中最常见的非线性偏微分算子之一.

定理 9.6-1 (对 p-Laplace 算子的 Dirichlet 问题的应用) 给定区域 $\Omega \subset \mathbb{R}^n$, $\Gamma := \partial\Omega$ 的一个 $d\Gamma$ 可测子集 Γ_0 且 $d\Gamma\text{-meas}\,\Gamma_0 > 0$, 一个数 $1 < p < \infty$, 一个 $d\Gamma$ 可测函数 $u_0 : \Gamma_0 \to \mathbb{R}$ 使得集合

$$U := \{v \in W^{1,p}(\Omega); v = u_0 \text{ 在 } \Gamma_0 \text{ 上}\}$$

[28)] 这个例子属于: B. Manià [1934]: Sopra un esempio di Lavrentieff, *Bolletone dell Unione Mathematica Italiana* **13**, 147–153.

[29)] M. Lavrentiev [1926]: Sur quelques problèmes du calcul des variations, *Annales de Mathématiques Pures et Appliquées* **4**, 7–18.

非空, 以及函数 $f \in L^q(\Omega)$, 其中 q 是 p 的共轭指数. 设

$$J_p(v) := \frac{1}{p}\int_\Omega |\nabla v|^p dx - \int_\Omega fv dx \quad \text{对每个 } v \in W^{1,p}(\Omega).$$

(a) 存在唯一的函数 u 使得

$$u \in U \quad \text{及} \quad J_p(u) = \inf_{v \in U} J_p(v).$$

(b) 极小化子 $u \in U$ 满足变分方程

$$\int_\Omega |\nabla u|^{p-2}\nabla u \cdot \nabla v dx = \int_\Omega fv dx \quad \text{对所有 } v \in W_0^{1,p}(\Omega),$$

并且是非线性 (若 $p \neq 2$) 偏微分方程

$$\Delta_p u := -\text{div}(|\nabla u|^{p-2}\nabla u) = f \quad \text{在 } \mathcal{D}'(\Omega) \text{ 中}$$

的解.

证明 (i) 函数

$$h : a \in \mathbb{R}^n \to h(a) := |a|^p$$

对于 $1 < p < \infty$ 是严格凸的, 而且显然满足 $h(a) \geqslant |a|^p$ 对所有 $a \in \mathbb{R}^n$; 此外, $\inf_{v \in U} J_p(v) < \infty$, 此因 $U \neq \varnothing$. 因此定理 9.5-2 的所有假设都满足; 所以 (a) 的极小化问题有唯一解 u.

(ii) 现在设非零函数 $v \in W_0^{1,p}(\Omega)$ 是给定的. 由于 $(u + tv) \in U$ 对所有 $t \in \mathbb{R}$, 函数

$$f_v : t \in \mathbb{R} \to f_v(t) := J_p(u + tv) \in \mathbb{R}$$

在 $t = 0$ 处取极小值. 但 f_v 在 $\mathbb{R}$ 上可微, 其导数 (习题 9.6-1) 由下式给出:

$$f_v'(t) = \int_\Omega |\nabla(u + tv)|^{p-2}(\nabla(u + tv) \cdot \nabla v) dx - \int_\Omega fv dx \quad \text{在每个 } t \in \mathbb{R} \text{ 处}.$$

因此

$$\int_\Omega |\nabla u|^{p-2}\nabla u \cdot \nabla v dx - \int_\Omega fv dx = f_v'(0) = 0.$$

令 v 在 $\mathcal{D}(\Omega) \subset W_0^{1,p}(\Omega)$ 中变化即得所宣示的在 $\mathcal{D}'(\Omega)$ 中的偏微分方程. □

注 假定 $\Gamma_0 = \Gamma$ 及 $u_0 = 0$, 在这种情况下 J_p 的极小化子 u 满足

$$-\text{div}(|\nabla u|^{p-2}\nabla u) = f \quad \text{在 } \mathcal{D}'(\Omega) \text{ 中},$$
$$u = 0 \quad \text{在 } \Gamma \text{ 上},$$

因为此时 $U = W_0^{1,p}(\Omega)$. p-Laplace 算子是单调算子最基本的例子, 利用单调算子理论 (9.13 节), 我们将证明 (定理 9.14-2), 这个边值问题的解 (根据定理 9.6-1 是存在的) 也是唯一的[30] (与极小化问题一样. 但要注意, 极小化子的唯一性并不一定意味着相关的边值问题解的唯一性). □

[30] 这个唯一性也可利用一系列的初等不等式直接证明; 见 Chipot [2009, 命题 17.5].

习题

9.6-1 (1) 设 u 和 $v \neq 0$ 是空间 $W^{1,p}(\Omega)$ 中两个给定的函数, $1 < p < \infty$, 又设 $x \in \Omega$ 使得 $|\nabla u(x)| < \infty$ 及 $|\nabla v(x)| < \infty$. 证明函数

$$g : t \in \mathbb{R} \to g(t) := \frac{1}{p}|\nabla(u+tv)(x)|^p \in \mathbb{R}$$

在 $\mathbb{R}$ 上可微, 在每个 $t \in \mathbb{R}$ 处导数由

$$g'(t) = |\nabla(u+tv)(x)|^{p-2}(\nabla(u+tv)(x) \cdot \nabla v(x))$$

及

$$g'(t) = 0 \text{ 若 } \nabla(u+tv)(x) = 0 \quad \text{且} \quad 1 < p < 2$$

给出.

(2) 利用 Lebesgue 控制收敛定理证明, 对每个 $1 < p < \infty$, 函数

$$f : t \in \mathbb{R} \to \frac{1}{p}\int_\Omega |\nabla(u+tv)|^p dx \in \mathbb{R}$$

在 $\mathbb{R}$ 上是可微的, 在每个 $t \in \mathbb{R}$ 处导数由下式给出:

$$f'(t) = \int_\Omega |\nabla(u+tv)|^{p-2}(\nabla u \cdot \nabla v + t|\nabla v|^2)dx.$$

(3) 证明, 对每个 $1 < p < \infty$, 泛函

$$J : v \in W_0^{1,p}(\Omega) \to \frac{1}{p}\int_\Omega |\nabla v|^p dx$$

是 *Fréchet* 可微的, 在每个 $u \in W_0^{1,p}(\Omega)$ 处, 其导数 $J'(u) \in W^{-1,q}(\Omega)$ 由下式给出:

$$J'(u)v = \int_\Omega |\nabla u|^{p-2}\nabla u \cdot \nabla v dx \quad \text{对所有 } v \in W_0^{1,p}(\Omega).$$

9.6-2 直接证明, 当 $\Gamma_0 = \Gamma$ 及 $u_0 = 0$ 时 (在这种情况下 $U = W_0^{1,p}(\Omega)$), 在 Ω 是 $\mathbb{R}^n$ 中具有有限宽度的开子集这一较弱假设下, 定理 9.6-1 仍成立.

提示: 利用定理 9.2-3 证明 $J_p : W_0^{1,p}(\Omega) \to \mathbb{R}$ 是序列弱下半连续的; 然后利用定理 9.3-1.

9.7 多凸性; 补偿紧性; 非线性弹性中的 John Ball 存在定理

上一节中, 我们考察了如下的极小化问题: 求 $\boldsymbol{u} \in \boldsymbol{U} \subset \boldsymbol{W}^{1,p}(\Omega)$ 使得 $J(\boldsymbol{u}) = \inf_{\boldsymbol{v}\in\boldsymbol{U}} J(\boldsymbol{v})$, 其中泛函 J 形如 $J(\boldsymbol{v}) = \int_\Omega h(x, \boldsymbol{\nabla v}(x))dx - L(\boldsymbol{v})$ 对所有 $\boldsymbol{v} \in \boldsymbol{W}^{1,p}(\Omega)$. 函数 $\boldsymbol{F} \in \mathbb{M}^{m\times n} \to h(x, \boldsymbol{F})$ 对几乎所有 x 的凸性, 集合 $\boldsymbol{U}$ 的凸性, 以及被积函数的强制性是确定极小化子存在性 (定理 9.5-2) 的关键假设.

这一节中, 我们将讨论产生于三维非线性弹性的一个类似的极小化问题, 但具有不同的特点, 即上面的凸性假设不成立: 被积函数关于变量 $\boldsymbol{F} \in \mathbb{M}^{m\times n}$ 不再是凸的, 而集合 $\boldsymbol{U}$ 也不再是凸的.

然而, 原则上还是可以用类似于定理 9.5-2 中的证明确定极小化子的存在性, 但这要借助于引入的两个基本概念: 多凸性, 一个适应于所考察问题的较弱的凸性概念; 还有补偿紧性, 一条确保即使在 $\boldsymbol{U}$ 非凸的情况弱收敛序列的极限也属于 $\boldsymbol{U}$ 的性质.

考察一个弹性体[31], 它占据区域 $\Omega \subset \mathbb{R}^3$ 的闭包 $\overline{\Omega}$ 作为其参考构形, 服从置于 Ω 的边界 Γ 的一部分 Γ_0 上的边界条件 (这个条件在下面定义), 还受到密度分别为 $\boldsymbol{f}:\Omega\to\mathbb{R}^3$ 和 $\boldsymbol{g}:\Gamma_1\to\mathbb{R}^3$ 的体积力和表面力的作用, 其中 $\Gamma_1 := \Gamma-\Gamma_0$ (图 9.7-1). 在这些力和边界条件的影响下, 每一点 $x\in\overline{\Omega}$ 占据一个位置, 以 $\boldsymbol{\varphi}(x)$ 表之, 而由此所定义的向量场 $\boldsymbol{\varphi}:\overline{\Omega}\to\mathbb{R}^3$ 称为参考构形 $\overline{\Omega}$ 的**变形**. 为了使得在物理上合理, 这种变形显然必须是 Ω 中的单射并且是保持定向的.

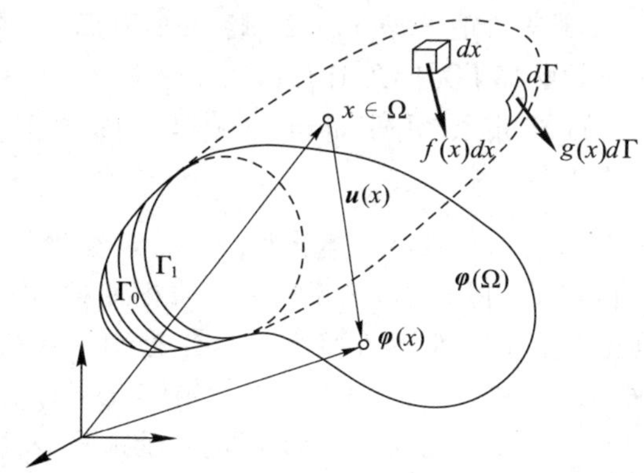

图 9.7-1 三维弹性. 一个以 $\mathbb{R}^3$ 中区域 Ω 的闭包作为其参考构形的弹性体受到密度为 $\boldsymbol{f}:\Omega\to\mathbb{R}^3$ 的体积力及密度为 $\boldsymbol{g}:\Gamma_1\to\mathbb{R}^3$ 的表面力作用, 并满足 $\boldsymbol{\varphi}=\boldsymbol{\varphi}_0$ 在 Γ_0 上的边界条件 (为了确定起见, 在这个图中假定 $\boldsymbol{\varphi}_0=\mathbf{id}|_{\varphi_0}$). 未知量是向量场 $\boldsymbol{\varphi}:\overline{\Omega}\to\mathbb{R}^3$, 它是保持定向的, 而且除了在 Γ_1 上可能的情况外是单射, 称为弹性体的变形.

在线性化弹性中 (6.16 节), 未知量通常选为位移向量场 $\boldsymbol{u}:=\boldsymbol{\varphi}-\mathbf{id}$.

设

$$\mathbb{M}^3_+ := \{\boldsymbol{F}\in\mathbb{M}^3; \det \boldsymbol{F}>0\}.$$

如果构成物体的材料是超弹性的, 物体所承受的未知变形 $\boldsymbol{\varphi}:\overline{\Omega}\to\mathbb{R}^3$ 是由下式定义的全能量 I:

$$I(\boldsymbol{\psi}) := \int_\Omega W(x,\boldsymbol{\nabla}\boldsymbol{\psi}(x))dx - L(\boldsymbol{\psi})$$

的驻点, 其中

$$W:(x,\boldsymbol{F})\in\overline{\Omega}\times\mathbb{M}^3_+\to W(x,\boldsymbol{F})\in\mathbb{R}$$

[31]关于弹性理论中的一些概念, 如本节中涉及的弹性体、参考构形等在 Gurtin [1981] 或 Ciarlet [1988] 中有详尽的介绍.

表示超弹性材料的储能函数, 而

$$L(\boldsymbol{\psi}) := \int_{\Omega} \boldsymbol{f} \cdot \boldsymbol{\psi} dx + \int_{\Gamma_1} \boldsymbol{g} \cdot \boldsymbol{\psi} d\Gamma,$$

这里 $\boldsymbol{\psi}$ 在形如

$$\begin{aligned}\boldsymbol{\Phi} := \{\boldsymbol{\psi} : \overline{\Omega} \to \mathbb{R}^3, \boldsymbol{\psi} \text{ 是 } \Omega \text{ 中的单射}, \\ \det \boldsymbol{\nabla\psi} > 0 \text{ 在 } \overline{\Omega} \text{ 中}, \ \boldsymbol{\psi} = \boldsymbol{\varphi}_0 \text{ 在 } \Gamma_0 \text{ 上}\}\end{aligned}$$

的容许变形集合中变化. 要注意, 我们在此关心的只是寻求特殊的驻点, 即全能量的极小化子的驻点.

在集合 $\boldsymbol{\Phi}$ 的定义中, $\boldsymbol{\psi}$ 在 Ω 上是单射这个条件避免了材料的贯穿 (并没有要求 $\boldsymbol{\psi}$ 在 $\overline{\Omega}$ 上是单射, 因为如果出现自身接触, 容许变形在 Γ_1 上就丧失单射性), 而条件 $\det \boldsymbol{\nabla\psi} > 0$ 在 $\overline{\Omega}$ 上, 或等价地 $\boldsymbol{\nabla\psi}(x)$[*] $\in \mathbb{M}^3_+$ 在所有点 $x \in \overline{\Omega}$, 则保证了容许变形是保持定向的. 这个条件解释了为什么 $W(x, \boldsymbol{F})$ 不是对整个空间 $\mathbb{M}^3$ 中的 $\boldsymbol{F}$, 而只是对 $\mathbb{M}^3$ 的子集 $\mathbb{M}^3_+$ 中的 $\boldsymbol{F}$ 定义. 条件 $\boldsymbol{\psi} = \boldsymbol{\varphi}_0$ 在 $\boldsymbol{\Gamma}_0$ 上, 其中 $\boldsymbol{\varphi}_0 : \boldsymbol{\Gamma}_0 \to \mathbb{R}^3$ 是给定的向量场, 是一个位置边界条件.

注 (1) 可以证明材料的客观性公理意味着, 作为 $\boldsymbol{F} \in \mathbb{M}^3_+$ 的函数的储能函数, 实际上是 $\boldsymbol{F}^T\boldsymbol{F} \in \mathbb{S}^3_>$ 的函数, 其中 $\mathbb{S}^3_>$ 表示所有三阶正定对称矩阵的集合. 换言之, 存在一个函数 $\widetilde{W} : \overline{\Omega} \times \mathbb{S}^3_> \to \mathbb{R}$, 使得在每个 $x \in \overline{\Omega}$ 处, $W(x, \boldsymbol{F}) = \widetilde{W}(x, \boldsymbol{F}^T\boldsymbol{F})$ 对所有 $\boldsymbol{F} \in \mathbb{M}^3_+$. 因此有 $W(x, \boldsymbol{\nabla\psi}(x)) = \widetilde{W}(x, \boldsymbol{\nabla\psi}(x)^T\boldsymbol{\nabla\psi}(x))$ 在每个 $x \in \overline{\Omega}$ 处, 其中 $\boldsymbol{\nabla\psi}(x)^T\boldsymbol{\nabla\psi}(x) \in \mathbb{S}^3$ 正是在 x 处关于变形 $\boldsymbol{\psi}$ 的度量张量 (8.2 节), 在弹性理论中也称为在 x 处的 *Cauchy-Green* 应变张量.

(2) 进一步可以证明, 如果超弹性材料另外还是各向同性和齐次的, 而且参考构形是自然状态, 则函数 $\widetilde{W}$ (现在不依赖于 $x \in \overline{\Omega}$) 关于矩阵 $\boldsymbol{E} := \frac{1}{2}(\boldsymbol{C} - \boldsymbol{I})$, 其中 $\boldsymbol{C} := \boldsymbol{F}^T\boldsymbol{F}$ 对每个 $\boldsymbol{F} \in \mathbb{M}^3_+$, 的展开式对小的 $|\boldsymbol{E}|$ 必定具有以下形式:

$$\widetilde{W}(\boldsymbol{C}) = \frac{\lambda}{2}(\operatorname{tr} \boldsymbol{E})^2 + \mu \operatorname{tr} \boldsymbol{E}^2 + |\boldsymbol{E}|^2\delta(\boldsymbol{E}), \text{ 其中 } \lim_{\boldsymbol{E}\to\boldsymbol{0}} \delta(\boldsymbol{E}) = \boldsymbol{0},$$

这里 $\lambda \geqslant 0$ 和 $\mu > 0$ 是材料的 *Lamé* 常数[32]. □

为了使得上述数学模型在物理上是可接受的, 我们现在列出其必须显示出的一些特性, 同时也列出由这些特性造成的困难.

对大应变储能函数的性态, 在数学上反映了这样的直观想法 "无限大的应力必然

---

[*] 原文在此是 $\det \boldsymbol{\nabla\psi}(x)$. —— 译者注

[32] 对于任意给定的 $\lambda \geqslant 0$ 和 $\mu > 0$ 关于小的 $|\boldsymbol{E}|$ 满足这种关系式, 以及满足 John Ball 存在定理 (定理 9.7-4) 中所有假设的储能函数实例, 已给出在:

P. G. Ciarlet; G. Geymonat [1982]: Sur les lois de comportement en élasticité non-linéaire compressible, *Comptes Rendus de l'Académie des Sciences de Paris*, Série II, **295**, 423–426.

伴随以极端的应变"[33], 取如下形式, 即当 $\det \boldsymbol{F} \to 0^+$ 时有下述性态:

$$\text{对几乎所有 } x \in \Omega, \quad W(x, \boldsymbol{F}) \to \infty \text{ 当 } \det \boldsymbol{F} \to 0^+,$$

也是一个保证全能量的任一极小化子都是保持定向的条件, 还有如下的强制性不等式: 存在充分大的常数 $p > 0, q > 0, r > 0$, 及常数 $\alpha > 0$ 和 $\beta \in \mathbb{R}$ 使得

$$W(x, \boldsymbol{F}) \geqslant \alpha\{|\boldsymbol{F}|^p + |\mathbf{Cof}\, \boldsymbol{F}|^q + (\det \boldsymbol{F})^r\} + \beta \text{ 对所有 } \boldsymbol{F} \in \mathbb{M}^3_+ \text{ 及几乎所有 } x \in \Omega.$$

出现在强制性不等式右端的矩阵 $\boldsymbol{F}$, 矩阵 $\mathbf{Cof}\, \boldsymbol{F}$ 以及数量 $\det \boldsymbol{F}$ 反映这样的事实, 矩阵场 $\boldsymbol{\nabla\varphi}$ (通过度量张量场 $\boldsymbol{\nabla\varphi}^T\boldsymbol{\nabla\varphi}$), 矩阵场 $\mathbf{Cof}\,\boldsymbol{\nabla\varphi}$ 以及函数 $\det \boldsymbol{\nabla\varphi}$ 分别掌控与变形 $\boldsymbol{\varphi}$ 相关的长度、曲面以及体积的变化 (定理 8.2-1 和习题 8.2-1).

一个基本事实是, 储能函数 $W : (x, \boldsymbol{F}) \in \overline{\Omega} \times \mathbb{M}^3_+ \to \mathbb{R}$ 关于变量 $\boldsymbol{F} \in \mathbb{M}^3_+$ 不能是凸的 (这意味着, 给定任意 $x \in \overline{\Omega}$, 不存在凸函数 $\widehat{W}(x, \cdot) : \text{co}\, \mathbb{M}^3_+ = \mathbb{M}^3 \to \mathbb{R}$ 使得 $\widehat{W}(x, \boldsymbol{F}) = W(x, \boldsymbol{F})$ 对所有 $\boldsymbol{F} \in \mathbb{M}^3_+$; 参阅习题 2.16-3 及 2.17 节). 这是因为, 可以证明这种凸性既与当 $\det\boldsymbol{F} \to 0^+$ 时的性态[34]矛盾也与材料的客观性公理[35] 矛盾. 要注意, 光是这一事实就已经排除了利用定理 9.5-2 的可能性.

储能函数凸性的缺失以及其对于大应变的性态长期以来是对三维超弹性进行数学分析的主要困难, 直到 John Ball 在其里程碑式的论文[36] 中巧妙地引入多凸性 (这个概念将在下面予以定义) 这一较弱要求, 才克服了这一难点.

像在定理 9.3-1 的证明中那样, 我们自然地被引向在适当的容许变形 $\boldsymbol{\psi}$ 的集合 $\boldsymbol{\Phi}$ 上, 考察全能量

$$I : \boldsymbol{\psi} \to I(\boldsymbol{\psi}) = \int_\Omega W(x, \boldsymbol{\nabla\psi}(x))dx - L(\boldsymbol{\psi})$$

的极小化序列 $(\boldsymbol{\varphi}^k)$, 这里 $\boldsymbol{\Phi}$ 是空间 $\boldsymbol{W}^{1,p}(\Omega)$ 的特定子集, $p > 1$; 然后作为储能函数满足的强制性不等式的一个推论, 证明这个序列是有界的; 再抽取一个弱收敛于元素 $\boldsymbol{\varphi}$ 的子列 $(\boldsymbol{\varphi}^l)$; 然后证明弱极限 $\boldsymbol{\varphi}$ 属于集合 $\boldsymbol{\Phi}$; 最后, 要证明

$$\int_\Omega W(x, \boldsymbol{\nabla\varphi}(x))dx \leqslant \liminf_{l\to\infty} \int_\Omega W(x, \boldsymbol{\nabla\varphi}^l(x))dx$$

(全能量的另一部分 $L : \boldsymbol{\psi} \to L(\boldsymbol{\psi})$ 是线性泛函, 如在定理 9.5-2 的证明中那样, 只要假设 L 在空间 $\boldsymbol{W}^{1,p}(\Omega)$ 上连续就够了). 这样就能得到 $\boldsymbol{\varphi} \in \boldsymbol{\Phi}$ 是能量的极小化子, 即 $I(\boldsymbol{\varphi}) = \inf_{\boldsymbol{\varphi}\in\boldsymbol{\Phi}} I(\boldsymbol{\varphi})$.

---

[33] 如何在数学上表示这个思想, 下文中有较详细的讨论:

S. S. ANTMAN [1983]: Regular and singular problems for large elastic deformations of tubes, wedges, and cylinders, *Archive for Rational Mechanics and Analysis* **82**, 1–52.

[34] S. S. ANTMAN [1970]: Existence of solutions of the equilibrium equations for nonlinearly elastic rings and arches, *Indiana University Mathematics Journal* **20**, 281–302.

[35] B. D. COLEMAN; W. NOLL [1959]: On the thermostatics of continuous media, *Archive for Rational Mechanics and Analysis* **4**, 97–128.

[36] J. BALL [1977]: Convexity conditions and existence theorems in nonlinear elasticity, *Archive for Rational Mechanics and Analysis* **63**, 337–403.

然而, 要确立泛函

$$\psi \to \int_\Omega W(x, \nabla\psi(x))dx$$

的序列弱下半连续性, 本质上要比定理 9.5-2 中的更为棘手, 这是因为给定任意 $x \in \Omega$, 函数

$$F \to W(x, F)$$

不是凸的, 而且对 $\det F \leqslant 0$ 无定义.

仔细地察看上述步骤会得到启示和指引, 从而形成解决超弹性存在性理论问题的 John Ball 方案的基础.

储能函数 W 关于其变量 F "不可能是凸的" 将被储能函数根据下述定义是多凸的这一较弱的假设所取代: 一个函数 $W : \Omega \times \mathbb{M}_+^3 \to \mathbb{R}$ 称为**多凸的**, 如果对几乎所有 $x \in \Omega$, 存在一个凸函数 $\mathbb{W}(x, \cdot) : \mathbb{M}^3 \times \mathbb{M}^3 \times]0, \infty[\to \mathbb{R}$ 使得

$$W(x, F) = \mathbb{W}(x, F, \mathbf{Cof}\, F, \det F) \quad 对所有\ F \in \mathbb{M}_+^3.$$

注意, 集合 $\mathbb{M}^3 \times \mathbb{M}^3 \times]0, \infty[$ 自然地在此出现, 只是因为它是包含集合 $\{(F, \mathbf{Cof}\, F, \det F) \in \mathbb{M}^3 \times \mathbb{M}^3 \times \mathbb{R}; F \in \mathbb{M}_+^3\}$ 的 $\mathbb{M}^3 \times \mathbb{M}^3 \times \mathbb{R}$ 的最小凸子集; 见习题 9.7-1.

前面已谈到过, 储能函数对大应变的性态部分反映在强制性不等式, 其形如

$$W(x, F) \geqslant \alpha\{|F|^p + |\mathbf{Cof}\, F|^q + (\det F)^r\} + \beta \ 对所有\ F \in \mathbb{M}_+^3\ 和几乎所有\ x \in \Omega,$$

其中 $\alpha > 0, \beta \in \mathbb{R}$, 而 p, q, r 是充分大的指数. 由于从这个不等式可得到

$$\int_\Omega W(x, \nabla\psi(x))dx \geqslant \alpha\{\|\nabla\psi\|_{0,p,\Omega}^p + \|\mathbf{Cof}\, \nabla\psi\|_{0,q,\Omega}^q + \|\det \nabla\psi\|_{0,r,\Omega}^r\} + \beta \mathrm{vol}\, \Omega,$$

故任何满足 $\int_\Omega W(x, \nabla\psi(x))dx < \infty$ 的函数 ψ (诸如全能量的极小化序列中的函数) 必然使得

$$\nabla\psi \in L^p(\Omega), \quad \mathbf{Cof}\, \nabla\psi \in L^q(\Omega), \quad \det \nabla\psi \in L^r(\Omega).$$

如果全能量的另一部分假定是线性连续形式 $L : W^{1,p}(\Omega) \to \mathbb{R}$, 则下述全能量有下界的结论成立: 存在常数 $a > 0$ 和 $b \in \mathbb{R}$, 使得对所有在 Γ_0 上满足 $\psi = \varphi_0$ 的函数 $\psi \in W^{1,p}(\Omega)$,

$$\begin{aligned} I(\psi) &= \int_\Omega W(x, \nabla\psi)dx - L(\psi) \\ &\geqslant a\left\{\|\psi\|_{1,p,\Omega}^p + \|\mathbf{Cof}\, \nabla\psi\|_{0,q,\Omega}^q + \|\det \nabla\psi\|_{0,r,\Omega}^r\right\} + b. \end{aligned}$$

那么在强制性不等式中的指数 p, q, r 必须多大呢? 首先应注意到, 它们均应 > 1, 这样才能使得空间 $L^p(\Omega), L^q(\Omega)$ 和 $L^r(\Omega)$ 是自反的, 从而我们可以从有界序列中选取弱收敛的子列. 如果函数 $\psi \in W^{1,p}(\Omega)$ 满足位置边界条件 $\psi = \varphi_0$ 在 $\Gamma_0 \subset \Gamma$ 上,

且 area$\Gamma_0 > 0$, 则广义 Poincaré 不等式意味着 (如在定理 9.5-2 的证明中那样) 在积分 $\int_\Omega \boldsymbol{W}(x, \boldsymbol{\nabla\psi}(x))dx$ 的下界中半范数 $\|\boldsymbol{\nabla\psi}\|_{0,p,\Omega}$ 可换为范数 $\|\boldsymbol{\psi}\|_{1,p,\Omega}$.

容许变形集合因此就很自然地以如下方式定义: 从上面的考察我们首先断定, 它应当由满足位置边界条件 $\boldsymbol{\psi} = \boldsymbol{\varphi}_0$ 在 Γ_0 上, 并且使得 $\mathbf{Cof}\ \boldsymbol{\nabla\psi} \in \boldsymbol{L}^q(\Omega)$ 及 $\det \boldsymbol{\nabla\psi} \in L^r(\Omega)$ 的向量场 $\boldsymbol{\psi} \in \boldsymbol{W}^{1,p}(\Omega)$ 组成. 从变形的定义, 我们其次断定, 函数 $\boldsymbol{\psi} \in \boldsymbol{W}^{1,p}(\Omega)$ 也应该是保持定向的. 如果我们遵循 John Ball 的思路, 只考虑这些要求, 就得出结论, 容许变形集合应具有下述形式:

$$\begin{aligned}\boldsymbol{\Phi} = \{&\boldsymbol{\psi} \in \boldsymbol{W}^{1,p}(\Omega); \mathbf{Cof}\ \boldsymbol{\nabla\psi} \in \boldsymbol{L}^q(\Omega), \det \boldsymbol{\nabla\psi} \in L^r(\Omega),\\ &\boldsymbol{\psi} = \boldsymbol{\varphi}_0 \quad d\Gamma \text{几乎处处在 } \Gamma_0 \text{ 上}, \det \boldsymbol{\nabla\psi} > 0 \text{ 几乎处处在 } \Omega \text{ 中}\},\end{aligned}$$

其中指数 p, q, r 就是出现在储能函数所满足的强制性不等式中的那些. 要注意, 保持定向条件 $\det \boldsymbol{\nabla\psi} > 0$ 只能要求在 Ω 中几乎处处成立, 这是因为 $\det \boldsymbol{\nabla\psi}$ 只是在空间 $L^r(\Omega)$ 中.

为阐述方便起见, 并未将单射要求置于容许变形 $\boldsymbol{\psi} \in \boldsymbol{\Phi}$ 上. 然而, 在适当的假设下, 也可以通过更精细的论证予以讨论[37].

仍如前面一节那样, 基本思想是考察全能量的极小化序列 $(\boldsymbol{\varphi}^k)$, 其中 $\boldsymbol{\varphi}^k \in \boldsymbol{\Phi}$ 对所有 k. 由于序列 $(\boldsymbol{\varphi}^k), (\mathbf{Cof}\ \boldsymbol{\nabla\varphi}^k)$ 及 $(\det \boldsymbol{\nabla\varphi}^k)$ 分别在自反空间 $\boldsymbol{L}^p(\Omega), \boldsymbol{L}^q(\Omega)$ 及 $L^r(\Omega)$ 中有界 (借助于储能函数满足的强制性不等式), 它们包含子列 $(\boldsymbol{\varphi}^l)$, $(\mathbf{Cof}\ \boldsymbol{\nabla\varphi}^l)$ 及 $(\det \boldsymbol{\nabla\varphi}^l)$, 它们在这些空间中弱收敛. 因此就期望它们的弱极限给出全能量在容许变形集合 $\boldsymbol{\Phi}$ 上的一个极小化子.

因此, 关键的任务是验证这些弱极限属于集合 $\boldsymbol{\Phi}$.

关于保持定向条件, 我们将看到, 很有趣, 当 $\det \boldsymbol{F} \to 0^+$ 时储能函数的性态意味着极小化序列的弱极限也满足保持定向条件 $\det \boldsymbol{\nabla\varphi} > 0$ 几乎处处在 Ω 中. 换言之, 当 $\det \boldsymbol{F} \to 0^+$ 时的性态补偿了储能函数只对满足 $\det \boldsymbol{F} > 0$ 的矩阵 $\boldsymbol{F}$ 定义这一限制.

显然, 不能指望集合 Φ 是凸的 (关于这方面, 可见习题 9.7-2 和 9.7-4); 这就指明了, 当取弱极限时肯定会产生困难, 这是因为在这种情况下, Banach-Saks-Mazur 定理不适用. 因此, 遵循 John Ball 的思路, 我们必须寻求保证弱收敛

$$\begin{aligned}&\boldsymbol{\varphi}^l \rightharpoonup \boldsymbol{\varphi} \text{ 在 } \boldsymbol{W}^{1,p}(\Omega) \text{ 中}, \quad \mathbf{Cof}\ \boldsymbol{\nabla\varphi}^l \rightharpoonup \boldsymbol{H} \text{ 在 } \boldsymbol{L}^q(\Omega) \text{ 中},\\ &\text{及} \quad \det \boldsymbol{\nabla\varphi}^l \rightharpoonup \delta \text{ 在 } L^r(\Omega) \text{ 中}\end{aligned}$$

意味着

$$\boldsymbol{H} = \mathbf{Cof}\ \boldsymbol{\nabla\varphi} \quad \text{及} \quad \delta = \det \boldsymbol{\nabla\varphi}$$

---

[37] J. Ball [1981]: Global invertibility of Sobolev functions and the interpenetration of matter, *Proceedings of the Royal Society, Edinburgh* **88A**, 315–328.

P. G. Ciarlet; J. Nečas [1987]: Injectivity and self-contact in nonlinear elasticity, *Archive for Rational Mechanics and Analysis* **19**, 171–188.

成立的充分条件.

下面两个定理[38] 将通过确立非线性映射 $\boldsymbol{\psi} \in \boldsymbol{W}^{1,p}(\Omega) \to \mathbf{Cof}\,\boldsymbol{\nabla}\boldsymbol{\psi}$ 及 $\boldsymbol{\psi} \in \boldsymbol{W}^{1,p}(\Omega) \to \det \boldsymbol{\nabla}\boldsymbol{\psi}$, 特别是其关于弱收敛 (如通常那样仍以 $\rightharpoonup$ 表示) 的各种基本性质证明, 如果 $p \geqslant 2$ 且 $q \geqslant p/(p-1)$ (因此对指数 p 和 q 施加了进一步的限制, 此前它们与 r 一样只是被要求 > 1), 上述结论成立.

定理 9.7-1 设 Ω 是 $\mathbb{R}^3$ 中的区域. 对每个 $p \geqslant 2$, 映射

$$\boldsymbol{\psi} \in \boldsymbol{W}^{1,p}(\Omega) \to \mathbf{Cof}\,\boldsymbol{\nabla}\boldsymbol{\psi} \in \boldsymbol{L}^{p/2}(\Omega)$$

是适定并且连续的. 进而

$$\begin{aligned}&\boldsymbol{\varphi}^l \rightharpoonup \boldsymbol{\varphi} \text{ 在 } \boldsymbol{W}^{1,p}(\Omega) \text{ 中}, \ p \geqslant 2 \text{ 及}\\&\mathbf{Cof}\,\boldsymbol{\nabla}\boldsymbol{\varphi}^l \rightharpoonup \boldsymbol{H} \text{ 在 } L^q(\Omega) \text{ 中}, \ q \geqslant 1\end{aligned}$$

意味着

$$\boldsymbol{H} = \mathbf{Cof}\,\boldsymbol{\nabla}\boldsymbol{\varphi}.$$

证明 (i) 由 Hölder 不等式, 双线性映射

$$(\xi, \eta) \in (L^p(\Omega))^2 \to \xi\eta \in L^{p/2}(\Omega)$$

对 $p \geqslant 2$ 是适定且连续的. 所以, 映射 $\boldsymbol{\psi} \in \boldsymbol{W}^{1,p}(\Omega) \to \mathbf{Cof}\,\boldsymbol{\nabla}\boldsymbol{\psi} \in \boldsymbol{L}^{p/2}(\Omega)$ 对 $p \geqslant 2$ 是适定且连续的.

(ii) 对充分光滑的函数 ψ, 例如在空间 $\mathcal{C}^2(\overline{\Omega})$ 中, 我们有

$$\begin{aligned}(\mathbf{Cof}\,\boldsymbol{\nabla}\boldsymbol{\psi})_{ij} &= \partial_{i+1}\psi_{j+1}\partial_{i+2}\psi_{j+2} - \partial_{i+2}\psi_{j+1}\partial_{i+1}\psi_{j+2}\\&= \partial_{i+2}(\psi_{j+2}\partial_{i+1}\psi_{j+1}) - \partial_{i+1}(\psi_{j+2}\partial_{i+2}\psi_{j+1}),\end{aligned}$$

其中指标模 3 计算, 所以, 利用基本的 Green 公式可以证明, 对所有函数 $\boldsymbol{\psi} \in \mathcal{C}^2(\overline{\Omega})$ 及所有 $\theta \in \mathcal{D}(\Omega)$, 有

$$\int_\Omega (\mathbf{Cof}\,\boldsymbol{\nabla}\boldsymbol{\psi})_{ij}\theta dx = -\int_\Omega \psi_{j+2}\partial_{i+1}\psi_{j+1}\partial_{i+2}\theta dx + \int_\Omega \psi_{j+2}\partial_{i+2}\psi_{j+1}\partial_{i+1}\theta dx.$$

对于一个固定的函数 $\theta \in \mathcal{D}(\Omega)$, 如果空间 $\mathcal{C}^2(\overline{\Omega})$ 装备以范数 $\|\cdot\|_{1,\Omega}$, 这个关系式的两端是连续的, 这是因为存在常数 $c_1(\theta)$ 和 $c_2(\theta)$ 使得

$$\begin{aligned}\left|\int_\Omega (\mathbf{Cof}\,\boldsymbol{\nabla}\boldsymbol{\psi})_{ij}\theta dx\right| &\leqslant \|(\mathbf{Cof}\,\boldsymbol{\nabla}\boldsymbol{\psi})_{ij}\|_{0,1,\Omega}\|\theta\|_{0,\infty,\Omega}\\&\leqslant c_1(\theta)\|\boldsymbol{\psi}\|_{1,\Omega}^2,\\\left|\int_\Omega \psi_i\partial_j\psi_k\partial_l\theta dx\right| &\leqslant \|\psi_i\|_{0,\Omega}|\psi_k|_{1,\Omega}|\theta|_{1,\infty,\Omega}\\&\leqslant c_2(\theta)\|\boldsymbol{\psi}\|_{1,\Omega}^2.\end{aligned}$$

[38] 下面的定理, 以及作为其补充的一些习题, 均属于 Ball [1977] (前面已引用过).

所以这个关系式对空间 $\boldsymbol{H}^1(\Omega)$ 中的函数 $\boldsymbol{\psi}$ 保持成立, 由此对任意空间 $\boldsymbol{W}^{1,p}(\Omega), p \geqslant 2$, 中的函数也如此, 这是因为当 Ω 是区域时, 空间 $\mathcal{C}^2(\overline{\Omega})$ 在空间 $H^1(\Omega)$ 中稠密 (定理 6.6-4).

(iii) 设 $p \geqslant 2$. 给定任意函数 $\theta \in \mathcal{D}(\Omega)$, 我们下面证明

$$\boldsymbol{\varphi}^l \rightharpoonup \boldsymbol{\varphi} \text{ 在 } \boldsymbol{W}^{1,p}(\Omega) \text{ 中} \quad \text{意味着}$$
$$\int_\Omega \varphi_i^l \partial_j \varphi_k^l \partial_m \theta dx \xrightarrow[l\to\infty]{} \int_\Omega \varphi_i \partial_j \varphi_k \partial_m \theta dx,$$

因此 (由部分 (ii))

$$\boldsymbol{\varphi}^l \rightharpoonup \boldsymbol{\varphi} \text{ 在 } \boldsymbol{W}^{1,p}(\Omega) \text{ 中} \quad \text{意味着}$$
$$\int_\Omega (\mathbf{Cof}\, \boldsymbol{\nabla}\boldsymbol{\varphi}^l)_{ij} \theta dx \xrightarrow[l\to\infty]{} \int_\Omega (\mathbf{Cof}\, \boldsymbol{\nabla}\boldsymbol{\varphi})_{ij} \theta dx.$$

根据 Hölder 不等式, 双线性映射

$$(\xi, \chi) \in L^r(\Omega) \times W^{1,p}(\Omega) \to \int_\Omega \xi \partial_j \chi \partial_m \theta dx, \quad \frac{1}{p} + \frac{1}{r} \leqslant 1,$$

是连续的 (讨论中函数 $\theta \in \mathcal{D}(\Omega)$ 保持固定). 因此, 由定理 5.12-4(c),

$$\xi^l \to \xi \text{ 在 } L^r(\Omega) \text{ 中及 } \chi^l \rightharpoonup \chi \text{ 在 } W^{1,p}(\Omega) \text{ 中} \quad \text{意味着}$$
$$\int_\Omega \xi^l \partial_j \chi^l \partial_m \theta dx \xrightarrow[l\to\infty]{} \int_\Omega \xi \partial_j \chi \partial_m \theta dx.$$

从紧嵌入 (定理 6.6-3)

$$W^{1,p}(\Omega) \Subset L^r(\Omega) \quad \text{对所有 } 1 \leqslant r < p^*,$$

其中 $p^* = \frac{3p}{3-p}$ 若 $p < 3$ 及 $p^* = \infty$ 若 $p \geqslant 3$, 我们推得

$$\boldsymbol{\varphi}^l \rightharpoonup \boldsymbol{\varphi} \text{ 在 } \boldsymbol{W}^{1,p}(\Omega) \text{ 中} \quad \text{意味着}$$
$$\boldsymbol{\varphi}^l \to \boldsymbol{\varphi} \text{ 在 } \boldsymbol{L}^r(\Omega) \text{ 中对所有 } l \leqslant r < p^*.$$

因此所宣示的断言成立, 这是因为对任意的 $p \geqslant 2$ (实际上对任意的 $p > \frac{3}{2}$), 存在数 r 同时满足 $\frac{1}{p} + \frac{1}{r} \leqslant 1$ 及 $r < p^*$.

(iv) 设 $p \geqslant 2$ 和 $q \geqslant 1$, 而 $(\boldsymbol{\varphi}^l)$ 是空间 $\boldsymbol{W}^{1,p}(\Omega)$ 中的序列, 使得

$$\boldsymbol{\varphi}^l \rightharpoonup \boldsymbol{\varphi} \text{ 在 } \boldsymbol{W}^{1,p}(\Omega) \text{ 中}, \quad \mathbf{Cof}\, \boldsymbol{\nabla}\boldsymbol{\varphi}^l \in \boldsymbol{L}^q(\Omega) \text{ 且}$$
$$\mathbf{Cof}\, \boldsymbol{\nabla}\boldsymbol{\varphi}^l \rightharpoonup \boldsymbol{H} \text{ 在 } \boldsymbol{L}^q(\Omega) \text{ 中}.$$

所以由部分 (iii) 有

$$\int_\Omega (\mathbf{Cof}\, \boldsymbol{\nabla}\boldsymbol{\varphi}^l)_{ij} \theta dx \to \int_\Omega (\mathbf{Cof}\, \boldsymbol{\nabla}\boldsymbol{\varphi})_{ij} \theta dx \quad \text{对所有 } \theta \in \mathcal{D}(\Omega),$$

而根据假设,

$$\int_{\Omega}(\mathbf{Cof}\,\boldsymbol{\nabla}\boldsymbol{\varphi}^{l})_{ij}\theta dx \to \int_{\Omega} H_{ij}\theta dx.$$

我们得到结论, 每个函数 $(\mathbf{Cof}\,\boldsymbol{\nabla}\boldsymbol{\varphi}-\boldsymbol{H})_{ij}\in L^1(\Omega)$ 都满足

$$\int_{\Omega}(\mathbf{Cof}\,\boldsymbol{\nabla}\boldsymbol{\varphi}-\boldsymbol{H})_{ij}\theta dx = 0 \quad \text{对所有 } \theta\in\mathcal{D}(\Omega).$$

根据定理 6.3-2, 这意味着 $(\mathbf{Cof}\,\boldsymbol{\nabla}\boldsymbol{\varphi}-\boldsymbol{H})_{ij}=0$ 几乎处处在 Ω 中, 这就完成证明. □

注 (1) 定理 9.7-1 意味着非凸集 (习题 9.7-2)

$$\{(\boldsymbol{\psi},\boldsymbol{K})\in\boldsymbol{W}^{1,p}(\Omega)\times\boldsymbol{L}^q(\Omega);\ \boldsymbol{K}=\mathbf{Cof}\,\boldsymbol{\nabla}\boldsymbol{\psi}\},\quad p\geqslant 2, q\geqslant 1,$$

在空间 $\boldsymbol{W}^{1,p}(\Omega)\times\boldsymbol{L}^q(\Omega)$ 中是序列弱闭的. 但这并不意味着集合

$$\{\boldsymbol{\psi}\in\boldsymbol{W}^{1,p}(\Omega);\ \mathbf{Cof}\,\boldsymbol{\nabla}\boldsymbol{\psi}\in\boldsymbol{L}^q(\Omega)\},\quad p\geqslant 2, q\geqslant 1,$$

在空间 $\boldsymbol{W}^{1,p}(\Omega)$ 中是序列弱闭的, 实际上这不一定成立 (习题 9.7-2).

(2) 在部分 (ii) 中, 我们证明了函数 $\boldsymbol{\psi}\in\boldsymbol{W}^{1,p}(\Omega), p\geqslant 2$, 满足

$$\begin{aligned}\int_{\Omega}(\mathbf{Cof}\,\boldsymbol{\nabla}\boldsymbol{\psi})_{ij}\theta dx = &-\int_{\Omega}\psi_{j+2}\partial_{i+1}\psi_{j+1}\partial_{i+2}\theta dx\\ &+\int_{\Omega}\psi_{j+2}\partial_{i+2}\psi_{j+1}\partial_{i+1}\theta dx \quad \text{对所有 } \theta\in\mathcal{D}(\Omega).\end{aligned}$$

因此, 对 $p\geqslant 2$, 我们也有

$$\mathbf{Cof}\,\boldsymbol{\nabla}\boldsymbol{\psi}=\mathbf{Cof}^{\#}\boldsymbol{\nabla}\boldsymbol{\psi} \quad \text{在 } \mathcal{D}'(\Omega) \text{ 中},$$

其中

$$(\mathbf{Cof}^{\#}\boldsymbol{\nabla}\boldsymbol{\psi})_{ij}:=\partial_{i+2}(\psi_{j+2}\partial_{i+1}\psi_{j+1})-\partial_{i+1}(\psi_{j+2}\partial_{i+2}\psi_{j+1}).$$

这另一种表示式的好处是, 可以将 $\mathbf{Cof}\,\boldsymbol{\nabla}\boldsymbol{\psi}$ 的定义扩展到函数 $\boldsymbol{\psi}\in\boldsymbol{W}^{1,p}(\Omega), \frac{3}{2}\leqslant p<2$, 在这种情况, $\mathbf{Cof}\,\boldsymbol{\nabla}\boldsymbol{\psi}$ 不一定是可积函数 (习题 9.7-3). □

从现在起, 在本节中, 拉丁指标变化范围是集合 $\{1,2,3\}$ 并且启用相同指标的求和约定. 因为由 Hölder 不等式, 三线性映射

$$(\xi,\eta,\zeta)\in(L^p(\Omega))^3\to\xi\eta\zeta\in L^{p/3}(\Omega)$$

是适定且连续的, 又因为 (ε_{ijk} 表示定向张量的分量)

$$\det\boldsymbol{\nabla}\boldsymbol{\psi}=\frac{1}{6}\varepsilon_{ijk}\varepsilon_{lmn}\partial_l\psi_i\partial_m\psi_j\partial_n\psi_k,$$

看起来我们似乎需要 $p \geqslant 3$ 以使得映射 $\boldsymbol{\psi} \in \boldsymbol{W}^{1,p}(\Omega) \to \det\boldsymbol{\nabla}\boldsymbol{\psi} \in L^1(\Omega)$ 是适定且连续的. 然而, 借助于函数 $\mathbf{Cof}\ \boldsymbol{\nabla}\boldsymbol{\psi}$ 的某些特定的附加信息, 我们可以利用将函数 $\det\boldsymbol{\nabla}\boldsymbol{\psi}$ 展开为

$$\det\boldsymbol{\nabla}\boldsymbol{\psi} = \partial_j\psi_1(\mathbf{Cof}\ \boldsymbol{\nabla}\boldsymbol{\psi})_{1j}$$

(第一行的选取是任意的; 我们同样可考虑按矩阵 $\boldsymbol{\nabla}\boldsymbol{\psi}$ 的任意其他行或任意一列展开 $\det\boldsymbol{\nabla}\boldsymbol{\psi}$) 来降低这一要求.

如果 $\boldsymbol{\psi} \in \boldsymbol{W}^{1,p}(\Omega), p \geqslant 2$, 再次应用 Hölder 不等式可以说明, $\det\boldsymbol{\nabla}\boldsymbol{\psi}$ 是空间 $L^s(\Omega)$ 中一个确定的元素, 而 $\mathbf{Cof}\ \boldsymbol{\nabla}\boldsymbol{\psi} \in \boldsymbol{L}^q(\Omega)$, 其中 $s^{-1} := p^{-1} + q^{-1} \leqslant 1$. 如果 $p \geqslant 3$, 无须假定 $\mathbf{Cof}\ \boldsymbol{\nabla}\boldsymbol{\psi} \in \boldsymbol{L}^q(\Omega)$, 其中 $p^{-1} + q^{-1} \leqslant 1$, 这是因为 $\mathbf{Cof}\ \boldsymbol{\nabla}\boldsymbol{\psi} \in \boldsymbol{L}^{p/2}(\Omega)$ 且 $p^{-1} + 2p^{-1} \leqslant 1$.

我们现在确立以

$$(\boldsymbol{\psi}, \mathbf{Cof}\ \boldsymbol{\nabla}\boldsymbol{\psi}) \in \boldsymbol{W}^{1,p}(\Omega) \times \boldsymbol{L}^q(\Omega) \to \det\boldsymbol{\nabla}\boldsymbol{\psi} \in L^s(\Omega)$$

这种方式定义的非线性映射, 特别是关于弱收敛的几个基本性质.

定理 9.7-2 设 Ω 是 $\mathbb{R}^3$ 中的区域. 对每个数 $p \geqslant 2$ 及每个满足

$$\frac{1}{s} := \frac{1}{p} + \frac{1}{q} \leqslant 1$$

的数 q, 映射

$$(\boldsymbol{\psi}, \mathbf{Cof}\ \boldsymbol{\nabla}\boldsymbol{\psi}) \in \boldsymbol{W}^{1,p}(\Omega) \times \boldsymbol{L}^q(\Omega) \to \det\boldsymbol{\nabla}\boldsymbol{\psi} := \partial_j\psi_1(\mathbf{Cof}\ \boldsymbol{\nabla}\boldsymbol{\psi})_{1j} \in L^s(\Omega)$$

是适定且连续的. 进而, 弱收敛

$$\begin{aligned} \boldsymbol{\varphi}^l \rightharpoonup \boldsymbol{\varphi} \text{ 在 } \boldsymbol{W}^{1,p}(\Omega) \text{ 中}, \quad & p \geqslant 2, \\ \mathbf{Cof}\ \boldsymbol{\nabla}\boldsymbol{\varphi}^l \rightharpoonup \boldsymbol{H} \text{ 在 } \boldsymbol{L}^q(\Omega) \text{ 中}, \quad & \frac{1}{p} + \frac{1}{q} \leqslant 1, \\ \det\ \boldsymbol{\nabla}\boldsymbol{\varphi}^l \rightharpoonup \delta \text{ 在 } L^r(\Omega) \text{ 中}, \quad & r \geqslant 1 \end{aligned}$$

意味着

$$\boldsymbol{H} = \mathbf{Cof}\ \boldsymbol{\nabla}\boldsymbol{\varphi} \quad \text{及} \quad \delta = \det\boldsymbol{\nabla}\boldsymbol{\varphi}.$$

证明 (i) 双线性映射

$$(\boldsymbol{\psi}, \mathbf{Cof}\ \boldsymbol{\nabla}\boldsymbol{\psi}) \in \boldsymbol{W}^{1,p}(\Omega) \times \boldsymbol{L}^q(\Omega) \to \partial_j\psi_1(\mathbf{Cof}\ \boldsymbol{\nabla}\boldsymbol{\psi})_{1j} \in L^s(\Omega),$$

根据 Hölder 不等式是适定且连续的.

(ii) 任一充分光滑的, 例如在空间 $\mathcal{C}^2(\overline{\Omega})$ 中的向量场 $\boldsymbol{\psi}$ 都满足

$$\partial_j(\mathbf{Cof}\ \boldsymbol{\nabla}\boldsymbol{\psi})_{1j} = 0,$$

这是 *Piola* 恒等式 $\operatorname{\mathbf{div}}\mathbf{Cof}\,\boldsymbol{\nabla\psi}=\mathbf{0}$ (定理 7.1-4) 的一个推论. 所以对这种光滑的 $\boldsymbol{\psi}$,

$$\partial_j\psi_1(\mathbf{Cof}\,\boldsymbol{\nabla\psi})_{1j}=\partial_j\{\psi_1(\mathbf{Cof}\,\boldsymbol{\nabla\psi})_{1j}\}=\det\boldsymbol{\nabla\psi}.$$

利用 Green 公式即得, 对所有的场 $\boldsymbol{\psi}\in\mathcal{C}^2(\overline{\Omega})$ 及所有的 $\theta\in\mathcal{D}(\Omega)$, 有

$$\int_\Omega\partial_j\psi_1(\mathbf{Cof}\,\boldsymbol{\nabla\psi})_{1j}\theta dx=-\int_\Omega\psi_1(\mathbf{Cof}\,\boldsymbol{\nabla\psi})_{1j}\partial_j\theta dx.$$

我们的目标是证明这个关系式对所有使得 $\mathbf{Cof}\,\boldsymbol{\nabla\psi}\in\boldsymbol{L}^{p'}(\Omega)$ 的场 $\boldsymbol{\psi}\in\boldsymbol{W}^{1,p}(\Omega)$ 均成立, 其中 $p\geqslant 2, p^{-1}+(p')^{-1}=1$, 因此对于使得 $\mathbf{Cof}\,\boldsymbol{\nabla\psi}\in\boldsymbol{L}^q(\Omega), p^{-1}+q^{-1}\leqslant 1$, 的场就更成立了. 然而, 在此要像定理 9.7-1 的证明部分 (ii) 中那样应用直接密度的推导有困难, 这是因为函数

$$\boldsymbol{\psi}\to\int_\Omega\partial_j\psi_1(\mathbf{Cof}\,\boldsymbol{\nabla\psi})_{1j}\theta dx$$

关于范数 $\|\cdot\|_{1,p,\Omega}$ 不是连续的, 除非 $p\geqslant 3$. 另一方面, 双线性形式

$$(\boldsymbol{\psi},\boldsymbol{H})\in\boldsymbol{W}^{1,p}(\Omega)\times\boldsymbol{L}^{p'}(\Omega)\to\int_\Omega\partial_j\psi_1 H_{1j}\theta dx$$

显然是连续的, 如果 $p^{-1}+(p')^{-1}=1$; 但关系式

$$\int_\Omega\partial_j\psi_1 H_{1j}\theta dx=-\int_\Omega\psi_1 H_{1j}\partial_j\theta dx$$

对光滑函数 ψ 和 H_{1j} 一般来说不成立, 除非 H_{1j} 满足 $\partial_j H_{1j}=0$, 像当 ψ 光滑时函数 $(\mathbf{Cof}\,\boldsymbol{\nabla\psi})_{1j}$ 的情况. 所以我们必须借助于更精细的论证.

关系式 $\partial_j(\mathbf{Cof}\,\boldsymbol{\nabla\psi})_{1j}=0$ 对所有 $\boldsymbol{\psi}\in\mathcal{C}^2(\overline{\Omega})$ 成立意味着

$$\int_\Omega(\mathbf{Cof}\,\boldsymbol{\nabla\psi})_{1j}\partial_j\chi dx=0\quad\text{对所有 }\chi\in\mathcal{D}(\Omega).$$

对每一个 $\chi\in\mathcal{D}(\Omega)$, 映射

$$\boldsymbol{\psi}\in\mathcal{C}^2(\overline{\Omega})\to\int_\Omega(\mathbf{Cof}\,\boldsymbol{\nabla\psi})_{1j}\partial_j\chi dx$$

是连续的, 如果空间 $\mathcal{C}^2(\overline{\Omega})$ 装备了范数 $\|\cdot\|_{1,p,\Omega}, p\geqslant 2$, 此因

$$\left|\int_\Omega(\mathbf{Cof}\,\boldsymbol{\nabla\psi})_{1j}\partial_j\chi dx\right|\leqslant\|\mathbf{Cof}\,\boldsymbol{\nabla\psi}\|_{0,1,\Omega}|\chi|_{1,\infty,\Omega}.$$

由 $\mathcal{C}^2(\overline{\Omega})$ 在 $\boldsymbol{W}^{1,p}(\Omega)$ 中的稠密性, 我们得到

$$\int_\Omega(\mathbf{Cof}\,\boldsymbol{\nabla\psi})_{1j}\partial_j\chi dx=0\quad\text{对所有 }\boldsymbol{\psi}\in\boldsymbol{W}^{1,p}(\Omega), p\geqslant 2,\text{ 以及所有 }\chi\in\mathcal{D}(\Omega).$$

我们现在证明, 给定任意函数 $\psi \in W^{1,p}(\Omega)$ 及任意满足 $\int_\Omega w_j \partial_j \chi dx = 0$ 对所有 $\chi \in \mathcal{D}(\Omega)$, 的函数 $\boldsymbol{w} = (w_j) \in \boldsymbol{L}^{p'}(\Omega)$, 其中 $p^{-1} + (p')^{-1} = 1$, 我们有

$$-\int_\Omega \psi w_j \partial_j \theta dx = \int_\Omega (\partial_j \psi) w_j \theta dx \quad \text{对所有 } \theta \in \mathcal{D}(\Omega).$$

倘若这个成立, 只要令 $\psi = \psi_1$ 和 $w_j = (\mathbf{Cof}\,\boldsymbol{\nabla}\boldsymbol{\psi})_{1j}$, 就得到要证的结论.

当 $\boldsymbol{w} \in \boldsymbol{L}^{p'}(\Omega)$ 和 $\theta \in \mathcal{D}(\Omega)$ 保持固定时, 上述关系式的两端定义了关于 $\psi \in W^{1,p}(\Omega)$ 的连续线性形式. 因此由于 $\{\mathcal{C}^\infty(\overline{\Omega})\}^- = W^{1,p}(\Omega)$, 只需考虑 $\psi \in \mathcal{C}^\infty(\overline{\Omega})$ 的情况. 但这就有 $\psi\theta \in \mathcal{D}(\Omega)$, 因此由假设有

$$0 = \int_\Omega w_j \partial_j (\psi\theta) dx = \int_\Omega \psi w_j \partial_j \theta dx + \int_\Omega (\partial_j \psi) w_j \theta dx.$$

(iii) 我们下面证明, 弱收敛

$$\boldsymbol{\varphi}^l \rightharpoonup \boldsymbol{\varphi} \text{ 在 } \boldsymbol{W}^{1,p}(\Omega) \text{ 中}, \quad p \leqslant 2 \text{ 及}$$
$$\mathbf{Cof}\,\boldsymbol{\nabla}\boldsymbol{\varphi}^l \rightharpoonup \mathbf{Cof}\,\boldsymbol{\nabla}\boldsymbol{\varphi} \text{ 在 } \boldsymbol{L}^{p'}(\Omega) \text{ 中}, \ \frac{1}{p} + \frac{1}{p'} = 1,$$

一起意味着, 对任意函数 $\theta \in \mathcal{D}(\Omega)$,

$$\int_\Omega (\det \boldsymbol{\nabla}\boldsymbol{\varphi}^l) \theta dx \to \int_\Omega (\det \boldsymbol{\nabla}\boldsymbol{\varphi}) \theta dx.$$

根据 $\det \boldsymbol{\nabla}\boldsymbol{\varphi}$ 的定义及 (ii) 中的结果, 只需证明

$$\int_\Omega \varphi_1^l (\mathbf{Cof}\,\boldsymbol{\nabla}\boldsymbol{\varphi}^l)_{1j} \partial_j \theta dx \to \int_\Omega \varphi_1 (\mathbf{Cof}\,\boldsymbol{\nabla}\boldsymbol{\varphi})_{1j} \partial_j \theta dx.$$

根据如定理 9.7-1 的证明 (iii) 中那样的推理, 我们得到, 如果

$$\boldsymbol{\varphi}^l \rightharpoonup \boldsymbol{\varphi} \text{ 在 } \boldsymbol{W}^{1,p}(\Omega) \text{ 中} \quad \text{意味着} \quad \boldsymbol{\varphi}^l \to \boldsymbol{\varphi} \text{ 在 } \boldsymbol{L}^s(\Omega) \text{ 中}, \ \frac{1}{s} + \frac{1}{p'} \leqslant 1,$$

即如果紧包含 $W^{1,p}(\Omega) \Subset L^s(\Omega)$ 正确, 则前式就成立. 如果 $2 \leqslant p < 3$ (这是需要讨论的唯一情况), 只要 $s < p^* = 3p/(3-p)$, 这个包含关系就正确; 由于

$$\frac{1}{p^*} + \frac{1}{p'} = \left(\frac{1}{p} - \frac{1}{3}\right) + \left(1 - \frac{1}{p}\right) = \frac{2}{3},$$

故存在数 $s < p^*$ 使得 $s^{-1} + (p')^{-1} \leqslant 1$.

(iv) 定理中宣示的结果可以如定理 9.7-1 的证明 (iv) 中同样的方式予以证明. □

注 (1) 由定理 9.7-2 可得, 非凸集

$$\{(\boldsymbol{\psi}, \boldsymbol{K}, \delta) \in \boldsymbol{W}^{1,p}(\Omega) \times \boldsymbol{L}^q(\Omega) \times L^r(\Omega); \boldsymbol{K} = \mathbf{Cof}\,\boldsymbol{\nabla}\boldsymbol{\psi}, \delta = \det \boldsymbol{\nabla}\boldsymbol{\psi}\},$$
$$p \geqslant 2, \frac{1}{p} + \frac{1}{q} \leqslant 1, r \geqslant 1,$$

在空间 $\boldsymbol{W}^{1,p}(\Omega)\times\boldsymbol{L}^q(\Omega)\times L^r(\Omega)$ 中是序列弱闭的. 这并不意味着集合

$$\{\boldsymbol{\psi}\in\boldsymbol{W}^{1,p}(\Omega);\mathbf{Cof}\,\boldsymbol{\nabla\psi}\in\boldsymbol{L}^q(\Omega),\det\boldsymbol{\nabla\psi}\in L^r(\Omega)\},$$
$$p\geqslant 2,\frac{1}{p}+\frac{1}{q}\leqslant 1,r\geqslant 1,$$

在空间 $\boldsymbol{W}^{1,p}(\Omega)$ 中是序列弱闭的, 而实际上也并不总是如此 (习题 9.7-4).

(2) 上面证明部分 (ii) 的结果可在分布意义下重述. 首先, 关系式

$$\int_\Omega(\mathbf{Cof}\,\boldsymbol{\nabla\psi})_{1j}\partial_j\chi dx=0\quad\text{对所有 }\chi\in\mathcal{D}(\Omega)$$

意指

$$\partial_j(\mathbf{Cof}\,\boldsymbol{\nabla\psi})_{1j}=0\quad\text{在 }\mathcal{D}'(\Omega)\text{ 中}.$$

因此这个关系式, 根据 Piola 恒等式对光滑向量场 $\boldsymbol{\psi}$ 成立, 在分布意义下对场 $\boldsymbol{\psi}\in\boldsymbol{W}^{1,p}(\Omega),p\geqslant 2$, 也成立. 同样, 部分 (ii) 的主要结果可等价地叙述为

$$\boldsymbol{\psi}\in\boldsymbol{W}^{1,p}(\Omega),p\geqslant 2\quad\text{及}\quad\mathbf{Cof}\,\boldsymbol{\nabla\psi}\in\boldsymbol{L}^{p'}(\Omega),\quad\frac{1}{p}+\frac{1}{p'}=1,$$

意味着

$$\partial_j\psi_1(\mathbf{Cof}\,\boldsymbol{\nabla\psi})_{1j}=\partial_j(\psi_1(\mathbf{Cof}\,\boldsymbol{\nabla\psi})_{1j})\quad\text{在 }\mathcal{D}'(\Omega)\text{ 中}.$$

这个关系式可以用来将 $\det\boldsymbol{\nabla\psi}$ 的定义拓展为一个分布, 而不一定是一个可积函数 (习题 9.7-5). □

定理 9.7-1 和 9.7-2 可以被置于更一般的视角中: 设 $(\boldsymbol{\varphi}^k)$ 是一个序列使得

$$\boldsymbol{\varphi}^k\rightharpoonup\boldsymbol{\varphi}\text{ 在 }\boldsymbol{W}^{1,p}(\Omega)\text{ 中},\quad p\geqslant 2,$$

另外假定序列 $(\mathbf{Cof}\,\boldsymbol{\nabla\varphi}^k)$ 在空间 $\boldsymbol{L}^q(\Omega)$ 中是有界的, 其中 $p^{-1}+q^{-1}=1$. 因为 $q>1$, 空间 $L^q(\Omega)$ 是自反的, 这样, 由 Banach-Eberlein-Šmulian 定理 (定理 5.14-4), 存在子列 $(\boldsymbol{\varphi}^l)$ 使得 $\mathbf{Cof}\,\boldsymbol{\nabla\varphi}^l\rightharpoonup\boldsymbol{H}$ 在 $\boldsymbol{L}^q(\Omega)$ 中. 此外, 由定理 9.7-1 有 $\boldsymbol{H}=\mathbf{Cof}\,\boldsymbol{\nabla\varphi}$, 故极限 $\boldsymbol{H}$ 是唯一的. 所以整个序列弱收敛, 即

$$\mathbf{Cof}\,\boldsymbol{\nabla\varphi}^k\rightharpoonup\mathbf{Cof}\,\boldsymbol{\nabla\varphi}\quad\text{在 }\boldsymbol{L}^q(\Omega)\text{ 中}.$$

定理 9.7-2 证明中的部分 (iii) 意味着

$$\int_\Omega(\det\boldsymbol{\nabla\varphi}^k)\theta dx\to\int_\Omega(\det\boldsymbol{\nabla\varphi})\theta dx\quad\text{对所有 }\theta\in\mathcal{D}(\Omega),$$

或等价地, 在分布意义下,

$$\det\boldsymbol{\nabla\varphi}^k\to\det\boldsymbol{\nabla\varphi}\quad\text{在 }\mathcal{D}'(\Omega)\text{ 中}.$$

换言之, 如果偏导数的某种适当的组合 (矩阵 $\mathbf{Cof}\,\boldsymbol{\nabla}\varphi^k$ 的分量) 在 $L^q(\Omega)$ 中保持有界, 一个非线性函数 (函数 $\varphi \in \boldsymbol{W}^{1,p}(\Omega) \to \det\boldsymbol{\nabla}\varphi := \partial_j\varphi_1(\mathbf{Cof}\,\boldsymbol{\nabla}\varphi)_{1j} \in \mathcal{D}'(\Omega)$) 就变成在下述意义下关于序列弱收敛是连续的:

$$\varphi^k \rightharpoonup \varphi \text{ 在 } \boldsymbol{W}^{1,p}(\Omega) \text{ 中} \quad \text{意味着} \quad \det\boldsymbol{\nabla}\varphi^k \to \det\boldsymbol{\nabla}\varphi \text{ 在 } \mathcal{D}'(\Omega) \text{ 中}.$$

这是由 François Murat 和 Luc Tartar[39]引入的**补偿紧性**一般现象的一个特殊情况. 他们的第一个结果是下述 div-**curl** 引理, 这个引理在齐次化理论中起着关键的作用.

♭ **定理 9.7-3 (Murat-Tartar div-curl 引理)** 设 Ω 是 $\mathbb{R}^n$ 的有界开子集, 又给定两个序列 $(\boldsymbol{u}^k)$ 和 $(\boldsymbol{v}^k)$ 使得

$$\boldsymbol{u}^k \rightharpoonup \boldsymbol{u} \text{ 在 } \boldsymbol{L}^2(\Omega) \text{ 中} \quad \text{及} \quad \boldsymbol{v}^k \rightharpoonup \boldsymbol{v} \text{ 在 } \boldsymbol{L}^2(\Omega) \text{ 中},$$

$$(\mathrm{div}\ \boldsymbol{u}^k) \text{ 在 } L^2(\Omega) \text{ 中有界} \quad \text{及} \quad (\mathbf{curl}\,\boldsymbol{v}^k) \text{ 在 } \boldsymbol{L}^2(\Omega) \text{ 中有界},$$

其中 $\mathbf{curl}\,\boldsymbol{v} := (\partial_j v_i - \partial_i v_j)_{i<j}$, 则

$$\boldsymbol{u}^k \cdot \boldsymbol{v}^k \to \boldsymbol{u} \cdot \boldsymbol{v} \quad \text{在 } \mathcal{D}'(\Omega) \text{ 中}. \qquad \square$$

这个结果的实质是, 欧氏内积 $(\boldsymbol{u}, \boldsymbol{v}) \in \boldsymbol{L}^2(\Omega) \times \boldsymbol{L}^2(\Omega) \to \boldsymbol{u} \cdot \boldsymbol{v} \in \mathbb{R}$ 关于弱收敛保持连续, 即使没假设序列 $(\boldsymbol{u}^k)$ 和 $(\boldsymbol{v}^k)$ 中的任何一个在 $\boldsymbol{L}^2(\Omega)$ 中是相对紧的 (如果两个序列中的一个在 $\boldsymbol{H}^1(\Omega)$ 中有界, 这个结论可从 Rellich-Kondrachov 定理及定理 5.12-4(c) 得到). 紧性的缺失因此由偏导数特定的线性组合 (在这里是 $\sum_i \partial_i u_i^k$ 和 $\partial_j v_i^k - \partial_i v_j^k$) 在 $L^2(\Omega)$ 中的有界性予以补偿, 这些线性组合当然要视所考察的映射而定 (在这里是映射 $(\boldsymbol{u}, \boldsymbol{v}) \in \boldsymbol{L}^2(\Omega) \times \boldsymbol{L}^2(\Omega) \to \boldsymbol{u} \cdot \boldsymbol{v} \in \mathbb{R}$).

现在确立超弹性极小化子存在性的所有必要基础准备已经就绪. 要注意, 尽管无论是这个存在性结果的陈述还是证明都会使我们回忆起定理 9.5-2 的情形, 但这里的证明要精细得多.

定理 9.7-4 (Ball 定理[40]) 设 Ω 是 $\mathbb{R}^3$ 中的区域, $W : \Omega \times \mathbb{M}_+^3 \to \mathbb{R}$ 是具有下述性质的函数:

---

[39] F. MURAT [1978]: Compacité par compensation, *Annali Scuola Normale Superiore de Pisa*, Serie IV, **5**, 489–507.

L. TARTAR [1979]: Compensated compactness and partial differential equations, in *Nonlinear Analysis and Mechanics, Heriot-Watt Symposium*, Volume IV (R. J. KNOPS, editor), pp. 136–212, Pitman,Boston.

L. TARTAR [1983]: The compensated compactness method applied to systems of conservation laws, in *Systems of Nonlinear Partial Differential Equations* (J. M. BALL, editor), pp. 263–285, Reidel, Dordrecht.

F. MURAT [1987]: A survey on compensated compactness, in *Contributions to Modern Calculus of Variations* (L. CESARI, editor), pp. 145–183, Longman, Harlow.

定理 9.7-3 的一个直接证明在 KAVIAN [1993, 第 1 章, 习题 34] 中作为一个习题给出.

[40] 见 BALL [1977, 定理 7.3 和 7.6] (前面已引用过).

(a) 多凸性: 对几乎所有 $x \in \Omega$, 存在一个凸函数 $\mathbb{W}(x, \cdot) : \mathbb{M}^3 \times \mathbb{M}^3 \times]0, \infty[\to \mathbb{R}$ 使得

$$W(x, \boldsymbol{F}) = \mathbb{W}(x, \boldsymbol{F}, \mathbf{Cof}\, \boldsymbol{F}, \det \boldsymbol{F}) \quad 对所有\ \boldsymbol{F} \in \mathbb{M}^3_+.$$

(b) 可测性: 函数 $\mathbb{W}(\cdot, \boldsymbol{F}, \boldsymbol{H}, \delta) : \Omega \to \mathbb{R}$ 对所有 $(\boldsymbol{F}, \boldsymbol{H}, \delta) \in \mathbb{M}^3 \times \mathbb{M}^3 \times]0, \infty[$ 是可测的.

(c) 强制性: 存在常数 α, p, q, r 及 β 使得

$$\alpha > 0, \quad p \geqslant 2, \quad q \geqslant \frac{p}{p-1}, \quad r > 1,$$
$$W(x, \boldsymbol{F}) \geqslant \alpha\{|\boldsymbol{F}|^p + |\mathbf{Cof}\, \boldsymbol{F}|^q + (\det \boldsymbol{F})^r\} + \beta$$

$$对所有\ \boldsymbol{F} \in \mathbb{M}^3_+\ 及几乎所有\ x \in \Omega.$$

(d) $\det \boldsymbol{F} \to 0^+$ 时的性态:

$$W(x, \boldsymbol{F}) \to \infty\ 当\ \det \boldsymbol{F} \to 0^+\ 对几乎所有\ x \in \Omega.$$

设 Γ_0 是 Ω 的边界 Γ 的 $d\Gamma$ 可测子集, $\operatorname{area} \Gamma_0 > 0$, 又设 $\boldsymbol{\varphi}_0 : \Gamma_0 \to \mathbb{R}^3$ 是 $d\Gamma$ 可测函数, 使得集合

$$\begin{aligned} \boldsymbol{\Phi} := \{ &\boldsymbol{\psi} \in \boldsymbol{W}^{1,p}(\Omega); \mathbf{Cof}\, \boldsymbol{\nabla}\boldsymbol{\psi} \in \boldsymbol{L}^q(\Omega), \det \boldsymbol{\nabla}\boldsymbol{\psi} \in L^r(\Omega), \\ &\boldsymbol{\psi} = \boldsymbol{\varphi}_0 \quad d\Gamma\text{几乎处处在 } \Gamma_0 \text{ 上}, \det \boldsymbol{\nabla}\boldsymbol{\psi} > 0 \text{ 几乎处处在 } \Omega \text{ 中}\} \end{aligned}$$

非空. 最后, 设 L 是空间 $\boldsymbol{W}^{1,p}(\Omega)$ 上的连续线性形式, 又设

$$I(\boldsymbol{\psi}) := \int_\Omega W(x, \boldsymbol{\nabla}\boldsymbol{\psi}(x))dx - L(\boldsymbol{\psi}) \quad 对每个\ \boldsymbol{\psi} \in \boldsymbol{\Phi},$$

并且假定 $\inf_{\boldsymbol{\psi} \in \boldsymbol{\Phi}} I(\boldsymbol{\psi}) < \infty$.

则至少存在一个函数 $\boldsymbol{\varphi}$ 使得

$$\boldsymbol{\varphi} \in \boldsymbol{\Phi} \quad 及 \quad I(\boldsymbol{\varphi}) = \inf_{\boldsymbol{\psi} \in \boldsymbol{\Phi}} I(\boldsymbol{\psi}).$$

证明　(i) 积分 $\int_\Omega W(x, \boldsymbol{\nabla}\boldsymbol{\psi}(x))dx$ 对所有 $\boldsymbol{\psi} \in \boldsymbol{\Phi}$ 是适定的.

为说明这一点, 我们首先注意假设 (a) 和 (b) 的下述推论: 对几乎所有 $x \in \Omega$, 函数 $\mathbb{W}(x, \cdot) : \mathbb{M}^3 \times \mathbb{M}^3 \times]0, \infty[\to \mathbb{R}$ 是连续的 (作为有限维空间的凸开子集上的凸实值函数; 参阅定理 2.17-1); 对所有 $(\boldsymbol{F}, \boldsymbol{H}, \delta) \in \mathbb{M}^3 \times \mathbb{M}^3 \times]0, \infty[$, 函数 $\mathbb{W}(\cdot, \boldsymbol{F}, \boldsymbol{H}, \delta) : \Omega \to \mathbb{R}$ 是可测的, 而且 $\mathbb{M}^3 \times \mathbb{M}^3 \times]0, \infty[$ 是 Borel 集. 所以函数 $\mathbb{W} : \Omega \times \mathbb{M}^3 \times \mathbb{M}^3 \times]0, \infty[\to \mathbb{R}$ 是 *Carathéodory* 函数 (9.5 节), 因此函数

$$x \in \Omega \to \mathbb{W}(x, \boldsymbol{\nabla}\boldsymbol{\psi}(x), \mathbf{Cof}\, \boldsymbol{\nabla}\boldsymbol{\psi}(x), \det \boldsymbol{\nabla}\boldsymbol{\psi}(x)) \in \mathbb{R}$$

对每个 $\boldsymbol{\psi} \in \boldsymbol{\Phi}$ 是可测的, 此因 $\det \boldsymbol{\nabla} \boldsymbol{\psi}(x) > 0$ 在 Ω 中几乎处处成立. 此外, 函数 W 是下有界的 (根据强制性不等式), 因此积分

$$\int_{\Omega} W(x, \boldsymbol{\nabla} \boldsymbol{\psi}(x)) dx = \int_{\Omega} \mathbb{W}(x, \boldsymbol{\nabla} \boldsymbol{\psi}(x), \mathbf{Cof}\, \boldsymbol{\nabla} \boldsymbol{\psi}(x), \det \boldsymbol{\nabla} \boldsymbol{\psi}(x)) dx$$

对每个 $\boldsymbol{\psi} \in \boldsymbol{\Phi}$, 是在区间 $[\beta \mathrm{vol}\, \Omega, \infty]$ 上适定的广义实数.

(ii) 我们下面寻求当 $\boldsymbol{\psi} \in \boldsymbol{\Phi}$ 时 $I(\boldsymbol{\psi})$ 的下界.

首先, 从函数 W 的强制性假设 (c) 和线性形式 L 的连续性假设, 可得

$$\begin{aligned} I(\boldsymbol{\psi}) \geqslant \alpha \int_{\Omega} &\{|\boldsymbol{\nabla} \boldsymbol{\psi}|^p + |\mathbf{Cof}\, \boldsymbol{\nabla} \boldsymbol{\psi}|^q + (\det \boldsymbol{\nabla} \boldsymbol{\psi})^r\} dx \\ &+ \beta \mathrm{vol}\, \Omega - \|L\| \|\boldsymbol{\psi}\|_{1,p,\Omega} \quad \text{对所有 } \boldsymbol{\psi} \in \boldsymbol{\Phi}. \end{aligned}$$

将边界条件 $\boldsymbol{\psi} = \boldsymbol{\varphi}_0$ 在 Γ_0 上与广义 Poincaré 不等式结合应用 (像在定理 9.5-2 的证明中那样), 我们得到, 存在常数 c 和 d 使得

$$c > 0 \text{ 及 } I(\boldsymbol{\psi}) \geqslant c\{\|\boldsymbol{\psi}\|_{1,p,\Omega}^p + \|\mathbf{Cof}\, \boldsymbol{\nabla} \boldsymbol{\psi}\|_{0,q,\Omega}^q + \|\det \boldsymbol{\nabla} \boldsymbol{\psi}\|_{0,r,\Omega}^r\} + d \text{ 对所有 } \boldsymbol{\psi} \in \boldsymbol{\Phi}.$$

(iii) 设 $(\boldsymbol{\varphi}^k)$ 是泛函 I 的极小化序列, 即一个满足

$$\boldsymbol{\varphi}^k \in \boldsymbol{\Phi} \text{ 对所有 } k, \text{ 且 } \lim_{k \to \infty} I(\boldsymbol{\varphi}^k) = \inf_{\boldsymbol{\psi} \in \boldsymbol{\Phi}} I(\boldsymbol{\psi})$$

的序列.

由假定, $\inf_{\boldsymbol{\psi} \in \boldsymbol{\Phi}} I(\boldsymbol{\psi}) < \infty$, 因此根据部分 (ii), 序列 $(\boldsymbol{\varphi}^k, \mathbf{Cof}\, \boldsymbol{\nabla} \boldsymbol{\varphi}^k, \det \boldsymbol{\nabla} \boldsymbol{\varphi}^k)$ 在自反 Banach 空间 $\boldsymbol{W}^{1,p}(\Omega) \times \boldsymbol{L}^q(\Omega) \times L^r(\Omega)$(每个数 p, q, r 均 > 1) 中是有界的. 因此, 根据 Banach-Eberlein-Šmulian 定理 (定理 5.14-4), 存在子序列 $(\boldsymbol{\varphi}^l, \mathbf{Cof}\, \boldsymbol{\nabla} \boldsymbol{\varphi}^l, \det \boldsymbol{\nabla} \boldsymbol{\varphi}^l)$ 在空间 $\boldsymbol{W}^{1,p}(\Omega) \times \boldsymbol{L}^q(\Omega) \times L^r(\Omega)$ 中弱收敛于元素 $(\boldsymbol{\varphi}, \boldsymbol{H}, \delta)$; 所以由定理 9.7-2, 有

$$\boldsymbol{H} = \mathbf{Cof}\, \boldsymbol{\nabla} \boldsymbol{\varphi} \quad \text{及} \quad \delta = \det \boldsymbol{\nabla} \boldsymbol{\varphi}.$$

总结一下, 存在极小化序列的一个子列, 满足:

$$\begin{aligned} &\boldsymbol{\varphi}^l \rightharpoonup \boldsymbol{\varphi} \quad \text{在 } \boldsymbol{W}^{1,p}(\Omega) \text{ 中}, \\ &\mathbf{Cof}\, \boldsymbol{\nabla} \boldsymbol{\varphi}^l \rightharpoonup \mathbf{Cof}\, \boldsymbol{\nabla} \boldsymbol{\varphi} \quad \text{在 } \boldsymbol{L}^q(\Omega) \text{ 中}, \\ &\det \boldsymbol{\nabla} \boldsymbol{\varphi}^l \rightharpoonup \det \boldsymbol{\nabla} \boldsymbol{\varphi} \quad \text{在 } L^r(\Omega) \text{ 中}. \end{aligned}$$

(iv) 为了证明 $\boldsymbol{\varphi} \in \boldsymbol{\Phi}$, 需要确立 $\det \boldsymbol{\nabla} \boldsymbol{\varphi} > 0$ 几乎处处在 Ω 中, 而且 $\boldsymbol{\varphi} = \boldsymbol{\varphi}_0$ 在 Γ_0 上.

由于 $\det \boldsymbol{\nabla} \boldsymbol{\varphi}^l \rightharpoonup \det \boldsymbol{\nabla} \boldsymbol{\varphi}$ 在 $L^r(\Omega)$ 中, Banach-Saks-Mazur 定理 (定理 5.13-1(c))

说明, 对每个 l, 存在整数 $i(l) \geqslant l$ 及数 $\lambda_s^l, l \leqslant s \leqslant i(l)$, 使得

$$\lambda_s^l \geqslant 0, \quad \sum_{s=l}^{i(l)} \lambda_s^l = 1,$$

$$d^l := \sum_{s=l}^{i(l)} \lambda_s^l \det \boldsymbol{\nabla\varphi}^s \xrightarrow[l\to\infty]{} \det \boldsymbol{\nabla\varphi} \quad \text{在 } L^r(\Omega) \text{ 中}.$$

因此, 存在 (d^l) 的一个子列 (d^m), 它几乎处处收敛于 $\det \boldsymbol{\nabla\varphi}$. 由于函数 d^l 几乎处处 >0 (这里只要 $\geqslant 0$ 即可), 我们得到 $\det \boldsymbol{\nabla\varphi} \geqslant 0$ 几乎处处在 Ω 中.

假定在 Ω 的一个 dx-meas$A>0$ 的子集 A 上, $\det \boldsymbol{\nabla\varphi} = 0$. 由于 $\det \boldsymbol{\nabla\varphi}^l > 0$ 几乎处处在 A 上 (在此仍是不等式 $\geqslant 0$ 即可) 及 $\det \boldsymbol{\nabla\varphi}^l \rightharpoonup \det \boldsymbol{\nabla\varphi}$, 由弱收敛的定义 (集合 A 的特征函数属于 $L^r(\Omega)$ 的对偶空间) 有

$$\int_A |\det \boldsymbol{\nabla\varphi}^l| dx = \int_A \det \boldsymbol{\nabla\varphi}^l dx \to \int_A \det \boldsymbol{\nabla\varphi} dx = 0,$$

这说明 $\det \boldsymbol{\nabla\varphi}^l \to 0$ 在 $L^1(A)$ 中. 所以存在 $(\boldsymbol{\varphi}^l)$ 的一个子列 $(\boldsymbol{\varphi}^m)$ 使得

$$\det \boldsymbol{\nabla\varphi}^m(x) \to 0 \quad \text{对几乎所有 } x \in A.$$

下面考察由

$$f^m : x \in A \to f^m(x) := W(x, \boldsymbol{\nabla\varphi}^m(x))$$

定义的可测函数序列 (f^m). 由于 $f^m \geqslant \beta$ 对所有 m, 我们可以应用 Fatou 引理 (定理 1.15-2), 即得

$$\int_A \liminf_{m\to\infty} f^m(x) dx \leqslant \liminf_{m\to\infty} \int_A f^m(x) dx,$$

这是一方面. 另一方面, 函数 W 当 $\det \boldsymbol{F} \to 0^+$ 时的性态 (假设 (d)) 意味着

$$\begin{aligned}\liminf_{m\to\infty} f^m(x) &= \lim_{m\to\infty} W(x, \boldsymbol{\nabla\varphi}^m(x)) \\ &= \lim_{\det \boldsymbol{F}\to 0^+} W(x, \boldsymbol{F}) = \infty \quad \text{对几乎所有 } x \in A,\end{aligned}$$

因此

$$\lim_{m\to\infty} \int_A f^m(x) dx = \lim_{m\to\infty} \int_A W(x, \boldsymbol{\nabla\varphi}^m(x)) dx = \infty.$$

但这一结果与关系式 $\lim_{m\to\infty} I(\boldsymbol{\varphi}^m) = \inf_{\boldsymbol{\varphi}\in\boldsymbol{\Phi}} I(\boldsymbol{\varphi}) < \infty$ 及不等式

$$I(\boldsymbol{\varphi}^m) \geqslant \int_A W(x, \boldsymbol{\nabla\varphi}^m(x)) dx + \beta \mathrm{vol}(\Omega - A) - \|\boldsymbol{L}\| \|\boldsymbol{\varphi}^m\|_{1,p,\Omega}$$

(弱收敛序列是有界的; 参阅定理 5.12-2(b)) 矛盾. 所以 $\det \boldsymbol{\nabla\varphi} > 0$ 几乎处处在 Ω 中.

在 Γ_0 上 $\boldsymbol{\varphi} = \boldsymbol{\varphi}_0$ 这一结论可如定理 9.5-2 的证明那样验证.

(v) 最后, 我们证明

$$\int_\Omega W(x, \boldsymbol{\nabla}\boldsymbol{\varphi}(x))dx \leqslant \liminf_{l\to\infty}\int_\Omega W(x, \boldsymbol{\nabla}\boldsymbol{\varphi}^l(x))dx.$$

根据下极限的定义, 我们必须证明, 给定 $(\boldsymbol{\varphi}^l)$ 的使得序列 $(\int_\Omega W(x, \boldsymbol{\nabla}\boldsymbol{\varphi}^m(x))dx)$ 收敛的任一子列 $(\boldsymbol{\varphi}^m)$, 有

$$\int_\Omega W(x, \boldsymbol{\nabla}\boldsymbol{\varphi}(x))dx \leqslant \lim_{m\to\infty}\int_\Omega W(x, \boldsymbol{\nabla}\boldsymbol{\varphi}^m(x))dx.$$

我们来考察这样一个子序列. 利用部分 (iii) 的结果以及 *Banach-Saks-Mazur* 定理, 我们得到, 对每个 m, 存在整数 $j(m) \geqslant m$ 及数 $\mu_t^m, m \leqslant t \leqslant j(m)$, 使得

$$\begin{aligned}
&\mu_t^m \geqslant 0, \quad \sum_{t=m}^{j(m)} \mu_t^m = 1,\\
&\boldsymbol{D}^m := \sum_{t=m}^{j(m)} \mu_t^m(\boldsymbol{\nabla}\boldsymbol{\varphi}^t, \mathbf{Cof}\,\boldsymbol{\nabla}\boldsymbol{\varphi}^t, \det\boldsymbol{\nabla}\boldsymbol{\varphi}^t)\\
&\qquad \xrightarrow[m\to\infty]{} (\boldsymbol{\nabla}\boldsymbol{\varphi}, \mathbf{Cof}\,\boldsymbol{\nabla}\boldsymbol{\varphi}, \det\boldsymbol{\nabla}\boldsymbol{\varphi})
\end{aligned}$$

在 $\boldsymbol{L}^p(\Omega)\times\boldsymbol{L}^q(\Omega)\times L^r(\Omega)$ 中. 因此存在 $(\boldsymbol{D}^m)$ 的子列 $(\boldsymbol{D}^n)$ 使得, 对几乎所有 $x\in\Omega$,

$$\begin{aligned}
&\sum_{t=n}^{j(n)} \mu_t^n(\boldsymbol{\nabla}\boldsymbol{\varphi}^t(x), \mathbf{Cof}\,\boldsymbol{\nabla}\boldsymbol{\varphi}^t(x), \det\boldsymbol{\nabla}\boldsymbol{\varphi}^t(x))\\
&\xrightarrow[n\to\infty]{} (\boldsymbol{\nabla}\boldsymbol{\varphi}(x), \mathbf{Cof}\,\boldsymbol{\nabla}\boldsymbol{\varphi}(x), \det\boldsymbol{\nabla}\boldsymbol{\varphi}(x)).
\end{aligned}$$

由于函数 $\mathbb{W}(x,\cdot)$ 对几乎所有 $x\in\Omega$ 在集合 $\mathbb{M}^3\times\mathbb{M}^3\times]0,\infty[$ 上是连续的 (见部分 (i)), 又由于根据部分 (iv) 有 $\det\boldsymbol{\nabla}\boldsymbol{\varphi}(x) > 0$ 对几乎所有 $x\in\Omega$, 就得到

$$\begin{aligned}
W(x, \boldsymbol{\nabla}\varphi(x)) &= \mathbb{W}(x, (\boldsymbol{\nabla}\boldsymbol{\varphi}(x), \mathbf{Cof}\,\boldsymbol{\nabla}\boldsymbol{\varphi}(x), \det\boldsymbol{\nabla}\boldsymbol{\varphi}(x)))\\
&= \lim_{n\to\infty}\mathbb{W}\left(x, \sum_{t=n}^{j(n)} \mu_t^n(\boldsymbol{\nabla}\boldsymbol{\varphi}^t(x), \mathbf{Cof}\,\boldsymbol{\nabla}\boldsymbol{\varphi}^t(x), \det\boldsymbol{\nabla}\boldsymbol{\varphi}^t(x))\right)
\end{aligned}$$

对几乎所有 $x\in\Omega$. 利用这个关系式, *Fatou* 引理, 及对几乎所有 $x\in\Omega$ 函数 $\mathbb{W}(x,\cdot)$ 的凸性假设, 我们得到, 一方面,

$$\begin{aligned}
&\int_\Omega W(x, \boldsymbol{\nabla}\boldsymbol{\varphi}(x))dx\\
&\leqslant \liminf_{n\to\infty}\int_\Omega \mathbb{W}\left(x, \sum_{t=n}^{j(n)} \mu_t^n(\boldsymbol{\nabla}\boldsymbol{\varphi}^t(x), \mathbf{Cof}\,\boldsymbol{\nabla}\boldsymbol{\varphi}^t(x), \det\boldsymbol{\nabla}\boldsymbol{\varphi}^t(x))\right)dx\\
&\leqslant \liminf_{n\to\infty}\sum_{t=n}^{j(x)} \mu_t^n\int_\Omega W(x, \boldsymbol{\nabla}\boldsymbol{\varphi}^t(x))dx = \lim_{n\to\infty}\int_\Omega W(x, \boldsymbol{\nabla}\boldsymbol{\varphi}^n(x))dx\\
&= \lim_{m\to\infty}\int_\Omega W(x, \boldsymbol{\nabla}\boldsymbol{\varphi}^m(x))dx.
\end{aligned}$$

注意, 在此我们也用了一个简单的结论: 设 (α^n) 是一个收敛的实数列, 令

$$\beta^n := \sum_{t=n}^{j(n)} \mu_t^n \alpha^t, \text{ 其中 } \mu_t^n \geqslant 0 \quad \text{且} \quad \sum_{t=n}^{j(n)} \mu_t^n = 1 \text{ 对每个 } n,$$

则序列 (β^n) 也收敛, 且 $\lim_{n\to\infty} \beta^n = \lim_{n\to\infty} \alpha^n$.

另一方面, 根据弱收敛的定义, $L(\boldsymbol{\varphi}) = \lim_{l\to\infty} L(\boldsymbol{\varphi}^l)$, 所以我们证明了

$$I(\boldsymbol{\varphi}) \leqslant \liminf_{l\to\infty} I(\boldsymbol{\varphi}^l).$$

(vi) 函数 $\boldsymbol{\varphi}$ 因此是极小化问题的一个解, 这是因为由 (iii) 和 (iv) 知 $\boldsymbol{\varphi} \in \boldsymbol{\Phi}$, 而且

$$I(\boldsymbol{\varphi}) \leqslant \liminf_{l\to\infty} I(\boldsymbol{\varphi}^l) = \inf_{\boldsymbol{\psi}\in\boldsymbol{\Phi}} I(\boldsymbol{\psi}) \quad \text{意味着} \quad I(\boldsymbol{\varphi}) = \inf_{\boldsymbol{\psi}\in\boldsymbol{\Phi}} I(\boldsymbol{\psi}). \qquad \square$$

习题

9.7-1 我们记得, $\operatorname{co} A$ 表示集合 A 的凸包 (2.16 节). 证明

$$\operatorname{co}\{(\boldsymbol{F}, \mathbf{Cof}\,\boldsymbol{F}, \det \boldsymbol{F}) \in \mathbb{M}^3 \times \mathbb{M}^3 \times \mathbb{R}; \boldsymbol{F} \in \mathbb{M}_+^3\} = \mathbb{M}^3 \times \mathbb{M}^3 \times]0, \infty[.$$

9.7-2 这个习题是定理 9.7-1 的补充.

(1) 根据定理 9.7-1, 集合

$$\{(\boldsymbol{\psi}, \boldsymbol{K}) \in \boldsymbol{W}^{1,p}(\Omega) \times \boldsymbol{L}^q(\Omega); \boldsymbol{K} = \mathbf{Cof}\,\boldsymbol{\nabla}\boldsymbol{\psi}\}, \quad p \geqslant 2, q \geqslant 1,$$

是序列弱闭的, 证明该集合是空间 $\boldsymbol{W}^{1,p}(\Omega) \times \boldsymbol{L}^q(\Omega)$ 的一个非凸子集.

(2) 设 X 和 Y 是赋范向量空间. 一个 (可能是非线性的) 映射 $f: X \to Y$ 称为序列弱连续的, 如果 $x^k \rightharpoonup x$ 在 X 中意味着 $f(x^k) \rightharpoonup f(x)$ 在 Y 中. 证明, 如果 $p > 2$, 映射 $\boldsymbol{\psi} \in \boldsymbol{W}^{1,p}(\Omega) \to \mathbf{Cof}\,\boldsymbol{\nabla}\boldsymbol{\psi} \in L^{p/2}(\Omega)$ 是序列弱连续的.

(3) 对于 p 和 q 的什么样的值, 集合 $\{\boldsymbol{\psi} \in \boldsymbol{W}^{1,p}(\Omega); \mathbf{Cof}\,\boldsymbol{\nabla}\boldsymbol{\psi} \in \boldsymbol{L}^q(\Omega)\}$ 在空间 $\boldsymbol{W}^{1,p}(\Omega)$ 中是序列弱闭的?

9.7-3 这个习题是定理 9.7-1 的补充.

(1) 证明表示式

$$(\mathbf{Cof}^{\#}\boldsymbol{\nabla}\boldsymbol{\psi})_{ij} := \partial_{i+2}(\psi_{j+2}\partial_{i+1}\psi_{j+1}) - \partial_{i+1}(\psi_{j+2}\partial_{i+2}\psi_{j+1})$$

当 $\boldsymbol{\psi} \in \boldsymbol{W}^{1,p}(\Omega)$ 时, 对某个 $p \geqslant 3/2$, 定义一个分布. 注意, $\mathbf{Cof}^{\#}\boldsymbol{\nabla}\boldsymbol{\psi} = \mathbf{Cof}\,\boldsymbol{\nabla}\boldsymbol{\psi}$ 若 $p \geqslant 2$.

(2) 证明

$$\boldsymbol{\varphi}^l \rightharpoonup \boldsymbol{\varphi} \text{ 在 } \boldsymbol{W}^{1,p}(\Omega) \text{ 中}, \ p > \frac{3}{2}, \text{ 意味着}$$
$$\langle (\mathbf{Cof}^{\#}\boldsymbol{\nabla}\boldsymbol{\varphi}^l)_{ij}, \theta \rangle \to \langle (\mathbf{Cof}^{\#}\boldsymbol{\nabla}\boldsymbol{\varphi})_{ij}, \theta \rangle$$

对所有 $\theta \in \mathcal{D}(\Omega)$; 要注意, (1) 中的不等式 $p \geqslant 3/2$ 在 (2) 中必须换为相应的严格不等式.

9.7-4 这个习题是定理 9.7-2 的补充.

(1) 根据定理 9.7-2, 集合

$$\{(\boldsymbol{\psi}, \boldsymbol{K}, \delta) \in \boldsymbol{W}^{1,p}(\Omega) \times \boldsymbol{L}^q(\Omega) \times L^r(\Omega); \boldsymbol{K} = \mathbf{Cof}\,\boldsymbol{\nabla\psi}, \delta = \det\boldsymbol{\nabla\psi}\},$$
$$p \geqslant 2, \tfrac{1}{p} + \tfrac{1}{q} \leqslant 1, r \geqslant 1,$$

是序列弱闭的, 证明该集合是空间 $\boldsymbol{W}^{1,p}(\Omega) \times \boldsymbol{L}^q(\Omega) \times L^r(\Omega)$ 的一个非凸子集.

(2) 证明映射 $\boldsymbol{\psi} \in \boldsymbol{W}^{1,p}(\Omega) \to \det\boldsymbol{\nabla\psi} \in L^{p/3}(\Omega)$ 在 $p > 3$ 时是序列弱连续的 (根据习题 9.7-2 中给出的定义).

(3) 对于什么样的 p, q, r 值, 集合 $\{\boldsymbol{\psi} \in \boldsymbol{W}^{1,p}(\Omega); \mathbf{Cof}\,\boldsymbol{\nabla\psi} \in \boldsymbol{L}^q(\Omega), \det\boldsymbol{\nabla\psi} \in L^r(\Omega)\}$ 在空间 $\boldsymbol{W}^{1,p}(\Omega)$ 中是弱闭的?

(4) 证明集合

$$\{\boldsymbol{\psi} \in \boldsymbol{W}^{1,p}(\Omega); \mathbf{Cof}\,\boldsymbol{\nabla\psi} \in L^q(\Omega), \det\boldsymbol{\nabla\psi} \in L^r(\Omega),\ \det\boldsymbol{\nabla\psi} > 0 \text{ 几乎处处在 } \Omega \text{ 中}\}$$

不是凸的, 若 $p \geqslant 2, \frac{1}{p} + \frac{1}{q} \leqslant 1, r \geqslant 1$.

9.7-5 这个习题是定理 9.7-2 的补充.

(1) 证明表示式

$$\det{}^{\#}\boldsymbol{\nabla\psi} := \partial_j(\psi_1(\mathbf{Cof}^{\#}\boldsymbol{\nabla\psi})_{ij})$$

当 $\boldsymbol{\psi} \in \boldsymbol{W}^{1,p}(\Omega)$ 和 $\mathbf{Cof}^{\#}\boldsymbol{\nabla\psi} \in \boldsymbol{L}^q(\Omega)$ 时定义一个分布, 这里 $p \geqslant 3/2$ 及 $p^{-1}+q^{-1} \leqslant 4/3$, 而分布 $\mathbf{Cof}^{\#}\boldsymbol{\nabla\psi}$ 则如习题 9.7-3 中所定义. 注意, $\det^{\#}\boldsymbol{\nabla\psi} = \det\boldsymbol{\nabla\psi}$, 若 $p \geqslant 2$ 及 $p^{-1}+q^{-1} \leqslant 1$.

(2) 证明弱收敛

$$\boldsymbol{\varphi}^l \rightharpoonup \boldsymbol{\varphi} \text{ 在 } \boldsymbol{W}^{1,p}(\Omega) \text{ 中},\ p \geqslant \frac{3}{2}, \text{ 及}$$
$$\mathbf{Cof}^{\#}\boldsymbol{\nabla\varphi}^l \rightharpoonup \mathbf{Cof}^{\#}\boldsymbol{\nabla\varphi} \text{ 在 } \boldsymbol{L}^q(\Omega) \text{ 中},\ \frac{1}{p} + \frac{1}{q} < \frac{4}{3},$$

一并可得到

$$\langle \det{}^{\#}\boldsymbol{\nabla\varphi}^l, \theta\rangle \to \langle \det{}^{\#}\boldsymbol{\nabla\varphi}, \theta\rangle \quad \text{对所有 } \theta \in \mathcal{D}(\Omega)$$

(要注意, (1) 中的不等式 $p^{-1} + q^{-1} \leqslant 4/3$ 在 (2) 中必须换为相应的严格不等式).

9.8 Ekeland 变分原理; 满足 Palais-Smale 条件的泛函极小化子的存在性

到目前为止, 已被确立的泛函 $J : V \to \mathbb{R} \cup \{\infty\}$ 极小化子的存在性, 不管是在一般情况 (定理 9.3-1) 还是特殊情形 (定理 9.5-2), 都是在三条基本假设下得到的: 第一, Banach 空间 V 是自反的; 第二, 泛函 J 是强制的; 第三, 泛函 J 是序列弱下半连续的. 我们回忆一下, 如果 (实际上是经常碰到的情况) 假定 J 是强下半连续并且是凸的 (定理 9.2-3), 最后一条性质是成立的.

本节的目的是证明, 当这些假设中的某些不再成立时, 仍可确立极小化子的存在性, 只要泛函 J 满足另一组三个基本假设: 第一, 在 V 上 J 是 $\mathcal{C}^1$ 类的, 因此在 V 上是连续的, 当然更是下半连续的; 第二, J 在 V 上是下有界的, 相比之下, 这一性质在定理 9.3-1 中是其假设的一个推论; 第三, 也是最重要的, J 满足 *Palai-Smale* 条件, 这是一个关于 J 的极小化序列的关键假设 (这个条件的陈述在定理 9.8-3 中给出).

注 有趣的是, 可以证明, 这三条假设结合在一起意味着泛函 J 必定是强制的; 见习题 9.8-1. □

为了在这些新假设下确立极小化子的存在性, 我们首先要确立一条对任何泛函 J 而言, 关于其自身的重要性质, 即在 *Banach* 空间一闭子集 U 上的下半连续及下有界性. 这一性质断言, 给定任意 $\varepsilon > 0$, 总可以找到元素 $u_\varepsilon \in U$ 使之满足

$$J(u_\varepsilon) = \inf_{v\in U} J_\varepsilon(v) \leqslant \inf_{v\in U} J(v) + \varepsilon,$$
$$\text{其中 } J_\varepsilon(v) := J(v) + \varepsilon\|v - u_\varepsilon\|, v \in U;$$

此外, u_ε 是这个扰动极小化问题的唯一解.

在下面, 诸如下半连续性、闭子集、收敛序列等概念均被理解为是关于范数拓扑的.

定理 9.8-1 (对下半连续泛函的 Ekeland 变分原理[41]) 设 $(V, \|\cdot\|)$ 是 *Banach* 空间, U 是 V 的非空闭子集, 又设 $J : U \to \mathbb{R}$ 是下半连续泛函并具有下述性质:

$$\gamma := \inf_{v\in U} J(v) > -\infty.$$

则给定任意 $\varepsilon > 0$, 存在 $u_\varepsilon \in U$ 使得

$$\gamma \leqslant J(u_\varepsilon) \leqslant \gamma + \varepsilon,$$
$$J(u_\varepsilon) < J(v) + \varepsilon\|v - u_\varepsilon\| \quad \text{对所有 } v \in U, v \neq u_\varepsilon.$$

证明 整个证明中, $\varepsilon > 0$ 是给定的且保持固定不变. 首先我们注意, J 的上图, 即

$$\text{epi } J = \{(v, \alpha) \in U \times \mathbb{R}, J(v) \leqslant \alpha\}$$

是闭的 (定理 9.2-2), 故作为 $V \times \mathbb{R}$ 的一个子集, epi J 是完备距离空间. 证明的思路在于, 利用迭代程序, 构造一个 epi J 闭子集 $A_n (n \geqslant 1)$ 的递减序列, 它们的交集将是 $(u_\varepsilon, J(u_\varepsilon))$.

(i) 迭代程序.

[41] I. EKELAND [1974]: On the variational principle, *Journal of Mathematical Analysis and Applications* **47**, 324–353.

I. EKELAND [1979]: Nonconvex minimization problems, *Bulletin of the American Mathematical Society* **1**, 443–473.

由 γ 的定义, 存在 v_1 使得

$$v_1 \in U \quad 及 \quad \gamma \leqslant J(v_1) \leqslant \gamma + \varepsilon.$$

然后定义集合

$$A_1 := \{(v, \alpha) \in \text{epi } J;\ \alpha \leqslant J(v_1) - \varepsilon\|v - v_1\|\},$$

它因此是 epi J 的包含 $(v_1, J(v_1))$ 的闭子集.

先假定 $A_1 = \{(v_1, J(v_1))\}$, 这意味着如果 $(v, \alpha) \in \text{epi } J$ 但 $(v, \alpha) \neq (v_1, J(v_1))$, 则 $(v, \alpha) \notin A_1$. 由于特别地有 $(v, J(v)) \in \text{epi } J$ 对所有 $v \in U$, 因此在这种情况下就得到

$$v \in U \text{ 且 } v \neq v_1 \quad 意味着 \quad J(v_1) < J(v) + \varepsilon\|v - v_1\|.$$

因此只要令 $u_\varepsilon = v_1$ 即可, 迭代程序到此结束.

其次假定 $A_1 \supsetneqq \{(v_1, J(v_1))\}$, 或等价地

$$U_1 := \{v \in U;\ 存在\ \alpha \in \mathbb{R}\ 使得\ (v, \alpha) \in A_1\} \supsetneqq \{v_1\}.$$

由于 $J(v) < J(v_1)$ 对所有 $v \in U_1$, $v \neq v_1$, 故有

$$\gamma_1 := \inf_{v \in U_1} J(v) < J(v_1).$$

所以存在 v_2 使得

$$v_2 \in U_1, \quad (v_2, J(v_2)) \in A_1 \quad 及 \quad 0 \leqslant J(v_2) - \gamma_1 \leqslant \frac{1}{2}(J(v_1) - \gamma_1).$$

然后定义集合

$$A_2 := \{(v, \alpha) \in \text{epi } J;\ \alpha \leqslant J(v_2) - \varepsilon\|v - v_2\|\},$$

它因此是 epi J 的包含 $(v_2, J(v_2))$ 的闭子集. 此外, 给定任意 $(v, \alpha) \in A_2$, 不等式 $\alpha + \varepsilon\|v - v_2\| \leqslant J(v_2)$ 连同不等式 $J(v_2) + \varepsilon\|v_2 - v_1\| \leqslant J(v_1)$ (这表示 $(v_2, J(v_2)) \in A_1$) 和三角形不等式, 意味着 $(v, \alpha) \in A_1$. 因此

$$A_2 \subset A_1.$$

如果 $A_2 = \{(v_2, J(v_2))\}$, 只需令 $u_\varepsilon = v_2$ 即可, 迭代程序到此终结. 否则, 程序继续如前面那样进行, 假定得到点 $v_n \in U, n \geqslant 1$, 且集合

$$A_n := \{(v, \alpha) \in \text{epi } J; \alpha \leqslant J(v_n) - \varepsilon\|v - v_n\|\}, \quad n \geqslant 1,$$
$$U_n := \{v \in U;\ 存在\ \alpha \in \mathbb{R}\ 使得\ (v, \alpha) \in A_n\}, \quad n \geqslant 1,$$

具有下述性质:

A_n 是 epi J 的包含 $(v_n, J(v_n))$ 的闭子集, 且 $A_{n+1} \subset A_n$,

$U_{n+1} \subset U_n$ 因此 $\gamma_n := \inf_{v \in U_n} J(v) \leqslant \gamma_{n+1} = \inf_{v \in U_{n+1}} J(v)$,

$$0 \leqslant J(v_{n+1}) - \gamma_n \leqslant \frac{1}{2}(J(v_n) - \gamma_n).$$

如果 $A_n = \{(v_n, J(v_n))\}$ 对某个 $n \geqslant 1$, 只要令 $u_\varepsilon = v_n$ 即可, 迭代程序到此终结; 因此在这种情况下证明完成. 所以剩下的只需考虑另一种情况, 即程序继续到无限.

(ii) 如果迭代程序继续到无限, 当 $n \to \infty$ 时集合 A_n 的直径趋向于零.

由于 $(v_n, J(v_n)) \in A_n$, 集合 U_n 的定义意味着

$$\gamma_n = \inf_{v \in U_n} J(v) \leqslant J(v_n) \quad \text{对每个 } n \geqslant 1.$$

则不等式

$$\begin{aligned} 0 \leqslant J(v_n) - \gamma_n \leqslant J(v_n) - \gamma_{n-1} &\leqslant \frac{1}{2}(J(v_{n-1}) - \gamma_{n-1}) \\ &\leqslant \cdots \leqslant \frac{1}{2^{n-1}}(J(v_1) - \gamma_1) \end{aligned}$$

意味着

$$\lim_{n \to \infty} (J(v_n) - \gamma_n) = 0.$$

给定集合 A_n 的任意元素 (v, α), 集合 U_n 和 A_n 的定义说明

$$\gamma_n \leqslant \alpha \leqslant J(v_n) - \varepsilon\|v - v_n\| \leqslant J(v_n).$$

由此导出的不等式

$$\begin{aligned} \|v - v_n\| &\leqslant \frac{1}{\varepsilon}(J(v_n) - \alpha) \leqslant \frac{1}{\varepsilon}(J(v_n) - \gamma_n), \\ |\alpha - J(v_n)| &= J(v_n) - \alpha \leqslant J(v_n) - \gamma_n, \end{aligned}$$

则显然意味着 $\mathrm{diam} A \to 0$ 当 $n \to \infty$ (记住, $\varepsilon > 0$ 是固定的).

所以根据 *Cantor* 交集定理 (定理 5.1-1), 存在唯一元素 $(u_\varepsilon, \beta_\varepsilon)$ 使得

$$(u_\varepsilon, \beta_\varepsilon) \in \mathrm{epi}\, J \quad \text{及} \quad (u_\varepsilon, \beta_\varepsilon) \in A_n \text{ 对所有 } n \geqslant 1.$$

(iii) 在 (ii) 中得到的元素 $u_\varepsilon \in U$ 满足

$$\gamma \leqslant J(u_\varepsilon) \leqslant \gamma + \varepsilon \quad \text{及} \quad J(u_\varepsilon) < J(v) + \varepsilon\|v - u_\varepsilon\| \text{ 对所有 } v \in U, v \neq u_\varepsilon.$$

首先, 不等式

$$J(u_\varepsilon) \leqslant \beta_\varepsilon \leqslant J(v_n) - \varepsilon\|u_\varepsilon - v_n\|, \quad n \geqslant 1$$

表示 $(u_\varepsilon, \beta_\varepsilon) \in A_n \subset \mathrm{epi}\, J$, 这意味着 $(u_\varepsilon, J(u_\varepsilon)) \in A_n$ 对所有 $n \geqslant 1$. 因此由唯一性结论, 有

$$\beta_\varepsilon = J(u_\varepsilon).$$

其次, 我们断言

$$J(u_\varepsilon) < J(v) + \varepsilon\|v - u_\varepsilon\| \quad \text{对所有 } v \in U, v \neq u_\varepsilon.$$

这是因为, 如果以上断言不成立, 一定存在 $v \in U, v \neq u_\varepsilon$, 使得

$$J(v) - J(u_\varepsilon) + \varepsilon\|v - u_\varepsilon\| \leqslant 0.$$

由于 $J(u_\varepsilon) - J(v_n) + \varepsilon\|u_\varepsilon - v_n\| \leqslant 0$ 对每个 $n \geqslant 1$ 均成立, 故有 $(v, J(v)) \in \text{epi}\, J$ 满足

$$J(v) - J(v_n) + \varepsilon\|v - v_n\| \leqslant 0 \quad \text{对每个 } n \geqslant 1,$$

即 $(v, J(v)) \in A_n$ 对每个 $n \geqslant 1$, 这与 $v \neq u_\varepsilon$ 矛盾.

最后, $(u_\varepsilon, J(u_\varepsilon)) \in A_1$ 意味着

$$\gamma \leqslant J(u_\varepsilon) \leqslant J(v_1) - \varepsilon\|u_\varepsilon - v_1\| \leqslant J(v_1) \leqslant \gamma + \varepsilon,$$

这就完成了证明. □

注 对每个 $\varepsilon > 0$, 集合 epi J 按照由 $\alpha \leqslant \beta - \varepsilon\|v - \omega\|$ 定义的关系 $(v, \alpha) \leqslant (\omega, \beta)$ 是半序的 (1.3 节). 这样, 上面求得的元素 $(u_\varepsilon, J(u_\varepsilon))$ 按照这个全序, 在下述意义下是最小的: 若 $(v, \alpha) \in \text{epi}\, J$ 满足 $(v, \alpha) \leqslant (u_\varepsilon, J(u_\varepsilon))$, 则 $(v, \alpha) = (u_\varepsilon, J(u_\varepsilon))$. □

在泛函 J 在全空间是 $\mathcal{C}^1$ 类这一附加假设下, Ekeland 变分原理具有下述重要结论: 尽管 J 可能达不到其最小值 (如函数 $J : v \in \mathbb{R} \to e^v$), 但存在具有下述性质的极小化序列 $(u_k)_{k=1}^\infty : J'(u_k) \to 0$ 当 $k \to \infty$. 这一性质是可微函数在极小值点 u 处满足的 *Euler* 方程 $J'(u) = 0$ (定理 7.1-5) 在现在情形下的自然推广.

定理 9.8-2 ($\mathcal{C}^1$ 类泛函的 Ekeland 变分原理) *设 V 是 Banach 空间, $J \in \mathcal{C}^1(V)$ 是下有界的泛函, 则存在一个元素 $u_k \in V$ 的序列 $(u_k)_{k=1}^\infty$ 使得*

$$\lim_{k\to\infty} J(u_k) = \inf_{v\in V} J(v) \quad \text{及} \quad \lim_{k\to\infty} J'(u_k) = 0 \text{ 在 } V' \text{ 中}.$$

证明 因为泛函 J 被假定在 V 上是 $\mathcal{C}^1$ 类的, 故在 V 上是连续的, 当然更是下半连续的, 对下半连续泛函的 Ekeland 变分原理 (定理 9.8-1) 适用, 这说明存在 V 中元素的序列 $(u_k)_{k=1}^\infty$ 使得, 对所有 $k \geqslant 1$,

$$\inf_{v\in V} J(v) \leqslant J(u_k) \leqslant \inf_{v\in V} J(v) + \frac{1}{k},$$
$$J(u_k) \leqslant J(v) + \frac{1}{k}\|v - u_k\| \quad \text{对所有 } v \in V.$$

但对每个 $k \geqslant 1$, 导数 $J'(u_k) \in V'$ 的定义意味着, 对任何 $v \in V$, 有

$$J(v) = J(u_k) + J'(u_k)(v - u_k) + \|v - u_k\|\delta(v - u_k),$$
$$\text{其中 } \delta(h) \to 0 \text{ 当 } h \to 0 \text{ 在 } V \text{ 中}.$$

因此, 对任意 $w \in V, \|w\| = 1$ 及任意 $t > 0$, 令 $v = u_k + tw$ 就有

$$-\frac{t}{k} \leqslant J(u_k + tw) - J(u_k) = t(J'(u_k)w + \eta(t)),$$
$$\text{其中 } \eta(t) \to 0 \text{ 当 } t \to 0^+.$$

两端除以 t 并令 t 趋向于 0, 就得到

$$-\frac{1}{k} \leqslant J'(u_k)w \quad \text{对任何 } w \in V, \|w\| = 1,$$

因此也有

$$-\frac{1}{k} \leqslant -J'(u_k)w = J'(u_k)(-w) \quad \text{对任何 } w \in V, \|w\| = 1,$$

这是由于在这种情况下, $-w$ 也满足 $\|-w\| = 1$. 所以

$$\|J'(u_k)\|_{V'} = \sup_{\begin{cases} w \in V \\ \|w\| = 1 \end{cases}} |J'(u_k)w| \leqslant \frac{1}{k}.$$ □

我们现在来确立一类泛函 $J : V \to \mathbb{R}$ 的极小化子的存在性, 此时既不要求 Banach 空间 V 是自反的, 也不要求 J 是凸的, 但要求 J 满足某些特定的附加条件. 注意, $\mathcal{C}^1$ 类泛函的 *Ekeland* 变分原理 (定理 9.8-2) 在下面证明中起着重要作用.

定理 9.8-3 (满足 Palais-Smale 条件的泛函的极小化子的存在性) *设 V 是 Banach 空间, 又设 $J \in \mathcal{C}^1(V)$ 是在 V 中下有界的泛函并满足* **Palais-Smale 条件**[42]*: V 中元素的任一序列 $(u_k)_{k=1}^{\infty}$ 若满足*

$$(J(u_k))_{k=1}^{\infty} \text{ 在 } \mathbb{R} \text{ 中收敛} \quad \text{及} \quad \lim_{k\to\infty} J'(u_k) = 0 \text{ 在 } V' \text{ 中},$$

就一定包含一个收敛子列. 则至少存在一个元素 $u \in V$ 使得

$$J(u) = \inf_{v \in V} J(v).$$

证明 根据定理 9.8-2, 存在 V 中元素的序列 $(u_k)_{k=1}^{\infty}$ 使得

$$\lim_{k\to\infty} J(u_k) = \inf_{v\in V} J(v) \quad \text{及} \quad \lim_{k\to\infty} J'(u_k) = 0 \text{ 在 } V' \text{ 中}.$$

利用 *Palais-Smale* 条件, 必定存在一个子列 $(u_{\sigma(k)})_{k=1}^{\infty}$ 收敛于元素 $u \in V$, 因此满足

$$J(u) = \lim_{k\to\infty} J(u_{\sigma(k)}) = \inf_{v\in V} J(v).$$ □

[42] R. S. Palais; S. Smale [1964]: A generalized Morse theory, *Bulletin of the American Mathematical Society* **70**, 165–171.

Stephen Smale 于 1966 年荣获 Fields 奖. 其 1999 年前在数学及其他领域杰出贡献的令人印象深刻的评述, 见 Batterson [2000].

注 在这个证明中, Palais-Smale 条件只被用于极小化序列. □

由于假定 $J': V \to V'$ 是连续的, 上面的证明也说明, 在定理 9.8-3 中得到的极小值点 u 在这种情况下满足 Euler 方程, 此因

$$J'(u) = \lim_{k\to\infty} J'(u_{\sigma(k)}) = 0.$$

实际上, Palais-Smale 条件最有用之处还是在于证明鞍点 (7.16 节) 这种驻点 (即满足 $J'(u) = 0$ 的点; 见 7.1 节) 的存在性, 而不是像定理 9.8-3 中那样对于极小值点. 关于这方面, 我们将只列出下述精彩的结果[43], 这一结果已被证明是确立一类特定非线性边值问题解存在性的强有力的手段, 而迄今为止我们在此所给出的方法对这类问题是无能为力的[44].

定理 9.8-4 (山口 (mountain pass) 引理[45]) *设 V 是 Banach 空间, $J \in \mathcal{C}^1(V)$ 是满足 Palais-Smale 条件的泛函. 另外假定存在 $u_0, u_1 \in V$ 及 $r > 0$ 使得*

$$\|u_1 - u_0\| \geqslant r \quad \text{及} \quad \max\{J(u_0); J(u_1)\} < \inf\{J(v); \|v - u_0\| = r\}.$$

则存在 $u \in V$ 使得

$$J'(u) = 0 \quad \text{及} \quad J(u) = \inf_{\pi\in P} \sup_{0\leqslant t\leqslant 1} J(\pi(t)),$$

其中

$$P = \{\pi \in \mathcal{C}([0,1]; V); \pi(0) = u_0 \text{ 及 } \pi(1) = u_1\}.$$ □

“山口引理” 如何获此命名, 在图 9.8-1 中予以说明.

习题

9.8-1 设 Banach 空间 V 和泛函 $J \in \mathcal{C}^1(V)$ 是给定的.

(1) 用 Ekeland 变分原理证明, 如果

$$\alpha := \lim_{r\to\infty} (\inf\{J(v); \|v\| \geqslant r\}) < \infty,$$

则存在 $v_k \in V, k \geqslant 1$, 使得

$$\|v_k\| \to \infty, J(v_k) \to \alpha, \text{ 及 } J'(v_k) \to 0 \text{ 在 } V' \text{ 中, 当 } k \to \infty.$$

[43] 这个结果属于:

A. AMBROSETTI; P. H. RABINOWITZ [1973]: Dual variational methods in critical point theory and applications, *Journal of Functional Analysis* **14**, 349–381.

[44] 例如, $-\Delta u = u^2 + f$ 在 $\mathcal{D}'(\Omega)$ 中及 $u \in H_0^1(\Omega)$, 其中 Ω 是 $\mathbb{R}^n$ 中的区域, $n \leqslant 3$; 见 KESAVAN [2004, 第 5.5 节].

[45] 关于山口引理及实例的详尽讨论, 可参阅如, KAVIAN [1993, 第 3 章, 第 8 节], STRUWE [1990, 第 2 章, 第 6 节], 或 KESAVAN [2004, 第 5.5 节].

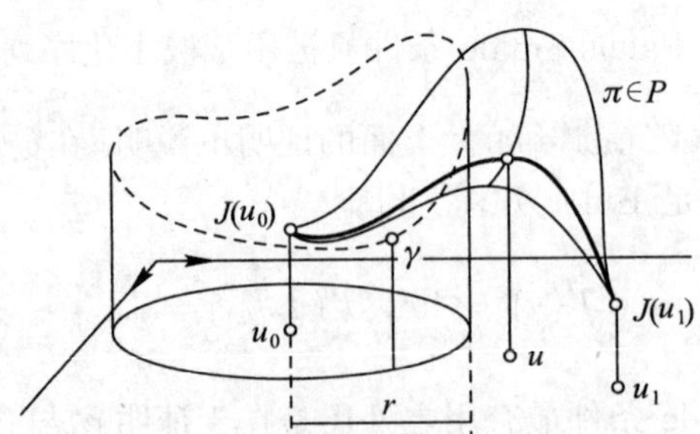

图 9.8-1 山口引理. 在高山地区, 设 $(u_0, J(u_0))$ 和 $(u_1, J(u_1))$ 是两个不同的点, 其中 $(u_0, u_1) \in \mathbb{R}^2$, 而 $J(u_0), J(u_1) \in \mathbb{R}$ 表示它们各自的海拔高度. 假设这两点在下述意义下被一形如 $\{(v, J(v)) \in \mathbb{R}^2 \times \mathbb{R}; |v - u_0| = r > 0\}$ 的集合 (图中用虚线表示)"分离": 存在 $r > 0$ 使得 $|u_1 - u_0| > r$ 并且 $\max\{J(u_0), J(u_1)\} < \inf\{J(v); v \in \mathbb{R}^2, |v - u_0| = r\}$. 那么, 如果 $J \in \mathcal{C}^1(\mathbb{R})$ 满足 Palais-Smale 条件, 山口引理断言, 在联结这两个不同点的所有连续路径 $\pi \in P$ 中至少存在一条路径是"最短的" (图中用粗黑线标出), 即"山口"; 这一路径的顶端 $(u, J(u))$ 就满足 $J'(u) = 0$ 及 $J(u) = \inf_{\pi \in P} \sup_{0 \leqslant t \leqslant 1} J(\pi(t))$.

(2) 证明, 如另外还假定 J 在 V 上是下有界的且满足 Palais-Smale 条件, 则 J 在 V 上是强制的.

9.8-2 (1) 设 Ω 是 $\mathbb{R}^n$ 中的区域, $n \leqslant 3$, 而 $f \in L^2(\Omega)$. 证明由

$$J(v) := \frac{1}{2}\int_\Omega |\nabla v|^2 dx + \frac{1}{4}\int_\Omega v^4 dx - \int_\Omega f v dx, \quad v \in H_0^1(\Omega)$$

定义的泛函 $J : H_0^1(\Omega) \to \mathbb{R}$ 满足 Palais-Smale 条件.

(2) 利用定理 9.8-3 证明, 存在 $u \in H_0^1(\Omega)$ 使得 $J(u) = \inf_{v \in H_0^1(\Omega)} J(v)$, 且 u 满足下述非线性边值问题:

$$-\Delta u + u^3 = f \text{ 在 } \mathcal{D}'(\Omega) \text{ 中} \quad \text{及} \quad u = 0 \text{ 在 } \partial\Omega \text{ 上}.$$

注 与习题 9.3-2 进行比较, 在那里同样的结论是用不同的方法得到的. □

9.8-3 设 Ω 是 $\mathbb{R}^n$ 中的区域, $\lambda \in \mathbb{R}$, 又设 $1 < p < \infty$ 若 $n = 2, 1 < p < \frac{n+2}{n-2}$ 若 $n \geqslant 3$, 而 $f \in L^2(\Omega)$. 证明, 由

$$J(v) := \frac{1}{2}\int_\Omega |\boldsymbol{\nabla} v|^2 dx + \frac{\lambda}{p+1}\int_\Omega |v|^{p+1} dx - \int_\Omega f v dx, \quad v \in H_0^1(\Omega)$$

定义的泛函 $J : H_0^1(\Omega) \to \mathbb{R}$ 满足 Palais-Smale 条件.

9.9 Brouwer 不动点定理 —— 第一个证明

作为本节的开始, 我们定义并简要地讨论在 9.1 节中引入的特定的一类 Lagrange 函数, 其中的一例 (以下定理部分 (b) 中的那个) 将在本节中给出的 Brouwer 不动点定理证明中起关键作用.

定理 9.9-1 设 $m \geqslant 1$ 和 $n \geqslant 1$ 是两个整数, Ω 是 $\mathbb{R}^n$ 中的区域, 又设 $\mathcal{L} : \overline{\Omega} \times \mathbb{R}^m \times \mathbb{M}^{m \times n} \to \mathbb{R}$ 是满足定理 9.1-1 中所有假设的 *Lagrange* 函数. 另外, 假

定 $\mathcal{L}$ 是下述意义下的**零 Lagrange 函数**: 任何使得矩阵场 $\frac{\partial\mathcal{L}}{\partial\boldsymbol{F}}(\cdot,\boldsymbol{u}(\cdot),\boldsymbol{\nabla}\boldsymbol{u}(\cdot))$ 属于空间 $\mathcal{C}^1(\overline{\Omega};\mathbb{M}^{m\times n})$ 的向量场 $\boldsymbol{u}\in\mathcal{C}^2(\overline{\Omega};\mathbb{R}^m)$ 都满足关于 *Lagrange* 函数 $\mathcal{L}$ 的齐次 *Euler-Lagrange* 方程 (9.1 节), 即

$$-\mathbf{div}\frac{\partial\mathcal{L}}{\partial\boldsymbol{F}}(x,\boldsymbol{u}(x),\boldsymbol{\nabla}\boldsymbol{u}(x))+\frac{\partial\mathcal{L}}{\partial\boldsymbol{a}}(x,\boldsymbol{u}(x),\boldsymbol{\nabla}\boldsymbol{u}(x))=\mathbf{0}\quad\text{在所有 } x\in\overline{\Omega}\text{ 处}.$$

(a) 定义泛函

$$J:\boldsymbol{v}\in\mathcal{C}^2(\overline{\Omega};\mathbb{R}^m)\to J(\boldsymbol{v}):=\int_\Omega\mathcal{L}(x,\boldsymbol{v}(x),\boldsymbol{\nabla}\boldsymbol{v}(x))dx,$$

则实数 $J(\boldsymbol{v})$ 只依赖于 $\boldsymbol{v}$ 在 Γ 上的迹; 换言之,

$$\boldsymbol{v},\widetilde{\boldsymbol{v}}\in\mathcal{C}^2(\overline{\Omega};\mathbb{R}^m)\text{ 和 }\boldsymbol{v}|_\Gamma=\widetilde{\boldsymbol{v}}|_\Gamma\quad\text{意味着}\quad J(\boldsymbol{v})=J(\widetilde{\boldsymbol{v}}).$$

(b) 函数

$$(x,\boldsymbol{a},\boldsymbol{F})\in\overline{\Omega}\times\mathbb{R}^n\times\mathbb{M}^n\to\det\boldsymbol{F}\in\mathbb{R}$$

是零 *Lagrange* 函数; 作为一个推论, 有

$$\begin{gathered}\boldsymbol{v},\widetilde{\boldsymbol{v}}\in\mathcal{C}^2(\overline{\Omega};\mathbb{R}^m)\text{ 和 }\boldsymbol{v}|_\Gamma=\widetilde{\boldsymbol{v}}|_\Gamma\quad\text{意味着}\\ \int_\Omega\det\boldsymbol{\nabla}\boldsymbol{v}(x)dx=\int_\Omega\det\boldsymbol{\nabla}\widetilde{\boldsymbol{v}}(x)dx.\end{gathered}$$

证明 (i) 给定两个向量场 $\boldsymbol{v},\widetilde{\boldsymbol{v}}\in\mathcal{C}^2(\overline{\Omega};\mathbb{R}^m)$ 使得 $\boldsymbol{v}|_\Gamma=\widetilde{\boldsymbol{v}}|_\Gamma$, 令 $\boldsymbol{w}:=\widetilde{\boldsymbol{v}}-\boldsymbol{v}$, 故 $\boldsymbol{w}|_\Gamma=\mathbf{0}$. 定义函数

$$f:t\in[0,1]\to f(t):=J(\boldsymbol{v}_t)\in\mathbb{R},\text{ 其中 }\boldsymbol{v}_t:=\boldsymbol{v}+t\boldsymbol{w}.$$

由于函数 $J\in\mathcal{C}^1(\overline{\Omega})$ 是 Fréchet 可微的 (定理 9.1-1), 而仿射函数 $t\in[0,1]\to\boldsymbol{v}_t\in\mathcal{C}^1(\overline{\Omega},\mathbb{R}^m)$ 也是 Fréchet 可微的 (在每个 $t\in[0,1]$ 处其导数等于 $\boldsymbol{w}$), 链式法则及 Green 公式 (在此适用, 因为根据假设, 每个矩阵场 $\frac{\partial\mathcal{L}}{\partial\boldsymbol{F}}(\cdot,\boldsymbol{v}_t(\cdot),\boldsymbol{\nabla}\boldsymbol{v}_t(\cdot))$, $0\leqslant t\leqslant 1$, 都属于空间 $\mathcal{C}^1(\overline{\Omega};\mathbb{M}^{m\times n})$) 一并给出

$$\begin{aligned}f'(t)&=J'(\boldsymbol{v}_t)\boldsymbol{w}\\&=\int_\Omega\left\{\frac{\partial\mathcal{L}}{\partial\boldsymbol{a}}(x,\boldsymbol{v}_t(x),\boldsymbol{\nabla}\boldsymbol{v}_t(x))\cdot\boldsymbol{w}(x)+\frac{\partial\mathcal{L}}{\partial\boldsymbol{F}}(x,\boldsymbol{v}_t(x),\boldsymbol{\nabla}\boldsymbol{v}_t(x)):\boldsymbol{\nabla}\boldsymbol{w}(x)\right\}dx\\&=\int_\Omega\left\{-\mathbf{div}\frac{\partial\mathcal{L}}{\partial\boldsymbol{F}}(x,\boldsymbol{v}_t(x),\boldsymbol{\nabla}\boldsymbol{v}_t(x))+\frac{\partial\mathcal{L}}{\partial\boldsymbol{a}}(x,\boldsymbol{v}_t(x),\boldsymbol{\nabla}\boldsymbol{v}_t(x))\right\}\cdot\boldsymbol{w}(x)dx=0,\end{aligned}$$

这是因为根据假设 $\mathcal{L}$ 是零 *Lagrange* 函数 (在 Green 公式中边界积分为零是由于 $\boldsymbol{w}|_\Gamma=\mathbf{0}$).

因此函数 f 在 $[0,1]$ 上是常数,

$$J(\boldsymbol{v})=f(0)=f(1)=J(\widetilde{\boldsymbol{v}}),$$

这就证明了 (a).

(ii) 设向量场 $\boldsymbol{v} \in \mathcal{C}^2(\overline{\Omega}; \mathbb{R}^n)$ 是给定的. 由于函数

$$\iota_n : \boldsymbol{F} \in \mathbb{M}^n \to \iota_n(\boldsymbol{F}) = \det \boldsymbol{F} \in \mathbb{R}$$

既不依赖于 $x \in \overline{\Omega}$ 也不依赖于 $\boldsymbol{a} \in \mathbb{R}^n$, 剩下的只要验证 $\operatorname{div} \frac{\partial \iota_n}{\partial \boldsymbol{F}}(\boldsymbol{\nabla v}(x)) = 0, x \in \Omega$, 或等价地

$$\sum_{j=1}^{n} \partial_j \left(\frac{\partial \iota_n}{\partial \boldsymbol{F}_{ij}}(\boldsymbol{\nabla v}(x)) \right) = 0, \quad x \in \Omega, \quad 1 \leqslant i \leqslant n.$$

对任意 $\boldsymbol{F} \in \mathbb{M}^n$, 导数 $\iota_n'(\boldsymbol{F}) \in \mathcal{L}(\mathbb{M}^n; \mathbb{R})$ 由下式给出 (7.1 节):

$$\iota_n'(\boldsymbol{F})\boldsymbol{G} = \frac{\partial \iota_n}{\partial F_{ij}}(\boldsymbol{F}) G_{ij} = \mathbf{Cof}\, \boldsymbol{F} : \boldsymbol{G} = \sum_{i,j=1}^{n} (\mathbf{Cof}\, \boldsymbol{F})_{ij} G_{ij} \text{ 对所有 } \boldsymbol{G} = (G_{ij}) \in \mathbb{M}^n.$$

因此

$$\sum_{j=1}^{n} \partial_j \left(\frac{\partial \iota_n}{\partial F_{ij}}(\boldsymbol{\nabla v}(x)) \right) = \sum_{j=1}^{n} \partial_j ((\mathbf{Cof}\, \boldsymbol{\nabla v}(x))_{ij} = 0, \quad x \in \Omega, \quad 1 \leqslant i \leqslant n,$$

这里利用了 *Piola* 恒等式 (定理 7.1-4). 这就证明了 (b). □

Brouwer 不动点定理[46]是非线性泛函分析中最基本的定理之一. 尽管其经典证明 (这将在 9.16 节给出) 因为要依赖于 *Brouwer* 拓扑度, 非常精细, 看来还是出现了一些较简单的证明, 这里给出其中的一个[47].

定理 9.9-2 (Brouwer 不动点定理 ——第一个证明) 设 K 是有限维赋范向量空间的紧凸子集, $f : K \to K$ 是连续映射. 则 f 至少有一个不动点.

证明 显然只需讨论向量空间是 $\mathbb{R}^n$ 的情况. 为符号简洁起见, 令

$$B := B(0; 1) = \{x \in \mathbb{R}^n; |x| < 1\}.$$

(i) 不存在映射 $v \in \mathcal{C}^2(\overline{B}; \mathbb{R}^n)$ 满足

$$v(x) \in \partial B \text{ 对所有 } x \in \overline{B} \quad \text{及} \quad v(x) = x \text{ 对所有} x \in \partial B.$$

假定这样的映射 v 存在. 设映射 $\widetilde{v} \in \mathcal{C}^2(\overline{B}; \mathbb{R}^n)$ 在每个 $x \in \overline{B}$ 处由 $\widetilde{v}(x) := x$ 定义. 由于 $v|_{\partial B} = \widetilde{v}|_{\partial B}$ 以及 $F \in \mathbb{M}^n \to \det F \in \mathbb{R}$ 是零 *Lagrange* 函数, 由定理 9.9-1 (因为开球 B 是区域, 定理在此适用) 可得

$$\int_B \det \nabla v(x) dx = \int_B \det \nabla \widetilde{v}(x) dx = \int_B dx > 0.$$

[46] L. BROUWER [1912]: Über Abbildungen von Mannigfaltigkeiten, *Mathematische Annalen* **71**, 97–115.

[47] 这里给出的精巧证明属于:

Y. KANNAI [1981]: An elementary proof of the no-retraction theorem, *American Mathematical Monthly* **88**, 264–268.

定义函数 $\varphi:\overline{B}\to\mathbb{R}$ 如下:

$$\varphi(x):=|v(x)|^2=v(x)\cdot v(x)\quad \text{在每个 } x\in\overline{B} \text{ 处},$$

则函数 φ 在每个 $x\in B$ 处是可微的, 且 (7.1 节)

$$\varphi'(x)h=2(\nabla v(x)h)\cdot v(x)\quad \text{对所有 } h\in\mathbb{R}^n.$$

但 φ 在 $\overline{B}$ 上是常函数 (等于 1), 因此 $\varphi'(x)=0$ 在每个 $x\in B$ 处, 故

$$0=\varphi'(x)h=2h^T\nabla v(x)^Tv(x)=0\quad \text{对所有 } h\in\mathbb{R}^n,$$

这意味着

$$\nabla v(x)^Tv(x)=0\quad \text{对每个 } x\in B.$$

由于 $v(x)\neq 0$ 在每个 $x\in B$ 处, 上式意味着在每个 $x\in B$ 处, 0 都是矩阵 $\nabla v(x)^T$ 的特征值. 所以

$$\det\nabla v(x)=0\quad \text{对所有 } x\in B.$$

这与 $\int_B \det\nabla v(x)dx>0$ 矛盾.

(ii) *不存在映射 $w\in\mathcal{C}(\overline{B};\mathbb{R}^n)$ 满足*

$$w(x)\in\partial B \text{ 对所有 } x\in\overline{B}\quad \text{及}\quad w(x)=x \text{ 对所有 } x\in\partial B.$$

假定存在这样一个映射 w, 令 $w(x):=x$ 对 $|x|>1$, 将其延拓为一个映射 (仍表示为) $w:\mathbb{R}^n\to\mathbb{R}^n$. 延拓的映射 w 因此满足

$$w\in\mathcal{C}(\mathbb{R}^n;\mathbb{R}^n),\quad |w(x)|=1 \text{ 若 } |x|<1\quad \text{及}\quad w(x)=x \text{ 若 } |x|\geqslant 1.$$

对每个 $1\leqslant i\leqslant n$, 设 $(w_{i,\varepsilon})_{\varepsilon>0}$ 表示 $w\in\mathcal{C}(\mathbb{R}^n;\mathbb{R}^n)$ 的第 i 个分量 $w_i\in\mathcal{C}(\mathbb{R}^n;\mathbb{R})$ 的正则化族 (2.6 节), 它由下式定义

$$\begin{aligned}w_{i,\varepsilon}(x)&=\int_{\mathbb{R}^n}w_\varepsilon(x-y)w_i(y)dy\\&=\int_{B(0;\varepsilon)}w_\varepsilon(y)w_i(x-y)dy\quad \text{在每个 } x\in\mathbb{R}^n \text{ 处},\end{aligned}$$

其中用以定义光滑子 w_ε 的函数 $w:x\in\mathbb{R}^n\to[0,\infty[$ 选为只是 $|x|$ 的函数. 定理 2.6-1 说明, $w_{i,\varepsilon}\in\mathcal{C}^\infty(\mathbb{R}^n)$ 对所有 $\varepsilon>0$, 并且存在 $0<\varepsilon_0\leqslant 1$ 使得映射 $w_\varepsilon:=(w_{i,\varepsilon})_{i=1}^n\in\mathcal{C}^\infty(\mathbb{R}^n;\mathbb{R}^n)$ 满足

$$|w_\varepsilon(x)|>0\quad \text{对所有 } \varepsilon\leqslant\varepsilon_0 \text{ 及所有 } |x|\leqslant 2,$$

此因 $|w(x)|\geqslant 1$ 对所有 $|x|\leqslant 2$ (在此数 2 可换为任意 >1 的实数). 此外

$$w_\varepsilon(x)=x\quad \text{对所有 } \varepsilon\leqslant\varepsilon_0 \text{ 及所有 } |x|\geqslant 2,$$

此因, 对每个 $1 \leqslant i \leqslant n$, 函数 ω_ε 的定义说明

$$w_{i,\varepsilon}(x) = \int_{B(0;\varepsilon)} \omega_\varepsilon(y) x_i dy - \int_{B(0;\varepsilon)} \omega_\varepsilon(y) y_i dy = x_i \quad \text{对所有 } |x| \geqslant 2.$$

映射 $v \in \mathcal{C}^\infty(\overline{B}; \mathbb{R}^n)$ 由下式定义:

$$v(x) := \frac{w_{\varepsilon_0}(2x)}{|w_{\varepsilon_0}(2x)|} \quad \text{在每个 } |x| \leqslant 1 \text{ 处},$$

因此它满足

$$|v(x)| = 1 \text{ 对所有 } x \in B \quad \text{及} \quad v(x) = x \text{ 对所有 } x \in \partial B,$$

这与 (i) 矛盾.

(iii) *任何连续映射 $g : \overline{B} \to \overline{B}$ 在 $\overline{B}$ 中至少有一个不动点.*

假定这样的一个映射 g 在 $\overline{B}$ 中无不动点. 给定任意 $x \in \overline{B}$, 存在唯一确定的点 $w(x)$ 及唯一定义的实数 $\alpha(x) \geqslant 1$ 使得

$$w(x) \in \partial B \quad \text{及} \quad w(x) = g(x) + \alpha(x)(x - g(x)).$$

注意, $\alpha(x) = 1$ 若 $x \in \partial B$, 故 $w(x) = x$ 若 $x \in \partial B$.

这样定义的函数 $\alpha : \overline{B} \to [1, \infty[$ 是连续的, 这是因为在每个 $x \in \overline{B}$ 处, $\alpha(x)$ 是二次多项式

$$\lambda \in \mathbb{R} \to \lambda^2 |x - g(x)|^2 + 2\lambda(x - g(x)) \cdot g(x) + |g(x)|^2 - 1$$

唯一的 $\geqslant 1$ 的根, 而这个多项式的系数是 $x \in \overline{B}$ 的连续函数.

因此, 用这种方式定义的映射 $w : \overline{B} \to \mathbb{R}^n$ 也是连续的, 而且根据其构造, 知 w 满足

$$w(x) \in \partial B \text{ 对所有 } x \in \overline{B} \quad \text{及} \quad w(x) = x \text{ 对所有 } x \in \partial B.$$

但由 (ii) 知, 这是不可能的. 所以映射 g 在 $\overline{B}$ 中至少有一个不动点.

(iv) *如果将 $\overline{B}$ 换为 $\mathbb{R}^n$ 中的任一紧凸子集, (iii) 中的结果仍然成立.*

首先注意, 如果将单位闭球换为球心在原点的任一闭球, (iii) 中的结果显然成立. 给定 $\mathbb{R}^n$ 中任一紧凸子集 K, 存在 $r > 0$ 使得 $K \subset \overline{B(0;r)}$. 设 $P : \mathbb{R}^n \to K$ 表示从 $\mathbb{R}^n$ 到 K 上的投影算子, 该算子是连续的 (定理 4.3-1(c)).

现在设 $f : K \to K$ 是任一连续映射, 那么复合映射 $g := f \circ P : \overline{B(0;r)} \to K \subset \overline{B(0;r)}$ 也是连续映射. 根据 (iii), g 有一个不动点 $x_0 \in \overline{B(0;r)}$, 由于根据构造有 $g(\overline{B(0;r)}) \subset K$, 故该不动点必属于 K. 所以

$$x_0 = g(x_0) = f(P(x_0)) = f(x_0).$$

定理证毕. □

注 (1) 唯一性一般来说不成立 (例如 $f = \mathrm{id}_K$).

(2) K 是紧的且是凸的这一假设是实质性的 (例如由 $f(x) = x + a, x \in \mathbb{R}^n$, 定义的 $f : \mathbb{R}^n \to \mathbb{R}^n$, 其中 $a \in \mathbb{R}^n$ 是某非零向量; 再如由 $f(x) = -x, x \in \partial B$, 定义的 $f : \partial B \to \partial B$).

(3) 有限维的假设同样也是实质性的. 但是, Brouwer 不动点定理有一个到无限维赋范向量空间 X 自然的推广, 它适用于将 X 的闭有界凸子集映射到其自身的紧映射; 这个推广构成 *Schauder* 不动点定理 (定理 9.12-1). □

设 A 是集合 B 的子集, 如果一个映射 $f : B \to A$ 使得 $f(x) = x$ 对所有 $x \in A$, 则称其为从 B 到 A 上的**收缩** (retraction). 因此上面证明中的部分 (ii) 断言, 不存在 $\mathbb{R}^n$ 中闭单位球到其边界上的连续收缩, 而部分 (iii) 则证明了这一性质意味着 *Brouwer* 定理 (这里 $K = \overline{B}$).

注 (1) 上述断言之逆也成立; 见习题 9.9-1.

(2) 对比一下, 给定任意点 $a \in B$, 显然存在一个从 $\overline{B} - \{a\}$ 到 ∂B 上的连续收缩.

(3) 出人意料的是, 在任何无限维赋范向量空间中, 总存在一个从闭单位球到其边界上的连续收缩; 见习题 9.9-2. □

Brouwer 定理的下述推论经常要用到, 例如在定理 9.10-1, 9.11-1 和 9.14-1 中.

定理 9.9-3 (Brouwer 不动点定理的推论) 设 $(V, \|\cdot\|)$ 是有限维赋范向量空间, $f : V \to V'$ 是具有下述性质的连续映射: 存在 $r > 0$ 使得

$$_{V'}\langle f(v), v\rangle_V \geqslant 0 \quad \text{对所有使得 } \|v\|_V = r \text{ 的 } v \in V.$$

则存在 $v_0 \in V$ 使得

$$\|v_0\|_V \leqslant r \quad \text{及} \quad f(v_0) = 0.$$

证明 为简洁起见, 偶对 $_{V'}\langle\cdot,\cdot\rangle_V$ 以 $\langle\cdot,\cdot\rangle$ 表之.

(i) 设 $(e_i)_{i=1}^n$ 和 $(e_i')_{i=1}^n$ 表示在 V 和 V' 中对偶的基, 即 $\langle e_i', e_j\rangle = \delta_{ij}, 1 \leqslant i, j \leqslant n$. 对任一映射 $f : V \to V'$, 均可将其写为

$$v \in V \to f(v) = \sum_{i=1}^n \langle f(v), e_i\rangle e_i' \in V'.$$

与这个映射相关联, 我们引入映射 $\widetilde{f} : V \to V$, 由下式定义

$$v \in V \to \widetilde{f}(v) := \sum_{i=1}^n \langle f(v), e_i\rangle e_i \in V.$$

显然有

$$\langle e_i', \widetilde{f}(v)\rangle = \langle f(v), e_i\rangle, \quad 1 \leqslant i \leqslant n,$$

且 $f(v)=0$ 当且仅当 $\widetilde{f}(v)=0$ 时成立.

(ii) 设 $f: V \to V'$ 是一个连续映射, 并对某个 $r>0$ 成立

$$\langle f(v), v\rangle \geqslant 0 \quad 对所有\ \|v\|=r.$$

设 $\widetilde{f}: V \to V$ 是如 (i) 中那样给出的相关联映射, 又假定 $f(v) \neq 0$ 对所有 $\|v\| \leqslant r$. 那么由

$$h(v) := r\frac{\widetilde{f}(v)}{\|\widetilde{f}(v)\|_V}, \quad v \in \overline{B(0;r)},$$

定义的映射 $h: \overline{B(0;r)} \subset V \to V$ 是连续的, 并且映闭球 $\overline{B(0;r)}$ 到 $\partial B(0;r) \subset \overline{B(0;r)}$ 内. 所以由 *Brouwer* 不动点定理, 存在 v_0 使得

$$v_0 \in \overline{B(0;r)} \quad 且 \quad h(v_0)=v_0,$$

故 $\|v_0\|=\|h(v_0)\|=r\neq 0$. 但由假设

$$\begin{aligned}0 \leqslant \langle f(v_0), v_0\rangle &= \sum_{i=1}^{n}\langle f(v_0), e_i\rangle\langle e_i', v_0\rangle \\ &= \sum_{i=1}^{n}\langle e_i', \widetilde{f}(v_0)\rangle\langle e_i', v_0\rangle = -\frac{\|\widetilde{f}(v_0)\|}{r}\sum_{i=1}^{n}|\langle e_i', v_0\rangle|^2,\end{aligned}$$

这意味着 $v_0=0$, 矛盾. □

注 (1) 如果条件换为 $\langle f(v), v\rangle \leqslant 0$ 对所有使得 $\|v\|=r$ 的 $v\in V$, 定理 9.9-3 的结论也成立.

(2) 如上面证明中所示, 连续映射 f 并不需要定义在整个空间上. 只需 f 在一球心位于原点的闭球上有定义并连续, 而且 f 满足 (例如) $\langle f(v), v\rangle \geqslant 0$ 对所有在这个球边界上的 v, 即可. □

作为 Brouwer 不动点定理的第一个应用, 我们来确立关于非负方阵有趣的谱性质. 回忆一下, 矩阵 $(a_{ij}) \in \mathbb{M}^{m\times n}$, 或向量 $(x_i) \in \mathbb{R}^n$ 称为非负的, 如果分别有 $a_{ij} \geqslant 0$ 对所有 $1 \leqslant i \leqslant m$ 和 $1 \leqslant j \leqslant n$, 或 $x_i \geqslant 0$ 对所有 $1 \leqslant i \leqslant n$.

定理 9.9-4 设 $\boldsymbol{A}$ 是 n 阶非负方阵, 则存在 $\lambda \in \mathbb{R}$ 及一个非零向量 $\boldsymbol{p} \in \mathbb{R}^n$ 使得

$$\boldsymbol{Ap}=\lambda\boldsymbol{p}, \quad \lambda \geqslant 0, \ 及\ \boldsymbol{p} \geqslant \boldsymbol{0}.$$

证明 定义集合

$$K := \left\{\boldsymbol{x}=(x_i)\in\mathbb{R}^n; x_i \geqslant 0, 1 \leqslant i \leqslant n, \sum_{i=1}^{n} x_i = 1\right\}.$$

如果存在 $\boldsymbol{p} \in K$ 使得 $\boldsymbol{Ap}=\boldsymbol{0}$, 则取 $\lambda=0$ 时定理成立.

否则, 假定 $\boldsymbol{Ax} \neq \boldsymbol{0}$, 对所有 $\boldsymbol{x} \in K$, 故 $\sum_{i=1}^{n}(\boldsymbol{Ax})_i > 0$ 对所有 $\boldsymbol{x} \in K$. 则由

$$f(\boldsymbol{x}) := \frac{1}{\sum_{i=1}^{n}(\boldsymbol{Ax})_i}\boldsymbol{Ax} \quad \text{对每个 } \boldsymbol{x} \in K$$

定义的映射 $f: K \to \mathbb{R}^n$ 是连续的, 并且映 $\mathbb{R}^n$ 中的紧凸子集 K 到其自身. 所以根据 *Brouwer 不动点定理*, 存在 $\boldsymbol{p} \in K$ 使得 $f(\boldsymbol{p}) = \boldsymbol{p}$, 即使得

$$\boldsymbol{Ap} = \lambda\boldsymbol{p} \text{ 其中 } \boldsymbol{p} \neq \boldsymbol{0} \text{ 且 } \boldsymbol{p} \geqslant \boldsymbol{0}, \text{ 而 } \lambda := \sum_{i=1}^{n}(\boldsymbol{Ap})_i > 0. \qquad \square$$

定理 9.9-4 的结果, 稍许涉及**非负矩阵的 Perron-Frobenius 理论**[48]. 特别地, 这个理论断言, 一个 $n \times n$ 非负矩阵 $\boldsymbol{A}$ 的谱半径 $\rho(\boldsymbol{A})$ 是 $\boldsymbol{A}$ 的一个特征值, 并且相应于 $\rho(\boldsymbol{A})$ 的特征子空间包含特征向量 $\boldsymbol{p} \geqslant \boldsymbol{0}$. 如果矩阵 $\boldsymbol{A}$ 是不可约的 (若其所有元素均 > 0, 就特别地属于这种情况), 一系列进一步的性质成立[49].

注 这个理论可以推广到作用在无限维赋范向量空间中的非负线性算子, 其中无限维的 “非负超卦限 (hyperoctant)” ($\mathbb{R}^n$ 中的子集 $\{\boldsymbol{x} = (x_i) \in \mathbb{R}^n; x_i \geqslant 0, 1 \leqslant i \leqslant n\}$ 的类比) 可借助于适当 “阶锥 (order cone)” 来定义: 这是 **Krein-Rutman 定理**[50], 非线性泛函分析的另一基本定理的内容. □

习题

9.9-1 证明, Brouwer 不动点定理意味着, 在任何有限维赋范向量空间中, 不存在从闭单位球到其边界上的连续收缩.

[48] 冠名源自:

O. Perron [1907]: Grundlagen für eine Theorie des Jacobischen Kettenbruchalgorithmus, *Mathematische Annalen* **64**, 11–76.

G. Frobenius [1912]: Über Matrizen aus nicht negativen Elementen, *Sitzungsberichte Preußische Akademie der Wissenschaft*, Berlin, 456–477.

[49] 关于不可约非负矩阵的 Perron-Frobenius 理论更多的知识, 特别地可参阅在 Varga [1962, 第 2 章] 中给出的富有启发性的介绍; 更多的细节、历史回顾, 以及应用, 特别地可参阅:

C. R. MacCluer [2000]: The many proofs and applications of Perron's theorem, *SIAM Review* **42**, 487–498.

A. Berman; R. J. Plemmons [1994]: *Nonnegative Matrices in the Mathematical Sciences*, Classics in Applied Mathematics, Vol.9, SIAM, Philadelphia.

[50] M. Krein; M. Rutman [1948]: Linear operators leaving invariant a cone in a Banach space, *Uspehi Mathematiceskii Nauk* **3**, 3–95 [俄文文献; 英译本: *American Mathematical Society Translations* 1950, No.26].

Krein-Rutman 定理的证明可见 Deimling [1985, 第 6 章] 或 Zeidler [1986, 第 7 章]. 关于这个方向, 也可见:

S. Karlin [1959]: Positive operators, *Journal of Mathematics and Mechanics* **8**, 907–937.

I. Marek [1970]: Frobenius theory of positive operators: Comparison theorems and applications, *SIAM Journal on Applied Mathematics* **19**, 607–628.

9.9-2 设 X 是任一无限维赋范向量空间. 证明, 与有限维情况相比较, 存在一个 X 到 X 中单位球面的收缩[51] (即一个从 X 到 X 中单位球面 $S := \{x \in X; \|x\| = 1\}$ 上的连续映射 f, 并满足 $f(x) = x$ 对所有 $x \in S$; 因此更不用说存在 X 中闭单位球的收缩).

9.10 Brouwer 定理的应用: 借助 Galerkin 方法求解 von Kármán 方程

对于在无限维可分的自反 *Banach* 空间 V 上给出的以一组变分方程 (如在定理 9.10-1 和 9.11-1 中) 或变分不等式 (如在定理 9.14-1 中) 的形式出现的非线性问题 (更不要说对于线性问题了), **Galerkin 方法**[52]是确立其解存在性常用的有效手段.

其原理是非常简单的: 空间 V 是可分的, 故存在可列无限个线性无关的向量 $v_i \in V$ 的族 $(v_i)_{i=1}^{\infty}$, 使得 V 的有限维子空间 $V_n := \mathrm{Span}(v_i)_{i=1}^{n}$ 的并集在 V 中稠密 (定理 2.2-7). 然后就设法去证明, 第一, 对每个 $n \geqslant 1$, 对于在 V_n 上给出的类似的变分方程或变分不等式, 至少存在一个解 $u_n \in V_n$; 第二, 这种 "相应的解" u_n 在 V 中有与 $n \geqslant 1$ 无关的界 (显然这两个目标在下面例子中借助于 Brouwer 不动点定理均可达到, 但在其他一些例子中可能其他方法更合适).

如果是这种情况, 由于 V 是自反的, 可用 Banach-Eberlein-Šmulian 定理 (定理 5.14-4), 说明存在 $(u_n)_{n=1}^{\infty}$ 的一个子列 $(u_m)_{m=1}^{\infty}$ 弱收敛于向量 $u \in V$. 令 $n \to \infty$, 一般来说可能证明弱极限 u 是变分方程或变分不等式的解; 当然, 在这个阶段要非常小心, 因为序列 $(u_m)_{m=1}^{\infty}$ 的收敛只是弱的.

我们现在说明这些一般的原则如何用于特殊的实例.

在 9.4 节中, 我们证明了, 求解在 $\mathbb{R}$ 中的区域 Ω 上给出的 von Kármán 方程可归结为求化约 *von Kármán* 方程

$$C(\xi) + \xi - F = 0 \quad \text{在 } H_0^2(\Omega) \text{ 中}$$

的解 $\xi \in H_0^2(\Omega)$, 其中 $C : H_0^2(\Omega) \to H_0^2(\Omega)$ 是一个三次算子 (其定义将在下面定理中重述), 而 $F \in H_0^2(\Omega)$ 是给定的函数. 然后我们引入一个在空间 $H_0^2(\Omega)$ 上序列弱下半连续且强制的泛函, 其驻点与化约 von Kármán 方程的解重合. 因此其极小化子 (存在性由定理 9.3-1 保证) 就给出了化约 von Kármán 方程的一个特解.

但是, 如下面定理中所示, 也可不借助于泛函, 重新将其视为一组变分方程, 利用 Brouwer 不动点定理, 直接确立这个问题解的存在性[53].

---

[51]这个结果的证明属于 J. Dugundji, 见

H. Steinlein [1979]: Two results of J. Dugundji about extensions of maps and retractions, *Proceedings of the American Mathematical Society* **77**, 289–290.

[52]冠名源自:

B. G. Galerkin [1915]: *Rods and Plates*, Vestnik Inženerov **19**, 897-908 [俄文文献].

[53]这个方法属于 Lions [1969, 第 1 章, 第 4.3 节].

定理 9.10-1 (von Kármán 方程解的存在性) 设 Ω 是 $\mathbb{R}^2$ 中的区域. 又设双线性对称算子 $B : H^2(\Omega) \times H^2(\Omega) \to H_0^2(\Omega)$ 定义如下: 对每个 $(\xi, \eta) \in H^2(\Omega) \times H^2(\Omega)$, 令

$$[\xi, \eta] := \partial_{11}\xi\partial_{22}\eta + \partial_{22}\xi\partial_{11}\eta - 2\partial_{12}\xi\partial_{12}\eta,$$

设函数 $B(\xi, \eta)$ 表示

$$B(\xi, \eta) \in H_0^2(\Omega) \quad \text{及} \quad \Delta^2 B(\xi, \eta) = [\xi, \eta] \text{ 在 } \mathcal{D}'(\Omega) \text{ 中},$$

的唯一解. 又设算子 $C : H_0^2(\Omega) \to H_0^2(\Omega)$ 由下式定义:

$$C : \xi \in H_0^2(\Omega) \to C(\xi) := B(B(\xi, \xi), \xi) \in H_0^2(\Omega),$$

故 C 在下述意义下是 "三次的": $C(\alpha\xi) = \alpha^3 C(\xi)$ 对所有 $\alpha \in \mathbb{R}$ 及所有 $\xi \in H_0^2(\Omega)$. 最后, 设 $F \in H_0^2(\Omega)$ 是给定的.

则化约 *von Kármán* 方程

$$C(\xi) + \xi - F = 0$$

至少有一个解 $\xi \in H_0^2(\Omega)$.

证明 若 $F = 0$, 就没什么要证明的了, 因为在这种情况, $\xi = 0$ 显然是化约 von Kármán 方程的解. 故假设 $F \neq 0$.

设空间 $H_0^2(\Omega)$ 装备以由

$$(\xi, \eta)_\Delta := \int_\Omega \Delta\xi\Delta\eta dx \text{ 及}$$
$$|\xi|_\Delta := \sqrt{(\xi, \xi)_\Delta} \quad \text{对每个 } \xi, \eta \in H_0^2(\Omega),$$

定义的内积 $(\cdot, \cdot)_\Delta$ 及范数 $|\cdot|_\Delta$. 因此求解化约 von Kármán 方程就等同于求解变分方程

$$(C(\xi) + \xi - F, \eta)_\Delta = 0 \quad \text{对所有 } \eta \in H_0^2(\Omega).$$

为此, 我们运用 *Galerkin 方法*. 因为 $(H_0^2(\Omega), (\cdot, \cdot)_\Delta)$ 是可分的 Hilbert 空间 (6.5 节), 它有 Hilbert 基 $(w_i)_{i=1}^\infty$ (4.9 节). 对每个整数 $n \geqslant 1$, 定义有限维内积空间

$$V^n := \text{Span}(w_i)_{i=1}^n,$$

并由

$$f^{(n)}(\xi) := P^n(C(\xi) + \xi - F) \in V^n \quad \text{对每个 } \xi \in V^n$$

定义映射 $f^n : V^n \to V^n$, 其中 P^n 表示 $H_0^2(\Omega)$ 到 V^n 上的投影算子, 因此满足 $(P^n\eta, \xi)_\Delta = (\eta, \xi)_\Delta$ 对所有 $\eta \in H_0^2(\Omega)$ 及所有 $\xi \in V^n$ (定理 4.3-1 (d)). 所以, 对

每个 $\xi \in V^n$, 有

$$\begin{aligned}(f^n(\xi),\xi)_\Delta &= (P^n(C(\xi)+\xi-F),\xi)_\Delta \\ &= (C(\xi)+\xi-F,\xi)_\Delta \geqslant |\xi|_\Delta^2 - |F|_\Delta|\xi|_\Delta,\end{aligned}$$

此因 $(C(\xi),\xi)_\Delta \geqslant 0$ 对所有 $\xi \in H_0^2(\Omega)$ (定理 9.4-2(b)). 所以,

$$(f^n(\xi),\xi)_\Delta \geqslant 0 \quad \text{对所有使得 } |\xi|_\Delta = |F|_\Delta \text{ 的 } \xi \in V^n.$$

每个映射 $f^n : V^n \to V^n, n \geqslant 1$, 都是连续的 (映射 $P^n : H_0^2(\Omega) \to V^n$ 及 $C : H_0^2(\Omega) \to H_0^2(\Omega)$ 都是连续的; 见定理 4.3-1 和 9.4-2). 因此 *Brouwer 不动点定理的推论* (定理 9.9-3) 适用 (记得, $|F|_\Delta > 0$ 此因我们假设 $F \neq 0$), 这个定理说明, 对每个 $n \geqslant 1$, 存在 ξ^n 使得

$$\xi^n \in V^n, |\xi^n|_\Delta \leqslant |F|_\Delta, \text{ 及 } f^n(\xi^n) = 0,$$

最后一个关系式等价于

$$(P^n(C(\xi^n)+\xi^n-F),\eta)_\Delta = (C(\xi^n)+\xi^n-F,\eta)_\Delta = 0 \quad \text{对所有 } \eta \in V^n.$$

因为 $(\xi^n)_{n=1}^\infty$ 是 Hilbert 空间 $H_0^2(\Omega)$ 中的有界序列, 根据 Banach-Eberlein-Šmulian 定理 (定理 5.14-4), 存在 $(\xi^n)_{n=1}^\infty$ 的子列 $(\xi^m)_{m=1}^\infty$ 和 $\xi \in H_0^2(\Omega)$ 使得 ($\rightharpoonup$ 表示弱收敛)

$$\xi^m \rightharpoonup \xi \quad \text{在 } H_0^2(\Omega) \text{ 中当 } m \to \infty.$$

给定任意 $\eta \in H_0^2(\Omega)$, 设 $\eta^m \in V^m, m \geqslant 1$, 使得

$$|\eta^m - \eta|_\Delta \to 0 \quad \text{当 } m \to \infty$$

(例如, 选取 η^m 作为 η 到 V^m 上的投影). 因此

$$(C(\xi^m)+\xi^m-F,\eta^m) = 0 \quad \text{对每个 } m \geqslant 1.$$

由定理 9.4-2(c),

$$\xi^m \rightharpoonup \xi \text{ 在 } H_0^2(\Omega) \text{ 中} \quad \text{意味着} \quad C(\xi^m) \to C(\xi) \text{ 在 } H_0^2(\Omega) \text{ 中},$$

因此 $(C(\xi^m),\eta^m)_\Delta \to (C(\xi),\eta)_\Delta$ 当 $m \to \infty$. 根据定理 5.12-4(c),

$$\begin{aligned}&\xi^m \rightharpoonup \xi \text{ 在 } H_0^2(\Omega) \text{ 中} \quad \text{及} \quad \eta^m \to \eta \text{ 在 } H_0^2(\Omega) \text{ 中} \quad \text{意味着} \\ &(\xi^m,\eta^m)_\Delta \to (\xi,\eta)_\Delta \text{ 当 } m \to \infty.\end{aligned}$$

因此, $(C(\xi)+\xi-F,\eta)_\Delta = 0$ 对每个 $\eta \in H_0^2(\Omega)$. 这就完成了定理的证明. □

习题

9.10-1 按照定理 9.10-1 的证明中的步骤, 证明化约 *Marguerre-von Kármán 方程* (习题 9.4-2) 在空间 $H_0^2(\Omega)$ 中至少有一个解.

9.11 Brouwer 定理的应用: 借助 Galerkin 方法求解 Navier-Stokes 方程

在本节中, 拉丁指标在 $\{1,2,3\}$ 中变化 (标明的序列除外), 对于这种指标仍用求和约定.

Navier-Stokes 方程[54]是描述充满 $\mathbb{R}^3$ 中的区域 Ω 的不可压缩黏性流体定常 (即与时间无关的) 流动的模型. 它是一个具有下述形式的方程组:

$$\begin{aligned} -\nu\Delta \boldsymbol{u} + (\boldsymbol{\nabla u})\boldsymbol{u} + \mathbf{grad}\ \lambda = \boldsymbol{f} \quad & 在\ \Omega\ 中, \\ \operatorname{div} \boldsymbol{u} = 0 \quad & 在\ \Omega\ 中, \\ \boldsymbol{u} = \mathbf{0} \quad & 在\ \Gamma\ 上, \end{aligned}$$

或写为分量形式:

$$\begin{aligned} -\nu\Delta u_i + u_j\partial_j u_i + \partial_i\lambda = f_i \quad & 在\ \Omega\ 中, \\ \partial_i u_i = 0 \quad & 在\ \Omega\ 中, \\ u_i = 0 \quad & 在\ \Gamma\ 上. \end{aligned}$$

在这些方程中, 两个未知量是向量场 $\boldsymbol{u} = (u_i) : \overline{\Omega} \to \mathbb{R}^3$ 和函数 $\lambda : \overline{\Omega} \to \mathbb{R}$ (显然, λ 只能在相差一个附加常数的意义下确定), 它们分别表示流体的速度及流体内部的压力; 已知的资料是常数 $\nu > 0$ 及向量场 $\boldsymbol{f} = (f_i) : \overline{\Omega} \to \mathbb{R}^3$, 它们分别表示流体的动力学黏性系数及单位质量的外力密度. 关系式 $\operatorname{div} \boldsymbol{u} = 0$ 在 Ω 中意指流体是不可压缩的. 边界条件 $\boldsymbol{u} = \mathbf{0}$ (这表示沿整个边界 Γ, 都假定流体的速度为零), 这样选取, 只是为简单起见, 因为处理非齐次边界条件 $\boldsymbol{u} = \boldsymbol{u}_0$ 需要额外的工作[55].

注 对于这里用的符号 $(\boldsymbol{\nabla u})\boldsymbol{u}$, 在文献中似乎符号 $(\boldsymbol{u} \cdot \boldsymbol{\nabla})\boldsymbol{u}$ 更受偏爱. □

当 $N = 3$ 时, *Stokes 方程* (6.14 节) 表示 Navier-Stokes 方程的形式线性化, 即出现在上述偏微分方程左端的非线性项 $(\boldsymbol{\nabla u})\boldsymbol{u}$ 与线性项 $-\nu\Delta\boldsymbol{u} + \mathbf{grad}\ \lambda$ 相比被

---

[54] 冠名源自:

C. L. M. H. NAVIER [1823]: Mémoire sur les lois du mouvement des fluides, *Mémoires de l'Académie Royale des Sciences de Paris* **6**, 389–416.

G. G. STOKES [1845]: On the theories of the internal friction of fluids in motion, *Transactions of the Cambridge Philosophical Society* **8**, 287–305.

[55] 见 TEMAM [1977, 第 2 章, 第 1.4 节].

看成是“可忽略的”. 关于这一点, 要留意, 未知量 $\boldsymbol{u}$ 存在性证明 (在下面证明中的部分 (iii)) 的处理与对于出现在 Stokes 方程中的未知量 $\boldsymbol{u}$ 的情形是很不一样的; 可与定理 6.14-3 的证明进行比较.

像在 6.14 节中一样, Hilbert 空间 $\boldsymbol{H}_0^1(\Omega)$ 分别装备以由

$$(\boldsymbol{v},\boldsymbol{w})_{1,\Omega}=\int_\Omega \boldsymbol{\nabla v}:\boldsymbol{\nabla w}dx \quad 和 \quad |\boldsymbol{v}|_{1,\Omega}=\sqrt{(\boldsymbol{v},\boldsymbol{v})_{1,\Omega}} \text{ 对每个 } \boldsymbol{v},\boldsymbol{w}\in \boldsymbol{H}_0^1(\Omega)$$

定义的内积 $(\cdot,\cdot)_{1,\Omega}$ 和范数 $|\cdot|_{1,\Omega}$, 而 Hilbert 空间 $L_0^2(\Omega)$ 则定义为

$$L_0^2(\Omega):=\left\{\mu\in L^2(\Omega);\int_\Omega \mu dx=0\right\}.$$

定理 9.11-1 (Navier-Stokes 方程解的存在定理[56]**)** *设 Ω 是 $\mathbb{R}^3$ 中的区域, 常数 $\nu>0$ 及元素 $\boldsymbol{f}\in \boldsymbol{H}^{-1}(\Omega)$ 是给定的. 则存在 $(\boldsymbol{u},\lambda)\in \boldsymbol{H}_0^1(\Omega)\times L_0^2(\Omega)$ 使得*

$$\begin{aligned}
-\nu\Delta\boldsymbol{u}+(\boldsymbol{\nabla u})\boldsymbol{u}+\mathbf{grad}\,\lambda=\boldsymbol{f} &\quad 在\ \boldsymbol{H}^{-1}(\Omega)\ 中,\\
\operatorname{div}\boldsymbol{u}=0 &\quad 在\ \Omega\ 中,\\
\boldsymbol{u}=\boldsymbol{0} &\quad 在\ \Gamma\ 上.
\end{aligned}$$

此外, 给定任意使得 $(\boldsymbol{u},\lambda)\in \boldsymbol{H}_0^1(\Omega)\times L_0^2(\Omega)$ 是这个边值问题解的 $\boldsymbol{u}\in \boldsymbol{H}_0^1(\Omega)$, 其中 $\lambda\in L_0^2(\Omega)$ 是唯一的.

证明 若 $\boldsymbol{f}=\boldsymbol{0}$, 则没什么需要证明的, 因为 $(\boldsymbol{0},0)\in \boldsymbol{H}_0^1(\Omega)\times L_0^2(\Omega)$ 显然是在这种情况下的 Navier-Stokes 方程的解. 因此, 我们假定 $\boldsymbol{f}\neq\boldsymbol{0}$.

证明的思路如下: 首先将 Navier-Stokes 方程转换为空间 $\boldsymbol{H}_0^1(\Omega)$ 中的一组变分方程, 然后将这些方程限制在 $\boldsymbol{H}_0^1(\Omega)$ 的子空间 $\{\boldsymbol{v}\in \boldsymbol{H}_0^1(\Omega);\operatorname{div}\boldsymbol{v}=0\text{ 在 }\Omega\text{ 中}\}$ 上. 这样做的一个结果是, 只有未知量 $\boldsymbol{u}$ 出现在这些受限制的方程中, 然后利用 Galerkin 方法和 Brouwer 不动点定理 (以一种使人回忆起曾对 von Kármán 方程用过的方式; 参阅定理 9.10-1 的证明)[57], 证明这组受限制的方程有解. 给定受限制的变分方程这样一个解 $\boldsymbol{u}\in \boldsymbol{H}_0^1(\Omega)$, 使得偶对 $(\boldsymbol{u},\lambda)$ 满足原来的变分方程的唯一函数 $\lambda\in L_0^2(\Omega)$ 的存在性则可像对于 Stokes 方程那样予以确立.

(i) *寻求上述边值问题的解 $(\boldsymbol{u},\lambda)\in \boldsymbol{H}_0^1(\Omega)\times L_0^2(\Omega)$ 归结为寻求 $(\boldsymbol{u},\lambda)\in \boldsymbol{H}_0^1(\Omega)\times$*

---

[56] Navier-Stokes 方程解的存在性是在两篇基础性的论文中首次确立的, 这两篇论文构成了数学流体力学历史上的里程碑:

J. Leray [1933]: Essai sur le mouvement plan d'un liquide visqueux que limitent des parois, *Journal de Mathématiques Pures et Appliquées* **13**, 331–418.

J. Leray [1933]: Sur le mouvement d'un liquide visqueux emplissant l'espace, *Acta Mathematica* **63**, 193–248.

[57] 这里给出的关于 $\boldsymbol{u}$ 存在性的证明是基于 Lions [1969; 第 1 章, 第 7.1 节] 的内容.

$L_0^2(\Omega)$ 满足

$$a(\boldsymbol{u},\boldsymbol{v})+b(\boldsymbol{u};\boldsymbol{u},\boldsymbol{v})-\int_\Omega \lambda \text{div}\ \boldsymbol{v}dx=l(\boldsymbol{v})\quad 对所有\ \boldsymbol{v}\in \boldsymbol{H}_0^1(\Omega),$$
$$\text{div}\ \boldsymbol{u}=0\quad 在\ \Omega\ 中,$$

其中双线性形式 $a:(\boldsymbol{H}_0^1(\Omega))^2\to\mathbb{R}$, 三线性形式 $b:(\boldsymbol{H}_0^1(\Omega))^3\to\mathbb{R}$, 及连续线性形式 $l:\boldsymbol{H}_0^1(\Omega)\to\mathbb{R}$ 由以下诸式定义:

$$a(\boldsymbol{u},\boldsymbol{v}):=\nu\int_\Omega \boldsymbol{\nabla u}:\boldsymbol{\nabla v}dx,$$
$$b(\boldsymbol{w};\boldsymbol{u},\boldsymbol{v}):=\int_\Omega((\boldsymbol{\nabla u})\boldsymbol{w})\cdot\boldsymbol{v}dx,$$
$$l(\boldsymbol{v}):={}_{\boldsymbol{H}^{-1}(\Omega)}\langle\boldsymbol{f},\boldsymbol{v}\rangle_{\boldsymbol{H}_0^1(\Omega)}.$$

双线性形式 a 显然在 $(\boldsymbol{H}_0^1(\Omega))^2$ 上是连续的. 由 Hölder 不等式,

$$\begin{aligned}|b(\boldsymbol{w};\boldsymbol{u},\boldsymbol{v})|&=\left|\int_\Omega w_j(\partial_j u_i)v_i dx\right|\\&\leqslant\|w_j\|_{0,4,\Omega}\|\partial_j u_i\|_{0,\Omega}\|v_i\|_{0,4,\Omega}\\&\leqslant\sqrt{3}\|\boldsymbol{w}\|_{0,4,\Omega}|\boldsymbol{u}|_{1,\Omega}\|\boldsymbol{v}\|_{0,4,\Omega},\end{aligned}$$

这意味着三线性形式 b 在 $(\boldsymbol{H}_0^1(\Omega))^3$ 上是连续的, 此因若 Ω 是 $\mathbb{R}$ 中的区域且 $n\leqslant 4$, 有 $H^1(\Omega)\hookrightarrow L^4(\Omega)$(定理 6.6-1).

$(\boldsymbol{u},\lambda)\in\boldsymbol{H}_0^1(\Omega)\times L_0^2(\Omega)$ 对所有 $\boldsymbol{v}\in\boldsymbol{H}_0^1(\Omega)$ 满足变分方程的充分必要条件是 $(\boldsymbol{u},\lambda)$ 满足 $-\nu\Delta\boldsymbol{u}+(\boldsymbol{\nabla u})\boldsymbol{u}+\textbf{grad}\ \lambda=\boldsymbol{f}$ 在 $\boldsymbol{H}^{-1}(\Omega)$ 中, 这立即可由分布意义下微分的定义得出.

(ii) 技术准备: 设 $\boldsymbol{w}\in\boldsymbol{H}_0^1(\Omega)$ 使得 $\text{div}\ \boldsymbol{w}=0$ 在 Ω 中, 则

$$b(\boldsymbol{w};\boldsymbol{v},\boldsymbol{v})=0\quad 对所有\ \boldsymbol{v}\in\boldsymbol{H}_0^1(\Omega),$$
$$b(\boldsymbol{w};\boldsymbol{u},\boldsymbol{v})=-b(\boldsymbol{w};\boldsymbol{v},\boldsymbol{u})\quad 对所有\ \boldsymbol{u},\boldsymbol{v}\in\boldsymbol{H}_0^1(\Omega).$$

由于 $\partial_j w_j=0$ 在 Ω 中及 $v_i=0$ 在 Γ 上, 根据 Green 公式,

$$\begin{aligned}b(\boldsymbol{w};\boldsymbol{v},\boldsymbol{v})&=\int_\Omega w_j(\partial_j v_i)v_i dx\\&=\frac{1}{2}\int_\Omega w_j\partial_j(v_iv_i)dx=0\quad 对所有\ \boldsymbol{v}\in\mathcal{D}(\Omega).\end{aligned}$$

又因为 $\mathcal{D}(\Omega)$ 在 $\boldsymbol{H}_0^1(\Omega)$ 中稠密且三线性形式 b 在 $(\boldsymbol{H}_0^1(\Omega))^3$ 上连续, 故 $b(\boldsymbol{w};\boldsymbol{v},\boldsymbol{v})=0$ 对所有 $\boldsymbol{v}\in\boldsymbol{H}_0^1(\Omega)$. 再考虑到 $b(\boldsymbol{w};\cdot,\cdot)$ 的双线性性质, 这个结果意味着对任意的 $\boldsymbol{u},\boldsymbol{v}\in\boldsymbol{H}_0^1(\Omega)$,

$$0=b(\boldsymbol{w};\boldsymbol{u}+\boldsymbol{v},\boldsymbol{u}+\boldsymbol{v})=b(\boldsymbol{w};\boldsymbol{u},\boldsymbol{v})+b(\boldsymbol{w};\boldsymbol{v},\boldsymbol{u}).$$

(iii) 定义空间

$$\boldsymbol{V}(\Omega) := \{\boldsymbol{v} \in \boldsymbol{H}_0^1(\Omega); \operatorname{div} \boldsymbol{v} = 0 \text{ 在 } \Omega \text{ 中}\},$$

则存在 $\boldsymbol{u} \in \boldsymbol{V}(\Omega)$ 使得

$$|\boldsymbol{u}|_{1,\Omega} \leqslant \frac{1}{\nu} \|\boldsymbol{f}\|_{\boldsymbol{H}^{-1}(\Omega)} \text{ 及}$$
$$a(\boldsymbol{u}, \boldsymbol{v}) + b(\boldsymbol{u}; \boldsymbol{u}, \boldsymbol{v}) = l(\boldsymbol{v}) \quad \text{对所有 } \boldsymbol{v} \in \boldsymbol{V}(\Omega).$$

注意, 当向量场 $\boldsymbol{v}$ 被限制在 $\boldsymbol{H}_0^1(\Omega)$ 的子空间 $\boldsymbol{V}(\Omega)$ 中变化时, (i) 中的变分方程就化为上式.

由于 $\boldsymbol{V}(\Omega)$ 是可分的 Hilbert 空间 (作为 $(\boldsymbol{H}_0^1(\Omega), (\cdot,\cdot)_{1,\Omega})$ 的子空间), 它具有 Hilbert 基 $(\boldsymbol{w}_i)_{i=1}^{\infty}$. 对每个整数 $n \geqslant 1$, 定义有限维内积空间

$$\boldsymbol{V}^n := \operatorname{span}(\boldsymbol{w}_i)_{i=1}^n.$$

那么, 给定任意元素 $\boldsymbol{w} \in \boldsymbol{V}^n$, 存在一个且只有一个元素 $\boldsymbol{F}^n(\boldsymbol{w}) \in \boldsymbol{V}^n$ 满足

$$(\boldsymbol{F}^n(\boldsymbol{w}), \boldsymbol{v})_{1,\Omega} = a(\boldsymbol{w}, \boldsymbol{v}) + b(\boldsymbol{w}; \boldsymbol{w}, \boldsymbol{v}) - l(\boldsymbol{v}) \quad \text{对所有 } \boldsymbol{v} \in \boldsymbol{V}^n,$$

这是因为对称双线性形式 $(\cdot,\cdot)_{1,\Omega}$ 及线性形式

$$l_{\boldsymbol{w}} : \boldsymbol{v} \in \boldsymbol{V} \to l_{\boldsymbol{w}}(\boldsymbol{v}) := a(\boldsymbol{w}, \boldsymbol{v}) + b(\boldsymbol{w}; \boldsymbol{w}, \boldsymbol{v}) - l(\boldsymbol{v})$$

满足定理 6.1-2 的所有假设. 此外, 以这种方式定义的映射 $\boldsymbol{F}^n : \boldsymbol{V}^n \to \boldsymbol{V}^n$ 是连续的, 此因映射 $\boldsymbol{w} \in \boldsymbol{V}(\Omega) \to l_{\boldsymbol{w}} \in \boldsymbol{V}(\Omega)'$ 是连续的 ($b : (\boldsymbol{H}_0^1(\Omega))^3 \to \mathbb{R}$ 的连续性意味着双线性映射 $\boldsymbol{w} \in \boldsymbol{V}(\Omega) \to b(\boldsymbol{w}; \boldsymbol{w}, \cdot) \in \boldsymbol{V}(\Omega)'$ 是连续的).

在这些方程中令 $\boldsymbol{v} = \boldsymbol{w}$ 并注意到由 (ii) 有 $b(\boldsymbol{w}; \boldsymbol{w}, \boldsymbol{w}) = 0$, 就得到

$$\begin{aligned}(\boldsymbol{F}^n(\boldsymbol{w}), \boldsymbol{w})_{1,\Omega} &= a(\boldsymbol{w}, \boldsymbol{w}) - l(\boldsymbol{w}) \\ &\geqslant \nu |\boldsymbol{w}|_{1,\Omega}^2 - \|\boldsymbol{f}\|_{\boldsymbol{H}^{-1}(\Omega)} |\boldsymbol{w}|_{1,\Omega}.\end{aligned}$$

所以

$$(\boldsymbol{F}^n(\boldsymbol{w}), \boldsymbol{w})_{1,\Omega} \geqslant 0 \quad \text{对所有使得 } |\boldsymbol{w}|_{1,\Omega} = \frac{1}{\nu} \|f\|_{\boldsymbol{H}^{-1}(\Omega)} \text{ 的 } \boldsymbol{w} \in \boldsymbol{V}^n.$$

根据 *Brouwer* 不动点定理的推论 (定理 9.9-3, 记住由假设 $\boldsymbol{f} \neq \boldsymbol{0}$), 存在 $\boldsymbol{u}^n \in \boldsymbol{V}^n$ 使得

$$|\boldsymbol{u}^n|_{1,\Omega} \leqslant \frac{1}{\nu} \|\boldsymbol{f}\|_{\boldsymbol{H}^{-1}(\Omega)} \text{ 及}$$
$$a(\boldsymbol{u}^n, \boldsymbol{v}) + b(\boldsymbol{u}^n; \boldsymbol{u}^n, \boldsymbol{v}) = l(\boldsymbol{v}) \quad \text{对所有 } \boldsymbol{v} \in \boldsymbol{V}^n,$$

这是由于这些变分方程等价于 $\boldsymbol{F}^n(\boldsymbol{u}^n) = \boldsymbol{0}$.

以这种方式得到的序列 $(\boldsymbol{u}^n)_{n=1}^{\infty}$ 在空间 $\boldsymbol{V}(\Omega)$ 中是有界的, 根据 Banach-Eberlein-Šmulian 定理 (定理 5.14-4) 及定理 5.12-2, 存在 $\boldsymbol{u} \in \boldsymbol{V}(\Omega)$ 使得*)

$$\boldsymbol{u}^n \underset{n\to\infty}{\rightharpoonup} \boldsymbol{u} \text{ 在 } \boldsymbol{V}(\Omega) \text{ 中} \quad \text{及} \quad |\boldsymbol{u}|_{1,\Omega} \leqslant \liminf_{n\to\infty} |\boldsymbol{u}^n|_{1,\Omega} \leqslant \frac{1}{\nu}\|\boldsymbol{f}\|_{\boldsymbol{H}^{-1}(\Omega)}.$$

此外, 紧单射 $H^1(\Omega) \Subset L^4(\Omega)$ 和定理 5.12-4(b) 一并给出

$$\boldsymbol{u}^n \to \boldsymbol{u} \quad \text{在 } \boldsymbol{L}^4(\Omega) \text{ 中}.$$

给定任意元素 $\boldsymbol{v} \in \boldsymbol{V}(\Omega)$, 设 $\boldsymbol{v}^n \in \boldsymbol{V}^n, n \geqslant 1$, 使得

$$\lim_{n\to\infty} |\boldsymbol{v}^n - \boldsymbol{v}|_{1,\Omega} = 0.$$

则 b 在 $\boldsymbol{L}^4(\Omega) \times \boldsymbol{H}^1(\Omega) \times \boldsymbol{L}^4(\Omega)$ 上的连续性 (见 (i) 中的证明) 与 (ii) 中的两条性质一并给出

$$\begin{aligned}\lim_{n\to\infty} b(\boldsymbol{u}^n; \boldsymbol{u}^n, \boldsymbol{v}^n) &= -\lim_{n\to\infty} b(\boldsymbol{u}^n; \boldsymbol{v}^n, \boldsymbol{u}^n)\\ &= -b(\boldsymbol{u}; \boldsymbol{v}, \boldsymbol{u}) = b(\boldsymbol{u}; \boldsymbol{u}, \boldsymbol{v}).\end{aligned}$$

因此

$$a(\boldsymbol{u}, \boldsymbol{v}) + b(\boldsymbol{u}; \boldsymbol{u}, \boldsymbol{v}) - l(\boldsymbol{v}) = \lim_{n\to\infty} \{a(\boldsymbol{u}^n, \boldsymbol{v}^n) + b(\boldsymbol{u}^n; \boldsymbol{u}^n, \boldsymbol{v}^n) - l(\boldsymbol{v}^n)\} = 0$$

($\lim_{n\to\infty}\{a(\boldsymbol{u}^n, \boldsymbol{v}^n) - l(\boldsymbol{v}^n)\} = a(\boldsymbol{u}, \boldsymbol{v}) - l(\boldsymbol{v})$ 是显然的). 由于 $\boldsymbol{v} \in \boldsymbol{V}(\Omega)$ 是任意的, (iii) 中的断言成立.

(iv) 给定使得

$$a(\boldsymbol{u}, \boldsymbol{v}) + b(\boldsymbol{u}; \boldsymbol{u}, \boldsymbol{v}) = l(\boldsymbol{v}) \quad \text{对所有 } \boldsymbol{v} \in \boldsymbol{V}(\Omega)$$

的任意 $\boldsymbol{u} \in \boldsymbol{V}(\Omega) = \{\boldsymbol{v} \in \boldsymbol{H}_0^1(\Omega); \operatorname{div} \boldsymbol{v} = 0 \text{ 在 } \Omega \text{ 中}\}$ (至少有一个这样的 $\boldsymbol{u} \in \boldsymbol{V}(\Omega)$ 存在已在 (iii) 中确立), 存在一个且只有一个 $\lambda \in L_0^2(\Omega)$ 使得

$$a(\boldsymbol{u}, \boldsymbol{v}) + b(\boldsymbol{u}; \boldsymbol{u}, \boldsymbol{v}) - \int_{\Omega} \lambda \operatorname{div} \boldsymbol{v} dx = l(\boldsymbol{v}) \quad \text{对所有 } \boldsymbol{v} \in \boldsymbol{H}_0^1(\Omega).$$

我们在定理 6.14-1 中已经证明, 由

$$_{\boldsymbol{H}^{-1}(\Omega)}\langle \mathbf{grad}\ \mu, \boldsymbol{v}\rangle_{\boldsymbol{H}_0^1(\Omega)} = -\int_{\Omega} \mu \operatorname{div} \boldsymbol{v} dx \quad \text{对所有 } \boldsymbol{v} \in \boldsymbol{H}_0^1(\Omega)$$

定义的算子 $\mathbf{grad} \in \mathcal{L}(L_0^2(\Omega); \boldsymbol{H}^{-1}(\Omega))$ 是在 $\boldsymbol{H}^{-1}(\Omega)$ 中具有闭像的单射, 而且其对偶 (在赋范向量空间的意义下) 是算子 $-\operatorname{div} \in \mathcal{L}(\boldsymbol{H}_0^1(\Omega); L_0^2(\Omega))$. 设 $\boldsymbol{\sigma} \in \mathcal{L}(\boldsymbol{H}^{-1}(\Omega); \boldsymbol{H}_0^1(\Omega))$ 表示空间 $\boldsymbol{H}_0^1(\Omega)$ 的 F. Riesz 等矩 (4.6 节); 则

$$A^* := -\operatorname{div} \in \mathcal{L}(\boldsymbol{H}_0^1(\Omega), L_0^2(\Omega))$$

*) 应存在 $(u^n)_{n=1}^{\infty}$ 的子列具有这种性质. —— 译者注

就成为

$$A := \sigma\mathbf{grad} \in \mathcal{L}(L_0^2(\Omega); \boldsymbol{H}_0^1(\Omega))$$

的伴随算子 (在 Hilbert 空间的意义下; 见定理 4.7-2).

设

$$l_{\boldsymbol{u}}(\boldsymbol{v}) := a(\boldsymbol{u},\boldsymbol{v}) + b(\boldsymbol{u};\boldsymbol{u},\boldsymbol{v}) - l(\boldsymbol{v}) \quad \text{对每个 } \boldsymbol{v} \in \boldsymbol{H}_0^1(\Omega),$$

又设 $\boldsymbol{u} \in \boldsymbol{V}(\Omega)$ 使得

$$l_{\boldsymbol{u}}(\boldsymbol{v}) = 0 \quad \text{对所有 } \boldsymbol{v} \in \boldsymbol{V}(\Omega).$$

换言之, 连续线性形式 $l_{\boldsymbol{u}} \in \boldsymbol{H}^{-1}(\Omega)$ 在 $\mathrm{Ker}\ A^* = \boldsymbol{V}(\Omega)$ 上为零. 所以,

$$(\sigma l_{\boldsymbol{u}}, \boldsymbol{v})_{1,\Omega} = 0 \quad \text{对所有 } \boldsymbol{v} \in \mathrm{Ker}\ A^*,$$

这意味着 $\sigma l_{\boldsymbol{u}} \in (\mathrm{Ker}\ A^*)^{\perp}$, 但 $(\mathrm{Ker}\ A^*)^{\perp} = \overline{\mathrm{Im}\ A}$ (定理 4.7-2), 而在现在的情况 $\overline{\mathrm{Im}\ A} = \mathrm{Im}\ A$. 因此

$$\sigma l_{\boldsymbol{u}} \in (\mathrm{Ker}\ A^*)^{\perp} = \mathrm{Im}\ A.$$

这意味着存在 $\lambda \in L_0^2(\Omega)$ 使得

$$\sigma l_{\boldsymbol{u}} = A\lambda = \sigma\mathbf{grad}\ \lambda \in \boldsymbol{H}_0^1(\Omega).$$

所以, $l_{\boldsymbol{u}} = \mathbf{grad}\ \lambda$ 并且 λ 是唯一的, 此因 $\mathbf{grad} : L_0^2(\Omega) \to \boldsymbol{H}^{-1}(\Omega)$ 是单射. 换言之,

$$\begin{aligned} l_{\boldsymbol{u}}(\boldsymbol{v}) &= {}_{\boldsymbol{H}^{-1}(\Omega)}\langle \mathbf{grad}\ \lambda, \boldsymbol{v}\rangle_{\boldsymbol{H}_0^1(\Omega)} \\ &= -\int_\Omega \lambda \mathrm{div}\ \boldsymbol{v} dx \quad \text{对所有 } \boldsymbol{v} \in \boldsymbol{H}_0^1(\Omega), \end{aligned}$$

这就是所要证明的. □

注 (1) 虽然上面的证明说明, Navier-Stokes 方程至少存在一个解 $(\boldsymbol{u}, \lambda) \in \boldsymbol{H}_0^1(\Omega) \times L_0^2(\Omega)$ 满足 $|\boldsymbol{u}|_{1,\Omega} \leqslant \frac{1}{\nu}\|\boldsymbol{f}\|_{\boldsymbol{H}^{-1}(\Omega)}$, 这并不意味着任何解都应该满足这个不等式.

(2) 如果数 $\frac{1}{\nu^2}\|\boldsymbol{f}\|_{\boldsymbol{H}^{-1}(\Omega)}$ 充分小, Navier-Stokes 方程的解是唯一的; 见习题 9.11-1. □

习题

9.11-1 证明, 如果 $\frac{1}{\nu^2}\|\boldsymbol{f}\|_{\boldsymbol{H}^{-1}(\Omega)} < \frac{1}{\|b\|}$, Navier-Stokes 方程的解是唯一的, 其中 $\|b\|$ 表示在定理 9.11-1 中引入的三线性形式 $b : (\boldsymbol{H}_0^1(\Omega))^3 \to \mathbb{R}$ 的范数 (如定理 2.11-1 中所定义).

9.12 Schauder 不动点定理; Schäfer 不动点定理; Leray-Schauder 不动点定理

非线性泛函分析中的另一基本定理是 *Schauder* 不动点定理 (定理 9.12-1), 它将 Brouwer 不动点定理 (定理 9.9-2) 推广到无限维赋范向量空间 (部分 (a)), 或 Banach 空间 (部分 (b)).

要注意的是, 不管哪种情况, 在这个定理中紧性都起着实质性的作用.

定理 9.12-1 (Schauder 不动点定理[58]) (a) 设 K 是赋范向量空间 X 中紧凸子集, $f: K \to K$ 是连续映射, 则 f 至少有一个不动点.

(b) 设 C 是 *Banach* 空间 X 的闭凸子集, $f: C \to C$ 是连续映射, 使得 $\overline{f(C)}$ 是紧的, 则 f 至少有一个不动点.

证明 (i) 设 K 是赋范向量空间 X 的紧凸子集, 则对每个 $\varepsilon > 0$, 存在 X 的有限维子空间 Y^ε 及连续映射 $g^\varepsilon: K \to K \cap Y^\varepsilon$ 使得

$$\|g^\varepsilon(x) - x\| \leqslant \varepsilon \quad \text{对每个 } x \in K.$$

设 $\varepsilon > 0$ 是给定的. 由于 K 是紧的, 故存在整数 $N^\varepsilon \geqslant 1$ 及点 $x_i^\varepsilon \in K, 1 \leqslant i \leqslant N^\varepsilon$, 使得

$$K \subset \bigcup_{i=1}^{N^\varepsilon} B(x_i^\varepsilon; \varepsilon).$$

函数 $g_i^\varepsilon: X \to \mathbb{R}, 1 \leqslant i \leqslant N^\varepsilon$, 由下式定义:

$$g_i^\varepsilon(x) := \begin{cases} \varepsilon - \|x - x_i^\varepsilon\|, & \text{若 } x \in B(x_i^\varepsilon; \varepsilon), \\ 0, & \text{若 } x \notin B(x_i^\varepsilon; \varepsilon), \end{cases}$$

它满足

$$g_i^\varepsilon \in \mathcal{C}(X) \quad \text{及} \quad g_i^\varepsilon(x) \geqslant 0 \text{ 对所有 } x \in X.$$

此外,

$$\sum_{i=1}^{N^\varepsilon} g_i^\varepsilon(x) > 0 \quad \text{对所有 } x \in K,$$

这是因为每一点 $x \in K$ 至少属于一个开球 $B(x_i^\varepsilon; \varepsilon)$. 对每个 $x \in K$, 令

$$\lambda_i^\varepsilon(x) := \left(\sum_{j=1}^{N^\varepsilon} g_j^\varepsilon(x) \right)^{-1} g_i^\varepsilon(x), \quad 1 \leqslant i \leqslant N^\varepsilon,$$

[58] J. Schauder [1930]: Der Fixpunktsatz in Funktionalräumen, *Studia Mathematica* **2**, 171–180.

及

$$g^{\varepsilon}(x) := \sum_{i=1}^{N^{\varepsilon}} \lambda_i^{\varepsilon}(x) x_i^{\varepsilon} \in Y^{\varepsilon} := \mathrm{Span}(x_i^{\varepsilon})_{i=1}^{N^{\varepsilon}}.$$

以这种方式定义的函数 $g^{\varepsilon}: K \to Y^{\varepsilon} \subset X$ 显然是连续的, 且 g^{ε} 映集合 K 到其自身, 这是因为 K 是凸的 (对每个 $x \in K$, 向量 $g^{\varepsilon}(x)$ 是点 $x_i^{\varepsilon} \in K$ 的线性凸组合). 对每个 $x \in K$, 令

$$I^{\varepsilon}(x) = \{1 \leqslant i \leqslant N^{\varepsilon}; \lambda_i^{\varepsilon}(x) > 0\} = \{1 \leqslant i \leqslant N^{\varepsilon}; x \in B(x_i^{\varepsilon}; \varepsilon)\},$$

则

$$\begin{aligned}\|g^{\varepsilon}(x) - x\| &= \left\| \sum_{i \in I^{\varepsilon}(x)} \lambda_i^{\varepsilon}(x)(x_i^{\varepsilon} - x) \right\| \\ &\leqslant \sum_{i \in I^{\varepsilon}(x)} \lambda_i^{\varepsilon}(x) \|x_i^{\varepsilon} - x\| \leqslant \varepsilon.\end{aligned}$$

(ii) (a) 的证明. 对每个 $\varepsilon > 0$, 设点 $x_i^{\varepsilon}, 1 \leqslant i \leqslant N^{\varepsilon}$, 有限维空间 Y^{ε}, 及映射 $g^{\varepsilon}: K \to K \cap Y^{\varepsilon}$ 均如 (i) 中所定义. 另外, 设 K^{ε} 表示集合 $\bigcup_{i=1}^{N^{\varepsilon}} \{x_i^{\varepsilon}\}$ 的凸包, 它因而是有限维空间 Y^{ε} 的紧子集 (定理 2.16-2). 映射

$$f^{\varepsilon} := (g^{\varepsilon} \circ f)|_{K^{\varepsilon}}$$

映集合 K^{ε} 到其自身, 这是因为 $g^{\varepsilon}(x) \in K^{\varepsilon}$ 对每个 $x \in K$, 而且 $K^{\varepsilon} \subset K$ (集合 K 是凸的). 此外, f^{ε} 作为两个连续映射的复合也是连续的. *Brouwer* 不动点定理 (定理 9.9-2) 说明存在 $x^{\varepsilon} \in K^{\varepsilon}$ 使得

$$f^{\varepsilon}(x^{\varepsilon}) = g^{\varepsilon}(f(x^{\varepsilon})) = x^{\varepsilon}.$$

因为 $K^{\varepsilon} \subset K$ 且 K 是紧的, 存在 $\varepsilon(n) > 0, n \geqslant 1, \lim_{n\to\infty} \varepsilon(n) = 0$ 及点 $x \in K$ 使得 $\lim_{n\to\infty} x^{\varepsilon(n)} = x$. 令 $x^n := x^{\varepsilon(n)}$ 和 $g^n := g^{\varepsilon(n)}$ 对每个 $n \geqslant 1$; 则

$$\|f(x) - x\| \leqslant \|f(x) - f(x^n)\| + \|f(x^n) - x^n\| + \|x^n - x\| \quad \text{对每个 } n \geqslant 1.$$

但 $\lim_{n\to\infty} f(x^n) = f(x)$(映射 f 是连续的) 且

$$\|f(x^n) - x^n\| = \|f(x^n) - g^n(f(x^n))\| \leqslant \varepsilon(n), \quad n \geqslant 1, \lim_{n\to\infty} \varepsilon(n) = 0.$$

因此 $f(x) = x$. 这就证明了 (a).

(iii) (b) 的证明. 设 K 表示 $\overline{f(C)}$ 的闭凸包, 它因此也是凸的和紧的, 这是因为已假设 X 是 *Banach* 空间 (定理 3.1-5). 由于 $f(C) \subset C$ 意味着 $\overline{f(C)} \subset C$ (集合 C 是闭的), 而这又意味着 $K \subset C$ (根据闭凸包的定义, 又因为 C 是闭的和凸的; 参阅 2.16 节), 故连续映射 $f|_K$ 映 K 到其自身, 此因 $f(K) \subset f(C) \subset \overline{f(C)} \subset K$.

根据 (ii), 存在 $x \in K \subset C$ 使得 $f(x) = x$. 这就证明了 (b). □

注 下面的例子说明, 为什么紧性是 Schauder 定理中至关重要的假设. 设 $X = l^2$ 并设映射 $f : C := \overline{B(0,1)} \subset l^2 \to l^2$ 由

$$x = (x_1, x_2, x_3, \cdots) \to f(x) := \left(\sqrt{1 - \|x\|_2^2}, x_1, x_2, \cdots\right)$$

定义. 可以直接验证, f 是连续的而且映 l^2 的闭凸子集 C 到其自身; 但 f 在 C 中没有不动点. □

紧线性算子的概念 (2.10 节) 可如下推广到非线性映射: 设 X 和 Y 是赋范向量空间, A 是 X 的子集. 一个映射 $f : A \subset X \to Y$ 称为**紧的**, 如果 f 是连续的而且 A 的任一有界子集 B 的像 $f(B)$ 是相对紧的 (即 $\overline{f(B)}$ 是 Y 的紧子集). 注意, 如果 X 是有限维的, 任何连续映射 $f : A \subset X \to Y$ 都是紧的.

注 连续性的假设在此是实质性的: 虽然将任一有界集都映为相对紧集的线性映射必定是连续的 (定理 2.9-2(d)), 但存在具有同一性质的非线性映射却不是连续的. 例如考察如下定义的函数 $f : \mathbb{R} \to \mathbb{R} : f(x) = n$ 若 $n \leqslant x < n+1, n \in \mathbb{Z}$, 对每个 $x \in \mathbb{R}$. □

这样一来, Schauder 不动点定理 (定理 9.12-1(b)) 就可以用紧映射的语言重述如下: *设 C 是 Banach 空间中闭的有界凸子集, 又设 $f : C \to C$ 是紧映射, 则 f 至少有一个不动点.*

Schauder 定理对于常微分方程存在定理的一个应用在习题 9.12-1 中给出.

注 (Krasnoselskii 不动点定理[59]) 将 Schauder 定理推广到装备了偏序 (1.3 节) 的赋范向量空间; 以此, 给出了某些特定类别的非线性边值问题非负解的存在性. □

下述 Schauder 定理的推论为确立某些特定的非线性边值问题解的存在性提供了有效的手段[60]. 利用这个推论, 例如可以证明半线性问题

$$-\Delta u = f(u) \text{ 在 } \Omega \text{ 中} \quad \text{及} \quad u = 0 \text{ 在 } \partial\Omega \text{上}$$

在只假设 $f : \mathbb{R} \to \mathbb{R}$ 是连续且有界的条件下, 有解 $u \in H_0^1(\Omega)$; 见习题 9.12-2.

定理 9.12-2 (Schäfer 不动点定理[61]) *设 X 是 Banach 空间, $f : X \to X$ 是具*

[59] M. A. KRASNOSELSKII [1960]: Fixed points of cone-compressive or cone-extending operators, *Soviet Mathematics Doklady* **1**, 1285–1288.

也可参阅具有启发性的评述论文:

H. AMANN [1976]: Fixed point equations and nonlinear eigenvalue problems in ordered Banach spaces, *SIAM Review* **18**, 620–709.

[60] 可参阅例如 GILBARG & TRUDINGER [1998, 第 11.3 节], 其中 Schäfer 定理 (定理 9.12-2) 被用以确立一大类拟线性椭圆边值问题在空间 $\mathcal{C}^{2,\alpha}(\overline{\Omega}), 0 < \alpha < 1$, 中解的存在性; 也可见 EVANS [1998, 第 6.5.2 节], 其中 Schäfer 定理被用来证明, 任意一致椭圆算子 $\mathcal{L}$ 有特征值 $\lambda_1 > 0$ 使得 $\mathcal{L}$ 的任何其他特征值 λ 都满足 $\mathrm{Re}\,\lambda \leqslant \lambda_1$.

[61] H. SCHÄFER [1955]: Über die Methode der a priori Schranken, *Mathematische Annalen* **129**, 415–416.

有下述性质的紧映射: 存在 $r>0$ 使得

$$\{x\in X;\sigma f(x)=x\ \text{对某个}\ 0\leqslant\sigma\leqslant 1\}\subset B(0;r),$$

则 f 在闭球 $\overline{B(0;r)}$ 中至少有一个不动点.

证明 给定 $x\in X$, 令

$$g(x):=\begin{cases}f(x), & \text{若}\ \|f(x)\|\leqslant r,\\ r\dfrac{f(x)}{\|f(x)\|}, & \text{若}\ \|f(x)\|>r.\end{cases}$$

则不难看出, 以这种方式定义的映射 $g:X\to X$ 是连续的 (考察收敛序列) 且 $g(\overline{B(0;r)})$ 是相对紧的; 为了说明这一点, 将其改写为

$$\begin{aligned}g(\overline{B(0;r)})=&\{f(x);x\in\overline{B(0;r)}\ \text{及}\ \|f(x)\|\leqslant r\}\\ &\cup\left\{r\frac{f(x)}{\|f(x)\|};x\in\overline{B(0;r)}\ \text{及}\ \|f(x)\|>r\right\},\end{aligned}$$

并注意到 $\{f(x);x\in\overline{B(0;r)}\ \text{及}\ \|f(x)\|\leqslant r\}$ 是相对紧的 (作为相对紧集 $f(\overline{B(0;r)})$ 的子集) 且 $\left\{r\frac{f(x)}{\|f(x)\|};x\in\overline{B(0;r)}\ \text{及}\ \|f(x)\|>r\right\}$ 同样也是相对紧的 (考察这个集合中的点的任一序列并利用关于 f 的紧性假设), 即可得到这一结论.

因为 $g(\overline{B(0;r)})\subset\overline{B(0;r)}$, *Schauder* 不动点定理 (定理 9.12-1(b)) 说明, 存在 $x\in X$ 使得

$$\|x\|\leqslant r\quad\text{及}\quad g(x)=x.$$

我们断言, 必定有 $\|f(x)\|\leqslant r$. 若不然, $\|f(x)\|>r$ 则意味着

$$g(x)=r\frac{f(x)}{\|f(x)\|}=x,$$

但这得到 $\frac{r}{\|f(x)\|}<1$ 和 $\|x\|=r$, 导致与假设矛盾. 故只有 $\|f(x)\|\leqslant r$ 这种可能性, 在这种情况, $f(x)=g(x)=x$. □

Schäfer 不动点定理实际上是另一个非线性泛函分析的基本定理的一个特殊情况 (其中关于参数 $\sigma\in[0,1]$ 的依赖性是线性的). 这一定理的发表时间其实还更早, 其证明就像定理 9.12-2 的证明一样, 本质上依赖于 *Schauder* 不动点定理, 作为习题留给读者; 见习题 9.12-4.

定理 9.12-3 (Leray-Schauder 不动点定理[62]) 设 X 是 *Banach* 空间, $f:X\times[0,1]\to X$ 是具有下述性质的紧映射:

$$f(x,0)=0\quad\text{对所有}\ x\in X,$$

[62] J. Leray; J. Schauder [1934]: Topologie et équations fonctionnelles, *Annales Scientifiques de l'Ecole Normale Supérieure* **51**, 45–78.

并且存在 $r>0$ 使得

$$\{x \in X; f(x,\sigma)=x \text{ 对某个 } 0 \leqslant \sigma \leqslant 1\} \subset B(0;r),$$

则映射 $f(\cdot,1): X \to X$ 在闭球 $\overline{B(0;r)}$ 中至少有一个不动点. □

习题

9.12-1 设 $\|\cdot\|$ 表示 $\mathbb{R}^n$ 中的范数. 给定 $T>0, r>0$, 及 $\boldsymbol{u}_0 \in \mathbb{R}^n$, 给定一个具有下述性质的函数 $\boldsymbol{g}:[0,T]\times\overline{B(\boldsymbol{u}_0;r)} \to \mathbb{R}^n$: 对每个 $\boldsymbol{v} \in \overline{B(\boldsymbol{u}_0;r)}$, 函数 $\boldsymbol{g}(\cdot,\boldsymbol{v}):[0,T]\to\mathbb{R}^n$ 是可测的; 对每个 $t\in[0,T]$, 函数 $\boldsymbol{g}(t,\cdot):\overline{B(\boldsymbol{u}_0;r)}\to\mathbb{R}^n$ 是连续的; 最后, 存在一个函数 $h \in L^1(0,T)$ 使得 $\|\boldsymbol{g}(t,x)\| \leqslant h(t)$ 对所有 $(t,x)\in[0,T]\times\overline{B(\boldsymbol{u}_0;r)}$.

(1) 证明, 存在 $0<\tau\leqslant T$ 使得积分方程

$$\boldsymbol{u}(t)=\boldsymbol{u}_0+\int_0^t \boldsymbol{g}(s,\boldsymbol{u}(s))ds, \quad 0\leqslant t\leqslant\tau,$$

至少有一个解 $\boldsymbol{u}\in\mathcal{C}([0,\tau];\mathbb{R}^n)$.

提示: 空间 $\mathcal{C}([0,\tau];\mathbb{R}^n), \tau>0$, 装备以范数 $|||\boldsymbol{v}|||=\sup_{0\leqslant t\leqslant\tau}\|\boldsymbol{v}(t,\cdot)\|$, 并证明, 如果 $\tau>0$ 充分小, 存在 $\rho>0$ 使得由

$$\begin{aligned}\boldsymbol{f}:\boldsymbol{v}\in C &:= \{\boldsymbol{v}\in\mathcal{C}([0,\tau];\mathbb{R}^n); |||\boldsymbol{v}-\boldsymbol{u}_0|||\leqslant\rho\}\\ &\to \boldsymbol{f}(\boldsymbol{v}):t\in[0,\tau]\to\boldsymbol{u}_0+\int_0^t \boldsymbol{g}(s,\boldsymbol{v}(s))ds\end{aligned}$$

定义的映射 $\boldsymbol{f}$ 映闭球 C 到其自身. 然后特别地利用 *Ascoli-Arzelà* 定理 (定理 3.10-1) 证明, 用这种方式定义的映射 $C\to C$ 满足 *Schauder* 不动点定理的所有假设.

(2) 证明 (1) 中的积分方程任一解 $\boldsymbol{u}\in\mathcal{C}([0,\tau];\mathbb{R}^n)$ 在 $[0,\tau]$ 上是几乎处处可微的, 并且在其为可微的那些点 $t\in[0,\tau]$ 处, $\boldsymbol{u}'(t)=\boldsymbol{g}(t,\boldsymbol{u}(t))$. 因此, 这样一个函数 $\boldsymbol{u}\in\mathcal{C}([0,\tau];\mathbb{R}^n)$ 就给出了初值问题

$$\boldsymbol{u}'(t)=\boldsymbol{g}(t,\boldsymbol{u}(t)), \quad 0\leqslant t\leqslant\tau, \quad \text{及} \quad \boldsymbol{u}(0)=\boldsymbol{u}_0$$

解的概念的推广.

(1) 和 (2) 的结果一并构成了关于常微分方程组的 **Carathéodory 存在定理**[63]. 注意, 由于它的假设较之 *Cauchy-Peano* 定理 (定理 3.11-1) 中弱, 故其所得的结论也如此.

注 这样的广义解实际上是绝对连续的. 我们回忆一下, 一个定义在 $\mathbb{R}$ 的紧区间 $[a,b]$ 上的函数 $f:[a,b]\to\mathbb{R}$ 称为绝对连续的[64], 如果给定任意的 $\varepsilon>0$, 存在 $\delta=\delta(\varepsilon)>0$, 使得对于任何给定的子区间族 $[a_i,b_i]\subset[a,b], 1\leqslant i\leqslant m,]a_i,b_i[\cap]a_j,b_j[=\varnothing$ 若 $i\neq j$, 只要满足 $\sum_{i=1}^m|b_i-a_i|<\delta$, 就有 $\sum_{i=1}^m|f(b_i)-f(a_i)|<\varepsilon$.

一个属于 Henri Lebesgue 的基本定理断言, 一个函数 $f:[a,b]\to\mathbb{R}$ 是绝对连续的当且仅当它具有下述性质: f 是几乎处处可微的, 其导数 f' 属于空间 $L^1[a,b]$, 且 $f(x)=f(a)+\int_a^x f'(t)dt$ 对所有 $a\leqslant x\leqslant b$. □

63) 冠名源自 Constantin Carathéodory (1873—1950).

64) 对于绝对连续函数的详尽分析, 可参阅例如 TAYLOR [1965, 第 9.8 节].

9.12-2 设 Ω 是 $\mathbb{R}^n$ 中边界为 Γ 的区域, $f:\mathbb{R}\to\mathbb{R}$ 是一个连续且有界的函数. 证明非线性 (除非 f 是常函数) 边值问题

$$-\Delta u = f(u) \text{ 在 } \mathcal{D}'(\Omega) \text{ 中} \quad \text{及} \quad u=0 \text{ 在 } \Gamma \text{ 上}$$

至少有一个解 $u\in H_0^1(\Omega)$.

提示: 给定任意的 $w\in L^2(\Omega)$, 设 $G(w)\in H_0^1(\Omega)$ 表示 $-\Delta G(w)=w$ 在 $\mathcal{D}'(\Omega)$ 中及 $G(w)=0$ 在 Γ 上, 的唯一解, 又设对每个 $w\in H_0^1(\Omega)$, 映射 $\widetilde{f}:H_0^1(\Omega)\to L^2(\Omega)$ 由 $\widetilde{f}(w)(x):=f(w(x))$ 对几乎所有 $x\in\Omega$ 定义, 然后证明, $F=G\circ\widetilde{f}:H_0^1(\Omega)\to H_0^1(\Omega)$ 是适定的紧映射, 并将 *Schäfer* 定理用于这个映射.

9.12-3 设 Ω 是 $\mathbb{R}^n$ 中边界为 Γ 的区域, $a_{ij}=a_{ji}\in L^\infty(\Omega), 1\leqslant i,j\leqslant n$, 是给定的具有下述性质的函数: 存在 $\alpha>0$, 使得对几乎所有 $x\in\Omega$ 及所有 $(\xi_i)_{i=1}^n\in\mathbb{R}^n, \sum_{i,j=1}^n a_{ij}(x)\xi_i\xi_j\geqslant \alpha\sum_{i=1}^n|\xi_i|^2$, 又设 $f:\mathbb{R}\to\mathbb{R}$ 是一个函数, 具有如下性质: 存在常数 k 使得

$$|f(s)-f(t)|\leqslant k|s-t| \quad \text{对所有 } s,t\in\mathbb{R}.$$

利用 *Schäfer* 定理证明, 非线性边值问题

$$-\sum_{i,j=1}^n \partial_j(a_{ij}\partial_i u)=f(u) \text{ 在 } \mathcal{D}'(\Omega) \text{ 中} \quad \text{及} \quad u=0 \text{ 在 } \Gamma \text{ 上}$$

在 Lipschitz 常数 k 充分小时, 至少有一个解 $u\in H_0^1(\Omega)$.

注 令人惊异的是, 对这个问题, 用较简单的方法却可以得到更精致的结果; 见习题 6.10-5. □

9.12-4 这个习题为 *Leray-Schauder* 不动点定理 (定理 9.12-3) 提供一个证明[65]. 下面, X 是 Banach 空间, $f:X\times[0,1]\to X$ 是满足定理 9.12-3 假设的紧映射; 不失一般性, 假设 $r=1$.

(1) 对每个 $0<\varepsilon\leqslant 1$, 令

$$g_\varepsilon(x):=\begin{cases} f\left(\dfrac{x}{1-\varepsilon},1\right), & \text{若 } \|x\|<1-\varepsilon,\\ f\left(\dfrac{x}{\|x\|},\dfrac{1-\|x\|}{\varepsilon}\right), & \text{若 } 1-\varepsilon\leqslant\|x\|\leqslant 1.\end{cases}$$

利用 *Schauder* 不动点定理 (定理 9.12-1(b)) 证明, 以这种方式定义的映射 $g_\varepsilon:\overline{B(0;1)}\to X$ 有不动点 $x(\varepsilon)$ (注意, $g_\varepsilon(\partial B(0;1))=\{0\}$).

(2) 对每个整数 $k\geqslant 1$, 令

$$x_k:=x\left(\frac{1}{k}\right) \quad \text{及} \quad \sigma_k:=\begin{cases}1, & \text{若 } \|x_k\|<1-\dfrac{1}{k},\\ k(1-\|x_k\|), & \text{若 } 1-\dfrac{1}{k}\leqslant\|x_k\|\leqslant 1.\end{cases}$$

证明, 存在 $((x_k,\sigma_k))_{k=1}^\infty$ 的一个子列在 $X\times[0,1]$ 中收敛于极限 (x,σ), 其中 x 是映射 $f(\cdot,1):X\to X$ 的不动点而 $\sigma=1$.

[65] 改编自 GILBARG & TRUDINGER [1998, 第 11.4 节].

9.13 单调算子

单调算子在非线性算子中具有特殊的地位，特别是因为它们对于确立一些特定类别的非线性边值问题解的存在性提供了有效的手段[66]. 因此, 这一领域受到广泛研究[67].

在此, 我们的目的只是确立某些基本性质 (定理 9.13-1 和 9.13-2), 以及特别地, 一个基本的存在定理 (定理 9.14-1); 这一定理随后将被用于讨论 *p-Laplace* 算子 (在 9.6 节中已碰到过). 回忆一下, $\langle\cdot,\cdot\rangle$ 表示赋范向量空间 V 与其对偶 V' 的偶对, 即

$$\langle l, v\rangle = l(v) \quad \text{对所有 } l \in V',\ v \in V.$$

一个映射 $A: V \to V'$ 称为**单调的**, 若

$$\langle A(v) - A(u), v - u\rangle \geqslant 0 \quad \text{对所有 } u, v \in V;$$

以及称为**严格单调的**, 若

$$\langle A(v) - A(u), v - u\rangle > 0 \quad \text{对所有 } u, v \in V, u \neq v.$$

如果 V 是完备的, 这个看似平凡的定义已经蕴含着两个重要的结论. 然而要注意, 在此要确立这些结论至少还需要 *Banach-Steinhaus* 定理.

定理 9.13-1 设 V 是实 Banach 空间, $A: V \to V'$ 是单调算子, 则 A 在下述意义下是局部有界的: 给定任意 $u \in V$, 存在 $r = r(u) > 0$ 及 $\rho = \rho(u) > 0$ 使得

$$\|v - u\|_V \leqslant r \quad \text{意味着} \quad \|A(v) - A(u)\|_{V'} \leqslant \rho.$$

如果另外 A 还是线性的, 则 $A: V \to V'$ 是连续的.

证明 只需考察 $u = 0$ 和 $A(0) = 0$ 的情况 (否则引入单调算子 $v \in V \to A(v + u) - A(u)$).

假定 $A(0) = 0$ 而且 A 在 0 处不是局部有界的, 在这种情况下, 就存在 $u_n \in V, n \geqslant 1$, 使得

$$\|u_n\| \to 0 \quad \text{且} \quad \|Au_n\| \to \infty \quad \text{当 } n \to \infty.$$

---

[66] 如下述开创性贡献所示:

F. E. Browder [1965]: Existence and uniqueness theorems for solutions of nonlinear boundary value problems, in *Proceedings of Symposia in Applied Mathematics,* Volume XVII: *Applications of Nonlinear Partial Differential Equations in Mathematical Physics*, pp. 24–49, American Mathematical Society, Providence, RI.

J. Leray; J. L. Lions [1965]: Quelques résultats de Visik sur les problèmes elliptiques non linéaires par les méthodes de Minty-Browder, *Bulletin de la Société Mathématique de France* **93**, 97–107.

[67] 尤其是可以参阅 Brezis [1973] 和 Zeidler [1990a, 1990b] 等书中关于单调算子的深入讨论.

对每个 $n \geqslant 1$ 及每个 $v \in V$, A 的单调性意味着

$$
\begin{aligned}
&-\langle A(u_n), u_n\rangle + \langle A(-v), u_n + v\rangle \\
&\leqslant \langle A(u_n), v\rangle \leqslant \langle A(u_n), u_n\rangle - \langle A(v), u_n - v\rangle,
\end{aligned}
$$

因此

$$
|\langle A(u_n), v\rangle| \leqslant \|A(u_n)\|\|u_n\| + \max\{\|A(v)\|\|u_n - v\|, \|A(-v)\|\|u_n + v\|\}.
$$

所以, 由

$$
l_n := \frac{1}{1 + \|A(u_n)\|\|u_n\|} A(u_n) \in V', \quad n \geqslant 1
$$

定义的连续线性形式满足

$$
\text{对每个 } v \in V, \quad \sup_{n \geqslant 1} |\langle l_n, v\rangle| \leqslant C(v) < \infty,
$$

其中

$$
C(v) := 1 + \sup_{n \geqslant 1} \left(\max\{\|Av\|\|u_n - v\|, \|A(-v)\|\|u_n + v\|\}\right).
$$

所以, 根据 *Banach-Steinhaus* 定理 (见定理 5.3-1; V 是完备的这一假设用在此), 存在常数 C 使得

$$
\|l_n\| = \frac{1}{1 + \|A(u_n)\|\|u_n\|} \|A(u_n)\| \leqslant C \quad \text{对所有 } n \geqslant 1.
$$

由于 $\|u_n\| \to 0$, 存在 $n_0 \geqslant 1$ 使得 $1 - \|u_n\|C \geqslant \frac{1}{2}$ 对所有 $n \geqslant n_0$. 这就有

$$
\|A(u_n)\| \leqslant \frac{C}{1 - \|u_n\|C} \leqslant 2C \quad \text{对所有 } n \geqslant n_0,
$$

矛盾. 因此 A 是局部有界的.

如果 A 是线性的, 那么 V 的任一有界子集在 A 映射下的直接像在 V' 中是有界的 (根据 A 是线性的). 所以, A 是连续的 (定理 2.9-2(d)). □

我们现在引入另一个定义 (不可否认, 它初看上去让人觉得怪怪的; 但至少可以期望, 利用它验证特定的例子要容易些), 它其实是关于单调算子的基本存在定理 (定理 9.14-1) 的实质性假设之一.

设 V 是赋范向量空间. 一个映射 $A : V \to A'$ 称为**半连续的** (hemicontinuous), 如果给定任意的 $u, v, w \in V$, 存在 $t_0 = t_0(u, v, w) > 0$ 使得函数

$$
t \in]-t_0, t_0[\to \langle A(u + tv), w\rangle \in \mathbb{R}
$$

在 $t = 0$ 处是连续的.

这个定义与单调算子的定义结合, 就导致两个重要结论 (如常规, $\rightharpoonup$ 表示弱收敛).

定理 9.13-2 设 V 是实赋范向量空间, $A: V \to V'$ 是半连续单调算子.

(a) 设 $u_n \in V, n \geqslant 1$, 使得

$$u_n \rightharpoonup u \text{ 在 } V \text{ 中}, \ A(u_n) \rightharpoonup b \text{ 在 } V' \text{ 中, 及}$$
$$\langle A(u_n), u_n \rangle \to \langle b, u \rangle \text{ 在 } \mathbb{R} \text{ 中} \quad \text{当 } n \to \infty,$$

则 $A(u) = b$.

(b) 如果空间 V 是有限维的, 则 $A: V \to V'$ 是连续的.

证明 设 $(u_n)_{n=1}^{\infty}$ 是 V 中满足 (a) 中假设的向量序列, 则对每个 $v \in V$, 由于 A 是单调的, 有

$$\langle b - A(v), u - v \rangle = \lim_{n \to \infty} \langle A(u_n) - A(v), u_n - v \rangle \geqslant 0.$$

给定任意向量 $w \in V$ 和 $t > 0$, 在上述不等式中令 $v = u + tw$, 可得

$$t\langle b - A(u + tw), -w \rangle \geqslant 0 \quad \text{对所有 } t > 0.$$

故

$$\langle b - A(u + tw), w \rangle \leqslant 0 \quad \text{对所有 } t > 0.$$

这样, A 的半连续性假设就给出

$$\langle b - A(u), w \rangle = \lim_{t \to 0} \langle b - A(u + tw), w \rangle \leqslant 0 \quad \text{对所有 } w \in V.$$

所以 $A(u) = b$. 这就证明了 (a).

其次, 假定 V 是有限维的, 又设 $u_n \in V, n \geqslant 1$, 及 $u \in V$ 使得

$$u_n \to u \text{ 在 } V \text{ 中} \quad \text{当 } n \to \infty.$$

由于根据定理 9.13-1, A 是局部有界的 (该定理在此适用是因为这里 V 是 Banach 空间; 见定理 3.2-1), 存在 $r > 0$ 使得 $B(u; r)$ 在 A 映射下的直接像在 V' 中有界.

设 $n_0 \geqslant 1$ 使得 $u_n \in B(u; r)$ 对所有 $n \geqslant n_0$. 因为序列 $(A(u_n))_{n=n_0}^{\infty}$ 在 V' 中有界, 而且 V' 也是有限维的, 存在 $b \in V'$ 及 $(u_n)_{n=n_0}^{\infty}$ 的一个子列 $(u_m)_{m=1}^{\infty}$ 使得

$$A(u_m) \to b \text{ 在 } V' \text{ 中} \quad \text{当 } m \to \infty,$$

因此

$$\langle A(u_m), u_m \rangle \to \langle b, u \rangle \quad \text{当 } m \to \infty.$$

所以由 (a) 得 $A(u) = b$, 这说明 $A: V \to V'$ 是连续的, 这是因为子序列 $(A(u_m))_{m=1}^{\infty}$ 的极限是唯一的 (这个极限等于 $A(u)$). 这就证明了 (b). □

习题

9.13-1 设 V 是实 Banach 空间, $A: V \to V'$ 是半连续单调算子. 证明, A 在下述意义下是序列半连续的 (sequentially demicontinuous):

$$v_n \to v \text{ 在 } V \text{ 中} \quad \text{意味着} \quad A(v_n) \rightharpoonup A(v) \text{ 在 } V' \text{ 中}.$$

9.13-2 设 V 是实赋范向量空间. 证明, 可微函数 $A: V \to \mathbb{R}$ 是凸函数的充分必要条件为其 Fréchet 导数 $A' \in \mathcal{L}(V; V')$ 是单调的.

9.14 单调算子的 Minty-Browder 定理; 对 p-Laplace 算子的应用

设 V 是实赋范向量空间. 映射 $A: V \to V'$ 称为**强制的**, 若

$$\frac{\langle Av, v\rangle}{\|v\|} \to \infty \quad \text{当 } \|v\| \to \infty.$$

注 同一形容词 "强制的" 已经在两个有关联但稍有不同的概念中用过, 即所谓 "V 强制双线性形式" (6.1 节) 及 "强制泛函" (9.3 节). 但不至于引起混淆. □

下一个结果给出了确保一个半连续的单调算子 (9.13 节) 是满射的充分条件, 它也构成非线性泛函分析的另一个基本定理.

定理 9.14-1 (Minty-Brower 定理[68]) 设 V 是实可分自反 *Banach* 空间, $A: V \to V'$ 是强制的半连续单调算子, 则 A 是满射, 即对任意 $f \in V'$, 存在 u 使得

$$u \in V \quad \text{且} \quad A(u) = f.$$

如果 A 是严格单调的, 则 A 也是单射.

证明 证明的思路也是用 *Galerkin* 方法 (9.10 节).

(i) 假设 V 是无限维的 (如果 V 是有限维的, 根据这个证明部分 (ii), A 是满射的结论成立). 由于 A 是可分的, 存在向量 $v_i \in V$ 的可列无限线性无关族 $(v_i)_{i=1}^{\infty}$ 使得 $\bigcup_{n=1}^{\infty} V_n$ 在 V 中稠密, 其中 $V_n := \mathrm{Span}(v_i)_{i=1}^{n}$ (定理 2.2-7).

---

[68] 冠名源自:

G. J. MINTY [1962]: Monotone (nonlinear) operators in Hilbert space, *Duke Mathematical Journal* **29**, 341–346.

G. J. MINTY [1963]: On a monotonicity method for the solution of nonlinear equations in Banach spaces, *Proceedings of the National Academy of Sciences USA* **50**, 1038–1041.

F. E. BROWDER [1963]: Nonlinear elliptic boundary value problems, *Bulletin of the American Mathematical Society* **69**, 862–874.

(ii) 对每个 $n \geqslant 1$, 存在 $u_n \in V_n$ 使得

$$\langle A(u_n), v\rangle = \langle f, v\rangle \quad \text{对所有 } v \in V_n \text{ 且 } \|u_n\| \leqslant C,$$

其中常数 C 与 n 无关.

对每个 $n \geqslant 1$, 令 $A_n := A|_{V_n}$, 则以这种方式定义的算子 $A_n : V_n \to V_n'$ 是单调的, 这是因为

$$\langle A_n(v) - A_n(u), v-u\rangle = \langle A(v) - A(u), v-u\rangle \geqslant 0 \quad \text{对所有 } u, v \in V_n.$$

由于 A_n 是半连续的 (像 A 那样), 而 V_n 是有限维的, 故 $A_n : V_n \to V_n'$ 是连续的 (定理 9.13-2(b)).

令 $f_n := f|_{V_n} \in V_n'$, 故 $\|f_n\|_{V_n'} \leqslant \|f\|_{V'}$, 则

$$\frac{1}{\|v\|}(\langle A_n(v), v\rangle - \langle f_n, v\rangle) \geqslant \frac{\langle A(v), v\rangle}{\|v\|} - \|f\|_{V'} \quad \text{对每个 } v \in V_n, v \neq 0.$$

根据假设, $\frac{\langle A(v),v\rangle}{\|v\|} \to \infty$ 当 $\|v\| \to \infty$. 因此存在与 $n \geqslant 1$ 无关的常数 C 使得

$$\langle A_n(v) - f_n, v\rangle \geqslant 0 \quad \text{对所有满足 } \|v\| = C \text{ 的 } v \in V_n.$$

由于 $A_n : V_n \to V_n'$ 是连续的, *Brouwer* 不动点定理的推论 (定理 9.9-3) 适用, 证明了映射 $v \in V_n \to (A_n(v) - f_n) \in V_n'$ 在球 $\overline{B(0;C)}$ 中有一个零点 u_n. 综上, 我们已经证明存在 $u_n \in V_n$ 使得

$$\langle A(u_n) - f, v\rangle = \langle A_n(u_n) - f_n, v\rangle = 0 \quad \text{对所有 } v \in V_n \text{ 且 } \|u_n\| \leqslant C.$$

(iii) 序列 $(A(u_n))_{n=1}^{\infty}$ 在 V' 中有界.

由于 A 是局部有界的 (定理 9.13-1), 存在 $r > 0$ 和 $\rho > 0$ 使得

$$\|v\|_V \leqslant r \quad \text{意味着} \quad \|A(v)\|_{V'} \leqslant \rho.$$

将这一性质与所假设的 A 的单调性结合, 并注意到关系式 $\langle A(u_n), u_n\rangle = \langle f, u_n\rangle$ (这由 (ii) 得到) 可得

$$\begin{aligned}\langle A(u_n), v\rangle &\leqslant \langle A(u_n), u_n\rangle - \langle A(v), u_n\rangle + \langle A(v), v\rangle \\ &= \langle f, u_n\rangle - \langle A(v), u_n\rangle + \langle A(v), v\rangle \\ &\leqslant \|f\|_{V'}C + \rho C + \rho r \quad \text{对所有 } n \geqslant 1 \text{ 及所有 } \|v\| \leqslant r.\end{aligned}$$

这样, 由关系式

$$\|A(u_n)\|_{V'} = \frac{1}{r}\sup_{\|v\| \leqslant r}\langle A(u_n), v\rangle$$

即得 $(A(u_n))_{n=1}^{\infty}$ 的有界性.

(iv) 存在具有下述性质的序列 $(u_n)_{n=1}^{\infty}$ 的子序列 $(u_m)_{m=1}^{\infty}$:

$$u_m \rightharpoonup u \text{ 在 } V \text{ 中}, \ A(u_m) \rightharpoonup f \text{ 在 } V' \text{ 中, 及}$$
$$\langle A(u_m), u_m \rangle \to \langle f, u \rangle \quad \text{当 } m \to \infty.$$

因为序列 $(u_n)_{n=1}^{\infty}$ 在 V 中有界, 序列 $(A(u_n))_{n=1}^{\infty}$ 在 V' 中有界 (见 (ii) 和 (iii)), 而 V 是自反的, 故 V' 也是自反的 (定理 5.14-2(d)), Banach-Eberlein-Šmulian 定理 (定理 5.14-4) 说明, 存在 $(u_n)_{n=1}^{\infty}$ 的子序列 $(u_m)_{m=1}^{\infty}$ 及 $u \in V$, $g \in V'$ 使得

$$u_m \rightharpoonup u \text{ 在 } V \text{ 中} \quad \text{及} \quad A(u_m) \rightharpoonup g \text{ 在 } V' \text{ 中} \quad \text{当 } m \to \infty.$$

由序列 $(u_n)_{n=1}^{\infty}$ 的定义 (见 (ii)), 对每个整数 $k \geqslant 1$,

$$\langle A(u_m), v_k \rangle = \langle f, v_k \rangle \quad \text{对所有 } m \geqslant k.$$

因此

$$\langle g, v_k \rangle = \lim_{m \to \infty} \langle A(u_m), v_k \rangle = \langle f, v_k \rangle.$$

因为这个关系式对任意整数 $k \geqslant 1$ 都成立, 这意味着

$$\langle g, v \rangle = \langle f, v \rangle \quad \text{对所有 } v \in \bigcup_{m=1}^{\infty} V_m.$$

但是根据构造, $\bigcup_{m=1}^{\infty} V_m = \bigcup_{n=1}^{\infty} V_n$ 在 V 中稠密. 因此, $g = f$ 并且

$$A(u_m) \rightharpoonup f \quad \text{当 } m \to \infty.$$

最后, 有

$$\lim_{m \to \infty} \langle A(u_m), u_m \rangle = \lim_{m \to \infty} \langle f, u_m \rangle = \langle f, u \rangle.$$

(v) 根据定理 9.13-2(a), 任何具有 (iv) 中性质的序列 $(u_m)_{m=1}^{\infty}$ 都将使得 $A(u) = f$. 所以 A 是满射. 如果另外还有 A 是严格单调的, 则显然 A 是单射. □

如果出现在定理 9.14-1 中的空间 V 是 *Hilbert* 空间, 偶对 $\langle \cdot, \cdot \rangle$ 可被空间 V 中的内积取代, 在这种情况, 算子 $A : V \to V'$ 可由算子 $\sigma A : V \to V$ 取代, 其中 $\sigma \in \mathcal{L}(V'; V)$ 表示 V 的 F. Riesz 等距.

在定理 9.6-1 中我们证明了, 给定任意 $1 < p < \infty$ 及任一函数 $f \in L^q(\Omega), q = p/(p-1)$, 存在由

$$J_p(v) := \frac{1}{p} \int_{\Omega} |\nabla v|^p dx - \int_{\Omega} f v dx \quad \text{对每个 } v \in W_0^{1,p}(\Omega)$$

定义的泛函 J_p 的唯一极小化子 $u \in W_0^{1,p}(\Omega)$, 并且这个极小化子也是 *p-Laplace* 算子的 *Dirichlet* 问题, 即

$$-\Delta_p v := -\mathrm{div}(|\nabla u|^{p-2}\nabla u) = f \text{ 在 } \mathcal{D}'(\Omega) \text{ 中 及}$$
$$u = 0 \text{ 在 } \partial\Omega \text{ 上},$$

的解, 其中 Δ_p 称为 *p-Laplace* 算子. 我们现在说明, *Minty-Browder* 定理为确立这个边值问题解的存在性, 此外还包括唯一性, 提供了一个直接的方法.

定理 9.14-2 (对 p-Laplace 算子的 Dirichlet 问题的应用) 设 Ω 是 $\mathbb{R}^n$ 中的区域, $1 < p < \infty$, 又设 q 为 p 的共轭指数.

(a) 算子

$$-\Delta_p : v \in W_0^{1,p}(\Omega) \to -\mathrm{div}(|\nabla v|^{p-2}\nabla v) \in W^{-1,q}(\Omega) := (W_0^{1,p}(\Omega))'$$

是半连续、强制并且严格单调的.

(b) 对每个 $f \in W^{-1,q}(\Omega)$, 非线性边值问题

$$\Delta_p u = f \text{ 在 } \mathcal{D}'(\Omega) \text{ 中 及 } u = 0 \text{ 在 } \partial\Omega \text{ 上}$$

有且只有一个解 $u \in W_0^{1,p}(\Omega)$.

证明 对现在这种情况, 对偶性由下式给出:

$$\langle \Delta_p v, w \rangle = -\int_\Omega |\nabla v|^{p-2}\nabla v \cdot \nabla w dx \quad \text{对每个 } v, w \in W_0^{1,p}(\Omega).$$

注意, 此式的右端是适定的, 这是因为根据 Hölder 不等式

$$\left| \int_\Omega |\nabla v|^{p-2}\nabla v \cdot \nabla w dx \right| \leqslant \|\nabla v\|_{0,p,\Omega}^{p-1} \|\nabla w\|_{0,p,\Omega},$$

并且 $w \to \|\nabla w\|_{0,p,\Omega}$ 是在空间 $W_0^{1,p}(\Omega)$ 中的范数.

因为显然映射

$$t \in \mathbb{R} \to \langle \Delta_p(u + tv), w \rangle \in \mathbb{R}$$

是连续的, 故算子 $-\Delta_p : W_0^{1,p}(\Omega) \to W^{-1,q}(\Omega)$ 是半连续的.

在定理 9.6-1 的证明中, 特别地还说明了, 由

$$I_p(v) := \frac{1}{p} \int_\Omega |\nabla v|^p dx$$

定义的泛函 $I_p : W_0^{1,p}(\Omega) \to \mathbb{R}$ 是严格凸的并且是 Gâteaux 可微的, 在每个 $u, v \in W_0^{1,p}(\Omega)$ 处, 其 Gâteaux 导数由下式给出:

$$\lim_{t \to 0} \frac{1}{t}(I_p(u + tv) - I_p(u)) = \langle -\Delta_p u, v \rangle.$$

泛函 I_p 的严格凸性意味着

$$\langle \Delta_p u - \Delta_p v, u - v\rangle < 0 \quad \text{对所有 } u, v \in W_0^{1,p}(\Omega),\ u \neq v.$$

所以 $-\Delta_p : W_0^{1,p}(\Omega) \to W^{-1,q}(\Omega)$ 是严格单调的.

最后, 对每个非零 $v \in W_0^{1,p}(\Omega)$,

$$\frac{\langle -\Delta_p v, v\rangle}{\|\nabla v\|_{0,p,\Omega}} = \|\nabla v\|_{0,p,\Omega}^{p-1},$$

因此, $-\Delta_p : W_0^{1,p}(\Omega) \to W^{-1,q}(\Omega)$ 是强制的 (注意由假设 $p > 1$).

若 $1 < p < \infty$, 空间 $W_0^{1,p}(\Omega)$ 是可分的且是自反的, 由于 Minty-Browder 定理 (定理 9.14-1) 的所有假设都满足, 故由该定理立得要证的结论. □

注 (1) 关于 p-Laplace 算子的进一步的性质, 作为习题留给读者; 见习题 9.14-1 和 9.14-2.

(2) Minty-Browder 定理对另一个非线性边值问题的应用在习题 9.14-3 中给出.

(3) 设 V 是赋范向量空间, $\varphi : [0,\infty[\to [0,\infty[$ 是严格递增的连续函数且满足 $\varphi(0) = 0$ 和 $\varphi(r) \to \infty$ 当 $r \to \infty$ 时. 一个映射 $J_\varphi : V \to V'$ 称为关于 φ 的对偶映射, 如果对所有 $v \in V$,

$$\langle J_\varphi(v), v\rangle = \|J_\varphi(v)\|_{V'}\|v\|_V \quad \text{及} \quad \|J_\varphi(v)\|_{V'} = \varphi(\|v\|_V).$$

这种对偶映射在 *Banach* 空间的几何学的研究中起着关键作用[69]. 因此, 映射 $v \in W_0^{1,p}(\Omega) \to -\Delta_p v \in W^{-1,q}(\Omega)$ 给出了一个关于函数 $\varphi : r \to r^{p-1}$ 的对偶映射的实例. □

习题

9.14-1 设 Ω 是 $\mathbb{R}^n$ 中的区域, $1 < p < \infty$, 又设 q 是 p 的共轭指数. 根据定理 9.14-2, 对每个 $f \in L^q(\Omega)$, 存在唯一的 $u \in W_0^{1,p}(\Omega)$ 使得 $\Delta_p u = f$ 在 $\mathcal{D}'(\Omega)$ 中. 证明, 以这种方式定义的非线性映射 $f \in L^q(\Omega) \to u \in W_0^{1,p}(\Omega)$ 是紧的 (9.12 节).

9.14-2 设 Ω 是 $\mathbb{R}^n$ 中的区域, $1 < p < \infty$, 又设 q 是 p 的共轭指数.

(1) 证明, 给定任意的函数 $f \in L^q(\Omega)$, 变分方程

$$\int_\Omega (|\nabla u|^{p-2}\nabla u \cdot \nabla v + |u|^{p-2}uv)dx = \int_\Omega fv dx \quad \text{对所有 } v \in W^{1,p}(\Omega)$$

存在唯一的解 $u \in W^{1,p}(\Omega)$.

(2) 证明 u 满足关于算子 $v \in W^{1,p}(\Omega) \to -\Delta_p v + |v|^{p-2}v$ 的 Neumann 问题.

[69] G. Dinca [2004]: Duality mappings on infinite dimensional reflexive and smooth Banach spaces are not compact, *Bulletin de l'Académie Royale de Belgique, Classes des Sciences* **6**, 33–40.

9.14-3 设 $f \in \mathcal{C}([0,1] \times \mathbb{R})$ 是关于其第二个变量可微的函数, 且具有下述性质: 存在常数 c_0 使得[70)]

$$\frac{\partial f}{\partial v}(x,v) \geqslant c_0 > -\pi^2 \quad \text{对所有 } (x,v) \in [0,1] \times \mathbb{R}.$$

(1) 证明非线性边值问题

$$-u''(x) + f(x,u(x)) = 0, \quad 0 < x < 1, \quad \text{及} \quad u(0) = u(1) = 0,$$

有一个且只有一个弱解 $u \in H_0^1(0,1)$.

提示: 证明, 给定任意 $u \in H_0^1(0,1)$, 存在唯一的分布 $A(u) \in H^{-1}(0,1)$ 使得

$$\int_0^1 \{u'(x)v'(x) + f(x,u(x))v(x)\}dx = {}_{H^{-1}(0,1)}\langle A(u), v\rangle_{H_0^1(0,1)}$$
$$\text{对所有 } v \in H_0^1(0,1).$$

然后证明以这种方式定义的非线性算子 $A : H_0^1(0,1) \to H^{-1}(0,1)$ 满足 Minty-Browder 定理的所有假设.

(2) 证明 $u \in \mathcal{C}^2[0,1]$; 因此 u 是这个边值问题的经典解.

9.14-4 设 U 是可分自反的实 Banach 空间中的非空闭凸子集, $A : V \to V'$ 是强制且半连续的单调算子. 证明, 给定任意的 $f \in V'$, 存在 u 使得

$$u \in U \quad \text{且} \quad \langle A(u), v-u\rangle \geqslant \langle f, v-u\rangle \text{ 对所有 } v \in U$$

(显然, 如果 A 是严格单调的, 那么 u 是唯一的).

提示: 首先证明, 如果 V 是有限维的, 这个问题有解 (开始, 考虑 U 是有界的情况). 然后证明, $u \in U$ 是这个问题的解当且仅当

$$\langle A(v), v-u\rangle \geqslant \langle f, v-u\rangle \quad \text{对所有 } v \in U.$$

注 这个结果构成 **Hartman-Stampacchia 定理**[71)], 推广了 *Stampacchia* 定理, 后者讨论的算子 $A : V \to V'$ 是线性且连续的; 见习题 6.2-1. □

9.14-5 设 $(V, (\cdot,\cdot))$ 是实 Hilbert 空间, $A : V \to V$ 是 Lipschitz 连续的, 并且在下述意义下是强单调映射: 存在 α 使得

$$\alpha > 0 \quad \text{且} \quad (A(v) - A(u), v-u) \geqslant \alpha\|v-u\|^2 \text{ 对所有 } u, v \in V.$$

证明, 给定任意 $b \in V$, 方程 $A(u) = b$ 有唯一解 u, 而且逆映射 $A^{-1} : V \to V$ 也是 Lipschitz 连续的[72)].

提示: 证明, 如果 $\theta > 0$ 充分小, 映射 $v \in V \to v - \theta(A(v) - b) \in V$ 是压缩的.

---

70) 对于 n 维情况的推广, 见下文中的定理 4.4:

P. G. Ciarlet; M. H. Schultz; R. S. Varga [1969]: Numerical methods of high-order accuracy for nonlinear boundary value problems: V. Monotone operator theory, *Numerische Mathematik* **13**, 51–77.

71) P. Hartman; G. Stampacchia [1966]: On some nonlinear elliptic differential functional equations, *Acta Mathematica* **115**, 271–310.

72) 这个结果属于:

F. Zarantonello [1960]: Solving functional equations by contractive averaging, *Mathematics Research Center Report No.* 160, University of Wisconsin-Madison, Madison, WI.

9.15 $\mathbb{R}^n$ 中的 Brouwer 拓扑度: 定义和性质

如在下面诸节中将充分阐明的, $\mathbb{R}^n$ 中的 *Brouwer* 拓扑度[73]是一个基本的概念, 它可视为证明 $\mathbb{R}^n$ 中非线性映射的, 诸如 $\mathbb{R}^n$ 中非线性方程解的存在性或不存在性, 或其重数等, 一些基本性质的基础. 本节实际上是分几个步骤致力于在完全一般性的意义下给出度的定义[74], 并确立其某些基本性质.

整个这一节, $|\cdot|$ 表示 $\mathbb{R}^n$ 中的欧氏范数; 特别地, 如开球及从一点到一个集合的距离等都是关于这个范数 $|\cdot|$ 的, 给定 $\mathbb{R}^n$ 的有界开子集, 一个函数 $g \in \mathcal{C}(\overline{\Omega}, \mathbb{R}^n)$ 的 sup 范数由

$$\|g\| := \sup_{x \in \Omega} |g(x)|$$

定义.

设 Ω 是 $\mathbb{R}^n$ 中的有界开子集. 作为开始, 我们首先给出函数 $f : \overline{\Omega} \to \mathbb{R}^n$ 关于一点 $b \notin f(\partial\Omega)$ 的度 $\deg(f, \Omega, b)$ 的定义, 它只对特定的函数 f 类有意义, 即那些 在 $\overline{\Omega}$ 上连续且在 Ω 内连续可微的函数; 稍后, 可微性这个假设可以去掉.

然后我们证明这个定义是无歧义的, 即在下面定理中定义的数 $\deg(f, \Omega, b)$ 实际上与出现在用以定义该数的积分中的函数 φ 无关. 要注意, 在这个无关性的证明中, 利用 Piola 恒等式 (定理 7.1-4) 是实质性的. 这一点都不奇怪, 同一个 Piola 恒等式在 9.9 节中给出的 *Brouwer* 不动点定理 的证明中起着关键作用, 这个定理的第二个证明将在 9.16 节中给出, 这次是利用度的概念.

定理 9.15-1 设 Ω 是 $\mathbb{R}^n$ 的有界开子集, 又设 $f \in \mathcal{C}(\overline{\Omega}; \mathbb{R}^n) \cap \mathcal{C}^1(\Omega; \mathbb{R}^n)$ 及点 $b \notin f(\partial\Omega)$ 是给定的. 设 $\varphi : [0, \infty[\to \mathbb{R}$ 是具有下述性质的任意函数:

$$\varphi \in \mathcal{C}[0, \infty[, \quad \text{supp}\, \varphi \Subset]0, \varepsilon_0[\,, \text{其中 } \varepsilon_0 := \text{dist}(b, f(\partial\Omega)) > 0, \text{ 及}$$
$$\int_{\mathbb{R}^n} \varphi(|y|) dy = 1.$$

则实数

$$\deg(f, \Omega, b) := \int_\Omega \varphi(|f(x) - b|) \det \nabla f(x) dx$$

是适定的并且与函数 φ 无关. 特别地,

$$\deg(f, \Omega, b) = 0 \quad \text{若 } b \notin f(\overline{\Omega}).$$

[73]冠名源自开创性的论文:

L. E. J. Brouwer [1912]: Über Abbildung der Mannigfaltigkeiten, *Mathematische Annalen* **71**, 97–115.

[74]本节中所遵循的途径可能是定义度的方式中最简单的一个, 本质上基于:

E. Heinz [1959]: An elementary analytic theory of the degree of mapping in n-dimensional space, *Journal of Mathematics and Mechanics* **8**, 231–247.

证明 (i) 首先注意, $\mathrm{dist}(b, f(\partial\Omega)) > 0$ 若 $b \notin f(\partial\Omega)$, 这是因为函数 $x \in \mathbb{R}^n \to d(b, x)$ 是连续的且 $f(\partial\Omega)$ 是紧的. 其次, 设 $\varphi \in \mathcal{C}[0, \infty[$ 使得 $\mathrm{supp}\ \varphi \Subset]0, \varepsilon_0[$. 若 $b \notin f(\overline{\Omega})$, 则 $|f(x) - b| \geqslant \varepsilon_0$ 对所有 $x \in \Omega$, 因此在这种情况,

$$\deg(f, \Omega, b) = \int_\Omega \varphi(|f(x) - b|)\det \nabla f(x)dx = 0$$

是适定且与 φ 无关的.

如果 $b \in (f(\overline{\Omega}) - f(\partial\Omega))$,

$$\begin{aligned}&\int_\Omega \varphi(|f(x) - b|)\det \nabla f(x)dx\\ =&\int_{f^{-1}(B(b;\varepsilon_0))} \varphi(|f(x) - b|)\det \nabla f(x)dx,\end{aligned}$$

在这种情况, 由于 $f^{-1}(B(b;\varepsilon_0)) \Subset \Omega$ 及根据假设 $f \in \mathcal{C}^1(\Omega; \mathbb{R}^n)$, 因此 $\deg(f, \Omega, b)$ 仍是适定的.

(ii) 仍假设 $b \in (f(\overline{\Omega}) - f(\partial\Omega))$, 又设 $\varphi \in \mathcal{C}[0, \infty[$ 和 $\widetilde{\varphi} \in \mathcal{C}[0, \infty[$ 是任意两个函数, 它们满足

$$\mathrm{supp}\ \varphi \Subset]0, \varepsilon_0[, \quad \mathrm{supp}\ \widetilde{\varphi} \Subset]0, \varepsilon_0[, \text{ 及}$$
$$\int_{\mathbb{R}^n} \varphi(|x|)dx = \int_{\mathbb{R}^n} \widetilde{\varphi}(|x|)dx = 1.$$

为了说明 $\deg(f, \Omega, b)$ 与 φ 无关, 我们必须证明

$$\int_\Omega \psi(|f(x) - b|)\det \nabla f(x)dx = 0$$

对任意满足下式的函数 $\psi := (\varphi - \widetilde{\varphi}) \in \mathcal{C}]0, \infty[$:

$$\mathrm{supp}\ \psi \Subset]0, \varepsilon_0[\quad \text{及} \quad \int_0^\infty r^{n-1}\psi(r)dr = 0$$

(在此利用熟知的公式 $\int_{\mathbb{R}^n} \varphi(|x|)dx = \sigma_n \int_0^\infty r^{n-1}\varphi(r)dr$, 其中 σ_n 表示 $\mathbb{R}^n$ 中单位球面的面积).

为此目的, 我们首先证明, 在附加假设 $f \in \mathcal{C}(\overline{\Omega}; \mathbb{R}^n) \cap \mathcal{C}^2(\Omega; \mathbb{R}^n)$ 下 (代替 $f \in \mathcal{C}(\overline{\Omega}; \mathbb{R}^n) \cap \mathcal{C}^1(\Omega; \mathbb{R}^n)$; 这个附加假设在稍后的证明部分 (iii) 中可除去), 被积函数 $x \in \Omega \to \psi(|f(x) - b|)\det \nabla f(x)$ 可重新表示为某特定向量场 $w \in \mathcal{C}^1(\Omega; \mathbb{R}^n)$ 的散度, 其中 $\mathrm{supp}\ w \Subset \Omega$.

给定任意具有上述性质的函数 ψ, 由

$$r \in [0, \infty[\to \gamma(r) := \frac{1}{r^n} \int_0^r s^{n-1}\psi(s)ds$$

定义函数 $\gamma:[0,\infty[\to\mathbb{R}$, 故

$$\gamma\in\mathcal{C}^1[0,\infty[,\quad \operatorname{supp}\gamma\Subset]0,\varepsilon_0[,\ \text{及}$$
$$r\gamma'(r)+n\gamma(r)=\psi(r)\quad \text{对所有 } r\geqslant 0.$$

其次, 定义函数 $F:\mathbb{R}^n\to\mathbb{R}^n$ 如下:

$$y\in\mathbb{R}^n\to F(y)=(F_k(y))_{k=1}^n:=\gamma(|y|)y.$$

注意, 函数 F 在 $0\in\mathbb{R}^n$ 的邻域内为零 (由于函数 γ 在 $0\in\mathbb{R}$ 的邻域内为零), 我们得到

$$F\in\mathcal{C}^1(\mathbb{R}^n;\mathbb{R}^n)$$

(否则这就不一定成立, 因为欧氏范数 $|\cdot|$, 其实与任意其他范数一样, 在 $0\in\mathbb{R}^n$ 处不是可微的; 见习题 7.1-1); 简单的计算说明

$$\begin{aligned}\operatorname{div}_yF(y)&:=\sum_{j=1}^n\frac{\partial F_j}{\partial y_j}(y)=\gamma'(|y|)|y|+n\gamma(|y|)\\&=\psi(|y|)\quad \text{对每个 } y\in\mathbb{R}^n.\end{aligned}$$

最后, 定义函数 $w:\Omega\to\mathbb{R}^n$ 如下:

$$x\in\Omega\to w(x):=(\operatorname{Cof}\nabla f(x))^TF(f(x)-b).$$

则 $w\in\mathcal{C}^1(\Omega;\mathbb{R}^n)$ (这就是为什么在证明的这一部分需要假设 $f\in\mathcal{C}^2(\Omega;\mathbb{R}^n)$) 并且

$$\begin{aligned}\operatorname{div}w(x)&=\sum_{i=1}^n\partial_iw_i(x)\\&=\sum_{j=1}^n\left\{\sum_{i=1}^n\partial_i(\operatorname{Cof}\nabla f(x))_{ji}\right\}F_j(f(x)-b)\\&\quad+\sum_{j,k=1}^n\left\{\sum_{i=1}^n(\operatorname{Cof}\nabla f(x))_{ji}\partial_if_k(x)\right\}\partial_kF_j(f(x)-b),\quad x\in\Omega.\end{aligned}$$

但是

$$\sum_{i=1}^n\partial_i(\operatorname{Cof}\nabla f(x))_{ji}=0,\quad 1\leqslant j\leqslant n,$$

这个关系式就是 *Piola* 恒等式 (定理 7.1-4), 以及

$$\sum_{i=1}^n(\operatorname{Cof}\nabla f(x))_{ji}\partial_if_k(x)=\delta_{jk}\det\nabla f(x),\quad 1\leqslant j,k\leqslant n,$$

这是由于对任意矩阵 $A\in\mathbb{M}^n$ 均有 $A(\operatorname{Cof}A)^T=(\det A)I$.

综合上述关系式, 我们因此得到, 对每个 $x \in \Omega$,

$$\begin{aligned}\operatorname{div} w(x) &= \sum_{j,k=1}^{n} \delta_{jk}(\partial_k F_j(f(x)-b))\det \nabla f(x)\\ &= ((\operatorname{div}_y F)(f(x)-b))\det \nabla f(x)\\ &= \psi(|f(x)-b|)\det \nabla f(x).\end{aligned}$$

故

$$\int_\Omega \psi(|f(x)-b|)\det \nabla f(x)dx = \int_\Omega \operatorname{div} w(x)dx = 0,$$

这是因为 supp $\gamma \Subset]0,\varepsilon_0[$ 意味着向量场 $w \in \mathcal{C}^1(\Omega;\mathbb{R}^n)$ 的支集是 Ω 的紧子集 (单就结果而言, 在此要得到 $\int_\Omega \operatorname{div} w(x)dx = 0$ 并不需要关于边界 $\partial\Omega$ 的正则性假设; 要说明这一点, 只要在 $\mathbb{R}^n - \Omega$ 上对 w 作零延拓, 并在一个包含 $\overline{\Omega}$ 的超立方体上积分即可). 因此 (ii) 中的断言在附加的 $f \in \mathcal{C}(\overline{\Omega};\mathbb{R}^n) \cap \mathcal{C}^2(\Omega;\mathbb{R}^n)$ 假设下得以确立.

(iii) 我们现在证明 (ii) 中的断言在 $f \in \mathcal{C}(\overline{\Omega};\mathbb{R}^n) \cap \mathcal{C}^1(\Omega;\mathbb{R}^n)$ 这一较弱的假设下仍然成立.

给定函数 $f \in \mathcal{C}(\overline{\Omega};\mathbb{R}^n) \cap \mathcal{C}^1(\Omega;\mathbb{R}^n)$, 设 $\widetilde{f} \in \mathcal{C}(\mathbb{R}^n;\mathbb{R}^n)$ 是 f 的延拓 (根据 Tietze-Urysohn 延拓定理, 这样的延拓存在; 见定理 1.7-7), 又设 $(\widetilde{f}_\eta)_{\eta>0}$ 是 $\widetilde{f}$ 的正则化族 (2.6 节) (即, 对每个 $\eta > 0, \widetilde{f}_\eta = (\widetilde{f}^i_\eta)_{i=1}^n$, 其中对每个 $1 \leqslant i \leqslant n, (\widetilde{f}^i_\eta)_{\eta>0}$ 是 $\widetilde{f}$ 的第 i 个分量 $\widetilde{f}^i$ 的正则化族). 则 $\widetilde{f}_\eta \in \mathcal{C}^\infty(\mathbb{R}^n;\mathbb{R}^n)$ 对每个 $\eta > 0$, 而且 (定理 2.6-1(b))

$$\begin{aligned}&\lim_{\eta\to 0}\|\widetilde{f}_\eta - f\| = 0, \text{ 并且对每个 } K \Subset \Omega,\\ &\lim_{\eta\to 0}\sup_{x\in K}|\nabla\widetilde{f}_\eta(x) - \nabla f(x)| = 0.\end{aligned}$$

给定一点 $b \in (f(\overline{\Omega}) - f(\partial\Omega))$, 与前面一样, 令 $\varepsilon_0 := \operatorname{dist}(b, f(\partial\Omega)) > 0$. 由于当 $\eta \to 0$ 时函数 $\widetilde{f}_\eta$ 在 $\overline{\Omega}$ 上一致收敛于 f, 对任意的 $0 < \widetilde{\varepsilon}_0 < \varepsilon_0$, 存在 $\eta_0 = \eta_0(\widetilde{\varepsilon}_0) > 0$ 使得

$$0 < \widetilde{\varepsilon}_0 \leqslant \operatorname{dist}(b, \widetilde{f}_\eta(\partial\Omega)) \quad \text{对所有 } 0 < \eta \leqslant \eta_0.$$

现在设 $\psi \in \mathcal{C}[0,\infty]$ 是满足 supp $\psi \Subset]0,\widetilde{\varepsilon}_0[$ 及 $\int_0^\infty r^{n-1}\psi(r)dr = 0$ 的任意函数, 由 (ii) 有

$$\int_\Omega \psi(|\widetilde{f}_\eta(x) - b|)\det \nabla\widetilde{f}_\eta(x)dx = 0 \quad \text{对所有 } 0 < \eta \leqslant \eta_0.$$

所以,

$$\begin{aligned}&\int_{\Omega}\psi(|f(x)-b|)\det\nabla f(x)dx\\&=\int_{f^{-1}(B(b;\widetilde{\varepsilon}_0))}\psi(|f(x)-b|)\det\nabla f(x)dx\\&=\lim_{\eta\to 0}\int_{\widetilde{f}_\eta^{-1}(B(b;\widetilde{\varepsilon}_0))}\psi(|\widetilde{f}_\eta(x)-b|)\det\nabla\widetilde{f}_\eta(x)dx\\&=\lim_{\eta\to 0}\int_{\Omega}\psi(|\widetilde{f}_\eta(x)-b|)\det\nabla\widetilde{f}_\eta(x)dx=0,\end{aligned}$$

此因存在 Ω 的一个紧子集 K 使得

$$f^{-1}(B(b;\widetilde{\varepsilon}_0))\subset K \quad 及 \quad \bigcup_{0<\eta\leqslant\eta_0}(\widetilde{f}_\eta^{-1}(B(b;\widetilde{\varepsilon}_0))\subset K$$

(要确立第二个包含结论, 可考察一个序列 $(\eta_k)_{k=1}^{\infty}$ 使得 $\eta_k>0, k\geqslant 1$, 且 $\eta_k\to 0$ 当 $k\to\infty$).

只要注意到, 我们可以选取 $\widetilde{\varepsilon}_0<\varepsilon_0$ 想多接近就多接近 ε_0, 立即得到我们所要证的结论. □

我们下面证明, 度 $\deg(f,\Omega,b)$ 关于 $f\in\mathcal{C}(\overline{\Omega};\mathbb{R}^n)\cap\mathcal{C}^1(\Omega;\mathbb{R}^n)$, 对于在 $\overline{\Omega}$ 上 sup 范数 $\|\cdot\|$ 的度量下充分小的变化是平稳的. 稍后, 这个结果将推广到 $f\in\mathcal{C}(\overline{\Omega};\mathbb{R}^n)$ 的情形 (定理 9.15-4(b)).

注 对于在定理 9.15-1 中用到的特殊情况下的 Tietze-Urysohn 延拓定理 (即一个在 $\mathbb{R}^n$ 的紧子集上连续的函数到 $\mathbb{R}^n$ 上的连续延拓) 在习题 9.15-1 中给出了一个特别简单的证明. □

定理 9.15-2 设 Ω 是 $\mathbb{R}^n$ 的有界开子集.

(a) 设函数 $f\in\mathcal{C}(\overline{\Omega};\mathbb{R}^n)\cap\mathcal{C}^1(\Omega;\mathbb{R}^n)$ 和点 $b\notin f(\partial\Omega)$ 是给定的, 又设 $r=r(f,b)$ 是满足

$$0<r<\frac{1}{5}\mathrm{dist}(b,f(\partial\Omega))$$

的任一实数. 则任一满足

$$\|g-f\|<r$$

的函数 $g\in\mathcal{C}(\overline{\Omega};\mathbb{R}^n)\cap\mathcal{C}^1(\Omega;\mathbb{R}^n)$ 也满足

$$b\notin g(\partial\Omega) \quad 及 \quad \|g-f\|<\frac{1}{4}\mathrm{dist}(b,f(\partial\Omega)\cup g(\partial\Omega)).$$

(b) 设两个函数 $f,g\in\mathcal{C}(\overline{\Omega};\mathbb{R}^n)\cap\mathcal{C}^1(\Omega;\mathbb{R}^n)$ 及一点 $b\notin f(\partial\Omega)\cup g(\partial\Omega)$ 是给定的且具有如下性质:

$$\|g-f\|<\frac{1}{4}\mathrm{dist}(b,f(\partial\Omega)\cup g(\partial\Omega)).$$

则

$$\deg(g, \Omega, b) = \deg(f, \Omega, b).$$

证明 (i) 给定一个函数 $f \in \mathcal{C}(\overline{\Omega}; \mathbb{R}^n)$ 及一点 $b \notin f(\partial\Omega)$, 设 r 是任一满足

$$0 < r < \frac{1}{5}\text{dist}(b, f(\partial\Omega))$$

的数. 由于 $\text{dist}(b, g(\partial\Omega)) \geqslant \text{dist}(b; f(\partial\Omega)) - \|g - f\|$ 对任意函数 $g \in \mathcal{C}(\overline{\Omega}; \mathbb{R}^n)$ 都成立, 故

$$g \in \mathcal{C}(\overline{\Omega}; \mathbb{R}^n) \text{ 及 } \|g - f\| \leqslant r \quad \text{意味着} \quad \text{dist}(b, g(\partial\Omega)) > 4r.$$

因此, 如果 $g \in \mathcal{C}(\overline{\Omega}; \mathbb{R}^n)$ 满足 $\|g - f\| < r$, 我们有

$$\begin{aligned}
\|g - f\| < r &< \min\left\{\frac{1}{4}\text{dist}(b, g(\partial\Omega)), \frac{1}{5}\text{dist}(b, f(\partial\Omega))\right\} \\
&\leqslant \frac{1}{4}\min\{\text{dist}(b, f(\partial\Omega)), \text{dist}(b, g(\partial\Omega))\} \\
&\leqslant \frac{1}{4}\text{dist}(b, f(\partial\Omega) \cup g(\partial\Omega)).
\end{aligned}$$

这就证明了 (a).

(ii) 现在设 $f, g \in \mathcal{C}(\overline{\Omega}; \mathbb{R}^n) \cap \mathcal{C}^1(\Omega; \mathbb{R}^n)$ 和 $b \notin f(\partial\Omega) \cup g(\partial\Omega)$ 使得

$$\|g - f\| < \frac{1}{4}\text{dist}(b, f(\partial\Omega) \cup g(\partial\Omega)).$$

为了证明 $\deg(f, \Omega, b) = \deg(g, \Omega, b)$, 不失一般性假定 (为符号简洁起见) $b = 0$, 这是因为显然有 $\deg(f, \Omega, b) = \deg(f - b, \Omega, 0)$. 然后设 ε 为任一满足

$$\|g - f\| < \varepsilon < \frac{1}{4}\text{dist}(0, f(\partial\Omega) \cup g(\partial\Omega))$$

的数, 设 $\chi : [0, \infty[\to [0, 1]$ 是满足

$$\chi \in \mathcal{C}^1[0, \infty[, \quad \chi(r) = \begin{cases} 1, & \text{若 } 0 \leqslant r \leqslant 2\varepsilon, \\ 0, & \text{若 } r \geqslant 3\varepsilon \end{cases}$$

的任一函数, 又设函数 $h : \overline{\Omega} \to \mathbb{R}^n$ 由下式定义:

$$x \in \overline{\Omega} \to h(x) := (1 - \chi(|f(x)|))f(x) + \chi(|f(x)|)g(x).$$

则显然 $h \in \mathcal{C}(\overline{\Omega}; \mathbb{R}^n) \cap \mathcal{C}^1(\Omega; \mathbb{R}^n)$, 这是因为

$$h(x) = \begin{cases} g(x), & \text{若 } |f(x)| < 2\varepsilon, \\ g(x) + (1 - \chi(|f(x)|))(f(x) - g(x)), & \text{若 } 2\varepsilon = |f(x)| \leqslant 3\varepsilon, \\ f(x), & \text{若 } 3\varepsilon < |f(x)|, \end{cases}$$

而且 h 在两个开集 $\{x \in \Omega; |f(x)| < 2\varepsilon\}$ 和 $\{x \in \Omega; |f(x) > \varepsilon\}$ 上是 $\mathcal{C}^1$ 类的, 两个集合的并是 Ω. 上面的关系式也说明 $\|h-f\| \leqslant \|f-g\|$ 及 $\|h-g\| \leqslant \|f-g\|$. 因此

$$\|h-f\| < \varepsilon \quad 和 \quad \|h-g\| < \varepsilon.$$

由于 $h(x) = f(x)$ 若 $x \in \partial\Omega$ (因为这就有 $|f(x)| \geqslant \mathrm{dist}(0, f(\partial\Omega)) > 4\varepsilon$), 这就得到 $\mathrm{dist}(0, h(\partial\Omega)) = \mathrm{dist}(0, f(\partial\Omega)) > 4\varepsilon$.

现在设 $\varphi : [0, \infty[\to \mathbb{R}$ 和 $\psi : [0, \infty[\to \mathbb{R}$ 是两个具有下述性质的任意函数:

$$\varphi \in \mathcal{C}[0, \infty[,\ \mathrm{supp}\ \varphi \Subset]3\varepsilon, 4\varepsilon[,\ 及 \int_{\mathbb{R}^n} \varphi(|y|)dy = 1,$$
$$\psi \in \mathcal{C}[0, \infty[,\ \mathrm{supp}\ \psi \Subset]0, \varepsilon[,\ 及 \int_{\mathbb{R}^n} \psi(|y|)dy = 1.$$

由于 $4\varepsilon < \min\{\mathrm{dist}(0, f(\partial\Omega)), \mathrm{dist}(0, g(\partial\Omega)), \mathrm{dist}(0, h(\partial\Omega))\}$, 由定理 9.15-1 我们推得 $\deg(f, \Omega, 0)$ 和 $\deg(h, \Omega, 0)$ 可以定义为

$$\begin{aligned}\deg(f, \Omega, 0) &= \int_\Omega \varphi(|f(x)|)\det\ \nabla f(x)dx \\ &= \int_{3\varepsilon<|f(x)|<4\varepsilon} \varphi(|f(x)|)\det\ \nabla f(x)dx, \\ \deg(h, \Omega, 0) &= \int_\Omega \varphi(|h(x)|)\det\ \nabla h(x)dx \\ &= \int_{3\varepsilon<|h(x)|<4\varepsilon} \varphi(|h(x)|)\det\ \nabla h(x)dx.\end{aligned}$$

由于 $h(x) = f(x)$ 若 $3\varepsilon < |f(x)|$, 因此 $\deg(f, \Omega, 0) = \deg(h, \Omega, 0)$. 同样地, $\deg(g, \Omega, 0)$ 和 $\deg(h, \Omega, 0)$ 可以定义为

$$\begin{aligned}\deg(g, \Omega, 0) &= \int_\Omega \psi(|g(x)|)\det\ \nabla g(x)dx \\ &= \int_{|g(x)|<\varepsilon} \psi(|g(x)|)\det\ \nabla g(x)dx, \\ \deg(h, \Omega, 0) &= \int_\Omega \psi(|h(x)|)\det\ \nabla h(x)dx \\ &= \int_{|h(x)|<\varepsilon} \psi(|h(x)|)\det\ \nabla h(x)dx.\end{aligned}$$

由于 $|g(x)| < \varepsilon$ 意味着 $|f(x)| \leqslant |g(x)| + |f(x) - g(x)| < 2\varepsilon$, 而这又意味着 $h(x) = g(x)$ 若 $|g(x)| < \varepsilon$, 因此 $\deg(g, \Omega, 0) = \deg(h, \Omega, 0)$. 所以

$$\deg(f, \Omega, 0) = \deg(h, \Omega, 0) = \deg(g, \Omega, 0).$$

这就证明了 (b). □

下一定理，其实质上要利用定理 9.15-2，为把 $\deg(f, \Omega, b)$ 的定义推广到在 $\overline{\Omega}$ 上只是连续的函数 $f: \overline{\Omega} \to \mathbb{R}^n$ 作好准备.

定理 9.15-3 设 Ω 是 $\mathbb{R}^n$ 的有界开子集，函数 $f \in \mathcal{C}(\overline{\Omega}; \mathbb{R}^n)$ 是给定的.

(a) 存在具有下述性质的序列 $(f_k)_{k=1}^{\infty}$:

$$f_k \in \mathcal{C}(\overline{\Omega}; \mathbb{R}^n) \cap \mathcal{C}^1(\Omega; \mathbb{R}^n) \text{ 对所有 } k \geqslant 1 \text{ 且}$$
$$\|f_k - f\| \to 0 \text{ 当 } k \to \infty.$$

(b) 设点 $b \notin f(\partial\Omega)$ 是给定的，则给定任意这样的序列 $(f_k)_{k=1}^{\infty}$，存在整数 $k_0 \geqslant 1$ 使得 $\deg(f_k, \Omega, b)$ 对所有 $k \geqslant k_0$ 是适定的，并且存在整数 $k_1 \geqslant k_0$ 使得

$$\deg(f_k, \Omega, b) = \deg(f_{k_1}, \Omega, b) \quad \text{对所有 } k \geqslant k_1.$$

(c) 此外，这样的数 $\lim_{k\to\infty} \deg(f_k, \Omega, b)$ 与序列 $(f_k)_{k=1}^{\infty}$ 无关.

证明 (i) (a) 的证明：由于 $f \in \mathcal{C}(\overline{\Omega}; \mathbb{R}^n)$ 和 $\overline{\Omega}$ 是 $\mathbb{R}^n$ 的闭子集，存在函数 $\widetilde{f} \in \mathcal{C}(\mathbb{R}^n; \mathbb{R}^n)$，它根据 *Tietze-Urysohn* 延拓定理 (定理 1.7-7) 延拓函数 f. 那么 $\widetilde{f}$ 的任一正则化族 $(\widetilde{f}_\varepsilon)_{\varepsilon>0}$ 都满足 $\widetilde{f}_\varepsilon \in \mathcal{C}^\infty(\Omega; \mathbb{R}^n)$ 以及 $(\widetilde{f}_\varepsilon)_{\varepsilon>0}$ 在 $\mathbb{R}^n$ 的任一紧子集上，特别地在 $\overline{\Omega}$ 上，一致收敛于 $\widetilde{f}$ (定理 2.6-1(b)). 所以函数 $f_k := \widetilde{f}_{\varepsilon_k}|_{\overline{\Omega}}, k \geqslant 1$，其中 $\lim_{k\to\infty} \varepsilon_k = 0^+$，就具有所要求的性质.

(ii) (b) 的证明：给定一点 $b \notin f(\partial\Omega)$，令 ε 是满足 $0 < 4\varepsilon < \operatorname{dist}(b, f(\partial\Omega))$ 的任意数，又设 $(f_k)_{k=1}^{\infty}$ 是具有 (a) 中性质的任一序列. 由于

$$|\operatorname{dist}(b, f_k(\partial\Omega)) - \operatorname{dist}(b, f(\partial\Omega))| \leqslant \|f_k - f\| \quad \text{及} \quad \lim_{k\to\infty} \|f - f_k\| = 0,$$

存在 $k_0 \geqslant 1$ 使得

$$\operatorname{dist}(b, f_k(\partial\Omega)) > 4\varepsilon \quad \text{对所有 } k \geqslant k_0,$$

故 $b \notin f_k(\partial\Omega)$ 对 $k \geqslant k_0$. 因此 $\deg(f_k, \Omega, b)$ 对所有 $k \geqslant k_0$ 是适定的. 由于存在 $k_1 \geqslant k_0$ 使得 $\|f_k - f_l\| < \varepsilon$ 对所有 $k, l \geqslant k_1$ (自然地，整数 k_1 依赖于所考察的特定序列 $(f_k)_{k=1}^{\infty}$)，因此就得到

$$\|f_k - f_l\| < \frac{1}{4} \operatorname{dist}(b, f_k(\partial\Omega) \cup f_l(\partial\Omega)) \quad \text{对所有 } k, l \geqslant k_1.$$

所以定理 9.15-2(b) 意味着

$$\deg(f_k, \Omega, b) = \deg(f_l, \Omega, b) \quad \text{对所有 } k, l \geqslant k_1,$$

这说明序列 $(\deg(f_k, \Omega, b))_{k \geqslant k_1}$ 是平稳的 (stationary).

(iii) (c) 的证明：现在设 $(\widetilde{f}_k)_{k=1}^{\infty}$ 是具有 (a) 中性质的另一序列，故存在 $\widetilde{k}_1$ 使得序列 $(\deg(\widetilde{f}_k, \Omega, b))_{k \geqslant \widetilde{k}}$ 根据 (ii) 是平稳的. 注意到序列 $(f_1, \widetilde{f}_1, f_2, \widetilde{f}_2, \cdots, f_k, \widetilde{f}_k, \cdots)$ 也

是具有 (a) 中性质的序列, 就得到结论, 平稳序列 $(\deg(f_k,\Omega,b))_{k\geqslant k_1}$ 和 $(\deg(\widetilde{f}_k,\Omega,b))_{k\geqslant\widetilde{k}_1}$ 的极限必定是相同的, 因为它们都是同一收敛序列的子序列. 因此 $\lim_{k\to\infty}\deg(f_k,\Omega,b)$ 与序列 $(f_k)_{k=1}^{\infty}$ 无关. □

注 (a) 的另一个证明是利用多变量的 *Weierstrass* 多项式逼近定理 (定理 2.15-2), 该定理断言, 对于每个 $1\leqslant i\leqslant n$ 存在一个多项式 $f_k^i:\mathbb{R}^n\to\mathbb{R}$ 的序列 $(f_k^i)_{k=1}^{\infty}$ 在 $\overline{\Omega}$ 上一致收敛于 f 的第 i 个分量. 因此函数 $f_k:=(f_k^i|_{\overline{\Omega}})_{i=1}^n, k\geqslant 1$, 就具有所要求的性质. □

我们现在将 $\deg(f,\Omega,b)$ 的定义, 从直到目前为止都限制于函数 $f\in\mathcal{C}(\overline{\Omega};\mathbb{R}^n)\cap\mathcal{C}^1(\Omega;\mathbb{R}^n)$ 延拓到函数 $f\in\mathcal{C}(\overline{\Omega};\mathbb{R}^n)$: 给定 $\mathbb{R}^n$ 的有界开子集, 函数 $f\in\mathcal{C}(\overline{\Omega};\mathbb{R}^n)$, 及一点 $b\notin f(\partial\Omega)$, f 关于 b 的 **Brouwer 拓扑度**定义为

$$\deg(f,\Omega,b):=\lim_{k\to\infty}\deg(f_k,\Omega,b),$$

其中 $(f_k)_{k=1}^{\infty}$ 是满足

$$f_k\in\mathcal{C}(\overline{\Omega};\mathbb{R}^n)\cap\mathcal{C}^1(\Omega;\mathbb{R}^n)\ \text{及}\ b\notin f_k(\partial\Omega)\ \text{对所有}\ k\geqslant 1$$
$$\text{并且}\ \lim_{k\to\infty}\|f_k-f\|=0$$

的函数的任一序列, 而 $\deg(f_k,\Omega,b)$ 对每个 $k\geqslant 1$ 是如定理 9.15-1 所定义. 这个定义的含义确切完整, 因为序列 $(\deg(f_k,\Omega,b))_{k=1}^{\infty}$ 对充分大的 k 是平稳的, 而且其极限与所考察的序列无关 (定理 9.15-3).

要注意, 如果 $f\in\mathcal{C}(\overline{\Omega};\mathbb{R}^n)\cap\mathcal{C}^1(\Omega;\mathbb{R}^n)$, 考察对所有 $k\geqslant 1$ 由 $f_k:=f$ 定义的序列 $(f_k)_{k=1}^{\infty}$ 就说明, 上面定义的度与在定理 9.15-1 中定义的度是完全一样的, 因此用同一符号 $\deg(f,\Omega,b)$ 不会发生混淆不清的情况.

下面的定理给出关于度的一些简单性质. 性质 (b) 和 (c) 指出, $\deg(f,\Omega,b)$ 关于 f 用 sup 范数 $\|\cdot\|$ 度量 (充分小) 的变化 (这一性质在定理 9.15-2 中已对函数 $f\in\mathcal{C}(\overline{\Omega};\mathbb{R}^n)\cap\mathcal{C}^1(\Omega;\mathbb{R}^n)$ 确立) 以及 b 在 $\mathbb{R}^n-f(\partial\Omega)$ 的连通分支中的变化是平稳的.

注意, $\mathbb{R}^n-f(\partial\Omega)$ 的每一连通分支都是开的 (定理 2.2-6).

定理 9.15-4 设 Ω 是 $\mathbb{R}^n$ 的有界开子集, $f\in\mathcal{C}(\overline{\Omega};\mathbb{R}^n)$ 及 $b\notin f(\partial\Omega)$.

(a) 若 $b\notin f(\overline{\Omega})$, 则

$$\deg(f,\Omega,b)=0.$$

因此,

$$\deg(f,\Omega,b)\neq 0\quad\text{意味着}\quad b=f(x)\ \text{对某个}\ x\in\Omega.$$

(b) 设 r 是任一满足

$$0<r<\frac{1}{5}\mathrm{dist}(b,f(\partial\Omega))$$

的数, 则

$$g \in \mathcal{C}(\overline{\Omega};\mathbb{R}^n) \text{ 且 } \|g-f\| < r \quad \text{意味着}$$
$$b \notin g(\partial\Omega) \text{ 及 } \deg(g,\Omega,b) = \deg(f,\Omega,b).$$

此外, 给定任意 $0 < \varepsilon \leqslant r$, 存在 $g_\varepsilon \in \mathcal{C}(\overline{\Omega};\mathbb{R}^n) \cap \mathcal{C}^1(\Omega;\mathbb{R}^n)$ 使得

$$\|g_\varepsilon - f\| < \varepsilon, \quad b \notin g_\varepsilon(\partial\Omega), \text{ 及 } \deg(g_\varepsilon,\Omega,b) = \deg(f,\Omega,b).$$

(c) 下面关系式成立:

$$\deg(f,\Omega,b) = \deg(f-b,\Omega,0).$$

(d) 函数

$$b \in (\mathbb{R}^n - f(\partial\Omega)) \to \deg(f,\Omega,b)$$

在 $\mathbb{R}^n - f(\partial\Omega)$ 的每一连通分支中都是常值.

证明 (i) (a) 的证明: 设 $f \in \mathcal{C}(\overline{\Omega};\mathbb{R}^n), b \notin f(\overline{\Omega})$. 又设序列 $(f_k)_{k=1}^\infty$, 其中 $f_k \in \mathcal{C}(\overline{\Omega};\mathbb{R}^n) \cap \mathcal{C}^1(\Omega;\mathbb{R}^n)$, 使得 $\|f_k - f\| \to 0$ 当 $k \to \infty$, 故存在 $k_0 \geqslant 1$ 使得 $b \notin f_k(\overline{\Omega})$ 对所有 $k \geqslant k_0$. 由于根据定理 9.15-1, $\deg(f_k,\Omega,b) = 0$ 对所有 $k \geqslant k_0$, 由定理 9.15-3 我们得到, 在这种情况下,

$$\deg(f,\Omega,b) = \lim_{k\to\infty} \deg(f_k,\Omega,b) = 0.$$

(ii) (b) 的证明: 设 r 满足 $0 < r < (1/5)\text{dist}(b, f(\partial\Omega))$, 而 $g \in \mathcal{C}(\overline{\Omega};\mathbb{R}^n)$ 是满足 $\|g-f\| < r$ 的任一函数.

设 $(f_k)_{k=1}^\infty$ 和 $(g_k)_{k=1}^\infty$, 其中 $f_k, g_k \in \mathcal{C}(\overline{\Omega};\mathbb{R}^n) \cap \mathcal{C}^1(\Omega;\mathbb{R}^n)$, 满足 $\|f_k - f\| \to 0$ 和 $\|g_k - g\| \to 0$ 当 $k \to \infty$. 则显然存在 $k_0 \geqslant 1$ 使得

$$0 < r < \frac{1}{5}\text{dist}(b, f_k(\partial\Omega)) \quad \text{及} \quad \|g_k - f_k\| < r \text{ 对所有 } k \geqslant k_0.$$

故根据定理 9.15-2 有 $\deg(f_k,\Omega,b) = \deg(g_k,\Omega,b)$ 对所有 $k \geqslant k_0$; 这就得到

$$\begin{aligned}\deg(f,\Omega,b) &= \lim_{k\to\infty} \deg(f_k,\Omega,b) \\ &= \lim_{k\to\infty} \deg(g_k,\Omega,b) = \deg(g,\Omega,b).\end{aligned}$$

(b) 中的第二条性质可由定理 9.15-3(a) 得出.

(iii) (c) 的证明: 设 $(f_k)_{k=1}^\infty$, 其中 $f_k \in \mathcal{C}(\overline{\Omega};\mathbb{R}^n) \cap \mathcal{C}^1(\Omega;\mathbb{R}^n)$, 使得 $\|f_k - f\| \to 0$ 当 $k \to \infty$, 故存在 ε_0 和整数 $k_0 \geqslant 1$ 使得

$$0 < \varepsilon_0 \leqslant \text{dist}(b, f_k(\partial\Omega)) \quad \text{对所有 } k \geqslant k_0.$$

选取任一函数 $\varphi \in \mathcal{C}[0,\infty[$ 使得 $\operatorname{supp}\varphi \Subset]0,\varepsilon_0[$. 则由定理 9.15-1, 有

$$\begin{aligned}\deg(f_k,\Omega,b) &= \int_\Omega \varphi(|f_k(x)-b|)\det\nabla f_k(x)dx\\ &= \int_\Omega \varphi(|(f_k-b)(x)|)\det\nabla(f_k-b)(x)dx\\ &= \deg(f_k-b,\Omega,0) \quad \text{对所有 } k \geqslant k_0.\end{aligned}$$

令 $k\to\infty$ 取极限, 就得到 $\deg(f,\Omega,b)=\deg(f-b,\Omega,0)$.

(iv) (d) 的证明: 只需证明, 函数 $b\in(\mathbb{R}^n - f(\partial\Omega)) \to \deg(f,\Omega,b)$ 是局部常数.

给定任意的 $b\notin f(\partial\Omega)$, 令函数 $g\in\mathcal{C}(\overline{\Omega};\mathbb{R}^n)$ 由

$$g(x) := f(x)-b, \quad x\in\overline{\Omega}$$

定义. 根据 (b), 存在 $r=r(f,b)>0$, 使得如果 $\widetilde{g}\in\mathcal{C}(\overline{\Omega};\mathbb{R}^n)$ 满足 $\|\widetilde{g}-g\|<r$, 则 $b\notin\widetilde{g}(\partial\Omega)$ 且 $\deg(g,\Omega,0)=\deg(\widetilde{g},\Omega,0)$ (注意, $b\notin f(\partial\Omega)$ 意味着 $0\notin g(\partial\Omega)$). 给定任一点 $\widetilde{b}\in(\mathbb{R}^n-f(\partial\Omega))$ 使得 $|\widetilde{b}-b|<r$, 由

$$\widetilde{g}(x) := f(x)-\widetilde{b}, \quad x\in\overline{\Omega}$$

定义函数 $\widetilde{g}\in\mathcal{C}(\overline{\Omega};\mathbb{R}^n)$, 故 $\|\widetilde{g}-g\|=|\widetilde{b}-b|<r$. 则一方面,

$$\deg(\widetilde{g},\Omega,0)=\deg(g,\Omega,0),$$

而另一方面, 由 (c) 有

$$\begin{aligned}&\deg(\widetilde{g},\Omega,0)=\deg(f,\Omega,\widetilde{b}) \text{ 及}\\ &\deg(g,\Omega,0)=\deg(f,\Omega,b).\end{aligned}$$

因此, $\deg(f,\Omega,\widetilde{b})=\deg(f,\Omega,b)$ 若 $|\widetilde{b}-b|<r$. □

我们现在确立 Brouwer 度的两条基本性质:

第一, 如果 $f\in\mathcal{C}(\overline{\Omega};\mathbb{R}^n)\cap\mathcal{C}^1(\Omega;\mathbb{R}^n)$, 则除了当点 $b\notin f(\partial\Omega)$ 属于一个零 Lebesgue 测度的集合 (下面以 $f(S_f)$ 表示) 外, $\deg(f,\Omega,b)$ 可以用一个非常简单的公式来定义.

第二, 如果 $f\in\mathcal{C}(\overline{\Omega};\mathbb{R}^n)$ 及 $b\notin f(\partial\Omega)$, 则 $\deg(f,\Omega,b)$ 是 $\mathbb{Z}$ 中一整数 (关于这方面, 我们至今所知道的仅是 $\deg(f,\Omega,b)=0$ 若 $b\notin f(\overline{\Omega})$; 参阅定理 9.15-4(a)); 见图 9.15-1 和图 9.15-2.

定理 9.15-5 设 Ω 是 $\mathbb{R}^n$ 的有界开子集.

(a) 给定 $f\in\mathcal{C}(\overline{\Omega};\mathbb{R}^n)\cap\mathcal{C}^1(\Omega;\mathbb{R}^n)$, 令

$$S_f=\{x\in\Omega;\det\nabla f(x)=0\}.$$

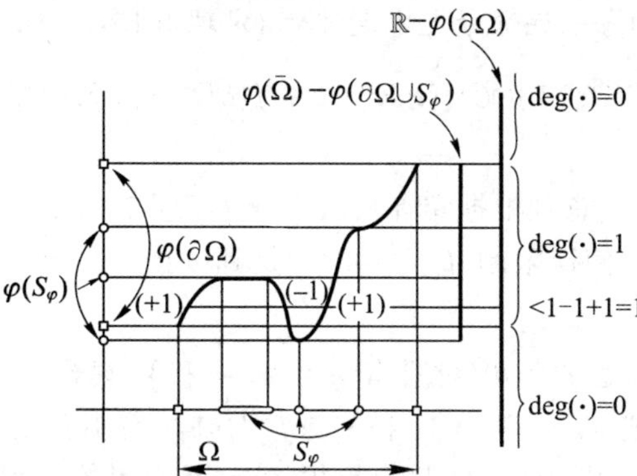

图 9.15-1　函数 $f : \overline{\Omega} \subset \mathbb{R} \to \mathbb{R}$ 的拓扑度. 此图最早出现在下书中, P. G. CIARLET [1988]: Mathematical Elasticity, Volume I, *Three-Dimensional Elasticity*, North-Holland, Amsterdam.

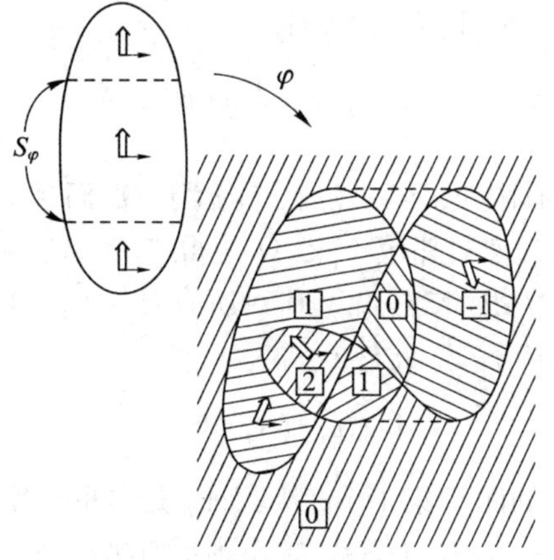

图 9.15-2　映射 $f : \overline{\Omega} \subset \mathbb{R}^2 \to \mathbb{R}^2$ 的拓扑度. 每个阴影区域都是 $\mathbb{R}^2 - f(\partial\Omega)$ 的一个连通分支, 其中的拓扑度是标在方框里的常值. 此图最早出现在下书中, P. G. CIARLET [1988]: Mathematical Elasticity, Volume I, *Three-Dimensional Elasticity*, North-Holland, Amsterdam.

则给定任意点 $b \in (f(\overline{\Omega}) - f(\partial\Omega \cup S_f))$, $\{b\}$ 在 f 下的逆像 $f^{-1}(b)$ 是有限的, 而且 $\deg(f, \Omega, b)$ 是 $\mathbb{Z}$ 中的整数, 由下式给出:

$$\deg(f, \Omega, b) = \sum_{x \in f^{-1}(b)} \operatorname{sgn}(\det \nabla f(x)).$$

特别地有

$$\deg(\mathrm{id}, \Omega, b) = 1 \text{ 若 } b \in \Omega, \text{ 及}$$
$$\deg(-\mathrm{id}, \Omega, b) = (-1)^n \text{ 若 } b \in \Omega.$$

(b) 给定 $f \in \mathcal{C}(\overline{\Omega}; \mathbb{R}^n)$, 函数

$$b \in (\mathbb{R}^n - f(\partial\Omega)) \to \deg(f, \Omega, b)$$

在开集 $\mathbb{R}^n - f(\partial\Omega)$ 的每一连通分支中是常数 (定理 9.15-4(d)), 在 $\mathbb{Z}$ 中取值.

证明 (i) 设 $f \in \mathcal{C}(\overline{\Omega};\mathbb{R}^n)\cap\mathcal{C}^1(\Omega;\mathbb{R}^n), b \notin f(\partial\Omega\cup S_f)$ 使得 $f^{-1}(b) \neq \varnothing$. 则 $f^{-1}(b)$ 是开集 Ω 的有限子集.

为了说明这一点, 注意到根据局部反演定理 (定理 7.14-1), 每一点 $x \in f^{-1}(b)$ 都有一个开邻域 $V_x \subset \Omega$ 使得限制 $f|_{V_x} \to \mathbb{R}^n$ 是到 b 的一个开邻域 W_x 上的 $\mathcal{C}^1$ 微分同胚.

这样一来, 由于 $y \notin f^{-1}(b)$ 对所有 $y \in V_x - \{x\}$, 集合 $f^{-1}(b)$ 是离散的 (每一点 $x \in f^{-1}(b)$ 有一邻域 V_x 使得 $(V_x - \{x\}) \cap f^{-1}(b) = \varnothing$) 并且是紧的 (集合 $f^{-1}(b)$ 是闭的, 此因 f 在 $\overline{\Omega}$ 上连续; 因为 Ω 是有界集, 它还是有界的). 因此 $f^{-1}(b)$ 是有限的.

(ii) 设 $f \in \mathcal{C}(\overline{\Omega};\mathbb{R}^n) \cap \mathcal{C}^1(\Omega;\mathbb{R}^n)$. 则若 $b \notin f(\partial\Omega \cup S_f)$ 使得 $f^{-1}(b) \neq \varnothing$, 度 $\deg(f,\Omega,b)$ 也由如 (a) 中同样的公式给出.

要说明这一点, 我们首先注意, 根据 (i)

$$f^{-1}(b) = \bigcup_{j\in J}\{x_j\},$$

其中 $J = J(b)$ 是指标的有限集, 点 $x_j (j \in J)$ 属于 Ω, 而且对每个 $j \in J$, 存在 b 的邻域 W_j 及 x_j 的不相交的开连通邻域 $\widetilde{V}_j \subset \Omega$ 使得 $f|_{\widetilde{V}_j} : \widetilde{V}_j \to W_j$ 是 $\mathcal{C}^1$ 微分同胚. 这特别地说明, 对每个 $j \in J, \det \nabla f(x) \neq 0$ 对所有 $x \in \widetilde{V}_j$, 这就意味着函数 $\det\nabla f$ 在每一个邻域 $\widetilde{V}_j$ 中符号保持不变. 此外,

$$\operatorname{dist}(b, f(S_f)) > 0,$$

此因 $\partial\Omega \cup S_f$ 作为 $\overline{\Omega}$ 中的闭子集 (可直接验证) 是紧的; 因此 $f(\partial\Omega \cup S_f)$ 是紧的而且 $b \notin f(\partial\Omega \cup S_f)$ 意味着 $\operatorname{dist}(b, f(S_f)) \geqslant \operatorname{dist}(b, f(\partial\Omega \cup S_f)) > 0$.

由于

$$\inf\left\{|f(x) - b|; x \in \left(\overline{\Omega} - \bigcup_{j\in J}\widetilde{V}_j\right)\right\} > 0$$

(函数 f 在紧集 $\overline{\Omega} - \bigcup_{j\in J}\widetilde{V}_j$ 上是连续的), 存在 $\varepsilon_0 = \varepsilon_0(b) > 0$ 使得

$$0 < \varepsilon_0 < \operatorname{dist}(b, f(\partial\Omega \cup S_f))$$

以及 x_j 的不相交的开邻域 $V_j \subset \widetilde{V}_j, i \in J$, 使得

$$B(b;\varepsilon_0) \subset \bigcap_{j\in J} W_j,\ V_j = (f|_{\widetilde{V}_j})^{-1}(B(b;\varepsilon_0)) \text{ 对每个 } j \in J,$$

$$f^{-1}(B(b;\varepsilon_0)) = \bigcup_{j\in J} V_j,\ \text{及}\ \overline{\bigcup_{j\in J} V_j} \subset \Omega.$$

设 $\varphi \in \mathcal{C}[0,1]$ 并满足 $\operatorname{supp}\varphi \Subset]0,\varepsilon_0[$ 和 $\int_{\mathbb{R}^n}\varphi(|y|)dy = 1$. 因此, 特别地有

$$\varphi(|f(x) - b|) = 0 \quad \text{若 } x \in \left(\Omega - \bigcup_{j\in J} V_j\right),$$

这是因为 $f(x) \notin B(b;\varepsilon_0)$ 若 $x \notin \bigcup_{j\in J} V_j$. 所以,

$$\begin{aligned}\deg(f,\Omega,b) &= \int_\Omega \varphi(|f(x)-b|)\det \nabla f(x)dx \\ &= \int_{\bigcup_{j\in J} V_j} \varphi(|f(x)-b|)\det \nabla f(x)dx \\ &= \sum_{j\in J}\int_{V_j} \varphi(|f(x)-b|)\det \nabla f(x)dx \\ &= \sum_{j\in J}\{\mathrm{sgn}(\det \nabla f(x)); x\in V_j\}\int_{V_j} \varphi(|f(x)-b|)|\det \nabla f(x)|dx.\end{aligned}$$

要注意, 每个积分 $\int_{V_j} \varphi(|f(x)-b|)|\det \nabla f(x)|dx$ 都是适定的, 此因 $\overline{V}_j \subset \Omega$ 且 $f \in \mathcal{C}^1(\Omega;\mathbb{R}^n)$. 这样, 对每个 $i \in I$, 利用 *Lebesgue* 积分中的变量代换公式 (定理 1.16-1) 就得到

$$\begin{aligned}\int_{V_j} \varphi(|f(x)-b|)|\det \nabla f(x)|dx &= \int_{f(V_j)} \varphi(|y-b|)dy \\ &= \int_{B(b;\varepsilon_0)} \varphi(|y-b|)dy = 1.\end{aligned}$$

因此我们已经证明, 在 (ii) 中的假设下, $\deg(f,\Omega,b)$ 由下式给出:

$$\begin{aligned}\deg(f,\Omega,b) &= \sum_{j\in J}\{\mathrm{sgn}(\det \nabla f(x)); x\in V_j\} \\ &= \sum_{x\in f^{-1}(b)} \mathrm{sgn}(\det \nabla f(x)).\end{aligned}$$

所以, $\deg(f,\Omega,b) \in \mathbb{Z}$ 若 $b \in (f(\overline{\Omega}) - f(\partial\Omega \cup S_f))$. 这就证明了 (a).

(iii) 现在设 $f \in \mathcal{C}(\overline{\Omega};\mathbb{R}^n)$ 及 $b \notin f(\partial\Omega)$, 则 $\deg(f,\Omega,b) \in \mathbb{Z}$.

根据定理 9.15-4(b), 存在函数 $g \in \mathcal{C}(\overline{\Omega};\mathbb{R}^n) \cap \mathcal{C}^1(\Omega;\mathbb{R}^n)$ 使得

$$b \notin g(\partial\Omega) \quad \text{且} \quad \deg(f,\Omega,b) = \deg(g,\Omega,b).$$

由于 $b \notin g(\partial\Omega)$, 根据定理 9.15-4(d), 存在 $r > 0$ 使得

$$\widetilde{b} \notin g(\partial\Omega) \quad \text{及} \quad \deg(g,\Omega,b) = \det(g,\Omega,\widetilde{b}) \text{ 对所有 } \widetilde{b} \in B(b,r).$$

令 $S_g := \{x \in \Omega; \det\nabla g(x) = 0\}$. 由于根据 Sard 定理 (定理 7.5-1) $dx\text{-meas}S_g = 0$, 交集 $B(b;r) \cap (\mathbb{R}^n - S_g)$ 至少包含一点 $\widetilde{b}$. 因而或者根据定理 9.15-4(a)

$$\deg(g,\Omega,\widetilde{b}) = 0 \quad \text{若 } \widetilde{b} \notin g(\overline{\Omega})$$

或者由 (ii)

$$\deg(g,\Omega,\widetilde{b}) \in \mathbb{Z} \quad \text{若 } \widetilde{b} \in g(\overline{\Omega}).$$

这就证明了 (b). □

注 通常度首先对函数 $f \in \mathcal{C}(\overline{\Omega};\mathbb{R}^n) \cap \mathcal{C}^1(\Omega;\mathbb{R}^n)$ 及点 $b \in$ [*)] $(f(\overline{\Omega}) - f(\partial\Omega \cup S_f))$ 用出现在定理 9.15-5(a) 中的公式来定义. 但要将度的定义扩展到点 $b \in f(S_f)$, 须特别谨慎小心. □

我们以确立在同伦映射 (1.9 节) 下度的不变性来结束这一节, 这一性质与几个重要的结论有关; 例如, 它意味着度只依赖于边值 (见下面定理的部分 (b)); 更重要地, 它在 *Brouwer* 不动点定理的一个精致证明中起着关键作用 (见下一节的定理 9.16-1).

定理 9.15-6 (度的同伦不变性) 设 Ω 是 $\mathbb{R}^n$ 的有界开子集.

(a) 给定两个函数 $f, g \in \mathcal{C}(\overline{\Omega};\mathbb{R}^n)$ 及一个在空间 $\mathcal{C}(\overline{\Omega};\mathbb{R}^n)$ 中联结 f 到 g 的同伦 $H \in \mathcal{C}(\overline{\Omega} \times [0,1];\mathbb{R}^n)$, 即使得

$$H(\cdot, 0) = f \quad \text{及} \quad H(\cdot, 1) = g.$$

设一点 $b \in \mathbb{R}^n$ 使得

$$b \notin H(\partial\Omega \times [0,1]).$$

则

$$\deg(H(\cdot,\lambda),\Omega,b) = \deg(f,\Omega,b) \quad \text{对所有 } 0 \leqslant \lambda \leqslant 1.$$

因此, 特别地有 $\deg(g,\Omega,b) = \deg(f,\Omega,b)$.

(b) 设两个函数 $f, g \in \mathcal{C}(\overline{\Omega};\mathbb{R}^n)$ 及一点 $b \in \mathbb{R}^n$ 使得

$$f(x) = g(x) \text{ 对所有 } x \in \partial\Omega \quad \text{及} \quad b \notin f(\partial\Omega).$$

则

$$\deg(g,\Omega,b) = \deg(f,\Omega,b).$$

证明 因为 $b \notin H(\partial\Omega \times [0,1])$ 并且函数 $H : \partial\Omega \times [0,1] \to \mathbb{R}^n$ 在紧集 $\partial\Omega \times [0,1]$ 上连续, 存在 ε_0 使得

$$0 < \varepsilon_0 \leqslant \operatorname{dist}(b, H(\partial\Omega \times \{\lambda\})) \quad \text{对所有 } 0 \leqslant \lambda \leqslant 1.$$

因此根据定理 9.15-4(b), 存在 $r > 0$ 使得

$$\deg(H(\cdot,\lambda),\Omega,b) = \deg(H(\cdot,\mu),\Omega,b) \quad \text{若 } \|H(\cdot,\lambda) - H(\cdot,\mu)\| < r,$$

对某些 $0 \leqslant \lambda, \mu \leqslant 1$. 由于函数 $H : \overline{\Omega} \times [0,1] \to \mathbb{R}^n$ 是一致连续的 (集合 $\overline{\Omega} \times [0,1]$ 是紧的), 存在 δ 使得

$$\|H(\cdot,\lambda) - H(\cdot,\mu)\| < r \quad \text{若 } |\lambda - \mu| < \delta.$$

为了结束证明, 只需将 $[0,1]$ 表示为若干长度 $< \delta$ 的区间之并即可. 这就证明了 (a).

[*)] 原文在此是 $\notin$. —— 译者注

要证明 (b), 考察由下式定义的同伦 $H:\overline{\Omega}\times[0,1]\to\mathbb{R}^n$:

$$H(x,\lambda):=(1-\lambda)f(x)+\lambda g(x),\quad (x,\lambda)\in\overline{\Omega}\times[0,1],$$

它显然是连续的, 并且使得 $b\notin H(\partial\Omega\times[0,1])$; 然后利用 (a) 即可得结论. □

关于度的另外一些性质, 留给读者作为习题 (习题 9.15-2 到 9.15-4).

当 Ω 是无限维 *Banach* 空间 X 的有界开子集, 映射 $f:\overline{\Omega}\to X$ 形如 $f=I-T$, 其中映射 $T:\overline{\Omega}\to X$ 是紧的 (即 $T\in\mathcal{C}(\overline{\Omega};X)$, 且 $\overline{\Omega}$ 的任何有界子集 B 的像 $T(B)$ 都是相对紧的; 见 9.12 节), 而点 $b\in X$ 还满足 $b\notin f(\partial\Omega)$, 仍然能够定义 拓扑度 $\deg(f,\Omega,b)$. 这就是具有重要意义的 **Leray-Schauder 度**[75], 其定义实质上有赖于在本节中定义的 $\mathbb{R}^n$ 中的 Brouwer 拓扑度, 其所具有的性质在很大程度上也是类似的.

Leray-Schauder 度为得到关于非线性偏微分方程存在性的结果提供一个有力的手段. 例如, Leray-Schauder 度结合山口引理 (定理 9.8-4), 对非线性边值问题

$$-\Delta_p u+f(x,u)=0 \text{ 在 } \Omega \text{ 中} \quad \text{及} \quad u=0 \text{ 在 } \partial\Omega \text{ 上},$$

给出了存在性结果[76], 其中 Δ_p 表示 *p-Laplace* 算子 (9.6 和 9.14 节), 而 $f:\Omega\times\mathbb{R}\to\mathbb{R}$ 是满足适当增长条件的 Carathéodory 函数.

习题

9.15-1 本题为在定理 9.15-1 和 9.15-3(a) 的证明用到的 Tietze-Urysohn 延拓定理的一种形式提供了一个简单的证明[77].

(1) 设 K 是 $\mathbb{R}^n$ 的紧子集. 证明, 存在 K 的形如 $A=\bigcup_{i=1}^{\infty}\{a_i\}$ 的子集 A 使得 $\overline{A}=K$.

(2) 给定函数 $f\in\mathcal{C}(K;\mathbb{R}^n)$, 令

$$\widetilde{f}(x):=f(x),\quad x\in K,$$
$$\widetilde{f}(x):=\left(\sum_{i=1}^{\infty}\frac{1}{2^i}\theta_i(x)\right)^{-1}\sum_{i=1}^{\infty}\frac{1}{2^i}\theta_i(x)f(a_i),\quad x\in(\mathbb{R}^n-K),$$

[75] 这个概念的引入与分析属于在非线性泛函分析中最具影响力之一的下述论文:

J. Leray; J. Schauder [1934]: Topologie et équations fonctionnelles, *Annales Scientifiques de l'Ecole Normale Supérieure* **51**, 45–78.

关于 Leray-Schauder 度富有启发性的历史评述见:

J. Mawhin [1999]: Leray-Schauder degree: A half century of extensions and applications, *Topological Methods in Nonlinear Analysis* **14**, 195–228.

Leray-Schauder 度的详尽讨论及其对非线性偏微分方程的应用实例可在更专门的教科书中找到, 如 Gilbarg & Trudinger [1998], Deimling [1985], Zeidler [1986], Kavian [1993], Kesavan [2004].

[76] G. Dinca; P. Jebelean; J. Mawhin [2001]: Variational and topological methods for Dirichlet problems with *p*-Laplacian, *Portugaliae Mathematica* **58**, 339–378.

[77] 该证明属于:

M. Nagumo [1951]: A theory of degree of mapping based on infinitesimal analysis, *American Journal of Mathematics* **73**, 485–496.

其中

$$\theta_i(x) = \max\left\{2 - \frac{|x-a_i|}{\mathrm{dist}(x,K)}, 0\right\}, \quad x \in (\mathbb{R}^n - K), \quad i \geqslant 1.$$

证明, 以这种方式定义的函数 $\widetilde{f}:\mathbb{R}^n \to \mathbb{R}^n$ 是连续的并且是 f 的延拓.

9.15-2 设 Ω 是 $\mathbb{R}^n$ 的有界开子集, $K \subset \overline{\Omega}$ 是紧的, 又设 $f \in \mathcal{C}(\overline{\Omega};\mathbb{R}^n), b \notin f(\partial\Omega \cup K)$. 证明 $\deg(f, \Omega - K, b) = \deg(f, \Omega, b)$.

9.15-3 设 Ω 是 $\mathbb{R}^n$ 的有界开子集, $\Omega_i(i \in I)$ 是任一族 Ω 的不相交开子集. 又设 $f \in \mathcal{C}(\overline{\Omega};\mathbb{R}^n)$ 及 $b \in \mathbb{R}^n$ 使得 $f^{-1}(b) \subset \bigcup_{i\in I}\Omega_i$. 证明, 存在有限集 $I(b) \subset I$ 使得 $\deg(f, \Omega_i, b) = 0$ 若 $i \notin I(b)$ 而且 $\deg(f,\Omega,b) = \sum_{i\in I(b)} \deg(f,\Omega_i,b)$.

9.15-4 设 Ω 是 $\mathbb{R}^n$ 的有界开子集, 给定 $f \in \mathcal{C}(\overline{\Omega};\mathbb{R}^n)$, 设 $U_i(i \in I)$ 表示集合 $\mathbb{R}^n - f(\partial\Omega)$ 的有界连通分支. 对每个 $i \in I$, 整数

$$\deg(f,\Omega,U_i) := \deg(f,\Omega,b) \quad 对任意\ b \in U_i$$

因此是适定的 (定理 9.15-4(d)). 本题的目的是确立 **Leray 乘积公式**[78]: 设 $g \in \mathcal{C}(\mathbb{R}^n;\mathbb{R}^n)$ 及 $b \notin (g \circ f)(\partial\Omega)$. 则

$$\deg(g\circ f, \Omega, b) = \sum_{i\in I} \deg(f,\Omega,U_i)\deg(g,U_i,b)$$

(因为每个集合 U_i 是开的并有界, 而且容易验证 $b \notin g(\partial U_i)$, 故对每个 $i \in I$, $\deg(g, U_i, b)$ 是适定的).

(1) 证明集合 $\{i \in I; \deg(g,U_i,b) \neq 0\}$ 是有限的, 故上面的和式总是适定的.

(2) 证明, 如果 $f \in \mathcal{C}(\overline{\Omega};\mathbb{R}^n) \cap \mathcal{C}^1(\Omega;\mathbb{R}^n), g \in \mathcal{C}^1(\mathbb{R}^n;\mathbb{R}^n), b \notin (g\circ f)(\partial\Omega)$, 并且

$$\det \nabla(g\circ f)(b) \neq 0,$$

则 Leray 乘积公式成立.

(3) 利用 (2) 证明, 如果 $f \in \mathcal{C}(\overline{\Omega};\mathbb{R}^n), g \in \mathcal{C}(\mathbb{R}^n;\mathbb{R}^n)$, 且 $b \notin (g\circ f)(\partial\Omega)$, Leray 乘积公式成立 (这是困难的部分[79]).

9.15-5 设 $B := \{x \in \mathbb{R}^n; |x| < 1\}, f: \partial B \to \mathbb{R}^n$ 是 ∂B 到其像 $f(\partial B)$ 上的同胚. 证明, 如果 $n \geqslant 2$, 集合 $\mathbb{R}^n - f(\partial B)$ 恰有两个连通分支, 一个有界, 一个无界.

提示: 证明集合 $\mathbb{R}^n - f(\partial B)$ 至多有可列无限个有界连通分支 U_i. 然后利用 *Tietze-Urysohn 延拓定理* 将 $f:\partial B \to \mathbb{R}^n$ 和 $f^{-1}: f(\partial B) \to \mathbb{R}^n$ 延拓为 $\widetilde{f}:\mathbb{R}^n \to \mathbb{R}^n$ 和 $\widetilde{g}:\mathbb{R}^n \to \mathbb{R}^n$, 并将 *Leray 乘积公式* (习题 9.15-4) 用于 $\deg(\widetilde{g}\circ\widetilde{f}, B, b)$ 其中 $b \in B$, 及 $\deg(\widetilde{f}\circ\widetilde{g}, U_i, b_i)$ 其中 $b_i \in U_i$.

注 (1) 这个结果构成 **Jordan-Brouwer 分离定理**, 此冠名源自 Camille Jordan[80] 及 L. E. J. Brouwer[81], 前者首先对于 $n = 2$ 证明这一结果, 后者将其推广到任意 $n \geqslant 2$. 多年之后,

---

[78] J. LERAY [1935]: Topologie des espaces abstraits de M. Banach, *Comptes Rendus de l'Académie des Sciences de Paris* **200**, 1082–1084.

[79] 其证明, 见例如, DEIMLING [1985, 第 1 章, 定理 5.1].

[80] C. JORDAN [1887]: *Cours d'Analyse*, Volume 3, Paris.

[81] L. E. J. BROUWER [1911]: Beweis des Jordanschen Satzes für den n-dimensionalen Raum, *Mathematische Annalen* **71**, 314–319 and 598.

Jean Leray[82]指出, 证明此结果 (即使对 $n=2$) 这一难题可以容易地从他的乘积公式 (如上面给出的) 得出.

(2) 这个结果可进一步推广如下[83]: 设 f 是从紧集 $K_1 \subset \mathbb{R}^n$ 到紧集 $K_2 \subset \mathbb{R}^n$ 的同胚. 则或者集合 $\mathbb{R}^n - K_1$ 与 $\mathbb{R}^n - K_2$ 有同样有限个连通分支, 或者它们都有可列无限多个连通分支.

(3) 对 $n=2$, 映像 $f(\partial B)$ 称为 *Jordan* 曲线. □

9.15-6 这个习题为代数基本定理 (定理 2.8-1) 提供了另一个证明. 设 $p:\mathbb{C}\to\mathbb{C}$ 是形如

$$p(z) := z^n + a_{n-1}z^{n-1} + \cdots + a_1 z + a_0, \quad z \in \mathbb{C}$$

的阶数 $n \geqslant 1$ 的复多项式. 下面, 将 $z = x + iy \in \mathbb{C}$ 等同于 $(x,y)\in\mathbb{R}^2$, 故集合 $\Omega := \{z \in \mathbb{C}; |z| < 1\}$ 就等同于 $\mathbb{R}^2$ 中的一个开集, 而 p 等同于一个函数 $p:\mathbb{R}^2\to\mathbb{R}^2$.

(1) 证明 $\det\nabla p(x,y) = |p'(z)|^2$ 对每个 $(x,y)\in\mathbb{R}^2$ (更一般地, 对给定任意在 $\mathbb{C}$ 的开子集上的解析函数, 这个关系式在 U 的每一点均成立).

(2) 在 $p(z) := z^n, z\in\mathbb{C}$, 的特殊情况, 计算 $\deg(p,\Omega,0)$.

(3) 假定 $|a_{n-1}| + \cdots + |a_1| + |a_0| < 1$, 证明 p 在 Ω 中至少有一个根.

(4) 从 (3) 导出, 任意阶数 $\geqslant 1$ 的复多项式在 $\mathbb{C}$ 中至少有一个根.

9.15-7 设映射 $f \in \mathcal{C}(\mathbb{R}^n;\mathbb{R}^n)$ 使得 $\frac{f(x)\cdot x}{|x|} \to \infty$ 当 $|x|\to\infty$. 证明, 给定任意 $b \in \mathbb{R}^n$, $\deg(f, B(0;r), b) = 1$ 对充分大的 r, 因此 f 是满射 (顺便提一句, 这为 Brouwer 不动点定理的推论提供了另一个证明; 见定理 9.9-3).

注 f 的满射性也可由 *Minty-Browder* 定理 (定理 9.14-1) 导出, 而后者的证明要用到 Brouwer 不动点定理, 这不是巧合. □

9.16 Brouwer 不动点定理 —— 第二个证明; 毛球定理

Brouwer 度为 Brouwer 不动点定理提供了一个非常简短的证明 (与定理 9.9-2 的证明进行比较):

定理 9.16-1 (Brouwer 不动点定理 —— 第二个证明) 设 K 是有限维赋范向量空间的紧凸子集, $f: K\to K$ 是连续映射. 则 f 至少有一个不动点.

证明 只需证明不存在从 $\mathbb{R}^n$ 的闭单位球到其边界上的连续收缩 (见定理 9.9-2 证明的部分 (iii)). 为此, 设 $B = \{x\in\mathbb{R}^n; |x| < 1\}$, 又假设存在一个函数 $f \in \mathcal{C}(\overline{B})$ 使得

$$f(x) = x \text{ 对所有 } x \in \partial\Omega \quad \text{且} \quad f(\overline{B}) = \partial B.$$

因为 $f|_{\partial\Omega} = \mathrm{id}|_{\partial\Omega}$ 且 $0 \notin f(\partial\Omega)$, 从定理 9.15-5(a) 及 9.15-6(b), 我们得到

$$\deg(f,\Omega,0) = \deg(\mathrm{id},\Omega,0) = 1,$$

[82] J. Leray [1950]: La théorie des points fixes et ses applications en analyse, in *Proceedings-International Congress of Mathematicians*, Volume 2, pp. 202–208, Cambridge.

[83] 其证明, 见例如, Deimling [1985, 第 1 章, 定理 5.2].

然后由定理 9.15-4(a) 知, 存在 $x \in \Omega$ 使得 $f(x) = 0$; 但这与假设 $f(\overline{B}) = \partial B$ 矛盾. 这就完成了证明. □

Brouwer 度的另一个应用是证明, 当维数 n 是奇数时, 任何切于 $\mathbb{R}^n$ 的单位球面 ∂B 的连续变化向量场 (这样的向量场在下面定理中以 τ 表之) 至少在 ∂B 的一个点上为零向量; 相比之下, 当 n 为偶数时, 存在连续变化的切向量场沿 ∂B 处处不为零 (见图 9.16-1 和习题 9.16-1).

定理 9.16-2 (毛球定理[84]) 对每一个整数 $n \geqslant 1$, 设 $B := \{x \in \mathbb{R}^n; |x| < 1\}$, 又设映射 $\tau \in \mathcal{C}(\partial B; \mathbb{R}^n)$ 使得

$$\tau(x) \cdot x = 0 \quad \text{对所有 } x \in \partial B.$$

则若 n 是奇数, 至少存在一点 $x \in \partial B$ 使得

$$\tau(x) = 0.$$

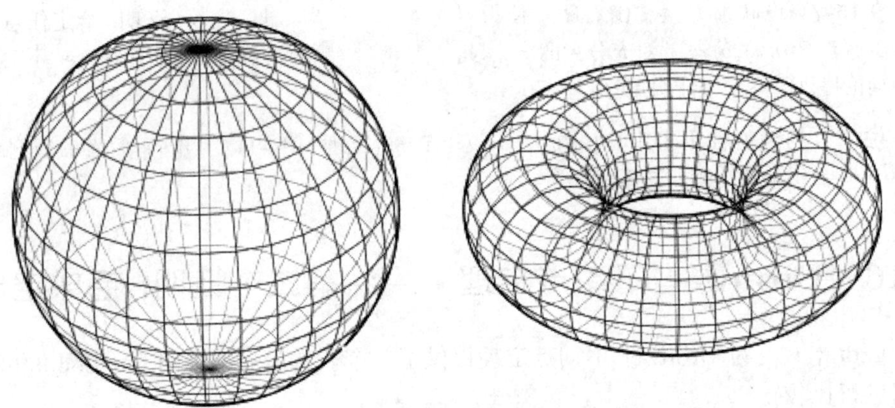

图 9.16-1 "毛球定理" (定理 9.16-2) 名称的由来: 在梳理"毛球" ($\mathbb{R}^3$ 中的单位球面) 时, 不可能梳遍其上每一点而不在某点留下未梳理过的毛束: 在那一点切向量场或是间断的或为零. 作为对比, 可以用一个处处不为零连续变化的向量场"连续地"梳遍环面. 此图最早出现在下文中: V. V. Isaeva; N. V. Kasyanov; E. V. Presnov [2012]: Topological Singularities and symmetry breaking in development, *Biosystems* **109**, 280–298.

---

[84] 这个定理也属于 Luitzen Egbertus Jan Brouwer (1881—1966), 他于 1912 年证明了这一结果. 自此以后, 又出现了许多证明, 其中极巧妙且很大程度上是初等的一个, 见

J. Milnor [1978]: Analytic proofs of the "hairy ball theorem" and the Brouwer fixed point theorem, *The American Mathematical Monthly* **85**, 521–524.

如其标题所示, 在这篇珍贵的论文中, 作为毛球定理 (hairy ball theorem) 的一个推论, 也给出 Brouwer 不动点定理的一个证明.

John Willard Milnor 于 1962 年获 Fields 奖, 为表彰他在"拓扑、几何及代数领域的开创性发现"在 2010 年被授予 Abel 奖.

证明 作为开始, 我们先证明一个其本身也很有意义的结果, 即如果 n 是奇数, $\mathbb{R}^n$ 中的单位球面 ∂B 不可能以这种方式连续变换到其自身: 在这个过程中每一点 $x \in \partial B$ 逐渐变成对称点 $-x \in \partial B$.

(i) 如果 n 是奇数, 不存在同伦 $H \in \mathcal{C}(\partial B \times [0,1]; \partial B)$ 使得

$$H(\cdot,0) = \mathrm{id}|_{\partial B} \quad 及 \quad H(\cdot,1) = -\mathrm{id}|_{\partial B}.$$

根据 *Tietze-Urysohn 延拓定理* (定理 1.7-7), 任何这样的同伦 $H \in \mathcal{C}(\partial B \times [0,1]; \partial B)$ 均可延拓为映射 $\widetilde{H} \in \mathcal{C}(\overline{B} \times [0,1]; \mathbb{R}^n)$. 这样, 一方面, 根据定理 9.15-5(a) 和 9.15-6(b) 有

$$\deg(\widetilde{H}(\cdot,0), B, 0) = \deg(\mathrm{id}, B, 0) = 1,$$
$$\deg(\widetilde{H}(\cdot,1), B, 0) = \deg(-\mathrm{id}, B, 0) = (-1)^n,$$

这是因为 $0 \notin \partial B$ 且根据假设 $\widetilde{H}(\cdot,0)|_{\partial B} = \mathrm{id}|_{\partial B}$ 及 $\widetilde{H}(\cdot,1)|_{\partial B} = -\mathrm{id}|_{\partial B}$. 但另一方面, 根据度的同伦不变性 (定理 9.15-6(a)),

$$\deg(\widetilde{H}(\cdot,0), B, 0) = \deg(\widetilde{H}(\cdot,1), B, 0),$$

这是因为 $0 \notin \widetilde{H}(\partial B \times \{\lambda\}) = H(\partial B \times \{\lambda\}) \subset \partial B$ 对所有 $0 \leqslant \lambda \leqslant 1$. 因此, 如果存在这样的同伦, n 必须是偶数.

(ii) 给定映射 $\tau \in \mathcal{C}(\partial B; \mathbb{R}^n)$ 使得 $\tau(x) \neq 0$ 且 $\tau(x) \cdot x = 0$ 对所有 $x \in \partial B$, 令

$$H(x,\lambda) := (\cos \pi\lambda)x + (\sin \pi\lambda)\frac{\tau(x)}{|\tau(x)|}, \quad (x,\lambda) \in \partial B \times [0,1].$$

则以这种方式定义的映射 $H : \partial B \times [0,1] \to \mathbb{R}^n$ 是连续的, 映 $\partial B \times [0,1]$ 到 ∂B 中, 且使得 $H(\cdot,0) = \mathrm{id}|_{\partial B}$ 及 $H(\cdot,1) = -\mathrm{id}|_{\partial B}$. 因此根据 (i), n 必须是偶数. □

习题

9.16-1 当 n 为偶数时, 给出一个沿 $\mathbb{R}^n$ 的单位球面处处不为零的连续切向量场的例子.

9.17 Borsuk 定理及 Borsuk-Ulam 定理; Brouwer 区域不变性定理

设 Ω 是 $\mathbb{R}^n$ 的有界开子集, $f \in \mathcal{C}(\overline{\Omega}; \mathbb{R}^n)$. 如果 $0 \notin f(\partial\Omega)$, 证明 f 在 Ω 中零点存在性的一个方法是验证 $\deg(f, \Omega, 0) \neq 0$ (定理 9.15-4(a)). 因此至关重要的是要确定附加的假设是否意味着这种情况.

下一个定理构成非线性泛函分析的另一个基本定理, 这并不只是因为它给出了这种附加的假设, 而主要是因为在其推论中包含另两个非线性泛函分析的基本定理, 即 *Borsuk-Ulam* 定理 (定理 9.17-2) 和 $\mathbb{R}^n$ 中的区域不变性定理 (定理 9.17-3).

定理 9.17-1 (Borsuk 定理[85]) 设 Ω 是 $\mathbb{R}^n$ 中包含 0 点的有界开子集并且关于 0 点是对称的, 又设 $f \in \mathcal{C}(\overline{\Omega};\mathbb{R}^n)$ 是奇函数 (即满足 $f(x) = -f(-x)$ 对所有 $x \in \overline{\Omega}$) 使得 $0 \notin f(\partial\Omega)$. 则

$$\deg(f, \Omega, 0) \text{ 是奇数}.$$

故至少存在一点 $x \in \Omega$ 使得

$$f(x) = 0.$$

证明 (i) 我们首先证明, 存在函数 $\widetilde{g} : \overline{\Omega} \to \mathbb{R}^n$ 具有下述性质:

$$\begin{aligned}
&\widetilde{g} \in \mathcal{C}(\overline{\Omega};\mathbb{R}^n) \cap \mathcal{C}^1(\Omega;\mathbb{R}^n),\ \widetilde{g} \text{ 是奇函数},\ \det \nabla\widetilde{g}(0) \neq 0,\\
&0 \notin \widetilde{g}(\partial\Omega),\ \deg(\widetilde{g}, \Omega, 0) = \deg(f, \Omega, 0).
\end{aligned}$$

根据定理 9.15-4(b), 存在 $r = r(f) > 0$ 使得

$$\begin{aligned}
&\widetilde{g} \in \mathcal{C}(\overline{\Omega};\mathbb{R}^n) \text{ 和 } \|\widetilde{g} - f\| < r \quad \text{意味着}\\
&0 \notin \widetilde{g}(\partial\Omega) \text{ 和 } \deg(\widetilde{g}, \Omega, 0) = \deg(f, \Omega, 0).
\end{aligned}$$

又根据定理 9.15-3(a), 存在函数 $g_1 \in \mathcal{C}(\overline{\Omega};\mathbb{R}^n) \cap \mathcal{C}^1(\Omega;\mathbb{R}^n)$ 使得 $\|g_1 - f\| < \frac{r}{2}$. 令

$$g_2(x) := \frac{1}{2}(g_1(x) - g_1(-x)), \quad x \in \overline{\Omega},$$

故以这种方式定义的函数 $g_2 \in \mathcal{C}(\overline{\Omega};\mathbb{R}^n) \cap \mathcal{C}^1(\Omega,\mathbb{R}^n)$ 是奇函数. 矩阵 $\nabla g_2(0)$ 可能不可逆, 但存在 $0 < \alpha < (2\sup_{x\in\overline{\Omega}}|x|)^{-1} r$ 使得矩阵 $(\nabla g_2(0) - \alpha I)$ 是可逆的. 给定这样的数 α, 令

$$\widetilde{g}(x) := g_2(x) - \alpha x, \quad x \in \overline{\Omega}.$$

以这种方式定义的函数 $\widetilde{g} \in \mathcal{C}(\overline{\Omega};\mathbb{R}^n) \cap \mathcal{C}^1(\Omega;\mathbb{R}^n)$ 是奇函数并有下述性质:

$$\det \nabla\widetilde{g}(0) \neq 0,\ 0 \notin \widetilde{g}(\partial\Omega),\ \text{及 } \deg(\widetilde{g}, \Omega, 0) = g(f, \Omega, 0),$$

这后两条性质是关系式

$$\sup_{x\in\overline{\Omega}} |\widetilde{g}(x) - f(x)| = \sup_{x\in\overline{\Omega}} \left| \frac{1}{2}(g_1(x) - f(x)) - \frac{1}{2}(g_1(-x) - f(-x)) - \alpha x \right| < r$$

的推论.

[85] K. Borsuk [1933]: Drei Sätze über die n-dimensionale euklidische Sphäre, *Fundamenta Mathematicae* **21**, 177–190.

(ii) 我们接下来证明, 存在函数 $g:\overline{\Omega}\to\mathbb{R}$ 具有下述性质:

$$
\begin{aligned}
&g\in\mathcal{C}(\overline{\Omega};\mathbb{R}^n)\cap\mathcal{C}^1(\Omega;\mathbb{R}^n),\ g \text{ 是奇函数},\ \det\nabla g(0)\neq 0,\\
&0\notin g(\partial\Omega), 0\notin g(S_g),\ \text{且}\ \deg(g,\Omega,0)=\deg(\widetilde{g},\Omega,0).
\end{aligned}
$$

为此目标, “难啃” 的部分自然地在于要满足[86]关系式 $0\notin g(S_g)$.

仍由定理 9.15-4(b), 存在 $\widetilde{r}=\widetilde{r}(\widetilde{g})=\widetilde{r}(f)>0$ 使得

$$
\begin{aligned}
&g\in\mathcal{C}(\overline{\Omega};\mathbb{R}^n)\ \text{和}\ \|g-\widetilde{g}\|<\widetilde{r}\quad\text{意味着}\\
&0\notin g(\partial\Omega)\ \text{和}\ \deg(g,\Omega,0)=\deg(\widetilde{g},\Omega,0).
\end{aligned}
$$

设 $R>0$ 使得 $\overline{\Omega}\subset\overline{B(0;R)}$, 设 $\varphi:\mathbb{R}\to\mathbb{R}$ 是任意 $\mathcal{C}^1$ 类奇函数使得

$$
\varphi'(0)=0\quad\text{且}\quad\varphi(t)\neq 0\ \text{若}\ t\neq 0,
$$

并且令

$$
\delta:=\left(n\sup_{|t|\leqslant R}|\varphi(t)|\right)^{-1}\widetilde{r}.
$$

基本思路在于递归地定义函数

$$
\begin{aligned}
h_j:\Omega_j:=\{x=(x_i)_{i=1}^n\in\Omega;x_j\neq 0\}\to\mathbb{R}^n\ \text{和}\\
g_j:\overline{\Omega}\to\mathbb{R}^n,\ j=1,2,\cdots,n,
\end{aligned}
$$

如下: 首先, 令

$$
h_1(x):=\frac{\widetilde{g}(x)}{\varphi(x_1)},x\in\Omega_1\quad\text{和}\quad g_1(x):=\widetilde{g}(x)-\varphi(x_1)y_1,x\in\overline{\Omega},
$$

其中函数 $\widetilde{g}\in\mathcal{C}(\overline{\Omega};\mathbb{R}^n)$ 就是 (i) 中所构造的, 而 $y_1\in\mathbb{R}^n$ 是满足

$$
|y_1|<\delta\ \text{且}\ y_1\notin h_1(S_1),\ \text{其中}\ S_1:=\{x\in\Omega_1;\det\nabla h_1(x)=0\},
$$

的任意向量. 注意, 由于集合 $\mathbb{R}^n-h_1(S_1)$ 在 $\mathbb{R}^n$ 中稠密, 作为 *Sard 定理* (定理 7.5-1) 的一个推论, 这样的向量 y_1 肯定存在. 第二, 令

$$
\begin{aligned}
&h_j(x):=\frac{g_{j-1}(x)}{\varphi(x_j)},\ x\in\Omega_j\ \text{和}\\
&g_j(x):=g_{j-1}(x)-\varphi(x_j)y_j,\ x\in\overline{\Omega},\ j=2,\cdots,n,
\end{aligned}
$$

---

[86] 在此我们采用下文中精巧的构造:

W. Gromes [1981]: Ein einfacher Beweis des Satzes von Borsuk, *Mathematische Zeitschrift* **178**, 399–400.

其中 $y_j \in \mathbb{R}^n$ 是满足

$$|y_j| < \delta \text{ 且 } y_j \notin h_j(S_j),$$
$$\text{其中 } S_j := \{x \in \Omega_j; \det \nabla h_j(x) = 0\},\ j = 2, \cdots, n,$$

的任意向量 (这样的向量 y_j 的存在性仍可由 Sard 定理得到).

显然, 由

$$g(x) := g_n(x) = \widetilde{g}(x) - \sum_{j=1}^{n} \varphi(x_j) y_j, \quad x \in \overline{\Omega},$$

定义的函数 $g : \overline{\Omega} \to \mathbb{R}^n$ 具有下述性质: 首先,

$$g \in \mathcal{C}(\overline{\Omega}; \mathbb{R}^n) \cap \mathcal{C}^1(\Omega; \mathbb{R}^n),\ g \text{ 是奇函数, 及 } \det \nabla g(0) \neq 0,$$

这是因为 $\widetilde{g} \in \mathcal{C}(\overline{\Omega}; \mathbb{R}^n) \cap \mathcal{C}^1(\Omega; \mathbb{R}^n)$, $\widetilde{g}$ 是奇函数, 而且 $\nabla g(0) = \nabla \widetilde{g}(0)$ (注意 $\varphi'(0) = 0$). 其次,

$$0 \notin g(\partial\Omega) \quad \text{及} \quad \deg(g, \Omega, 0) = \deg(\widetilde{g}, \Omega, 0),$$

此因

$$\|g - \widetilde{g}\| = \sup_{x \in \overline{\Omega}} \left| \sum_{j=1}^{n} \varphi(x_j) y_j \right| \leqslant n\delta \sup_{|t| \leqslant R} |\varphi(t)| = \widetilde{r}.$$

余下来的是要证明 $0 \notin g(S_g)$, 即若 $x^* \in \Omega$ 使得 $x^* \neq 0$ 和 $g(x^*) = 0$, 则 $\det \nabla g(x^*) \neq 0$ (我们已经知道 $\det \nabla g(0) = \det \nabla \widetilde{g}(0) \neq 0$).

如果 $x \in \Omega$ 且 $x \neq 0$, 从函数 $h_j : \Omega_j \to \mathbb{R}^n$ 及 $g_j : \overline{\Omega} \to \mathbb{R}^n$, $1 \leqslant j \leqslant n$, 的递归定义可以看出, 向量 $g(x) \in \mathbb{R}^n$ 至少可用下述表示式之一给出:

$$g(x) = \varphi(x_n)(h_n(x) - y_n) \quad \text{对任何 } x \in \Omega_n,$$
$$g(x) = \varphi(x_j)(h_j(x) - y_j) - \sum_{k=j+1}^{n} \varphi(x_k) y_k \quad \text{对任何 } x \in \Omega_j,\ 1 \leqslant j \leqslant n-1,$$

故 $n \times n$ 矩阵 $\nabla g(x)$ 由

$$\nabla g(x) = \varphi(x_n) \nabla h_n(x) + \varphi'(x_n)(H_n(x) - Y_n) \quad \text{对任何 } x \in \Omega_n,$$
$$\nabla g(x) = \varphi(x_j) \nabla h_j(x) + \varphi'(x_j)(H_j(x) - Y_j) - \sum_{k=j+1}^{n} \varphi'(x_k) Y_k$$
$$\text{对任何 } x \in \Omega_j,\ 1 \leqslant j \leqslant n-1,$$

给出, 其中对每个 $1 \leqslant j \leqslant n$, $n \times n$ 矩阵 $H_j(x)$ 及 Y_j 表示其第 l 列在 $l = j$ 时分别为 $h_j(x)$ 及 y_j, 在 $l \neq j$ 时均为 0 的矩阵.

给定任意 $x^* = (x_j^*)_{j=1}^n \in \Omega$ 使得 $x^* \neq 0$ 且 $g(x^*) = 0$, 设 $1 \leqslant j = j(x^*) \leqslant n$ 使得 $x_j^* \neq 0$ 及 $x_k^* = 0$ 若 $j+1 \leqslant k \leqslant n$, 如果 $j = n$, 这最后的条件当然就是多余的了. 由于 $x^* \in \Omega_j$, 关系式

$$\begin{aligned}
0 = g(x^*) &= \varphi(x_n^*)(h_n(x^*) - y_n) \quad \text{若 } j = n,\\
0 = g(x^*) &= \varphi(x_j^*)(h_j(x^*) - y_j) - \sum_{k=j+1}^{n} \varphi(x_k^*) y_k\\
&= \varphi(x_j^*)(h_j(x^*) - y_j) \quad \text{若 } j < n
\end{aligned}$$

(若 $j+1 \leqslant k \leqslant n$, $x_k^* = 0$ 意味着 $\varphi(x_k^*) = 0$), 说明

$$h_j(x^*) = y_j,$$

这是由于 $x_j^* \neq 0$ 意味着 $\varphi(x_j^*) \neq 0$, 这就得到

$$\det \nabla h_j(x^*) \neq 0,$$

此因根据构造 $y_j \notin h_j(S_j)$. 进而, 关系式 $h_j(x^*) = y_j$ 也意味着

$$H_j(x^*) = Y_j.$$

因此, 或者

$$\begin{aligned}
\nabla g(x^*) &= \varphi(x_n^*) \nabla h_n(x^*) + \varphi'(x_n^*)(H_n(x^*) - Y_n)\\
&= \varphi(x_n^*) \nabla h_n(x^*) \quad \text{若 } j = n,
\end{aligned}$$

或者

$$\begin{aligned}
\nabla g(x^*) &= \varphi(x_j^*) \nabla h_j(x^*) + \varphi'(x_j^*)(H_j(x^*) - Y_j) - \sum_{k=j+1}^{n} \varphi'(x_k^*) Y_k\\
&= \varphi(x_j^*) \nabla h_j(x^*) \quad \text{若 } j < n
\end{aligned}$$

($x_k^* = 0$ 对所有 $j+1 \leqslant k \leqslant n$ 意味着 $\varphi'(x_k^*) = \varphi'(0) = 0$). 因此

$$\det \nabla g(x^*) = (\varphi(x_j^*))^n \det \nabla h_j(x^*) \neq 0,$$

这是因为 $x_j^* \neq 0$ 意味着 $\varphi(x_j^*) \neq 0$.

(iii) 现在结论是显然的: 首先, 部分 (i) 和 (ii) 结合即得

$$\deg(f, \Omega, 0) = \deg(\widetilde{g}, \Omega, 0) = \deg(g, \Omega, 0).$$

但是, 因为 $g \in \mathcal{C}(\overline{\Omega}; \mathbb{R}^n) \cap \mathcal{C}^1(\Omega; \mathbb{R}^n)$, $0 \notin g(\partial\Omega)$, 以及 $0 \notin g(S_g)$, 度 $\deg(g, \Omega, 0)$ 由下式 (定理 9.15-5(a)) 给出:

$$\deg(g, \Omega, 0) = \operatorname{sgn}(\det \nabla g(0)) + \sum_{\left\{\substack{x \in g^{-1}(0)\\ x \neq 0}\right.} \operatorname{sgn}(\det \nabla g(x)).$$

由于 $\sum_{\left\{\substack{x \in g^{-1}(0) \\ x \neq 0}\right.} \operatorname{sgn}(\det \nabla g(x))$ 是偶数 (g 是奇函数), 而 $\operatorname{sgn}(\det \nabla g(0))$ 等于 1 或 -1, 因此 $\deg(g, \Omega, 0)$ 是奇数. □

作为 Borsuk 定理的第一个推论, 我们下面证明:

定理 9.17-2 (Borsuk-Ulam 定理[87]) 设 Ω 是 $\mathbb{R}^n$ 中包含 0 点且关于 0 点对称的有界开子集, 又设 $f \in \mathcal{C}(\partial\Omega; \mathbb{R}^m)$ 对某整数 $m < n$. 则至少存在一点 $x \in \partial\Omega$ 使得 $f(x) = f(-x)$.

证明 根据 *Tietze-Urysohn* 延拓定理 (定理 1.7-7), 函数 f 可延拓为从 $\overline{\Omega}$ 到 $\mathbb{R}^m$ 的连续函数, 该延拓可等同于一个函数 $\widetilde{f} \in \mathcal{C}(\overline{\Omega}; \mathbb{R}^n)$, 此因 $\mathbb{R}^m \subset \mathbb{R}^n$.

假定这一性质不成立, 即 $f(x) \neq f(-x)$ 对所有 $x \in \partial\Omega$, 令

$$g(x) := \widetilde{f}(x) - \widetilde{f}(-x), \quad x \in \overline{\Omega}.$$

那么以这种方式定义的函数 $g : \overline{\Omega} \to \mathbb{R}^n$ 具有下述性质:

$$g \in \mathcal{C}(\overline{\Omega}; \mathbb{R}^n), \quad g \text{ 是奇函数}, \ 0 \notin g(\partial\Omega).$$

所以, 由 *Borsuk* 定理,

$$\delta := \deg(g, \Omega, 0) \text{ 是奇数}.$$

但由定理 9.15-4(d), 存在 $s > 0$ 使得

$$\deg(g, \Omega, b) = \delta \neq 0 \quad \text{对所有 } b \in B(0; s) \subset \mathbb{R}^n.$$

所以, 根据定理 9.15-4(a), 给定任意 $b \in B(0; s)$, 存在 $x \in \Omega$ 使得 $g(x) = b$. 因此,

$$B(0; s) \subset g(\Omega) \subset \mathbb{R}^m,$$

但这是不可能的, 因为 $B(0; s)$ 在 $\mathbb{R}^n$ 中的 dx 测度 > 0, 而 $\mathbb{R}^m$ 在 $\mathbb{R}^n$ 中的 dx 测度为零. 因此导致矛盾. □

Borsuk-Ulam 定理可导出一个在气象学中令人惊讶的结论. 假定在任何给定的时刻, 温度与大气压力均沿地球表面连续变化. 那么, 在任何给定的时刻, (至少) 有一对地球直径的两端点, 其温度与大气压力均相同.

Borsuk-Ulam 定理的另一个, 或许更令人惊讶的结论在图 9.17-1 中给出; 这个结论的证明留作习题, 见习题 9.17-2.

作为 Borsuk 定理的第二个推论, 我们现在证明包含许多影响深远结论的深刻的定理. 虽然这个定理直观上看似显然 (如图 9.17-2 所示), 但其证明并不平凡: 像前面的定理一样, 最终要依赖于 $\mathbb{R}^n$ 中的 *Brouwer* 拓扑度.

---

[87] 虽然这个定理出现在 Borsuk [1933] 中 (前面已引用过), 但其冠名反映出 Stanislaw Ulam 也知道这个结果 (但他未发表其证明). Borsuk-Ulam 定理在泛函的临界点的研究中起着特别关键的作用, 该领域发展的详尽情况见 Kavian [1993].

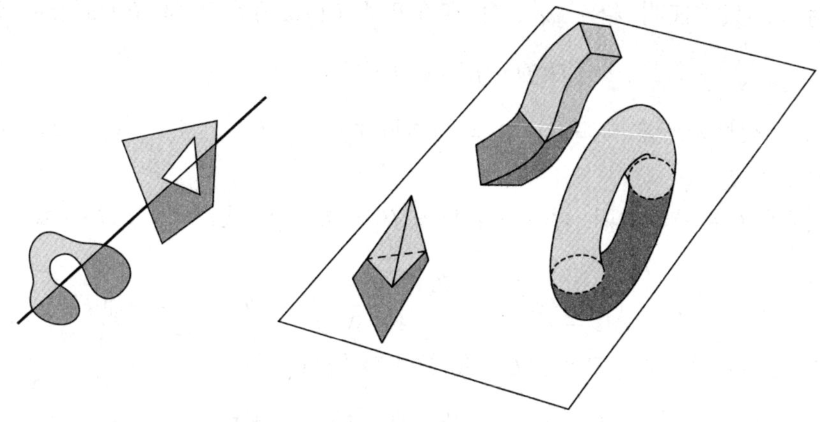

图 9.17-1 *Borsuk-Ulam* 定理一个惊人的应用. 考察 $\mathbb{R}^2$ 中任意两个有界可测集; 那么不管它们的形状及相对位置如何, 总存在 (至少) 一条直线, 将每一个集合均分为面积相等的两个子集. 同样地可考察 $\mathbb{R}^3$ 中任意三个有界可测集; 仍是不管它们的形状及相对位置如何, 总存在 (至少) 一个平面, 将每一个集合均分为体积相等的两个子集.

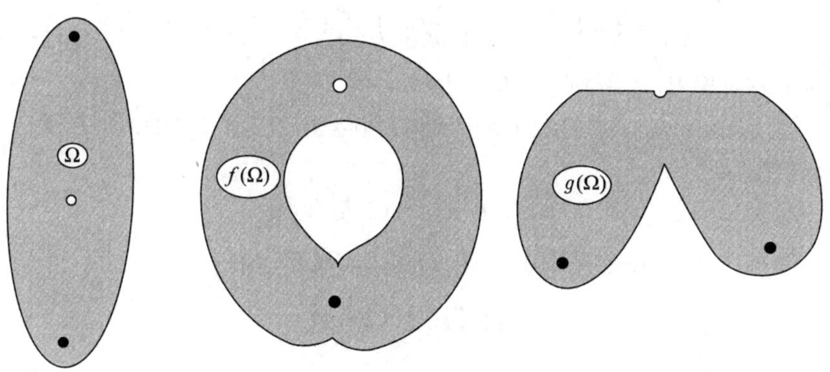

图 9.17-2 $\mathbb{R}^2$ 中区域不变性定理. 设 Ω 是 $\mathbb{R}^2$ 中的开子集, 又设函数 $f \in \mathcal{C}(\Omega;\mathbb{R}^2)$ 是局部单射; 则 $f(\Omega)$ 是开的. 作为对比, 设 g 不是局部单射, 则 $g(\Omega)$ 不一定是开的.

注 对比起来, 在 f 在 Ω 中是 $\mathcal{C}^1$ 类的且 $\nabla f(x) \in \mathbb{M}^n$ 在每一点 $x \in \Omega$ 都是可逆的这些附加假设下, 这个定理的证明要容易得多; 见定理 7.14-2, 另外, 该定理还在任意的无限维 Banach 空间中成立. □

定理 9.17-3 ($\mathbb{R}^n$ 中的 Brouwer 区域不变性定理[88]) 设 Ω 是 $\mathbb{R}^n$ 的开子集, $f \in \mathcal{C}(\Omega;\mathbb{R}^n)$ 是局部单映射, 即每一点 $x \in \Omega$ 都有一个邻域 $V(x)$ 使得 $f|_{V(x)}: V(x) \to \mathbb{R}^n$ 是单射. 则 f 是开映射, 即 Ω 的任一开子集 U 在 f 映射下的像是 $\mathbb{R}^n$ 的开子集. 特别地, 任一单映射 $f \in \mathcal{C}(\Omega;\mathbb{R}^n)$ 是 Ω 到其像 $f(\Omega)$ 上的同胚.

[88] L. E. J. Brouwer [1912]: Beweis der Invarianz des n-dimensionalen Gebiets, *Mathematische Annalen* **71**, 305–315.

证明 (i) 只需证明, 给定 $x_0 \in \Omega$, 存在开球 $B(x_0;r) \subset \Omega$ 和 $B(f(x_0);s)$ 使得

$$B(f(x_0);s) \subset f(B(x_0;r)).$$

此外, 不失一般性可假定 $x_0 = f(x_0) = 0$ (否则可用 $x \in \Omega \to (f(x+x_0)-f(x_0)) \in \mathbb{R}^n$ 替代映射 f).

(ii) 由于 f 是局部单射, 存在一个开球 $B := B(0;r)$ 使得 $f|_{\overline{B}} : \overline{B} \to \mathbb{R}^n$ 是单射. 令

$$H(x,\lambda) := f\left(\frac{1}{1+\lambda}x\right) - f\left(-\frac{\lambda}{1+\lambda}x\right), \quad (x,\lambda) \in \overline{B} \times [0,1].$$

则以这种方式定义的同伦 $H \in \mathcal{C}(\overline{B} \times [0,1];\mathbb{R}^n)$ 使得

$$H(\cdot,0) = f \quad 及 \quad H(\cdot,1) \text{ 是奇函数}.$$

此外,

$$0 \notin H(\partial B \times [0,1]),$$

这是因为

$$f\left(\frac{1}{1+\lambda}x\right) = f\left(-\frac{\lambda}{1+\lambda}x\right), \quad (x,\lambda) \in \overline{B} \times [0,1],$$

并考虑到 $f|_{\overline{B}}$ 是单射, 就得到 $x = 0 \notin \partial B$.

(iii) 所以, 根据 *Borsuk* 定理 (由于 $0 \in B, 0 \notin H(\partial B \times [0,1])$), 而 B 关于 0 是对称的, 该定理适用),

$$\deg(H(\cdot,1),B,0) \text{ 是奇数}.$$

但根据定理 9.15-6(a), $\deg(f,B,0) = \deg(H(\cdot,1),B,0)$. 所以,

$$\deg(f,B,0) \text{ 是奇数}.$$

(iv) 像前面的证明那样, 借助于定理 9.15-4, 我们可以得到, 存在 $s > 0$ 使得

$$B(0;s) \subset f(B).$$

因此断言得以确立. □

$\mathbb{R}^n$ 中 Brouwer 区域不变性定理的各种应用在习题 9.17-3 到 9.17-7 中给出.

习题

9.17-1 这个习题是 Borsuk 定理的补充. 设 Ω 是 $\mathbb{R}^n$ 中关于 0 点对称、但不包含 0 点的有界开子集, 又设 $f \in \mathcal{C}(\overline{\Omega};\mathbb{R}^n)$ 是奇函数使得 $0 \notin f(\partial\Omega)$. 证明 $\deg(f,\Omega,0)$ 是偶数.

9.17-2 证明, 给定 $\mathbb{R}^n$ 中 n 个有界可测子集 $A_i, 1 \leqslant i \leqslant n$, 存在 $\mathbb{R}^n$ 中的一个超平面, 即 $\mathbb{R}^n$ 中形如 $\{\boldsymbol{y} \in \mathbb{R}^n; \boldsymbol{y} \cdot \boldsymbol{a} = b\}$ 的子集, 其中 $\boldsymbol{a} \in \mathbb{R}^n$ 是某向量而 $b \in \mathbb{R}$, 使得对每个 $1 \leqslant i \leqslant n$, 成立

$$\mu(A_i \cap \{\boldsymbol{y} \in \mathbb{R}^n; \boldsymbol{y} \cdot \boldsymbol{a} > b\}) = \mu(A_i \cap \{\boldsymbol{y} \in \mathbb{R}^n; \boldsymbol{y} \cdot \boldsymbol{a} < b\}),$$

其中 μ 表示 n 维 Lebesgue 测度.

提示: 将 Borsuk-Ulam 定理用于函数

$$\boldsymbol{f}=(f_i)_{i=1}^n : S:=\{\boldsymbol{x}\in\mathbb{R}^{n+1}; |\boldsymbol{x}|=1\}\to\mathbb{R}^n,$$

其分量 $f_i : S\to\mathbb{R}, 1\leqslant i\leqslant n$, 由下式定义:

$$f_i(x)=\mu(A_i\cap\{\boldsymbol{y}\in\mathbb{R}^n; \boldsymbol{y}\cdot\boldsymbol{x}'>x_{n+1}\})\quad 对每个\ \boldsymbol{x}=(\boldsymbol{x}',x_{n+1})\in S.$$

9.17-3 (1) 设 Ω 是 $\mathbb{R}^n$ 的有界开子集, $f\in\mathcal{C}(\overline{\Omega};\mathbb{R}^n)$ 使得 $f|_\Omega:\Omega\to\mathbb{R}^n$ 是单射. 利用区域不变性定理证明

$$f(\overline{\Omega})=\overline{f(\Omega)},\quad f(\Omega)\subset \operatorname{int} f(\overline{\Omega}),\quad f(\partial\Omega)\supset\partial(f(\overline{\Omega})).$$

(2) 另外假定 $\operatorname{int}\overline{\Omega}=\Omega$ 且 $f:\overline{\Omega}\to\mathbb{R}^n$ 是单射. 仍用区域不变性定理, 证明

$$f(\Omega)=\operatorname{int} f(\overline{\Omega}),\quad f(\partial\Omega)=\partial(f(\Omega))=\partial(f(\overline{\Omega})).$$

9.17-4 设 $U\subset\mathbb{R}^m$ 和 $V\subset\mathbb{R}^n$ 是开的. 利用区域不变性定理证明, 若 $m\neq n$, 不存在从 U 到 V 上的同胚. 所以特别地, 若 $m\neq n$, $\mathbb{R}^m$ 与 $\mathbb{R}^n$ 不是同胚.

9.17-5 (1) 设 $f\in\mathcal{C}^1(\mathbb{R}^n;\mathbb{R}^n)$ 使得 $\det\nabla f(\boldsymbol{x})\neq 0$ 对所有 $\boldsymbol{x}\in\mathbb{R}^n$ 并且 $\lim_{|\boldsymbol{x}|\to\infty}|f(\boldsymbol{x})|=\infty$. 证明 $f(\mathbb{R}^n)=\mathbb{R}^n$ 而且 f 是 $\mathbb{R}^n$ 到 $\mathbb{R}^n$ 上的 $\mathcal{C}^1$ 微分同胚.

(2) 反之, 证明, 如果 f 是 $\mathbb{R}^n$ 到 $\mathbb{R}^n$ 上的 $\mathcal{C}^1$ 微分同胚, 则 $\det\nabla f(\boldsymbol{x})\neq 0$ 对所有 $\boldsymbol{x}\in\mathbb{R}^n$ 并且 $\lim_{|\boldsymbol{x}|\to\infty}|f(\boldsymbol{x})|=\infty$.

9.17-6 设 $f\in\mathcal{C}(\mathbb{R}^n,\mathbb{R}^n)$ 是局部单射并使得 $\lim_{|\boldsymbol{x}|\to\infty}|f(\boldsymbol{x})|=\infty$. 证明 $f(\mathbb{R}^n)=\mathbb{R}^n$.

9.17-7 设 Ω 是 $\mathbb{R}^n$ 的有界开子集, $f\in\mathcal{C}(\overline{\Omega};\mathbb{R}^n)$ 是单射, 又设 $b\in f(\Omega)$. 证明, 或者 $\deg(f,\Omega,b)=1$ 或者 $\deg(f,\Omega,b)=-1$.

注 如果 $f\in\mathcal{C}(\overline{\Omega};\mathbb{R}^n)\cap\mathcal{C}^1(\Omega;\mathbb{R}^n)$, 其证明是定理 9.15-5(a) 中给出的公式的一个直接应用. 比较起来, 若 $f\in\mathcal{C}(\overline{\Omega};\mathbb{R}^n)$, 其证明实质上要更具有挑战性. □

提示: 首先注意, 由区域不变性定理, 存在一个开球 $B=B(b;r)$ 使得 $\overline{B}\subset f(\Omega)$; 然后利用习题 9.15-2, 说明只需证明或者 $\deg(f,f^{-1}(B),b)=1$ 或者 $\deg(f,f^{-1}(B),b)=-1$. 根据 *Jordan-Brouwer* 分离定理 (习题 9.15-5), 集合 $\mathbb{R}^n-f^{-1}(\partial B)$ 有一个有界的连通分支 U. 应用 *Leray* 乘积公式 (习题 9.15-4) 于复合函数 $\widetilde{f}\circ f^{-1}\in\mathcal{C}(\overline{B};\mathbb{R}^n)$, 其中 $\widetilde{f}\in\mathcal{C}(\mathbb{R}^n;\mathbb{R}^n)$ 是 f 的任一连续延拓, 证明 $\deg(f^{-1},B,U)\neq 0$, 最后证明 $\deg(f,f^{-1}(B),b)\in\{-1,1\}$.

9.17-8 这个习题[89)]为证明 $\mathbb{R}^n$ 中的非线性映射是单射提供了一个特别有用的充分条件. 设 Ω 是 $\mathbb{R}^n$ 的有界开连通子集使得 $\operatorname{int}\overline{\Omega}=\Omega$, 又设 $f_0\in\mathcal{C}(\overline{\Omega};\mathbb{R}^n)$ 是单射, $f\in$

[89)] 改编自 CIARLET [1988] 中的定理 5.5-2; 在稍许不同的假设下, 类似的单射性结果, 可见:

G. H. MEISTERS; C. OLECH [1963]: Locally one-to-one mappings and a classical theorem on Schlicht functions, *Duke Mathematical Journal* **30**, 63–80.

如果假定 f 对某个 $p>n$ 在 Sobolev 空间 $W^{1,p}(\Omega;\mathbb{R}^n)$ 中, 并且 Ω 是 $\mathbb{R}^n$ 中的区域 (故 $f\in\mathcal{C}(\overline{\Omega};\mathbb{R}^n)$; 见定理 6.6-1), 如果 f 还满足 $\det\nabla f(x)>0$ 对几乎所有 $x\in\Omega$, 仍可证明 $f:\overline{\Omega}\to\mathbb{R}^n$ 是单射, 但只是几乎处处, 在这个意义上 $\operatorname{card} f^{-1}(b)=1$ 对几乎所有 $b\in f(\Omega)$; 见下文中的定理 1 和 2:

J. BALL [1981]: Global invertibility of Sobolev functions and the interpenetration of matter, *Proceedings of the Royal Society-Edinburgh* **88A**, 315–328.

$\mathcal{C}(\overline{\Omega};\mathbb{R}^n)\cap\mathcal{C}^1(\Omega;\mathbb{R}^n)$ 是一映射并满足

$$f(x)=f_0(x) \text{ 对所有 } x\in\partial\Omega \text{ 及}$$
$$\det\nabla f(x)>0 \text{ 对所有 } x\in\Omega.$$

(1) 利用习题 9.17-7 证明, 或者 $\deg(f,\Omega,b)=1$ 对所有 $b\in f_0(\Omega)$ 或者 $\deg(f,\Omega,b)=-1$ 对所有 $b\in f_0(\Omega)$, 而且 $\deg(f,\Omega,b)=0$ 若 $b\notin f_0(\overline{\Omega})$.

(2) 证明 card $f^{-1}(b)=1$ 对所有 $b\in f_0(\Omega)$.

(3) 证明 $f(\overline{\Omega})=f_0(\overline{\Omega})$ 及 $f(\Omega)=f_0(\Omega)$ (利用习题 9.17-3).

(4) 证明 $f:\overline{\Omega}\to f(\overline{\Omega})$ 是同胚, $f|_\Omega:\Omega\to f(\Omega)$ 是 $\mathcal{C}^1$ 微分同胚 (利用 Banach 空间中的区域不变性定理; 参阅定理 7.14-2).

文献注释

下面文献注释中列出的书籍及参考性论文只是为读者提供可选取的文献, 作为本书有益的补充; 但在此并不想作得详尽无遗. 原始的参考文献均散布在各章的脚注中.

第 7 章: 赋范向量空间中的微分学

对于进一步阅读的需要及补充, 可见 DIEUDONNÉ [1960, 第 8 章], SCHWARTZ [1992] (本章中的某些部分受到这部出色的教科书的激励), LANG [1993, 第 13 章], 或 ABRAHAM, MARSDEN & RATIU [1988, 第 2 章] (有些奇怪的是, 却没有这么多讨论赋范向量空间中微分学的英文教科书)。

关于 Newton 方法, 以及更一般地, 关于非线性方程组求解的更深入的讨论, 可在 ORTEGA & RHEINBOLDT [2000], DEUFLHARD [2004], 或 DEDIEU [2006] 中找到。

关于极大值原理的优秀教科书有 PROTTER & WEINBERGER [1967], FRAENKEL [2000], 以及 PUCCI & SERRIN [2007]。

$\mathbb{R}^n$ 中的 Lagrange 插值在有限元方法里的应用 (也包括 $\mathbb{R}^n$ 中的 Hermite 插值, 在此未予考虑) 在 CIARLET [1978, 1991] 中有详尽的讨论。

关于$\mathbb{R}^n$ 中的最优化问题只是在 7.12, 7.15 及 7.16 节中简单地涉及 (其内容基本上摘自 CIARLET [1987], 承蒙原法文版当下的出版商 Dunod, Paris 允准在此再次施用)。其实, 它是许多教科书的主题; 在此我们只提及 LUENBERGER [1969], HESTENES [1975], CIARLET [1987] 及 HIRIART-URRUTY & LEMARÉCHAL [1993a, 1993b]。

第 8 章: $\mathbb{R}^n$ 中的微分几何

本章中的大部分内容遵循着 CIARLET [2005] 中第 1 和第 2 章中的叙述 (这部分材料改写于此得到了 Springer, Dordrecht 的允准), 该书的第 3 和第 4 章中还给出了对于在曲线坐标下三维弹性 以及对于壳理论的应用; 关于壳理论进一步的应用可在 CIARLET [2000] 中找到。

关于张量分析的详尽讨论可在下述著作中找到: BOOTHBY [1975], MARSDEN & HUGHES [1999, 第 1 章], ABRAHAN, MARSDEN & RATIU [1988], SIMMONDS [1994], 或 LEBEDEV & CLOUD [2003]。在 ANTMAN [2005, 第 11 章, 第 1 至 3 节] 中为这个主题提供了一个易读的引论。

关于 *Riemann* 几何的详尽讨论, 可参阅经典的教科书, 诸如 CHOQUET-BRUHAT, DE WITT-MORETTE & DILLARD-BLEICK [1982], MARSDEN & HUGHES [1999], BERGER [2003], GALLOT, HULIN & LAFONTAINE [2004], 以及特别是, SCHLICHTKRULL [2012]。

更一般地, 对这一课题有益的补充, 可在一些经典教科书中找到, 例如 STOKER [1969], KLINGENBERG [1973], DO CARMO [1976, 1994], BERGER & GOSTIAUX [1987], 或 SPIVAK [1999]; 同样地, 也可在 KÜHNEL [2002], PRESSLEY [2005], 或 O'NEILL [2006] 中找到。

第 9 章: 非线性泛函分析的重要定理

虽然已有许多针对线性泛函分析要义的教科书, 但相对而言, 系统全面介绍非线性泛函分析内容的教科书并不多见。在这方面, SCHWARTZ [1969] 和 NIRENBERG [1974] 可视为里程碑式的经典著作。较新的教科书包括 BERGER [1977], DEIMLING [1985], STRUWE [1990], KAVIAN [1993], AUBIN [1993, 2000], DENKOWSKI, MIGÓRSKI & PAPAGEORGIOU [2003], 及 KESAVAN [2004]。有必要专门提一下 ZEIDLER [1985, 1986, 1990a, 1990b] 的不朽的论文, 它们也为历史评述提供了珍贵的源泉。

相比之下, 有大量的专门领域的教科书: 关于一般的变分学及变分方法, 我们要提及 EKELAND & TEMAM [1976], GOLDSTINE [1980] (很专业的历史评述), STRUWE [1990], GIUSTI [2003], KESAVAN [2006] (关于 "依赖区域" 泛函的极小化问题), GIAQUINTA & HILDEBRANDT [2006a, 2006b], VAN BRUNT [2006], 还特别要提到 DACAROGNA [2010] 精深的论述。

关于一般的非线性偏微分方程, 我们要提及 LIONS [1969] (直至今日都是杰作, 遗憾的是至今未译成英文), STRUWE [1990], TAYLOR [1996c], GILBARG & TRUDINGER [1998], CHIPOT [2000] (一部好的入门教科书), MOTREANU & RĂDULESCU [2003], SAUVIGNY [2006a, 2006b], GHERGU & RĂDULESCU [2008, 2012], 及 EVANS [2010];

关于 Γ 收敛性, 我们提及 Attouch [1984], Dal Maso [1993], 及 Braides [2002]; 关于单调算子, 我们提及 Brezis [1973]。

关于非线性三维弹性, 我们提及 Marsden & Hughes [1999], Valent [1988], Ciarlet [1988], 及 Antman [2005] (其 9.7 节简要地触及这一课题, 基本上改写自 Ciarlet [1988] 的第 7 章, 承蒙出版商 North-Holland, Amsterdam 的允准重用于此); 关于非线性板理论, 我们提及 Ciarlet & Rabier [1980] 和 Lewinski & Telega [2000]; 关于不可压缩流体的 *Navier-Stokes* 方程, 我们提及 Temam [1977, 1995], Girault & Raviart [1986], Constantin & Foias [1988], Lions [1996], Foias, Manley, Rosa & Temam [2001], Glowinski [2003], 及 Tartar [2006]; 关于极小曲面方程, 我们提及 Ekeland & Temam [1974], Nitsche [1975], 及 Giusti [1984]。

关于 *Brouwer* 拓扑度及有关的课题, 我们提及 Rado & Reichelderfer [1955], Milnor [1965], Mawhin [1979], Fonseca & Gangbo [1995] 及 Dinca & Mawhin [2013]; 关于 Brouwer 度的成因, Brouwer 定理, 以及区域不变性定理具有学术价值的论述在 Dieudonné [1989, 部分 2] 中给出。

参考文献

R. ABRAHAM; J.E. MARSDEN; T. RATIU [1988]: *Manifolds, Tensor Analysis, and Applications*, Second Edition, Springer, New York (First Edition: 1983, Addison-Wesley).

R.A. ADAMS [1975]: *Sobolev Spaces*, Academic Press, New York.

N.I. AKHIEZER; I.M. GLAZMAN [1961]: *Theory of Linear Operators in Hilbert Spaces*, Volume 1, Ungar, New York.

J.L. AKIAN [2003]: A simple proof of the ellipticity of Koiter's model, *Analysis and Applications* **1**, 1–16.

D.J. ALBERS; G.L. ALEXANDERSON [1985]: *Mathematical People—Profiles and Interieurs*, Birkhäuser, Boston.

H. AMANN [1976]: Fixed point equations and nonlinear eigenvalue problems in ordered Banach spaces, *SIAM Review* **18**, 620–709.

H. AMANN; J. ESCHER [2005]: *Analysis* I, Birkhäuser, Boston (translation of the original German edition, *Analysis* I, Birkhäuser, Basel, 1998).

H. AMANN; J. ESCHER [2008]: *Analysis* II, Birkhäuser, Boston (translation of the original German edition, *Analysis* II, Birkhäuser, Basel, 1999).

H. AMANN; J. ESCHER [2009]: *Analysis* III, Birkhäuser, Boston (translation of the original German edition, *Analysis* III, Birkhäuser, Basel, 2001).

C. AMROUCHE; P.G. CIARLET; L. GRATIE; S. KESAVAN [2006]: On the characterization of matrix fields as linearized strain tensor fields, *Journal de Mathématiques Pures et Appliquées* **86**, 116–132.

C. AMROUCHE; V. GIRAULT [1994]: Decomposition of vector spaces and application to the Stokes problem in arbitrary dimension, *Czechoslovak Mathematical Journal* **44**, 109–140.

S.S. ANTMAN [1970]: Existence of solutions of the equilibrium equations for nonlinearly elastic rings and arches, *Indiana University Mathematics Journal* **20**, 281–302.

S.S. ANTMAN [1983]: Regular and singular problems for large elastic deformations of tubes, wedges, and cylinders, *Archive for Rational Mechanics and Analysis* **82**, 1–52.

S.S. ANTMAN [2005]: *Nonlinear Problems of Elasticity*, Springer, Berlin (First Edition: 1995).

D.N. ARNOLD; R.S. FALK; R. WINTHER [2006]: Finite element exterior calculus, homological techniques, and applications, in *Acta Numerica*, Volume 15 (A. ISERLES, editor), pp. 1–155, Cambridge University Press, Cambridge, UK.

N. ARONSZAJN; K.T. SMITH [1957]: Characterization of positive reproducing kernels. Applications to Green's functions, *American Journal of Mathematics* **79**, 611–622.

C. ARZELÀ [1883]: Un' osservazione intorno alle serie di funzioni, *Rendiconti delle Sessioni dell' Accademia Reale delle Scienze dell' Istituto di Bologna*, 142–159.

C. ASCOLI [1883]: Le curve limiti di una varietà data di curve, *Atti della Accademia Nazionale dei Lincei, Classe di Scienze Fisiche, Matematiche e Naturali* **18**, 521–586.

K.E. ATKINSON; W. HAN [2009]: *Theoretical Numerical Analysis: A Functional Analysis Framework*, Third Edition, Springer, New York (First Edition: 2001).

H. ATTOUCH [1984]: *Variational Convergence for Functions and Operators*, Pitman, Boston.

H. ATTOUCH; G. BUTTAZZO; G. MICHAILLE [2006]: *Variational Analysis in Sobolev and BV Spaces: Applications to PDEs and Optimization*, SIAM, Philadelphia.

J.P. AUBIN [1993]: *Optima and Equilibria—An Introduction to Nonlinear Analysis*, Springer, Berlin.

J.P. AUBIN [2000]: *Applied Functional Analysis*, Second Edition, Wiley-Interscience, New York (First Edition: 1979).

I. BABUŠKA [1971]: Error bound for finite element method, *Numerische Mathematik* **16**, 322–333.

I. BABUŠKA; A.K. AZIZ [1976]: On the angle condition in the finite element method, *SIAM Journal on Numerical Analysis* **13**, 214–226.

I. BABUŠKA; J. OSBORN [1991]: Eigenvalue problems, in *Handbook of Numerical Analysis*, Volume II (P.G. CIARLET & J.L. LIONS, editors), pp. 641–784, North-Holland, Amsterdam.

R. BAIRE [1899]: Sur les fonctions de variables réelles, *Annali di Matematica Pura ed Applicata* **3**, 1–123.

J. BALL [1977]: Convexity conditions and existence theorems in nonlinear elasticity, *Archive for Rational Mechanics and Analysis* **63**, 337–403.

J. BALL [1981]: Global invertibility of Sobolev functions and the interpenetration of matter, *Proceedings of the Royal Society, Edinburgh* **88A**, 315–328.

J.M. BALL; R.J. KNOPS; J.E. MARSDEN [1978]: Two examples in nonlinear elasticity, in *Proceedings-Conference in Nonlinear Analysis, Besançon*, pp. 41–49, Lecture Notes in Mathematics, Volume 466, Springer, Berlin.

S. BANACH [1922]: Sur les opérations dans les ensembles abstraits et leurs applications aux équations intégrales, *Fundamenta Mathematicae* **3**, 133–181.

S. Banach [1932]: *Théorie des Opérations Linéaires*, Monografje Matematyczne, Volume 1, Warsaw.

S. Banach; S. Saks [1930]: Sur la convergence forte dans le champ L^p, *Studia Mathematica* **2**, 51–57.

S. Banach; H. Steinhaus [1927]: Sur le principe de la condensation de singularités, *Fundamenta Mathematicae* **9**, 50–61.

S. Batterson [2000]: *Stephen Smale: The Mathematician Who Broke the Dimension Barrier*, American Mathematical Society, Providence, RI.

R. Beals; R. Wong [2010]: *Special Functions: A Graduate Text*, Cambridge University Press, Cambridge, UK.

P.R. Beesack; E. Hughes; M. Ortel [1979]: Rotund complex linear spaces, *Proceedings of the American Mathematical Society* **75**, 42–44.

J.J. Benedetto; W. Czaja [2009]: *Integration and Modern Analysis*, Birkhäuser, Boston.

A. Ben-Israel; T.N.E. Greville [2003]: *Generalized Inverses: Theory and Applications*, Second Edition, Springer.

M.S. Berger [1967]: On the von Kármán equations and the buckling of a thin elastic plate. I. The clamped plate, *Communications on Pure and Applied Mathematics* **20**, 687–719.

M.S. Berger [1977]: *Nonlinearity and Functional Analysis*, Academic Press, New York.

M. Berger [2003]: *A Panoramic View of Riemannian Geometry*, Springer, Berlin.

M. Berger; B. Gostiaux [1987]: *Géométrie Différentielle: Variétés, Courbes et Surfaces*, Presses Universitaires de France, Paris.

S. Bergman; M. Schiffer [1948]: Kernel functions in the theory of partial differential equations of elliptic type, *Duke Mathematical Journal* **15**, 535–566.

A. Berman; R.J. Plemmons [1994]: *Nonnegative Matrices in the Mathematical Sciences*, Classics in Applied Mathematics, Vol. 9, SIAM, Philadelphia.

M. Bernadou; P.G. Ciarlet [1976]: Sur l'ellipticité du modèle linéaire de coques de W.T. Koiter, in *Computing Methods in Applied Sciences and Engineering* (R. Glowinski & J.L. Lions, editors), pp. 89–136, Lecture Notes in Economics and Mathematical Systems, **134**, Springer, Heidelberg.

M. Bernadou; P.G. Ciarlet; B. Miara [1994]: Existence theorems for two-dimensional linear shell theories, *Journal of Elasticity* **34**, 111–138.

J.M.E. Bernard [2011]: Density results in Sobolev spaces whose elements vanish on a part of the boundary, *Chinese Annals of Mathematics*, Series B, **32**, 823–846.

S.N. Bernstein [1912]: Démonstration du théorème de Weierstrass fondée sur le calcul de probabilités, *Communications of the Kharkov Mathematical Society* **13**, 1–2.

S.N. Bernstein [1932]: Complément à l'article de E. Voronovskaya "Détermination de la forme asymptotique de l'approximation des fonctions par les polynômes de M. Bernstein",

Doklady Akademii Nauk SSSR **4**, 86–92.

G. BIRKHOFF [1946]: Tres observaciones sobre el algebra lineal, *Universidad Nacional de Tucumán Revista A* **5**, 147–151.

E. BISHOP; R.R. PHELPS [1961]: A proof that every Banach space is subreflexive, *Bulletin of the American Mathematical Society* **67**, 97–98.

A. BLOUZA; H. LE DRET: [1999]: Existence and uniqueness for the linear Koiter model for shells with little regularity, *Quarterly of Applied Mathematics* **57**, 317–337.

A.B. BOGHOSSIAN; P.D. JOHNSON, JR. [1990]: A pointwise condition for an infinitely differentiable function of several variables to be a polynomial, *Journal of Mathematical Analysis and Applications* **151**, 17–19.

H. BOHMAN [1952]: On approximation of continuous and of analytic functions, *Arkiv för Mathematik* **2**, 43–56.

H.F. BOHNENBLUST; A. SOBCZYK [1938]: Extensions of functionals on complex linear spaces. *Bulletin of the American Mathematical Society* **44**, 91–93.

O. BOLZA [1946]: *Lectures on the Calculus of Variations*, Chelsea Publishing Company, New York.

O. BONNET [1848]: Mémoire sur la théorie générale des surfaces, *Journal de l'Ecole Polytechnique* **19**, 1–146.

W.M. BOOTHBY [1975]: *An Introduction to Differentiable Manifolds and Riemannian Geometry*, Academic Press, New York.

W. BORCHERS; H. SOHR [1990]: On the equations rot $v = g$ and div $u = f$ with zero boundary conditions, *Hokkaido Mathematical Journal* **19**, 67–87.

K. BORSUK [1933]: Drei Sätze über die n-dimensionale euklidische Sphäre, *Fundamenta Mathematicae* **21**, 177–190.

N. BOURBAKI [1966a]: *Éléments de Mathématique. Topologie Générale*; Chapitres 1 à 4, Hermann, Paris (English translation: *Elements of Mathematics, General Topology*: Chapters 1–4, Springer, New York, 1998).

N. BOURBAKI [1966b]: *Eléments de Mathématique. Topologie Générale*: Chapitres 5 à 10, Hermann, Paris (English translation: *Elements of Mathematics, General Topology*: Chapters 5–10, Addison-Wesley, Reading, MA, 1966).

N. BOURBAKI [1970]: *Éléments de Mathématique. Théorie des Ensembles*, Hermann, Paris (English translation: *Theory of Sets*, Springer, New York, 2004).

N. BOURBAKI [1974]: *Éléments d'Histoire des Mathématiques*, Hermann, Paris (English translation: *Elements of the History of Mathematics*, Springer, New York, 1998).

J. BOURGAIN [1977]: On dentability and the Bishop-Phelps property, *Israel Journal of Mathematics* **28**, 268–271.

R.E. BRADLEY; C.E. SANDIFER [2009]: *Cauchy's Cours d'Analyse—An Annotated Translation*, Springer, Heidelberg.

A. BRAIDES [2002]: Γ-*Convergence for Beginners*, Oxford University Press, Oxford, UK.

J.H. BRAMBLE; S.R. HILBERT [1970]: Estimation of linear functionals on Sobolev spaces with application to Fourier transforms and spline interpolation, *SIAM Journal on Numerical Analysis* **7**, 112–124.

J. BRANDTS; S. KOROTOV; M. KŘÍŽEK [2011]: Generalization of the Zlámal condition for simplicial finite elements in $\mathbb{R}^d$, *Applied Mathematics* **56**, 417–424.

S.C. BRENNER; R. SCOTT [2002]: *The Mathematical Theory of Finite Element Methods*, Springer, New York.

H. BREZIS [1971]: Problèmes unilatéraux, *Journal de Mathématiques Pures et Appliquées* **9**, 1–168.

H. BREZIS [1973]: *Opérateurs Maximaux Monotones*, North-Holland, Amsterdam.

H. BREZIS [1983]: *Analyse Fonctionnelle. Théorie et Applications*, Masson, Paris.

H. BREZIS [2011]: *Functional Analysis, Sobolev Spaces and Partial Differential Equations*, Springer, New York.

H. BREZIS; M. SIBONY [1971]: Equivalence de deux inéquations variationnelles, *Archive for Rational Mechanics and Analysis* **41**, 254–265.

H. BREZIS; G. STAMPACCHIA [1968]: Sur la régularité de la solution d'inéquations elliptiques, *Bulletin de la Société Mathématique de France* **96**, 153–180.

F. BREZZI [1974]: On the existence, uniqueness and approximation of saddle point problems arising from Lagrange multipliers, *Revue Française d'Automatique, Informatique, et Recherche Opérationnelle–Série Rouge* **8**, 129–151.

F. BREZZI; M. FORTIN [1991]: *Mixed and Hybrid Finite Element Methods*, Springer, New York.

L.E.J. BROUWER [1911]: Beweis des Jordanschen Satzes für den n-dimensionalen Raum, *Mathematische Annalen* **71**, 314–319 and 598.

L.E.J. BROUWER [1912]: Übey Abbildungen von Mannigfaltigkeiten, *Mathematische Annalen* **71**, 97–115.

L.E.J. BROUWER [1912]: Beweis der Invarianz des n-dimensionalen Gebiets, *Mathematische Annalen* **71**, 305–315.

F.E. BROWDER [1963]: Nonlinear elliptic boundary value problems, *Bulletin of the American Mathematical Society* **69**, 862–874.

F.E. BROWDER [1965]: Existence and uniqueness theorems for solutions of nonlinear boundary value problems, in *Proceedings of Symposia in Applied Mathematics*, Volume XVII: *Applications of Nonlinear Partial Differential Equations in Mathematical Physics*, pp. 24–49, American Mathematical Society, Providence, RI.

B. VAN BRUNT [2006]: *The Calculus of Variations*, Springer, New York.

L. BRUTMAN [1997]: Lebesgue functions for polynomial interpolations–a survey, *Annals of Numerical Mathematics* **4**, 111–127.

V. BUNYAKOVSKIĬ: [1859]: Sur quelques inégalités concernant les intégrales aux différences finies, *Mémoires de l'Académie des Sciences de Saint-Peterbourg*, 7 ème Série, Tome 1, No. 9, 1–18.

B. BUTTAZZO; M. GIAQUINTA; S. HILDEBRANDT [1998]: *One-dimensional Variational Problems: An Introduction*, Clarendon Press, Oxford.

G. CANTOR [1899]: *Beiträge zur Begründung der transfiniten Mengenlehre*, Georg Olms Verlag (English translation: *Contributions to the Founding of Transfinite Numbers*, Dover, New York, 1955).

C. CARATHÉODORY [1907]: Über den Variabilitätsbereich der Fourier'schen Konstanten von positiven harmonischen Funktionen, *Rendiconti del Circolo Matematico di Palermo* **32**, 193–217.

C. CARATHÉODORY [1965]: *Calculus of Variations and Partial Differential Equations of the First Order*, Holden Day, San Francisco.

L. CARLESON [1966]: On convergence and growth of partial sums of Fourier series, *Acta Mathematica* **116**, 135–157.

M.P. DO CARMO [1976]: *Differential Geometry of Curves and Surfaces*, Prentice-Hall, Englewood Cliffs, NJ.

M.P. DO CARMO [1994]: *Differential Forms and Applications*, Universitext, Springer, Berlin (English translation of: *Formas Diferenciais e Aplições*, Instituto da Matematica, Pura e Aplicada, Rio de Janeiro, 1971).

N.L. CAROTHERS [2000]: *Real Analysis*, Cambridge University Press.

E. CARTAN [1927]: Sur la possibilité de plonger un espace riemannien donné dans un espace euclidien, *Annales de la Société Polonaise de Mathématiques* **6**, 1–7.

E. CARTAN [1928]: *Leçons sur la Géométrie des Espaces de Riemann*, Gauthier-Villars, Paris.

A.L. CAUCHY [1821]: *Cours d'Analyse de l'École Royale Polytechnique*, de Bure, Paris.

E. ČECH [1937]: On bicompact spaces, *Annals of Mathematics* **38**, 823–844.

E. CESÀRO [1906]: Sulle formole del Volterra, fondamentali nella teoria delle distorsioni elastiche, *Rendiconti Napoli* **12**, 311–321.

F. CHATELIN [1983]: *Spectral Approximation of Linear Operators*, Academic Press, New York.

W. CHEN; J. JOST [2002]: A Riemannian version of Korn's inequality, *Calculus of Variations* **14**, 517–530.

W.W. CHENEY [1966]: *Introduction to Approximation Theory*, McGraw-Hill, New York.

M. CHIPOT [2000]: *Elements of Nonlinear Analysis*, Birkhäuser, Basel.

M. CHIPOT [2002]: *ℓ Goes to Plus Infinity*, Birkhäuser, Basel.

M. CHIPOT [2009]: *Elliptic Equations: An Introductory Course*, Birkhäuser, Basel.

G. CHOQUET [1966]: *Topology*, Academic Press, New York.

Y. CHOQUET-BRUHAT; C. DE WITT-MORETTE; M. DILLARD-BLEICK [1982]: *Analysis, Manifolds and Physics*, Second Edition, North-Holland, Amsterdam (First Edition: 1977).

E.B. CHRISTOFFEL [1869]: Über die Transformation der homogenen Differentialausdrücke zweiten Grades, *Journal für die Reine und Angewandte Mathematik* **70**, 46–70.

P.G. CIARLET [1975]: *Lectures on the Finite Element Method*, Tata Institute of Fundamental Research, Bombay.

P.G. CIARLET [1978]: *The Finite Element Method for Elliptic Problems*, North-Holland, Amsterdam (reprinted in 2002 as SIAM Classics in Applied Mathematics, Volume 40, SIAM, Philadelphia).

P.G. CIARLET [1978]: Interpolation error estimates for the reduced Hsieh-Clough-Tocher triangle, *Mathematics of Computation* **32**, 335–344.

P.G. CIARLET [1980]: A justification of the von Kármán equations, *Archive for Rational Mechanics and Analysis* **73**, 349–389.

P.G. CIARLET [1987]: *Introduction to Numerical Linear Algebra and Optimisation*, with the assistance of B. MIARA and J.M. THOMAS for the Exercises, Cambridge University Press, Cambridge, UK (translation of the original French edition, *Introduction à l'Analyse Numérique Matricielle et à l'Optimisation*, Masson, Paris, 1982, republished with a new presentation by Dunod, Paris, in 2007, and of *Exercices d'Analyse Numérique Matricielle et d'Optimisation, avec Solutions*, by P.G. CIARLET, B. MIARA, and J.M. THOMAS, Masson, Paris, 1991, republished with a new presentation by Dunod, Paris, in 2001).

P.G. CIARLET [1988]: *Mathematical Elasticity*, Volume I: *Three-Dimensional Elasticity*, North-Holland, Amsterdam.

P.G. CIARLET [1991]: Basic error estimates for elliptic problems, in *Handbook of Numerical Analysis*, Volume II (P.G. CIARLET & J.L. LIONS, editors), pp. 17–351, North-Holland, Amsterdam.

P.G. CIARLET [1997]: *Mathematical Elasticity*, Volume II: *Theory of Plates*, North-Holland, Amsterdam.

P.G. CIARLET [2000]: *Mathematical Elasticity*, Volume III: *Theory of Shells*, North-Holland, Amsterdam.

P.G. CIARLET [2003]: The continuity of a surface as a function of its two fundamental forms, *Journal de Mathématiques Pures et Appliquées* **82**, 253–274.

P.G. CIARLET [2005]: *An Introduction to Differential Geometry with Applications to Elasticity*, Springer, Dordrecht.

P.G. CIARLET; P. CIARLET, JR. [2005]: Another approach to linearized elasticity and a new proof of Korn's inequality, *Mathematical Models and Methods in Applied Sciences* **15**, 259–271.

P.G. CIARLET; P. DESTUYNDER [1979]: A justification of a nonlinear model in plate theory, *Computer Methods in Applied Mechanics and Engineering* **17/18**, 227–258.

P.G. Ciarlet; G. Geymonat [1982]: Sur les lois de comportement en élasticité non-linéaire compressible, *Comptes Rendus de l'Académie des Sciences de Paris*, Série II, **295**, 423–426.

P.G. Ciarlet; G. Geymonat; F. Krasucki [2012]: A new duality approach to elasticity, *Mathematical Models and Methods in Applied Sciences* **22**, 1150003.

P.G. Ciarlet; L. Gratie; O. Iosifescu; C. Mardare; C. Vallée [2007]: Another approach to the fundamental theorem of Riemannian geometry in $\mathbb{R}^3$, by way of rotation fields, *Journal de Mathématiques Pures et Appliquées* **87**, 237–252.

P.G. Ciarlet; L. Gratie; C. Mardare [2005]: A nonlinear Korn inequality on a surface, *Journal de Mathématiques Pures et Appliquées* **85**, 2–16.

P.G. Ciarlet; L. Gratie; C. Mardare [2008]: A new approach to the fundamental theorem of surface theory, *Archive for Rational Mechanics and Analysis* **188**, 457–473.

P.G. Ciarlet; O. Iosifescu [2009]: A new approach to the fundamental theorem of surface theory, by means of the Darboux-Vallée-Fortunée compatibility relation, *Journal de Mathématiques Pures et Appliquées* **91**, 384–401.

P.G. Ciarlet; F. Larsonneur [2002]: On the recovery of a surface with prescribed first and second fundamental forms, *Journal de Mathématiques Pures et Appliquées* **81**, 167–185.

P.G. Ciarlet; F. Laurent [2003]: Continuity of a deformation as a function of its Cauchy-Green tensor. *Archive for Rational Mechanics and Analysis* **167**, 255–269.

P.G. Ciarlet; V. Lods [1996]: On the ellipticity of linear membrane shell equations, *Journal de Mathématiques Pures et Appliquées* **75**, 107–124.

P.G. Ciarlet; C. Mardare [2003]: On rigid and infinitesimal rigid displacements in shell theory, *Journal de Mathématiques Pures et Appliquées* **83**, 1–15.

P.G. Ciarlet; C. Mardare [2003]: On rigid and infinitesimal rigid displacements in three-dimensional elasticity, *Mathematical Models and Methods in Applied Sciences* **13**, 1589–1598.

P.G. Ciarlet; C. Mardare [2004]: Continuity of a deformation in H^1 as a function of its Cauchy-Green tensor in L^1, *Journal of Nonlinear Science* **14**, 415–427.

P.G. Ciarlet; C. Mardare [2004]: Recovery of a manifold with boundary and its continuity as a function of its metric tensor, *Journal de Mathématiques Pures et Appliquées* **83**, 811–843.

P.G. Ciarlet; C. Mardare [2005]: Recovery of a surface with boundary and its continuity as a function of its two fundamental forms, *Analysis and Applications* **3**, 99–117.

P.G. Ciarlet; C. Mardare [2012]: The Newton-Kantorovich theorem, *Analysis and Applications* **10**, 249–269.

P.G. Ciarlet; S. Mardare [2001]: On Korn's inequalities in curvilinear coordinates, *Mathematical Models and Methods in Applied Sciences* **11**, 1379–1391.

P.G. Ciarlet; J. Nečas [1987]: Injectivity and self-contact in nonlinear elasticity, *Archive for Rational Mechanics and Analysis* **97**, 171–188.

P.G. Ciarlet; P. Rabier [1980]: *Les Equations de von Kármán*, Lecture Notes in Mathematics, Volume 826, Springer, Berlin.

P.G. Ciarlet, P.A. Raviart [1972]: General Lagrange and Hermite interpolation in $\mathbb{R}^n$ with applications to finite element methods, *Archive for Rational Mechanics and Analysis* **46**, 177–199.

P.G. Ciarlet; E. Sanchez-Palencia [1996]: An existence and uniqueness theorem for the two-dimensional linear membrane shell equations, *Journal de Mathématiques Pures et Appliquées* **75**, 51–67.

P.G. Ciarlet; M.H. Schultz; R.S. Varga [1969]: Numerical methods of high-order accuracy for nonlinear boundary value problems V: Monotone operator theory, *Numerische Mathematik* **13**, 51–79.

P.G. Ciarlet; C. Wagschal [1971]: Multipoint Taylor formulas and applications to the finite element method, *Numerische Mathematik* **17**, 84–100.

D. Cioranescu; P. Donato [1999]: *An Introduction to Homogenization*, Oxford Lecture Series in Mathematics and Its Applications, Volume 17, Oxford University Press, Oxford, UK.

D. Cioranescu; P. Donato; M.P. Roque [2012]: *Introduction to Classical and Variational Partial Differential Equations*, The University of the Philippines Press, Quezon City.

D. Cioranescu; J. Saint Jean Paulin [1999]: *Homogenization of Reticulated Structures*, Applied Mathematical Sciences, Volume 136, Springer, Berlin.

J.A. Clarkson [1936]: Uniformly convex spaces, *Transactions of the American Mathematical Society* **40**, 396–414.

C. Coatmélec [1966]: Approximation et interpolation des fonctions différentiables de plusieurs variables, *Annales Scientifiques de l'Ecole Normale Supérieure* **83**, 271–341.

D. Codazzi [1868–1869]: Sulle coordinate curvilinee d'una superficie dello spazio, *Annali di Mathematica Pura e Applicata* **2**, 101–119.

E.A. Coddington; N. Levinson [1955]: *Theory of Ordinary Differential Equations*, McGraw Hill, New York.

P.J. Cohen [1963]: The independence of the continuum hypothesis, *Proceedings of the National Academy of Sciences, USA* **50**, 1143–1148.

P.J. Cohen [1964]: The independence of the continuum hypothesis, *Proceedings of the National Academy of Sciences, USA* **51**, 105–110.

P.J. Cohen [1966]: *Set Theory and the Continuum Hypothesis*, Benjamin, New York.

B.D. Coleman; W. Noll [1959]: On the thermostatics of continuous media, *Archive for Rational Mechanics and Analysis* **4**, 97–128.

P. Constantin; C. Foias [1988]: *Navier-Stokes Equations*, University of Chicago Press,

Chicago, IL.

J. CONWAY [1990]: *A Course in Functional Analysis*, Second Edition, Springer, New York (First Edition: 1985).

E. COROMINAS; F.S. BALAGUER [1954]: Conditions for an infinitely differentiable function to be a polynomial (title in Spanish), *Revista Matemática Hispano-Americana* **14**, 26–43.

E. COSSERAT; F. COSSERAT [1896]: Sur la théorie de l'élasticité. Premier mémoire, *Annales de la Faculté des Sciences de l'Université de Toulouse* **10**, 1–116.

R. COURANT [1920]: Über die Eigenwerte bei den Differentialgleichungen der Mathematischen Physik, *Mathematische Zeitschrift* **7**, 1–57.

M. CROUZEIX; A.L. MIGNOT [1983]: *Analyse Numérique des Equations Différentielles*, Masson, Paris.

G. CSATO; B. DACOROGNA; O. KNEUSS [2011]: *The Pullback Equation*, Birkhäuser, Basel.

H. CURIEN; M. SCHMIDT [1990]: *Hommes de Science*, Hermann, Paris.

B. DACOROGNA [1982]: Minimal hypersurfaces in parametric form with nonconvex integrands, *Indiana University Mathematics Journal* **31**, 531–552.

B. DACOROGNA [2010]: *Direct Methods in the Calculus of Variations*, Second Edition, Springer, Berlin (First Edition: 1989).

G. DAL MASO [1993]: *An Introduction to* Γ*-Convergence*, Birkhäuser, Boston.

R. DAUTRAY; J.L. LIONS [2000a]: *Mathematical Analysis and Numerical Methods for Science and Technology*, Volume 1: *Physical Origins and Classical Methods*, Springer, Heidelberg.[1)]

R. DAUTRAY; J.L. LIONS [2000b]: *Mathematical Analysis and Numerical Methods for Science and Technology*, Volume 2: *Functional and Variational Methods*, Springer, Heidelberg.

R. DAUTRAY; J.L. LIONS [2000c]: *Mathematical Analysis and Numerical Methods for Science and Technology*, Volume 3: *Spectral Theory and Applications*, Springer, Heidelberg.

R. DAUTRAY; J.L. LIONS [2000d]: *Mathematical Analysis and Numerical Methods for Science and Technology*, Volume 4: *Integral Equations and Numerical Methods*, Springer, Heidelberg.

R. DAUTRAY; J.L. LIONS [2000e]: *Mathematical Analysis and Numerical Methods for Science and Technology*, Volume 5: *Evolution Problems* I, Springer, Heidelberg.

R. DAUTRAY; J.L. LIONS [2000f]: *Mathematical Analysis and Numerical Methods for Science and Technology*, Volume 6: *Evolution Problems* II, Springer, Heidelberg.

C. DAVIS [1971]: The Toeplitz-Hausdorff theorem explained, *Canadian Mathematical Bulletin* **14**, 245–246.

P.J. DAVIS [1963]: *Interpolation and Approximation*, Dover, New York.

P.J. DAVIS; P. RABINOWITZ [1975]: *Methods of Numerical Integration*, Academic Press, New

---

[1)] 这六卷本译自 *Analyse Mathématique et Calcul Numérique pour les Sciences et les Techniques*, Masson, Paris et Commissariat à l'Energie Atomique, Paris, 1984–1985.

York.

L. Debnath; P. Mikusiński [1999]: *Hilbert Spaces with Applications*, Second Edition, Academic Press, New York (First Edition: 1990).

J.P. Dedieu [2006]: *Points Fixes, Zéros et la Méthode de Newton*, Springer, Berlin.

E. De Giorgi [1975]: Sulla convergenza di alcune successioni di integrali del tipo dell'area, *Rendiconti Mathematica Roma* **8**, 227–294.

E. De Giorgi [1977]: Γ-convergenza e G-convergenza, *Bolletina Unione Mathematica Italiana* **5**, 213–220.

E. De Giorgi; G. Dal Maso [1983]: *Γ-Convergence and Calculus of Variations*, Lecture Notes in Mathematics, Volume 979, Springer, Berlin.

K. Deimling [1985]: *Nonlinear Functional Analysis*, Springer, Berlin.

L. Demkowicz [2000]: Babuška ⇔ Brezzi??, Technical Report, Texas Institute for Computational and Applied Mathematics, TICAM Seminar (October 31, 2000).

Z. Denkowski; S. Migórski; N.S. Papageorgiou [2003]: *An Introduction to Nonlinear Analysis: Applications*, Kluwer, Boston.

P. Deuflhard [2004]: *Newton Methods for Nonlinear Problems—Affine Invariance and Adaptive Algorithms*, Springer, Berlin.

R. DeVore, G.G. Lorentz [1993]: *Constructive Approximation*, Springer, Heidelberg.

E. DiBenedetto [2002]: *Real Analysis*, Birkhäuser, Boston.

E. DiBenedetto [2010]: *Partial Differential Equations*, Second Edition, Birkhäuser, Boston (First Edition: 1995, Springer, New York).

J. Diestel [1975]: *Geometry of Banach Spaces: Selected Topics*, Springer, Berlin.

J. Dieudonné [1950]: Deux exemples singuliers d'équations différentielles, *Acta Scientiarum Mathematicarum B (Szeged)* **12**, 38–40.

J. Dieudonné [1960]: *Foundations of Modern Analysis*, Academic Press, New York.

J. Dieudonné [1981]: *History of Functional Analysis*, North-Holland, Amsterdam.

J. Dieudonné [1989]: *A History of Algebraic and Differential Topology*, 1900–1960, Birkhäuser, Boston.

G. Dinca [2001]: A Fredholm-type result for a couple of nonlinear operators, *Comptes Rendus de l'Académie des Sciences de Paris*, Série 1, **333**, 4015–4019.

G. Dinca [2004]: Duality mappings on infinite dimensional reflexive and smooth Banach spaces are not compact, *Bulletin de l'Académie Royale de Belgique, Classes des Sciences* **6**, 33–40.

G. Dinca; P. Jebelean; J. Mawhin [2001]: Variational and topological methods for Dirichlet problems with p-Laplacian, *Portugaliae Mathematica* **58**, 339–378.

G. Dinca; J. Mawhin [2013]: *Brouwer Degree and Applications*, to appear.

U. Dini [1878]: *Analisi Infinitesimale. Lezioni dettate nella Reale Università di Pisa, Anno*

Accademico 1877–1878.

U. DINI [1878]: *Fondamenti per la Teoria delle Funzioni di Variabili Reali*, T. Nistri, Pisa.

J. DIXMIER [1953]: Sur les bases orthonormales dans les espaces préhilbertiens, *Acta Scientiarum Mathematicarum Szeged* **15**, 29–30.

L. DONATI [1890]: Illustrazione al teorema del Menabrea, *Memorie della Accademia delle Scienze dell'Istituto di Bologna* **10**, 267–274.

L. DONATI [1894]: Ulteriori osservazioni intorno al teorema del Menabrea, *Memorie della Accademia delle Scienze dell'Istituto di Bologna* **4**, 449–474.

P. DU BOIS-RAYMOND [1876]: Untersuchungen über die Convergenz und Divergenz der Fourierschen Darstellungsformeln, *Abhandlungen der Mathematisch-Physikalischen Klasse der Königlich Bayerischen Akademie der Wissenschaften* **12**, 1–103.

R.M. DUDLEY [1964]: On sequential convergence, *Transactions of the American Mathematical Society* **112**, 483–507.

J. DUISTERMAAT; J.A. KOLK [2010]: *Distributions: Theory and Applications*, Springer, New York.

N. DUNFORD; J. SCHWARTZ [1958]: *Linear Operators*, Part I: *General Theory*, Interscience, New York (Reprinting: Wiley Classics Library, 1988).

N. DUNFORD; J. SCHWARTZ [1963]: *Linear Operators*, Part II: *Spectral Theory—Self Adjoint Operators in Hilbert Spaces*, Interscience, New York (Reprinting: Wiley Classics Library, 1988).

N. DUNFORD; J. SCHWARTZ [1971]: *Linear Operators*, Part III: *Spectral Operators*, Interscience, New York (Reprinting: Wiley Classics Library, 1988).

G. DUVAUT; J.L. LIONS [1976]: *Inequalities in Mechanics and Physics*, Springer, Berlin (translation of the original French edition, *Les Inéquations en Mécanique et en Physique*, Dunod, Paris, 1972).

W.F. EBERLEIN [1947]: Weak compactness in Banach spaces I, *Proceedings of the National Academy of Sciences, USA* **33**, 51–53.

A. EISINBERG; G. FEDELE; G. FRANZÈ [2004]: Lebesgue constant for Lagrange interpolation on equidistant nodes, *Analysis in Theory and Applications* **20**, 323–331.

I. EKELAND [1974]: On the variational principle, *Journal of Mathematical Analysis and Applications* **47**, 324–353.

I. EKELAND [1979]: Nonconvex minimization problems, *Bulletin of the American Mathematical Society* **1**, 443–473.

I. EKELAND; R. TÉMAM [1976]: *Convex Analysis and Variational Problems*, North-Holland, Amsterdam (reprinted in 1999 as SIAM Classics in Applied Mathematics, Volume 28; translation of the original French edition, *Analyse Convexe et Problèmes Variationnels*, Dunod, Paris, 1974).

L. EULER [1775]: On representations of a spherical surface on the plane, *Proceedings of the*

Saint Petersburg Academy of Sciences.

L.C. EVANS [2010]: *Partial Differential Equations*, Second Edition, American Mathematical Society, Providence, RI (First Edition: 1998).

L.C. EVANS; R.F. GARIEPY [1992]: *Measure Theory and Fine Properties of Functions*, Studies in Advanced Mathematics, CRC Press, Boca Raton, FL.

Ky FAN [1953]: Minimax theorems, *Proceedings of the National Academy of Sciences* **39**, 42–47.

J. FARKAŠ [1901]: Theorie der einfachen Ungleichungen, *Journal für die Reine und Angewandte Mathematik* **124**, 1–27.

H. FEDERER [1969]: *Geometric Measure Theory*, Springer, New York.

L. FEJÉR [1900]: Sur les fonctions bornées et intégrables, *Comptes Rendus de l'Académie des Sciences, Paris* **131**, 984–987.

W. FENCHEL [1949]: On conjugate convex functions, *Canadian Journal of Mathematics* **1**, 73–77.

G. FICHERA [1964]: Problemi elastostatici con vincoli unilaterali: il problema de Signorini con ambigue condizioni al contorno, *Memorie dell'Accademia Nazionale dei Lincei* **8**, 91–140.

G. FICHERA [1972a]: Existence theorems in elasticity, in *Handbuch der Physik* VIa/2 (S. FLÜGGE & C. TRUESDELL, editors), pp. 347–389, Springer, Berlin.

G. FICHERA [1972b]: Boundary value problems of elasticity with unilateral constraints, in *Handbuch der Physik* VIa/2 (S. FLÜGGE & C. TRUESDELL, editors), pp. 391–424, Springer, Berlin.

E. FISCHER [1905]: Über quadratische Formen mit reellen Koeffizienten, *Monatshefte für Mathematik und Physik* **16**, 234–249.

E. FISCHER [1907]: Sur la convergence en moyenne, *Comptes Rendus de l'Académie des Sciences* **144**, 1022–1024.

S.R. FOGUEL [1958]: On a theorem of A.E. Taylor, *Proceedings of the American Mathematical Society* **9**, 325.

C. FOIAS; O. MANLEY; R. ROSA; R. TEMAM [2001]: *Navier-Stokes Equations and Turbulence*, Cambridge University Press, Cambridge, UK.

G.B. FOLLAND [1984]: *Real Analysis*, Wiley, New York.

I. FONSECA; W. GANGBO [1995]: *Degree Theory in Analysis and Applications*, Clarendon Press, Oxford, UK.

L.E. FRAENKEL [2000]: *An Introduction to Maximum Principle and Symmetry in Elliptic Problems*, Cambridge University Press, Cambridge, UK.

S.P. FRANKLIN [1965]: Spaces in which sequences suffice, *Fundamenta Mathematicae* **57**, 107–115.

S.P. FRANKLIN [1967]: Spaces in which sequences suffice, *Fundamenta Mathematicae* **61**, 51–

56.

T.G. FREEMAN [2002]: *Portraits of the Earth. A Mathematician Looks at Maps*, American Mathematical Society, Providence.

K.O. FRIEDRICHS [1947]: On the boundary-value problems of the theory of elasticity and Korn's inequality, *Annals of Mathematics* **48**, 441–471.

K.O. FRIEDRICHS [1981]: *Spectral Theory of Operators in Hilbert Spaces*, Springer, Berlin.

G. FRIESECKE; R.D. JAMES; M.G. MORA; S. MÜLLER [2003]: Derivation of nonlinear bending theory for shells from three-dimensional nonlinear elasticity by Gamma-convergence, *Comptes Rendus de l'Académie des Sciences de Paris*, Série 1, **336**, 697–702.

G. FRIESECKE; R.D. JAMES; S. MÜLLER [2002]: A theorem on geometric rigidity and the derivation of nonlinear plate theory from three dimensional elasticity, *Communications on Pure and Applied Mathematics* **55**, 1461–1506.

G. FRIESECKE; R.D. JAMES; S. MÜLLER [2006]: A hierarchy of plate models derived from nonlinear elasticity by Gamma-convergence, *Archive for Rational Mechanics and Analysis* **180**, 183–236.

G. FROBENIUS [1912]: Über Matrizen aus nicht negativen Elementen, *Sitzungsberichte Preußische Akademie der Wissenschaft*, Berlin, 456–477.

B. GALERKIN [1915]: *Rods and Plates*, Vestnik Inženerov **19** (in Russian).

S. GALLOT; D. HULIN; J. LAFONTAINE [2004]: *Riemannian Geometry*, Third Edition, Springer, Berlin (First Edition: 1987).

F.R. GANTMACHER [1959]: *The Theory of Matrices*, Volumes 1 and 2, Chelsea, New York.

R. GÂTEAUX [1919]: Fonctions d'une infinité de variables indépendantes, *Bulletin de la Société Mathématique de France* **47**, 70–96.

C.F. GAUSS [1809]: *Theoria Motus Corporum Coelestium in Sectionibus Conicis Solum Ambientium*, Perthes und Besser, Hamburg.

C.F. GAUSS [1822]: Anwendung der Wahrscheinlichkeitsrechnung auf eine Aufgabe der practischen Geometrie, *Astronomische Nachrichten* **1**, 81–86.

C.F. GAUSS [1827]: Disquisitiones generales circa superficies curvas, *Commentationes Societatis Regiae Scientiarum Gottingensis Recentiores* **6**, 99–146.

C.F. GAUSS [1828]: Disquisitiones generales circas superficies curvas, *Commentationes societatis regiae scientiarum Gottingensis recentiores* **6**, Göttingen.

G. GEYMONAT; F. KRASUCKI [2005]: Some remarks on the compatibility conditions in elasticity, *Accademia Nazionale delle Scienze detta dei* XL. *Rendiconti.* Serie V. *Memorie di Matematica e Applicazioni.* Parte I, **29**, 175–181.

G. GEYMONAT; F. KRASUCKI [2006]: Beltrami's solutions of general equilibrium equations in continuum mechanics, *Comptes Rendus de l'Académie des Sciences de Paris*, Série 1, **342**, 359–363.

G. GEYMONAT; G. GILARDI [1998]: Contre-exemple à l'inégalité de Korn et au lemme de

Lions dans des domaines irréguliers, in *Equations aux Dérivées Partielles et Applications. Articles Dédiés à Jacques-Louis Lions*, pp. 541–548, Gauthier-Villars, Paris.

G. GEYMONAT; P. SUQUET [1986]: Functional spaces for Norton-Hoff materials, *Mathematical Methods in the Applied Sciences* **8**, 206–222.

M. GHERGU; V.D. RĂDULESCU [2008]: *Singular Elliptic Problems: Bifurcation and Asymptotic Analysis*, Clarendon Press, Oxford, UK.

M. GHERGU; V.D. RĂDULESCU [2012]: *Nonlinear PDEs—Mathematical Models in Biology, Chemistry and Population Genetics*, Springer, Heidelberg.

M. GIAQUINTA; S. HILDEBRANDT [2006a]: *Calculus of Variations* I: *The Lagrangian Formalism*, Springer, New York.

M. GIAQUINTA; S. HILDEBRANDT [2006b]: *Calculus of Variations* II: *The Hamiltonian Formalism*, Springer, New York.

D. GILBARG; N.S. TRUDINGER [1998]: *Elliptic Partial Differential Equations*, Revised Second Edition, Springer, Berlin (First Edition: 1977).

V. GIRAULT; P.A. RAVIART [1979]: *Finite Element Approximation of the Navier-Stokes Equations*, Lecture Notes in Mathematics, Volume 749, Springer, Berlin.

V. GIRAULT; P.A. RAVIART [1986]: *Finite Element Methods for Navier-Stokes Equations*, Springer, Berlin.

E. GIUSTI [1984]: *Minimal Surfaces and Functions of Bounded Variations*, Birkhäuser, Boston.

E. GIUSTI [2003]: *Direct Methods in the Calculus of Variations*, World Scientific, Singapore.

R. GLOWINSKI [1984]: *Numerical Methods for Nonlinear Variational Problems*, Springer, New York.

R. GLOWINSKI [2003]: Finite element methods for incompressible viscous flows, in *Handbook of Numerical Analysis*, Volume IX (P.G. CIARLET & J.L. LIONS, editors), pp. 3–1176, North-Holland, Amsterdam.

R. GLOWINSKI; H. LANCHON [1973]: Torsion élasto-plastique d'une barre cylindrique de section multi-connexe, *Journal de Mécanique* **12**, 151–171.

R. GLOWINSKI; J.L. LIONS; R. TRÉMOLIÈRES [1981]: *Numerical Analysis of Variational Inequalities*, North-Holland, Amsterdam (translation of the original French edition, *Analyse Numérique des Inéquations Variationnelles*, Dunod, Paris, 1976).

J. GOBERT [1962]: Une inégalité fondamentale de la théorie de l'élasticité, *Bulletin de la Société Royale des Sciences de Liège* **31**, 182–191.

K. GÖDEL [1940]: *The Consistency of the Axiom of Choice and of the Generalized Continuum Hypothesis with the Axioms of Set Theory*, Princeton University Press, Princeton, NJ.

C. GOFFMAN; G. PEDRICK [1965]: *First Course in Functional Analysis*, Prentice-Hall, Englewood Cliffs, NJ.

H.H. GOLDSTINE [1980]: *A History of the Calculus of Variations from the* 17*th to the* 19*th*

Century, Springer, New York.

W.B. GRAGG; R.A. TAPIA [1974]: Optimal error bounds for the Newton-Kantorovich theorem, *SIAM Journal on Numerical Analysis* **11**, 10–13.

J.P. GRAM [1883]: Über die Entwicklung reeller Funktionen in Reihen mittelst der Methode der kleinsten Quadrate, *Journal für die Reine und Angewandte Mathematik* **94**, 41–73.

J. GRAY [2012]: *Henry Poincaré: A Scientific Biography*, Princeton University Press, Princeton, NJ.

P. GRISVARD [1992]: *Singularities in Boundary Value Problems*, Masson, Paris.

W. GROMES [1981]: Ein einfacher Beweis des Satzes von Borsuk, *Mathematische Zeitschrift* **178**, 399–400.

M.E. GURTIN [1972]: The linear theory of elasticity, in *Handbuch der Physik*, Volume VIa/2 ((S. FLÜGGE & C. TRUESDELL, editors), pp. 1–295, Springer, Berlin.

M.E. GURTIN [1981]: *Topics in Finite Elasticity*, CBMS-NSF Regional Conference Series in Applied Mathematics, Volume 35, SIAM, Philadelphia.

Dzung Minh HA [2007]: *Functional Analysis: A Gentle Introduction*, Matrix Editions, Ithaca, NY.

A. HAAR [1918]: Die Minkowskische Geometrie und die Annäherung an stetige Funktionen, *Mathematische Annalen* **78**, 294–311.

J. HADAMARD [1902]: Sur les problèmes aux dérivées partielles et leur signification physique, *Princeton University Bulletin* **13**, 49–52.

H. HAHN [1927]: Über lineare Gleichungssysteme in linearen Räumen, *Journal de Crelle* **157**, 214–229.

P.R. HALMOS [1950]: *Measure Theory*, Van Nostrand, Princeton, NJ.

P.R. HALMOS [1970]: How to write mathematics, *L'Enseignement Mathématique* **16**, 123–152.

P.R. HALMOS [1974]: *A Hilbert Space Problem Book*, Second Edition, Springer, New York (First Edition: 1960).

P.R. HALMOS [1985]: *I Want to Be a Mathematician*, Springer, New York.

P.R. HALMOS [1987]: *I Have a Photographic Memory*, American Mathematical Society, Providence, RI.

G. HAMEL [1905]: Eine Basis aller Zahlen und die unstetigen Lösungen der Funktionalgleichung $f(x+y)=f(x)+f(y)$, *Mathematische Annalen* **60**, 459–462.

G.H. HARDY [1916]: Weierstraß's non-differentiable function, *Transactions, American Mathematical Society* **17**, 301–325.

G.H. HARDY [1925]: Notes on some points in the integral calculus. LX. An inequality between integrals, *Messengers of Mathematics* **54**, 150–156.

P. HARTMAN [2002]: *Ordinary Differential Equations*, Second Edition, SIAM, Philadelphia (First Edition: 1964, John Wiley & Sons, New York).

P. Hartman; G. Stampacchia [1966]: On some nonlinear elliptic differential functional equations, *Acta Mathematica* **115**, 271–310.

P. Hartman; A. Wintner [1950]: On the embedding problem in differential geometry, *American Journal of Mathematics* **72**, 553–564.

P. Hartman; A. Wintner [1950]: On the fundamental equations of differential geometry, *American Journal of Mathematics* **72**, 757–774.

F. Hausdorff [1919]: Der Wertvorrat einer Bilinearform, *Mathematische Zeitschrift* **3**, 314–316.

E. Heinz [1959]: An elementary analytic theory of the degree of mapping in n-dimensional space, *Journal of Mathematics and Mechanics* **8**, 231–247.

E. Hellinger; O. Toeplitz [1910]: Grundlagen für eine Theorie der unendlichen Matrizen, *Mathematische Annalen* **69**, 281–330.

M. Hénon [1976]: A two-dimensional mapping with a strange attractor, *Communications in Mathematics and Physics* **50**, 69–77.

C. Hermite [1878]: Sur la formule d'interpolation de Lagrange, *Journal für die reine und angewandte Mathematik* **84**, 70–79.

M.R. Hestenes [1975]: *Optimization Theory—The Finite Dimensional Case*, John Wiley, New York.

E. Hewitt; K. Stromberg [1965]: *Real and Abstract Analysis—A Modern Treatment of the Theory of Functions of a Real Variable*, Springer, New York.

E. Hille; C. Szegö; J.D. Tamarkin [1937]: On some generalizations of a theorem of A. Markoff, *Duke Mathematical Journal* **8**, 729–739.

J.B. Hiriart-Urruty; C. Lemaréchal [1993a]: *Convex Analysis and Minimization Algorithms* I: *Fundamentals*, Springer, Berlin.

J.B. Hiriart-Urruty; C. Lemaréchal [1993b]: *Convex Analysis and Minimization Algorithms* II: *Advanced Theory and Bundle Methods*, Springer, Berlin.

O. Hölder [1889]: *Über einen Mittelwertsatz*, Göttinger Nachrichten, 38–47.

E. Hopf [1927]: Elementare Bemerkungen über die Lösungen partieller Differentialgleichungen zweiter Ordnung vom elliptischen Typus, in *Sitzungsberichte der Preußischen Akademie der Wissenschaften*, Berlin, 147–152.

C.O. Horgan [1995]: Korn's inequalities and their applications in continuum mechanics, *SIAM Review* **37**, 491–511.

L. Hörmander [1955]: On the theory of general partial differential operators, *Acta Mathematica* **94**, 161–248.

L. Hörmander [1983]: *The Analysis of Partial Differential Operators*, Volume 1, Springer, New York.

R.A. Horn; C.R. Johnson [1985]: *Matrix Analysis*, Cambridge University Press, Cambridge, UK.

R.A. Horn; C.R. Johnson [1991]: *Topics in Matrix Analysis*, Cambridge University Press, Cambridge, UK.

A.S. Householder [1964]: *The Theory of Matrices in Numerical Analysis*, Blaisdell, New York.

J.L.W.V. Jensen [1906]: Sur les fonctions convexes et les inégalités entre les valeurs moyennes, *Acta Mathematica* **30**, 175–193.

H. Jacobowith [1982]: *The Gauss-Codazzi equations, Tensor* (*N.S.*) **39**, 15–22.

E. Jakimowicz; A. Miranovicz [2011]: *Stefan Banach: Remarkable Life, Brilliant Mathematics*, American Mathematical Society, Providence, RI.

R.C. James [1951]: A non-reflexive Banach space isometric with its second conjugate space, *Proceedings of the National Academy of Sciences, USA* **37**, 174–177.

R.C. James [1964]: Characterizations of reflexivity, *Studia Mathematica* **23**, 205–216.

R.C. James [1972]: Reflexivity and the sup of linear functionals, *Israel Journal of Mathematics* **13**, 289–301.

P. Jamet [1976]: Estimation d'erreur pour des éléments finis droits presque dégénérés, *Revue Française d'Automatique, Informatique, Recherche Opérationnelle, Série Rouge: Analyse Numérique* **10**, 43–61.

M. Janet [1926]: Sur la possibilité de plonger un espace riemannien donné dans un espace euclidien, *Annales de la Société Polonaise de Mathématiques* **5**, 38–43.

D. Jerison; C.E. Kenig [1995]: The inhomogeneous Dirichlet problem in Lipschitz domains, *Journal of Functional Analysis* **130**, 161–219.

J. Jost [2005]: *Postmodern Analysis*, Springer, Berlin.

Y. Kannai [1981]: An elementary proof of the no-retraction theorem, *American Mathematical Monthly* **88**, 264–268.

L.V. Kantorovich [1948]: Functional analysis and applied mathematics, *Uspehi Matematiceskii Nauk* (New Series) **3**, 89–185 (in Russian).

L.V. Kantorovich; G.P. Akilov [1959]: *Functional Analysis in Normed Vector Spaces*, Fizmatgiz, Moscow (in Russian) (English translation: Pergamon, New York, 1964).

S. Karlin [1959]: Positive operators, *Journal of Mathematics and Mechanics* **8**, 907–937.

T. von Kármán [1910]: Festigkeitsprobleme im Maschinenbau, in *Encyclopädie der Mathematischen Wissenschaften*, Volume IV/4, pp. 311–385, Leipzig.

T. Kato [1966]: *Perturbation Theory for Linear Operators*, Springer, Berlin (Corrected Printing of the Second Edition: 1980).

O. Kavian [1993]: *Introduction à la Théorie des Points Critiques et Applications aux Problèmes Elliptiques*, Springer, Paris.

J. Kelley [1955]: *General Topology*, Van Nostrand, Princeton, NJ.

O.D. Kellogg [1929]: *Foundations of Potential Theory*, Springer, Berlin.

S. KESAVAN [1989]: *Topics in Functional Analysis and Applications*, Wiley, New Delhi.

S. KESAVAN [2004]: *Nonlinear Functional Analysis — A First Course*, Hindustan Book Agency, Gurgaon.

S. KESAVAN [2005]: On Poincaré's and J.L. Lions' lemmas, *Comptes Rendus de l'Académie des Sciences de Paris*, Série I, **340**, 27–30.

S. KESAVAN [2006]: *Symmetrization & Applications*, World Scientific, Singapore.

S. KESAVAN [2009]: *Functional Analysis*, Hindustan Book Agency, Gurgaon.

D. KINDERLEHRER; G. STAMPACCHIA [1980]: *An Introduction to Variational Inequalities and Their Applications*, Academic Press, New York (reprinted as Classics in Applied Mathematics, Volume 31, SIAM, Philadelphia, 2002).

J. KISYNSKI [1959]: Convergence du type *L*, *Colloquium Mathematicum* **7**, 205–211.

W. KLINGENBERG [1973]: *Eine Vorlesung über Differentialgeometrie*, Springer, Berlin (English translation: *A Course in Differential Geometry*, Springer, Berlin, 1978).

A.W. KNAPP [2005a]: *Basic Real Analysis*, Birkhäuser, Boston.

A.W. KNAPP [2005b]: *Advanced Real Analysis*, Birkhäuser, Boston.

V.I. KONDRACHOV [1945]: Certain properties of functions in the spaces L^p, *Doklady Akademii Nauk SSSR* **48**, 535–538.

V.A. KONDRAT'EV; O.A. OLEINIK [1988]: Boundary-value problems for the system of elasticity theory in unbounded domains. Korn's inequalities, *Uspehi Mathematiceskii Nauk* **43**, 55–98 (in Russian) [English translation: *Russian Mathematical Surveys* **43** (1988), 65–119].

A. KORN [1906]: Die Eigenschwingungen eines elastischen Körpers mit ruhender Oberfläche, *Sitzungsberichte der Mathematisch-physikalischen Klasse der Königlich bayerischen Akademie der Wissenschaften zu München* **36**, 351–402.

A. KORN [1908]: Solution générale du problème d'équilibre dans la théorie de l'élasticité, dans le cas où les efforts sont donnés à la surface, *Annales de la Faculté des Sciences de Toulouse* **10**, 165–269.

A. KORN [1909]: Über einige Ungleichungen, welche in der Theorie der elastischen und elektrischen Schwingungen eine Rolle spielen, *Bulletin International de l'Académie des Sciences de Cracovie* **9**, 705–724.

P.P. KOROVKIN [1959]: *Linear Operators and Approximation Theory*, Fitzmatgiz, Moscow (in Russian) [English translation, Hindustan Publishing Corporation, Delhi, 1960].

P.P. KOROVKIN [1959]: On convergence of linear positive operators in the space of continuous functions, *Doklady Akademii Nauk SSR* **90**, 961–964 (in Russian).

I. KRA; S.R. SIMANCA [2012]: On circulant matrices, *Notices of the American Mathematical Society* **59**, 368–377.

S.G. KRANTZ [2004]: *Real Analysis and Foundations*, Second Edition, Studies in Advanced Mathematics, Chapman & Hall/CRC, Boca Raton, FL (First Edition: 1991).

M.A. KRASNOSELSKII [1960]: Fixed points of cone-compressive or cone-extending operators, *Soviet Mathematics Doklady* **1**, 1285–1288.

M. KREIN; M. RUTMAN [1948]: Linear operators leaving invariant a cone in a Banach space, *Uspehi Mathematiceskii Nauk* **3**, 3–95 [in Russian; English translation: *American Mathematical Society Translations* 1950, No. 26].

E. KREYSZIG [1978]: *Introductory Functional Analysis with Applications*, John Wiley, New York (reprinted in the Wiley Classics Library Edition, 1989).

B. KRIPKE [1967]: One more reason why sequences are not enough, *American Mathematical Monthly* **74**, 563–565.

A. KUFNER; L. MALIGRANDA; L.E. PERSSON [2007]: *The Hardy Inequality: About Its History and Some Related Results*, Vydavatelský Servis, Pilsen.

H.W. KUHN; A.W. TUCKER [1951]: Nonlinear programming, in *Proceedings of the Second Berkeley Symposium on Mathematical Statistics and Probability* (J. NEYMAN, editor), pp. 481–492, University of California Press, Berkeley.

W. KÜHNEL [2002]: *Differentialgeometrie*, Fried. Vieweg & Sohn, Wiesbaden (English translation: *Differential Geometry: Curves-Surfaces-Manifolds*, American Mathematical Society, Providence, RI, 2002).

O.A. LADYZHENSKAYA [1969]: *The Mathematical Theory of Viscous Flows*, Second Edition, Gordon and Breach, New York.

J.L. LAGRANGE [1760]: Essai d'une nouvelle méthode pour déterminer les maxima et les minima des formules intégrales indéfinies, *Miscellanea Taurinensia* **325**, 173–199.

J.L. LAGRANGE [1773]: Solutions analytiques de quelques problèmes sur les pyramides triangulaires, *Mémoire de l'Académie Royale de Berlin*.

J.L. LAGRANGE [1812]: Leçons élémentaires de mathématiques données à l'Ecole Normale en 1795, *Journal de l'Ecole Polytechnique*, VIIe et VIIIe cahiers, t-II.

S. LANG [1993]: *Real and Functional Analysis*, Third Edition, Springer, New York.

P.S. LAPLACE [1820]: *Théorie Analytique des Probabilités*, Troisième Edition, *Premier Supplément: Sur l'Application du Calcul des Probabilités à la Philosophie Naturelle*, Courcier, Paris.

M. LAVRENTIEV [1926]: Sur quelques problèmes du calcul des variations, *Annales de Mathématiques Pures et Appliquées* **4**, 7–18.

D.F. LAWDEN [1989]: *Elliptic Functions and Applications*, Applied Mathematical Sciences Series, Volume 98, Springer, Heidelberg.

P.D. LAX [2002]: *Functional Analysis*, Wiley-Interscience, New York.

P.D. LAX; A.M. MILGRAM [1954]: Parabolic equations, in *Contributions to the Theory of Partial Differential Equations, Annals of Mathematics Studies*, No. 33, pp. 167–190, Princeton University Press Princeton, NJ.

L.P. LEBEDEV; M.J. CLOUD [2003]: *Tensor Analysis*, World Scientific, Singapore.

H. LEBESGUE [1901]: Sur une généralisation de l'intégrale définie, *Comptes Rendus des Séances de l'Académie des Sciences* **132**, 1025–1027.

H. LEBESGUE [1909]: Sur les intégrales singulières, *Annales de la Faculté des Sciences de l'Université de Toulouse* **1**, 25–117.

H. LE DRET; A. RAOULT [1995]: The nonlinear membrane model as variational limit of nonlinear three-dimensional elasticity, *Journal de Mathématiques Pures et Appliquées* **74**, 549–578.

H. LE DRET; A. RAOULT [1996]: The membrane shell model in nonlinear elasticity: A variational asymptotic derivation, *Journal of Nonlinear Science* **6**, 59–94.

A.M. LEGENDRE [1805]: *Nouvelle Méthode pour la Détermination des Orbites des Comètes*, Chez Didot, Paris.

J. LERAY [1933]: Essai sur le mouvement plan d'un liquide visqueux que limitent des parois, *Journal de Mathématiques Pures et Appliquées* **13**, 331–418.

J. LERAY [1933]: Sur le mouvement d'un liquide visqueux emplissant l'espace, *Acta Mathematica* **63**, 193–248.

J. LERAY [1935]: Topologie des espaces abstraits de M. Banach, *Comptes Rendus de l'Académie des Sciences de Paris* **200**, 1082–1084.

J. LERAY [1950]: La théorie des points fixes et ses applications en analyse, in *Proceedings–International Congress of Mathematicians*, Volume 2, pp. 202–208, Cambridge.

J. LERAY; J.L. LIONS [1965]: Quelques résultats de Visik sur les problèmes elliptiques non linéaires par les méthodes de Minty-Browder, *Bulletin de la Société Mathématique de France* **93**, 97–107.

J. LERAY; J. SCHAUDER [1934]: Topologie et équations fonctionnelles, *Annales Scientifiques de l'Ecole Normale Supérieure* **51**, 45–78.

T. LEWIŃSKI; J. TELEGA [2000]: *Plates, Laminates and Shells—Asymptotic Analysis and Homogenization*, World Scientific, Singapore.

H. LEWY; G. STAMPACCHIA [1969]: On the regularity of the solution of a variational inequality, *Communications on Pure and Applied Mathematics* **22**, 153–188.

Ta-Tsien LI [2011]: *Problems and Solutions in Mathematics*, Second Edition, World Scientific, Singapore.

X. LI; R.N. MOHAPATRA [1993]: On the convergence of Lagrange interpolation with equidistant nodes, *Proceedings of the American Mathematical Society* **118**, 1205–1212.

H. LIEBMANN [1899]: Eine neue Eigenschaft der Kugel, *Nachrichten von der Gesellschaft der Wissenschaften zu Göttingen, Mathematisch-Physikalische Klasse*, 45–55.

Minghua LIN [2012]: The AM-GM inequality and CBS inequality are equivalent, *The Mathematical Intelligencer* **34**, 6.

J.L. LIONS [1961]: *Equations Différentielles Opérationnelles et Problèmes aux Limites*, Springer, Berlin.

J.L. LIONS [1965]: *Problèmes aux Limites dans les Equations aux Dérivées Partielles*, Presses de l'Université de Montréal, Montréal, Que.

J.L. LIONS [1969]: *Quelques Méthodes de Résolution des Problèmes aux Limites Non Linéaires*, Dunod, Paris.

J.L. LIONS [1973]: *Perturbations Singulières dans les Problèmes aux Limites et en Contrôle Optimal*, Lecture Notes in Mathematics, Volume 323, Springer, Berlin.

J.L. LIONS; E. MAGENES [1972]: *Non-Homogeneous Boundary Value Problems and Applications*, Volume 1, Springer, Heidelberg (translation of the original French edition, *Problèmes aux Limites non Homogènes et Applications*, Volume 1, Dunod, Paris, 1968).

J.L. LIONS; G. STAMPACCHIA [1967]: Variational inequalities, *Communications on Pure and Applied Mathematics* **20**, 493–519.

P.L. LIONS [1984]: The concentration-compactness principle in the calculus of variations. The locally compact case – Part 1, *Annales de l'Institut Henri Poincaré – Analyse Non Linéaire* **1**, 109–145.

P.L. LIONS [1984]: The concentration-compactness principle in the calculus of variations. The locally compact case – Part 2, *Annales de l'Institut Henri Poincaré – Analyse Non Linéaire* **1**, 223–283.

P.L. LIONS [1985]: The concentration-compactness principle in the calculus of variations. The limit case – Part 1, *Revista Matematica Iberoamericana* **1.1**, 145–201.

P.L. LIONS [1985]: The concentration-compactness principle in the calculus of variations. The limit case – Part 2, *Revista Matematica Iberoamericana* **1.2**, 45–121.

P.L. LIONS [1996]: *Mathematical Topics in Fluid Mechanics*, Volume 1 : *Incompressible Models*, Clarendon Press, Oxford, UK.

J. LIOUVILLE [1850]: Extension au cas des trois dimensions de la question du tracé géographique, Note VI in the Appendix to G. MONGE: *Application de l'Analyse à la Géométrie*, Cinquième Edition, Bachelier, Paris.

G.G. LORENTZ [1986]: *Bernstein Polynomials*, Chelsea, New York.

S. LOZINSKI [1948]: On a class of linear operators, *Doklady Akademii Nauk SSSR* **61**, 193–196 (in Russian).

D.G. LUENBERGER [1969]: *Optimization by Vector Space Methods*, John Wiley, New York.

N. LUSIN [1913]: Sur la convergence des séries trigonométriques de Fourier, *Comptes Rendus de l'Académie des Sciences de Paris* **156**, 1655–1658.

C.R. MACCLUER [2000]: The many proofs and applications of Perron's theorem, *SIAM Review* **42**, 487–498.

E.J. MACSHANE [1934]: Extension of range of functions, *Bulletin of the American Mathematical Society* **40**, 837–842.

E. MAGENES; G. STAMPACCHIA [1958]: I problemi al contorno per le equazioni differenziali di tipo ellitico, *Annali della Scuola Normale Superiore di Pisa* **12**, 247–358.

G. MAINARDI [1856]: Su la teoria generale delle superficie, *Giornale dell' Istituto Lombardo* **9**, 385–404.

L. MALIGRANDA [2012]: The AM-GM inequality is equivalent to the Bernoulli inequality, *The Mathematical Intelligencer* **34**, 1–2.

D.H. MALING [1992]: *Coordinate Systems and Map Projections*, Second Edition, Pergamon Press, Oxford.

B. MANIÀ [1934]: Sopra un esempio di Lavrentieff, *Bolletone dell Unione Mathematica Italiana* **13**, 147–153.

C. MARDARE [2003]: On the recovery of a manifold with prescribed metric tensor, *Analysis and Applications* **1**, 433–453.

S. MARDARE [2003]: Inequality of Korn's type on compact surfaces without boundary, *Chinese Annals of Mathematics*, Series B, **24**, 191–204.

S. MARDARE [2005]: On Pfaff systems with L^p coefficients and their applications in differential geometry, *Journal de Mathématiques Pures et Appliquées* **84**, 1659–1692.

S. MARDARE [2007]: On systems of first order linear partial differential equations with L^p coefficients, *Advances in Differential Equations* **12**, 301–360.

S. MARDARE [2008]: On Poincaré and De Rham's theorems, *Revue Roumaine de Mathématiques Pures et Appliquées* **53**, 523–541.

I. MAREK [1970]: Frobenius theory of positive operators: Comparison theorems and applications, *SIAM Journal on Applied Mathematics* **19**, 607–628.

K. MARGUERRE [1939]: Zur Theorie der gekrümmten Platte großer Formänderung, in *Proceedings, Fifth International Congress for Applied Mechanics*, pp. 93–101, John Wiley & Sons, New York, 1939.

A.A. MARKOFF [1889]: Sur une question posée par Mendeleieff, *Izvestia Akademii Nauk SSSR* **62**, 1–24.

J.E. MARSDEN; T.J.R. HUGHES [1999]: *Mathematical Foundations of Elasticity*, Prentice-Hall, Englewood Cliffs, NJ (First Edition: 1983).

R.D. MAUDLIN [1981]: *The Scottish Book—Mathematics from the Scottish Café*, Birkhäuser, Basel.

J. MAWHIN [1979]: *Topological Degree Methods in Nonlinear Boundary Value Problems*, American Mathematical Society, Providence, RI.

J. MAWHIN [1999]: Leray-Schauder degree: A half century of extensions and applications, *Topological Methods in Nonlinear Analysis* **14**, 195–228.

S. MAZUR [1933]: Über konvexe Mengen in linearen normierten Räumen, *Studia Mathematica* **5**, 70–84.

S. MAZUR; S. ULAM [1932]: Sur les transformations isométriques d'espaces vectoriels normés, *Comptes Rendus de l'Académie des Sciences de Paris* **194**, 946–948.

V. MAZ'YA; T. SHAPOSHNIKOVA [1998]: *Jacques Hadamard, a Universal Mathematician*,

American Mathematical Society, Providence, RI.

A. McIntosch [1978]: The Toeplitz-Hausdorff theorem and ellipticity conditions, *The American Mathematical Monthly* **85**, 475–477.

W.H. Meeks III; J. Pérez [2011]: The classical theory of minimal surfaces, *Bulletin of the American Mathematical Society* **48**, 325–407.

G.H. Meisters; C. Olech [1963]: Locally one-to-one mappings and a classical theorem on Schlicht functions, *Duke Mathematical Journal* **30**, 63–80.

H.N. Mhaskar; D.V. Pai [2007]: *Fundamentals of Approximation Theory*, Revised Edition, Alpha Science, Oxford, UK (First Edition: 2000).

D.P. Milman [1938]: On some criteria for the regularity of spaces of type (B), *Doklady Akademii Nauk SSSR* **20**, 243–246.

J. Milnor [1965]: *Topology from the Differentiable Viewpoint*, Princeton University Press, Princeton, NJ.

J. Milnor [1978]: Analytic proofs of the “hairy ball theorem” and the Brouwer fixed point theorem, *The American Mathematical Monthly* **85**, 521–524.

H. Minkowski [1896]: *Geometrie der Zahlen*, Leipzig.

G.J. Minty [1962]: Monotone (nonlinear) operators in Hilbert space, *Duke Mathematical Journal* **29**, 341–346.

G.J. Minty [1963]: On a monotonicity method for the solution of nonlinear equations in Banach spaces, *Proceedings of the National Academy of Sciences USA* **50**, 1038–1041.

E.H. Moore [1920]: On the reciprocal of the general algebraic matrix, *Bulletin of the American Mathematical Society* **26**, 394–395.

J.J. Moreau [1970]: Inf-convolution, sous-additivité, convexité des fonctions numériques, *Journal de Mathématiques Pures et Appliquées* **49**, 109–154.

J.J. Moreau [1979]: Duality characterization of strain tensor distributions in an arbitrary open set, *Journal of Mathematical Analysis and Applications* **72**, 760–770.

C.B. Morrey, Jr. [1952]: Quasi-convexity and the lower semicontinuity of multiple integrals, *Pacific Journal of Mathematics* **2**, 25–53.

C.B. Morrey, Jr. [1966]: *Multiple Integrals in the Calculus of Variations*, Springer, Berlin.

P.P. Mosolov; V.P. Mjasnikov [1971]: A proof of Korn’s inequality, *Soviet Mathematics Doklady* **12**, 1618–1622.

D. Motreanu; V. Rădulescu [2003]: *Variational and Non-Variational Methods in Nonlinear Analysis and Boundary Value Problems*, Kluwer, Dordrecht.

M.E. Munroe [1953]: *Introduction to Measure and Integration*, Addison-Wesley, Reading, MA.

C. Müntz [1914]: Über den Approximationssatz von Weierstraß, in *H.A. Schwarz Festschrift*, pp. 303–312, Mathematische Abhandlungen, Springer, Berlin.

F. Murat [1978]: Compacité par compensation, *Annali Scuola Normale Superiore de Pisa*,

Serie IV, **5**, 489–507.

F. MURAT [1987]: A survey on compensated compactness, in *Contributions to Modern Calculus of Variations* (L. CESARI, editor), pp. 145–183, Longman, Harlow.

L. NACHBIN [1969]: *Topology on Spaces of Holomorphic Mappings*, Springer, Berlin.

M. NAGUMO [1951]: A theory of degree of mapping based on infinitesimal analysis, *American Journal of Mathematics* **73**, 485–496.

J. NASH [1954]: C^1 isometric imbeddings, *Annals of Mathematics* **60**, 383–396.

C.L.M.H. NAVIER [1823]: Mémoire sur les lois du mouvement des fluides, *Mémoires de l'Académie Royale des Sciences de Paris* **6**, 389–416.

J. NEČAS [1962]: Sur une méthode pour résoudre les équations aux dérivées partielles du type elliptique, voisine de la variationnelle, *Annali della Scuola Normale Superiore di Pisa, Classe di Scienze*, Serie III, **16**, 305–326.

J. NEČAS [1965]: *Equations aux Dérivées Partielles*, Presses de l'Université de Montréal, Montréal.

J. NEČAS [1967]: *Les Méthodes Directes en Théorie des Equations Elliptiques*, Masson, Paris and Academia, Praha (English translation: *Direct Methods in the Theory of Elliptic Equations*, Springer, Heidelberg, 2012).

J. NEČAS; I. HLAVÁČEK [1981]: *Mathematical Theory of Elastic and Elasto-Plastic Bodies: An Introduction*, Elsevier, Amsterdam.

P.M. NEUMANN [2011]: *The Mathematical Writings of Évariste Galois*, European Mathematical Society, Zürich.

R.A. NICOLAIDES [1972]: On a class of finite elements generated by Lagrange interpolation, *SIAM Journal on Numerical Analysis* **9**, 435–445.

L. NIRENBERG [1974]: *Topics in Nonlinear Functional Analysis*, Lecture Notes, Courant Institute, New York University, NY (Second Edition: American Mathematical Society, Providence, RI, 1994).

J.A. NITSCHE [1981]: On Korn's second inequality, *RAIRO Analyse Numérique* **15**, 237–248.

J.C.C. NITSCHE [1975]: *Vorlesungen über Minimalflächen*, Springer, Berlin.

B. O'NEILL [2006]: *Elementary Differential Geometry*, Revised Second Edition, Elsevier/ Academic Press, Burlington (First Edition: 1966).

J.T. ODEN; L.F. DEMKOWICZ [2010]: *Applied Functional Analysis*, Second Edition, Chapman & Hall, Boca Raton, FL (First Edition: 1996).

J.M. ORTEGA [1968]: The Newton-Kantorovich theorem, *The American Mathematical Monthly* **75**, 658–660.

J.M. ORTEGA; W.C. RHEINBOLDT [2000]: *Iterative Solution of Nonlinear Equations in Several Variables*, SIAM, Philadelphia.

A.M. OSTROWSKI [1954]: On the linear iteration procedures for symmetric matrices, *Rendiconti Lincei – Matematica e Applicazioni* **14**, 140–163.

C. PADOVANI [2000]: On the derivative of some tensor-valued functions, *Journal of Elasticity* **58**, 257–268.

R.S. PALAIS; S. SMALE [1964]: A generalized Morse theory, *Bulletin of the American Mathematical Society* **70**, 165–171.

R. PENROSE [1955]: A generalized inverse for matrices, *Proceedings of the Cambridge Philosophical Society* **51**, 406–413.

O. PERRON [1907]: Grundlagen für eine Theorie des Jacobischen Kettenbruchalgorithmus, *Mathematische Annalen* **64**, 11–76.

O. PERRON [1923]: Eine neue Behandlung der Randwertaufgabe für $\Delta u = 0$, *Mathematische Zeitschrift* **18**, 42–54.

B.J. PETTIS [1939]: A proof that every uniformly convex space is reflexive, *Duke Mathematical Journal* **5**, 249–253.

R. PHELPS [1960]: Uniqueness of Hahn-Banach extensions and unique best approximation, *Transactions of the American Mathematical Society* **95**, 238–255.

E. PICARD [1893]: Sur l'application des méthodes d'approximations successives à l'étude de certaines équations différentielles ordinaires, *Journal de Mathématiques Pures et Appliquées* **9**, 217–271.

A. PIETSCH [2007]: *History of Banach Spaces and Linear Operators*, Birkhäuser, Boston.

R.B. PLATTE; L.N. TREFETHEN; A.B.J. KUIJLAARS [2011]: Impossibility of fast stable approximation of analytic functions from equispaced samples, *SIAM Review* **53**, 308–318.

G. PÓLYA [1933]: Über die Konvergenz von Quadraturverfahren, *Mathematische Zeitschrift* **37**, 264–286.

G. PÓLYA [1987]: *The Pólya Picture Album: Encounters of a Mathematician*, Birkhäuser, Boston.

A. PRESSLEY [2005]: *Elementary Differential Geometry*, Springer, London.

M. PROTTER; H. WEINBERGER [1967]: *Maximum Principles in Differential Equations*, Prentice-Hall, Englewood Cliffs, NJ.

P. PUCCI; J. SERRIN [2007]: *The Maximum Principle*, Birkhäuser, Basel.

P. RABIER [1979]: Résultats d'existence dans des modèles non linéaires de plaques, *Comptes Rendus de l'Académie des Sciences de Paris*, Série A, **289**, 515–518.

R. RADO [1956]: Note on generalized inverses of matrices, *Proceedings of the Cambridge Philosophical Society* **52**, 600–601.

T. RADO [1930]: The problem of the least area and the problem of Plateau, *Mathematische Zeitschrift* **32**, 763–796.

T. RADO; P.V. REICHELDERFER [1955]: *Continuous Transformations in Analysis*, Springer, Berlin.

I.K. RANA [2002]: *An Introduction to Measure and Integration*, Second Edition, Graduate Studies in Mathematics, Volume 45, American Mathematical Society, Providence, RI.

P.A. RAVIART; J.M. THOMAS [1983]: *Introduction à l'Analyse Numérique des Equations aux Dérivées Partielles*, Masson, Paris.

E. REICH [1949]: On the convergence of the classical iterative method of solving linear simultaneous equations, *Annals of Mathematical Statistics* **20**, 448–451.

C. REID [1970]: *Hilbert—With an Appreciation of Hilbert's Mathematical Work by Hermann Weyl*, Springer, New York.

C. REID [1976]: *Courant in Göttingen and New York—The Story of an Improbable Mathematician*, Springer, New York.

F. RELLICH [1930]: Ein Satz über mittlere Konvergenz, *Nachrichten von der Gesellschaft der Wissenschaften zu Göttingen*, 30–35.

Y.G. RESHETNYAK [1967]: Liouville's theory on conformal mappings under minimal regularity assumptions, *Siberian Mathematical Journal* **8**, 69–85.

G. de RHAM [1955]: *Variétés Différentiables*, Hermann, Paris.

W.C. RHEINBOLDT [1968]: A unified convergence theory for a class of iterative processes, *SIAM Journal on Numerical Analysis* **5**, 42–63.

F. RIESZ [1907]: Sur les systèmes orthogonaux de fonctions, *Comptes Rendus de l'Académie des Sciences* **144**, 615–619.

F. RIESZ [1907]: Sur une espèce de géométrie analytique des systèmes de fonctions sommables, *Comptes Rendus de l'Académie des Sciences de Paris* **144**, 1409–1411.

F. RIESZ; B. SZ.-NAGY [1955]: *Leçons d'Analyse Fonctionnelle*, Troisième Edition, Gauthier-Villars, Paris, and Akadémiai Kiadó, Budapest (English translation: *Functional Analysis*, Dover, New York, 1990).

J.E. ROBERTS; J.M. THOMAS [1991]: Mixed and hybrid methods, in *Handbook of Numerical Analysis*, Volume II (P.G. CIARLET & J.L. LIONS, editors), pp. 523–639, North-Holland, Amsterdam.

H.L. ROYDEN [1963]: *Real Analysis*, MacMillan, New York (Third Edition: 1988).

W. RUDIN [1966]: *Real and Complex Analysis*, McGraw-Hill, New York (Third Edition: 1987).

W. RUDIN [1973]: *Functional Analysis*, McGraw-Hill, New York (Second Edition: 1991).

W. RUDIN [1997]: *The Way I Remember It*, American Mathematical Society, Providence, RI.

H. SAMELSON [2001]: Differential forms, the early days; or the stories of Deahna's theorem and of Volterra's theorem, *American Mathematical Monthly* **108**, 552–530.

A. SARD [1942]: The measure of the critical values of differential maps, *Bulletin of the American Mathematical Society* **48**, 883–890.

F. SAUVIGNY [2006a]: *Partial Differential Equations* 1: *Foundations and Integral Representations*, Springer, Berlin.

F. SAUVIGNY [2006b]: *Partial Differential Equations* 2: *Functional Analytic Methods*,

Springer, Berlin.

G.M. Scarpello; D. Ritelli [2002]: A historical outline of the theorem of implicit functions, *Divulgaciones Matemáticas* **10**, 171–180.

H. Schäfer [1955]: Über die Methode der a priori Schranken, *Mathematische Annalen* **129**, 415–416.

J. Schauder [1930]: Der Fixpunktsatz in Funktionalräumen, *Studia Mathematica* **2**, 171–180.

J. Schauder [1934]: Über lineare elliptische Differentialgleichungen zweiter Ordnung, *Mathematische Zeitschrift* **38**, 257–282.

M. Schechter [1971]: *Principles of Functional Analysis*, First Edition, Graduate Studies in Mathematics, Volume 36, American Mathematical Society, Providence, RI (Second Edition: 2002).

H. Schlichtkrull [2012]: *Differential Manifolds*, Lecture Notes for Geometry 2, available online at www.math.ku.dk/~jakobsen/geom2/manusgeom2.pdf.

E. Schmidt [1907]: Zur Theorie der linearen und nichtlinearen Integralgleichungen. 1. Teil: Entwicklung willkürlicher Funktionen nach Systemen vorgeschriebener, *Mathematische Annalen* **63**, 433–476.

J. Schwartz [1969]: *Nonlinear Functional Analysis*, Gordon and Breach, New York.

L. Schwartz [1965]: *Méthodes Mathématiques pour les Sciences Physiques*, Hermann, Paris (English translation: *Mathematics for the Physical Sciences*, Dover, New York, 2008).

L. Schwartz [1966]: *Théorie des Distributions*, Hermann, Paris.

L. Schwartz [1970]: *Analyse: Deuxième Partie: Topologie Générale et Analyse Fonctionnelle*, Hermann, Paris.

L. Schwartz [1991]: *Analyse* I: *Théorie des Ensembles et Topologie*, Hermann, Paris.

L. Schwartz [1992]: *Analyse* II: *Calcul Différentiel et Equations Différentielles*, Hermann, Paris.

L. Schwartz [1993a]: *Analyse* III: *Calcul Intégral*, Hermann, Paris.

L. Schwartz [1993b]: *Analyse* IV: *Applications de la Théorie de la Mesure*, Hermann, Paris.

L. Schwartz [2001]: *A Mathematician Grappling with His Century*, Birkhäuser, Basel (translation of the original French edition, *Un Mathématicien aux Prises avec le Siècle*, Odile Jacob, Paris, 1997).

H.A. Schwarz [1885]: Über ein Flächen kleinsten Flächeninhalts betreffendes Problem der Variationsrechnung, *Acta Societatis Scientiarum Fennicae* **15**, 315–362.

D. Serre [2010]: *Matrices*, Second Edition, Springer, Heidelberg (translated from the original French edition, *Matrices*, Springer, New York, 2002).

R.T. Shield [1973]: The rotation associated with large strains, *SIAM Journal on Applied Mathematics* **25**, 483–491.

A. Signorini: Sopra alcune questioni di elastostatica, *Atti della Società Italiana per il*

Progresso della Scienza (1933).

J.G. SIMMONDS [1994]: *A Brief on Tensor Analysis*, Second Edition, Springer, Berlin (First Edition: 1982).

M. SION [1958]: On general mini-max theorems, *Pacific Journal of Mathematics* **8**, 171–176.

S. SLICARU [1998]: On the ellipticity of the middle surface of a shell and its application to the asymptotic analysis of "membrane shells," *Journal of Elasticity* **46**, 33–42.

K.T. SMITH [1983]: *Primer of Modern Analysis*, Second Edition, Springer, New York (First Edition: 1971, Bogden & Quigley, Tarrytown-on-Hudson, NY).

S.J. SMITH [2006]: Lebesgue constants in polynomial interpolation, *Annales Mathematicae et Informaticae* **33**, 109–123.

V.L. ŠMULIAN [1940]: Über lineare topologische Räume, *Mathematiceskii Sbornik, N.S.* **49**, 425–448.

J.P. SNYDER [1993]: *Flattening the Earth: Two Thousand Years of Map Projection*, University of Chicago Press, Chicago.

S.L. SOBOLEV [1938]: On a theorem of functional analysis, *Matematicheskii Sbornik* **46**, 471–496.

S.L. SOBOLEV [1950]: *Applications of Functional Analysis in Mathematical Physics*, Leningrad (in Russian; English translation: American Mathematical Society, Providence, RI, 1963).

V.A. SOLONNIKOV [1982]: On the Stokes equations in domains with non-smooth boundaries and on viscous incompressible flow with a free surface, in *Nonlinear Partial Differential Equations and Their Applications* (H. BREZIS & J.L. LIONS, editors), pp. 340–423, Pitman, Boston.

G.A. SOUKHOMLINOFF [1938]: Über Fortsetzung von linearen Funktionalen in linearen komplexen Räumen und linearen Quaternionräumen, *Mathematiceskii Sbornik* **3**, 353–358.

M. SPIVAK [1999]: *A Comprehensive Introduction to Differential Geometry*, Volumes I to V, Third Edition, Publish or Perish, Berkeley, CA.

I. STAKGOLD [1998]: *Green's Functions and Boundary Value Problems*, Second Edition, John Wiley, New York (First Edition: 1979).

G. STAMPACCHIA [1964]: Formes bilinéaires coercitives sur les ensembles convexes, *Comptes Rendus de l'Académie des Sciences de Paris Série A*, **258**, 4413–4416.

G. STAMPACCHIA [1965]: *Equations Elliptiques du Second Ordre à Coefficients Discontinus*, Presses de l'Université de Montréal, Montréal, Que.

G. STAMPACCHIA [1965]: Le probléme de Dirichlet pour les équations elliptiques du second ordre à coefficients discontinus, *Annales de l'Institut Fourier* (*Grenoble*) **15**, 189–258.

E.M. STEIN [1970]: *Singular Integrals and Differentiability Properties of Functions*, Princeton University Press, Princeton, NJ.

E.M. STEIN; R. SHAKARCHI [2005]: *Real Analysis: Measure Theory, Integration and Hilbert Spaces*, Princeton Lectures on Analysis, Volume III, Princeton University Press, Princeton, NJ.

E.M. STEIN; R. SHAKARCHI [2011]: *Functional Analysis: Introduction to Further Topics in Analysis*, Princeton University Press, Princeton, NJ.

H. STEINLEIN [1979]: Two results of J. Dugundji about extensions of maps and retractions, *Proceedings of the American Mathematical Society* **77**, 298–290.

R.A. STEPHENSON [1980]: On the uniqueness of the square-root of a symmetric, positive-definite tensor, *Journal of Elasticity* **10**, 213–214.

G.W. STEWART [1969]: On the continuity of the generalized inverse, *SIAM Journal on Applied Mathematics* **17**, 33–45.

J.J. STOKER [1969]: *Differential Geometry*, John Wiley, New York.

G.G. STOKES [1845]: On the theories of the internal friction of fluids in motion, *Transactions of the Cambridge Philosophical Society* **8**, 287–305.

M.H. STONE [1948]: The generalized Weierstrass approximation theorem, *Mathematics Magazine* **21**, 167–183 and 237–254.

G. STRANG [1976]: *Linear Algebra and Its Applications*, Academic Press, New York.

G. STRANG [2009]: *Introduction to Linear Algebra*, Fourth Edition, Wellesley Cambridge Press, UK.

M. STRUWE [1990]: *Variational Methods—Applications to Nonlinear Partial Differential Equations and Hamiltonian Systems*, Springer, Berlin.

A. STUBHAUG [2000]: *Niels Henrik Abel and his Times—Called Too Soon by Flames Afar*, Springer, Heidelberg (translated from the Norwegian).

R.H. SZCZARBA [1970]: On isometric immersions of Riemannian manifolds in Euclidean space, *Boletim da Sociedade Brasileira de Matemética* **1**, 31–45.

G. SZEGŐ [1975]: *Orthogonal Polynomials*, Fourth Edition, American Mathematical Society, Providence, RI (First Edition: 1939).

M. SZOPOS [2005]: On the recovery and continuity of a submanifold with boundary, *Analysis and Applications* **3**, 119–143.

L. TARTAR [1978]: *Topics in Nonlinear Analysis*, Publications Mathématiques d'Orsay No. 78.13, Université de Paris-Sud, Orsay.

L. TARTAR [1979]: Compensated compactness and partial differential equations, in *Nonlinear Analysis and Mechanics, Heriot-Watt Symposium*, Volume IV (R. J. KNOPS, editor), pp. 136–212, Pitman, Boston.

L. TARTAR [1983]: The compensated compactness method applied to systems of conservation laws, in *Systems of Nonlinear Partial Differential Equations* (J.M. BALL, editor), pp. 263–285, Reidel, Dordrecht.

L. TARTAR [2006]: *An Introduction to Navier-Stokes Equation and Oceanography*, Springer, Berlin.

L. TARTAR [2007]: *An Introduction to Sobolev Spaces and Interpolation Spaces*, Springer,

Berlin.

L. TARTAR [2009]: *The General Theory of Homogenization: A Personalized Introduction*, Springer, Berlin.

A.E. TAYLOR [1939]: The extension of linear functionals, *Duke Mathematical Journal* **5**, 538–547.

A.E. TAYLOR [1958]: *Introduction to Functional Analysis*, John Wiley, New York.

A.E. TAYLOR [1965]: *General Theory of Functions and Integration*, Blaisdell, Waltham.

A.E. TAYLOR; D.C. LAY [1980]: *Introduction to Functional Analysis*, Second Edition, John Wiley, New York.

M.E. TAYLOR [1996a]: *Partial Differential Equations* I: *Basic Theory*, Springer, New York.

M.E. TAYLOR [1996b]: *Partial Differential Equations* II: *Qualitative Studies of Linear Equations*, Springer, New York.

M.E. TAYLOR [1996c]: *Partial Differential Equations* III: *Nonlinear Equations*, Springer, New York.

R. TEMAM [1971]: Solutions généralisées de certaines équations du type hypersurfaces minima, *Archive for Rational Mechanics and Analysis* **44**, 121–156.

R. TEMAM [1977]: *Navier–Stokes Equations*, North-Holland, Amsterdam.

R. TEMAM [1995]: *Navier–Stokes Equations and Nonlinear Functional Analysis*, Second Edition, SIAM, Philadelphia.

K. TENENBLAT [1971]: On isometric immersions of Riemannian manifolds, *Boletim da Sociedade Brasileira de Matemática* **2**, 23–36.

T.Y. THOMAS [1934]: Systems of total differential equations defined over simply connected domains, *Annals of Mathematics* **35**, 730–734.

T.W. TING [1974]: St. Venant's compatibility conditions, *Tensors, N.S.* **28**, 5–12.

K. TINTAREV; K.-H. FIESELER [2007]: *Concentration Compactness. Functional-Analytic Grounds and Applications*, Imperial College Press, London.

O. TOEPLITZ [1918]: Das algebraische Analogon zu einem Satze von Fejér, *Mathematische Zeitschrift* **2**, 187–197.

L. TONELLI [1920]: La semicontinuità nel calcolo delle variazioni, *Rendiconti del Circolo Matematico di Palermo* **44**, 167–249.

A. TYCHONOFF [1930]: Über die topologische Erweiterung von Räumen, *Mathematische Annalen* **102**, 544–561.

S.M. ULAM [1976]: *Adventures of a Mathematician*, reprinted and expanded by University of California Press, Berkeley, 1991.

H. UZAWA [1958]: Iterative methods for concave programming, in *Studies in Linear and Nonlinear Programming* (K.J. ARROW, L. HURWICZ, & H. UZAWA, editors), pp. 154–165, Stanford University Press, Stanford, CA.

M.M. VAINBERG [1952]: Some questions of differential calculus in linear spaces, *Uspehi Matematicheskii Nauk* (New Series) **7**, 55–102 (in Russian).

T. VALENT [1988]: *Boundary Value Problems of Finite Elasticity—Local Theorems on Existence, Uniqueness, and Analytic Dependence on Data*, Springer, New York.

C.J. DE LA VALLÉE POUSSIN [1910]: Sur les polynômes d'approximation et la représentation approchée d'un angle, *Académie Royale de Belgique, Bulletins de la Classe des Sciences* **12**.

C. VALLÉE; D. FORTUNÉ [1976]: Compatibility equations in shell theory, *International Journal of Engineering Science* **34**, 495–499.

R.S. VARGA [1962]: *Matrix Iterative Analysis*, Prentice-Hall, Englewood Cliffs, NJ.

K. VO-KHAC [1972a]: *Distributions—Analyse de Fourier—Opérateurs aux Dérivées Partielles*, Volume 1, Vuibert, Paris.

K. VO-KHAC [1972b]: *Distributions—Analyse de Fourier—Opérateurs aux Dérivées Partielles*, Volume 2, Vuibert, Paris.

V. VOLTERRA [1907]: Sur l'équilibre des corps élastiques multiplement connexes, *Annales de l'Ecole Normale* **24**, 401–517.

E.V. VORONOVSKAJA [1932]: Détermination de la forme asymptotique de l'approximation des fonctions par les polynômes de M. Bernstein, *Doklady Akademii Nauk SSSR* **4**, 79–85.

K. WEIERSTRASS [1872]: Über continuirliche Functionen eines reellen Arguments, die für keinen Werth des letzteren einen bestimmten Differentialquotienten besitzen, *Königliche Akademie der Wissenschaften*.

K. WEIERSTRASS [1885]: Über die analytische Darstellbarkeit sogenannter willkürlicher Funktionen einer reellen Veränderlichen, *Sitzungsberichte der Akademie zu Berlin*, 633–639 and 789–805.

J. WEINGARTEN [1861]: Über eine Klasse auf einander abwickelbarer Flächen, *Journal für Reine und Angewandte Mathematik* **59**, 382–393.

R.S. WESTFALL [1980]: *Never at Rest: A Biography of Isaac Newton*, Cambridge University Press, Cambridge, UK.

H. WEYL [1940]: The method of orthogonal projection in potential theory, *Duke Mathematical Journal* **7**, 414–444.

R. WHITLEY [1967]: An elementary proof of the Eberlein-Šmulian theorem, *Mathematische Annalen* **172**, 116–118.

H. WHITNEY [1934]: Analytic extensions of differentiable functions defined in closed sets, *Transactions of the American Mathematical Society* **36**, 63–89.

R. WONG [2010]: *Lecture Notes on Applied Analysis*, World Scientific, Singapore.

Q. YANG; J.P. SNYDER; W.R. TOBLER [2000]: *Map Projection Transformation—Principle and Applications*, Taylor and Francis, London.

W.H. YOUNG [1910]: *The Fundamental Theorems of the Differentiable Calculus*, Cambridge University Press, Cambridge, UK.

K. YOSIDA [1966]: *Functional Analysis*, First Edition, Springer, Berlin (Reprint of the Sixth Edition: 1980).

G. ZAMPIERI [1992]: Diffeomorphisms with Banach space domains, *Nonlinear Analysis, Theory, Methods & Applications* **19**, 923–932.

F. ZARANTONELLO [1960]: Solving functional equations by contractive averaging, *Mathematics Research Center Report No.* 160, University of wisconsin Madison, Madison, WI.

E. ZEIDLER [1985]: *Nonlinear Functional Analysis and Its Applications*, Volume III: *Variational Methods and Optimization*, Springer, New York.

E. ZEIDLER [1986]: *Nonlinear Functional Analysis and Its Applications*, Volume I: *Fixed-Point Theorems*, Springer, Berlin.

E. ZEIDLER [1990a]: *Nonlinear Functional Analysis and Its Applications*, Volume IIa: *Linear Monotone Operators*, Springer, New York.

E. ZEIDLER [1990b]: *Nonlinear Functional Analysis and Its Applications*, Volume IIb: *Fixed-Point Theorems*, Springer, New York.

E. ZEIDLER [1995a]: *Applied Functional Analysis: Main Principles and Their Applications*, Springer, New York.

E. ZEIDLER [1995b]: *Applied Functional Analysis: Applications of Mathematical Physics*, Springer, New York.

E. ZERMELO [1904]: Beweis dass jede Menge wohlgeordnet werden kann, *Mathematische Annalen* **LIX**, 514–516.

M. ZLÁMAL [1968]: On the finite element method, *Numerische Mathematik* **12**, 394–409.

主要符号

集合, 映射, 序列

$\varnothing$: 空集.

$A \subset B$: A 包含在 B 中.

$A \subsetneqq B$: A 严格包含在 B 中.

$A \bigcup B$: A 和 B 的并集.

$A \bigcap B$: A 和 B 的交集.

$A \times B$: A 和 B 的积.

$\bigcup_{i \in I} A_i$: 一族集合 $(A_i)_{i \in I}$ 的并集.

$\bigsqcup_{i \in I} A_i$: 一族集合 $(A_i)_{i \in I}$ 不相交的并集

$\bigcap_{i \in I} A_i$: 一族集合 $(A_i)_{i \in I}$ 的交集.

$\prod_{i \in I} A_i$: 一族集合 $(A_i)_{i \in I}$ 的积.

$X - A = \{y \in X; y \notin A\}$: 子集 $A \subset X$ 的余集.

$\mathbb{N} = \{0, 1, 2, \cdots\}$: 自然数集.

$\mathbb{Z} = \{\cdots, -2, -1, 0, 1, 2, \cdots\}$: 整数集.

$\mathbb{Q}$: 有理数集.

$\mathbb{R}$: 实数集.

$\{-\infty\} \bigcup \mathbb{R} \bigcup \{\infty\}$: 扩充的实数集.

$\mathbb{C}$: 复数集.

$\mathbb{K} = \mathbb{R}$ 或 $\mathbb{C}$: 数集.

$\bar{z} : z \in \mathbb{C}$ 的复共轭.

Re z 及 Im z : $z \in \mathbb{C}$ 的实部及虚部.

δ_{ij}, δ_i^j 或 δ^{ij}: Kronecker 符号 ($\delta_{ij} = 1$ 若 $i = j, \delta_{ij} = 0$ 若 $i \neq j$).

$\mathfrak{S}_n : \{1, 2, \cdots, n\}$ 的所有置换的集合.

$\bar{A}$: 集合 A 的闭包.

$\mathring{A}$ 或 int A: 集合 A 的内部.

∂A: 集合 A 的边界.

card A: 集合 A 的基数.

$f : X \to Y$, 或 $f : x \in X \to f(x) \in Y$: X 到 Y 的映射或函数.

$g \circ f$: f 和 g 的复合.

$f|_A$: 映射 f 在集合 A 上的限制.

$f(\cdot, b)$: 部分映射 $x \to f(x, b)$.

$f(A) = \{y \in Y; y = f(x)$ 对某个 $x \in X\}$: 子集 $A \subset X$ 在映射 $f : X \to Y$ 下的像 (也表示为 Im(A) 若 A 是线性的).

$f^{-1}(B) = \{x \in X; f(x) \in B\}$: 子集 $B \subset Y$ 在映射 $f : X \to Y$ 下的逆像.

f^{-1}: 双射的逆映射.

$\operatorname{supp} f = \overline{\{x \in X; f(x) \neq 0\}}$: 函数 $f : X \to \mathbb{R}$ 的支集.

id 或 id_X: 集合 X 的恒等映射.

$\operatorname{sgn} \alpha = 1$ 若 $\alpha > 0, \operatorname{sgn} \alpha = 0$ 若 $\alpha = 0, \operatorname{sgn} \alpha = -1$ 若 $\alpha < 0$.

$\deg(f, \Omega, b)$: 映射 $f \in \mathcal{C}(\overline{\Omega}; \mathbb{R}^n)$ 在点 $b \notin f(\partial\Omega)$ 的 Brouwer 拓扑度 (在此, Ω 是 $\mathbb{R}^n$ 的有界开子集).

$(x_k)_{k=\ell}^{\infty}$, 或 (x_k) 若 $\ell = 0$ 或者 $\ell = 1$: 元素 $x_\ell, x_{\ell+1}, \cdots, x_k, \cdots$ 的序列.

$(x_{\sigma(k)})_{k=1}^{\infty} : (x_k)_{k=1}^{\infty}$ 的子序列 (其中 σ 表示集合 $\{1, 2, \cdots\}$ 到其自身的任一严格递增映射).

$x = \lim_{k\to\infty} x_k, x_k \xrightarrow[k\to\infty]{} x$ 或 $x_k \to x$ 当 $k \to \infty$ 时: 序列 (x_k) 收敛, 且其极限是 x.

$\liminf_{k\to\infty} x_k, \limsup_{k\to\infty} x_k$: 在集合 $\{-\infty\} \bigcup \mathbb{R} \bigcup \{\infty\}$ 中数的序列 (x_k) 的下极限, 上极限.

在不至于引起混淆的情况, 为简洁起见, 有时省去符号 “$k \to \infty$” (即 $x = \lim x_k, x = \limsup x_k, x_k \to x$ 等).

$x \to a^+$: 实数 $x > a$ 收敛于 $a \in \mathbb{R}$.

$x \to a^-$: 实数 $x < a$ 收敛于 $a \in \mathbb{R}$.

dx, meas 或 dx-meas: n 维 Lebesgue 测度.

向量空间

$X = Y \oplus Z$: X 是子空间 Y 和 Z 的直和.

$[a,b] = \{ta + (1-t)b; 0 \leqslant t \leqslant 1\}$: 端点为 a 和 b 的闭区间.

$]a,b[= \{ta + (1-t)b; 0 < t < 1\}$: 端点为 a 和 b 的开区间.

I: 向量空间的恒等映射.

$\text{Ker } A = \{x \in X; Ax = 0\}$: 线性算子 $A: X \to Y$ 的核.

$\text{Im } A = \{y \in Y; y = Ax$ 对某个 $x \in X\}$: 空间 X 在线性算子 $A: X \to Y$ 映射下的像 (也表示为 $A(X)$).

$(X, \|\cdot\|)$: 装备范数 $\|\cdot\|$ 的向量空间 X.

$\|\cdot\|_X$: 向量空间 X 中的范数.

$\|\cdot\|_p$: 空间 ℓ^p 的范数, $1 \leqslant p \leqslant \infty$.

$(X, (\cdot,\cdot))$: 装备内积 $(\cdot,\cdot)$ 的 Hilbert 空间 X.

$|\cdot|$: $\mathbb{R}^n$ 中的欧氏范数.

$|\cdot|$: 矩阵的从属于欧氏范数的算子范数.

$B(a;x) = \{x \in X; \|x - a\| < r\}$: 球心在 a, 半径为 r 的开球.

$\text{co } A$: 集合 A 的凸包.

$\overline{\text{co}}\, A$: 集合 A 的闭凸包.

$\mathcal{L}(X;Y)$: 所有从赋范向量空间 X 到赋范向量空间 Y 的连续线性映射的空间.

$\mathcal{L}(X) = \mathcal{L}(X;X)$.

$X' = \mathcal{L}(X;\mathbb{K})$: $\mathbb{K}$ 上的赋范向量空间 X 的对偶 (空间).

${}_{X'}\langle x', x\rangle_X = x'(x)$ 对任意 $x' \in X'$ 和 $x \in X$.

$X'' = \mathcal{L}(X';\mathbb{K})$: $\mathbb{K}$ 上的赋范向量空间 X 的双对偶 (空间).

$A' \in \mathcal{L}(Y';X)$: 线性算子 $A \in \mathcal{L}(X;Y)$ 的对偶 (算子).

$A^* \in \mathcal{L}(Y;X)$: 当 X 和 Y 是 Hilbert 空间时, $A \in \mathcal{L}(X;Y)$ 的伴随 (算子).

$\mathcal{L}_k(X_1, X_2, \cdots, X_k; Y)$ 或 $\mathcal{L}_k(X;Y)$ 若 $X := X_1 = X_2 = \cdots = X_k$: 所有从赋范向量空间的积 $X_1 \times X_2 \times \cdots \times X_k$ 到赋范向量空间 Y 的连续 k 线性映射的空间, $k \geqslant 2$.

X/Y: 向量空间 X 关于 X 的子向量空间 Y 的商空间.

$X \hookrightarrow Y$: X 包含在 Y 内并伴有一个连续内射.

$X \Subset Y$: X 包含在 Y 内并伴有一个紧内射.

$A^\perp = \{y \in X; (y,x) = 0$ 对所有 $x \in A\}$: Hilbert 空间 $(X, (\cdot,\cdot))$ 的子集 A 的正交补.

$x_k \to x$ 或 $x = \lim x_k$: 在 $(X; \|\cdot\|)$ 中强收敛, 即 $\lim \|x_k - x\|_X = 0$.

$x_k \rightharpoonup x$: 在 X 中弱收敛, 即 $\lim x'(x_k) = x'(x)$ 对所有 $x' \in X'$.

$x'_k \overset{*}{\rightharpoonup} x'$: 在 X' 中弱 $*$ 收敛, 即 $\lim x'_k(x) = x'(x)$ 对所有 $x \in X$.

函数空间

$\mathcal{P}_n$: 所有次数 $\leqslant n$ 的实多项式的空间.

$\mathcal{P} := \bigcup_{n=1}^{\infty} \mathcal{P}_n$: 所有实多项式的空间.

$\mathcal{P}_n[a,b] = \{p|_{[a,b]}; p \in \mathcal{P}_n\}$.

$\mathcal{P}[a,b] = \{p|_{[a,b]}; p \in \mathcal{P}\}$.

$\mathcal{P}([a,b];\mathbb{C}) := \{p|_{[a,b]}$; p 是复系数多项式$\}$.

$\mathcal{Q}_n[0,2\pi]$: 所有阶数 $\leqslant n$ 的实 2π 周期三角多项式的空间.

$\mathcal{Q}[0,2\pi] = \bigcup_{n=0}^{\infty} \mathcal{Q}_n[0,2\pi]$: 所有实 2π 周期三角多项式的空间.

$\mathcal{Q}_n([0,2\pi];\mathbb{C})$: 所有阶数 $\leqslant n$ 的复 2π 周期三角多项式的空间.

$\mathcal{Q}([0,2\pi];\mathbb{C}) = \bigcup_{n=0}^{\infty} \mathcal{Q}_n([0,2\pi];\mathbb{C})$: 所有复 2π 周期三角多项式的空间.

$\mathcal{C}(X;Y)$: 所有从拓扑空间 X 到拓扑空间 Y 的连续映射的集合.

$\mathcal{C}(X) = \mathcal{C}(X;\mathbb{R})$.

$\mathcal{C}[a,b] = \mathcal{C}([a,b];\mathbb{R})$.

$\mathcal{C}_{\mathrm{per}}[0,2\pi] = \{g \in \mathcal{C}[0,2\pi]; g(0) = g(2\pi)\}$.

$\mathcal{C}^m(\Omega;Y)$: 所有从一个赋范向量空间的开子集 Ω 到赋范向量空间 Y 的 m 次连续可微映射的空间, $1 \leqslant m \leqslant \infty$.

$\mathcal{C}^m(\Omega) = \mathcal{C}^m(\Omega;\mathbb{R})$.

$\mathcal{C}^m(\overline{\Omega})$, 其中 Ω 是 $\mathbb{R}^n$ 的有界开子集, $1 \leqslant m \leqslant \infty$: 所有满足如下条件的函数 $v \in \mathcal{C}^m(\Omega)$ 的空间, 即对每个重指标 $\boldsymbol{\alpha}, |\boldsymbol{\alpha}| \leqslant m$, 存在函数 $v^{\boldsymbol{\alpha}} \in \mathcal{C}^0(\overline{\Omega})$ 使得 $v^{\boldsymbol{\alpha}}|_{\Omega} = \partial^{\boldsymbol{\alpha}} v$.

$\|v\|_{\mathcal{C}^m(\overline{\Omega})} = \max_{|\boldsymbol{\alpha}| \leqslant m} \sup_{x \in \overline{\Omega}} |v^{\boldsymbol{\alpha}}(x)|$.

$\mathcal{C}^m[a,b] = \{f|_{[a,b]}; f \in \mathcal{C}^m(\mathbb{R})\}$.

下面, Ω 是 $\mathbb{R}^n$ 的开子集, 或是 $\mathbb{R}^n$ 中的区域.

$\mathcal{D}(\Omega) = \{v \in \mathcal{C}^\infty(\Omega); \operatorname{supp} v$ 是 Ω 的紧子集$\}$.

$\mathcal{D}'(\Omega)$: Ω 上分布的空间.

$L^p(\Omega), L^p(\Omega;\mathbb{C}), 1 \leqslant p \leqslant \infty$: dx 几乎处处等于一个满足 $\|v\|_{0,p,\Omega} < \infty$ 的函数 v 的等价类构成的空间; 后者表示满足同样条件的复值函数的等价类空间.

$\|v\|_{0,\infty,\Omega} = \inf\{\alpha \geqslant 0; dx\text{-meas}\{x \in \Omega; |v(x)| \geqslant \alpha\} = 0\}$ 若 $p = \infty$.

$\|v\|_{0,p,\Omega} = \left\{\int_\Omega |v(x)|^p dx\right\}^{1/p} < \infty$ 若 $1 \leqslant p < \infty$.

$\|v\|_{0,\Omega} = \|v\|_{0,2,\Omega}$.

$L^p(a,b) = L^p(\Omega),\ \Omega =]a,b[\subset \mathbb{R}$.

$L^p(\Gamma), 1 \leqslant p < \infty$, 其中 $\Gamma = \partial\Omega : d\Gamma$ 几乎处处等于满足 $\int_\Gamma |v|^p d\Gamma < \infty$ 的函数的等价类空间.

$\|v\|_{L^p(\Gamma)} = \left\{\int_\Gamma |v|^p d\Gamma\right\}^{1/p} < \infty, \quad 1 \leqslant p < \infty$.

$W^{m,p}(\Omega) = \{v \in L^p(\Omega); \partial^{\boldsymbol{\alpha}} v \in L^p(\Omega)$ 对所有 $|\boldsymbol{\alpha}| \leqslant m\}, 1 \leqslant m, 1 \leqslant p \leqslant \infty$.

$W_0^{m,p}(\Omega) : \mathcal{D}(\Omega)$ 在 $W^{m,p}(\Omega)$ 中的闭包, $1 \leqslant m, 1 \leqslant p < \infty$.

$\|v\|_{m,p,\Omega} = \left\{\int_\Omega \sum_{|\boldsymbol{\alpha}| \leqslant m|} |\partial^{\boldsymbol{\alpha}} v|^p dx\right\}^{1/p}, \quad 1 \leqslant m, 1 \leqslant p < \infty$.

$\|v\|_{m,\infty,\Omega} = \max_{|\boldsymbol{\alpha}| \leqslant m} |\partial^{\boldsymbol{\alpha}} v|_{0,\infty,\Omega}$.

$|v|_{m,p,\Omega} = \left\{\int_\Omega \sum_{|\boldsymbol{\alpha}| = m} |\partial^{\boldsymbol{\alpha}} v|^p dx\right\}^{1/p}, \quad 1 \leqslant m, 1 \leqslant p < \infty$.

$|v|_{m,\infty,\Omega} = \max_{|\boldsymbol{\alpha}| = m} |\partial^{\boldsymbol{\alpha}} v|_{0,\infty,\Omega}, \quad 1 \leqslant m$.

$H^m(\Omega) = W^{m,2}(\Omega), \quad 1 \leqslant m$.

$H_0^m(\Omega) = W_0^{m,2}(\Omega), \quad 1 \leqslant m$.

$\|v\|_{m,\Omega} = \|v\|_{m,2,\Omega}, \quad 1 \leqslant m$.

$|v|_{m,\Omega} = |v|_{m,2,\Omega}, \quad 1 \leqslant m$.

$\mathrm{tr} \in \mathcal{L}(W^{1,p}(\Omega); L^q(\Gamma))$: 从 Sobolev 空间 $W^{1,p}(\Omega), 1 \leqslant p < \infty$, 到空间 $L^q(\Gamma)$ 的迹算子 ($\mathrm{tr}\, \boldsymbol{A}$ 也表示矩阵 $\boldsymbol{A}$ 的迹).

如果以 $V(\Omega)$ 表示定义在 Ω 上的实值函数的空间, 那么 $\boldsymbol{V}(\Omega)$ 和 $\mathbb{V}(\Omega)$ 则分别表示相应的向量值空间和对称张量值空间, 其分量或元素属于 $V(\Omega)$; 例如

$$\boldsymbol{W}^{1,p}(\Omega) = \{\boldsymbol{v} = (v_i); v_i \in W^{1,p}(\Omega)\},$$

$$\mathbb{L}^2(\Omega) = \{\boldsymbol{\sigma} = (\sigma_{ij}); \sigma_{ij} = \sigma_{ji} \in L^2(\Omega)\}, \text{等等},$$

其相应的范数或半范数均用同样的符号表示; 例如

$\|\boldsymbol{v}\|_{1,p,\Omega} = \left(\sum_i \|v_i\|_{1,p,\Omega}^p\right)^{1/p}$ 对每个 $\boldsymbol{v} = (v_i) \in \boldsymbol{W}^{1,p}(\Omega)$,

$\|\boldsymbol{\sigma}\|_{0,\Omega} = \left(\sum_{i,j} \|\sigma_{ij}\|_{0,\Omega}^2\right)^{1/2}$ 对每个 $\boldsymbol{\sigma} = (\sigma_{ij}) \in \mathbb{L}^2(\Omega)$, 等等.

微分学

下面, X 和 Y 表示赋范向量空间, Ω 是 X 的开子集, 而 f 是从 Ω 到 Y 的映射.

$f'(a) \in \mathcal{L}(X;Y)$: f 在 $a \in \Omega$ 处的 Fréchet 导数.

$\frac{df}{dx}(a) = f'(a)$ 若 $X = \mathbb{R}$.

$\partial_j f(a) \in \mathcal{L}(X_j;Y)$, 或 $\frac{\partial f}{\partial x_j}(a)$: f 在 a 处的第 j 个偏导数, 当 $X = \prod_{j=1}^n X_j$ 时.

$\nabla f(a)$ 或 $\mathbf{grad} f(a) = \left(\frac{\partial f}{\partial x_i}(a)\right)_{i=1}^n \in \mathbb{R}^n$: 函数 $f : \Omega \subset \mathbb{R}^n \to \mathbb{R}$ 在 $a \in \Omega$ 处的梯度.

div $\boldsymbol{v}(a)=\sum_{j=1}^{n}\partial_j v_j(a)$: 向量值函数 $\boldsymbol{v}=(v_j):\Omega\subset\mathbb{R}^n\to\mathbb{R}^n$ 在 $a\in\Omega$ 处的散度.

div $\boldsymbol{\sigma}(a)=\left(\sum_{j=1}^{n}\partial_j\sigma_{ij}(a)\right)_{i=1}^{n}$: 矩阵值函数 $\boldsymbol{\sigma}=(\sigma_{ij}):\Omega\subset\mathbb{R}^n\to\mathbb{M}^n$ 在 $a\in\Omega$ 处的散度.

curl $\boldsymbol{h}(a)=(\partial_j h_i(a)-\partial_i h_j(a))_{1\leqslant i<j\leqslant n}$: 向量值函数 $\boldsymbol{h}=(h_i):\Omega\subset\mathbb{R}^n\to\mathbb{R}^n$ 在 $a\in\Omega$ 处的旋度.

$f''(a)\in\mathcal{L}_2(X;Y)$: f 在 $a\in\Omega$ 处的二阶导数.

$\partial_{ij}f(a)=\frac{\partial^2 f}{\partial x_i\partial x_j}(a)\in\mathbb{R}:f:\Omega\subset\mathbb{R}^n\to\mathbb{R}$ 在 $a\in\Omega$ 处的二阶偏导数.

$f^{(m)}(a)\in\mathcal{L}_m(X;Y)$: 映射 f 在 $a\in\Omega$ 处的 m 阶导数.

$f^{(m)}(a)h^m=f^{(m)}(a)(h_1,h_2,\cdots,h_m)\in Y$ 当 $h_i=h$ 时, $1\leqslant i\leqslant m$.

$\partial^{\boldsymbol{\alpha}}v(a)=\frac{\partial^{|\boldsymbol{\alpha}|}v}{\partial x_1^{\alpha_1}\cdots\partial x_n^{\alpha_n}},|\boldsymbol{\alpha}|=\alpha_1+\cdots+\alpha_n$: 函数 $v:\Omega\subset\mathbb{R}^n\to\mathbb{R}$ 偏导数的重指标符号, 其中 $\boldsymbol{\alpha}=(\alpha_1,\cdots,\alpha_n)\in\mathbb{N}^n$.

同样的符号 $\partial_j f,\partial f/\partial x_j,\partial^2 f/\partial x_i\partial x_j$ 或 $\partial^{\boldsymbol{\alpha}}v$ 等也表示在分布意义下的偏导数.

向量, 矩阵, 张量

当把 $\mathbb{R}^n$ 中的一个向量视为矩阵时, 是把它看作列向量, 即 $n\times 1$ 矩阵.

$\boldsymbol{u}^T=(u_1\ u_2\ \cdots\ u_n)$: 向量 $\boldsymbol{u}$ 的转置 (行向量, 即 $1\times n$ 矩阵).

$\boldsymbol{u}\cdot\boldsymbol{v}=\boldsymbol{u}^T\boldsymbol{v}$: $\mathbb{R}^n$ 中的欧氏内积.

$|\boldsymbol{u}|=\sqrt{\boldsymbol{u}\cdot\boldsymbol{u}}$: $\mathbb{R}^n$ 中的欧氏范数.

$\boldsymbol{u}\otimes\boldsymbol{v}=\boldsymbol{u}\boldsymbol{v}^T=(u_iv_j)$: $\mathbb{R}^n$ 中的张量积.

$\boldsymbol{u}\wedge\boldsymbol{v}=\varepsilon_{ijk}u_jv_k\boldsymbol{e}_i$: $\mathbb{R}^3$ 中的向量积, 其中定向张量 (ε_{ijk}) 是如下定义的三阶张量: $\varepsilon_{ijk}=1$ 若 $\{i,j,k\}$ 是 $\{1,2,3\}$ 的偶置换, $\varepsilon_{ijk}=-1$ 若 $\{i,j,k\}$ 是 $\{1,2,3\}$ 的奇置换, $\varepsilon_{ijk}=0$ 若至少有两个指标是相同的.

$\mathbb{M}^n$: 所有实 $n\times n$ 矩阵的集合.

$\mathbb{M}^{m\times n}$: 所有实 $m\times n$ 矩阵 (m 行, n 列) 的集合.

$\mathbb{U}^n$: 所有实 $n\times n$ 可逆矩阵的集合.

$\mathbb{M}_+^n=\{\boldsymbol{F}\in\mathbb{M}^n;\det\boldsymbol{F}>0\}$.

$\mathbb{O}^n=\{\boldsymbol{P}\in\mathbb{M}^n;\boldsymbol{P}\boldsymbol{P}^T=\boldsymbol{P}^T\boldsymbol{P}=\boldsymbol{I}\}$: 所有实 $n\times n$ 正交矩阵的集合.

$\mathbb{O}_+^n=\{\boldsymbol{P}\in\mathbb{O}^n;\det\boldsymbol{P}=1\}$: 所有实 $n\times n$ 正常正交矩阵的集合.

$\mathbb{S}^n=\{\boldsymbol{B}\in\mathbb{M}^n;\boldsymbol{B}=\boldsymbol{B}^T\}$: 所有实 $n\times n$ 对称矩阵的集合.

$\mathbb{S}_>^n$: 所有实 $n\times n$ 对称正定矩阵的集合.

给定矩阵 $\boldsymbol{A}\in\mathbb{M}^{m\times n},(\boldsymbol{A})_{ij}$ 表示其第 i 行第 j 列的元素. 符号 $\boldsymbol{A}=(a_{ij})$ 意指 $a_{ij}=(\boldsymbol{A})_{ij}$; 或等价地

$$\boldsymbol{A} = (a_{ij}) = \begin{pmatrix} a_{11} & a_{12} & \cdots & a_{1n} \\ a_{21} & a_{22} & \cdots & a_{2n} \\ \vdots & \vdots & & \vdots \\ a_{m1} & a_{m2} & \cdots & a_{mn} \end{pmatrix}.$$

$\boldsymbol{I} = (\delta_{ij})$: 单位矩阵.

$\boldsymbol{A}^T$: 矩阵 $\boldsymbol{A}$ 的转置.

$\boldsymbol{A}^{-1}$: 矩阵 $\boldsymbol{A}$ 的逆.

$\boldsymbol{A}^{-T} = (\boldsymbol{A}^{-1})^T = (\boldsymbol{A}^T)^{-1}$.

$\boldsymbol{A}^{1/2} \in \mathbb{S}^n_>$: 矩阵 $\boldsymbol{A} \in \mathbb{S}^n_>$ 的平方根.

Diag μ_i 或 **Diag**$(\mu_1, \mu_2, \cdots, \mu_n)$: 对角线元素 (依序) 为 $\mu_1, \mu_2, \cdots, \mu_n$ 的对角阵.

tr $\boldsymbol{A}$: 矩阵 $\boldsymbol{A}$ 的迹 (tr 也表示 Sobolev 空间中的迹算子).

det $\boldsymbol{A}$: 矩阵 $\boldsymbol{A}$ 的行列式.

$\lambda_i = \lambda_i(\boldsymbol{A}), 1 \leqslant i \leqslant n$: 矩阵 $\boldsymbol{A} \in \mathbb{M}^n$ 的特征值.

$|\boldsymbol{A}| = \sup_{\boldsymbol{v} \neq \boldsymbol{0}}(|\boldsymbol{A}\boldsymbol{v}|/|\boldsymbol{v}|)$: 矩阵 $\boldsymbol{A}$ 从属于欧氏范数的算子范数.

$\boldsymbol{A} : \boldsymbol{B} = \operatorname{tr} \boldsymbol{A}^T\boldsymbol{B}$: $\mathbb{M}^{m\times n}$ 中的矩阵内积.

$\|\boldsymbol{A}\|_F = \{\boldsymbol{A} : \boldsymbol{A}\}^{1/2}$: 矩阵 $\boldsymbol{A} \in \mathbb{M}^{m\times n}$ 的 Frobenius 范数.

Cof $\boldsymbol{A} \in \mathbb{M}^n$: 矩阵 $\boldsymbol{A} \in \mathbb{M}^n$ 的余子式矩阵.

$\mathbb{R}^n$ 中的微分几何

拉丁下标或指数在集合 $\{1, 2, \cdots, n\}$ 中变化; 希腊下标或指数在集合 $\{1, 2\}$ 中变化; 重复的下标或指数仍沿用求和约定.

$\mathbb{E}^n$: n 维欧氏空间.

下面, Ω 是 $\mathbb{R}^n$ 的开子集, 而 $\boldsymbol{\Theta} = (\Theta_i) : \Omega \to \mathbb{R}^n$ 是足够光滑的浸入.

$$\boldsymbol{g}_i = \partial_i \boldsymbol{\Theta}, \quad g_{ij} = \boldsymbol{g}_i \cdot \boldsymbol{g}_j, \quad (g^{ij}) = (g_{ij})^{-1}, \quad \boldsymbol{g}^i = g^{ij}\boldsymbol{g}_j.$$

$(g_{ij}) : \Omega \to \mathbb{S}^n_>$: 度量张量.

$\Gamma_{ijq} = \frac{1}{2}(\partial_j g_{iq} + \partial_i g_{jq} - \partial_q g_{ij}) = \partial_i \boldsymbol{g}_j \cdot \boldsymbol{g}_q$: 第一类 Christoffel 符号.

$\Gamma^p_{ij} = a^{pq}\Gamma_{ijq} = \boldsymbol{g}^p \cdot \partial_i \boldsymbol{g}_j$: 第二类 Christoffel 符号.

$v_{i\|j} = \partial_j v_i - \Gamma^p_{ij} v_p$: 向量场 $v_i \boldsymbol{g}^i : \Omega \to \mathbb{E}^n$ 的共变导数.

$R_{qijk} = \partial_j \Gamma_{ikq} - \partial_k \Gamma_{ijq} + \Gamma^p_{ij}\Gamma_{kqp} - \Gamma^p_{ik}\Gamma_{jqp}$: Riemann 曲率张量的共变分量.

下面, ω 是 $\mathbb{R}^2$ 的开子集, 而 $\boldsymbol{\theta} = (\theta_\alpha) : \omega \to \mathbb{R}^3$ 是足够光滑的浸入.

$\boldsymbol{a}_\alpha = \partial_\alpha \boldsymbol{\theta}$; $\boldsymbol{a}_3 = \boldsymbol{a}^3 = \frac{\boldsymbol{a}_1 \wedge \boldsymbol{a}_2}{|\boldsymbol{a}_1 \wedge \boldsymbol{a}_2|}$, $\alpha_{\alpha\beta} = \boldsymbol{a}_\alpha \cdot \boldsymbol{a}_\beta$, $(a^{\alpha\beta}) = (a_{\alpha\beta})^{-1}$,

$\boldsymbol{a}^\alpha = a^{\alpha\beta}\boldsymbol{a}_\beta, b_{\alpha\beta} = \partial_\alpha \boldsymbol{a}_\beta \cdot \boldsymbol{a}_3 = -\boldsymbol{a}_\beta \cdot \partial_\alpha \boldsymbol{a}_3, b_\alpha^\beta = a^{\beta\sigma} b_{\alpha\sigma}$.

$(\alpha_{\alpha\beta}) : \omega \to \mathbb{S}^2_>$: 曲面 $\boldsymbol{\theta}(\omega)$ 的第一基本形式.

$(b_{\alpha\beta}) : \omega \to \mathbb{S}^2$: 曲面 $\boldsymbol{\theta}(\omega)$ 的第二基本形式.

$\Gamma_{\alpha\beta\tau} = \frac{1}{2}(\partial_\beta a_{\alpha\tau} + \partial_\alpha a_{\beta\tau} - \partial_\tau a_{\alpha\beta}) = \partial_\alpha \boldsymbol{a}_\beta \cdot \boldsymbol{a}_\tau$: 第一类 Christoffel 符号.

$\Gamma_{\alpha\beta}^\sigma = a^{\sigma\tau}\Gamma_{\alpha\beta\tau} = \boldsymbol{a}^\sigma \cdot \partial_\alpha \boldsymbol{a}_\beta$: 第二类 Christoffel 符号.

$\eta_{\alpha|\beta} = \partial_\beta \eta_\alpha - \Gamma_{\alpha\beta}^\sigma \eta_\sigma$: 切向量场 $\eta_\alpha \boldsymbol{a}^\alpha : \omega \to \mathbb{E}^3$ 的共变导数.

$R_{\tau\alpha\beta\sigma} = \partial_\beta \Gamma_{\alpha\sigma\tau} - \partial_\sigma \Gamma_{\alpha\beta\tau} + \Gamma_{\alpha\beta}^\mu \Gamma_{\sigma\tau\mu} - \Gamma_{\alpha\sigma}^\mu \Gamma_{\beta\tau\mu}$: 曲面 $\boldsymbol{\theta}(\omega)$ 的 Riemann 曲率张量的共变分量.

名词索引

$\mathcal{C}^m$ 微分同胚, 55
$\mathcal{C}^1$ 微分同胚, 4
Γ 收敛, 242
n 维参数化流形, 132
n 维流形, 132

Carathéodory 存在定理, 295
Cauchy-Green 应变张量, 250

Euler 不等式, 14, 96
Euler 方程, 14, 96
Euler-Lagrange 方程, 216
Euler 示性数, 186

Fermat 原理, 116

Gauss 曲率, 184
Gauss 公式, 190

Hartman-Stampacchia 定理, 305

Jacobi 行列式, 6
Jordan-Brouwer 分离定理, 322

Kuhn-Tucker 乘子, 117
Kuhn-Tucker 定理, 117

Lagrange 插值格式, 82
Lagrange 乘子, 114, 122
Lagrange 函数, 118
Lagrange 内插式, 83
Lamé 常数, 250
Legendre-Fenchel 变换, 224
Leray 乘积公式, 322
Leray-Schauder 不动点定理, 294
Leray-Schauder 度, 321

Nash 定理, 152
Navier-Stokes 方程, 285
Newton 方法, 30

Palai-Smale 条件, 268
Piola 变换, 11
Piola 恒等式, 11, 308

Riemann 几何基本定理, 152
Riemann 流形, 151
Riemann 曲率张量, 150

von Kármán 方程, 229

Weingarten 公式, 190

B

半连续的, 298

D

第 j 个偏导数, 5
第二基本形式的共变分量, 182
第二类 Christoffel 符号, 138, 149
第一基本形式的共变分量, 172
第一类 Christoffel 符号, 149
度量张量, 172
度量张量的反变分量, 132
度量张量的共变分量, 131
对偶问题, 121

F

反变基, 132
方向导数, 8
仿射等价, 88
非线性弹性板的 Kirchhoff-Love 理论方程组, 112

G

刚性定理, 152
刚性形变, 162
共变导数的共变分量, 138
共变基, 131
广义 Lagrange 乘子, 113

H

化约的 von Kármán 方程, 230

L

临界点, 14

P

平均曲率, 184

Q

强函数方法, 36
切丛, 142
切平面的反变基, 172
切平面的共变基, 171
全曲率, 184

T

梯度矩阵, 6

X

下半连续的, 219
序列弱下半连续的, 221
序列下半连续的, 220

Y

原始问题, 121
约束局部极值, 14

Z

在 a 处的 Hessian 矩阵, 55
在 Ω 内可微, 3
在 Ω 内连续可微, 3
在 Ω 内是 $\mathcal{C}^1$ 类的, 3
在点 a 处是 m 次可微的, 55
在点 $a \in \Omega$ 处是可微的, 2
在方向 h 上的 Gâteaux 导数, 8
正规族, 90
重心坐标, 76
主曲率, 184
主曲率半径, 184
驻点, 14

相关图书清单

序号	书号	书名	作者
1	9787040243086	解析函数论初步	H. 嘉当
2	9787040251562	微分学	H. 嘉当
3	9787040284171	广义函数论	L. 施瓦兹
4	9787040258011	微分几何——流形、曲线和曲面（修订第二版）	M. 贝尔热 等
5	9787040263626	拓扑学教程——拓扑空间和距离空间、数值函数、拓扑向量空间（第二版）	G. 肖盖
6	9787040251555	谱理论讲义（第二版）	J. 迪斯米埃
7	9787040246193	拟微分算子和 Nash-Moser 定理	S. 阿里纳克 等
8	9787040294675	解析与概率数论导引	G. 特伦鲍姆
9	9787040322941	概率与位势（第一卷）——可测空间	C. 德拉歇利 等
10	9787040319606	无穷小计算	J. 迪厄多内
11	9787040332384	分布系统的精确能控性、摄动和镇定（第一卷）——精确能控性	J.-L. 利翁斯
12	9787040287578	代数学教程	R. 戈德门特
13	9787040351767	完全集与三角级数	J.-P. 卡安
14	9787040477481	线性与非线性泛函分析及其应用（上册）	P. G. 希阿雷
15	9787040477498	线性与非线性泛函分析及其应用（下册）	P. G. 希阿雷
16	9787040495003	分析与代数原理（及数论）（第一卷）（第 2 版）	P. 科尔梅
17	9787040498691	分析与代数原理（及数论）（第二卷）（第 2 版）	P. 科尔梅
18	9787040520316	有限群导引	J.-P. 塞尔
19	9787040545524	线性与非线性泛函分析及其应用（上册修订版）	P. G. 希阿雷
20	9787040548037	线性与非线性泛函分析及其应用（下册修订版）	P. G. 希阿雷

郑重声明